De Tchernobyl en tchernobyls

GEORGES CHARPAK
RICHARD L. GARWIN
VENANCE JOURNÉ

De Tchernobyl en tchernobyls

Odile Jacob

15, rue Soufflot, 75005 Paris

www.odilejacob.fr

ISBN 2-7381-1374-5

AVANT-PROPOS

Cet ouvrage relate l'histoire passionnante des scientifiques et ingénieurs qui ont donné à l'humanité la capacité d'utiliser l'énergie présente au sein des noyaux de l'atome. Il est le prolongement de deux précédents livres présentant les applications militaires et pacifiques de l'énergie nucléaire[1]. Les auteurs se sont efforcés de présenter un historique succinct de l'une des grandes épopées techniques du XXe siècle, accompagné d'un texte scientifique et technique qui soit à la portée des néophytes.

La fission de l'uranium donne malheureusement trop facilement un pouvoir de destruction gigantesque quand elle est mise en œuvre dans des armes thermonucléaires. Les premières armes nucléaires ont été mises au point aux États-Unis pendant l'énorme effort de guerre du début des années 1940. Ces armes ont ensuite grandi en nombre et en puissance pendant la guerre froide et les restes de cette expansion constituent encore maintenant une menace sérieuse pour la survie de l'humanité. Malgré de nombreuses études et analyses très argumentées sur les désastres pouvant être causés par les milliers d'armes encore détenues par les États-Unis et la Russie et sur l'éventualité que des groupes criminels obtiennent des matériaux fissiles adaptés pour faire des bombes – uranium hautement enrichi ou plutonium –, les dirigeants de la planète n'ont pas encore sérieusement envisagé les mesures qui permettraient de réduire ces dangers à néant.

La fission *contrôlée* – un art beaucoup plus délicat que la fission explosive des bombes – fournit le sixième de la production mondiale d'électricité. Les centaines de réacteurs dans le monde ne peuvent exploser comme une bombe nucléaire, mais ils renferment d'énormes quantités de radioactivité qui, comme l'a montré la catastrophe de Tchernobyl en 1986, peuvent échapper d'un réacteur et contaminer, pour de longues périodes, des milliers de kilomètres carrés de zones urbaines ou agricoles.

Les pionniers de l'industrie nucléaire étaient bien conscients de ces problèmes. De grands progrès ont été faits dans la conception des centrales dans le but d'éliminer toute possibilité de libération de radioactivité dans l'environnement. Cependant, il est plus qu'inquiétant de se rendre compte que l'industrie nucléaire semble maintenant se comporter comme toute autre industrie, sujette aux mêmes défauts, ceux qui sont devenus évidents à l'occasion de scandales récents : non-respect des procédures, coupes diverses dans les budgets et manques d'intégrité. Pensons à Enron et d'autres encore.

Les accidents de Tchernobyl et de Three Mile Island où, en 1979, plus du tiers du combustible du réacteur a fondu et où, heureusement, la radioactivité est restée confinée dans l'enceinte du réacteur, sont chacun le résultat d'erreurs humaines. Les centrales construites sur le même modèle que celui de Tchernobyl ont fonctionné pendant des dizaines d'années, à la satisfaction affichée des opérateurs. Cependant la conception des réacteurs a aussi sa part de responsabilité parce que, même à l'époque, il n'aurait pas dû être nécessaire de se reposer tellement sur l'homme pour le contrôle du fonctionnement.

Quant à eux, les responsables des centrales et les gestionnaires de l'industrie nucléaire ne sont pas non plus exempts de failles. À la suite de l'accident de Tchernobyl, l'Association mondiale des exploitants de centrales nucléaires a été créée spécifiquement pour éviter qu'un tel accident ne se reproduise et mettre en place une coopération internationale indispensable afin d'améliorer la sécurité de chaque centrale. Or, à la lecture d'un article de la revue spécialisée *Nucleonics Week*[2] (reproduit intégralement en annexe) rédigé en 2003 à l'occasion du colloque de cette association qui rassemblait les plus éminents spécialistes de la sécurité des centrales nucléaires, il est stupéfiant de découvrir que certains des facteurs qui causèrent la catastrophe de Tchernobyl existent de façon rampante dans les autres pays.

Les responsables de la sécurité des centrales se sont succédé à la tribune pour expliquer les raisons pour lesquelles leurs organisations se sont laissées glisser imperceptiblement dans une situation où ingénieurs et administrateurs ne se sont pas aperçus qu'un désastre pointait à l'horizon. Nous lisons : « *Le président de l'association, Hajimu Maeda, a déclaré qu'un "mal terrible" menaçait de l'intérieur les établissements des opérateurs nucléaires. Il commence, a-t-il dit, par la "perte de motivation à apprendre auprès des autres… un excès de confiance… [et] la négligence dans le maintien d'une culture de sécurité en raison de pressions considérables exercées pour réduire les coûts comme suite à la déréglementation du marché de l'énergie".*

« S'il n'y est pas remédié, ces problèmes "sont comme un mal terrible qui naît au sein de l'organisation" et peut, s'il n'est pas décelé, conduire "à un accident majeur" qui "détruira l'organisation tout entière". »

Tout récemment, en avril 2005, une fissure dans un tuyau a provoqué l'écoulement de plus de 80 m^3 d'une solution de déchets hautement toxiques contenant 20 tonnes d'uranium et 200 kilogrammes de plutonium dissous dans de l'acide nitrique. La fuite, non détectée pendant plusieurs mois et quasiment passée inaperçue dans la presse, a conduit à la fermeture, pour de nombreux mois, de l'usine de retraitement Thorpe du complexe nucléaire de Sellafield au Royaume-Uni et à des pertes financières colossales dont le contribuable fera les frais.

L'industrie nucléaire ne peut se permettre la moindre erreur en matière de sécurité, mais la lecture de cet article édifiant montre à l'évidence que nous ne sommes pas à l'abri de nouveaux tchernobyls, parce que le même esprit d'irresponsabilité qui a causé Tchernobyl est en train de se répandre, malgré l'existence d'un système qui a été conçu pour rendre Tchernobyl impossible, à cause d'une avidité aveugle à l'égard de l'argent. Elle conduit des décideurs à optimiser les flux d'argent qu'ils doivent manipuler pour minimiser, aux yeux du public, le prix du kilowatt-heure nucléaire. Ils prennent des décisions qui semblent bénignes, comme le transfert de problèmes d'entretien à des entreprises inadéquates pour gérer une composante essentielle de l'industrie nucléaire, le souci permanent de la sécurité, qui ne se mesure pas seulement à la stabilité des aiguilles sur des instruments de mesure dans des salles de contrôle.

En France, pays pionnier dans la science nucléaire, et où 58 réacteurs nucléaires produisent les trois quarts de l'électricité consommée, les tendances à la privatisation de l'industrie nucléaire renfermeraient aussi les mêmes dangers.

Le choix entre les sources d'énergie pour le futur reposerait-il sur le prix du kilowatt-heure coté en Bourse, sans aucune considération des risques d'accidents et leurs conséquences, de la contribution au changement climatique ou de la possibilité d'une arme nucléaire en possession de mains criminelles ? La lecture de l'article de *Nucleonics Week* montre que le problème de la sécurité des centrales est trop crucial pour être laissé aux mains des seuls responsables financiers, ces champions des optimisations boursières. Il faut qu'il soit repensé en termes neufs et que la communauté mondiale mette au point un système de surveillance du fonctionnement des réacteurs, comme elle a su le faire pour la surveillance des combustibles des centrales avec l'Agence internationale de l'énergie atomique de Vienne. Et tant pis si le prix du kilowatt-heure nucléaire augmente un peu ! La sécurité des centrales est une exigence absolue qui ne doit en aucun cas être sacrifiée pour augmenter les profits ou rendre l'industrie nucléaire plus compétitive dans des régions qui pourraient bénéficier d'une électricité bon marché fournie par le gaz naturel ou le charbon si polluant.

La franchise des présentations à la Conférence de l'Association mondiale des exploitants de centrales nucléaires en octobre 2003 est un appel à l'action et un rappel des responsabilités. Tous les gouvernements concernés doivent prendre d'urgence les mesures d'incitation et de contrainte qui s'imposent afin que l'industrie nucléaire assure la sécurité des centrales et qu'elle protège les matériaux nucléaires pour que ceux-ci ne prennent pas le chemin des bombes. Sinon, il ne faudra pas s'étonner qu'il se produise d'autres tchernobyls et peut-être bien pire, pour le plus grand malheur de tous.

INTRODUCTION

« La maîtrise du feu a été une étape décisive pour l'homme dans la maîtrise de son environnement. Le mystère des phénomènes générant des flammes a longtemps auréolé de magie leur origine. Engendrées avec fracas par la foudre s'abattant sur des arbres, elles ont ancré le sentiment que des dieux tout-puissants gouvernaient leur création. La cruauté de leur morsure en a fait un instrument de prédilection pour châtier les corps et purifier les esprits au nom des dieux dont les prêtres s'arrogeaient la représentation sur Terre. Si, aujourd'hui, presque tout le monde pense que les flammes ont perdu tout mystère pour les physiciens, seule une infime partie des hommes en comprend les mécanismes intimes, et le feu garde la même place depuis des millénaires dans la vie : moyen inégalé et irremplaçable de préparer les aliments ou de lutter contre les intempéries, âme du foyer où l'homme trouve avec sa famille une protection contre les forces hostiles.

« Mais ce siècle a vu l'éclosion prodigieuse de nouvelles formes de feu. Elle s'est produite parallèlement aux progrès dans l'art de tuer. Des lance-flammes atteignent l'adversaire à cent mètres, le napalm déversé sur des tranchées ou des villages est une gelée qui s'enflamme en collant à la peau. Les armes à combustible enflamment un gaz dont la température ne dépasse pas quelques milliers de degrés dans un énorme volume d'air qui remplit et dévore les poumons de l'ennemi. Ces armes, certes suffisantes pour détruire les êtres vivants ou incendier les bâtiments, semblent reléguées au magasin d'accessoires par l'avènement du feu nucléaire qui permet d'atteindre cinquante millions de degrés, vingt fois plus qu'au cœur du Soleil, et vaporise le béton ou vitrifie les roches sur de grandes surfaces.

« La plus grosse bombe nucléaire que l'homme a fait exploser, en Union soviétique, était équivalente, en puissance explosive, à soixante millions de tonnes de dynamite, soit 4 000 fois la puissance de la bombe qui, en 1945, a réduit en cendres la ville japonaise d'Hiroshima et qui était elle-même 30 000 fois plus puissante que les bombes à explosif chimique larguées par les avions. Du reste, cette bombe est tellement puissante qu'elle en devient inutilisable en raison de son caractère destructeur à l'échelle de la planète, qui est aussi habitée par son heureux propriétaire. Malgré les protestations du physicien soviétique Andreï Sakharov, elle fut essayée par le gouvernement de Khrouchtchev qui, dans ses Mémoires, exprime ses regrets de ne pas avoir écouté les physiciens. Mais ceux-ci ont appris, en ce siècle, que si leurs compétences étaient indispensables pour concevoir des armes, leurs avis avaient une valeur insignifiante aux yeux des surhommes que les peuples choisissent en général, ou subissent, pour les gouverner.

« La panoplie des armes nucléaires effectivement déployées met en jeu des puissances respectables mais plus modestes. Pour beaucoup de convaincus, quelques milliers, ou dizaines de milliers de bombes, ayant une puissance égale à 20 fois celle d'Hiroshima ont assuré, par la menace qu'elles font peser sur les cités et les centres industriels, un équilibre de la terreur qui a dissuadé toute tentative de confrontation directe entre les puissances nucléaires. Des bombes nucléaires bien moins puissantes ont été inventées pour le champ de bataille. La plus petite produite par les États-Unis, surnommée "Davy Crockett", avait une puissance équivalente à 20 tonnes de dynamite, soit de l'ordre du millième de celle d'Hiroshima.

« Lorsque l'Union soviétique s'est écroulée sans bataille (merci M. Gorbatchev !), l'humanité avait dans ses stocks plus de 60 000 armes nucléaires, soit l'équivalent, pour chaque habitant de la planète (pauvre, riche, blanc, noir, jaune...), de deux tonnes d'explosif. Cent fois moins d'armes n'auraient-elles pas suffi à jouer ce rôle de la dissuasion par la terreur ? En fait, il semble que les mécanismes de freinage de la course éperdue aux armes nouvelles sont en panne dans nos sociétés.

« L'idée s'est ancrée, sans doute chez la majorité de leurs possesseurs, que ces armes n'étaient pas destinées à être employées, mais à dissuader un adversaire, se croyant plus fort, d'être tenté par des conquêtes devenues impossibles. Un général a pu ainsi annoncer la grande nouvelle, dans un livre écrit en 1990, La Guerre est morte[1]. *Cette menace a créé un nouvel intérêt pour des armes efficaces plus faciles à utiliser, comme par exemple la bombe à combustible employée contre l'Irak pendant la guerre du Golfe. Les progrès de l'électronique permettent, ou permettront, de choisir à 5 000 kilomètres de distance la fenêtre du bâtiment par laquelle on pourra faire péné-*

trer le missile porteur d'une arme classique, permettant ainsi des frappes dites "chirurgicales".

« *Certains spécialistes de l'arme nucléaire ne veulent pas être relégués au rang de conservateurs d'une arme fossile, condamnée à ne jamais être employée. Ils ont imaginé des bombes nucléaires peu puissantes, 10, 100 ou même 1 000 fois moins puissantes que celle d'Hiroshima, dont l'usage ne serait plus la dissuasion du faible au grand méchant fort, mais la "dissuasion du fort au fou". Ils peuvent prétendre, en effet, que Saddam Hussein, menacé d'une volée de ces petites bombes, aurait renoncé plus tôt à son aventure, ce qui aurait sauvé de nombreuses vies irakiennes. Le fait que cette stratégie ouvre, pour l'humanité, une ère nouvelle où les guerres se feraient avec ces armes banalisées, n'a pas échappé aux hommes politiques qui, dans l'ensemble, refusent de s'engager sur ce chemin.* »

Il est remarquable que l'introduction écrite en 1997 pour le livre *Feux follets et champignons nucléaires* soit toujours d'actualité. On a tendance à dire que les choses évoluent, mais il semblerait que ce soit seulement en surface.

Les préoccupations pour l'avenir de notre planète doivent aller de pair avec la compréhension des faits. Les soucis majeurs sont le potentiel de destruction des populations et du tissu social à cause des arsenaux nucléaires démesurés encore existants aux États-Unis et en Russie et le risque de catastrophe climatique irréversible due à l'utilisation effrénée des énergies carbonées. Le but de ce livre est de donner des informations qui permettent à chacun de se frayer un chemin dans le dédale de la maîtrise des armes nucléaires et de comprendre les enjeux de la production d'électricité nucléaire, élément important dans le choix des énergies du futur, que notre société continue à utiliser l'énergie nucléaire ou non.

L'énergie nucléaire a explosé à la surface de la planète en août 1945 avec les destructions d'Hiroshima et de Nagasaki et les centaines de milliers de morts que ces explosions ont provoquées. Les armes nucléaires n'ont ensuite jamais été utilisées, mais elles ont joué un rôle de tout premier plan dans les affaires stratégiques mondiales. Elles ont coûté de l'ordre de 5 800 milliards de dollars pour les seuls États-Unis. Certains considèrent qu'elles ont empêché une troisième guerre mondiale. D'autres pensent qu'elles représentent un danger sans précédent pour la survie de l'humanité. Ces deux opinions sont peut-être valides. Heureusement, aucune expérience n'a encore été tentée pour permettre de les départager.

Peu de temps après la Seconde Guerre mondiale, l'énergie nucléaire a été employée à des tâches moins destructrices, comme la propulsion des sous-marins, des navires et des brise-glaces. Et très rapidement, les États-Unis, l'Union soviétique, suivis par la France et le Royaume-Uni, ont eu en leur possession des gros sous-marins capables de se déplacer pendant des mois, de détruire des navires ou d'empêcher leur passage, de menacer la flotte d'un adversaire ou de lancer des attaques stratégiques pour détruire des villes ou des cibles militaires. En parallèle, est née l'industrie de production d'électricité nucléaire. Plus de 400 réacteurs fournissent maintenant 18 % de l'électricité mondiale.

Les premières armes nucléaires avaient une puissance équivalente à environ 20 000 tonnes d'explosif puissant. Les armes stratégiques actuelles ont une puissance environ 20 fois supérieure. L'arsenal américain a atteint 33 000 armes nucléaires en 1967 et est maintenant redescendu à environ 12 000. L'Union soviétique avait quelque 45 000 armes à sa disposition en 1986, et la Russie en a encore vraisemblablement 16 000. Pendant des dizaines d'années, la commande d'un seul bouton aurait pu assurer la destruction des États-Unis et de l'Europe occidentale par l'Union soviétique, qui aurait à son tour été dévastée par les armes des États-Unis. Et vice versa.

Quinze années après la fin de la guerre froide, les arsenaux américains et russes sont toujours prêts à être utilisés, avec des milliers d'armes encore en état d'alerte. La Chine a environ 400 armes, la France, environ 350, Israël et le Royaume-Uni quelque 200 chacun. L'Inde et le Pakistan ont maintenant rejoint le « club ». L'utilisation d'une vingtaine de ces armes seulement pourrait tuer 25 millions d'habitants. Avec l'évolution et la diffusion des technologies industrielles et la révolution informatique, les barrières à l'acquisition de quelques armes nucléaires sont essentiellement politiques ; il reste cependant l'obstacle majeur de l'obtention des matériaux tels que le plutonium ou l'uranium hautement enrichi. Le Traité de non-prolifération avait été conclu à la fin des années 1960 justement pour limiter le nombre de pays dotés d'armes nucléaires et éviter la dissémination des matériaux nucléaires qui pourraient ensuite se retrouver illégalement dans des bombes. Malgré sa nature discriminatoire, qui autorisait cinq pays à détenir l'arme nucléaire alors que tous les autres devaient y renoncer, ce traité a, jusqu'à présent, grandement réussi à faire respecter ses objectifs. Mais ce traité est maintenant en danger. La Corée du Nord est sortie du Traité de non-prolifération. D'autres pourraient suivre. En effet, une des raisons en est que les États détenteurs d'armes nucléaires continuent à maintenir que ces armes sont essentielles à leur sécurité tout en déniant ce même droit aux autres pays. Un autre danger provient du fait que des pays dotés d'armes nucléaires, au premier rang desquels les États-Unis, le pays militairement le plus puissant de la planète, envisagent de développer des armes de puissance plus faible, pour aller détruire des cibles précises, ce qui rend leur emploi envisageable. Outre les risques de banalisation de l'usage de cette arme de destruction massive, cela pourrait aussi conduire à une nouvelle course aux armements.

La production industrielle d'électricité nucléaire a des potentiels importants en matière d'innovation technologique. Avec l'avantage qu'elle ne produit pas de gaz à effet de serre dont l'accumulation dans l'atmosphère met en péril l'équilibre climatique de la planète, elle pourrait apporter l'une des réponses au problème de la demande croissante d'énergie dans le monde, à la condition expresse que soient simultanément assurés la disponibilité du combustible, une sécurité sans faille qui permette d'éviter un accident catastrophique, une gestion responsable des déchets nucléaires et enfin un coût abordable pour l'ensemble du cycle et des activités, y compris le démantèlement futur des installations.

Contrairement à la situation française, où les trois quarts de l'électricité consommée sont d'origine nucléaire, et à des pays asiatiques comme la Chine, la Corée du Sud, l'Inde et le Japon, qui ont construit plusieurs réacteurs dans les dernières années, aucun réacteur n'a été commandé aux États-Unis depuis 1978, et la Suède et l'Allemagne ont pris des décisions en vue d'interrompre leurs programmes nucléaires d'ici à deux décennies.

Enfin, les matériaux qui produisent la chaleur dans les centrales nucléaires, l'uranium et le plutonium, peuvent être de plus en plus utilisés pour faire des armes nucléaires. Le nombre de pays capables de maîtriser la technologie nucléaire a beaucoup augmenté et depuis les années 1950, des contrôles de plus en plus stricts ont été mis en place pour détecter des détournements éventuels de matériaux sensibles. L'une des controverses majeures sur le futur de l'électricité nucléaire concerne le risque de prolifération posé par le plutonium. Les avis se situent entre les deux extrêmes : ceux qui rejettent l'utilisation des réacteurs pour brûler le plutonium provenant du démantèlement des armes excédentaires et ceux qui insistent pour que le plutonium produit dans les réacteurs commerciaux soit systématiquement séparé et retraité et non pas traité comme un déchet.

Ce livre commence par exposer l'histoire de la découverte de l'énergie nucléaire et les fondements de sa maîtrise. Puis suit un chapitre sur la technologie et l'évolution de l'armement nucléaire, plus simples en principe que celles des réacteurs, et un chapitre sur les effets des radiations sur la santé. Trois chapitres sont ensuite consacrés à l'énergie : un chapitre sur le fonctionnement des réacteurs, leurs caractéristiques communes et les différentes filières, un autre chapitre sur les accidents nucléaires et les risques inhérents à cette activité et aux activités industrielles, et un chapitre sur les ressources énergétiques nucléaires et non nucléaires. Enfin, trois chapitres décrivent les différentes étapes de la construction des armements nucléaires, les enjeux des traités de désarmement mis en place par les nations et les menaces qui guettent notre humanité si les risques actuels de dissémination des armes et matières nucléaires ne sont pas correctement traités, en particulier par les nations qui ont une responsabilité majeure du fait de leur possession d'armements nucléaires. Ce livre se termine par un éclairage sur les contributions apportées par des scientifiques, des comités d'experts et des organisations non gouvernementales en ce qui concerne les questions de sécurité internationale. Enfin, nous résumons nos principales suggestions quant à la réduction des risques nucléaires civils et militaires.

De bonnes décisions de la part des responsables politiques, militaires et industriels pourraient grandement contribuer à la sécurité internationale et à la paix. Si nous n'hésitons pas à faire part de nos conclusions sur l'ensemble de ces questions, ce livre a avant tout pour but de donner au lecteur des éléments pour participer aux débats et se forger ses propres conclusions.

UNE FABLE POUR LES JEUNES LECTEURS (ET POUR TOUS CEUX QUI AIMENT BIEN LES HISTOIRES)

– Dans ce caramel, il y a environ 100 000 milliards de milliards d'atomes, que tu peux écrire avec un 1 suivi de 23 zéros : 100000000000000000000000, ouf !

– Dis, Grand-Père, tu gribouilles des zéros plein les pages quand tu dois faire des calculs ?

– Non. Nous autres physiciens nucléaires, nous sommes économes d'efforts et de papier, car on abat de beaux arbres pour faire du papier ; et il faut arrêter d'abattre bêtement des arbres. Nous écrivons simplement : 10^{23}. Nous mettons en haut, à droite, en petites lettres, le nombre de zéros après le 1. Nous économisons du papier et aussi un temps précieux. Donc 10^2 est égal à 100, 10^1 à 10 et 1 s'écrit aussi 10^0, car il n'y a aucun de zéro après le 1.

– Et l'atome de caramel, c'est quoi ? Une petite bille de caramel ?

– Non, c'est un mélange de trois petites billes accolées ensemble, des atomes d'hydrogène, de charbon et d'oxygène, ce même charbon que nous brûlons pour faire une grillade de saucisses et cet oxygène que tu respires et que respirent les bêtes et les plantes, qui est dans l'air et qui est indispensable à la vie, et le même hydrogène qui représente un neuvième du poids de l'eau.

– Il n'y a que trois sortes d'atomes ?

– Non, il y en a près de cent, et ils peuvent se mélanger de façons innombrables, soit au hasard pendant les milliards d'années de l'histoire de notre Univers, soit par la volonté des hommes, par exemple quand ta maman te fait cette tarte aux pommes dont elle garde le secret.

– Et un atome, c'est fait comment ? On ne peut pas le couper comme le caramel ?

S.

– Bien sûr que si. Imaginons l'atome comme une petite boule creuse. Elle est entourée d'un nuage d'électricité très mince qui protège une coquille vide au milieu de laquelle il y a un petit pépin, le noyau, qui est 100 000 fois plus petit, 100 000 fois plus petit.

– Tu veux dire 10^5 fois plus petit.

– Ça y est, tu as compris comment éviter de laisser les zéros envahir notre papier.

– Et le petit pépin, le noyau, on peut le couper ?

– Bien sûr que oui ! C'est justement le métier des physiciens nucléaires d'observer ces parties. Pour chaque type d'atome, il y a un noyau différent des autres. Ils sont fabriqués avec des petits pépins, de deux sortes différentes mais de masse très proche, qu'on appelle les protons et les neutrons. Le noyau de l'atome le plus léger, l'hydrogène, n'a qu'un proton et son nuage d'électricité est formé par exactement un électron. Pour l'atome le plus lourd dans la nature, l'uranium, le nombre total de protons et de neutrons est la plupart du temps de 238, mais il contient exactement 92 protons et son nuage d'électricité est constitué de 92 électrons.

– Et les protons et les neutrons, on peut les couper ?

– Bien sûr que oui ! C'est justement le métier des physiciens des particules. Dans 1 proton ou 1 neutron, on peut trouver des quarks qui sont 1 000 fois plus petits que les noyaux.

– Tu veux dire 10^3 fois plus petit.

– C'est ça. Les quarks sont collés entre eux par les gluons.

– Et ces quarks, on peut les couper ?

– Non.

– Et pourquoi ?

– Parce que !

– Alors plus tard, quand je serai grand, je couperai des quarks.

– C'est impossible.

– Pourquoi ?

– Parce que ! Tu sauras ça quand tu seras plus vieux et quand tu auras beaucoup étudié.

– On me le dira quand on m'expliquera comment on fait les enfants ?

– Encore plus tard.

– C'est intéressant d'être vieux ! J'aimerais vieillir encore plus vite.

– Puisque tu n'as plus peur des zéros, nous allons nous promener dans l'Univers. Si dans un tout petit morceau de ton caramel, il n'y avait que 1 000 atomes, il serait fait de 10 couches de 100 atomes chacune, c'est-à-dire un cube de 10 atomes de hauteur, sur 10 atomes de largeur et 10 atomes de profondeur. Et la taille du caramel serait 10 fois plus grande que la distance entre chaque atome.

S'il y avait 10^{21} atomes, la taille du caramel serait 10^{7} fois plus grande que la distance entre chaque atome.

– Pourquoi ?

– Parce que $7 \times 3 = 21$. Réfléchis au calcul précédent où il y avait 1 000 atomes, c'est-à-dire 10^{3} atomes, et la règle te semblera évidente. Si on multiplie par 10, on ajoute un autre zéro : donc 10^{7} atomes cela fait 10^{7}, et 10^{7} rangées de 10^{7} atomes cela fait 10^{14}, et 10^{7} couches de 10^{14} atomes, cela fait 10^{21}.

– Je comprends.

– Si ton caramel fait 1 centimètre, la distance entre les atomes est de 0,0000001 centimètres que l'on écrit 10^{-7} pour économiser le papier. Il y a 6 zéros entre la virgule et le chiffre 1. Cela te donne une idée de la taille d'un atome qui est assez proche de la distance entre les atomes dans un caramel. On peut en empiler 10 millions côte à côte pour avoir la taille du caramel. Dix millions est un chiffre facile à imaginer puisque c'est à peu près le nombre d'habitants dans une grande ville comme New York, Los Angeles, Londres ou Paris. Dans un grand pays, il y a environ 100 millions d'habitants.

– Tu veux dire 10^{8} habitants ?

– Oui, 60 millions en France, 270 millions aux États-Unis, 150 millions en Russie, et plus que 10^{9} habitants, 1 000 millions ou 1 milliard, en Chine et en Inde. L'homme le plus riche du monde possède 50 milliards d'euros. S'il empilait les pièces de 1 euro les unes sur les autres, cela ferait un tas de 50 000 kilomètres, il n'arriverait quand même pas jusqu'à la Lune, qui est à 350 000 kilomètres de la Terre.

– Il fait quoi avec ?

– Il s'achète des choses très chères. Par exemple des tableaux comme ceux que tu as vus quand on t'a emmené au musée. Il pourrait s'offrir un voyage sur un satellite pendant un an, entouré de quelques tableaux très chers et de très bonnes bouteilles de vin et quand il reviendrait, il pourrait gagner encore beaucoup d'argent en racontant comment il s'est ennuyé pendant un an et à quoi il a rêvé.

– Un an comme au musée ! J'aurais pas envie du tout. Et puis j'aimerais aller plus loin. Loin ! Loin ! Loin ! Jusqu'au bout du monde. Pour explorer de nouveaux mondes.

– C'est très difficile, bonhomme ! Car tu vivras 100 ans seulement.

– Tu veux dire 10^{2} ans.

– C'est ça, et le bout de l'Univers est à 10^{10} années de distance si on voyage à la vitesse de la lumière, 1 milliard de kilomètres à l'heure. Et même les planètes les plus proches qui sont peut-être habitées, j'aime à le penser, par des êtres vivants, sont trop éloignées pour que nous puissions même rêver d'y aller. Ce serait déjà merveilleux si nous pouvions un jour recueillir des messages intelligents envoyés par radio. Explore notre planète Terre, dont tu découvriras qu'elle est jolie, toute jolie et encore pleine de secrets à explorer. Il n'y a peut-être dans le monde qu'une seule planète comme ça.

– Une planète, tu veux dire 10^0 planète ?

– C'est ça. Tu as bien compris. Tu pourras devenir physicien nucléaire ou astronome.

– Bof ! J'aimerais mieux devenir pompier ou explorateur.

– Tu devrais quand même réfléchir ! Dans les soixante dernières années, les jeux avec le noyau de l'atome ont permis de produire l'électricité avec laquelle tu t'éclaires, mais ils ont introduit le danger d'une extinction de l'humanité. Ça, c'est un vrai feu à combattre ! Tu devrais apprendre avec tes copains à faire un usage astucieux des atomes qui contribuera au bien-être de tous et non pas à la richesse ou à la puissance démesurée de quelques fous qui, dans leur tête et dans leurs tripes, sont restés à l'âge de pierre.

Tu t'en convaincras par ce que tu apprendras en lisant ce livre. Et offrons-le à tes parents. Quelques chapitres leur paraîtront trop difficiles même pour eux. Qu'ils les sautent ! Ce n'est pas un livre scolaire où l'on part du plus simple pour arriver au plus compliqué. C'est un survol de vastes domaines, très divers, liés entre eux par leur relation à l'énergie nucléaire et les difficultés sont très inégales.

Quand tu seras plus grand, tu leur expliqueras les points obscurs. Ils seront ravis.

Et maintenant notre émission « Chefs-d'œuvre en péril ».

Chapitre premier

TOUTES LES ÉNERGIES S'ALIMENTENT À LA MÊME SOURCE

Atomes, électrons et noyaux

Toute matière est un assemblage d'atomes. Un litre d'eau, par exemple, contient environ 10^{26} atomes d'hydrogène et d'oxygène. Chacun d'eux est constitué en son centre d'un noyau minuscule dans lequel est concentrée presque toute la masse et qui occupe environ un millionième de milliardième (10^{-15}) du volume de l'atome qui est voisin de 10^{-24} cm^3. Les noyaux sont constitués de neutrons et de protons, particules de masses sensiblement égales. Le proton a une charge électrique positive ; par contre, le neutron n'a pas de charge électrique, il est électriquement neutre. Les protons et les neutrons sont appelés « nucléons » car ce sont eux qui composent les noyaux.

Le noyau est entouré d'une ou plusieurs orbites, ou « couches » d'électrons, dont les diamètres sont de l'ordre de 10^{-8} centimètre. La masse de l'électron est environ 2 000 fois plus petite que celle du proton ou du neutron. Les électrons de l'atome sont liés au noyau par une attraction électrique. Chaque électron a une charge négative et la somme de toutes ces charges compense exactement la charge positive du noyau. Un « ion » est un atome qui contient un ou plusieurs électrons supplémentaires ou auquel il manque un ou plusieurs de ses électrons.

Il est inutile de tenter d'imaginer la structure des atomes à l'aide du bon sens. Les électrons et les noyaux qui les constituent obéissent aux lois particulières de l'infiniment petit. Ce domaine est décrit par la mécanique quantique et, dans une certaine mesure, par la théorie de la relativité. Ce sont parmi les grandes conquêtes de l'esprit humain du XXe siècle réalisées par des génies capables de tourner le dos au bon sens. Les comprendre en profondeur nécessite des années d'étude. La discussion qui suit devrait permettre au lecteur de se familiariser avec des aspects fondamentaux de ces découvertes.

Les électrons du cortège atomique sont éloignés du noyau chargé positivement et ils occupent des niveaux d'énergie bien définis qui sont déterminés par la théorie quantique de l'atome, publiée en 1913 par le physicien danois Niels Bohr. Le fameux « tableau périodique des éléments » que l'on apprend en chimie à l'école, a été introduit par le chimiste russe Dimitri Mendeleev en 1891. Ce tableau ordonne les éléments à peu près en ordre de masse atomique et il se trouve que c'est exactement en ordre de Z, le « nombre atomique », qui est le nombre de protons du noyau. Par exemple, puisqu'il y a 7 protons dans le noyau de chaque atome d'azote, le nombre atomique de l'azote est égal à 7. Bien sûr, Mendeleev et ses contemporains ignoraient tout des protons ou du nombre atomique. À première vue, les « périodes », ou rangées du tableau, semblaient relativement arbitraires, mais leur longueur est telle que les éléments se trouvant dans la même colonne ont des propriétés chimiques analogues. Ces périodes ont des longueurs de 2, 8, 18, 32, 50, 72 et 98, et ont d'abord été expliquées comme l'un des premiers triomphes de la mécanique quantique appliquée à la structure atomique : elles correspondent à chacune des couches concentriques d'électrons.

Un élément est défini chimiquement par le nombre d'électrons de l'atome, lui-même déterminé par le nombre de protons dans le noyau de l'atome. Mais alors que, par définition, pour un élément donné, le nombre de protons du noyau atomique est fixé, le nombre de neutrons du noyau peut être variable : on appelle « isotopes » les atomes d'un élément particulier dont le noyau contient le même nombre de protons mais un nombre différent de neutrons. Par exemple, l'élément le plus simple, l'hydrogène, dont le noyau contient un seul proton (Z = 1), existe sous trois formes : le noyau peut être constitué soit de l'unique proton, soit du proton avec un seul neutron, ou encore du proton et de deux neutrons. On appelle respectivement « deutérium » et « tritium » les deux formes les plus lourdes, ou isotopes, de l'hydrogène.

La plupart des éléments existent sous plusieurs isotopes. Deux isotopes importants de l'uranium (Z = 92), élément essentiel pour la production d'énergie nucléaire, sont l'uranium-235, dont le noyau contient 92 protons et 143 neutrons, et l'uranium-238, dont le noyau contient, bien sûr, 92 protons mais aussi 146 neutrons. Donc Z = 92 pour les deux isotopes, mais l'uranium-238 a trois neutrons supplémentaires.

Interactions

Extraire un électron de l'atome nécessite un investissement en énergie suffisamment élevé pour dépasser l'énergie électrique qui lie cet électron au noyau. Les réactions chimiques, les combustions et tout ce qui autour de nous bouge, change d'état et affecte nos sens, sont liés aux échanges d'énergie entre les cortèges d'électrons qui bordent les atomes. Il arrive que ces réactions mettent en jeu un transfert d'électrons entre les atomes. Les noyaux contemplent, indifférents, ces flirts ou mariages entre électrons du lointain cortège si mollement liés à eux. Ces mariages peuvent affecter quelques atomes qui s'attachent les uns aux autres de façon stable pour former une molécule, la plus petite unité de composant chimique ; ou bien ils peuvent impliquer des tribus immenses d'atomes qui se réunissent par centaines, milliers ou millions, pour constituer des cristaux et toutes les formes variées de matière qui constituent notre Univers.

Comme nous l'avons déjà dit, l'élément chimique le plus simple de la nature, l'hydrogène, a un noyau constitué d'un seul proton. C'est aussi l'élément le plus abondant dans l'Univers dont il compose les trois quarts de la masse observée. On entend par là celle qui émet la lumière des étoiles[1]. Le neutron et le proton se lient sous l'effet d'une force spécifique de très courte portée. Cette « force nucléaire » est beaucoup plus forte que la force électrique sous l'influence de laquelle les particules, dont la charge électrique est de même signe, tendent à se repousser ; les noyaux seraient donc instables si cette force électrique n'était pas contrecarrée. La force nucléaire ne s'exerce que lorsque les nucléons sont distants de moins de 10^{-13} cm environ. Il faut dépenser une énergie un million (10^6) de fois plus grande pour extraire un nucléon du noyau que pour extraire un électron d'une couche atomique ; et comme la distance entre les nucléons est 10^5 fois plus courte, la force est donc 10^{11} fois plus grande. La force nucléaire (10 MeV sur 10^{-13} cm) agissant sur un seul proton est à peu près celle qu'il faut pour supporter une masse de 100 kilogrammes sur la Terre, tandis que la force atomique qui maintient les électrons dans l'atome (10 eV sur 10^{-8} cm) est à peu près celle qu'il faut pour supporter une masse de un microgramme. Ces disparités fantastiques dans les intensités des diverses forces de la nature ne sont pas toujours familières même à nos amis scientifiques. C'est l'un des titres de gloire de la physique théorique moderne que d'être capable de rendre compte de ces forces dans des théories unifiées.

Énergie

La température d'un milieu reflète l'agitation au hasard de ses atomes. Élever la température revient à accroître cette agitation, c'est-à-dire la vitesse moyenne des atomes ou des associations d'atomes, les molécules, qui sont comme animés d'un mouvement incessant. Ils entrent en collision avec leurs voisins ou éventuellement avec les atomes des parois du récipient qui les contiennent. La sensation de brûlure que nous ressentons lorsque nous mettons le doigt dans une flamme provient du fait que les atomes qui y dansent entrent en collision avec ceux de nos chairs, y arrachent les électrons périphériques et provoquent ainsi la dissociation des groupes d'atomes dont sont faits nos tissus. (À des températures peu élevées, des nerfs spécialisés chez les hommes comme chez certains animaux avertissent des dégâts potentiels.) Lorsqu'on la regarde à l'échelle microscopique, l'énergie de tous ces atomes est de même nature que celle d'une voiture lancée à toute vitesse, d'un ballon de football ou de n'importe quel projectile. On l'appelle « énergie cinétique », c'est-à-dire énergie de mouvement. L'énergie thermique du milieu est la somme de toutes les énergies cinétiques de ces atomes agités.

Il existe de multiples formes d'énergie très différentes les unes des autres : cinétique, thermique, électrique, magnétique, chimique et bien d'autres encore. Elles peuvent se transformer l'une dans l'autre, mais en respectant une règle qui ne souffre pas d'exception : l'énergie totale est conservée. Toute apparition d'énergie se fait au détriment d'une autre forme d'énergie. À la fin de la transaction, les comptes doivent être équilibrés.

La formulation de la loi de la conservation de l'énergie fut une grande percée théorique et pratique. Elle s'applique aussi bien aux collisions de particules infiniment petites qu'aux systèmes compliqués comme une batterie qui chauffe un fil dans une lampe de poche, un moteur qui actionne une grue de levage, un oiseau qui gobe une mouche, etc. En résumé, elle s'applique à tout.

La loi de la conservation de l'énergie fut mise à rude épreuve lorsque le physicien français Henri Becquerel découvrit la radioactivité en 1896. En 1898, à Paris, Pierre et Marie Curie ont isolé deux éléments très radioactifs, qu'ils nommèrent « polonium » et « radium » ; Marie Curie introduisit le terme « radioactivité » pour définir le processus d'émission spontanée de radiation par de telles substances. D'où provenait cette énergie qui, par exemple, éjecte des noyaux d'hélium (que l'on appelle dans ce cas des « particules alpha ») des atomes de radium ? Une particule alpha a une énergie 200 millions de fois plus grande que l'énergie d'agitation de l'atome de radium à température ambiante. Comment le radium pouvait-il continuer à luire et à rester plus chaud que les corps qui l'entouraient, et cela pendant des semaines, des mois, voire des années ou des siècles ?

La loi de la conservation de l'énergie est un guide très sûr pour les chercheurs. Elle leur permet d'accueillir avec un sourire sceptique tous les découvreurs de mouvements perpétuels : le problème se ramène toujours à la présence d'une énergie cachée qui n'a pas été prise en compte. Si les Curie ne voulaient pas croire aux miracles, il devait y avoir une énorme source d'énergie enfouie qui était ensuite relâchée par la radioactivité. L'explication de ce phénomène fut l'un des triomphes de la théorie de la relativité et de la physique nucléaire.

Le rayonnement lumineux du Soleil transmet de l'énergie, éventuellement absorbée par une multitude d'objets terrestres qui la transforment en chaleur ou en énergie chimique. L'énergie électrique peut être véhiculée par des électrons circulant dans des conducteurs métalliques, mis en branle par des forces électromagnétiques engendrées par une variété de machines. L'énergie chimique provient du changement de l'« énergie de liaison » des électrons des cortèges atomiques qui se marient dans les réactions chimiques. L'énergie de la radioactivité est autre chose : elle se manifeste non seulement sous la forme de particules alpha énergiques, mais aussi par l'émission d'électrons (que l'on appelle dans ce cas des « particules bêta ») transportant une énergie un million de fois supérieure à celle d'un électron atomique ordinaire. De nombreux matériaux radioactifs émettent des « rayons gamma », l'équivalent de rayons X très énergiques. Commencer à comprendre la radioactivité a nécessité une véritable révolution : dans ce cas, ce fut la théorie de la relativité restreinte d'Albert Einstein. Ce fut l'un des innombrables titres de gloire d'Einstein que d'avoir montré que toutes les variations d'énergie E sont liées à une variation de masse M, par une loi universelle simple :

$$E = M \times c \times c \qquad \text{ou encore} \qquad E = Mc^2$$

où c est la vitesse de la lumière dans le vide.

Cette loi extraordinaire, si simple et universelle, relie trois quantités différentes : la masse, la vitesse de la lumière et l'énergie. Elle est très facile à utiliser. D'après la formule d'Einstein, il suffit d'écrire M en kilogrammes (kg), E en joules (J), et c en mètres par seconde (m/s) : $E\ (J) = M\ (kg) \times c^2$. Puisque $c = 3 \times 10^8$ m/s, son carré est 9×10^{16}, on obtient $E\ (J) = 9 \times 10^{16}$ (J) pour l'énergie équivalente d'une masse de 1 kilogramme. Notre tâche, à nous les auteurs, est grandement simplifiée par la description des « unités et dimensions » à la fin de cet ouvrage qui va nous être maintenant très utile.

Vous savez qu'une énergie de 1 kWh équivaut à 3,6 10^6 joules. Une masse de 1 kilogramme libérant 9 10^{16} joules correspond donc à une énergie électrique de

E=Mc²

25 milliards de kilowatts-heure : l'électricité correspondant à la transformation d'une masse de un kilogramme représente 25 000 heures (3 années) de fonctionnement à puissance maximale d'une centrale de 1 million de kilowatts-heure (1 gigawatt) qui peut alimenter une ville de 800 000 habitants. Pendant cette période, le réacteur aura utilisé 75 tonnes de combustible nucléaire et, après 3 années, la masse du combustible sera inférieure de 3 kilogrammes seulement à ce qui y aura été inséré, parce que 3 kilogrammes de masse auront été convertis en chaleur (avec 100 % d'efficacité). Cependant, puisque le rendement des turbines à vapeur et des générateurs électriques courants n'est que de 30 % environ, une fraction seulement de cette chaleur sera convertie en énergie électrique (l'équivalent de la conversion d'une masse de 1 kilogramme, le reste se transformant en chaleur).

On sait par la publicité que manger un œuf donne au corps une énergie de 90 Calories, qu'un biftek d'une livre lui fournit 800 Calories et qu'il ne faut pas dépasser 2 000 Calories par jour si l'on veut éviter de prendre du poids. Il s'agit ici de « grandes calories » (4 186 joules) utilisées comme unité pratique pour mesurer la valeur énergétique de la nourriture. Il faut dépenser 1 Calorie pour porter 1 litre d'eau de 0 à 1 degré Celsius ou pour soulever de 5 mètres une personne de 80 kilogrammes.

Ces calories sont produites par un changement de masse. Lorsqu'un atome de carbone s'unit à deux atomes d'oxygène pour donner une molécule de gaz carbonique, réaction qui se produit quand le carbone brûle dans l'air, ou encore avec le carbone qui est omniprésent dans notre alimentation, la molécule de gaz carbonique résultante a une énergie cinétique de vibration, rotation, ou tout autre mouvement, plus grande que celle des atomes de carbone et d'oxygène initiaux. Cette énergie est empruntée à celle qui était stockée dans les cortèges orbitaux d'électrons atomiques. Elle correspond à une variation de masse : les atomes initiaux brûlés pèsent plus lourd que les produits refroidis de la combustion. Cette variation de masse représente environ un cinquième de milliardième de la masse des atomes brûlés. Ainsi, la loi bien connue en chimie, et que les chimistes acceptaient jusqu'au temps d'Einstein, selon laquelle la masse des produits finaux d'une réaction est égale à celle des produits initiaux qui réagissent, est fausse, mais seulement imperceptiblement fausse. La chaleur produite dans la réaction provient d'une perte de masse inévitable, mais très petite. La variation absolue de masse est donc la même que dans une centrale nucléaire, mais elle ne représente qu'une partie infime de la masse des combustibles, environ 3 kilogrammes par an des 3 000 millions de kilogrammes de carbone brûlés.

Lorsque deux neutrons et deux protons s'unissent dans le Soleil pour, après quelques étapes intermédiaires, former un noyau d'hélium, réaction fondamentale dans la synthèse des éléments pendant l'histoire de l'Univers depuis le Big

Bang, la variation de masse entre les quatre nucléons et le noyau d'hélium est voisine de 1 % de la masse initiale, donc aisément mesurable en laboratoire. Une conséquence de cette différence de masse peut être expérimentée chaque fois qu'on prend un coup de soleil ou qu'on utilise des combustibles fossiles créés par la lumière solaire il y a des millions d'années.

Le changement d'échelle entre les variations de masse liées à des réactions nucléaires et celles des réactions chimiques est donc colossal : 1 % au lieu d'une fraction de milliardième ! Dans les réactions chimiques, il est donc beaucoup plus aisé et précis de mesurer le dégagement de chaleur que les différences de masse pour calculer des variations d'énergie.

Lorsque des particules s'annihilent complètement, leur masse totale est disponible sous forme d'énergie. Un positron est un antiélectron de charge positive, émis par certains noyaux radioactifs comme le carbone-11 ou le fluor-18. Par exemple, un positron arrêté par la matière se combine avec un électron atomique ordinaire pour former deux rayons X de grande énergie, chacun ayant une énergie proche de la masse au repos de l'électron ou du positron, c'est-à-dire 510 000 eV ou 510 kilo-électronvolts. Ce processus d'annihilation est la base de la tomographie à positrons, largement utilisée en recherche médicale et pour certains diagnostics.

L'énergie lumineuse rayonnée par le Soleil et toutes les étoiles, qui sont des soleils plus éloignés de nous, est donc émise au prix d'une perte de masse de ces objets. Leur vie est ainsi limitée dans le temps. Elle atteint tout de même des millions ou des milliards d'années en raison de l'énergie nucléaire enfouie en leur sein, suffisant à renouveler un million de fois l'énergie thermique qui réside à l'intérieur d'une étoile chaude.

L'énergie cinétique (l'énergie de mouvement) est facilement transformée en chaleur, tout comme les freins d'une bicyclette chauffent lorsqu'ils arrêtent le véhicule. Lorsqu'une balle de plomb voyage à la vitesse du son dans l'air, 300 mètres par seconde, son énergie cinétique est telle que si on l'arrête par un blindage d'acier, la transformation de son énergie cinétique en chaleur élèvera la température du plomb de 300 degrés Celsius.

La vitesse de la lumière dans le vide est un million de fois plus grande que celle du son dans l'air. Vous percevez aisément le décalage dû au temps de propagation de la lumière lorsque vous téléphonez à quelqu'un qui se trouve dans un pays lointain, ce qui se fait souvent grâce à un relais placé sur un satellite à 40 000 kilomètres de la Terre. Le retard de la voix portée par une onde radio voyageant à la vitesse de la lumière est perceptible dans la conversation quand son écho arrive à destination, et il est pourtant un million de fois plus court que le temps qui serait mis si le signal voyageait à la vitesse du son, comme un avion par exemple.

Cette vitesse de la lumière, qui est considérable et qui apparaît au carré dans la formule $E = Mc^2$, confère à l'énergie totale associée à la masse au repos de la balle de plomb une valeur quelque mille milliards de fois plus grande que l'énergie que lui donnerait la vitesse du son dans l'air (l'énergie cinétique de la balle voyageant à la vitesse du son). En comparaison, on peut noter qu'une balle de plomb de 6 kilogrammes en mouvement avec une vitesse équivalente à 2,5 % de celle de la lumière, libérerait autant d'énergie dans une collision que la fission des 6 kilogrammes de plutonium de la bombe qui a rasé la ville de Nagasaki.

Découverte de l'énergie nucléaire

Jusqu'en 1942, l'énergie nucléaire se manifestait soit à la très grande échelle de l'évolution de l'Univers, dans le Soleil et les autres étoiles, soit à l'échelle microscopique des réactions entre noyaux isolés qui pouvaient être produites par des accélérateurs en laboratoire. Même parmi les plus grands physiciens, nombreux étaient ceux qui croyaient qu'il ne serait jamais possible de puiser dans cet immense réservoir d'énergie contenue dans la masse des noyaux atomiques. Einstein a même dit que c'était aussi vraisemblable que de voir un aveugle réussissant à chasser un oiseau dans un pays où ceux-ci sont très rares. La physique nucléaire fut longtemps considérée comme une science sans aucune perspective d'application sérieuse. Mais, comme cela arrive de temps en temps dans les domaines scientifiques, il a suffi d'une simple découverte, faite par des chercheurs qui n'en soupçonnaient pas les conséquences, pour que tout bascule et que le sort de notre civilisation soit soudainement mis en jeu.

En 1932, à Cambridge, le physicien James Chadwick découvrit le neutron, émis lorsque l'on bombardait du béryllium avec des particules alpha émises par des matériaux radioactifs. Cette découverte faisait suite à deux travaux fondamentaux : l'observation en 1930 par Walther Bothe et Herbert Becker d'un rayonnement très pénétrant supposé être un rayonnement gamma très énergique observé lorsqu'on bombarde du béryllium par des particules alpha, et l'observation, par Joliot et son équipe attelés à clarifier cette réaction, que ce rayonnement très pénétrant projetait des protons lorsqu'il heurtait une cible hydrogénée. On comprendra plus tard que ce rayonnement très pénétrant était constitué de neutrons. Dans le laboratoire de Chadwick, le concept de neutron avait été formulé par Ernest Rutherford et des expériences infructueuses avaient même été tentées. Les observations de Joliot montraient qu'il produisait des neutrons mais il n'en était pas conscient. Chadwick réalisa une expérience concluante et montra que ce rayonnement très pénétrant observé par Bothe et étudié par Joliot était un

« neutron ». Cette découverte fut essentielle pour la compréhension de la structure des noyaux.

Chadwick proposa l'explication suivante pour cette découverte majeure : la particule alpha se combine avec le noyau de béryllium (nombre atomique Z = 4) pour former du carbone (Z = 6) plus un neutron libre, le rayonnement pénétrant. Bien avant sa découverte, le terme « neutron » avait été appliqué à une particule hypothétique qui permettrait de résoudre certains des paradoxes inhérents à la représentation des noyaux comme étant constitués, d'une part, de protons et, d'autre part, d'électrons nucléaires dont la charge électrique totale compenserait celle d'environ la moitié seulement des protons. Chadwick pensait qu'il avait découvert un composé proton-électron beaucoup plus petit que l'atome d'hydrogène. Il s'écoula un certain temps avant que lui-même et les autres physiciens ne fussent convaincus que cette découverte était celle d'une nouvelle particule fondamentale qui constitue plus de la moitié de la masse des objets qui nous entourent.

Avec le neutron, on disposait pour produire les réactions nucléaires d'un nouveau projectile qui, contrairement au proton, n'était pas inhibé par la charge électrique du noyau. Un proton qui s'approche d'un noyau est repoussé par la charge positive des protons du noyau. Avec le neutron, il était possible de partir à l'assaut des noyaux lourds, comme l'uranium, que leur grande charge positive (Z = 92) rendait quasi impénétrables à des projectiles chargés positivement comme les protons.

Pendant des siècles, les alchimistes avaient essayé de transmuter du plomb en or. À l'époque de Chadwick, on avait bien compris que le noyau n'était pas affecté par des manipulations chimiques. Jusqu'à cette époque, on utilisait les protons, chargés positivement, ou les particules alpha émises par des sources radioactives comme projectiles pour sonder l'intérieur des atomes. Avant la Première Guerre mondiale, Pierre et Marie Curie furent des pionniers dans la fabrication de sources radioactives puissantes. (Leur exposition répétée à une radioactivité intense a finalement ruiné leur santé.) À l'époque de la physique nucléaire naissante, ces sources radioactives ont joué le rôle que les accélérateurs de particules joueront plus tard. Elles permirent maintes découvertes fondamentales, en particulier la mise en évidence de la « radioactivité artificielle » par Irène et Frédéric Joliot en 1934 : des substances radioactives sont produites en bombardant un élément normalement non radioactif, c'est-à-dire stable, avec un projectile nucléaire. Dans leur cas, ils avaient bombardé du bore avec des particules alpha.

Ces sources furent vite supplantées par les protons accélérés à très haute vitesse dans le cyclotron, un accélérateur de particules inventé et construit à Berkeley, en Californie, par le physicien américain Ernest Lawrence en 1932 (Leo

Szilard, qui apparaîtra plus tard dans cette histoire, avait aussi indépendamment inventé le cyclotron).

Après la découverte de la radioactivité artificielle, Enrico Fermi, quand il était à Rome, avait eu l'idée d'utiliser des neutrons comme projectiles neutres pour effectuer des transmutations nucléaires, c'est-à-dire la transmutation du noyau atomique d'un élément en celui d'un autre élément. Alors qu'une énergie très grande est requise pour que ces projectiles nucléaires chargés pénètrent la barrière électrique qui entoure un noyau, les neutrons peuvent se faufiler à l'intérieur de celui-ci tout en étant presque au repos. En mars 1934, Fermi avait présenté un article où il démontrait la production de radioactivité artificielle en bombardant de l'aluminium et du fluor par des neutrons. En décembre 1934, il découvrit que les neutrons, dont l'énergie s'était épuisée par des collisions dans la paraffine, étaient beaucoup plus efficaces que des neutrons qui n'avaient pas été ralentis. Ce résultat, totalement inattendu, ne pouvait s'expliquer que par la mécanique quantique : naïvement, on aurait pu penser que plus les neutrons étaient énergiques, plus ils auraient été efficaces pour produire des réactions nucléaires. Mais en réalité, pour de nombreux noyaux, le taux d'absorption ou de transformation est proportionnel au temps pendant lequel les neutrons se déplacent à l'intérieur du noyau, ce qui est précisément inversement proportionnel à la vitesse du neutron. L'utilisation des neutrons lents, c'est-à-dire des neutrons qui ont seulement l'énergie thermique ambiante, traça une voie royale pour l'étude des réactions nucléaires, malgré les sources extraordinairement faibles de neutrons dont pouvaient alors disposer les physiciens.

Les physiciens furent particulièrement tentés d'irradier l'uranium parce que c'était l'élément le plus lourd connu dans la nature à l'époque : comme cela a été dit plus haut, son noyau contient 92 protons. Si un neutron était capturé et venait s'ajouter au stock existant, il pourrait créer un nouveau noyau, instable, qui se désintégrerait en émettant un électron, si bien que la charge du noyau augmenterait d'une unité, un neutron se transformant en un proton plus un électron.

Il s'est aussi avéré qu'une autre particule était émise, appelée « neutrino », sans charge électrique, de masse très faible si on la compare à celle de l'électron, et même si faible qu'on n'a pas encore réussi à la mesurer, qui peut traverser la Terre entière sans interagir et qui est donc très difficile à détecter. Elle l'a cependant été et, même avant qu'elle n'ait été réellement découverte, son existence avait été postulée pour que les lois de conservation de l'énergie et de l'impulsion soient respectées dans ces désintégrations.

La capture d'un neutron est une façon bon marché d'ajouter un proton à un noyau et de fabriquer ainsi des atomes qui n'existent pas dans la nature car ils sont instables. Normalement, le résultat est un autre élément chimique, puisqu'il aura le nombre de protons (et donc liera le nombre d'électrons) de l'élément suivant du tableau de Mendeleev. Dans le cas de l'uranium, on ne connaissait pas d'élément contenant un proton supplémentaire (le 93e). L'uranium devait alors être transmuté en un élément chimique complètement nouveau. En juin 1934, Fermi et son groupe publièrent, à Rome, les résultats d'expériences utilisant des neutrons pour produire plusieurs types nouveaux de matériaux artificiellement radioactifs. Parmi ceux-ci, ils interprétèrent leur résultat comme la création d'un nouvel élément, qu'ils appelèrent « ausonium », élément dont le noyau était supposé contenir 93 protons, un de plus que l'uranium. Leur interprétation les avait induits en erreur : ils n'avaient pas découvert le 93e élément, mais quelque chose de beaucoup plus important, comme cela sera expliqué ci-dessous. La véritable découverte du 93e élément n'eut pas lieu avant 1940 lorsque Edwin McMillan et Philip H. Abelson, à Berkeley, obtinrent un nouvel élément qu'ils baptisèrent « neptunium », dont le nombre atomique est de 239. Cet élément est le résultat de la désintégration de l'uranium-239 qui a une durée de vie de 23 minutes. Le neptunium-239 se désintègre en plutonium-239 avec une durée de vie de 2,36 jours. Le plutonium est le 94e élément.

Durant les années 1934 à 1938, les meilleures équipes allemandes, françaises et italiennes tentèrent d'élucider la nature des corps radioactifs produits dans l'uranium par la capture des neutrons. À part Ida Noddack, une radiochimiste allemande respectée, qui avait codécouvert un nouvel élément, le « rhénium », personne n'avait eu l'idée de la fission, c'est-à-dire le fractionnement de un noyau lourd en deux autres plus légers, ce qui est différent de la perte de un ou deux protons ou neutrons[2]. Le plus plausible semblait être que la capture de un neutron causerait simplement un ajustement relativement mineur du noyau.

Lorsqu'à la fin de 1938, le phénomène de la fission nucléaire fut enfin découvert et identifié, on a très vite réalisé que ce phénomène avait le potentiel de bouleverser l'art militaire et de déterminer les équilibres politiques planétaires. Le physicien hongrois Leo Szilard[3], acteur éminent de cette histoire, homme de vision, énergique et influent, avait déposé un brevet le 12 mars 1934, quand il habitait à Londres, sur le concept d'une réaction nucléaire en chaîne, dans laquelle un neutron bombardant certains matériaux (il avait cité le béryllium, l'uranium et le thorium) produirait 2 neutrons de haute énergie, qui à leur tour en produiraient 4, qui en produiraient 8, qui en produiraient 16, et ainsi de suite. À ce moment-là, Szilard n'avait pas l'idée claire d'une transmutation causée par les neutrons, et certainement pas de la fission. Par la suite, aux États-Unis, il jouera un rôle essentiel pour l'obtention de la première réaction nucléaire en chaîne.

La mise en évidence de la fission est un véritable roman policier.

En 1938, Fermi reçoit le prix Nobel pour « *sa mise en évidence de nouveaux éléments radioactifs produits par l'irradiation de neutrons, et pour sa découverte, qui était liée à la précédente, des réactions nucléaires engendrées par les neutrons lents* ». Dans son discours de réception du prix Nobel, à Stockholm le 10 décembre 1938, Fermi a expliqué que le bombardement de l'uranium par des neutrons avait conduit à la production d'un ou plusieurs éléments de nombre atomique supérieur à 92 et il avait spécifiquement mentionné les éléments 93 et 94, ensuite appelés « neptunium » et « plutonium ». Il ne s'était pas rendu compte que, depuis 4 ans, à Rome, son équipe obtenait des réactions de fission. En effet, ils n'avaient pas détecté les produits de fission qui étaient émis parce qu'une mince feuille d'aluminium, qui blindait le détecteur des particules alpha émises par l'uranium, empêchait que les produits de fission entrent dans le détecteur. Ils avaient aussi produit les éléments 93 et 94, mais leur expérience ne pouvait prouver l'existence d'une fission de l'uranium.

Un mois plus tard, à Berlin, Otto Hahn et Fritz Strassmann publièrent leurs travaux de 1938, identifiant certains des produits du bombardement de l'uranium par des neutrons, dont le baryum qui comporte 56 protons. Ils avaient été conduits à cette interprétation en voulant clarifier les observations d'une équipe française de l'Institut du radium, Irène Joliot et Pierre Savitch. Comme chimistes, Hahn et Strassmann étaient certains de leur résultat. Comme « chimistes nucléaires », ils étaient beaucoup plus hésitants à se résoudre à « *franchir un tel pas qui va à l'encontre de toutes les expériences précédentes en physique nucléaire* », ont-ils écrit[4]. Ils n'arrivaient pas à concevoir de mécanisme physique qui ferait exploser un noyau d'uranium en deux fragments d'environ la moitié de sa masse.

À Noël 1938, Lise Meitner (une collègue de Hahn et Strassmann qui, étant juive, avait été forcée de s'exiler en Suède) et son neveu Otto Frisch ont, les premiers, réfléchi en détail aux implications de la découverte du baryum et l'ont expliquée en appliquant le modèle de la « goutte liquide » du noyau qui venait d'être élaboré par Niels Bohr ; ils publièrent leurs travaux dans la revue *Nature* le 6 janvier 1939. La capture d'un neutron par un noyau d'uranium provoquerait dans la goutte liquide des oscillations assez violentes pour que la goutte se divise en deux. Frisch a appelé ce processus « fission » par analogie avec la division des cellules en biologie. Les produits de fission, constitués de noyaux plus légers, avaient une énergie cinétique considérable dont la valeur, en termes de variation de masse, représentait environ un millième de la masse initiale du noyau d'uranium.

Enrico Fermi avait quitté l'Italie fasciste avec sa famille pour aller recevoir le prix Nobel en décembre 1938 et n'avait pas l'intention d'y retourner. Arrivé à New York le 2 janvier 1939, il s'était installé au Département de physique de l'Université de Columbia (New York). Deux semaines plus tard, Fermi et sa femme Laura accueillirent Bohr qui arrivait du Danemark en possession de la nouvelle officieuse que Meitner et Frisch avaient confirmé le processus de la fission nucléaire par des expériences « radiochimiques » (c'est-à-dire utilisant la chimie pour identifier les matériaux radioactifs résultant de la fission de l'uranium induite par un bombardement de neutrons). Fermi était intéressé par la fission en tant que nouveau processus physique, mais Szilard, qui s'était installé à New York en novembre 1938, avait vu dans la fission la quasi-certitude de pouvoir fabriquer des explosifs nucléaires, l'aboutissement de son obsession de la réaction en chaîne depuis cinq années. En 1932, Szilard avait lu le roman de H. G. Wells intitulé *La Destruction libératrice*, publié en 1914, où est décrite la destruction des plus grandes villes de la planète par des bombes atomiques en 1956. Le 19 février 1939 à Copenhague, Frisch publia une vérification expérimentale des résultats de Hahn et Strassmann, avec l'observation, dans une chambre d'ionisation, de signaux de grande amplitude provenant des fragments de fission. La chambre d'ionisation est un outil fondamental des physiciens utilisé, à l'époque, pour détecter les particules alpha. Lorsqu'elle est émise par un noyau, la particule parcourt quelques centimètres dans le gaz qui remplit la chambre[5], perdant son énergie en arrachant sur son passage des électrons de centaines de milliers d'atomes. Un amplificateur électronique sensible détecte la charge électrique provenant de tous ces ions positifs attirés par l'électrode négative (ou des électrons attirés par une plaque métallique portée à un potentiel positif). En comparant avec le signal d'une particule alpha, qui est typiquement de 6 MeV (millions d'électronvolts), il était clair que le processus de fission libérait une énergie presque égale à 200 MeV.

En février 1939, à Princeton, Bohr avait émis l'hypothèse que la fission par les neutrons lents ne se produisait que dans un seul isotope de l'uranium, l'uranium-235, puis John Wheeler et lui-même calculèrent l'énergie du neutron nécessaire pour produire la fission. Un neutron capturé par un noyau lourd conduit ce dernier à vibrer avec une énergie égale à l'énergie de liaison du neutron augmentée de son énergie cinétique. Si l'énergie du neutron est suffisamment élevée, le noyau excité se fragmente rapidement en deux morceaux de tailles inégales, alors que pour des énergies inférieures, l'excitation est émise sous forme de rayons gamma. Ils calculèrent qu'une énergie de neutron de 0,6 MeV serait nécessaire pour provoquer la fission dans l'uranium-238 et environ une valeur de zéro pour l'uranium-235[6]. Cela confirma l'hypothèse de Bohr selon laquelle la fission par des neutrons lents dans l'uranium naturel était due à l'uranium-235, un isotope rare, présent dans la proportion de 0,72 % seulement. Cette prédiction théorique fut prouvée en mars par Alfred O. Nier et ses collègues de l'Université du Minnesota. Ils avaient observé un taux de fission plus élevé que la normale dans leur échantillon d'uranium qu'ils avaient réussi à enrichir en uranium-235. La fission peut être induite par des neutrons de basse énergie (quelques MeV) dans les noyaux de masse élevée seulement ; les noyaux de faible masse frappés par un neutron émettent un neutron de plus faible énergie ou quelquefois un proton.

En 1939, plus d'une centaine d'articles consacrés à la fission furent publiés dans des revues scientifiques. Les travaux avaient déjà commencé dans plusieurs pays, dont les États-Unis, l'Allemagne et le Japon. En France, Frédéric Joliot et ses collaborateurs déposèrent un brevet portant sur un « *dispositif de production d'énergie* » et des « *perfectionnements aux charges explosives* ». Fait capital, la fission s'accompagnait de l'émission de plusieurs neutrons, une possibilité déjà mentionnée par Fermi lors d'une conférence prononcée à Washington en janvier 1939, puis établie en mars 1939. En avril 1939, Frédéric Joliot, Francis Perrin, Lew Kowarski et Hans von Halban, publièrent dans *Nature* des travaux indépendants montrant que la fission s'accompagnait de l'émission de 3,5 ± 0,7 neutrons en moyenne, alors que Szilard et Walter H. Zinn, à l'Université de Columbia, aboutirent au chiffre 2. Pour la fission de l'uranium-235 par des neutrons lents, ce nombre a ensuite été déterminé plus précisément et est égal à 2,4. Cela rendait possible une réaction en chaîne, les neutrons produits par une fission pouvant chacun produire une nouvelle fission.

Une réaction en chaîne, si on pouvait la réaliser, permettrait de passer de l'infiniment petit d'une réaction nucléaire individuelle, à une réaction intéressant des millions de milliards de milliards de noyaux d'un objet à notre échelle.

Une telle réaction en chaîne utilisant l'énergie des neutrons de fission équivaut aux intérêts composés d'un capital qui doublerait tous les cent millionièmes de seconde ! Il était évident pour les physiciens de l'époque que si l'on pouvait provoquer la fission à une grande échelle, une énergie équivalente à celle produite par une tonne d'explosif puissant comme le TNT pourrait être extraite de 50 millièmes de grammes (50 milligrammes) d'uranium[7].

À Columbia, comme dans tous les laboratoires du monde, c'était la ruée des physiciens vers l'exploration du nouveau phénomène de la fission, alors que Fermi, sous l'insistance de Szilard, travaillait à une réaction en chaîne autoentretenue. En juillet 1939, Szilard incita Fermi à construire une pile expérimentale de grande taille, avec « *environ 50 tonnes de graphite et 5 tonnes d'uranium* », et le 1er novembre, le Comité consultatif sur l'uranium nouvellement créé recommandait les achats de matériaux correspondants.

Mais la Seconde Guerre mondiale bouleversa les conditions dans lesquelles les travaux sur la fission furent poursuivis. Sous l'influence d'Albert Einstein, qui avait été alerté des usages possibles de la fission et du fait que les Allemands y travaillaient déjà, ainsi que d'Eugène Wigner et Leo Szilard (tous deux physiciens hongrois réfugiés), le président Roosevelt décida de lancer des recherches pour éviter d'être pris de court par les nazis. Sa conviction et celle de ses conseillers scientifiques furent définies à la suite d'un rapport secret des physiciens Rudolph Peierls et Otto Frisch, deux émigrés juifs allemands réfugiés à Birmingham, en Angleterre. Ils avaient calculé qu'une masse relativement faible d'uranium-235, de l'ordre de quelque cinq kilos et non de tonnes, pourrait suffire à conserver un nombre suffisant de neutrons de fission pour produire un nombre croissant de fissions et donc faire une bombe. Ils communiquèrent cette information aux autorités britanniques, qui en firent part à Washington en 1941. En juillet 1941, le Comité Maud, mis en place par le gouvernement britannique, était arrivé à la

Scénario de fission de l'uranium-235

1) État initial : le neutron et le noyau d'uranium-235 sont presque au repos, à la température ambiante.

2) État intermédiaire : le neutron a été incorporé dans le noyau qui vibre comme une goutte d'eau avant d'éclater. Le lecteur pourra remplir d'eau un ballon et le tapoter et voir comment il vibre.

3) La « goutte » nucléaire a éclaté en donnant 2 noyaux plus légers radioactifs, dont l'énergie cinétique est de 150 MeV, et 2 à 3 neutrons dont l'énergie est de 2 MeV chacun.

L'électronvolt (eV) est une unité qui exprime simplement l'énergie acquise par un électron qui serait accéléré dans le vide par un potentiel de 1 volt, environ le voltage d'une pile. Il faut environ 10 électronvolts (10 eV) pour arracher un électron à un atome, et environ 10 millions d'électronvolts (10 MeV) pour arracher un neutron ou un proton à un noyau.

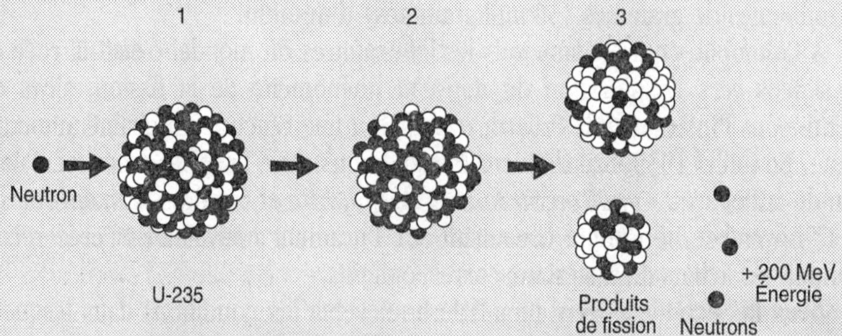

Figure 1.1 : Scénario de la réaction en chaîne.

L'énergie des produits de fission correspond à celle des atomes d'un milieu porté à une température d'un grand nombre de milliards de degrés. La somme des énergies cinétiques des deux produits de fission est presque égale à l'énergie $E = Mc^2$, où M est la différence de masse entre l'état initial et l'état final.

conclusion qu'il faudrait trois ans environ pour fabriquer une arme nucléaire et que cela nécessiterait quelques kilogrammes d'uranium-235.

Aux États-Unis, le Projet Manhattan (nom donné au programme très secret de fabrication des armes nucléaires) bénéficia, non seulement de l'excellente communauté des physiciens américains et de la capacité d'organisation et de production des États-Unis, mais aussi de l'apport des physiciens européens qui avaient fui le nazisme. L'attaque des Japonais à Pearl Harbor le 7 décembre 1941 fut suivie de l'entrée immédiate des Américains dans la guerre contre le Japon et l'Allemagne, et toutes les ressources scientifiques et techniques des États-Unis furent mobilisées au service de l'effort de guerre pour la durée du conflit.

Les efforts de Szilard portèrent leurs fruits. Le 2 décembre 1942, à l'Université de Chicago, Fermi faisait fonctionner la première « pile » atomique, c'est-à-dire un réacteur nucléaire, exploitant la propagation contrôlée de la fission dans l'uranium-235 dans un empilement (ou « pile ») de boules d'uranium naturel (métal et oxyde) distribuées dans un réseau de blocs de graphite. Bien que Fermi ait déjà réalisé des piles expérimentales de graphite et d'uranium lorsqu'il était à Columbia, ce n'est qu'à Chicago qu'il eut du matériau en quantité et en pureté suffisantes pour produire une réaction en chaîne autoentretenue. Ainsi, Enrico Fermi eut la chance de pouvoir mener à terme cette étude en Amérique, loin des bouleversements de la guerre, et surtout grâce aux moyens immenses mobilisés par les Américains pour repousser les nazis et les Japonais des territoires conquis.

Deux méthodes pour générer l'énergie nucléaire

Grâce à l'énorme investissement consenti pendant la Seconde Guerre mondiale, notre connaissance de la matière nucléaire s'est rapidement étendue. Notre compréhension, des lois régissant les édifices nucléaires composés de protons et de neutrons (que l'on appelle nucléons) s'est ameiliorée depuis l'époque de la découverte de la fission. Comme cela a déjà été mentionné, la cohésion des nucléons dans les noyaux est maintenue par la force nucléaire forte et il est nécessaire de fournir une certaine quantité d'énergie pour extraire un nucléon du noyau. Un noyau est plus léger que la somme des masses des protons et neutrons qui le constituent. Cette différence de masse est appelée « énergie de liaison » nucléaire. On peut mesurer la masse d'un noyau avec une précision suffisante en utilisant un spectromètre de masse de précision. C'est une sorte de tube de télévision dans lequel des ions d'un matériau particulier (dans ce cas, des atomes dont un seul électron a été enlevé) sont accélérés et ensuite déviés dans un champ magnétique. La distance de la tache lumineuse à un point de référence est facilement mesurable et elle est fonction de l'inverse de la masse. De telles mesures étaient l'objet d'une intense activité dans les années 1930 et 1940. On obtient « l'énergie de liaison par nucléon » en divisant l'énergie de liaison du noyau par le nombre total de protons et de neutrons.

La figure 1.2 présente la courbe de l'énergie de liaison moyenne de l'ensemble des noyaux en fonction de leur nombre atomique. Son étude suggère deux méthodes pour générer de l'énergie par des réactions nucléaires :

– si des noyaux légers se combinent pour donner un noyau plus lourd (les noyaux fusionnent), une énergie est libérée car la masse de la collection de nucléons décroît.

– si des noyaux lourds se brisent (fissionnent) en noyaux de masse moyenne, une énergie est également émise.

L'exploitation de l'énergie potentielle enfouie dans la masse des noyaux

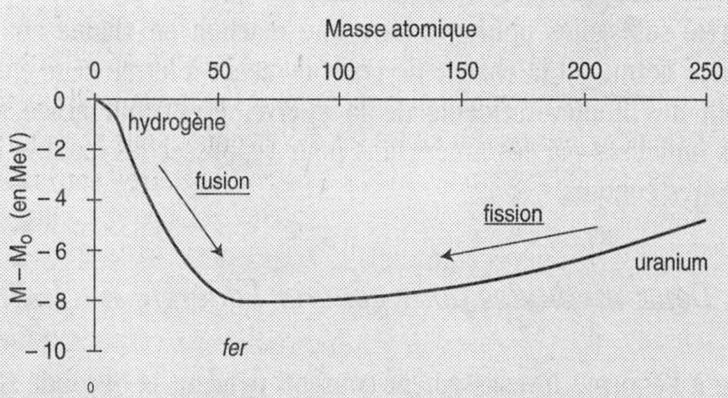

Figure 1.2 : Énergie de liaison par nucléon en fonction du nombre atomique.

Les noyaux sont constitués de nucléons :

– les protons, qui ont une charge électrique positive,

– les neutrons, dont la masse à l'état libre est de 1 ‰ plus grande que celle du proton, et dont la charge électrique est nulle.

M est la masse moyenne d'un nucléon dans un noyau, c'est-à-dire la masse totale du noyau divisée par la somme du nombre de protons et du nombre de neutrons. M_0 est la masse moyenne d'un nucléon libre.

La courbe montre la tendance générale de la variation de $(M - M_0)$ en fonction du nombre de nucléons dans un noyau.

La situation est analogue à celle d'une balle qui roulerait sur une surface le long d'un profil vertical similaire à la courbe. En partant au repos de l'extrémité gauche ou droite de la courbe, la balle tomberait et arriverait dans le creux avec une énergie cinétique exploitable. Cette courbe nous enseigne aussi que les éléments les plus stables sont ceux qui sont proches du fer, avec une énergie de liaison d'environ 8 MeV.

Pour provoquer la fission ou la fusion et libérer l'énergie promise par la différence de masse, la difficile tâche du physicien consiste à s'assurer que la balle roule malgré d'éventuels obstacles.

Le processus de la fusion utilise les noyaux les plus légers comme l'hydrogène et l'hélium. L'idée est de combiner deux noyaux légers en un noyau plus gros, mais qui est légèrement moins lourd que la somme des masses des noyaux légers qui l'ont produit. Il y a le même nombre de nucléons dans le noyau final que dans l'ensemble des noyaux initiaux ; la balle démarrant dans la région des noyaux légers, aimerait continuer le plus loin possible vers la droite, à la position du noyau combiné le plus lourd.

Mais comment faire pour conduire à cette réaction nucléaire ? La difficulté vient du fait que pour obtenir la fusion de deux noyaux légers, il faut les projeter l'un contre l'autre avec une grande énergie. En effet, ces noyaux ont des charges électriques positives et se repoussent d'autant plus fortement qu'ils se rapprochent davantage. Il est donc nécessaire de les accélérer pour qu'ils se rapprochent suffisamment et que les forces nucléaires de très courte portée entrent en scène et surmontent la répulsion électrique. Il est facile de produire de telles réactions en très petit nombre. C'est beaucoup plus difficile si l'on veut enflammer ainsi une masse importante de milliards de milliards de noyaux.

Une méthode consiste à chauffer cette masse à une température telle que les énergies cinétiques moyennes d'agitation des atomes du milieu soient aussi grandes que celles que l'on obtient dans les accélérateurs de particules. Le seuil d'énergie de ces réactions est tel qu'il faut atteindre des centaines de millions de degrés pour qu'elles puissent se produire. C'est ce qui se produit dans le Soleil où, sous l'effet de la gravitation, la masse est comprimée et chauffée à une température si élevée qu'elle interrompt la compression gravitationnelle. La température est si élevée que la fusion peut se produire, mais si lentement qu'il faudra des milliards d'années pour consommer une bonne fraction des protons. Dans le chapitre 3, nous verrons comment la fusion nucléaire a été exploitée à très grande échelle pour fabriquer des armes thermonucléaires.

Nous avons déjà présenté l'autre méthode de génération d'énergie nucléaire, la fission, et introduit le mécanisme de réaction en chaîne dans l'uranium. La courbe d'énergie de liaison montre que, dans les noyaux très lourds comme le plomb ou l'uranium, les nucléons sont de moins en moins liés. Leur énergie de

... Brises d'été, feux follets, brasiers stellaires, « Big Bang »

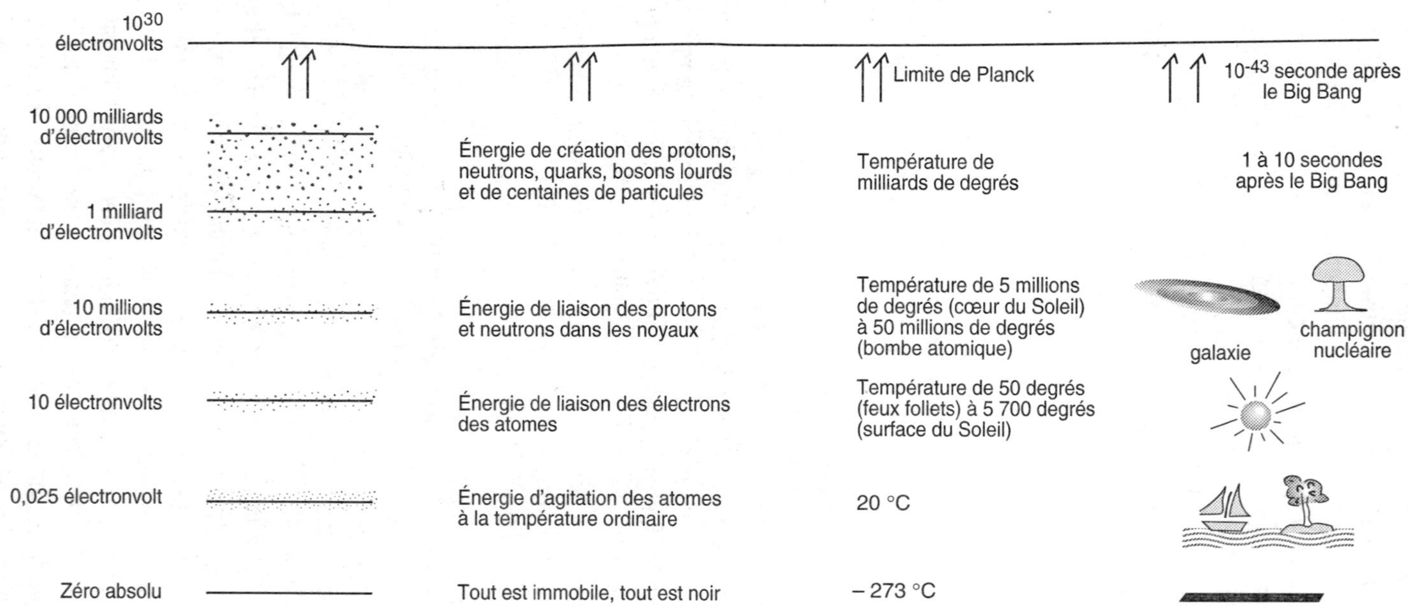

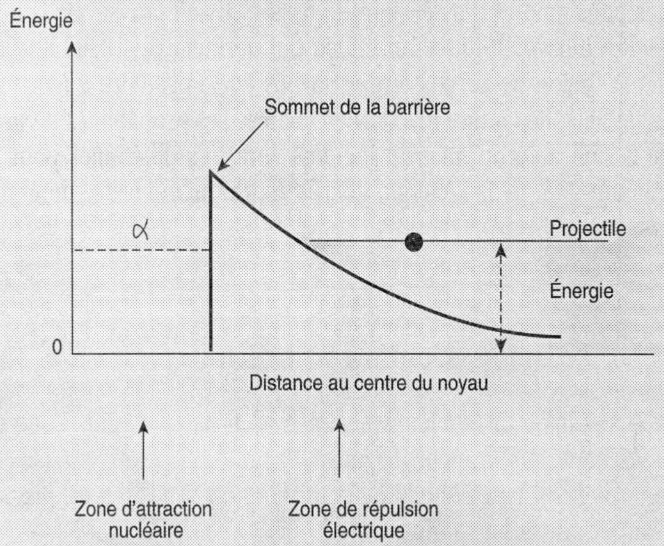

Figure 1.3 : Barrière de Coulomb.

Même à la température de l'ordre d'une explosion thermonucléaire, l'énergie cinétique des noyaux d'atomes est très inférieure à la barrière de la répulsion électrique, si bien que la réaction se propage non pas du fait des rares particules dont l'énergie est supérieure à la barrière, mais du nombre plus important de particules qui heurtent cette barrière des millions de fois avant de la franchir. En ce qui concerne la désintégration naturelle de l'uranium-235 ou 238 ou du radium, les particules alpha traversent la barrière une fois tous les quelques milliards d'années, mais après l'avoir cognée des milliards de milliards de fois par seconde.

liaison est alors plus faible que dans les édifices plus légers auxquels ils appartiennent après une fission et dont la masse est comprise entre 70 et 170 fois celle de l'hydrogène. La perturbation produite par un neutron de très basse énergie, presque immobile, capturé par un noyau d'uranium-235, suffit à déstabiliser celui-ci et à le faire exploser en plusieurs fragments plus légers. On dit que l'uranium-235 est un élément « fissile ». Il a été indiqué plus haut que l'uranium-235 comporte 92 protons et 143 neutrons. L'uranium-238 comporte 92 protons également et 146 neutrons, ou encore 3 neutrons de plus.

La courbe de l'énergie de liaison présente seulement l'énergie disponible. Il reste à l'inventivité de l'esprit humain de trouver les moyens par lesquels les noyaux se fractionneront ou se combineront. Il n'est pas nécessaire d'avoir des températures élevées pour amorcer la réaction de fission. Il suffit de savoir combiner l'élément fissile, l'uranium-235, avec un milieu qui permette aux deux à trois neutrons libérés dans la fission de ne pas être absorbés et de produire à leur tour des fissions, donnant ainsi lieu à une réaction en chaîne. Les probabilités de produire une réaction de fission avec un neutron incident sont très différentes pour l'uranium-235 et l'uranium-238, mais l'énergie libérée est du même ordre de grandeur dans les deux cas.

L'enfant et le lion

Le lion est dans un enclos avec un mur très, très haut. Il ne peut pas sauter assez haut pour franchir le mur.

Dehors, l'enfant lance une balle contre le mur. Mais il n'est pas assez fort pour la lancer par-dessus le mur.

Tout cela est vrai pour la vulgaire science mécanique utilisée par les lanceurs de fusées.

Dans l'infiniment petit, à l'échelle d'un noyau d'atome, une particule chargée d'électricité positive lancée contre un noyau lui-même positif est repoussée de plus en plus fortement quand elle s'approche et ne pourra pas franchir cette barrière électrique et pénétrer dans le noyau où l'attendent des particules sœurs qui voudraient se lier étroitement à elle.

Mais, si elle frappe à la porte des millions de fois, elle finira par traverser la barrière. De même un noyau d'hélium (une particule alpha), prisonnier dans un noyau lourd comme l'uranium, finit par sortir du noyau radioactif, parfois immédiatement, pendant le temps de nos mesures, d'autres fois après un milliard d'années. Nous l'observons facilement parce que nous mesurons les désintégrations de milliards et milliards d'atomes dans un petit morceau de minerai.

« L'effet tunnel » : avec la mécanique quantique qui règne dans l'infiniment petit, le lion peut se retrouver soudainement dehors, la balle peut se retrouver de l'autre côté du mur ; il suffit d'attendre très longtemps pour que cela arrive à coup sûr, beaucoup plus longtemps que l'âge de l'Univers, et beaucoup, beaucoup plus pour le lion que pour la balle.

Chapitre 2

LA RÉACTION NUCLÉAIRE EN CHAÎNE

Ce chapitre présente les notions de base permettant de comprendre la fission et la production des matériaux fissiles utilisés dans les armes nucléaires. La description des réacteurs nucléaires traite seulement des aspects relatifs à la production du plutonium-239 ; ce qui concerne la production d'électricité sera expliqué au chapitre 5.

La plupart des principes nécessaires à la production d'énergie nucléaire, explosive ou contrôlée, en exploitant l'énergie libérée par les noyaux de l'atome, étaient déjà connus dès la fin de la Seconde Guerre mondiale. Néanmoins, la recherche dans ces deux domaines a ensuite beaucoup progressé.

Revenons sur les deux réactions susceptibles d'être exploitées pour produire de l'énergie nucléaire : le fractionnement d'un noyau lourd en deux noyaux plus légers et la fusion entre noyaux très légers qui conduit à un noyau plus lourd. Dans les deux cas, l'énergie exploitable est égale à Mc^2, où M est la différence de masse entre les noyaux initiaux et finaux de ces réactions et c est la vitesse de la lumière dans le vide. Cette énergie est des millions de fois plus grande par atome que celle qui résulte des réactions chimiques.

La découverte de la fission et du fait que chaque fission libère deux ou trois neutrons ouvre la possibilité d'une réaction en chaîne qui permet un changement d'échelle pour passer des quelques neutrons émis par les sources radioactives ou les rayons cosmiques, à l'immense nombre de neutrons (et de fissions) faisant fonctionner de très grandes centrales électriques ou à l'œuvre dans les explosifs nucléaires dont la puissance est sans commune mesure avec celle des explosifs chimiques les plus puissants.

Pour qu'une réaction en chaîne se produise, la masse M de matériau fissile, c'est-à-dire pouvant fissionner par l'absorption d'un neutron, doit être supérieure à une valeur seuil que l'on appelle la « masse critique ». Si la masse est trop faible, la proportion de neutrons qui réussissent à s'échapper sans nouvelle collision est trop élevée et la réaction en chaîne meurt après quelques fissions seulement. Frisch et Peierls furent les premiers à calculer une masse critique pour l'uranium-235 par une approche correcte, bien que leur estimation ait été trop basse d'un facteur 10 par rapport à la vraie valeur de 60 kilogrammes à cause de données erronées.

La puissance de l'immense pile atomique avec laquelle Fermi avait réalisé la première réaction en chaîne à l'Université de Chicago était de 2 watts, celle d'une petite lampe de poche, mais le trait essentiel des réacteurs nucléaires s'y trouvait déjà : la possibilité de produire une réaction en chaîne contrôlée à grande échelle. La puissance avait été limitée à dessein pour éviter que la radioactivité créée dans la pile empêche par la suite d'éventuelles modifications ou le démontage manuel de la pile. Cette démonstration stupéfiante de décembre 1942 fut suivie de la construction, à Hanford (État de Washington), d'un réacteur cent millions de fois plus puissant dont le but n'était pas de produire de l'énergie mais de fabriquer en quantité suffisante un élément, le plutonium-239, qui pourrait remplacer l'élément fissile, l'uranium-235, dans la fabrication des armes. C'était une alternative à l'enrichissement à grande échelle de l'uranium naturel en uranium-235, qui n'avait d'ailleurs jamais encore été entreprise, pour obtenir une masse suffisante d'uranium-235.

Le plutonium-239, dont le noyau contient 94 protons (Z = 94) est produit par la réaction :

uranium-238 + neutron ==> uranium-239
--> neptunium-239 --> plutonium-239

Le symbole « ==> » veut dire « produit » et le symbole « --> » indique qu'il s'agit d'une désintégration s'accompagnant de l'émission d'un électron ordinaire identique aux électrons du cortège atomique.

La « capture » d'un neutron par le noyau d'uranium-238 libère immédiatement plusieurs rayons gamma, dont l'énergie totale est égale à l'énergie de liaison du neutron, et transforme ainsi l'uranium-238 en uranium-239. Les désintégrations de l'uranium-239 et du neptunium-239 qui s'ensuivent, où un neutron du noyau se désintègre en un proton, conduisent chacune à l'émission de un électron et de un neutrino, le proton restant dans le noyau. La charge électrique du noyau augmente d'une unité à chaque étape. Le noyau du neptunium a une charge positive égale à 93, et celui du plutonium, à 94.

L'uranium-239 a une durée de vie de 23 minutes, celle du neptunium-239 est de 2,36 jours. Ce sont des intermédiaires éphémères dans la production du plutonium-239 à partir de l'uranium-238. L'uranium-238 est 138 fois plus abondant que l'uranium-235 dont la proportion est donc de 0,72 % dans les minerais. Le plutonium-239 a une durée de vie de 24 000 ans.

Les matériaux « fertiles » sont ceux dont la fission n'est pas exploitée pour produire de l'énergie mais qui se transforment, sous l'effet des neutrons qu'ils capturent, en matériaux fissiles exploitables. Il en est ainsi de l'uranium-238 qui peut se transformer en plutonium-239. L'absorption d'un neutron par l'uranium-238 a donc une importance capitale, car le plutonium-239 est aisé à fissionner. La capture des neutrons par l'uranium-238 ne conduit donc pas à une perte totale des neutrons à long terme dans un réacteur nucléaire où le plutonium-239 ainsi produit pourra être fissionné pendant quelques mois ou quelques années.

Quelques définitions

La « durée de vie » (encore définie par le terme plus technique de « vie moyenne ») pour un type particulier de noyau est le temps après lequel, en moyenne, un noyau radioactif se désintègre. Certains noyaux se désintègrent rapidement, d'autres après plus longtemps. On ne peut pas prédire le temps précis après lequel un certain noyau va se désintégrer, mais seulement le temps le plus probable.

La « demi-vie » est le temps après lequel la moitié des noyaux d'un échantillon donné se sera désintégrée. Pour les désintégrations radioactives, la demi-vie est strictement égale à 0,697 fois la vie moyenne. Ce temps est indépendant de la taille de l'échantillon puisque les désintégrations se produisent au hasard. Le temps après lequel 1 demi-trillion de noyaux se sera désintégré d'un échantillon contenant 1 trillion de noyaux est le même que pour 1 demi-milliard de noyaux d'un échantillon contenant un milliard de noyaux, pour le même élément. Et ainsi de suite.

Le « taux de désintégration » est le taux auquel se désintègre un échantillon d'un type particulier de noyaux radioactifs. C'est l'inverse de la durée de vie. Plus la durée de vie est longue, plus le taux est faible.

De même que les propriétés chimiques sont étonnamment variables entre deux éléments voisins du tableau périodique des éléments, ces constantes de temps sont caractéristiques de chaque type de noyau radioactif et nous verrons qu'elles ont des valeurs très diverses, même entre deux isotopes du même élément.

Néanmoins une absorption excessive de neutrons par l'uranium-238 peut détériorer l'économie des neutrons au point d'empêcher une réaction en chaîne.

Il existe plusieurs autres isotopes fissiles de ces deux éléments : les plus importants sont l'uranium-233 et le plutonium-241.

Comme le premier réacteur de Fermi, les réacteurs de Hanford utilisaient du carbone pur pour ralentir (ou « modérer ») les neutrons de la fission de l'uranium-235 de façon à ce qu'ils produisent de nouvelles fissions à basse énergie dans l'uranium-235 tout en réduisant leurs chances d'être capturés par l'uranium-238, beaucoup plus abondant, ce qui éteindrait alors la réaction en chaîne. À cause de l'énorme chaleur dégagée, ces réacteurs devaient être refroidis par les eaux de la rivière Columbia.

Le premier réacteur de Hanford générait 250 millions de watts (250 mégawatts ou MW) de puissance thermique et produisait chaque année environ 100 kilogrammes de plutonium. Pour donner un ordre de grandeur, on notera que, dans un réacteur à uranium naturel, 1 MW de chaleur de fission s'accompagne de la production d'environ un gramme de plutonium-239 par jour. Il en a suffi de 6 kilogrammes pour faire une bombe. La première bombe au plutonium a été testée le 16 juillet 1945 à Alamogordo dans le désert du Nouveau-Mexique et la seconde a été lâchée 3 semaines plus tard sur la ville japonaise de Nagasaki, 3 jours après que la première bombe à uranium eut rasé la ville d'Hiroshima.

Propriétés du neutron

En raison du rôle capital que joue le neutron dans toutes les techniques qui visent à produire de l'énergie nucléaire, contrôlée ou explosive, nous devons nous attarder sur ses propriétés.

Un neutron libre dans le vide a une durée de vie d'environ 1 000 secondes ou 16 minutes : il se désintègre en un proton, un électron et un neutrino. Ce processus s'appelle la « désintégration bêta ». Cependant, un neutron lié aux protons peut vivre éternellement dans un noyau stable, comme l'hélium par exemple, ou se désintégrer dans les noyaux radioactifs en un temps allant de fractions de seconde à un milliard d'années, suivant les noyaux.

Généralement, la vie d'un neutron est très compliquée. Un neutron libre qui se propage dans la matière subit des collisions avec les noyaux qui le ralentissent ou le capturent. Dans ce dernier cas, le noyau se transforme ainsi en un nouveau noyau plus lourd, stable ou radioactif. Les interactions des neutrons avec les noyaux sont étonnamment diverses, depuis celles qui provoquent la fission ou d'autres types d'alchimie nucléaire, jusqu'aux collisions élastiques dans lesquelles il y a seulement un échange partiel d'énergie cinétique sans aucune autre réaction nucléaire.

Lorsqu'un projectile nucléaire, comme un neutron, voyage dans la matière, la chance qu'il a de produire une réaction est appelée « section efficace » qui est définie dans ce cas comme la surface apparente qu'offre pour lui un noyau cible : l'unité de mesure est le « barn » égal à 10^{-24} cm^2, soit un petit carré de 10^{-12} cm de côté. (Le mot anglais « barn » signifie grande bâtisse ou grange.) Cette unité a été définie par les physiciens de Los Alamos qui pensaient que, à l'échelle nucléaire, cette section efficace serait aussi grande qu'une grange. La section efficace dépend non seulement de la taille physique du noyau mais aussi de sa probabilité de collision avec un certain type de particule. Une analogie est de la comparer à la surface d'une fenêtre par laquelle un enfant lancerait une balle en caoutchouc. Cette « surface » mesure la probabilité avec laquelle l'enfant brisera la glace de la fenêtre. Il est clair que cette probabilité dépend non seulement de la taille de la fenêtre mais aussi de la solidité du verre utilisé et de la force avec laquelle l'enfant lancera la balle. Plus il la lancera fort, plus grande sera cette « surface ».

La section efficace des collisions nucléaires varie avec l'énergie des neutrons, mais pas d'une façon aussi simple. Les possibilités sont nombreuses. D'abord, les collisions élastiques, c'est-à-dire un « rebond » où il n'y a qu'un transfert d'énergie cinétique entre les particules en collision, et les collisions inélastiques dans lesquelles le noyau cible est « excité » (c'est-à-dire que son énergie augmente) par la collision puis émet un rayon gamma, le neutron incident perdant une partie de son énergie mais restant libre. Il y a aussi l'absorption dans laquelle le neutron est absorbé pour former un « noyau composé » qui, suivant les cas, émet un rayon gamma ou un proton. Il y a donc un grand nombre de sections efficaces différentes pour la collision d'un neutron avec un noyau comme l'uranium-235. Dans l'exemple de la fenêtre, lorsque la balle voyage lentement, la « section efficace élastique » est égale à la « section efficace géométrique » ; quand la vitesse augmente, la « section efficace de brisure » (inélastique) augmente et la section efficace élastique diminue, parce que pour une fenêtre, la « section efficace totale » est égale à la section efficace géométrique. Pour un noyau, il est possible que les deux sections efficaces (élastique et inélastique) augmentent. La figure 2.1 en présente une version imagée pour l'uranium-235.

La grenouille tombe au-dessus de la mer et voit deux îles ayant à peu près la même taille : uranium-235 et uranium-238. Heureusement, la grenouille arrive à ouvrir son parachute, ce qui ralentit beaucoup sa chute. Mais lorsqu'elle regarde à nouveau vers le bas et voit les deux îles, elle est très surprise de les voir très différentes. Uranium-235 a maintenant beaucoup grandi et, à côté, uranium-238 semble minuscule.

La grenouille, stupéfaite, dit : « C'est bizarre, ces îles sont voisines, elles portent presque le même nom, elles avaient presque la même surface, mais il y en a une qui s'agrandit immensément au fur et à mesure que je ralentis ! » C'est parce que cette surface apparente n'a rien d'une surface géométrique. Elle reflète l'appétit du noyau d'uranium-235 pour le neutron qui s'approche. Cet appétit se mesure par la surface apparente ou section efficace de fission du noyau.

Figure 2.1 : Un neutron, représenté par une grenouille, s'échappe d'un noyau qui a subi une fission représenté par un avion qui explose.

Il est remarquable que cette surface d'absorption puisse changer d'un facteur égal à 1 000 ou plus si on passe d'un noyau donné à un noyau voisin qui a seulement un neutron ou un proton de plus. La situation est analogue à celle que l'on rencontre en chimie où, en passant d'un atome à son voisin sur le tableau périodique des éléments, qui a un seul électron de plus dans son cortège atomique, on a un changement colossal des propriétés chimiques ; par exemple, quand on passe du chlore (17 électrons dans le cortège), fortement réactif, à l'argon (18 électrons) qui est chimiquement inerte.

La vie des neutrons dans l'uranium

Il faut une grande ingéniosité pour construire un réacteur fonctionnant avec de l'uranium naturel. Quelle que soit la quantité d'uranium naturel pur accumulée (sous forme métallique ou d'oxyde), cette masse sera toujours sous-critique puisque la fraction d'uranium-235 n'est que de 0,72 %. En effet, un neutron n'a qu'une faible chance de provoquer la fission de l'uranium-238 (et encore moins de la petite proportion d'uranium-235). Bien qu'elles soient compliquées, les 4 figures 2.2 à 2.5 illustrent bien ce problème. L'énergie des neutrons émis par la fission est d'environ 2 millions d'électronvolts.

Au-dessus de quelques électronvolts, on voit qu'une très petite variation de l'énergie des neutrons modifie brutalement leur probabilité d'absorption. Ces pics très étroits, que l'on appelle « résonances », illustrent le fait que ces noyaux, ensembles de neutrons et de protons, sont des systèmes qui peuvent entrer en vibration comme des instruments de musique (on dit encore qu'ils sont « excités ») puis se désexciter, dans ce cas en émettant un neutron ou en fissionnant.

Dans une arme nucléaire, la réaction de fission en chaîne se produit dans de l'uranium-235 presque pur en utilisant des neutrons de fission d'une énergie de 2 MeV sans les ralentir.

Dans un réacteur nucléaire typique, les neutrons sont ralentis depuis leur énergie de fission initiale de 2 MeV jusqu'à l'énergie « thermique » de 0,025 eV ; un « modérateur » constitué d'un élément léger empêche leur absorption dans les « résonances » d'uranium-238 tout en les ralentissant jusqu'à l'énergie thermique. Le génie des pionniers nucléaires a été de se rendre compte qu'un « modérateur » constitué d'un élément léger pourrait conduire sans embûche les neutrons de fission à travers la tumultueuse région dite de « résonances » qui se situe au milieu du graphe, pour entrer dans la région plus favorable comprise entre l'énergie thermique et environ 10 eV. Voyons pourquoi il en est ainsi.

Les neutrons peuvent être ralentis par des collisions élastiques semblables à celles de boules de billard : ils perdent leur énergie d'autant plus vite que le noyau cible est plus léger. La boule de billard effectue quelques rebonds sur les parois molles de la table avant d'arriver au repos. Si elle frappe un gros bloc de bois placé sur la table, elle perdra aussi seulement un peu de son énergie dans

Les courbes des sections efficaces de fission et d'absorption pour l'uranium-238 de la figure 2.3 montrent que, dès que l'énergie du neutron est inférieure à 0,2 MeV (2 10^5 eV), la probabilité d'absorption est 100 000 fois supérieure à la probabilité de fission. Une réaction en chaîne nécessite qu'au moins l'un des deux ou trois neutrons produits dans la fission génère une autre fission, mais dans l'uranium-238, en dessous du MeV, seulement 1 neutron sur 100 000 produit une fission, donc le flot de neutrons se tarit rapidement.

L'uranium-235 pur est beaucoup plus favorable pour une réaction en chaîne (figure 2.2). La section efficace de diffusion inélastique n'est pas montrée sur ces courbes mais il est clair que, quelle que soit l'énergie des neutrons, la section efficace de fission pour l'uranium-235 est presque dix fois supérieure à la section efficace d'absorption, donc seulement 10 % des neutrons seront perdus dans des captures, *rendant impossible d'empêcher une réaction en chaîne dans une masse suffisante d'uranium-235 pur.*

Pour la fission ou l'absorption dans l'uranium naturel, la section efficace est calculée en additionnant la section efficace correspondante de l'uranium-235 multipliée par 0,007 et celle de l'uranium-238 multipliée par 0,993. On voit (figure 2.4) que la courbe de fission est identique à celle de l'uranium-235 sauf pour les très hautes énergies de neutrons, et la courbe d'absorption est presque identique à celle de l'uranium-238, quelle que soit l'énergie. Il est clair que la situation n'est pas favorable pour une réaction en chaîne dans l'uranium naturel pour des énergies de neutrons de 10 eV ou plus, une réaction en chaîne est possible pour des neutrons thermiques, où la section efficace d'absorption est de 4,1 barns, et la section efficace de fission (entièrement due à l'uranium-235) est d'environ 3,4 barns.

La figure 2.5 présente les sections efficaces pour l'uranium enrichi à 4,1 % en uranium-235. Une réaction en chaîne ne peut se produire qu'en dessous de la région des résonances d'absorption de l'uranium-238 ; cependant, pour des énergies inférieures à 1 MeV environ, la section efficace de fission est suffisamment grande pour qu'il soit acceptable de perdre un nombre substantiel de neutrons dans la structure mécanique dans le cœur d'un réacteur de puissance.

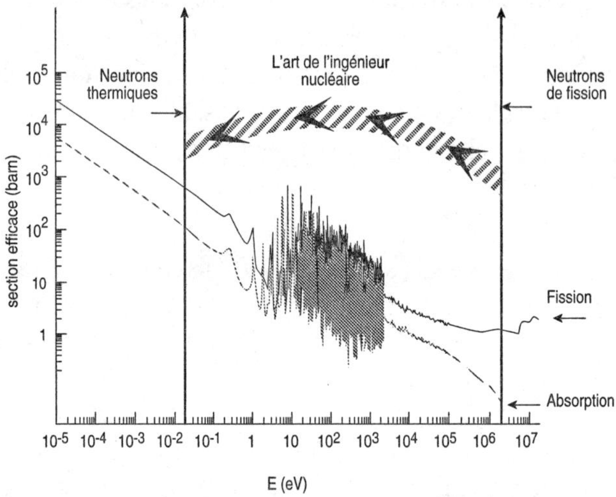

Figure 2.2 : Sections efficaces d'absorption et de fission des noyaux d'uranium-235.
Les sections efficaces sont en barn et l'énergie des neutrons en eV.

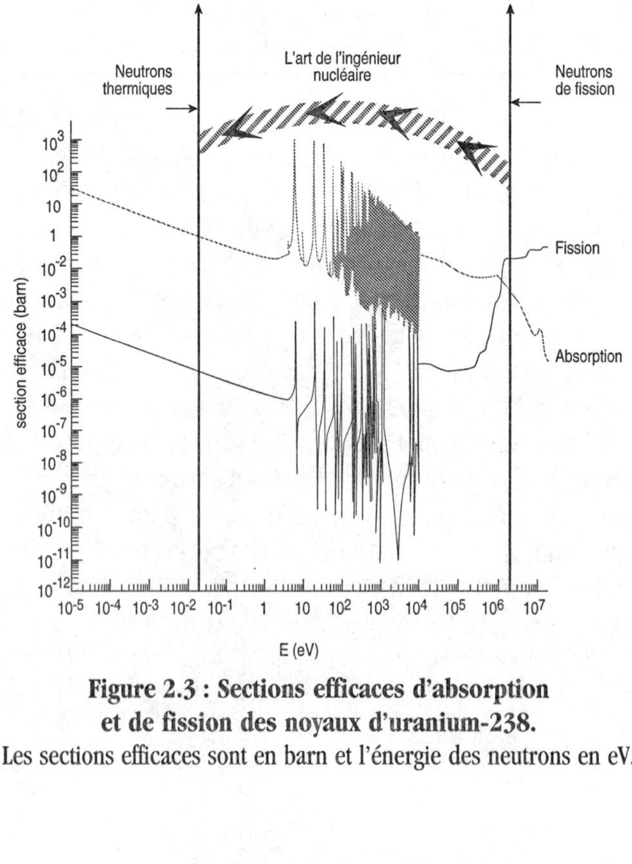

Figure 2.3 : Sections efficaces d'absorption et de fission des noyaux d'uranium-238.
Les sections efficaces sont en barn et l'énergie des neutrons en eV.

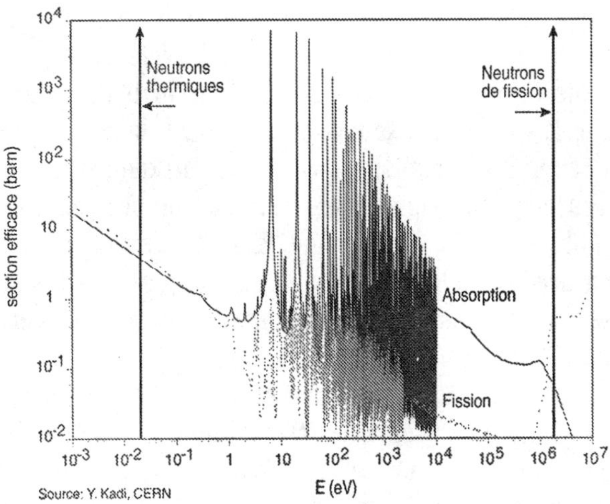

Figure 2.4 : Sections efficaces d'absorption et de fission de l'uranium naturel.

Les sections efficaces sont en barn et sont obtenues en additionnant la courbe pour l'uranium-238 multipliée par 0,9928 et la courbe pour l'uranium-235 multipliée par 0,0072. L'énergie des neutrons est en eV.

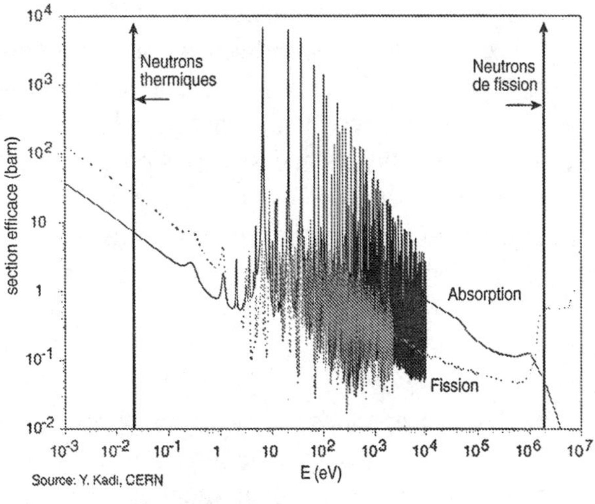

Figure 2.5 : Sections efficaces d'absorption et de fission de l'uranium enrichi.

Les sections efficaces sont en barn et sont obtenues en additionnant la courbe pour l'uranium-238 multipliée par 0,959 et la courbe pour l'uranium-235 multipliée par 0,041 (valeur typique pour l'enrichissement en uranium-235 du combustible utilisé dans les réacteurs à eau pressurisée). L'énergie des neutrons est en eV.

la collision. Mais si elle frappe de plein fouet une autre boule qui est au repos, alors la boule incidente s'arrêtera et toute son énergie cinétique sera emportée par la boule cible. Lorsque la collision se fait de biais, la balle incidente perd moins d'énergie. Les collisions se faisant au hasard, la boule perd en moyenne 50 % de son énergie à chaque collision. Le proton, qui est le noyau de l'atome d'hydrogène, est le noyau le plus léger : lorsque un neutron entre en collision avec un proton, il perd alors, en moyenne, la moitié de son énergie à chaque collision et il peut arriver qu'il perde toute son énergie dans une seule collision. Quand la cible est constituée de noyaux lourds, le neutron perd une fraction beaucoup plus faible de son énergie.

Un neutron émis dans la fission d'un noyau lourd a une énergie cinétique de 2 MeV, il se propage à une vitesse de 20 000 km/s, ou encore 7 % de la vitesse de la lumière : on l'appelle neutron « rapide ». Un neutron « lent », encore appelé neutron « thermique », a une énergie de 0,025 eV et se propage à une vitesse d'environ 2 km/s. Il suffit de 26 collisions, en moyenne, pour qu'un neutron de 2 MeV soit graduellement freiné jusqu'à l'énergie d'agitation moyenne des atomes à la température du milieu ambiant hydrogéné. Il faut 31 collisions dans le deutérium (hydrogène lourd, dont le noyau est constitué d'un proton et d'un neutron), 120 collisions dans le carbone et 2 200 dans l'uranium.

Dans ses expériences de 1934, Fermi et son équipe étaient tombés par hasard sur l'importance des neutrons ralentis (ou modérés). Comme ils observaient des résultats bizarres, qui se sont révélés par la suite être dus à la table en bois sur laquelle était posé le dispositif expérimental, ils avaient placé un bloc de paraffine devant la cible et ils se rendirent compte que les neutrons qui le traversaient étaient beaucoup plus efficaces que les autres pour produire de la radioactivité. Dans la paraffine, 2 noyaux sur 3 sont des noyaux d'hydrogène, donc des protons, qui ralentissent les neutrons de façon si efficace. La science des neutrons lents pour l'invention de laquelle Fermi reçut le prix Nobel prenait son envol.

Le milieu ralentissant les neutrons, le « modérateur », diffère suivant les types de réacteur. Dans la majorité des cas on choisit l'hydrogène contenu dans l'eau normale, mais une réaction en chaîne autoentretenue ne pourra pratiquement pas se produire dans l'uranium naturel si le modérateur est de l'eau normale à cause de l'appétit excessif des protons pour capturer un neutron et former un noyau de deutérium avec émission d'un rayon gamma. C'est pour cette raison que tous les réacteurs modérés à l'eau normale utilisent de l'uranium légèrement enrichi. La figure 2.5 présente les sections efficaces de fission et d'absorption pour l'uranium enrichi à 4,1 % en uranium-235.

Pendant que un neutron est ralenti par des collisions jusqu'à ce qu'il atteigne l'énergie thermique, il passe par des énergies intermédiaires et il peut être perdu dans une collision où il est absorbé sans donner lieu à une fission. La probabilité d'absorption (c'est-à-dire la section efficace d'absorption) des neutrons lents varie énormément d'un élément à un autre. Le bore-10, qui est un isotope du bore composé de 5 protons et 5 neutrons et représentant 20 % du bore naturel, a une section efficace considérable de 3 800 barns : mais celle-ci n'est que de 5 millibarns (0,005 barns) pour le bore-11 dont le noyau contient 5 protons et 6 neutrons et qui constitue 80 % du bore naturel. Elle est de 2 000 barns pour le cadmium, 3 millibarns seulement pour le carbone et 10 barns pour le fer.

De telles différences dans les caractéristiques de ces matériaux expliquent leur utilisation judicieuse dans le contrôle des réacteurs nucléaires : en les insérant avec art, on peut ajuster en finesse le destin des neutrons au travail dans le cœur d'un réacteur nucléaire.

On voit l'extraordinaire différence des propriétés des noyaux d'uranium-235 et d'uranium-238 sur les figures 2.2 et 2.3. Pour l'uranium-235, la section efficace de fission est de 583 barns pour les neutrons de 0,025 eV (dits thermiques) et elle tombe à 2 barns pour les neutrons de 2 MeV. Pour l'uranium-238, elle a une valeur presque nulle (10 microbarns) pour les neutrons thermiques, tandis qu'elle n'est que de 0,5 barn pour les neutrons de 2 MeV. C'est pour cela qu'une réaction en chaîne ne peut pas se développer avec l'uranium-238 : un neutron libéré par la fission ayant une énergie voisine de 2 MeV, la probabilité de production d'autre fission avec au moins un neutron toutes les trois fissions en moyenne est trop faible avant qu'il soit ralenti par quelques chocs inélastiques et passe en dessous du seuil d'énergie permettant d'engendrer une fission. Aux énergies les plus basses, les sections efficaces qui nous intéressent varient comme l'inverse de la vitesse.

La mécanique quantique nous enseigne que les projectiles, donc les neutrons en particulier, ont la double nature d'onde et de particule. Ces ondes peuvent résonner dans les noyaux dans lesquels ils s'introduisent. Puisque la section efficace d'absorption des neutrons dans les « résonances » de l'uranium-238 est très élevée, si le modérateur était mélangé avec l'uranium, trop de neutrons ralentis seraient absorbés (souvenons-nous que l'uranium-238 est 138 fois plus abondant que l'uranium-235 dans l'uranium naturel). En conséquence l'uranium doit être sous forme de blocs qu'il faut intercaler à l'intérieur du modérateur : le ralentissement se produit à l'extérieur des blocs d'uranium et les neutrons reviennent à nouveau dans les blocs d'uranium seulement après qu'ils ont atteint l'énergie thermique. Néanmoins, comme la section efficace d'absorption des neutrons thermiques de l'uranium-235 est de 98 barns et de 2,7 barns pour l'uranium-238 (cette section efficace, multipliée par 138, dans le rapport des concentrations des deux isotopes, ajoute une section efficace d'absorption effective de 373 barns à celle de l'uranium-235), cela entraîne que seulement 55 % des neutrons atteignant l'énergie thermique peuvent fissionner l'uranium-235[1]. Comme 2,4 neutrons en moyenne sont émis dans la fission des noyaux d'uranium-235, un réacteur à uranium naturel, même avec un modérateur parfait, sera à la limite des possibilités de fonctionnement puisque seulement $2{,}4 \times 0{,}55 = 1{,}32$ neutron de fission est produit dans le cas où chaque neutron de fission atteint l'énergie thermique sans qu'il y ait de perte. Cependant les réacteurs à uranium naturel peuvent tout à fait fonctionner si le graphite est suffisamment pur ou si on utilise de l'eau lourde qui est de l'eau riche en deutérium, l'isotope lourd de l'hydrogène, dont le noyau comporte un proton et un neutron et qui absorbe donc moins les neutrons que l'eau normale.

L'effet Doppler

Nous connaissons l'histoire édifiante d'une troupe de soldats chantant gaiement en marchant au pas sur un pont suspendu. Celui-ci s'est écroulé lorsque le rythme de la marche a correspondu exactement à celui du balancement naturel du pont. On dit alors qu'il y a eu « résonance » entre la fréquence de la marche et celle de vibration du pont. C'est pour cela qu'on demande aux soldats de rompre le pas lorsqu'ils marchent sur un pont. Les résonances de capture de neutron dans l'uranium sont aussi le résultat d'un phénomène vibratoire.

Un phénomène banal, particulièrement courant en acoustique et en optique, l'effet Doppler, joue un rôle capital dans la conception et le fonctionnement des réacteurs. Il est aussi régulièrement utilisé pour surveiller la circulation du sang dans les artères. On sait que le son émis par un sifflet sur un véhicule en mouvement devient plus aigu si le véhicule se rapproche de l'auditeur. Au XIXe siècle, en Europe, pour mettre en évidence cette variation due à l'effet Doppler face à des audiences sceptiques, on avait installé des trompettistes sur un wagon qui s'approchait en leur faisant jouer une certaine note : des musiciens ayant l'oreille absolue, placés le long de la voie, entendaient alors une note plus élevée. Nous remarquons tous une baisse de la fréquence lorsque le train passe en sifflant.

On sait que, dans l'Univers en expansion, lorsqu'une étoile s'éloigne de nous, la fréquence de la lumière émise diminue, la lumière rougit, ce qui est une conséquence de la nature ondulatoire de la lumière. Il en est de même dans la matière nucléaire. Si un neutron a une énergie qui correspond à une résonance d'un noyau composé (le noyau original plus un neutron), alors il a une très grande probabilité d'être absorbé. Si le noyau original est animé d'une certaine vitesse parce que les atomes sont mis en agitation par une élévation de température du milieu, cette probabilité d'absorption pour ce neutron diminue, mais peut augmenter pour un autre neutron qui n'avait pas initialement la bonne énergie pour la résonance.

Lorsqu'un neutron est ralenti par des collisions, il peut perdre trop d'énergie dans une collision pour tomber dans la région très étroite d'une résonance. Avec l'effet Doppler, dû à l'agitation des atomes d'un milieu chauffé, tout se passe comme si les résonances étaient plus larges, ce qui fait que la gamme d'énergie pour laquelle les neutrons sont absorbés est plus large : c'est un phénomène important pour la sûreté des réacteurs. Lorsque le cœur d'un réacteur commence à chauffer parce que le liquide de refroidissement du combustible se met à manquer par suite d'une fuite accidentelle, la grande quantité d'uranium-238 présent, dont les résonances s'élargissent par effet Doppler, permet que les neutrons soient davantage absorbés, et la réaction en chaîne s'amortit spontanément, sans avoir besoin d'intervention extérieure. L'uranium-238 ne fissionne pas avec les neutrons ralentis et il se comporte donc comme un absorbant de neutrons d'autant plus efficace que le combustible est chaud.

Description de la réaction en chaîne nucléaire

Chaque neutron libéré dans une fission peut soit être capturé par un noyau, soit sortir du combustible nucléaire, soit donner lieu à une fission qui, à son tour, produit deux ou trois neutrons. Si ce dernier processus prédomine et que, à chaque fission, plus d'un neutron provoque une nouvelle fission, il y a alors, dans un milieu infini, une multiplication exponentielle de fissions : si une fission en produit deux et si chacune de ces deux en produit aussi deux, à chaque pas de 10 milliardièmes de seconde, le nombre de fissions est de 1, 2, ..., 32, ..., 1 024, 2 048, ... Donc si la masse M est suffisante, le système change d'échelle et passe, en moins de 1 microseconde, de l'infiniment petit de la réaction de fission initiale au nombre immense de noyaux contenus dans M.

Pour qu'une réaction en chaîne explosive se produise, M doit être plus grand qu'une valeur seuil qu'on appelle la « masse critique » de façon à ce qu'un nombre assez grand de neutrons de fission se maintiennent dans le milieu et puissent continuer la réaction en chaîne. Celle-ci est de 10 kilogrammes environ pour le plutonium-239 et de 60 kilogrammes environ pour l'uranium-235 lorsqu'ils sont sous forme de sphère métallique et à leur densité normale. Dans les armes nucléaires, ces valeurs peuvent être réduites d'un facteur 4 en doublant la densité du matériau fissile par compression au moyen d'un explosif puissant et par un facteur 2 supplémentaire si la sphère de matériau fissile est entourée d'un matériau qui peut « réfléchir » vers l'intérieur de la sphère une fraction des neutrons qui s'échappent[2,3].

Lorsque la fission se propage, la masse M est portée à une température énorme de dizaines de millions de degrés ; la pression interne élevée, due à la grande densité métallique à cette température (et à la pression des rayons X responsables de la lumière émise par les matériaux très chauds), conduit la masse à se désagréger si bien que les noyaux de M n'ont pas tous le temps de fissionner ; le système devient sous-critique et la réaction en chaîne s'éteint sans que la plupart de la masse d'uranium-235 ait été utilisée. Dans la bombe d'Hiroshima, seulement 2 % de l'uranium-235 avait fissionné.

Par contre, tout l'art du pilotage d'un réacteur nucléaire est de maintenir une réaction en chaîne dans laquelle chaque fission conduit à exactement une seule autre fission (et ainsi de suite). Le reste des neutrons est perdu dans les absorbants du réacteur et dans les barres de contrôle dont le rôle est d'absorber les neutrons de façon à maintenir le réacteur à un niveau exactement critique. Dans les réacteurs produisant de la chaleur utilisée pour générer de l'énergie électrique, on tire parti du fait que la fission de chaque noyau dégage 25 millions de fois plus d'énergie que la combustion d'un atome de carbone des combustibles fossiles. Dans un réacteur de 1 000 MW, il y a 70 fois plus de matière fissile que dans une bombe[4] pour produire de façon continue une énergie considérable durant des années à un rythme équivalent au dégagement d'énergie d'une bombe d'Hiroshima toutes les 8 heures. Tout l'art de la conception et du pilotage d'un réacteur nucléaire est d'empêcher une réaction en chaîne divergente, c'est-à-dire dont le coefficient de multiplication (le nombre de fissions filles divisé par le nombre de fissions mères) est supérieur à 1.

Généralement, les produits de fission primaires sont très instables. Ils constituent, avec leurs produits de désintégration, les déchets nucléaires dont la gestion est l'un des problèmes les plus ardus que rencontre l'industrie nucléaire.

Les dessins de la figure 2.6 où le neutron est déguisé en grenouille illustrent les problèmes à résoudre pour que le neutron perde son énergie avant d'être capturé, de façon à ce que la réaction en chaîne puisse se produire dans l'uranium naturel ou faiblement enrichi en uranium-235.

Dans l'Acte IV (figure 2.6), la grenouille qui est en haut de l'escalier doit sauter de marche en marche jusqu'à l'une des dernières d'où elle doit sauter dans une piscine (le chapeau) remplie à ras bord, qui éclate (*fission*) car elle est très fragile. Elle libère alors trois petites grenouilles qui étaient prisonnières et qui peuvent continuer le jeu.

Mais la grenouille est guettée par des pièges. Il y a sur chaque marche des serpents (représentant la possibilité d'absorption dans l'uranium-238) qui peuvent l'engloutir et elle serait perdue à jamais (*absorption sans fission*).

Pour aider la grenouille à descendre toutes les marches, c'est-à-dire ralentir les neutrons, on organise le milieu où la fission se produit de façon à ce que les

Réaction en chaîne dans un réacteur nucléaire

Tragi-comédie en cinq actes

Avec par ordre d'entrée en scène :

LE NOYAU D'URANIUM-235, LE MAÎTRE DE JEU, *interprété par le Grand Chapeau*
LES NEUTRONS, *interprétés par les grenouilles*
LES PRODUITS DE FISSION, *interprétés par les petits chapeaux*
LES PROTONS, *interprétés par les oiseaux*
LES NOYAUX D'URANIUM-238, *interprétés par les serpents*
Auteurs : Joliot – Halban – Kowarski – Perrin – Fermi
Effets scéniques : Sempé

Figure 2.6 : Réaction en chaîne dans un réacteur nucléaire.

Acte I : Un neutron lent est avalé par un noyau d'uranium-235.

Acte II : Le noyau éclate et libère trois nouveaux neutrons et deux noyaux plus légers, les noyaux de fission.

Acte III : Les neutrons jaillissent de la fission avec une grande vitesse. Ils sont ralentis par des collisions avec des protons qui parfois les absorbent.

Acte IV : L'uranium-235 est mélangé à l'uranium-238. Celui-ci capture les neutrons au cours de leur ralentissement et les transforme lentement en plutonium-239.

Acte V : Le modérateur de neutrons, l'uranium et quelques pièges sont disposés de façon telle qu'un seul neutron, sur les trois qui ont jailli de la fission, soit disponible pour être absorbé par l'uranium-235 et recommencer ainsi indéfiniment l'opération.

neutrons entrent en collision élastique avec des noyaux légers du modérateur auxquels ils cèdent une partie de leur énergie : comme nous l'avons vu, plus le noyau du modérateur est léger, plus importante est la fraction de son énergie que le neutron cède à chaque collision, ce qui lui permet au maximum d'éviter les pièges des énergies intermédiaires. Le proton, le noyau de l'atome d'hydrogène, permet à la grenouille de sauter beaucoup de marches d'un seul coup en perdant rapidement son énergie et évitant ainsi le danger de tomber dans une trappe à serpents. Ces trappes sont les plus nombreuses et les plus traîtresses dans les marches du milieu. Elles illustrent l'action de l'uranium-238 (figure 2.3). L'art du physicien nucléaire est justement d'aider la grenouille à descendre les marches jusqu'en bas avec un minimum de pertes.

Mais la vie ne serait pas intéressante si elle n'était pas compliquée. Nous avons vu que le proton a aussi une probabilité importante d'absorber le neutron. Il y a des différences colossales de voracité à l'égard des neutrons-grenouilles suivant les noyaux. C'est ainsi que le deutérium, hydrogène lourd constitué d'un proton qui s'est déjà marié à un neutron et est donc plus indifférent à l'égard des neutrons qui passent à sa portée, est moins vorace que les protons. D'où l'intérêt de l'eau lourde (D_2O) qui sert de modérateur à certains réacteurs : comme nous l'avons déjà indiqué, le nombre de collisions nécessaires pour qu'un neutron soit ralenti jusqu'à l'énergie thermique est un peu plus élevé que pour les protons (31 contre 26), mais la probabilité d'absorption par collision est beaucoup plus faible.

La prédominance de l'uranium-238 rend impossible le fait de provoquer une réaction en chaîne sans modérateur, et donc de faire une bombe avec l'uranium naturel ; véritable coup de chance pour la civilisation. Pour arriver à faire une bombe à uranium, il faut diminuer les quantités d'uranium-238, c'est-à-dire enrichir l'uranium naturel en uranium-235, en général à une concentration d'au moins 20 %, pour que la réaction en chaîne puisse se produire entièrement avec les neutrons rapides. La bombe qui a détruit Hiroshima fut ainsi réalisée – mais la réaction sera beaucoup plus efficace avec de l'uranium contenant au moins 80 % d'uranium-235.

Le taux auquel un neutron est absorbé, que ce soit dans une bombe ou dans un réacteur, est le produit de la section efficace moyenne, de la vitesse du neutron et du nombre de noyaux par centimètre cube. Le temps après lequel un neutron est absorbé est égal à 1 divisé par ce produit. Alors que la plupart de l'énergie de fission produite par l'explosion d'une bombe est libérée en une durée de l'ordre de 10 nanosecondes environ et que la puissance de la bombe correspond à quelques kilogrammes de matière voyageant à la vitesse de 10^9 cm/s (10 000 kilomètres/seconde), 1 neutron thermique met environ 40 microsecondes pour produire une fission dans un réacteur, donc la puissance explosive maximum d'un réacteur est bien inférieure à celle d'une bombe – parce qu'il se désintégrera bien avant qu'un grand nombre de fissions ait eu une chance de se produire[5].

Après plusieurs mois ou années d'opération, une grande quantité de radioactivité est accumulée dans un réacteur nucléaire : celui-ci doit donc être soigneusement conçu et opéré pour que le matériau radioactif reste bien à l'intérieur. Dans le cas d'une explosion non nucléaire d'un réacteur, il ne devrait pas y avoir de dommages pour le public en raison de la faible énergie cinétique du réacteur en expansion, même si elle est causée par des explosifs dans une région où le taux de la réaction en chaîne est le plus élevé. Si quelqu'un essayait de fabriquer un explosif nucléaire en uranium naturel dans un réacteur modéré au graphite, la puissance explosive du réacteur serait de l'ordre du millionième de celle d'un explosif nucléaire simple, tout comme celle des matériaux radioactifs produits dans l'explosion. Cependant, il y a un risque réel dû à la radioactivité déjà présente dans le cœur du réacteur. Nous décrirons en détail au chapitre 6 l'accident de Tchernobyl, au cours duquel une grande partie de la radioactivité s'est échappée dans l'atmosphère.

Enrichissement de l'uranium

Pour fabriquer une arme nucléaire, on doit disposer de plutonium ou d'uranium enrichi en uranium-235. Nous avons déjà expliqué pourquoi l'enrichissement en uranium-235 est aussi utile dans la conception des réacteurs de puissance car il permet une flexibilité supérieure pour utiliser de l'eau normale au lieu de l'eau lourde, comme modérateur ou liquide de refroidissement.

Pour un réacteur, un taux d'enrichissement de 3 % à 5 % (c'est-à-dire d'un facteur 4 à 7 par rapport à la teneur naturelle de 0,72 %) est suffisant pour que les barres de combustible soient assez rapprochées et donc faire un réacteur plus compact qu'avec de l'uranium naturel où le ralentissement doit se produire dans des régions qui ne contiennent pas d'uranium. La plus grande teneur en uranium-235 permet que la section efficace de fission de l'uranium-235 l'emporte sur la section efficace d'absorption de l'eau qui sert de modérateur.

La séparation de l'uranium-235 de l'uranium-238 est basée sur la faible différence (1,3 % = 3/235) entre les masses des atomes. Deux techniques ont été utilisées dans le Projet Manhattan pour enrichir l'uranium de la bombe d'Hiroshima. La première est un procédé de « séparation électromagnétique » dans lequel on retire un électron des atomes d'uranium et on accélère les ions résultants qui forment un faisceau, comme le faisceau d'électrons qui donne l'image sur un écran de télévision. Les ions d'uranium sont 440 000 fois plus lourds que les électrons, et les ions d'uranium-235 sont 1,3 % fois plus légers que les ions d'uranium-238.

Un tube de télévision utilisant un faisceau d'uranium au lieu d'électrons montrerait donc une image double, l'une environ 0,65 % fois plus grande que l'autre ; l'image plus petite formée par les ions d'uranium-235 serait 138 fois moins intense que l'image formée par les ions d'uranium-238.

La séparation électromagnétique utilise des quantités d'énergie tellement grandes qu'elle a été rapidement abandonnée au profit de la diffusion gazeuse qui tire parti du fait que l'uranium-235 diffuse plus rapidement que l'uranium-238 au travers d'une paroi poreuse. Des milliers d'« étages » de barrières poreuses, de pompes et de tuyaux sont nécessaires pour enrichir l'uranium par cette méthode. Dans la diffusion gazeuse, on utilise l'uranium combiné à 6 atomes de fluor (l'hexafluoride d'uranium, UF_6) qui est très réactif chimiquement avec l'air ou l'eau. L'avantage du fluor est qu'il n'en existe qu'un seul isotope (9 électrons et un noyau constitué de 9 protons et de 10 neutrons, F-19). La différence de masse dans les molécules de gaz UF_6 est donc entièrement due à la différence de masse entre les atomes d'uranium-235 et d'uranium-238. Les molécules UF_6 traversent la barrière poreuse à des vitesses légèrement différentes à cause de la différence de masse de 3 unités, sur les 352 ou 349 unités de masse atomique, entre les molécules. Les molécules contenant l'uranium-235 traversent la barrière avec une vitesse 0,43 % plus rapide que celles contenant l'uranium-238.

Dans les premières années qui sont suivi la Seconde Guerre mondiale, l'enrichissement nécessitait des installations gigantesques qui coûtaient des centaines de millions de dollars, consommaient d'énormes quantités d'électricité et étaient impossibles à camoufler. Ce n'est plus le cas. On utilise maintenant des techniques plus simples, basées sur la centrifugation, qui sont employées à grande échelle pour produire de l'uranium faiblement enrichi (4 % d'uranium-235) pour les réacteurs commerciaux. Les centrifugeuses sont aussi plus adaptées à une fabrication clandestine d'uranium enrichi car elles sont moins visibles et consomment moins d'électricité. Ces aspects sont au centre de la controverse actuelle avec les Iraniens au sujet de leur programme d'enrichissement commercial, dont on veut s'assurer qu'il ne pourrait pas être aussi utilisé à produire de l'uranium hautement enrichi adapté aux armes nucléaires.

Plus récemment, on a montré que les lasers de haute précision peuvent être plus efficaces pour exciter ou ioniser les atomes d'uranium-235, moins nombreux, sans toucher aux atomes d'uranium-238. Il reste à savoir si cette méthode peut être économiquement compétitive pour enrichir le combustible des réacteurs ; en 1999, la Compagnie américaine d'enrichissement a abandonné la séparation isotopique en phase gazeuse par laser alors qu'elle avait exprimé de grands espoirs pour cette méthode lors de sa privatisation en 1998.

La plupart des installations commerciales d'enrichissement américaines et françaises utilisent encore la diffusion gazeuse mais dans le reste de l'Europe et la

Russie, on utilise la centrifugation gazeuse qui nécessite plus d'investissement au départ mais consomme beaucoup moins d'électricité. Les installations d'enrichissement modernes de haute performance utilisant la centrifugation consistent en un grand nombre de cylindres assez hauts, chacun tournant dans le vide à une vitesse de 600 m/s ; ce taux de rotation considérable produit un champ équivalent de gravitation très élevé et on obtient des facteurs de séparation par étage plus élevés que dans la diffusion gazeuse. Bien que la diffusion gazeuse nécessite une puissance par niveau de séparation 40 fois supérieure, il est encore moins cher pour les États-Unis d'utiliser leurs anciennes installations à diffusion gazeuse parce qu'elles sont alimentées par une énergie qui est bon marché grâce à un contrat à long terme. La quantité d'électricité nécessaire pour l'enrichissement du combustible d'une centrale nucléaire générant 7 000 GWh/an d'électricité est de 250 GWh/an pour l'enrichissement par diffusion gazeuse et de 6,3 GWh/an pour la centrifugation.

Réacteurs nucléaires

Les réacteurs nucléaires utilisent la fission nucléaire pour produire de la chaleur. Celle-ci est extraite des combustibles fissiles par des fluides qu'on appelle « caloporteurs » qui les refroidissent et transportent la chaleur de fission pour générer la vapeur nécessaire aux turbines qui actionnent les générateurs d'électricité. Du point de vue de la production d'électricité, un réacteur est une forme de bouilloire extrêmement compliquée. Dans ce chapitre, nous aborderons seulement les aspects concernant la fission. La génération d'électricité sera expliquée au chapitre 5. Néanmoins, nous expliquons ici brièvement le fonctionnement de base des 3 principaux types de réacteurs pour produire de l'électricité.

Le premier utilise de l'uranium naturel où la teneur en uranium-235 n'est que de 0,72 %. Comme nous l'avons déjà expliqué, dans un réacteur, il faut que les neutrons rapides de fission perdent leur énergie pour aboutir à une énergie presque nulle (0,025 eV), à laquelle la probabilité de fissionner les noyaux d'uranium-235 est maximale. La très faible proportion d'uranium-235 rend cette opération délicate parce qu'elle exige que les pertes de neutrons par capture dans le modérateur soient minimes. Comme nous l'avons déjà expliqué, cela peut être atteint avec un modérateur d'eau lourde ou de carbone pur sous forme de graphite, ces deux matériaux étant légers et ayant une faible probabilité d'absorber les neutrons (la grenouille peut donc sauter d'un seul coup un très grand nombre de marches). Le modérateur d'eau lourde est à pression atmosphérique et à température ambiante. Le combustible, qui est situé dans des tubes sous pression à double paroi, est si chaud que l'eau lourde, dans le tube interne avec le combustible, est portée à une température de 300 °C et génère de la vapeur à une pression de 150 bars (150 atmosphères) qui actionne les turbines à vapeur. Ces réacteurs sont construits sans l'épaisse enceinte sous pression en acier nécessaire pour les réacteurs à eau légère (comme on le verra par la suite) essentiellement parce que les neutrons diffusent plus loin dans le modérateur d'eau lourde ou de carbone pur et peuvent donc réentrer dans le combustible contenu dans des tubes relativement minces très espacés dans le modérateur.

Le second type de réacteur est le plus courant. Le combustible est constitué d'oxyde d'uranium « faiblement enrichi » à 4 % environ en uranium-235 sous forme de pastilles ou d'aiguilles fines (ou « crayons ») pour permettre l'évacuation de la chaleur et faire en sorte que la température de fonctionnement au centre des éléments de combustible ne soit pas trop élevée. L'eau normale, l'eau « légère », est à la fois le modérateur et le fluide caloporteur. Dans un tel réacteur, les barres de combustibles doivent être rapprochées et il n'y a donc pas d'espace pour les nombreux tubes à double paroi comme dans les réacteurs à eau lourde.

Une variante, où le tiers des éléments de combustible en uranium est remplacé par du plutonium dilué dans de l'uranium-238, représente environ 20 % du combustible des réacteurs les plus modernes du parc français et est aussi utilisée ailleurs dans le monde. Ce mélange est appelé Mox, pour Mélange d'OXydes. Il est presque interchangeable avec le combustible à uranium faiblement enrichi habituel.

Dans ces réacteurs modérés à l'eau, le mélange de combustible est suffisamment dilué afin qu'il ne puisse pas être directement utilisé pour fabriquer des bombes ; la chaleur produite est dispersée dans une très grande quantité de matière pour qu'elle soit plus facile à évacuer, et la fission partielle du plutonium produit par la transformation de l'uranium-238 contribue aussi à la chaleur utile. Les neutrons sont consommés avant d'avoir été entièrement ralentis. Les fissions sont surtout dues à des neutrons ayant une énergie un peu supérieure à 0,05 eV, valeur qui correspond à la température de fonctionnement du modérateur d'eau et du combustible (et non pas à l'énergie thermique de 0,025 eV qui correspond à la température ambiante).

Comme nous l'avons déjà souligné, il serait à la limite possible d'avoir un réacteur à uranium naturel « homogène » dans lequel l'uranium est bien mélangé avec un modérateur parfait qui n'absorbe pas les neutrons. Un réacteur naturel à uranium a fonctionné il y a 2 milliards d'années comme on peut le voir sur l'encadré qui suit. La découverte de cet événement fit rêver et délirer quelques amateurs d'une histoire fantastique de vivants ayant peuplé notre planète et l'ayant détruite jadis au cours d'une guerre nucléaire.

Oklo : des réacteurs nucléaires fossiles

En juin 1972, au cours d'une analyse de la teneur en uranium-235 d'un échantillon de minerai, une infime anomalie fut observée : on mesura une teneur de 0,7171 % au lieu de 0,7202 % qui était la valeur normale. Cette petite variation de 4 millièmes se répétera lors des mesures de contrôle sur le même échantillon. Lorsqu'on l'observa sur du minerai en partance pour l'Union soviétique, où il devait être enrichi moyennant finances, on pensa à un acte de malveillance : les Soviétiques auraient alors soupçonné les Français de leur envoyer de l'uranium appauvri dont on avait déjà extrait une partie de l'uranium-235 !

Au terme d'une véritable enquête policière destinée à remonter la filière de l'origine de ce minerai appauvri, il fallut admettre que ce n'était pas le fait d'une main criminelle qui avait glissé du minerai artificiellement appauvri dans le minerai naturel. Il s'avéra que le minerai anormal provenait de l'extrémité nord du gisement d'Oklo au Gabon. On trouva dans certains sondages des échantillons dont la teneur en uranium-235 était presque deux fois plus basse que la normale.

On pensa d'abord qu'il pouvait y avoir des phénomènes encore inconnus de séparation isotopique, ce qui aurait eu une importance économique énorme. Mais si c'était vrai, il y aurait eu, à côté des échantillons appauvris, d'autres échantillons enrichis. On en découvrit évidemment : c'était le résultat de mesures faussées par une idée préconçue d'un processus naturel d'enrichissement de l'uranium.

C'est là un phénomène significatif : lorsque des scientifiques font une observation fausse, surtout si elle est sensationnelle, il se trouve souvent de nombreuses équipes pour la confirmer. Un exemple éclatant est la prétendue « découverte » en 1989 de la fusion froide qui permettrait de réaliser la fusion thermonucléaire à la température ordinaire : un mélange de mauvaises expériences et une exploitation peu scrupuleuse de la crédulité publique a permis à un groupe de physiciens de trouver des financements généreux.

Tous les physiciens ont rencontré dans leur carrière des mesures aberrantes. Cela n'a aucune importance s'ils savent raison garder ! Comme l'a dit Einstein : « *Quiconque n'a jamais fait d'erreur, n'a jamais essayé quelque chose de nouveau !* »

Dans le cas d'Oklo, l'équipe superbement compétente du Commissariat à l'énergie atomique élucida tous les mystères. L'analyse des minerais montra que l'uranium avait été le siège de 100 000 fois plus de fissions que ce que l'on pouvait attendre d'une réaction spontanée accumulée pendant 2 milliards d'années. Seule une réaction en chaîne longuement entretenue pouvait avoir donné lieu à ces fissions qui avaient consommé la moitié de l'uranium-235 dans le minerai.

La demi-vie de l'uranium-235 est de 700 millions d'années. La teneur de l'uranium naturel en uranium-235 était, il y a deux milliards d'années, 7,26 fois plus élevée qu'elle l'est maintenant[6]. Cela correspondait à 5 % d'uranium-235 comme dans les réacteurs de nos centrales nucléaires modernes. La formation du réacteur naturel est également liée à l'apparition de la vie sur Terre parce que les grandes concentrations d'uranium dans les minéraux à Oklo ont résulté d'une série de fractionnements chimiques successifs dans lesquels l'oxygène a joué un rôle essentiel. On admet en général que l'oxygène est apparu dans l'atmosphère terrestre par la génération d'organismes vivants capables de faire la photosynthèse. Cela a joué le rôle majeur pour débarrasser la terre du gaz carbonique dominant.

Il a donc fallu attendre que soient atteintes, il y a deux milliards d'années, les conditions pour que l'uranium naturel puisse être concentré dans le minerai jusqu'à la valeur nécessaire pour une réaction en chaîne, mais ces conditions favorables n'ont pas duré plus de un milliard d'années en raison de la décroissance de l'uranium-235. Dans la séquence d'événements que les ingénieurs ont dû reconstituer pour aboutir à un réacteur, la matière organique agissant, dans la mer, sur des couches de sédiments infiltrés par l'uranium, a joué un rôle prépondérant en précipitant l'uranium sous forme de pechblende dans des trappes géologiques. Ce n'était pas un réacteur fabriqué par les hommes, mais par les plantes !

Lorsque les conditions favorables ont été réunies et que le minerai s'est trouvé en contact avec l'eau des marécages servant de modérateur, le réacteur a pu fonctionner pendant près de un milliard d'années sans se désintégrer comme à Tchernobyl, en Ukraine, lors de l'accident désastreux qui s'est produit en 1986 et sur lequel nous reviendrons dans ce livre.

Des recherches récentes ont montré que le réacteur d'Oklo fonctionnait 30 minutes toutes les 3 heures plutôt que continuellement. On estime que le réacteur a fonctionné pendant 150 000 années. La puissance moyenne était de 100 kW, 30 000 fois moins qu'un réacteur de puissance actuel de 1 GWe (l'énergie thermique correspondante étant de 3 GW) et l'énergie totale produite a été l'équivalent de 100 mégatonnes d'explosif puissant.

Il y a sans doute beaucoup à apprendre de l'étude de ces réacteurs fossiles concernant l'évolution géologique des déchets nucléaires sur de longues périodes de temps.

Une très petite fraction des gisements d'uranium de la planète aurait pu présenter la formation spontanée de réacteurs naturels et les bouleversements géologiques en ont effacé les traces, sauf à Oklo. C'est donc une découverte extraordinaire. Certains journalistes et pseudo-penseurs y ont vu une preuve de la visite sur notre planète d'extraterrestres beaucoup plus avancés que nous, dont ils prétendent avoir par ailleurs d'autres signes indiscutables. L'expérience montre qu'on ne peut jamais convaincre des illuminés avec des preuves scientifiques ; mais si on ne peut pas non plus convaincre le public qui découvre cette controverse, alors il y a matière à être inquiet.

Notre vieille planète a donc déjà rencontré au cours de sa longue histoire les mêmes corps radioactifs, artificiels et éphémères (une vie de quelques millions d'années seulement), que nous voulons lui injecter avec nos déchets nucléaires. On peut se demander si ceux-ci ne réserveront pas un jour à nos descendants la surprise de réacteurs naturels comme celui d'Oklo. Les ingénieurs se demandent si les connaissances acquises leur permettent de choisir des sites d'enfouissement des déchets aussi sûrs que celui d'Oklo.

Le contrôle de la réaction de fission

L'art de l'ingénieur des centrales nucléaires est pareil à celui du funambule qui marche sur un filin au-dessus du vide. Avec un bon balancier, c'est facile, surtout si l'on a un bon filet. Le balancier, ce sont les caractéristiques de conception et les dispositifs qui permettent de contrôler la propagation des fissions dans la masse du combustible, que l'on stabilise au niveau requis par l'extraction de l'énergie produite. Le filet, ce sont les mesures de sûreté destinées à faire face à toutes les éventualités envisageables pouvant donner lieu à une réaction en chaîne incontrôlée.

L'évolution d'une réaction en chaîne est caractérisée par le facteur de multiplication K qui est le rapport entre le taux de fissions à un temps donné et le taux à la « génération » suivante, c'est-à-dire lorsque les neutrons produits dans les fissions ont été absorbés. Le temps entre générations est d'environ 40 microsecondes pour les réacteurs à eau, à cause de la grande distance parcourue par le neutron et de sa vitesse qui diminue au fur et à mesure qu'il subit des collisions. Ce temps n'est que de quelques milliardièmes de seconde pour une arme nucléaire, et il est de moins de 1 millionième de seconde pour les réacteurs à neutrons rapides (décrits au chapitre 5) qui ne sont pas ralentis dans un modérateur.

Si ce rapport *K* est plus grand que 1, le nombre de fissions croît avec le temps, le système est sur-critique.

Si ce rapport est égal à 1, le système est critique, le nombre de fissions est constant.

Si ce rapport est plus petit que 1, le système est sous-critique et les fissions s'éteignent.

La criticité mesure l'écart du facteur *K* par rapport à 1.

Dans les armes nucléaires, on cherche à rendre *K* maximum, en assemblant en un temps très court, de l'ordre de quelques microsecondes, une masse supérieure à la masse critique (masse minimum qui permet la réaction en chaîne explosive) qui est de quelques kilogrammes ou dizaines de kilogrammes, suivant la nature et la densité du matériau ; dans le cas d'un assemblage relativement lent, il est important qu'aucun neutron ne démarre la réaction en chaîne entre le moment où le système devient critique et celui où il est complètement assemblé.

Dans les réacteurs nucléaires, on veut que le facteur *K* soit égal à 1, car on veut produire et extraire, de façon stable, l'énergie résultant de la fission des noyaux de plusieurs tonnes de combustible. L'art du pilotage des réacteurs nucléaires est de maintenir le facteur de multiplication strictement égal à 1, en compensant de façon continue l'épuisement en matériau fissile et l'augmentation de produits de fission au cours du temps tout en empêchant que des perturbations ne rompent cet équilibre et que ce facteur vienne à dépasser la valeur fatidique de 1.

Mais le réacteur n'est pas comme un mustang sauvage qu'un cavalier intrépide veut maintenir sur place et qui piaffe d'impatience.

Un réacteur ne peut pas, comme une arme nucléaire, exploser et libérer une énorme quantité d'énergie de fission en une fraction de microseconde. La Nature, bonne fille, nous permet d'utiliser une astuce qui ralentit ou retarde énormément la multiplication des neutrons : providentiellement, certains produits de fission émettent des neutrons retardés en moyenne d'une dizaine de secondes lorsqu'ils se désintègrent en cascade et forment des noyaux stables. La proportion des neutrons retardés est petite – 0,65 % pour l'uranium-235, 0,21 % pour le plutonium-239 – mais elle est suffisante pour que le réacteur soit maintenu en équilibre dans des conditions où le facteur de multiplication des neutrons prompts est inférieur à 1, et ne puisse donc pas être le lieu d'une réaction en chaîne incontrôlable. Les quelque 10 secondes de répit données par les neutrons retardés permettent d'introduire un élément de sécurité essentiel des réacteurs : des barres de réglage et de sécurité que l'on peut introduire rapidement dans le cœur fissile du réacteur et qui contiennent des atomes absorbant une fraction suffisante de neutrons pour que le facteur de multiplication reste inférieur à 1. Lorsqu'on les retire partiellement du réacteur, elles n'absorbent plus les neutrons de façon aussi importante, de sorte que la densité de neutrons dans le réacteur, le « flux de neutrons », augmente. La puissance du réacteur croît aussi continuellement à un taux qui est fonction de la durée de vie des neutrons retardés et de l'excès de criticité. Le temps disponible pour le contrôle d'un réacteur courant est typiquement de l'ordre de quelques minutes puisque le facteur de multiplication tenant aussi compte des neutrons retardés est seulement très légèrement supérieur à 1.

Paramètres de criticité

Au cours du temps, en raison des transmutations et des désintégrations, la composition chimique du cœur évolue. C'est ainsi que l'uranium-235 est consommé mais que l'uranium-238, qui agit comme un piège à neutrons, se transforme en plutonium-239 qui est aussi actif pour produire de l'énergie que l'uranium-235 et qui finit par apporter une contribution notable à l'énergie fournie par le réacteur.

Certains produits de fission, dont la quantité dans le réacteur varie au cours du temps, peuvent être de véritables poisons pour le réacteur. Il en est ainsi du xénon-135 dont la section efficace d'absorption des neutrons lents est colossale. En fonctionnement normal, à haute puissance, le xénon-135 est brûlé aussi rapidement qu'il est créé car il est transmuté par absorption de neutrons, si bien qu'il n'est toujours présent qu'en petite quantité. Il n'est pas produit directement mais provient de la désintégration d'un produit direct de fission, l'iode-135, de sorte que si l'on arrête un réacteur de grande puissance pendant plusieurs heures la quantité de xénon-135 a tellement augmenté qu'on ne peut plus le redémarrer, même si on retire totalement les barres de contrôle. Il suffit d'attendre une journée pour pouvoir le redémarrer, car, par chance, la demi-vie du xénon-135 n'est que de 9 heures. Ce fut l'une des surprises rencontrées lorsque l'on est passé de la pile de 2 watts de Fermi au réacteur de 250 MW de Hanford. Dans un réacteur de petite puissance, la quantité de produits de fission n'est jamais assez importante pour produire cet empoisonnement. Dans un grand réacteur, on peut avoir des « vagues » de xénon qui empoisonnent épisodiquement des portions du réacteur. Si la concentration de xénon-135 est localement élevée, le taux de fission, la chaleur produite, ainsi que la production de xénon-135, décroîtront à cet endroit ; cet excès de poison se désintégrera pour éventuellement réapparaître à un nouvel endroit.

En outre, les paramètres physiques (propriétés et pureté des matériaux par exemple) ne sont pas uniformes à l'intérieur d'un réacteur et la criticité dépend de la température.

Supposons par exemple qu'il y ait une grande région du cœur du réacteur où le facteur de multiplication monte à 1,01. Il faut avoir à l'esprit le caractère essentiel d'une réaction en chaîne : il suffit de 70 générations successives pour qu'une telle criticité (un excès de 1 %) double le nombre de neutrons et cela sera atteint en 3 millisecondes dans un réacteur qui atteindrait la criticité seulement avec des neutrons rapides. Nous connaissons ce conte oriental où un prince veut récompenser un sujet et lui offre de choisir ce qu'il désire. Celui-ci lui désigne un jeu d'échecs et demande un grain de riz sur la première case, deux sur la deuxième, et un doublement à chaque case jusqu'à la 64e. Le souverain, étonné et enchanté d'une demande aussi modeste, accepte et découvre un peu tard qu'à la 64e case, il lui faudra donner 10^{19} grains de riz, soit près de 30 milliards de tonnes, plus que son royaume a produit depuis qu'il existe. Le chagrin du souverain serait comme celui d'un physicien qui aurait construit et ferait fonctionner un réacteur si grand et mal contrôlé qu'une partie du réacteur pourrait atteindre une criticité égale à 1 seulement avec des neutrons prompts, alors que le reste du réacteur n'atteindrait la criticité qu'avec des neutrons retardés. Cependant, pour les réacteurs contenant de l'uranium-238, l'effet Doppler réduit la réactivité dans les régions de puissance élevée où la température du combustible est élevée.

Les réacteurs à eau sous pression, utilisés en France et aux États-Unis, sont conçus de façon à être sous-modérés : lorsque la température augmente, la dilatation du modérateur (qui sert aussi de liquide de refroidissement) réduit la criticité et stabilise donc la puissance. C'est encore plus vrai s'il se produit une perte soudaine de modérateur due à une fuite ou à une faille catastrophique de l'enceinte du réacteur. Mais une inondation d'eau froide provenant du système de refroidissement de secours peut aussi conduire à une augmentation soudaine de criticité. Ces considérations de sécurité ont contribué à l'adoption presque générale des réacteurs à eau légère sous pression, ou d'une variante, les réacteurs à eau bouillante, dont les propriétés nucléaires diffèrent peu des précédents.

Vous ayant fourni les bases pour comprendre le fonctionnement des réacteurs nucléaires, nous reviendrons plus tard sur les caractéristiques de conception des réacteurs qui produisent 17 % de l'électricité mondiale, avec leurs problèmes et leurs promesses. Mais attaquons maintenant ce qui est, au moins techniquement, un problème « plus simple » même s'il représente à la fois une grande responsabilité pour les sociétés des États dotés d'armes nucléaires et une grande menace pour tous.

Chapitre 3

LES ARMES NUCLÉAIRES

Les éléments nécessaires à la compréhension de la physique nucléaire et de la fission ayant été expliqués dans les chapitres précédents, nous pouvons maintenant discuter des applications importantes : les armes nucléaires et les réacteurs qui produisent l'électricité. Bien que certains détails soient encore secrets et ne puissent donc être publiés dans ce livre, la conception des armes nucléaires est, en principe, beaucoup plus facile à comprendre que celle des réacteurs. En effet, dans les bombes, il n'y a pas besoin d'évacuer la chaleur de fission, les seuls aspects mécaniques intéressants sont ceux qui concernent le déclenchement, et l'analyse des accidents possibles est plus simple que dans le cas des réacteurs. Nous commençons donc par les armes nucléaires.

Nous discuterons du fonctionnement des armes nucléaires en nous en tenant à des faits et des principes abondamment commentés dans la littérature du domaine public. Les amateurs d'armes nucléaires ne trouveront pas, dans notre livre, de recette inconnue. Nous expliquerons les principes généraux des différents types d'armes et décrirons leurs effets, ainsi que les dangers planétaires qui guettent l'humanité si nous n'en détruisons pas le stock absurdement élevé. Nous examinerons enfin quelques aspects des essais.

La bombe à fission

La principale difficulté dans la conception d'une bombe à fission est de parvenir à assembler, en un temps suffisamment court, une quantité de matériau fissile suffisante pour entretenir une réaction en chaîne. Il faut que les fragments initiaux soient sous-critiques (c'est-à-dire que les neutrons de fission dans le plutonium ou l'uranium-235 aient une probabilité de s'échapper suffisante pour que chacun génère en moyenne moins d'un neutron de fission et donc que la réaction en chaîne ne puisse démarrer). Lorsque les fragments sont assemblés et que le système est sur-critique, il est préférable que le matériau fissile soit dense pour diminuer au maximum le temps nécessaire pour produire une fission : c'est pour cela que l'on utilise de l'uranium et du plutonium sous forme métallique.

Le laboratoire de Los Alamos au Nouveau-Mexique a été créé en mars 1943 (désigné comme le « Site Y » dans le Projet Manhattan qui était secret) pour concevoir et fabriquer des armes nucléaires avec de l'uranium enrichi à Oak Ridge (État du Tennessee) et du plutonium produit dans les réacteurs de Hanford (État de Washington).

La « bombe à rapprochement » utilise une première solution pour assembler les différents fragments de matériau fissile : ceux-ci sont placés dans un tube cylindrique en acier et rapprochés par un explosif de moyenne puissance tel que poudre à canon ou nitrocellulose. Un neutron injecté à l'instant où la masse d'uranium est complètement assemblée « initie » la réaction en chaîne qui se développe à la vitesse de 80 générations en 1 microseconde.

Une arme à fission ordinaire consomme environ 1 kilogramme de combustible fissile (uranium ou plutonium) ; la fission complète de cette quantité fournit une puissance explosive équivalente à celle de 17 millions de kilogrammes, soit 17 kilotonnes, d'explosif puissant comme la dynamite ou le TNT. Cette fission libère aussi environ 6 grammes de neutrons, soit $3{,}6 \times 10^{24}$ neutrons. Lorsque ceux-ci sont capturés par les matériaux alentour, ils produisent quelques centaines de grammes de corps radioactifs qui s'ajoutent à la radioactivité des produits de fission avec en plus une intensité énorme de rayons gamma émis instantanément. La bombe qui a détruit Hiroshima contenait environ 60 kilogrammes d'uranium-235 presque pur et sa puissance était de 13 kilotonnes ; donc 13/17 kilogrammes, soit 0,8 kilogramme seulement, ont effectivement fissionné, ce qui donne un rendement de 0,8/60, soit 1,3 %. Le reste de l'uranium a été dispersé dans l'atmosphère avec les produits de fission très radioactifs.

On avait tellement confiance dans le fonctionnement d'une bombe à rapprochement qu'on ne l'a jamais expérimentée avant celle qui fut lâchée sur Hiroshima. D'autres pays peuvent donc en confiance construire et accumuler des armes de ce type sans aucun essai. Cette technique « à rapprochement » n'est presque plus utilisée par les États nucléaires parce qu'une autre méthode plus efficace a été mise au point qui utilise moins de matériau fissile au prix cependant d'une plus grande complexité.

L'implosion est l'autre mécanisme d'assemblage mis au point à Los Alamos. Il a été utilisé dans la bombe de Nagasaki. On utilise un explosif chimique puissant pour assembler une masse supercritique de matériau plus rapidement que cela n'est possible avec un explosif comme la poudre à canon. La technique à rapprochement, qui peut fonctionner avec de l'uranium-235, est incompatible avec une propriété particulière du plutonium : le plutonium qui est produit dans les réacteurs contient plusieurs isotopes, dont le plutonium-239 majoritaire et le plutonium-240. Le taux de fission spontanée du plutonium-240 est élevé et un neutron de fission peut démarrer la réaction en chaîne dès que la masse assemblée devient critique mais avant qu'elle ne soit complètement comprimée, ce qui conduit à une désintégration prématurée de la bombe et produit un « raté ». Lorsqu'on a découvert ce taux élevé d'émission spontanée dans les premiers échantillons de plutonium livrés à Los Alamos, presque tout le laboratoire s'est focalisé sur ce problème. La bombe à rapprochement à plutonium n'était plus une option faisable. Il fallait trouver une méthode qui permettrait de finir l'assemblage avant l'arrivée d'un de ces neutrons gênants. La solution a consisté à utiliser la méthode dite d'implosion.

Dans la bombe à implosion, une sphère ou une coquille creuse de matière fissile est comprimée par des explosifs chimiques puissants disposés sur son pourtour. Puisque les explosifs compriment le cœur de la bombe, ce concept d'implosion permet aussi de réaliser une bombe plus efficace, c'est-à-dire qui produit la même quantité d'énergie avec une masse inférieure de combustible. La bombe de Nagasaki contenait environ 6 kilogrammes de plutonium et sa puissance était de 22 kilotonnes, correspondant à la fission d'environ 1,3 kilogramme de plutonium, ce qui donne une efficacité d'environ 1,3/6 = 20 %, à comparer à celle de 1,3 % pour la bombe à rapprochement à uranium. Une fois maîtrisée, cette méthode d'implosion est doublement avantageuse : elle permet une meilleure efficacité et une puissance plus élevée en utilisant soit de l'uranium-235 en quantité inférieure à celle qui est nécessaire dans la bombe à rapprochement, soit du plutonium et, comme on le verra dans la suite de ce livre, même du plutonium provenant des réacteurs civils dans lesquels la concentration de plutonium-240 est élevée.

La faisabilité et l'efficacité d'une bombe à implosion dépendent de la précision de l'onde de choc qui produit la compression. Si, pour créer une onde de détonation convergente qui comprimera la sphère ou coquille de plutonium en son centre, on utilise plusieurs « points de détonation » sur la surface d'une sphère constituée d'explosifs, chaque onde sera au début sphériquement divergente et centrée sur un détonateur. La coquille de plutonium sera déformée ou brisée, car elle n'est pas comprimée de façon uniforme. L'art de l'ingénieur consiste à distribuer les détonateurs de façon à ce que l'onde qui se propage soit en tout point focalisée sur le centre de la coquille de plutonium. De la même façon qu'une lentille de verre dans l'air convertit l'onde sphérique d'un point lumineux en un faisceau de lumière parallèle ou focalisée sur un point, des systèmes de « lentilles » faites d'explosifs puissants permettent de convertir plusieurs ondes sphériques provenant de chaque détonateur, qui sont divergentes, en une onde sphérique convergente. Initialement, ces lentilles étaient constituées de deux sortes d'explosifs, une composante « rapide » dans laquelle l'onde de détonation se déplace à grande vitesse (à la façon dont la lumière se déplace dans l'air à l'intérieur d'un système de lentilles optiques), et une composante « lente » qui ralentit l'onde de même que le verre d'une lentille ralentit la lumière.

L'injection des neutrons qui initie la réaction en chaîne doit être précisément synchronisée avec l'implosion sinon la puissance de la bombe sera plus faible, voire nulle si le matériau « éclate » et devient donc sous-critique avant l'arrivée d'un neutron.

On peut améliorer l'efficacité de la bombe en plaçant une coquille supplémentaire de béryllium ou d'uranium-238 qui réfléchira vers le cœur fissile les neutrons qui s'en échappent, et en disposant le plutonium ou l'uranium-235 en une fine coquille entourant du vide plutôt que sous forme d'une sphère[1].

Les armes à fission exaltée

Pour accroître l'énergie émise par la fission, on injecte dans le cœur fissile un gaz d'hydrogène composé de deutérium et de tritium qui entre en fusion, libérant ainsi un grand nombre de neutrons dans la matière fissile. On appelle ce procédé le « *boosting* » ou l'« exaltation ». Les armes à « fission exaltée » furent expérimentées pour la première fois en 1951. Quand le plutonium implose sous l'effet de l'explosif classique qui l'entoure et produit une explosion nucléaire, la température devient assez élevée pour provoquer la fusion deutérium-tritium avec l'émission soudaine d'une quantité de neutrons de l'ordre de un gramme. Ceux-ci provoquent à leur tour des fissions additionnelles dans le matériau fissile environnant. Ainsi, très peu de l'énergie relâchée par une arme à fission exaltée (ou un élément primaire exalté) provient de la fusion deutérium-tritium, chaque fission apportant environ 150 MeV, tandis que chaque réaction deutérium-tritium livre au total 17,5 MeV : la réaction est $D + T \rightarrow He_4 + n + 17{,}59$ MeV. Le noyau d'hélium emporte 3,5 MeV, le neutron 14 MeV, dans le rapport inverse de leur masse. Les neutrons de la fusion induisent donc des fissions supplémentaires dans le plutonium environnant et c'est cette « exaltation » qui conduit à une augmentation substantielle de la puissance explosive. Le tritium a une demi-vie de 12 ans, il faut donc le remplacer régulièrement, en général tous les 2 ans, mais on peut attendre jusqu'à 10 ans.

Avec une bombe à fission, on peut atteindre une puissance maximale de 500 kilotonnes (40 fois celle de la bombe d'Hiroshima) ou bien descendre à des puissances beaucoup plus faibles, de l'ordre de 20 tonnes. Après la première bombe à implosion de 1945, les Américains ont conçu une bombe à fission où le matériau fissile est divisé entre une boule centrale et une coquille creuse, ce qui a rendu possible des bombes à implosion beaucoup plus petites et légères. L'exaltation a permis d'augmenter la puissance. Il y a eu des améliorations pour s'assurer contre une détonation non prévue. En ce qui concerne la sûreté, les plus grands progrès ont été une amélioration de la sûreté de la commande électrique de la charge[2], qui empêche que la bombe ne soit déclenchée par accident ou par un éclair (dans certaines armes, on utilise un « explosif puissant insensible », c'est-à-dire qui ne peut pas être amorcé par l'impact unique et direct d'une balle), et la mise en place d'un cœur de matériau fissile qui résiste au feu, c'est-à-dire que le cœur à l'intérieur des explosifs est enfermé dans un conteneur en métal, ce qui empêcherait la dispersion du plutonium dans le cas d'un incendie du combustible de l'avion ou de la combustion des explosifs puissants. Pour empêcher une utilisation non autorisée, le dispositif de contrôle gouvernemental[3] (originellement des verrous à combinaison électromécanique) qui empêche que le circuit de mise à feu de la bombe n'amorce l'explosif puissant en l'absence d'un code déterminé à l'avance, a été mis en place dès 1962 sur les armes américaines stationnées en Europe. Depuis cette époque, ces dispositifs ont été rendus plus efficaces et sont plus nombreux. Les Dispositifs de contrôle gouvernemental modernes ne permettent qu'un nombre limité d'essais avant d'invalider la bombe. Ce système permet de découpler la possession physique de l'arme de la capacité à l'utiliser : il conduit à une amélioration du contrôle des forces nucléaires et permet un déploiement plus large sans crainte d'une utilisation non autorisée.

Les armes thermonucléaires

En 1952, les États-Unis ont fait exploser une bombe basée sur un nouveau principe qui permettait d'obtenir une puissance illimitée, 10 mégatonnes, 100 ou même 1 000 : la bombe thermonucléaire ou « bombe à hydrogène ».

Dans cette expérience, une bombe à fission a été utilisée pour fournir l'énergie nécessaire pour amorcer une réaction de fusion nucléaire dans une grande quantité de deutérium. La fusion à grande échelle ne peut se produire qu'à des températures, pressions et densités plus grandes que celles régnant au centre du Soleil. C'est cette réaction de fusion qui est au cœur des armes thermonucléaires. Le dispositif à fission est l'amorce, ou l'« élément primaire », et le système qui fournit l'énergie de fusion est, « élément secondaire » qui contient le deutérium. La figure 3.1 présente le schéma d'une bombe thermonucléaire moderne.

Un explosif thermonucléaire moderne

Cette bombe thermonucléaire W87 est embarquée sur un missile intercontinental MX. Elle est placée dans un missile à têtes multiples. Elle se détache du missile pour aller atteindre sa cible.

Processus explosif : la compression du plutonium par un explosif chimique (en haut à gauche) déclenche une explosion de fission qui est exaltée par la fusion du gaz de deutérium-tritium. Des rayons X compriment ensuite la composante secondaire provoquant une réaction de fission et de fusion plus importante.

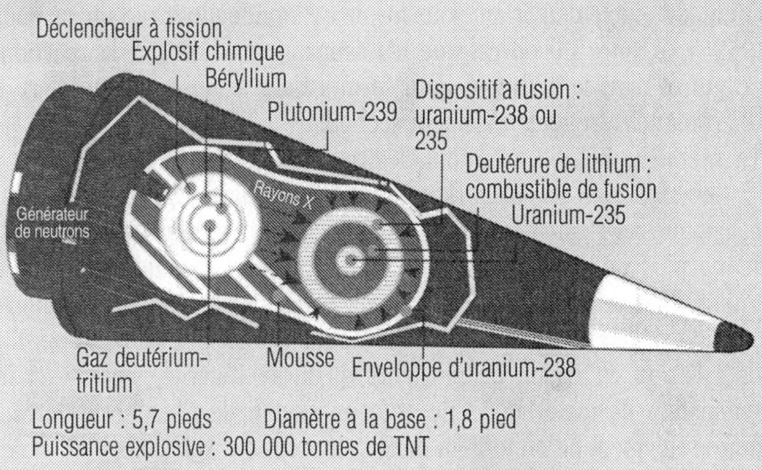

Figure 3.1 : Représentation schématique de l'une des armes nucléaires américaines les plus modernes publiée en mai 1999 dans un rapport d'un comité du Congrès américain, le Rapport Cox.

Pour que la fusion se réalise efficacement, l'élément secondaire est comprimé et chauffé dans ce cas par l'énorme pression des rayons X mous émis par l'explosion de l'amorce, selon le concept de « compression par radiation » défini à Los Alamos par le mathématicien Stanislaw Ulam et le physicien Edward Teller en mars 1951[4]. Tout comme le filament de tungstène d'une ampoule de 100 watts produit une lumière vive, la « compression par radiation » permet que l'énergie des fissions de l'amorce soit transférée à l'étage secondaire par les rayons X produits par le cœur fissile très chaud et, en un centième de microseconde, les kilogrammes de plutonium transfèrent la plupart de leur énergie thermique à cette marée de radiation électromagnétique qui transporte non seulement la plus grande part de l'énergie de fission mais transmet aussi une énorme pression.

Il est possible d'utiliser divers matériaux et arrangements dans l'élément secondaire. Les neutrons provenant de la charge thermonucléaire peuvent provoquer la fission d'un élément adjacent d'uranium enrichi ou naturel (la probabilité de fission de l'uranium-238 pour un neutron de 14 MeV étant substantielle, rappelons que c'est l'énergie emportée par le neutron produit dans la réaction de fusion D-T), si bien que typiquement 50 % de l'énergie d'une arme dite « thermonucléaire » est produit par la fission. Le combustible thermonucléaire de l'élément secondaire se compose généralement de lithium-6 et deutérium, ce qui est plus pratique que le deutérium sous forme de liquide ultrafroid utilisé dans le test de 1952. Une autre raison est que les neutrons produits par la réaction D + D sont capturés dans le lithium-6 pour former du tritium, ce qui accélère la réaction thermonucléaire dans l'élément secondaire[5].

La première bombe thermonucléaire a été testée le 1er novembre 1952 à l'atoll Eniwetok par les États-Unis au cours du tir Mike d'une puissance de 10 mégatonnes. Originellement conçue comme un moyen d'obtenir des armes beaucoup plus puissantes sans investir de grandes quantités de plutonium ou d'uranium-235, cette approche à deux étages (compression par radiation) devint la méthode de choix, même dans les domaines de puissance accessibles aux armes à fission en raison de plusieurs qualités : sécurité, légèreté et moindre consommation de matériau fissile coûteux et difficile à acquérir. Ainsi, 6 kilogrammes seulement de plutonium dans l'amorce sont suffisants pour obtenir une puissance de dizaines, voire de centaines de mégatonnes. Une bombe à fission de 10 mégatonnes représenterait la consommation effective de 600 kilogrammes de plutonium, ce qui, avec un rendement de 30 %, nécessiterait une quantité de 600/30 % = 2 000 kilogrammes de plutonium, alors que cette même quantité de plutonium permettrait de produire 333 armes à deux étages de 10 mégatonnes. Ces armes sont plus sûres car elles contiennent moins de matière fissile et sont donc beaucoup plus éloignées du point de criticité avant que l'arme ne soit amorcée.

La bombe thermonucléaire la plus puissante jamais essayée, l'a été dans un essai atmosphérique réalisé par l'Union soviétique en 1961. Sa puissance a atteint environ 58 millions de tonnes d'explosif classique, c'est-à-dire l'équivalent de 4 000 bombes d'Hiroshima. Si elle avait été construite, comme cela était prévu, avec de l'uranium entourant le combustible thermonucléaire de l'élément secondaire, elle aurait eu une puissance de 100 mégatonnes. Mais l'uranium a été remplacé par du plomb pour réduire sa puissance et éviter des dommages pour les habitants des régions avoisinantes pendant l'essai, car il n'y a eu alors que très peu de produits de fission.

Par rapport à ces schémas, il n'y a pas eu depuis les années 1950 de principe fondamentalement nouveau en matière d'arme nucléaire, mais plutôt un processus d'affinage continu. Les principales améliorations ont porté sur la miniaturisation des têtes nucléaires, l'ajout de systèmes de sécurité comme nous l'avons indiqué pour les bombes à fission, le remplacement des explosifs chimiques courants par un explosif moins sensible, l'allègement de l'enveloppe de l'étage secondaire qui empêche les rayons X de s'échapper de façon à ce qu'ils compriment efficacement le combustible de l'élément secondaire et la mise au point d'engins à puissance variable. Une bombe à puissance variable pourrait évidemment être dérivée d'une bombe classique à deux étages si celle-ci était dotée d'une option permettant de dissocier l'étage secondaire de l'amorce ou d'empêcher le gaz d'exaltation deutérium-tritium d'entrer dans le cœur de l'amorce (l'élément primaire). On aurait alors le choix entre trois puissances explosives : la puissance nominale de l'arme à deux étages, la puissance de l'amorce exaltée, et celle de l'amorce non exaltée. Les armes à énergie variable (« *dial-a-yield* ») de l'arsenal américain utilisent, entre autres, cette méthode.

Grâce à toutes ces améliorations, les militaires ont pu disposer d'un arsenal couvrant tous les besoins imaginables et même inimaginables. Les bombes les plus légères peuvent être lancées par un engin porté par un homme. La plupart des armes françaises ont une puissance de l'ordre de 150 et 300 kilotonnes. La majeure partie des armes stratégiques américaines, comme celles qui sont sur des missiles balistiques à longue portée, ont une puissance destructrice d'une demi-mégatonne en moyenne, voisine de 40 fois celle d'Hiroshima. Toutes les armes américaines ont été mises au point à Los Alamos ou au Laboratoire Lawrence Livermore créé en 1952 sous l'insistance d'Edward Teller qui n'était pas satisfait des progrès sur la bombe à hydrogène à Los Alamos.

Une bombe pour les humanistes : la bombe à neutrons

Pour une petite explosion de 100 tonnes, l'effet du souffle et de la chaleur directe, qui détruit tous les bâtiments alentour, peut être négligeable si la bombe éclate à une altitude de 300 mètres, alors que l'effet des radiations, en particulier des neutrons, peut être mortel à la même distance de l'explosion. Cela donna l'idée aux concepteurs d'armes de faire des bombes où la production de neutrons serait augmentée en utilisant la chaleur de la fission pour amorcer des réactions de fusion entre les deux variétés d'hydrogène lourd qui libèrent à chaque réaction, comme cela a été noté plus haut, un neutron énergique de

14 MeV qui peut pénétrer l'acier, le béton et, ce qui est très important, l'air. C'est le principe de la bombe à neutrons. Maniée par des humanistes, elle pourrait détruire les soldats dans leurs chars intacts, les civils dans les bâtiments, en ne détruisant pas les bibliothèques, les églises, les banques avec leurs archives, ni surtout les collections d'art. En réalité, il semble que la bombe à neutrons devrait plutôt être appelée « bombe à souffle réduit » car c'est un dispositif explosif moins efficace que ses prédécesseurs. Une bombe courante d'une puissance de 20 à 50 kilotonnes tuerait plus de soldats à cause de la radiation et encore beaucoup plus à cause du souffle. Une bombe à neutrons ne désarme pas instantanément un tank et une dose de radiation même 20 fois supérieure à la dose létale prendra au moins 30 minutes, et peut-être plus, pour mettre hors de combat les soldats du tank, et ceux-ci seront morts une semaine ou deux plus tard.

Les avocats de la bombe à neutrons disaient qu'elle rendrait plus crédible l'utilisation par les Américains de bombes nucléaires contre les armées du pacte de Varsovie : les villes pourraient être évacuées, puis les troupes ennemies seraient tuées par les radiations, et les bâtiments survivraient à la bombe à neutrons plutôt que d'être détruits par le souffle comme ils le seraient avec des bombes nucléaires normales.

La bombe à neutrons avait troublé les relations entre les partenaires de l'OTAN dans les années 1960, car elle permettait d'envisager une guerre nucléaire « propre » sur les territoires des pays européens alliés des États-Unis, alors que certains voulaient égoïstement qu'on n'envisage l'utilisation des armes nucléaires uniquement sur le territoire des Soviétiques et de leurs alliés. Cette bombe avait la faveur de certains stratèges américains qui y voyaient la meilleure façon de clouer au sol les régiments de chars soviétiques concentrés en Allemagne de l'Est si d'aventure ils déferlaient vers l'Ouest. Les Allemands de l'Ouest craignaient évidemment qu'à ce premier emploi d'armes nucléaires au sol succède une salve d'armes nucléaires tactiques sales contre des objectifs de l'OTAN en Allemagne. Ils avaient certainement raison. Heureusement, on n'a jamais testé cette hypothèse.

L'arsenal de la France n'a pas compté d'armes à neutrons. Lorsque l'armée française s'est dotée de lanceurs d'armes nucléaires tactiques à courte portée, le général de Gaulle a exigé qu'ils ne soient jamais employés en France mais seulement sur les troupes soviétiques opérant en territoire allemand et menaçant la France. Des régiments de fusées françaises Pluton puis Hadès devaient remplir cette mission. Cela rendit furieux les Allemands, alliés de la France, qui finirent par obtenir que ces fusées ne soient pas opérationnelles. Ce n'est qu'en 1996 qu'a été décidée la dissolution des régiments de fusées Hadès.

Nous pensons que la bombe à neutrons n'a aucune valeur dissuasive pour un adversaire doté d'armes nucléaires. Si vous avez fait le sacrifice de vous doter de ces armes dites « propres » et si votre adversaire dispose seulement d'armes « sales », qui ne font pas la différence entre le musée et son conservateur, vous serez bien embarrassé d'ordonner un tir d'armes nucléaires sur un territoire allié sauf, bien sûr, si vous faites l'effort chevaleresque d'offrir gracieusement à votre adversaire un stock d'armes à neutrons pour remplacer ses armes sales. Tout change si vous sortez d'une stratégie de dissuasion pour banaliser l'usage des armes nucléaires. Pouvait-on imaginer de bombarder des individus tels que Saddam Hussein ou Slobodan Milosevic, tout en laissant intactes les antiquités chères à l'humanité civilisée ? Il aurait suffi au despote de disposer d'une piscine olympique de 3 mètres de profondeur sur la terrasse de sa maison pour être par-

faitement protégé des neutrons, une cave ou une salle souterraine faisant d'ailleurs aussi bien l'affaire.

Aujourd'hui, on reconnaît qu'il existe des armes antichars non nucléaires d'une précision diabolique qui transforment les chars en cercueils roulants, remplaçant ainsi ces armes nucléaires. Le roman de la bombe à neutrons et de la persistance de milliers d'armes nucléaires, à une époque où des armes conventionnelles guidées feraient mieux le travail, témoigne d'une pesanteur bureaucratique et d'une répugnance de la part de leurs dépositaires à abandonner la plupart de leurs armes nucléaires même lorsque la menace qu'elles font peser sur la civilisation dépasse de loin les bénéfices pour la sécurité de leur pays.

Les effets des armes nucléaires

Les effets d'une arme nucléaire dépendent de sa puissance, de l'altitude à laquelle elle éclate et des conditions météorologiques. Une explosion nucléaire dans l'atmosphère produit du souffle, des vents très rapides et des débris semblables à ceux produits par une explosion conventionnelle de même puissance. Pour obtenir une puissance de une mégatonne avec un explosif classique puissant, il en faudrait un million de mètres cubes (ou encore un cube de 100 m de côté). L'explosion génère aussi une énorme quantité de chaleur qui causera brûlures de la peau et incendies de la végétation et des bâtiments sur un rayon de 20 kilomètres dans le cas d'une bombe de une mégatonne et par temps clair[6].

Quand une bombe explose, la plupart de son énergie se transforme en rayonnement thermique (des rayons X mous) et en énergie thermique et cinétique provenant du cœur fissile. Cela est transféré à l'atmosphère environnante dans laquelle le rayonnement se déplace à grande vitesse et crée la « boule de feu ». La boule de feu grandit et se refroidit mais est encore très brillante et la portion visible de ce rayonnement thermique provenant de la boule de feu carbonise tout ce qu'elle rencontre sur des kilomètres, voire des dizaines de kilomètres, pour une puissance de l'ordre de la mégatonne. Puis l'expansion de la boule de feu diminue et le rayonnement thermique devenant plus froid se répand plus lentement dans l'air. L'énergie de l'explosion est ensuite transmise par une « onde de choc ». Tant que la pression dans l'onde de choc est très supérieure à la pression atmosphérique normale, le front d'onde se déplace plus rapidement que le son dont la vitesse dans l'air est de 330 m/s.

Un collègue ayant assisté à deux explosions au-dessus du désert du Nevada en 1957 rapporte que l'on observe d'abord une lumière presque insoutenable suivie d'un bruit sec, puis une sensation pénible dans les oreilles lorsque l'onde de choc passe, et finalement les roulements de tonnerre de l'explosion. La boule de feu devient d'un noir sinistre au fur et à mesure qu'elle ramasse la terre du sol. Après l'explosion, la surface du désert s'est vitrifiée et présente un aspect inquiétant.

Dans une explosion nucléaire, les neutrons et les rayons gamma provenant de la fission et de la fusion peuvent aussi provoquer un grand nombre de morts. En une microseconde, ils sont éjectés du cœur fissile conduisant à une dose mortelle de radiation sur des centaines de mètres. Cependant, à ces distances, la plupart des personnes auraient déjà été tuées par le souffle et la chaleur. Dans les bombardements d'Hiroshima et de Nagasaki, on estime que 15 % seulement des morts ont été provoquées par la radiation. Dans le cas d'une explosion au sol d'une bombe thermonucléaire de une mégatonne, la radioactivité peut s'étendre sur de grandes surfaces en raison des retombées des particules du sol et elle peut continuer à avoir un effet pendant des dizaines d'années après l'explosion. Cependant, dans des zones fortement peuplées près du point d'impact, les effets retardés des retombées radioactives sont faibles comparés aux morts causées par la radiation immédiate.

Imaginons qu'une seule bombe de une mégatonne, parmi les quelques milliers d'armes encore stockées par la Russie et les États-Unis, et aussi par la Chine, explose à une hauteur de 2 000 mètres au-dessus de la tour Eiffel (figure 3.2). Au bout de 1,8 seconde après l'éclatement, le front de cette onde de choc (le cercle) est à environ 1,6 kilomètre de la boule de feu. Avant que l'onde de choc arrive au sol, les dégâts sont seulement causés par la radiation nucléaire et le rayonnement thermique dévastateur. Les bâtiments s'écrasent et sont réduits en poussière, les objets et les personnes se transforment en projectiles lorsque la pression et les vents qui suivent l'onde de choc prennent le relais. À 11 secondes, l'onde de choc est à 5,5 kilomètres de l'épicentre (le point à la surface du sol juste en dessous de l'explosion) et la pression est de 0,4 atmosphère. La vitesse du vent correspondant à cette surpression est de 312 km/h. À 37 secondes, le front de l'onde de choc a parcouru 16 kilomètres, la pression est redescendue à 0,07 atmosphère et la vitesse du vent derrière lui à 61 km/h. Les vitres sont brisées par des surpressions n'atteignant que 0,04 atmosphère, mais la moitié des bâtiments reste encore debout à des surpressions de 0,3 à 0,4 atmosphère.

La chaleur intense de la bombe est dissipée bien que des incendies et même une tempête de feu puissent être déclenchés. La radiation nucléaire émise au moment de l'explosion est suivie par les rayons gamma émis par les produits de fission du nuage de débris en expansion. En s'élevant, la boule de feu chaude entraîne avec elle les débris du sol tout en se refroidissant, si bien que la plupart des matières radioactives se condensent sur les particules du nuage. De fines particules commencent à tomber au sol et, à moins qu'il ne pleuve, cela continue durant les heures ou les jours suivants dans les régions où le nuage radioactif, devenu transparent, est porté par des vents de haute altitude. Au bout de

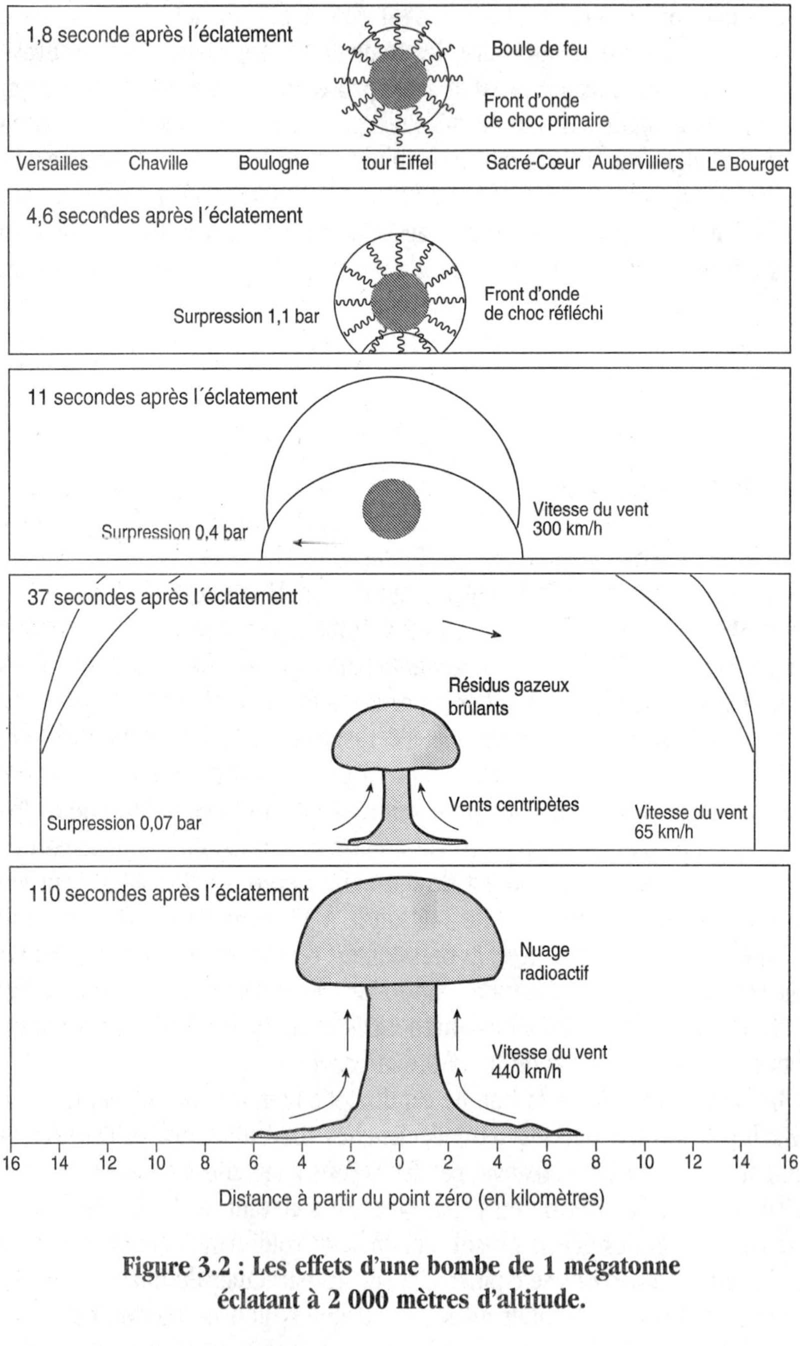

Figure 3.2 : Les effets d'une bombe de 1 mégatonne éclatant à 2 000 mètres d'altitude.

110 secondes, le nuage est à une altitude de 11 kilomètres pour atteindre un maximum de 24 kilomètres après 10 minutes.

La distance sur laquelle se fera sentir le même effet de souffle variant suivant la puissance 1/3 donc, par rapport à des bombes de 1 mégatonne comme celle dont les effets sont représentés sur la figure 3.2, il faut multiplier ces distances par 0,69 pour des bombes de 300 kilotonnes et par 0,46 pour des bombes de 100 kilotonnes. En ce qui concerne le flash de radiation, les distances sur lesquelles les dommages se font sentir sont plus courtes que pour le souffle. La distance sur laquelle il y aura des incendies variant suivant la puissance 1/2, il faut donc multiplier les distances par 0,58 pour des bombes de 300 kilotonnes et par 0,32 pour des bombes de 100 kilotonnes.

Les photographies d'Hiroshima, prises après l'explosion d'une bombe 70 fois moins puissante que la bombe de 1 mégatonne de la figure 3.2, montrent les dégâts causés par l'explosion sur cette ville. Comme cela vient d'être expliqué, la destruction instantanée est due à l'effet de souffle et à la mise en feu des bâtiments par l'intense chaleur rayonnée sous forme de lumière par la boule de feu au cœur de l'explosion.

Ajoutons à ces schémas un peu secs les commentaires de témoins[7].

« La ville d'Hiroshima, au Japon, fut anéantie le 6 août 1945 par une arme nucléaire d'une puissance approximative de 13 kilotonnes. Environ 200 000 hommes, femmes et enfants moururent, dont un grand nombre longtemps après le bombardement. C'était le colonel Paul W. Tibbetts Jr. qui pilotait l'Enola Gay, le B-29 qui, pour la première fois dans l'histoire de l'humanité, largua une bombe atomique sur une ville. Il avait donné à son avion le nom de sa mère. Voici sa description de ce qu'il vit :

« Ce qui peu avant était Hiroshima s'élevait maintenant comme une montagne de fumée. [...] Je vis tout d'abord un champignon de poussière bouillonnante, apparemment porteur d'une certaine quantité de débris, s'élever jusqu'à près de 7 000 mètres. Cette effervescence dura trois ou quatre minutes, que je passai à contempler la scène. Puis un nuage blanc se détacha du centre pour monter en panache jusqu'à quelque 15 kilomètres de haut. Un furieux nuage de poussières se répandit sur la ville tout entière. On apercevait aux franges de l'agglomération des incendies manifestement allumés par l'écroulement des édifices et la rupture des canalisations de gaz[8]. »

« Un jeune médecin japonais, T. Akizuki, put donner le témoignage ci-dessous des suites immédiates de l'explosion de Nagasaki, survenue 2 jours plus tard et également due à une seule arme nucléaire, larguée d'un B-29 :

« Le ciel était incroyablement sombre, plein de lourds nuages de fumée ; sous ce voile obscur, la terre était recouverte d'un brouillard jaune-brun. Peu

Figure 3.3 : Photographies d'Hiroshima après l'explosion.

à peu, la surface voilée redevint apparente et ce que je vis me cloua sur place d'horreur. Tous les bâtiments que je pouvais apercevoir étaient en feu [...]. Des arbres sur les collines proches s'élevait de la fumée, tout comme des feuillages de patates dans les champs. Ce serait peu de dire que tout brûlait. Le ciel était sombre, le sol écarlate, et entre les deux flottaient des nuages de fumée jaunâtre. Ces trois couleurs – le noir, le jaune et le rouge vif – baignaient sinistrement tous ces gens qui couraient en tous sens comme des fourmis cherchant une issue [...]. Un océan de feu, un ciel de fumée ! On aurait cru la fin du monde[9]. »

Une autre étude sur les effets des deux bombes indique :

« *Une pluie noire radioactive retomba aussi bien sur Hiroshima que sur Nagasaki ; à Hiroshima, cette pluie s'accompagna d'un brusque froid intense et nombre de survivants "grelottaient en plein été"*[10]. »

Les victimes menacées : la Planète et la Vie

Pour choquantes qu'elles soient, la description ci-dessus et les images d'Hiroshima ne donnent pas une idée exacte de ce que serait un échange de tirs nucléaires utilisant ne serait-ce que 10 % du stock nucléaire américain ou russe, si 1 000 explosions se produisaient côte à côte, chacune détruisant une région 16 fois plus grande qu'à Hiroshima ou Nagasaki, comme ce serait le cas avec une bombe de une mégatonne. En plus du dommage local équivalent à celui d'Hiroshima multiplié par 16 000, il y aurait un seuil à partir duquel il faudrait considérer un nouvel effet à l'échelle planétaire.

C'est seulement au début des années 1980 qu'on a soupçonné que les effets de nombreuses explosions nucléaires simultanées pourraient affecter le climat en obscurcissant le Soleil et nous ramener à des températures bien inférieures à celles de la dernière ère glaciaire. Des scientifiques ont conclu qu'il suffisait de 1 000 explosions simultanées de une mégatonne pour qu'une catastrophe écologique sans précédent s'abatte sur le globe : l'hiver nucléaire. Or, l'humanité disposait à cette époque, et même encore maintenant, d'une puissance bien supérieure. Il nous a paru utile de présenter ce phénomène qui, quelles que soient les évaluations chiffrées que l'on puisse en faire, conduit à considérer comme une priorité pour l'espèce humaine la réduction draconienne du stock d'armes nucléaires qui ne correspond, de toute façon, à aucune stratégie militaire raisonnable.

En 1982, dans la revue *Ambio*, spécialisée dans les problèmes de l'environnement humain et publiée par l'Académie royale des sciences de Suède, deux chimistes, Paul J. Crutzen, colauréat du prix Nobel de chimie en 1995 pour ses recherches sur l'ozone stratosphérique, et John W. Birks, publièrent un article intitulé : « *L'atmosphère après une guerre nucléaire : le crépuscule à midi*[11]. » Pour la première fois, ils attirèrent l'attention sur un aspect négligé d'une guerre nucléaire et des incendies qui en résulteraient : l'émission de quantités importantes de poussières et de suie susceptibles d'absorber une large fraction du rayonnement solaire pendant des mois, ce qui pourrait changer durablement les paramètres physiques de l'atmosphère et menacer les écosystèmes : « *Dans ces conditions, il est vraisemblable que la production agricole de l'hémisphère Nord serait presque totalement éliminée, si bien que ceux qui auraient survécu aux effets immédiats de la guerre, n'auraient aucune nourriture.* »

Puis, très rapidement, des scientifiques firent des calculs approfondis sur divers scénarios de guerre nucléaire prenant en compte les feux de forêts, les embrasements d'installations pétrolières ou gazières, les incendies urbains. Ces études furent publiées et comparées.

On peut lire dans la publication officielle de la Société américaine de géophysique :

« *Nous avons mené à bien une série d'études de sensibilité en vue de spécifier l'éventail des conséquences possibles d'un engagement nucléaire à grande échelle. Dans certains cas, les effets à long terme que nous sommes amenés à prédire restent faibles au regard des principaux ravages des explosions nucléaires, causés par le souffle, le flash thermique et les retombées radioactives locales. Cependant, dans bon nombre d'autres cas, il y a lieu de redouter des effets globaux dévastateurs par la combinaison d'agressions diverses liées à de sévères perturbations climatiques (chute des températures en surface de 10 degrés ou davantage), à des doses d'irradiation atteignant des dizaines de rems, à un quasi-décuplement de l'exposition au rayonnement d'ultraviolets-B d'origine solaire, tout cela dans un contexte d'importantes pénuries de nourriture et d'eau potable, d'épidémies, de blessures graves, d'insuffisance des installations et des fournitures médicales disponibles. Pareille accumulation de facteurs ne peut que semer la mort parmi les hommes et menacer de disparition de nombreuses autres espèces, terrestres ou marines*[12]. »

Le froid et l'obscurité s'abattent sur Terre. Des études détaillées recensent tous les effets annexes : la formation de lourds nuages de gaz toxiques au ras du sol, entraînés par la destruction des villes ; la diffusion des retombées radioactives ; l'atténuation de la couche d'ozone protectrice qui empêche le rayonnement ultraviolet du Soleil d'atteindre le sol[13].

D'après le livre de Carl Sagan et Richard Turco[14] consacré à l'hiver nucléaire, les conclusions des études permettent d'envisager comme possible sinon une extinction de la race humaine, du moins quelque chose qui se rapproche de l'apocalypse.

En 1983, les auteurs de l'étude, savants éminents, organisèrent à Washington une réunion d'importants conseillers et hauts fonctionnaires du gouvernement précédent, l'Administration du président Carter. « *C'était une période (sous la présidence de Reagan) où l'on n'excluait nullement de "livrer" et de "gagner" une guerre nucléaire ; aussi le simple fait d'en décrire les dangers, quels qu'ils fussent, était-il jugé sinon franchement antipatriotique, du moins susceptible d'ébranler la fermeté du peuple américain face à la tyrannie soviétique ; autrement dit, stupide et ingénu. Aucun responsable en place ne voulut participer à cette réunion, où figuraient en revanche des officiers supérieurs à la retraite, un ancien (et futur) conseiller présidentiel pour la sécurité nationale, d'anciens membres du National Security Council, un ancien directeur de la National Security Agency, des experts attachés aux principaux "think tanks", ainsi que l'ambassadeur Averell Hariman, qui avait mené les négociations de 1963 pour le Traité d'interdiction partielle des essais nucléaires. Notre séance se tint à huis clos dans une salle de conférences du Capitole, joliment décorée mais dépourvue de fenêtres. Nous exposâmes nos résultats à l'aide de diapositives, sans dépasser un niveau de scientificité qui nous semblait permettre une bonne compréhension. L'hiver nucléaire était une affaire trop grave, nous semblait-il, pour ne pas impliquer d'importantes conséquences stratégiques et politiques au sujet des armes nucléaires, sans parler de l'attitude générale, trop peu souvent prise en compte, des responsables tant américains que soviétiques vis-à-vis de la guerre froide. Nous conclûmes notre exposé en décrivant brièvement certaines de ces conséquences.*

« *On imagine sans peine que la discussion fut des plus animées, tant nos conclusions apparaissaient inattendues et prenaient le contre-pied des opinions encore généralement partagées. L'observation que nous retînmes comme la plus précieuse fut celle d'un vieil habitué de ces sombres arcanes : "Eh bien, fit-il, si vraiment vous espérez que la simple menace de la fin du monde suffise à transformer les mentalités à Washington et à Moscou, c'est que vous n'avez guère fréquenté ces deux villes."*

« *Par la suite, nous avons passé énormément de temps non seulement à Washington et Moscou, mais en nombre d'autres lieux où s'évalue et se prépare la guerre nucléaire. Cette phrase nous fut toujours d'une grande utilité pour garder à l'esprit que bien des stratèges et des fonctionnaires n'ont qu'une vue très abstraite des horreurs qu'ils préparent, que les institutions politiques et militaires, ainsi que les laboratoires d'armements, sont devenus foncièrement réticents à toute modification fondamentale. La découverte de l'hiver nucléaire ne pouvait en un tournemain contribuer à clarifier, moins encore à rénover les politiques nationales*[15]. »

Une comparaison de catastrophes nucléaires et non nucléaires

Le tableau 3.1 donne une liste de quelques catastrophes qui ont frappé l'humanité. On voit que l'utilisation de l'arsenal nucléaire permet un progrès impressionnant. Mais ce tableau a aussi le mérite de montrer l'importance comparée que peuvent avoir des catastrophes qui n'ont aucun lien avec le nucléaire, civil ou militaire.

Tableau 3.1 : Exemples de catastrophes majeures[16].

Cause	*Lieu*	*Dates*	*Nombre de victimes*
Peste pandémique « mort noire »	Europe	1347-1351	25 millions
Tremblement de terre	Shaanxi, Chine	1556	830 000 (?)
Éruption volcanique	mont Tambora, Indonésie	1815	160 000
Famine	nord de la Chine	1876-1879	10 millions (?)
Première Guerre mondiale	principalement en Europe	1914-1918	20 millions
Explosion chimique accidentelle	Halifax Harbor, Canada	1917	1 654
Inondation	bassin du Huang He, Chine	1931	3,7 millions
Seconde Guerre mondiale	monde entier	1939-1945	40 millions
Explosion d'arme nucléaire	Hiroshima, Japon	1945	200 000
Cyclone	Bangladesh	1970	300 000
Sida	monde entier	depuis 1980	> 3 millions/an de séropositifs
Épanchement chimique	Bhopal, Inde	1984	22 000-37 000[17]
Accident de centrale nucléaire	Tchernobyl, Union soviétique	1986	30 000 (?)
Tsunami	Indonésie et Asie	2004	> 210 000
Guerre nucléaire	monde entier	?????	peut-être 1 milliard

Le chiffre imputé à l'éruption du volcan Tambora comprend les décès immédiats (10 000), ceux que provoquèrent localement les épidémies et la famine (80 000) et ceux qu'entraînèrent les conséquences climatiques à travers le monde entier. Il est à craindre que la « mort noire », la peste, ait causé, sur la planète, beaucoup plus de victimes que le chiffre indiqué ci-dessus qui se rapporte uniquement à l'Europe. En ce qui concerne Tchernobyl, le chiffre de la première année est de 1 000 et l'évaluation des victimes dues à l'irradiation, sur quelques dizaines d'années, varie de 3 000 à 60 000 avec des excursions à 0 ou 900 000 pour les experts campant sur des positions extrêmes comme ce sera expliqué au chapitre 6. Notre estimation est d'environ 30 000 morts.

Des explosions nucléaires pour tester les armes

La bombe à rapprochement utilisée en temps de guerre en août 1945 n'avait pas été expérimentée dans un essai en vraie grandeur, mais la bombe à implosion l'avait été à Alamogordo (Nouveau-Mexique), le 16 juillet 1945, pour s'assurer que le concept fonctionnait réellement et mesurer la puissance. Sa puissance était de 21 kilotonnes. En juin 1945, le groupe de V. F. Weisskopf à Los Alamos en avait fait une estimation comprise entre 4 000 et 13 000 tonnes d'explosif puissant[18]. L'altitude de l'explosion pour la cible prévue au Japon devait être choisie en fonction de la mesure de cette puissance.

Après 1945, on a procédé à des essais nucléaires pour vérifier la validité des concepts qui évoluaient et pour les raffiner. Initialement, on effectuait les essais nucléaires dans l'atmosphère, au sol, sur un promontoire ou sur une tour, à partir d'un ballon ou d'un avion. Cela avait l'avantage de pouvoir mesurer directement la puissance et les autres caractéristiques des armes. Cela fournissait aussi aux services de renseignements étrangers des informations intéressantes sur le modèle testé. Les explosions nucléaires répandent dans l'atmosphère des produits de fission, puis des matériaux rendus radioactifs par les neutrons, du plutonium résiduel et des éléments transuraniques. Nous verrons au chapitre 4 que les 540 essais nucléaires conduits dans l'atmosphère ont probablement causé la mort de 170 000 personnes dans le monde sur une période de 50 ans. À partir de 1963, presque tous les essais furent effectués sous terre.

Les essais servaient à tester des concepts plus audacieux, par exemple réduire la quantité de matière fissile ou la quantité de gaz d'exaltation deutérium-tritium : on procédait à une série d'explosions nucléaires pour déterminer la quantité en dessous de laquelle la puissance obtenue était trop faible.

Quand la conception d'une arme est finalisée et qu'un modèle particulier est mis en production, on en soumet quelques exemplaires à un essai de vérification de production pour s'assurer du bon fonctionnement des armes manufacturées.

Pour s'assurer de la fiabilité des armes, on pourrait imaginer procéder à des essais d'armes choisies au hasard dans les stocks après qu'elles y aient été entreposées pendant plusieurs années, mais cela demanderait un trop grand nombre d'essais. Aux États-Unis, on surveille le stock en inspectant et démontant chaque année 11 armes de chaque type pour en observer les changements tels que la corrosion et pour y remédier. Néanmoins, à la suite de l'insistance du Congrès, plusieurs explosions nucléaires pour des essais de vérification des stocks furent effectuées dans les années 1980.

Un objectif complètement différent des essais nucléaires est de comprendre les effets des armes, tels que le souffle, la radiation thermique ou la production de pulses électromagnétiques. Les armes nucléaires antimissile balistiques dans l'espace ont été testées pour mesurer leur production de neutrons ainsi que la proportion de neutrons d'une énergie de 14 MeV provenant de la réaction deutérium-tritium comparée à celle des neutrons de fission de 2 MeV. En effet, les neutrons de 14 MeV sont beaucoup plus efficaces que ne le seraient les neutrons de fission normaux de 2 MeV pour produire des fissions dans les armes entrantes, faire fondre le plutonium et donc les mettre hors d'usage ; en outre, il est possible d'utiliser des armes d'une puissance inférieure (la taille de la boule de feu sera d'autant réduite) et qui provoqueront moins d'interférences avec les radars de détection des missiles entrants. D'autre part, il est important de comprendre la production des rayons X qui représentent 90 % de l'énergie émise par les armes thermonucléaires qui explosent dans l'espace. En effet, certains véhicules de réentrée dans l'atmosphère, ainsi que la tête nucléaire qu'ils transportent, sont plus sensibles aux rayons X durs pouvant être produits par une arme défensive de petite masse et de puissance substantielle. D'autres sont plus vulnérables aux rayons X mous qui peuvent faire éclater une mince couche de matière à une distance plus grande que ne le peuvent les rayons X durs. Enfin, il est intéressant de mesurer la distance à laquelle les satellites sont détruits par l'explosion d'une arme nucléaire dans l'espace.

Aux essais sur les effets des armes nucléaires, s'ajoutent des essais sur leur vulnérabilité, effectués pour s'assurer de la robustesse (face aux neutrons et aux rayons gamma) des armes nucléaires contre des armes nucléaires défensives.

Un autre type d'essais est appelé « essai de sûreté en un point ». Son but est de s'assurer que l'amorçage accidentel (donc en un seul point) de l'explosif d'une bombe à implosion (par exemple à cause d'une balle d'un fusil ou d'un incendie) ne produirait pas de puissance importante. Un tel essai est réussi si sa puissance est au maximum 1 million de fois inférieure à celle de l'explosion en grandeur réelle de cette même arme lorsqu'elle est déclenchée par plusieurs détonateurs. Aux États-Unis, la puissance maximale autorisée pour une arme « sûre en un point » est équivalente à 2 kilogrammes de TNT, valeur déterminée pour que tout dommage dû à la radiation soit contenu dans la zone détruite par l'explosif. En fait, la puissance est bien inférieure à cette limite pour les armes nucléaires américaines actuelles. Une fois que des expériences préliminaires permettent de conclure qu'une arme est sûre en un point, on procède à une vérification ultime en utilisant un seul détonateur et une source intense de neutrons pour s'assurer que la puissance reste en dessous de la limite. Dans ce test final, le dispositif ressemble à l'arme réelle bien qu'elle ne soit déclenchée qu'avec un seul détonateur.

Entre 1958 et 1961, les États-Unis procédèrent à une cinquantaine de tests avec une puissance inférieure à 2 kilogrammes d'explosif pour déterminer si les bombes à implosion étaient sûres en un point. Il y avait un moratoire des essais nucléaires à cette époque, mais le président Eisenhower avait autorisé secrètement ces essais de très faible puissance, arguant qu'il ne s'agissait pas d'essais nucléaires et qu'ils n'étaient donc pas incompatibles avec le moratoire.

Aux États-Unis, on a vérifié que toutes les armes nucléaires sont sûres en un point. Cette propriété ne se détériore pas avec le temps[19].

L'entretien des armes implique une « surveillance accrue » et nécessitera éventuellement une nouvelle fabrication et le remplacement des éléments qui ont atteint l'âge auquel leur dégradation devient possible. Comme cela a déjà été indiqué, chaque année, 11 armes de chaque type sont retirées des stocks et inspectées en détail. Pour chaque type d'armes, une d'entre elles, une fois désassemblée, est retournée au laboratoire d'où elle est originaire (Los Alamos ou Livermore), puis elle est démontée et comparée avec les spécifications et prévisions d'origine. Nous insistons sur le fait que, sauf l'amorce et l'étage secondaire, chaque partie d'une arme peut être vérifiée en détail sans qu'il y ait besoin d'explosion nucléaire : il s'agit des divers contacts, valves et dispositifs électroniques et même l'explosif puissant qui fait imploser l'amorce. Bien sûr, même lorsque les essais nucléaires étaient permis (nous verrons au chapitre 8 qu'ils sont maintenant interdits bien que le traité ne soit pas encore entré en vigueur), on ne pouvait jamais tester l'explosif d'une arme particulière susceptible d'être utilisée en temps de guerre, puisque l'arme elle-même est détruite lorsqu'elle est testée. Un programme de maintenance et de surveillance scientifique des armes nucléaires aux États-Unis se sert de toute une panoplie d'instruments pour visualiser, modéliser, calculer et inspecter les armes, afin de s'assurer de la sûreté et de la fiabilité de chaque type d'armes, sans avoir besoin de recourir à des tests explosifs. Nous y reviendrons au chapitre 8.

Les stocks américains contiennent des armes dont le cœur de matériau fissile a plus de 30 ans et ne présente aucune marque d'âge. Nous pensons qu'ils pourraient rester en bonne condition pendant 60 à 90 ans. Néanmoins, si on suppose qu'un cœur devrait être refabriqué tous les 30 ans, ce qui est un chiffre conservateur, une capacité de construction de 100 armes par an en moyenne est nécessaire pour un stock de 3 000 armes.

Un aspect crucial pour vérifier la fiabilité des armes refabriquées est de réfréner le désir des ingénieurs d'utiliser les techniques les plus récentes et de s'assurer que les nouvelles armes seront fabriquées suivant les mêmes spécifications et avec des procédés similaires à ceux des anciennes[20]. Dans ce cas, le programme de surveillance de l'arsenal permet d'avoir un haut degré de confiance quant à la sécurité et à la fiabilité des armes. Par contre, si on utilise de nouveaux outils pour concevoir et construire des armes qui n'ont jamais été testées, il est vraisemblable que l'on aboutira à des incertitudes qui ne pourront être résolues avec confiance qu'au moyen d'explosions nucléaires. Comme cela sera discuté dans la partie relative à la maîtrise des armements et à la sécurité internationale, cela mettrait en péril le Traité d'interdiction complète des essais nucléaires signé en 1996 par les cinq principales puissances nucléaires (mais non ratifié en particulier par les États-Unis) et presque tous les autres pays.

Les États-Unis ont procédé à 1 030 essais : 215 dans l'atmosphère et 815 souterrains. Il reste encore une vingtaine d'îles contaminées et une île a même été entièrement vaporisée. Onze bombes ont été perdues dans des accidents et certaines n'ont même jamais été retrouvées. L'Union soviétique a effectué 715 essais, la France 204, le Royaume-Uni 45, la Chine 43, l'Inde 6 et le Pakistan 6. L'Inde a procédé à une explosion souterraine en 1974 et a annoncé d'autres explosions souterraines en mai 1998. Elle a été suivie, deux semaines plus tard, par le Pakistan qui a déclaré avoir effectué 6 essais souterrains.

Mettre fin aux essais nucléaires est un objectif auquel on pense depuis longtemps. Limiter la mise au point et la diffusion des armes nucléaires : c'est la raison d'être du Traité d'interdiction complète des essais nucléaires, un thème important abordé au chapitre 9.

Chapitre 4

LES RADIATIONS ET LE VIVANT

En 1903, le prix Nobel de physique fut décerné à Henri Becquerel et Pierre et Marie Curie pour leurs travaux sur ce que Marie Curie avait appelé la « radioactivité ». Il s'agissait d'un phénomène si nouveau et inattendu qu'il n'est pas étonnant que personne n'ait alors réalisé qu'il pouvait présenter des dangers. Jusqu'à une époque relativement récente, on pensait même que la radioactivité avait des propriétés « toniques » et, dans les années 1970, en Europe, les étiquettes des bouteilles d'eau minérale indiquaient les niveaux de radioactivité, non pas pour alerter le consommateur, mais au contraire pour l'attirer.

La découverte de la radioactivité a joué un rôle décisif dans l'évolution de la science en ouvrant la voie à la découverte de la structure de l'atome. Les sources radioactives que sont les émetteurs naturels de particules alpha ont été les premiers « accélérateurs de particules » ayant permis de transmuter les atomes. Ernest Rutherford a utilisé des particules alpha pour deviner puis prouver l'existence du noyau atomique, dont le diamètre est 100 000 fois plus petit que celui de l'atome (le volume est 10^{15} fois plus petit) ; c'est aussi à l'aide de sources de particules alpha qu'en 1934, Irène et Frédéric Joliot-Curie ont créé de la radioactivité qui n'existait pas à l'état naturel. Puis, pour produire des éléments radioactifs artificiels en grande quantité, Fermi a utilisé des neutrons, particules détectées par Chadwick lorsqu'il avait procédé à des bombardements de particules alpha. Cela a révolutionné les concepts des physiciens sur les lois qui gouvernent les interactions entre les différents composants de la matière.

Avec la radioactivité, plus particulièrement après la découverte de la radioactivité artificielle, la recherche scientifique a bénéficié, pour la détection et la mesure de quantités infinitésimales de matière, d'un outil des millions de milliards de fois plus sensible que ce que permettaient les méthodes traditionnelles de la chimie : il devenait même possible de détecter la désintégration d'un seul atome.

L'ironie est que cette extraordinaire sensibilité des méthodes de mesure de la radioactivité s'est retournée contre cette dernière dans certains débats actuels sur les dangers potentiels des faibles doses de radiation. Des cas de contamination radioactive, certaines fois très inférieure au taux de radioactivité naturelle, sont dénoncés avec véhémence et présentés comme un risque particulier de l'énergie nucléaire. Des effets plus pernicieux dus à d'autres sources d'énergie sont tout simplement ignorés parce qu'ils sont plus difficiles à mesurer. Cela nuit à une bonne compréhension par le public des dangers relatifs des différentes activités industrielles et humaines, compréhension à laquelle ce livre souhaite contribuer.

Nous décrirons dans ce chapitre les effets des radiations nucléaires sur le corps humain, en portant une attention particulière aux faibles doses à faible débit de dose, c'est-à-dire reçues sur une longue période. Des expériences pratiquées sur un grand nombre de petits animaux, animaux unicellulaires ou souris, montrent qu'il y a une certaine probabilité d'occurrence de cancer, même à des doses inférieures à celles correspondant à des effets clairement observables sur chacun des animaux. Cependant, la détermination précise du taux de cancer aux doses les plus faibles nécessiterait un nombre d'animaux trop important et n'a donc pas été réalisée.

Nous aborderons dans ce chapitre l'examen des sources de rayonnement naturel et celles provenant d'activités courantes, ainsi que l'impact des radiations dues aux essais des armes nucléaires qui ont été conduits dans l'atmosphère. Tout ce qui concerne l'industrie nucléaire sera traité aux chapitres 5 et 6 : nous examinerons les conséquences de l'accident de Tchernobyl en 1986, et nous aborderons les effets des radiations de l'ensemble du cycle du combustible nucléaire depuis l'extraction du minerai d'uranium jusqu'à la fabrication du combustible, le fonctionnement du réacteur et enfin les radiations provenant des déchets nucléaires.

Les sources de radiation naturelle

Depuis que la vie est née sur la planète, nous baignons dans un flux de radiations. Elles proviennent des rayons cosmiques ou des radioéléments contenus dans les roches. Elles se sont enrichies des apports de la radiologie médicale et de certaines activités industrielles ou militaires.

Les rayons cosmiques sont des particules (principalement des protons) de très haute énergie qui arrivent sur la Terre de toutes les directions. Elles produisent, dans les hautes couches de l'atmosphère, des réactions nucléaires qui donnent naissance à une très grande variété de particules, dont la plus grande partie est absorbée par l'air avant d'arriver au niveau de la mer. Une exception notable est le muon, version instable de l'électron, 207 fois plus lourd que celui-ci, qui se désintègre en un électron et deux neutrinos. Les neutrinos, qui sont des particules de masse nulle et sans charge électrique, peuvent traverser la Terre avec moins d'une chance sur un milliard d'interagir avec une particule d'un atome de la Terre. Les muons ont représenté une véritable énigme pour les physiciens qui ont mis une décennie à l'élucider au milieu du XXe siècle : les muons sont produits en très grande quantité lorsque les protons des rayons cosmiques entrent en collision avec les noyaux des molécules d'air, mais ils n'interagissent pas avec les noyaux. Cette énigme a été résolue lorsque l'on a découvert que les muons ne sont pas produits directement mais résultent de la désintégration des pions qui sont eux-mêmes les produits primaires des collisions des protons. Lorsque les particules sont au repos, la demi-vie d'un pion est de 20 nanosecondes et celle d'un muon est de 2 microsecondes.

D'après la théorie de la relativité, l'échelle de temps avec laquelle nous percevons un objet animé d'une grande vitesse est ralentie : un muon d'une énergie de 1 milliard de volts aura une demi-vie d'environ 20 microsecondes et fera un parcours d'environ 7 kilomètres à la vitesse de la lumière avant de se désintégrer. Les muons sont chargés et interagissent avec la matière, en particulier avec notre corps : celui-ci est traversé par 5 muons en moyenne chaque seconde. Parce qu'il traverse entièrement notre corps en laissant, sur chaque centimètre parcouru, autant d'énergie d'un simple électron provenant d'une désintégration nucléaire, un muon perd dans nos tissus de l'ordre de 100 fois plus d'énergie que l'électron d'un corps radioactif ingéré.

L'atmosphère (dont la masse est équivalente à celle d'une couche d'eau de 10 mètres d'épaisseur) absorbe la plupart des rayons cosmiques, si bien qu'au niveau de la mer les rayonnements sont beaucoup moins intenses qu'à haute altitude. À l'altitude des hautes montagnes (4 000 mètres), il y a des électrons, des rayons gamma (c'est-à-dire des rayons X énergiques) et des muons, et à l'altitude où volait le Concorde (15 kilomètres) il y a, en outre, des protons, des neutrons et des pions.

On voit sur la figure 4.1 que lorsqu'un proton de très haute énergie pénètre dans l'atmosphère, il produit une cascade de particules aux noms ésotériques, affublés de lettres grecques comme α, ω ou γ, en plus des particules familières comme les électrons et les neutrons. L'alphabet grec a depuis longtemps été épuisé en raison de la diversité des particules produites et on a dû commencer à puiser dans l'alphabet hébreu ! Mais pour notre propos, qui est d'examiner les effets des rayonnements sur le corps humain, cela n'a aucune importance.

La plupart des neutrons libérés dans l'atmosphère par les réactions nucléaires produisent du carbone-14 en interagissant avec l'azote de l'air, par la capture d'un neutron lent et l'émission d'un proton. Le carbone-14 est un isotope radioactif du carbone-12 stable, dont la demi-vie est de 5 730 années et que nous

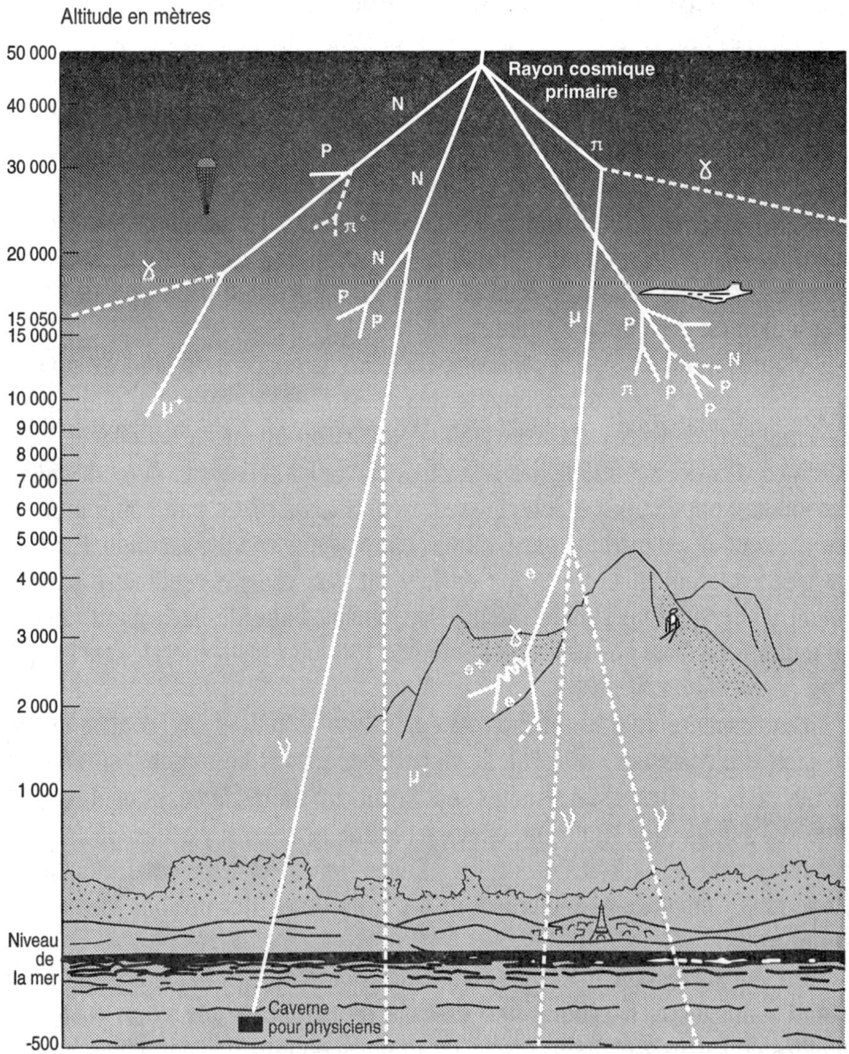

Figure 4.1 : Rayons cosmiques.

inhalons comme tous les organismes vivants et les plantes. Dans 10 % des cas, ces réactions produisent aussi du tritium qui est radioactif. Lorsque le carbone-14 a été incorporé dans le tronc d'un arbre ou les os d'un animal et que l'organisme meurt, sa concentration décroît ensuite par désintégration radioactive. Le carbone-14 est communément utilisé pour dater tous les corps contenant du carbone (corps organiques et végétaux, ossements et charbon de bois, par exemple) en mesurant le rapport carbone-14/carbone-12 qui permet de calculer l'année où le carbone, sous forme de gaz carbonique, a été inhalé ou incorporé dans l'organisme.

Quelques unités de mesure des radiations

Nous avons défini la vie moyenne, la demi-vie et le taux de désintégration au second chapitre. Nous avons maintenant besoin d'unités pour quantifier l'effet des radiations ionisantes sur la santé.

L'activité, c'est-à-dire le taux de désintégration, d'une substance radioactive est mesurée par le nombre de désintégrations par seconde. C'est un paramètre important pour évaluer le risque que présente un échantillon radioactif. En pratique, on donne des noms spécifiques aux unités d'activité les plus communément utilisées :

Le becquerel (1 Bq) est l'activité d'une source radioactive qui se désintègre en moyenne une fois par seconde.

Le curie (1 Ci), une ancienne unité qui représente l'activité de 1 gramme de radium, est l'activité d'une source radioactive qui se désintègre $3{,}72 \times 10^{10}$ fois par seconde. Un échantillon de 1 Ci a donc une activité de $3{,}72\ 10^{10}$ Bq.

L'effet physique de l'irradiation produite par les rayonnements ionisants se mesure par la quantité d'énergie déposée dans 1 kilogramme de matière vivante.

Le gray (1 Gy), d'après L. H. Gray, nom d'un médecin physicien anglais, correspond à 1 joule par kilogramme, 1 joule étant l'énergie nécessaire pour élever de 0,00024 °C la température d'une masse de 1 kilogramme d'eau.

Le roentgen (1 R), d'après le nom de Wilhelm Conrad Roentgen qui a découvert les rayons X en 1895, est une ancienne unité de radiation liée aux premiers usages de la chambre à ionisation pour détecter et mesurer les radiations. C'est la dose physique reçue à 1 mètre d'une source de 1 curie de radium en une heure et 1 R produit une unité de charge électrostatique pour l'ionisation de 1 cm^3 d'air. Pour des raisons de précision, le roentgen a été remplacé par deux autres unités : une unité de mesure physique, le rad (1 rad = 0,01 Gy) et une unité de mesure biologique, le rem.

L'effet biologique de l'irradiation est relié à l'effet physique par le coefficient d'efficacité biologique relative Q qui dépend du type de radiation. La dose biologique (le rem) était reliée au rad par la relation : 1 rad produit une dose de Q rem. Pour les rayons X, Q = 1, donc 1 rad de rayons X donne une dose de 1 rem ; pour les particules alpha, Q = 20, donc 0,05 rad produit 1 rem dans les tissus.

La littérature est remplie de doses mesurées en millirem ou encore en milliroentgen, mais l'unité moderne de dose biologique efficace est le sievert (1 Sv), nommée d'après le radiologiste suédois Rolf Sievert : 1 Gy produit une dose de Q Sv, 1 rem = 10 mSv (millisieverts).

Pour l'irradiation du corps entier, la « dose efficace », aussi exprimée en sievert, est obtenue en faisant la moyenne des doses biologiques pour les différents organes en fonction de leur taille et du temps d'irradiation.

La « dose collective » est la somme des doses efficaces reçue par la population entière. Puisque la dose efficace de radiation moyenne pour un Français au cours de 1 an est de 2,4 mSv, la dose efficace collective annuelle pour 60 millions de Français est de 144 000 personne-sievert (p-Sv).

On appelle « débit de dose » la dose par unité de temps. Le débit de dose collective efficace est mesuré en p-Sv/an – par exemple 144 000 personne-Sv/an.

Le dari (qui signifie « dose annuelle due aux radiations internes ») est une unité expliquée plus loin dans ce chapitre et qui avait été proposée par Georges Charpak et Richard Garwin pour mesurer l'exposition du corps humain aux radiations ionisantes : 1 dari équivaut à 170 microsieverts. C'est la dose annuelle provenant du potassium-40 et du carbone-14 naturellement présents dans le corps humain.

Les rayonnements naturels sont émis par les éléments radioactifs des roches et des tissus vivants. Le potassium-40, un isotope radioactif du potassium naturel stable, en proportion de 1,18/10 000, a une demi-vie de 1,3 milliard d'années ; il est donc encore présent tout comme l'uranium-235 produit lui aussi dès l'origine de la Terre. Il se trouvait dans la poussière des étoiles mortes dont l'agglomération a donné naissance à notre système solaire. Le potassium-40 est rare par rapport au potassium-39 qui n'est pas radioactif, tout comme l'uranium-235 est rare par rapport à l'uranium-238, les isotopes les plus radioactifs s'étant désintégrés tout au long des milliards d'années écoulées depuis la formation de ces éléments dans les vieilles étoiles. En raison de l'affinité du potassium avec la plupart de nos tissus, il est toujours présent dans les organismes vivants. D'autres éléments minéraux ont des isotopes radioactifs à vie longue. Un être humain de 70 kilogrammes contient des corps radioactifs qui sont le lieu de 8 000 désintégrations par seconde, une petite partie étant détectable à l'examen tandis que la majorité reste absorbée dans les tissus.

Lorsqu'on place un être humain à l'intérieur d'un détecteur conçu pour mesurer l'énergie des rayons gamma qu'il émet, on peut identifier le radioélément émetteur et mesurer son intensité. On découvre ainsi que la moitié des rayons gamma est émise par le potassium-40. Pour un humain, l'activité du potassium est d'environ 400 rayons gamma par seconde. Le potassium-40 se désintègre en émettant un électron sans rayon gamma associé dans 90 % des cas, si bien que, chaque seconde, environ 3 600 noyaux de potassium radioactif se désintègrent en n'émettant que un électron non détectable à l'extérieur du corps et qui perturbe les cellules vivantes. Il y a également dans le corps une activité presque équivalente de carbone-14. Celui-ci ne peut pas être détecté car il n'émet aucun rayonnement qui sorte du corps. L'activité du carbone-14 dans le corps s'élève à 230 Bq par kilogramme de carbone. Une personne contenant en moyenne 18 kilogrammes de carbone, cela donne un total de 4 140 Bq. Le potassium radioactif provenant de la nourriture accumulée dans le corps s'élève à 55 Bq/kg, ce qui correspond à 3 850 Bq pour une personne pesant 70 kilogrammes. Le total pour le potassium-40 et le carbone-14 est donc de 8 000 Bq[1], ce qui correspond à une dose annuelle de 177 microsieverts.

L'irradiation par les sources internes, comme le potassium-40, des parties sensibles de tout individu, comme la moelle osseuse, les testicules ou les ovaires, est proche du tiers environ de celle produite par les sources naturelles externes (sols et roches). Avec les rayons cosmiques et la radioactivité ambiante provenant du radon, elle constitue ainsi un plancher minimum à partir duquel il serait possible de mesurer l'effet d'un excès de rayonnement externe.

La radioactivité moyenne du corps humain est de 120 Bq/kg, celle d'un mur en brique est de l'ordre de 600 Bq/kg et celle du granite de 1 400 Bq/kg, provenant principalement du potassium-40 dans tous les cas. Un rapport des Nations unies présente des blocs de granite qui émettent 1 200 Bq/kg de potassium, 90 Bq/kg de radon et 80 Bq/kg de thorium[2]. Habiter dans une maison construite avec ce type de granite reviendrait à recevoir 0,81 mSv par an. La COGEMA (Compagnie générale des matières nucléaires) fournit des données sur les granites de différentes régions de France dans lesquels des fractions substantielles d'uranium et de thorium (ainsi que leurs produits de désintégration radioactive) ajoutent sensiblement à la radioactivité des 1 200 Bq/kg du potassium. Les chiffres sont de : 3 440 Bq/kg dans le Limousin, 3 050 Bq/kg en Corse, 5 920 Bq/kg en Bretagne. En Sardaigne, ce chiffre est de 760 Bq/kg. Une plaque de granite de

Bretagne d'une épaisseur de 4 centimètres a une radioactivité de 750 000 Bq par m^2, ce qui correspondrait à une dose d'environ 1,6 mSv/an.

Aux États-Unis, un grand nombre de personnes habitent à relativement haute altitude, ce qui augmente la dose de radiation qu'elles reçoivent des rayons cosmiques. Un Américain reçoit en moyenne 3,6 mSv par an, dont 2,0 sont dus au radon. Les rayons cosmiques donnent une contribution de 0,38 mSv/an en moyenne, 0,26 mSv par an en Floride ou à New York, 0,50 mSv/an à Denver et 1,25 mSv/an à Leadville (Colorado) à une altitude de 3 110 mètres. Le million d'habitants de La Paz, en Bolivie, à une altitude de 3 900 mètres, reçoit une dose annuelle due aux rayons cosmiques de 2,0 mSv, dont 0,9 mSv provient des neutrons et 1,1 mSv de particules chargées comme les muons. Voyager dans un avion à une altitude relativement modeste de 11 200 mètres donne une dose de 15 mSv pour une année à cette altitude.

Les figures 4.2 et 4.3 présentent la radioactivité dans les régions de France, mesurées par le réseau Téléray. Un ensemble de 180 stations effectuent une mesure permanente de la radioactivité ambiante (naturelle et artificielle) émettant des rayons gamma. La radioactivité moyenne décroît chaque année dans toutes les régions sauf une. La figure 4.3 indique que les stations en montagne enregistrent une radioactivité plus élevée, car les rayons cosmiques sont plus nombreux à haute altitude qu'au niveau de la mer, comme nous l'avons expliqué ci-dessus. La radioactivité moyenne en France n'est pas sensiblement différente de celle observée autour des sites nucléaires.

Les faibles doses de radiation font donc partie de la vie.

Tableau 4.1 : Niveaux de doses dus à la radioactivité naturelle dans le monde et en France[3].

	Monde (mSv/an)	*France (mSv/an)*
Radioactivité « interne »	0,25	0,25-0,30
Rayonnement cosmique	0,3 à 0,8	0,30-0,36 (0,3 à 0,5)
Rayonnement du sol	0,1 à 1 000	0,45-0,54 (0,1 à 10)
Radon	1 à 100	1-1,2 (1 à 50)
Total moyen	2,7	(2,4)

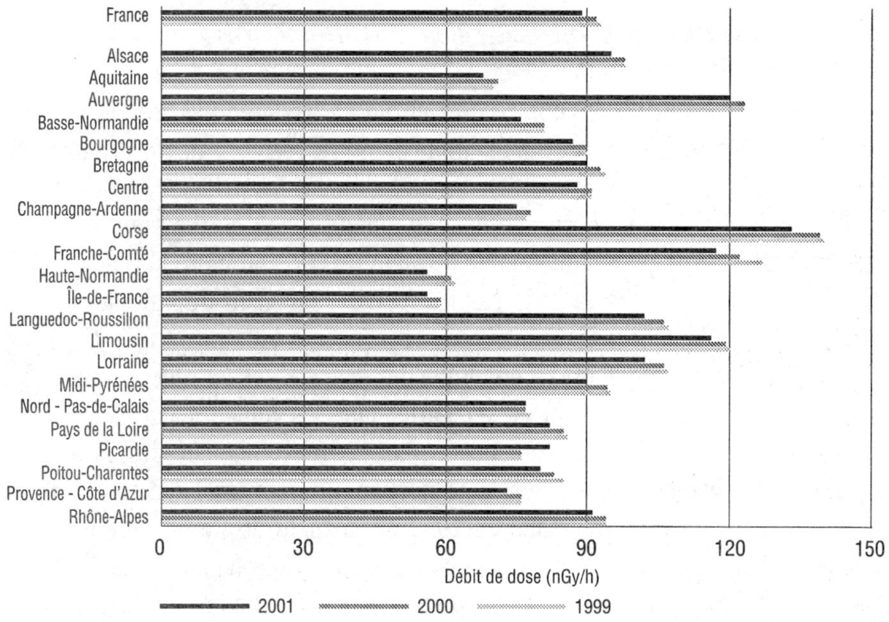

Figure 4.2 : Moyennes annuelles régionales en France mesurées par le réseau Téléray (en nano gray par heure) pour les années 1999, 2000 et 2001.

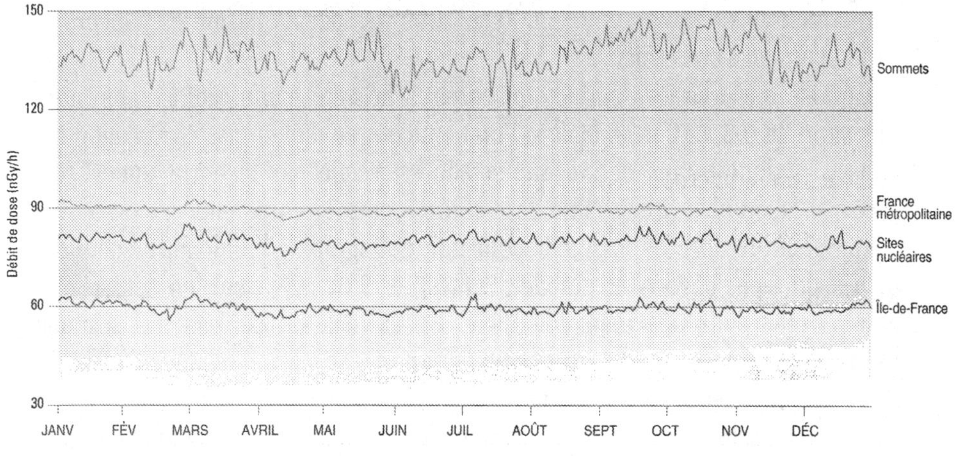

Figure 4.3 : Radioactivité moyenne pour l'année 2001 (en nano gray par heure) pour la France métropolitaine, en Île-de-France, sur les sommets et près des centrales nucléaires.

Radiations provenant des activités quotidiennes

La moyenne de ce que vous recevez en un an, en ne bougeant pas de chez vous, en raison de la radioactivité naturelle de notre Terre est de l'ordre de quelques dixièmes de millisievert (mSv). En additionnant les diverses causes d'irradiation naturelle, chaque personne dans le monde reçoit en moyenne 2,7 millisieverts par an, dont près d'une moitié provient de la respiration du radon. Celui-ci est un gaz rare radioactif émis par les pierres contenant de l'uranium. Il est présent dans de nombreuses habitations, mais jusqu'à présent on n'en a mesuré aucun effet ; par contre, il est reconnu que des cancers dus au radon frappent les mineurs des mines d'uranium et, en particulier, les fumeurs parmi eux. Une grande campagne de prudence, menée par le gouvernement des États-Unis, conseille aux habitants d'assurer la ventilation pour éviter l'accumulation du radon. D'après un rapport publié en 1999 et émanant du Comité sur les effets sanitaires de l'exposition au radon du Conseil de la recherche nationale des États-Unis, 157 000 personnes sont mortes d'un cancer du poumon aux États-Unis en 1995. On estime qu'entre 15 000 et 22 000 de ces morts, principalement chez les fumeurs, sont dues à l'irradiation par le radon des habitations. Parmi les 11 000 cancers ayant atteint les non-fumeurs, on estime que 2 500 sont dus au radon. Le comité indique qu'un tiers de ces morts pourraient être évitées si, grâce à une meilleure ventilation, le niveau de radon était limité à la norme de 148 Bq/m^3 d'air prescrite par l'Agence pour la protection de l'environnement ; cela permettrait de sauver entre 5 000 et 7 000 vies par an parmi les fumeurs et non-fumeurs aux États-Unis.

La dose mesurée à la surface du corps, à la suite d'une radiographie normale, varie de 0,2 à 10 mSv. Mais si l'on tient compte du fait que l'irradiation est localisée et donc moins nocive que si elle est reçue par le corps entier[4], on obtient de façon plus précise une dose efficace pour le corps entier, c'est-à-dire un équivalent de dose de 0,15 mSv pour une radiographie pulmonaire complète (clichés de face, de dos et des deux côtés) et 0,02 mSv pour un seul cliché frontal, 1 mSv pour une mammographie. Un examen du cerveau par scanner conduit à une dose de 3,5 mSv. Celle-ci est de 9 mSv pour un examen de l'abdomen. L'irradiation due aux examens radiologiques médicaux est en moyenne de 1 mSv par an dans les pays médicalement avancés comme la France ou 1,1 mSv aux États-Unis et même 1,95 mSv en Belgique, ce qui correspond à environ la moitié de l'irradiation due aux radiations naturelles, avec cependant de grandes variations de pays à pays et de personne à personne.

Dans la thérapie des cancers solides, on administre localement, avec des rayons gamma ou des électrons énergiques, jusqu'à 100 Sv (100 000 mSv) aux tissus cancéreux, pendant 5 à 6 semaines, alors que la dose mortelle est environ 20 fois inférieure si tout le corps est irradié. Cette dose locale pour tuer le cancer correspond à une augmentation de la température de cette région du corps de $2\ 10^{-2}$ degré. La destruction des tissus se fait non pas par leur combustion mais par une agression sur des mécanismes de défense et de reproduction des cellules microscopiques dont les lésions demandent très peu d'énergie. Les radiologues s'efforcent de trouver les meilleures conditions pour tuer effectivement le cancer en touchant le moins possible aux cellules saines environnantes : par exemple, en irradiant avec des rayons X ou des rayons gamma à différents angles ou en utilisant des protons qui finissent leur trajectoire dans la région de la tumeur et y délivrent des doses plus élevées[5], ou encore en divisant l'irradiation totale en plusieurs irradiations à plus faible dose administrées à des intervalles de quelques jours. Des avancées importantes dans ces techniques ont lieu chaque année.

Une autre source de radiation provient de l'industrie nucléaire. Les doses mises en jeu seront explicitées aux chapitres 5 et 6. En France, l'électricité étant majoritairement d'origine nucléaire, cette source de radiation y est donc d'un intérêt considérable. Si l'on fait une répartition sur l'ensemble de la population française, la totalité des expositions subies dans les professions de l'électronucléaire est de l'ordre de 100 fois inférieure à la radioactivité naturelle (20 µSv/an), et pour les professions utilisant des rayonnements ionisants, 1 000 fois inférieure (2 µSv/an). Cette façon d'évaluer les dangers d'une irradiation, accidentelle ou non, considère une moyenne entre des populations contaminées et une majeure partie de la population qui n'a pas été touchée. Du point de vue de la santé publique, seul le nombre de morts occasionnées par une irradiation moyenne de la population est significatif. Le risque n'est pas réparti de façon identique sur l'ensemble de la population puisque la dose reçue varie suivant les personnes, comme c'est aussi clairement le cas avec l'exposition au radon ou aux rayons X médicaux. Du point de vue des individus, si les doses sont réparties de façon très inhomogène, seul compte leur risque personnel d'avoir reçu une dose mortelle. Et s'ils sont touchés, peu leur importe que les autres Terriens aient reçu moins de dose qu'eux.

L'intensité des rayons gamma qui émergent d'un corps humain est suffisamment faible pour rassurer ceux de nos lecteurs et de nos lectrices qui partagent leur lit. Par contre, on conseille à tout homme traité avec des implants radioactifs pour un cancer de la prostate de ne tenir personne sur ses genoux pendant quelques semaines. Cette thérapie donne une dose de 100 Sv localement pendant quelques jours, dose 600 000 fois supérieure au dari annuel qui correspond à la radioactivité normale du corps. La source émettrice de rayons gamma est présente dans ces implants sous forme de petits tubes dans la prostate. Quant à la thérapie externe par rayons X ou rayons gamma, celle-ci ne produit aucune radioactivité dans le corps.

Depuis une cinquantaine d'années, les physiciens ont pu observer les rayons gamma du césium-137 émergeant du corps. C'est un élément radioactif d'une demi-vie de 30 ans, qui a été massivement répandu sur Terre par les explosions nucléaires dans l'atmosphère. Une partie se fixe dans le corps. Sa concentration a continuellement augmenté pendant la période où il y a eu un grand nombre d'essais dans l'atmosphère puis a régulièrement décru depuis le premier semestre de 1966, comme on peut le voir sur la figure 4.6 plus loin dans ce chapitre. L'activité observée en 1960 variait de 70 à 350 Bq par individu suivant les régions du monde, à comparer à 8 000 Bq par personne dus à la radiation naturelle interne. Le césium-137 est réapparu à cause des retombées de Tchernobyl.

Évaluation des risques sanitaires des radiations

Nous indiquons ci-dessous quelques estimations pour les nombres de morts causées par l'exposition aux radiations ionisantes, naturelles ou artificielles. Si certains cancers peuvent être soignés, au moins dans les sociétés industrielles, la plupart ne le sont pas et nous ne distinguerons donc pas entre incidences de cancer et morts par cancer. Dans tous les cas, les données utilisées relient les taux de cancer ou de mort aux doses de radiation.

La plupart des morts à Hiroshima et Nagasaki ont été dues au souffle, aux intenses radiations thermiques et aux incendies, mais entre 15 et 20 % des morts (c'est-à-dire 30 000 sur un total de 200 000) ont été causées par le flash des radiations nucléaires qui a duré moins de une seconde. Des années après ces explosions, le nombre de morts par cancer pouvant leur être attribuées reste incertain. Les données sur Hiroshima et Nagasaki constituent la principale source d'information sur les susceptibilités relatives des divers organes du corps humain de développer un cancer quand le corps entier est irradié. Mais ces données sont limitées : parmi toutes les personnes qui ont reçu de fortes doses et ont survécu, environ 3 350 sont mortes de cancer par la suite. On attribue 350 de ces morts aux radiations des bombes. Les retombées des produits de fission radioactifs, locales ou réparties dans le monde, ont faiblement contribué en nombre de morts par rapport à celles provoquées localement par les radiations immédiates de la bombe.

Les retombées radioactives qui ont suivi la catastrophe de Tchernobyl ont irradié les populations du globe de façon très inégale. Des estimations étonnamment divergentes des conséquences ont été publiées. On a pu lire dans un journal de Vienne « *50 000 Russes ont été rôtis* » et, dans une revue française, qu'il y a pour le moment « *200 000 morts* » dues à l'accident. Des experts affirment que le nombre de morts ne dépasse pas 3 000, tandis qu'un professeur distingué de physique médicale à Berkeley estime ce nombre à 475 000.

Nous avons essayé de comprendre les arguments qui étayent ces estimations. Notre vie professionnelle a été en plus ou moins grande partie consacrée à l'étude de l'interaction des particules nucléaires avec la matière. Nous présentons ici notre compréhension des risques sanitaires des radiations et nous citons également certains auteurs avec lesquels nous sommes en désaccord. Le lecteur sera donc informé de la nature des débats.

Nous avons travaillé pendant des années avec de puissants accélérateurs sans avoir le sentiment de prendre un risque quelconque tant que nous respections les règles de sécurité qui limitaient la quantité de radiations auxquelles nous avions le droit de nous exposer. Mais l'expérience personnelle d'un individu ne permet de tirer aucune conclusion sur les risques car les maladies engendrées par les radiations, à une dose modérée, sont régies par les lois du hasard. Si une personne place une balle de revolver dans une des six positions du barillet, pointe le canon sur sa tempe, tire et s'en sort indemne (physiquement), cela ne signifie nullement que la « dose » puisse être injectée de nombreuses fois sur beaucoup de personnes sans conséquences fatales.

Cette assimilation de l'effet des faibles doses à une roulette russe est vigoureusement rejetée par ceux qui estiment qu'il existerait un seuil de radiation en dessous duquel les cellules humaines auraient une défense presque absolue. Cependant, tout organisme officiel responsable de santé publique fera l'hypothèse que toute irradiation à faible dose et à faible débit de dose entraîne un certain risque de cancer par sievert de dose collective et la Commission internationale pour la protection contre les rayonnements considère que ce risque est équivalent à la moitié du risque par sievert à forte dose.

EFFET DES RADIATIONS SUR LES ORGANISMES VIVANTS

Bien que les premières utilisations de rayons X aient rapidement été suivies de recommandations de prudence, celles-ci visaient surtout à éviter les rigueurs des brûlures et la mort des tissus avoisinants. On a découvert seulement plus tard que si l'on expose des animaux ou des êtres humains à de fortes doses de radiations on induit des cancers, c'est-à-dire une croissance incontrôlée des tissus. Ce n'est que depuis une quarantaine d'années que l'on a accumulé des connaissances fondamentales en biologie qui permettent de commencer à comprendre l'origine du cancer.

On conçoit les difficultés que nous rencontrons lorsque nous voulons comprendre comment des rayonnements traversant sporadiquement quelques cellules peuvent engendrer un désordre mortel dans cette mécanique prodigieusement complexe qu'est le corps humain. Les radiations agissent sur l'organisme en provoquant des réactions qui libèrent des électrons énergiques dans les cellules avec les effets suivants : ils peuvent attaquer directement les molécules contenant l'information génétique des cellules, qu'on appelle l'ADN, ou bien ils peuvent, en détruisant les innombrables molécules qui existent dans une cellule, en générer de nouvelles qu'on appelle des « radicaux libres », oxydants qui attaquent l'ADN.

Les molécules d'ADN sont constituées de deux très longs brins, enroulés l'un sur l'autre dans une structure en forme d'hélice, portant une information identique et eux-mêmes constitués d'un très grand nombre de petites molécules de quatre types différents bien définis qu'on appelle les bases azotées, l'adénine (A), la cytosine (C), la guanine (G) et la thymine (T), étant des constituants des « nucléotides ». Cette fameuse double hélice d'ADN se présente sous la forme de deux cordes souples alternant des groupes de molécules de sucre et de phosphate, reliés par des paires de nucléotides. Ces deux brins sont « complémentaires » dans le sens où un nucléotide G sur l'un est couplé à un C sur l'autre et un T est couplé à un A. Puisque les paires G-C et T-A ont précisément la même longueur, les deux cordes s'enroulent l'une sur l'autre en une double hélice, quelle que soit la séquence de A, C, G ou T sur l'un des brins. Lorsqu'une cellule se multiplie, chaque brin porteur du même message génétique est le point de départ de la fabrication d'une nouvelle molécule d'ADN qu'on retrouvera dans chacune des deux nouvelles cellules.

L'ADN détermine la structure de l'animal ; tout écolier sait maintenant qu'une séquence de trois acides nucléiques de l'ADN « codifie », ou correspond à, chaque bloc fondamental (acide aminé) de la protéine spécifique produite par cette recette génétique. Parmi les $4 \times 4 \times 4 = 64$ possibilités de sélectionner une séquence de trois acides sur 4, A, C, G ou T, seulement une vingtaine d'entre elles correspondent à des acides aminés des protéines du corps humain. De nombreuses protéines sont des « enzymes », composés chimiques très spécifiques, qui permettent de « catalyser » ou d'augmenter grandement la vitesse de certaines réactions chimiques. Les fragments d'ADN qui correspondent à une de ces protéines sont les gènes. Chaque protéine produite dans une cellule suivant la recette de l'ADN est une chaîne simple repliée en une forme qui lui est spécifique et qui est essentielle à sa fonction.

Il faut avoir à l'esprit la complexité de l'organisme vivant pour apprécier la difficulté de prédire les effets des rayonnements. Notre organisme contient environ 60 000 milliards de cellules et 200 tissus différents. Des milliards de cellules nouvelles naissent toutes les heures et produisent, chaque jour, un demi-gramme d'ADN qui, déplié, représente 200 millions de kilomètres (un peu plus que la distance de la Terre au Soleil). Chaque cellule contient 3 milliards de nucléotides, dont l'information nécessiterait, pour être transmise, l'équivalent de 10 000 livres de poche ou d'un CD.

Les cellules humaines contiennent l'ADN sous la forme de 23 paires de « chromosomes », connus bien avant que l'ADN ne soit identifié et compris, et dont l'ensemble codifie les 25 000 gènes qui définissent un être humain. Une protéine contient de 200 à 500 acides aminés. Nous mentionnons spécialement le rôle de la protéine P53 (et du gène *p53*) dont la masse est de 53 000 fois l'unité de masse atomique (u). La masse d'un acide aminé est d'environ 112 u, et la protéine P53 est une chaîne de 473 acides aminés rangés suivant une séquence bien précise. Le gène *p53* est environ 16 fois plus lourd que la protéine, parce que chaque acide aminé de la protéine correspond à trois paires de base d'ADN et l'ensemble de la paire de base et du brin de sucre et de phosphate d'ADN a une masse de 610 u.

Lorsque le rayonnement attaque une molécule d'ADN, il provoque soit la destruction d'un brin, soit plus rarement celle des deux brins. La molécule d'ADN endommagée peut, soit mourir et être éliminée, soit être réparée, soit être mal réparée et éventuellement transformer une cellule saine en une cellule cancéreuse, c'est-à-dire une cellule libérée des contraintes habituelles pour la reproduction. Les recherches en biologie cellulaire se sont beaucoup développées depuis les années 1980. Nous savons maintenant que l'ADN peut être réparé par un processus en trois étapes : reconnaissance des lésions, attaque de la région lésée par des enzymes spécifiques et détachement du fragment lésé, puis réparation du brin endommagé par synthèse de molécules assurant sa continuité en suivant les informations du brin non lésé. On a réalisé de nombreuses expériences à haute dose et haut débit de dose pour déterminer la fréquence de lésions affectant les deux brins d'ADN. On a ainsi déterminé que la plupart des réparations, y compris les réparations fautives, se produisent dans les heures (pas des secondes ni des semaines) qui suivent. Il ne semble pas qu'une seule lésion des deux brins puisse conduire une cellule saine à devenir cancéreuse. Au contraire, il faut plusieurs attaques pour inactiver les mécanismes de réparation de l'ADN ou bien les mécanismes de suicide de la cellule (stimulation de l'apoptose) mis en œuvre quand les réparations sont fautives. Le rôle du gène *p53* est si important qu'on l'appelle « ange gardien de la cellule ». On pense qu'il faut de 5 à 8 mutations dans une cellule pour initier un cancer[6].

Débit de dose et probabilité de cancer

Les victimes d'Hiroshima et de Nagasaki ont reçu une dose élevée en un temps très court. Est-ce que la même dose reçue sur un temps très long aurait une probabilité identique d'induire des cancers ? Aux fortes doses délivrées sur des courtes périodes de temps (haute dose et haut débit de dose), les réparations d'ADN sont moins efficaces car le même stock d'enzymes doit affronter un grand nombre de lésions en un temps limité. En outre, à fort débit, la fréquence des réparations fautives peut augmenter considérablement et produire des cellules cancéreuses. La question qui se pose est de connaître le niveau de radiation au-dessous duquel une fraction significative des enzymes n'est pas détruite et peut donc exercer son effet réparateur. Sur un petit nombre de lésions, il se peut qu'il y ait quelques erreurs et celles-ci représenteront une fraction constante des réparations à ces faibles doses, tout comme l'utilisateur d'un ordinateur fait un certain nombre d'erreurs de frappe, même s'il ne se presse pas.

La dose la plus basse à partir de laquelle on commence à constater des effets sur la santé d'une personne est de 200 mSv. À partir de 1 000 mSv des maladies spécifiques apparaissent. La dose mortelle, lorsqu'elle est reçue soudainement en moins d'une heure, est de 5 000 mSv. C'est ce qu'on appelle aussi les effets « déterministes », par opposition aux effets aléatoires ou « stochastiques ». Les différentes évaluations du nombre de cancers létaux induits par les faibles doses, établies à partir de différentes données expérimentales et épidémiologiques, diffèrent d'un facteur 5[7].

La Commission internationale pour la protection contre les rayonnements[8] – organisation indépendante dont le siège se trouve à Stockholm – est chargée depuis 1928 de faire des recommandations sur tous les aspects relatifs à la sécurité dans le domaine des radiations. Elle a calculé le coefficient permettant d'évaluer le taux de cancers induits par une irradiation à faible dose pour tout le corps par extrapolation des effets à fortes doses, c'est-à-dire à partir de l'observation des cancers induits par le flash de radiations des bombes nucléaires utilisées contre les villes japonaises, qui avait conduit à un effet de 0,08 mort par sievert. Un rapport qui fait autorité en la matière indique : « *En se fondant sur l'expérience acquise, le risque moyen de mort par cancer à la suite d'une irradiation aiguë pour le corps entier de 0,1 Sv est estimée à 0,8 %, bien que le risque varie considérablement avec l'âge au moment de l'irradiation. Cependant, on s'attend à ce que le risque soit appréciablement réduit, d'un facteur 2* [facteur de réduction de dose] *ou plus, pour rayonnement à faible transfert d'énergie linéaire* [les rayons X, gamma, bêta], *si la même dose est reçue sur des semaines ou des mois*[9]. » L'effet peut être beaucoup plus faible dans le cas d'applications locales, comme en radiologie.

Nous allons voir qu'on ne peut avoir aujourd'hui de preuve « statistique » d'une relation entre le taux de cancer et la radiation naturelle, mais la Commission internationale pour la protection contre les rayonnements fait l'hypothèse, par prudence, que l'incidence des cancers induits par des doses de radiation très faibles ou à très faibles débits serait la moitié, par Sv, de ceux provoqués par des doses élevées à fort débit. La commission utilise un coefficient de 0,04 cancer létal par Sv pour une irradiation à faible dose et sur une longue période. Nous utiliserons ce coefficient dans nos estimations du nombre de cancers induits par les radiations.

La Commission internationale pour la protection contre les rayonnements a été conduite à modifier ses recommandations de limite de dose au fur et à mesure que se précisaient les estimations des doses infligées aux populations d'Hiroshima et de Nagasaki. En 1990, elle a recommandé d'abaisser de 50 mSv par an à 100 mSv sur 5 ans les limites tolérables pour les travailleurs du nucléaire. Cette nouvelle recommandation a conduit le gouvernement français à demander un rapport à l'Académie des sciences sur les problèmes liés aux faibles doses de radiations ionisantes. La commission a aussi réduit la valeur recommandée pour la dose limite (hors radiation naturelle) pour le public de 5 mSv/an en 1977 à 1 mSv/an en 1990.

EXISTE-T-IL UNE RELATION LINÉAIRE ENTRE LA DOSE DE RADIATION ET LA PROBABILITÉ DE CANCER ?

L'étude réalisée par l'Académie des sciences et publiée en 1995[10] avait pour objectif d'émettre des recommandations pour ou contre une réduction des limites de dose. Cette étude indique que 1 000 mSv pour une exposition brève produisent 1 000 lésions dans un seul brin et 40 lésions dans deux brins d'ADN d'une même cellule. Il y a en outre, à chaque seconde, 2 lésions spontanées (c'est-à-dire en l'absence de radiation) par brin et 1,2 10^{-4} lésion dans deux brins. On voit que le rapport de lésions double/simple induites par les radiations est de 4 10^{-2}, tandis qu'il est de 6 10^{-5} pour des lésions spontanées, c'est-à-dire 666 fois moins.

Cette dose de 1 000 mSv requiert 3 000 particules, traversant la cellule, comme par exemple des électrons rapides[11]. En faisant l'hypothèse d'une relation linéaire entre la dose de radiation et les lésions sur l'ADN et si 3 000 particules conduisent à 40 lésions double-brin, le passage d'une de ces particules conduit à une probabilité de seulement 40/3 000 = 1,3 % de faire un double défaut dans l'ADN d'une seule cellule. Bien qu'il soit difficile de mesurer le nombre de cancers induits à faible dose, il est tout à fait possible de mesurer le nombre de lésions double-brin.

À la dose de 1 mSv/an, proche de la moitié de la dose naturelle, il y aurait ainsi 3 particules par an qui traverseraient la cellule si bien qu'elles ne peuvent agir qu'indépendamment les unes des autres, ce qui conduit à un effet indépendant du débit de dose. Puisque les réparations de l'ADN sont effectuées en une journée, cela suggère que l'incidence de cancer pour une dose de 1 mSv sera identique suivant que la dose est reçue en 3 jours ou en un an. Les effets d'une seule particule ionisante étant très faibles, les effets mutuels (c'est-à-dire les effets d'un électron sur les dommages produits par un autre) sont infimes en comparaison des effets additionnels des électrons individuels sur l'ADN. Il n'y a donc pas de seuil et les effets sont proportionnels à la dose de radiation, même aux plus faibles niveaux. Une dose unique de 1 mSv produit un effet linéaire tout comme chacune des doses journalières de 1 mSv.

Quelle est l'ampleur de cet effet linéaire ? D'après l'estimation de l'Académie, une dose de radiation de 1 mSv/an correspond à une probabilité annuelle d'environ 4 % de double lésion de l'ADN dans chaque cellule, comparée au taux de double lésion spontanée de 1,2 10^{-4} par seconde ou encore une double lésion toutes les 8 000 secondes, 10 par jour, ou 3 650 par an.

Le rapport de l'Académie des sciences de 1995 considère des doses et des débits de dose substantiellement plus élevés que ceux qui nous concernent ici et indique que :

« (3) *Le processus de lésions génétiques persistantes potentiellement cancérigènes est significativement différent à faible ou haute dose, ainsi qu'à faible ou haut débit de dose. Ces différences sont principalement dues aux mécanismes de réparation des lésions de l'ADN qui ne sont pas identiques dans les deux cas.* »

Cependant les auteurs du rapport concluent :

« (4) *Les examens médicaux sont la seconde source de radiation, après les rayonnements naturels, bien avant les autres sources. Donc pour diminuer significativement les doses de radiation reçues par la population, des efforts devraient être faits pour réduire les doses reçues pendant les examens médicaux, surtout parmi la population jeune.* »

Mais le rapport indique auparavant que :

« L'absence d'effet cancérigène ou leucémique observable pour des doses inférieures à 200 mSv en irradiation aiguë ou 400 mSv en irradiation chronique, ne permet pas, malgré [l'] impressionnante concordance [des études épidémiologiques] d'exclure un effet éventuel, en raison de l'insuffisante puissance statistique de ces études.

Il est donc légitime en l'état actuel de nos connaissances d'effectuer une extrapolation linéaire assortie d'un facteur de réduction de dose. On doit cependant s'interroger sur ce facteur de réduction de dose. »

Le « facteur de réduction de dose » est le rapport entre l'efficacité d'une radiation de dose forte et soudaine et celle de la même dose à faible débit. L'étude de l'Académie des sciences utilise un facteur de 2 en accord avec la Commission internationale pour la protection contre les rayonnements, comme cela a été cité précédemment.

Dire que la « *puissance statistique des études [épidémiologiques]* » est « *insuffisante* » revient à dire qu'il s'agit d'effets très faibles et que les études n'ont pas porté sur un nombre assez grand de personnes n'ayant pas d'autres différences dans leur vie que l'intensité des radiations naturelles auxquelles elles sont soumises.

Nous citons ce rapport en raison des données utiles et non contestées qu'il contient, de sa présentation détaillée permettant de faire sa critique.

L'étude de l'Académie des sciences conclut contre la réduction de la limite de dose car la majorité des membres du comité de l'Académie des sciences pense apparemment que les limites de dose sont déjà inférieures à un seuil et ne provoquent donc pas de cancer.

Nous sommes en accord avec les recommandations de cette étude mais pour des raisons différentes : nous considérons comme une conclusion irréfutable de l'analyse, et non pas comme une question de prudence, que, même à des faibles doses de radiation reçues à faible débit, il y a encore une relation linéaire entre les rayonnements reçus et les cancers qu'ils provoquent ; nous en expliquons les raisons ci-dessous.

Nous ne pensons pas que le concept de « limite » de dose est pertinent. Nous sommes en accord avec la recommandation de ne pas diminuer ces limites, mais pour les raisons suivantes. Nous considérons que le dommage pour la santé publique dépend de la dose collective totale (pour des doses individuelles faibles) et donc que le dommage total sera réduit en réduisant la dose moyenne et pas la limite de dose. Nous soulignons que la conclusion principale (4 ci-dessus) intégralement citée, est conforme à notre opinion dans le sens où une réduction des doses pour les examens médicaux serait nécessaire seulement s'il n'y a pas de seuil d'exposition en dessous duquel les radiations ne provoqueraient aucun dommage.

Il est encore communément admis, cependant moins qu'il y a quelques dizaines d'années, que « la dilution est la solution à la pollution ». C'est vrai pour certains polluants, mais si les effets d'un polluant particulier sont linéaires, diviser une quantité de ce polluant sur une centaine de personnes ou l'étendre sur une plus longue période de temps ne réduirait pas le dommage total. Illustrons cela par l'analogie suivante.

Supposons qu'une firme produise un milliard de comprimés d'aspirine par semaine, dont dix d'entre eux contiennent un poison qui provoque une crise cardiaque soudaine et mortelle. Si ces dix comprimés se trouvent dans un ensemble de dix paquets envoyés dans une pharmacie d'une petite ville, dix personnes mourront après avoir consommé ces comprimés. Si ces dix comprimés sont répartis au hasard sur tout le territoire du pays, un nombre identique de personnes mourra. Ceci est un exemple de relation linéaire, où le nombre de dix morts est indépendant de la distribution du produit. (On soulignera que la relation linéaire n'est plus valable à haute dose car on ne meurt qu'une seule fois ; si les dix comprimés sont tous consommés par la même personne, il y aura un seul mort.)

L'hypothèse d'une relation linéaire entre la dose de radiation et les morts causées par les cancers implique que les faibles niveaux de radiation (y compris la radiation naturelle) causent des morts et qu'il n'existe pas de seuil d'innocuité. Cependant au niveau individuel, les morts dues aux faibles doses de radiation ne peuvent être distinguées des autres causes de cancer. Quand le Commissariat à l'énergie atomique écrit pour la France : « *L'accident de Tchernobyl n'a eu aucune conséquence statistiquement observable sur la santé dans notre pays*[12] », c'est vrai mais incomplet : le nombre de morts causées n'est pas « statistiquement observable ou statistiquement significatif », face à l'énorme proportion (20 %) de personnes mourant de cancer qui ne sont pas dus à la radiation, mais cela ne veut pas dire que ce nombre soit égal à zéro.

Peut-on tester l'hypothèse linéaire ?

Précisément parce que les réparations des dommages spontanés ont lieu en quelques heures, une séquence d'une centaine de séances de rayons X pour le traitement d'une maladie, comme la scoliose ou la tuberculose, peut prouver, comme cela sera expliqué dans les paragraphes suivants, l'induction de cancers par des faibles doses à faible débit de dose, bien que la dose totale soit élevée (3 Sv) et que la probabilité de mourir d'un cancer dû à cette irradiation soit donc de 12 %[13]. Il existe peu d'études où les doses ont été estimées et qui montrent que de tels effets secondaires sont associés au traitement. Malheureusement peu de fonds sont disponibles pour ce type d'études et, en conséquence, les débats publics sur cette question ne peuvent bénéficier d'une information satisfaisante sur les effets des radiations. D'autre part, révéler des effets secondaires néfastes de traitements bénéfiques n'est ni populaire ni bon pour la carrière médicale.

En 1999, le Conseil national de la recherche de l'Académie des sciences des États-Unis a démarré une nouvelle étude portant sur les effets biologiques des rayonnements ionisants (BEIR). Son principal objectif consistait à développer une meilleure méthode d'estimation des risques potentiels des faibles doses comme celles reçues dans l'industrie nucléaire. Ce rapport vient d'être finalisé[14] (voir page 126).

Imaginons une expérience pour connaître de façon définitive la probabilité de cancers dus aux faibles doses à faible débit de dose. Si 1 mSv correspond à une probabilité de 4 % d'une lésion double-brin par cellule, alors une dose soudaine de 5 mSv donnerait une probabilité de 20 % pour une lésion double-brin et donc une probabilité de 4 %[15] pour deux lésions double-brin dans la même cellule. Puisque les réparations d'ADN se produisent en moins d'un jour après l'irradiation, des doses journalières de 5 mSv seraient indépendantes et pourraient être administrées en toute impunité s'il existait un seuil d'innocuité de 5 mSv par exemple. Une dose journalière de 5 mSv correspond à une dose annuelle de 1,8 Sv. Le coefficient de 0,04 cancer mortel par Sv conduit, pour 1,8 Sv, à une probabilité de cancer de 7,2 % par année d'irradiation, cancer qui apparaîtrait seulement après un délai de dix à vingt ans. Une période expérimentale de 5 années, pendant lesquelles seraient administrées des doses journalières de 5 mSv, suivie d'une période d'observation de vingt ans, permettrait d'obtenir des données qui élimineraient ou valideraient l'hypothèse de seuil, même si l'échantillon expérimental ne comportait que 50 personnes.

Pour des raisons éthiques, il n'est pas possible de procéder à une telle expérience sur des êtres humains. D'autres méthodes ont été utilisées, comme de surveiller les enfants qui ont été soumis à des doses de radiation répétées pour un traitement de tuberculose, scoliose ou autre, sur lesquelles seront fondées les conclusions sur les effets biologiques des rayonnements ionisants[16,17]. Nous sommes d'accord avec le professeur Tubiana lorsqu'il écrit que « *le risque des très faibles doses est certainement extrêmement faible* », mais nous sommes en profond désaccord lorsqu'il suggère que le risque devrait être ignoré. Comme nous l'expliquerons en conclusion de ce chapitre, nous estimons qu'une dose de 1 mSv (l'équivalent d'une année de rayons médicaux par Français en moyenne) conduit à une très petite probabilité (1 sur 25 000) de mort par cancer mais que, si on considère un pays de 60 millions d'habitants, cela vaudrait la peine que la société dépense l'équivalent de 40 euros par habitant pour éliminer cette dose moyenne par habitant, ou tout au moins pour grandement la réduire, sans pour autant sacrifier les bénéfices de l'irradiation médicale.

À haute dose, l'induction de cancer ne peut être totalement linéaire avec la dose, ne serait-ce que parce que des doses élevées tuent rapidement et changent substantiellement l'environnement intracellulaire et intercellulaire. Nous ne prétendons pas connaître la valeur du coefficient (0,04 cancer mortel par Sv, ou 0,02 ou 0,08 par Sv), mais les plus faibles doses, s'ajoutant aux radiations naturelles, doivent contribuer de la même façon, mSv par mSv, au nombre de cancers : nous montrerons que, à des niveaux de dose suffisamment faibles et quelle que soit la dose, il y a un seul coefficient pour l'augmentation de la probabilité des cancers induits, et cela pour deux raisons.

D'abord, 20 % de la population meurt d'un cancer dans les pays industrialisés et ces cancers ne sont pas qualitativement différents de ceux provoqués par de fortes doses de radiation. Cela signifie que sur des dizaines d'années, il y a des cellules qui deviennent cancéreuses par l'accumulation de lésions spontanées ; lorsque des lésions se sont produites à plusieurs endroits d'une cellule (y compris, dans de nombreux cas, en inactivant le gène *p53* qui produit la protéine P53 tueuse de cellules cancéreuses), celle-ci ne se comporte plus normalement et ne se suicide pas mais commence à reproduire des cellules identiques qui vont constituer le cancer. Pour la première fois, on a procédé sur des cellules humaines à leur transformation en cellules cancéreuses en incorporant trois gènes spécifiques, y compris un gène qui empêche le raccourcissement des « télomères » aux extrémités des chaînes d'ADN, qui se produit normalement à chaque reproduction d'une cellule humaine[18]. D'autres travaux ont utilisé une nouvelle méthode pour inactiver le gène *p53* et ainsi permettre d'administrer des doses plus importantes dans le traitement des cancers : les cellules avoisinantes ne sont pas sévèrement endommagées alors qu'elles auraient dû être condamnées à mort par la vigilance de la protéine P53. Dans de nombreux cancers, mais pas dans tous, le gène *p53* est inactivé.

La contribution la plus importante pour les cancers induits par les faibles doses, c'est-à-dire pour une réponse linéaire, est que l'ADN subisse une lésion irréparable qui se reproduise par division de la cellule. Cette cellule subit alors la première d'une série de modifications qui peut conduire à un cancer ; les suivantes ne seraient pas dues aux radiations mais à des événements spontanés qui conduisent aux 20 % de victimes du cancer. De la même façon, dans la population de cellules du corps qui accumulent naturellement, ou sous des influences chimiques néfastes, des lésions les faisant devenir cancéreuses, le rayonnement peut être un événement des 5 à 8 mutations nécessaires, pour rendre la cellule cancéreuse. *N'importe quelle lésion additionnelle par radiation dans une population de cellules normales peut conduire à un cancer*[19] *: la relation est forcément linéaire dans le cas de faibles doses additionnelles au bruit de fond des radiations naturelles. Cela provient du fait que la radiation induit un dommage similaire aux dommages spontanés qui causent les 20 % de morts de cancer.*

Ce modèle de production de cancer en plusieurs étapes est compatible avec le retard de plusieurs années que l'on observe couramment entre l'exposition aux radiations et l'occurrence du cancer ; en effet, des nouvelles mutations de cellules, non causées par la radiation, pourront se produire pendant cette période. Une analyse similaire avait été publiée en 1976[20]. Ainsi les radiations, quel que soit le moment où elles ont été reçues, ont une probabilité d'engendrer un cancer qui est approximativement proportionnelle au taux de la maladie pour des causes naturelles. C'est ce qu'on appelle le « modèle multiplicatif » du cancer induit par les radiations ; en effet, la radiation augmenterait l'incidence des dommages multiples qui sont la cause du type particulier de cancer.

Un second argument en faveur d'une relation linéaire provient de l'hypothèse même que la dose additionnelle est petite comparée avec le bruit de fond naturel. Quelle que soit la relation entre la dose totale et le cancer, un calcul simple montre que l'effet sera linéaire en fonction de la dose additionnelle. Quelle que soit la relation de dépendance en fonction de la dose (proportionnalité au carré, à la racine carrée, ou autre) dans cette gamme étroite commençant par la dose naturelle, l'effet sera linéaire. Toute fonction liant l'incidence de cancer C à la dose R peut être développée en série de Taylor au voisinage de R = Ra (dose ambiante) telle que $C(R) = C(Ra) + (R - Ra)(dC/dR) + \ldots$ Il s'ensuit qu'une augmentation de cancer $(C(R) - C(Ra))$ est simplement proportionnelle à la dose additionnelle (R-Ra), même si celle-ci est très faible.

Il est vrai cependant que ces facteurs linéaires de l'effet de dose peuvent être inférieurs à la valeur adoptée par la Commission internationale pour la protection contre les rayonnements. Comme nous l'avons mentionné auparavant, la commission choisit pour ses évaluations le facteur 2, ce qui conduit à 0,04 cancer létal par Sv. Nous pouvons considérer ce facteur comme une valeur supérieure possible de la valeur réelle, non encore mesurée. En utilisant le coefficient de la commission, nous estimerons au chapitre 6 que la radiation libérée lors de l'accident de Tchernobyl a causé environ 30 000 cancers mortels, et nous nous tenons à mi-chemin entre celui qui les estime à 475 000 et ceux qui répondraient sans hésiter que l'effet est voisin de zéro.

L'importance des faibles doses de radiation dans les causes de cancer continue à être matière à controverses et l'objet de recherches. Une analyse de la relation entre l'exposition au radon dans les maisons et les cancers du poumon ne montre aucune augmentation du taux de cancer avec l'exposition au radon[21]. Les mesures de précaution mises en place aux États-Unis ont été motivées par l'incidence importante et non contestée des cancers du poumon chez les mineurs d'uranium qui sont beaucoup plus exposés au radon. Le dommage pour une cellule individuelle par une particule alpha ou ses descendants étant tellement sévère par rapport à celui causé par les rayons X ou les rayons gamma, les cellules des poumons peuvent mourir sans descendant, sans transmettre leurs lésions sur l'ADN induites par la radiation. Ce résultat peut ne pas être applicable aux irradiations externes d'électrons ou de rayons gamma qui sont discutées ici.

La difficulté rencontrée par l'homme de la rue pour faire un choix parmi les jugements contradictoires d'experts bardés de titres nous a conduits à examiner les deux positions extrêmes présentées ci-dessous.

LES « POUR » INCONDITIONNELS

Nous avons été intéressés par l'exposé de John Graham, expert en réacteurs à neutrons rapides, au 21e Symposium annuel de l'Institut de l'uranium en 1996 intitulé « *Les bénéfices d'une irradiation à faible dose*[22] » : nous étions ravis d'apprendre que les faibles doses de radiations que nous avions subies pendant notre vie professionnelle auraient pu être profitables[23]. Nous avons été déçus : le titre provocateur n'est pas confirmé par la substance de l'article. L'auteur écrit : « *Les brisures double-brin des brins d'ADN représentent 5 % des brisures d'un seul brin, si bien qu'avec un bruit de fond d'environ 240 000 brisures par cellule par jour il y a 10 000 à 12 000 brisures doubles.* »

Graham commence par une erreur grossière mais importante. Le professeur Tubiana, spécialiste français, écrit que 4 % des brisures dues aux radiations sont doubles mais seulement une sur 15 000 dans le cas de dommages spontanés[24]. Cela n'est pas remis en cause. Graham aurait dû dire : « *Les brisures doubles représentent 0,007 % (et pas 5 %) des brisures simples si bien que le bruit de fond des 240 000 brisures par cellule par jour est accompagné de 16 brisures doubles.* » Seize au lieu de « *10 000 à 12 000* », cela fait une belle différence ! Ces brisures doubles semblent être une étape nécessaire du cancer et si le chiffre de celles qui se produisent spontanément avait été aussi élevé que Graham le pensait, il est clair que l'effet des faibles doses de radiation serait négligeable devant ce torrent de dégâts spontanés. Ayant surestimé d'un facteur de 1 000 les dommages spontanés avec lesquels la radiation doit être comparée et pour confirmer ses dires, Graham s'appuie sur une étude épidémiologique instructive (mais qui ne fait pas autorité) pour estimer les risques des faibles doses ; nous la discutons ici et concluons qu'elle ne valide pas l'affirmation de Graham.

En Chine ont été étudiés deux groupes de population vivant dans des conditions très semblables, mais où le bruit de fond naturel dû au sol est différent d'un facteur 3 à 4[25]. Cette étude a été réalisée par le Groupe de recherche sur les fortes doses de radiation naturelle dirigé par Wei Luxin du Laboratoire sur l'hygiène industrielle du ministère de la Santé publique à Pékin. Les groupes comprenaient 74 000 personnes dans la région de haute activité et 77 000 dans celle de basse intensité (la région « de contrôle »). Ils ont été étudiés de 1970 à 1986[26]. Ils représentaient un échantillon de population homogène, constitué d'habitants restés dans la région depuis cinq générations. D'après Graham, on n'observe aucun effet adverse dû à l'irradiation plus élevée ; au contraire, « *tous les types de cancer* » seraient plus rares sauf celui du col de l'utérus. Mais il y a eu 13 morts de cancer du col de l'utérus dans la région exposée et 5 dans celle de contrôle. Dans la région exposée, 22 cas du syndrome de Down (dû à une anomalie chromosomique) ont été diagnostiqués contre 4 dans la région de contrôle. Que peut-on apprendre de l'étude chinoise sur l'existence d'une relation linéaire entre augmentation des taux de cancer et dose de radiation additionnelle ?

Wei et ses collègues montrent que le groupe exposé reçoit une dose annuelle de 1,83 mSv due à l'environnement géologique, alors que le groupe de contrôle ne reçoit que 0,5 mSv/an. Sur 40 ans, cela fait une différence de 53 mSv. L'étude de Wei fournit les données les plus détaillées sur 13 000 personnes dans chacun des deux groupes qui avaient entre 40 et 70 ans au début de l'étude. Pendant les 16 ans de l'étude, 377 de ces personnes sont mortes de cancer dans la zone de contrôle et 299 dans la région de plus haute irradiation. Mais quel serait l'excès de cancers attendu dans cette région suivant le coefficient de la Commission internationale pour la protection contre les rayonnements ?

Dans le monde entier, 20 % des morts sont dues au cancer, les radiations de toutes sortes (naturelles ou artificielles) contribuant apparemment pour une faible fraction. Donc, dans la zone de contrôle, parmi la population initialement âgée de plus de 40 ans, on s'attend à ce que 20 % × 13 000 = 2 600 personnes finissent pas mourir de cancer. En utilisant le coefficient de 0,04 cancer par Sv, l'excès de dose reçue par les 13 000 personnes âgées de plus de 40 ans dans la zone à haute activité, équivaut à 692 personnes-Sv[27]. Cela aurait dû éventuellement contribuer à 28 cancers additionnels[28]. Durant la période d'observation de 16 ans, seule une fraction des cancers attendus égale à 14,5 % a été observée[29], donc le nombre de cancers induits par la radiation additionnelle qui auraient dû être observés pendant la même période est égal à 4[30].

Vous savez sans doute qu'il y a une certaine « marge d'erreur » quand on fait un sondage sur un échantillon de population, effet qui devient souvent très évident le lendemain d'une élection politique importante : dans le cas présent, seulement à cause du hasard, le nombre de cancers observés peut varier de 25 entre les deux échantillons[31], ce qui masquerait la différence de 4 cancers dus à la radiation additionnelle. Cette étude est donc « statistiquement non significative » pour permettre de choisir entre les deux prédictions : celle de la commission ou l'inexistence d'un effet induit par une radiation naturelle plus élevée.

Le nombre « statistiquement significatif » plus faible du nombre de cancers dans la région à haute activité – qui correspond à un manque de 78 cancers quand on corrige pour la différence de population dans les deux groupes (comprenant chacun environ 13 000 personnes), à comparer à la « déviation standard » de 25 –, ne peut pas être considéré comme indiquant un effet bénéfique des faibles doses pour la santé. Par exemple, la différence majeure dans les sols conduisant à la différence de niveau de radiation peut avoir un effet significatif sur la nourriture.

À partir d'une mise à jour de l'étude de Yuan (1997), Wei Luxin a fait un rapport sur l'observation de « groupes nouvellement classifiés » observés de 1979 à 1990[32]. Sa présentation nous permet de démontrer une nouvelle fois que, même si elle avait été conduite sur deux échantillons de population parfaitement identiques, l'étude épidémiologique n'a tout simplement pas de données en nombre suffisant pour pouvoir distinguer le nombre de morts attendues par la radiation plus élevée dans les régions à fortes doses.

Voyons dans les paragraphes suivants la mesure dans laquelle cette nouvelle étude permet d'exclure des estimations encore plus élevées pour les cancers induits par la radiation. Les personnes exposées aux « fortes doses » (64 070) ont reçu unc dose moyenne de 2,12 mSv/an, alors que ceux de la « région de contrôle » (24 876) ont reçu une dose moyenne de 0,68 mSv/an. Le rapport indique que le ratio des risques pour l'ensemble des cancers dans la région à haute activité sur ceux de la zone de contrôle était de 0,9959. Ce ratio est compatible à 90 % de confiance avec tout ratio compris entre 0,864 et 1,148[33]. Quelle serait la prédiction en utilisant le coefficient de la commission de 0,04 cancer par personne-Sv ? Quarante années correspondent à une dose additionnelle cumulée dans la région à haute activité équivalente à 58 mSv par personne[34], ce qui conduirait à un risque individuel de cancer de 0,23 %, qui augmente de 1,2 % le taux normal de cancer de 20 %[35]. Le résultat de l'étude épidémiologique compris entre 0,864 et 1,148 est tout à fait compatible avec la prédiction correspondante de la commission de 1,012.

Nous venons de montrer qu'il est incorrect d'utiliser les résultats de Yuan pour réfuter l'estimation conventionnelle de morts par cancers dues à des faibles doses de radiation. Une telle expérience nécessiterait l'étude d'un échantillon 100 fois plus grand que celui qui a été utilisé pour pouvoir distinguer entre la prédiction de la Commission internationale pour la protection contre les rayonnements et la réfutation d'une augmentation du taux de cancer dû aux faibles doses.

Les « contre » inconditionnels

John W. Gofman, un critique de l'industrie nucléaire, est professeur émérite de physique médicale à l'Université de Californie à Berkeley, ancien directeur adjoint du Laboratoire de Livermore, coauteur avec le prix Nobel Glenn Seaborg d'un brevet sur la fissionabilité de l'uranium-233 et d'un autre brevet sur la séparation du plutonium des combustibles irradiés. Il a effectué des recherches de pionnier sur l'influence des lipoprotéines de basse densité dans les maladies cardiaques. Ses estimations de risque de cancer sont 10 fois plus élevées que celles données par la Commission internationale pour la protection contre les rayonnements. Ses méthodes de travail peuvent être fausses, mais en tout cas il ne devrait pas être ignoré ou attaqué par l'industrie nucléaire sans que ses arguments soient considérés en détail.

L'estimation de Gofman[36] pour la probabilité de cancer par unité de radiation est plus élevée que celle de la commission en partie parce qu'il interprète le nombre de victimes d'Hiroshima et de Nagasaki ainsi que celles des traitements aux rayons X comme une confirmation du modèle linéaire sans prendre en compte le « facteur de réduction de dose ». (Nous rappelons qu'il s'agit du ratio de l'efficacité d'une radiation de dose forte et soudaine sur celle de la même dose à faible débit.) En outre, il fait l'hypothèse qu'une dose donnée produit un nombre de cancers additionnels proportionnel au taux naturel d'occurrence de ces cancers : c'est ce que l'on appelle le « modèle multiplicatif ». Par exemple, pour estimer le nombre de cancers du sein causés par la radiation sur la population américaine, Gofman multiplie le pourcentage d'augmentation du nombre de cancers observés au Japon par le très grand nombre de cancers du sein naturels observés aux États-Unis.

Il est intéressant d'appliquer les coefficients de risque de Gofman à l'étude des effets des doses naturelles élevées en Chine. Le coefficient utilisé par Gofman, 0,4 (au lieu de 0,04) cancer mortel par Sv, conduirait à un nombre de morts additionnelles attendues dans la région à haute activité 10 fois supérieur à l'augmentation de 1,2 % que nous avons calculée pour la comparaison avec l'étude de Yuan (1997) ; l'estimation de Gofman conduirait donc à une augmentation de 12 % dans la région à forte activité, alors que l'étude épidémiologique du Groupe d'étude des fortes radiations naturelles indique une valeur comprise entre 0,864 et 1,148 ; ce résultat ne contredit donc même pas le facteur de 1,12 prédit par Gofman.

Nous avons étudié un article récent de l'Académie des sciences et de l'Académie de médecine françaises[37]. Les auteurs rendent compte des avancées de ces dix dernières années sur les effets biologiques des radiations sur les organismes, ainsi que sur les technologies utilisées comme les puces à ADN par exemple. Ils expliquent que les mécanismes de réparation peuvent être stimulés ainsi que submergés par les radiations. Ils en concluent qu'une relation linéaire sans seuil ne peut pas être appliquée pour estimer les conséquences des irradiations à faible dose. Toutefois, ils n'écrivent pas que l'effet est nul et ne présentent pas non plus une valeur chiffrée pour l'incidence de cancers induits par les faibles doses de radiation à faible débit de dose. Leur avis peut se résumer dans les mots suivants : « *Pour mettre en évidence un excès d'incidence ou de mortalité très petit venant s'additionner à une incidence de cancer qui est très grande dans les populations non irradiées et qui fluctue en fonction des conditions de vie, seules des comparaisons entre des régions géographiques à haute et faible irradiation naturelle et dans lesquelles les conditions de vie sont semblables pourraient apporter des informations pour cette gamme de dose et de débit de dose, il faut donc suivre attentivement les résultats des enquêtes en cours au Kerala (Inde) et en Chine.* »

Cet article cite une autre étude récente[38] qui conclut : « *Étant donné qu'elle est en accord avec des arguments biophysiques expérimentalement fondés et quantifiables, une extrapolation linéaire des risques de cancers des doses moyennes aux très faibles doses est actuellement la méthodologie la plus appropriée.* » Les auteurs de cette étude résument ainsi : « *L'argument suggère que le risque de la plupart des dommages induits par la radiation décroîtra linéairement sans seuil, depuis environ 10 mGy jusqu'à des doses arbitrairement faibles.* »

Dans ce chapitre, nous nous intéressons seulement aux faibles doses pour lesquelles nous maintenons qu'il y a une relation linéaire entre un petite augmentation de dose au-dessus de la radiation naturelle (quelle qu'elle soit) et le risque de cancer. C'est aussi l'argument utilisé par Brenner *et al.* Il n'est pas contredit par Aurengo *et al* qui stipulent, correctement, que les choses sont beaucoup plus compliquées dans la gamme de radiations au-dessus des doses les plus faibles : la vraie question est d'établir le coefficient de cette relation linéaire à faible dose et le seuil au-dessus duquel cette linéarité n'est plus valide.

Nous sommes d'accord avec eux qu'il serait important de connaître la réponse, comme par exemple pour vérifier si effectivement chaque année d'exposition aux irradiations provenant des radiographies médicales et dentaires provoque, si on applique la relation linéaire, plus de 1 000 morts en France. Quant à la résolution de cette question par des « *enquêtes en cours au Kerala et en Chine* », nous préconisons la prudence au vu de notre analyse ci-dessus des études réalisées en Chine qui prétendaient réfuter l'hypothèse de la relation linéaire, alors que finalement elles n'ont pas la signification statistique nécessaire pour infirmer ou valider toute hypothèse dans ce domaine.

Alors que nous terminons l'écriture de ce livre, l'Académie des sciences des États-Unis vient de publier le septième de la série des rapports sur les effets biologiques des radiations ionisantes (BEIR VII)[39]. Depuis le précédent rapport qui avait fait autorité, BEIR V, datant de 1990, les études actuellement publiées ont bénéficié de quinze années de données supplémentaires sur l'incidence des cancers et sur la mortalité qu'ils ont causée, pour les personnes exposées aux radiations à Hiroshima et à Nagasaki, ainsi que d'une meilleure dosimétrie à ces sites. Nous citons : « *En outre, nous avons pu utiliser de nouvelles données prove-*

nant d'études sur des personnes exposées à des irradiations médicales et sur des travailleurs de l'industrie nucléaire exposés à des faibles doses à faible débit de dose. Ces développements ont renforcé les données épidémiologiques que nous avons utilisées pour mettre au point nos estimations de risque. »

Rejetant expressément chacune des deux hypothèses qui réfutent le modèle sans seuil (celle suivant laquelle les irradiations à faible dose sont plus dangereuses par Sv que les irradiations à haute dose, et celle suivant laquelle il y aurait un seuil d'innocuité), le rapport souligne : « *Le rapport conclut que la majorité des informations indique qu'il y a un risque, même à des faibles doses, bien que le risque soit faible.* »

Le tableau 4.2 résume les estimations centrales du Comité consultatif sur les effets biologiques des rayonnements ionisants sur les morts par cancer pour 100 000 personnes exposées à 100 mSv de rayons X, gamma ou bêta. En additionnant toutes les leucémies et les cancers solides et en faisant la moyenne entre hommes et femmes, les résultats du rapport conduisent à 0,057 cancer par Sv, alors que leur précédente valeur, qui est aussi celle que nous avons utilisée dans ce livre, était de 0,04 cancer par Sv. Puisque notre estimation de 0,04 est compatible (c'est-à-dire à l'intérieur de la fourchette d'incertitude) avec la valeur donnée par le nouveau rapport BEIR VII, nous ne voyons pas la nécessité de modifier nos estimations dans les exemples retenus. Cependant, nous rappelons au lecteur que les estimations de morts en suivant les résultats de BEIR VII conduisent à des valeurs supérieures de 40 % (0,057/0,04).

Tableau 4.2 : Estimations centrales du comité pour le nombres de morts par cancer pour 100 000 personnes exposées à 100 mSv de rayons X, gamma ou bêta. (Les nombres entre parenthèses indiquent les bornes entre lesquelles la « vraie » valeur est située à 95 % de confiance[40].)

	Tous les cancers solides		*Leucémies*	
	Hommes	*Femmes*	*Hommes*	*Femmes*
Excédent de mortalité provenant d'une irradiation de 100 mSv	410 (200-830)	610 (300-1200)	70 (20-220)	50 (10-190)
Nombre de morts sans irradiation	22 100	17 500	710	530

Le dari, une mesure commode pour l'exposition aux radiations humaines

Comme nous l'avons indiqué précédemment dans l'encadré sur les unités de radiation, nous (Georges Charpak et Richard Garwin) avons créé une unité commode pour mesurer l'exposition aux faibles doses de radiation : le dari pour « dose annuelle de radiation interne ». Un dari est la dose reçue en une année provenant du carbone-14 et du potassium-40 naturellement présents dans le corps humain, soit 0,17 millisievert (0,17 mSv ou 17 millirems). Cela peut être comparé à la dose moyenne totale provenant de la radiation naturelle, des rayons cosmiques et des roches qui nous entourent, qui représente environ 2,4 mSv par personne en moyenne en France ou aux États-Unis comme cela a été indiqué plus haut, ce qui correspond à 14 dari. Une irradiation « de son propre corps » pendant 40 ans conduira à 0,17 mSv × 40 ans × 0,04 cancer mortel par Sv = 0,027 %. On peut écrire cela autrement : 1 dari conduit à $0{,}17 \times 10^{-3} \times 0{,}04$ ou encore 7 chances sur un million d'attraper un cancer mortel. Si, par exemple, on fait l'hypothèse qu'un cancer mortel diminue la vie de 16 ans en moyenne, 1 dari correspond à une diminution moyenne de la vie de 1 heure ($7 \times 10^{-6} \times 16 \times 8\,766$ h = 0,98 h).

On ne peut pas échapper au dari, c'est la radiation naturelle de notre propre corps. Six heures d'avion à 15 mSv par année de vol représentent environ 0,06 dari. Un vol une fois toutes les trois semaines représenterait 1 dari chaque année, ajoutant autant de radiation qu'en reçoit une personne de la radiation interne de son propre corps.

Effets des essais nucléaires atmosphériques

La radioactivité répandue par les essais nucléaires atmosphériques effectués entre 1945 et 1966 mérite une attention particulière parce qu'elle a pour origine une action délibérée et non pas un accident. Ces effets collatéraux des essais nucléaires ont suscité depuis l'origine des réactions vigoureuses.

Le tableau 4.3 présente le nombre et les puissances totales des essais nucléaires atmosphériques et souterrains effectués de 1945 jusqu'à 1998, date des derniers essais nucléaires auxquels ont procédé l'Inde et le Pakistan. Le tableau 4.4 présente pour chaque localisation des essais atmosphériques, leur nombre, la répartition des puissances de fusion ou de fission et la répartition de la puissance de fission (celle qui conduit aux retombées radioactives nocives pour la santé) entre les composantes locale et régionale, troposphérique et stratosphérique.

Tableau 4.3 : Nombre et puissance des essais nucléaires[41].

Pays	*Nombre d'essais*			*Puissance (en mégatonnes)*		
	Atmosphériques	*Souterrains*	*Total*	*Atmosphériques*	*Souterrains*	*Total*
Chine	22	22	44	20,7	1	22
France	50[a]	160	210	10,2	3	13
Inde	–	6	6	--	–	–
Pakistan	–	6	6	--	–	–
Royaume-Uni	33[b]	24	57	8,1	2	10
États-Unis	219[c]	908	1 127	154	46	200
Union soviétique	219	750	969	247	38	285
Tous pays	543	1 876	2 419	440	90	530

a : inclus 5 essais de sécurité
b : inclus 12 essais de sécurité
c : inclus 22 essais de sécurité et 2 tirs de combat

Les graphes de la figure 4.4 indiquent le nombre et la puissance des essais effectués en fonction de l'année. On voit que la puissance totale annuelle des essais atmosphériques est beaucoup plus élevée dans les années 1961 et 1962 qu'après, lorsque les essais ont été effectués sous terre. En effet, l'année 1963 marque la fin des essais atmosphériques conduits par les États-Unis, l'Union soviétique et le Royaume-Uni, puissances nucléaires parties au Traité d'interdiction partielle des essais signé à Moscou qui interdit les essais nucléaires dans l'atmosphère. On voit aussi que les essais souterrains sont beaucoup plus nombreux et beaucoup moins puissants que les essais atmosphériques et ils se sont poursuivis à un rythme soutenu entre le début des années 1960 et le milieu des années 1980.

L'arme nucléaire la plus puissante jamais essayée et qui a explosé dans l'atmosphère en 1961 était une arme soviétique. Sa puissance était de 58 mégatonnes, ou encore 40 000 fois la puissance de la bombe d'Hiroshima en une seule bombe. La figure 4.5 permet de comparer les énergies dégagées par des tremblements de terre

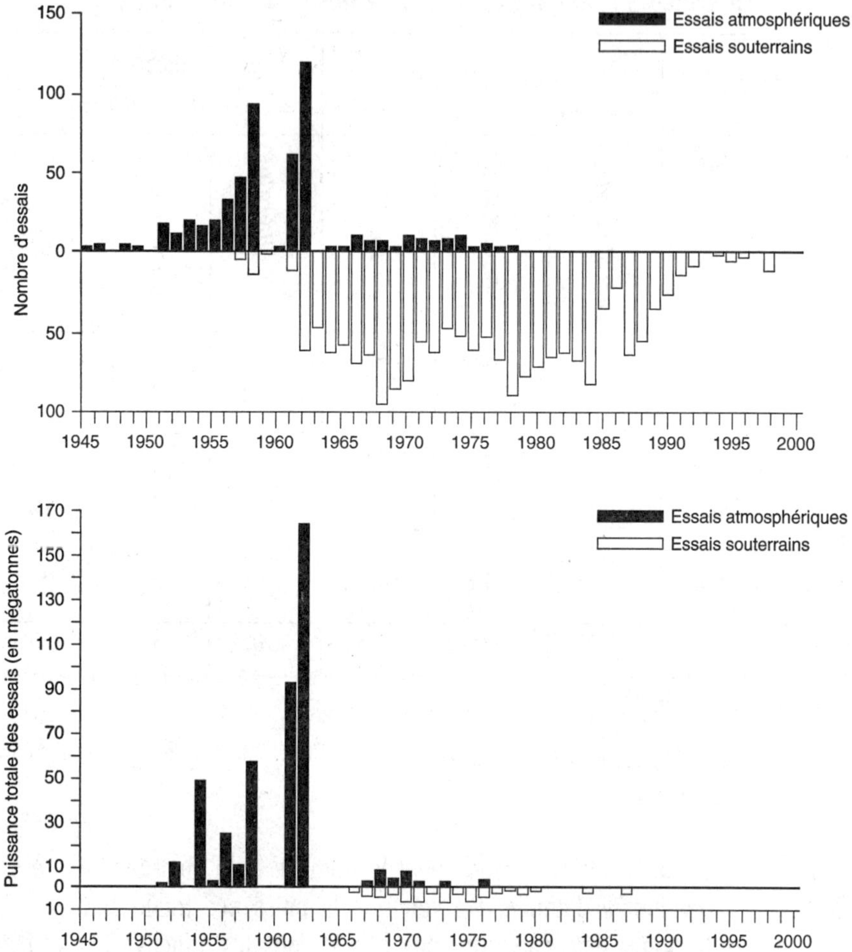

Figure 4.4 : Nombre et puissance des essais nucléaires atmosphériques et souterrains[42].

très puissants et celle de deux explosions nucléaires, celle d'Hiroshima et celle de cet essai soviétique.

La figure 4.6 présente l'évaluation des radiations dues aux essais nucléaires atmosphériques sur une période de 25 ans. Jusqu'à l'année 1963, ceux-ci étaient responsables de l'augmentation significative de la radioactivité. La France a procédé à 17 essais, dont 13 souterrains, en secret dans le désert algérien du Hoggar jusqu'en 1966. Puis, entre 1968 et 1974, elle a effectué à Mururoa une quarantaine d'essais aériens. Les essais conduits par la Chine et

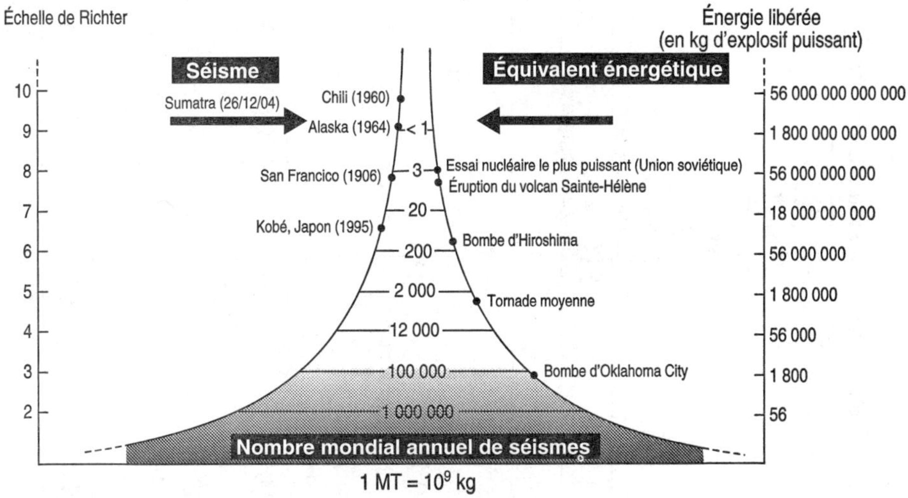

Figure 4.5 : Comparaison entre les énergies dégagées par des séismes, par la bombe d'Hiroshima et la bombe la plus puissante testée.

la France ont eu un effet 20 fois moindre que les essais américains et soviétiques et ont donc contribué à seulement 5 % de la puissance atmosphérique totale. À titre de comparaison, on voit que l'accident de Tchernobyl a contribué à un dixième de la pollution en césium-137 causée par l'ensemble des essais explosifs d'armes nucléaires puissantes dans l'atmosphère.

Comme cela a été expliqué précédemment, 1 kilogramme d'uranium-235 ou de plutonium-239 qui a complètement fissionné libère 17 kilotonnes d'énergie. Une mégatonne représente la création de 60 kilogrammes de produits de fission. Un rapport publié en 1993 par le Comité scientifique des Nations unies sur les effets de la radiation atomique[43] indique une puissance totale des essais atmosphériques de 440, dont 189 mégatonnes de fission et 251 mégatonnes de fusion (tableau 4.4). Les contributions des retombées locales (à moins de 50 kilomètres de l'essai), dans la troposphère et dans la stratosphère sont respectivement de 12 %, 10 % et 78 %. Les déchets stratosphériques retombent sur l'hémisphère sur une période de 10 ans.

La dose d'irradiation pour la population mondiale depuis le début de ces essais en 1945 jusqu'à la date du rapport[44] (1993) est estimée à 4,2 millions personnes-Sv, la dose délivrée en 10 000 ans, à 22 millions personnes-Sv, et la dose totale à 25,8 millions personnes-Sv provenant du carbone-14 produit pendant ces essais (par l'absorption dans l'azote de l'atmosphère des neutrons émis), dont la demi-vie est de 5 730 années. Puisque la radiation naturelle annuelle est de 2,4 mSv en moyenne par personne, avec une population mondiale de 6 milliards

Tableau 4.4 : Nombre et puissance des essais nucléaires atmosphériques pour chaque site d'expérimentation[45].

Sites	*Nombre d'essais*	*Puissance (en mégatonnes)*			*Répartition de la puissance de fission (en mégatonnes)*		
		Fission	*Fusion*	*Total*	*Locale et régionale*	*Troposphère*	*Stratosphère*
Chine							
Lop Nor	22	12,2	8,5	20,72	0,15	0,66	11,40
France							
Algérie	4	0,073	0	0,073	0,036	0,035	0,001
Fangataufa	4	1,97	1,77	3,74	0,06	0,13	1,78
Mururoa	37	4,13	2,25	6,38	0,13	0,41	3,59
Total	45	6,17	4,02	10,20	0,23	0,57	5,37
Royaume-Uni							
Monte Bello Island	3	0,1	0	0,1	0,050	0,049	0,0007
Emu	2	0,018	0	0,018	0,009	0,009	0
Marilinga	7	0,062	0	0,062	0,023	0,038	0
Malden Island	3	0,69	0,53	1,22	0	0,36	0,13
Christmas Island	6	3,35	3,30	6,65	0	1,09	2,26
Total	21	4,22	3,83	8,05	0,07	1,76	2,39

États-Unis							
New Mexico	1	0,021	0	0,021	0,011	0,010	0
Japon (Hiroshima et Nagasaki)	2	0,036	0	0,036	0	0,036	0
Nevada	86	1,05	0	1,05	0,28	0,77	0,004
Bikini	23	42,2	34,6	76,8	20,3	1,07	20,8
Enewetak	42	15,5	16,1	31,7	7,63	2,02	5,85
Pacifique	4	0,102	0	0,102	0,025	0,027	0,050
Atlantique	3	0,0045	0	0,0045	0	0	0,005
Johnston Island	12	10,5	10,3	20,8	0	0,71	9,76
Christmas Island	24	12,1	11,2	23,3	0	3,62	8,45
Total	197	81,5	72,2	153,8	28,2	8,27	44,9
Union soviétique							
Sernipalatinsk	116	3,74	2,85	6,59	0,097	1,23	2,41
Novaya Zemilya	91	80,8	158,8	239,6	0,036	2,93	77,8
Totsk, Araisk	2	0,040	0	0,040	0	0,037	0,003
Kapustin Yar	10	0,68	0,30	0,98	0	0,078	0,61
Total	219	85,3	162,0	247,3	0,13	4,28	80,8
Tous pays							
Total	543[a]	189	251	440	29	16	145

a. Y compris 22 essais de sécurité des États-Unis, 12 du Royaume-Uni et 5 de la France.

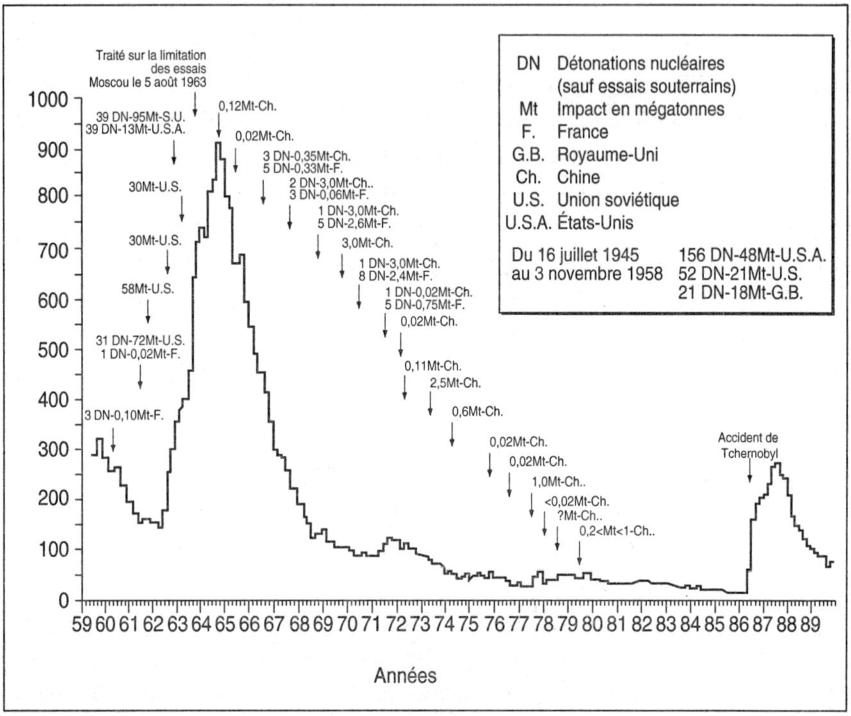

Figure 4.6 : Mesure de la demi-vie écologique du césium-137 en Belgique[46].

d'habitants, la dose collective annuelle due à la radiation naturelle est de 14 millions personnes-Sv. L'irradiation de 4,2 millions personnes-Sv sur 50 ans provenant des essais dans l'atmosphère correspond à 0,3 année de radiation naturelle et équivaut donc à 0,6 % de celles dues aux causes naturelles sur une période de 50 ans. C'est aussi l'augmentation de la radiation reçue si vous montez de 20 mètres à cause de l'augmentation des rayons cosmiques qui descendent des cieux. C'est insignifiant au regard de nos destinées individuelles. Mais l'effet sur l'ensemble de la planète est autre chose.

Si on les compare à la radiation naturelle et aux cancers provoqués par cette dernière, les effets des essais nucléaires sont faibles. Cependant, si on calcule le nombre à l'échelle de la planète de cancers mortels causés par ces explosions, cela représente un nombre élevé de victimes. En effet, en utilisant le coefficient de la Commission internationale pour la protection contre les rayonnements de 0,04 cancer par personne-Sv, une irradiation de 4,2 millions personnes-Sv sur 50 ans conduit à 170 000 morts sur 50 ans. Sur un échantillon de 1 million d'habitants, cela représente 30 morts alors que, dans le même temps, 200 000 personnes seront mortes de cancer dû à d'autres causes. L'évaluation sur 50 ans ne rend pas compte du nombre total de victimes puisque l'irradiation sera de 25,8 millions personnes-Sv sur 10 000 ans. Si la population mondiale restait constante sur une période de 5 000 ans, le nombre de cancers provenant de l'exposition au carbone-14 des essais atmosphériques serait de 1 million, mais pendant la même période environ 120 milliards de personnes seraient mortes de cancer dus à d'autres causes. Et il y aura environ 2,8 milliards de morts dues à la radiation naturelle sur 5 000 ans.

Comment réagir face à ce (relativement) petit nombre de cancers additionnels provoqués par ces essais dans l'atmosphère ? C'est une question de perception à laquelle il faut faire face en toute honnêteté. Si 170 000 de nos compatriotes étaient fusillés, ce serait un crime contre l'humanité, comparable à ceux commis en ex-Yougoslavie ou au Darfour par exemple. Si les morts sont sélectionnés au hasard de façon que l'on ne puisse prouver qu'un certain individu est mort de cette cause, pouvons-nous accepter que c'est un acte échappant à toute responsabilité et pour lequel nous n'avons aucun regret ? Souvenons-nous de l'exemple des 10 morts par les pastilles d'aspirine empoisonnées.

L'excuse de ceux qui eurent à décider de la conduite de ces essais dans l'atmosphère est leur ignorance des effets des explosions. Mais surtout la peur intense qui régnait quant aux intentions de l'adversaire conférait une urgence absolue à l'édification du mur de défense nucléaire. Même pour ceux qui étaient au courant des effets mortels des retombées radioactives, ces morts valaient certainement la peine si elles permettaient de réduire de façon importante la possibilité de perdre 100 millions de vies (1 000 fois plus) en quelques années, réduction due à une dissuasion nucléaire efficace.

La connaissance des effets des retombées aurait-elle changé quelque chose ? Peut-être un certain nombre de responsables se seraient-ils sentis moins libres d'effectuer des essais sans limite de nombre et d'intérêt. Mais les essais nucléaires faisaient partie de la protection contre la menace représentée par l'autre camp. Dans cette confrontation pas si éloignée de la guerre réelle, cela impliquait des pertes réelles, bien que la plupart d'entre elles n'aient pas été identifiables ni même que les victimes se soient trouvées aux États-Unis ou en Union soviétique, les principaux protagonistes et auteurs majoritaires des essais atmosphériques. Pendant la guerre contre Hitler, il y a eu aussi de nombreuses victimes innocentes ou même des prisonniers alliés qui succombaient après le bombardement massif d'usines d'armement.

C'était la philosophie dominante parmi ceux qui dirigeaient l'édification de l'arsenal nucléaire. Ils avaient la puissance que leur donnait le contrôle d'un empire industriel représentant, dans les années 1950, 4 % de toute l'activité industrielle américaine et occupant 140 000 personnes. L'ennui, c'est que, à l'abri du secret, s'était constituée une puissance qui pensait n'avoir à rendre de comptes à personne et pouvoir ignorer certaines lois de la société civilisée qu'elle avait à défendre.

Expériences de mesure de l'irradiation des armes nucléaires

Nous devons à la carrure exceptionnelle de la secrétaire d'État à l'Énergie de l'Administration Clinton la mise à nu des excès commis au nom de la dissuasion nucléaire qui montrent les dérives inévitables lorsque les sociétés démocratiques tolèrent des forteresses qui se pensent inexpugnables[47]. Madame Hazel O'Leary, soutenue sans réserves par l'Administration Clinton, décida d'ouvrir les archives pour faire la lumière sur ces expériences. Lors d'une conférence de presse le 7 décembre 1993, elle déclara que des organismes gouvernementaux avaient mené sur le peuple américain des expériences secrètes, dangereuses et sûrement contraires à la morale. Elle alla plus loin et déclara à la revue *Newsweek* : *« La seule chose à quoi ça me fait penser est l'Allemagne nazie. »*

Elle fit installer une ligne de téléphone spéciale pour entendre ceux qui avaient des informations sur les expériences ou qui pensaient avoir été utilisés comme cobayes. Il fallut embaucher plus de trente standardistes et enregistrer jusqu'à sept cents appels par heure.

Nous ne citons que quelques faits parmi ceux qui furent révélés. Le département d'État à la Défense avait délibérément relâché des radioéléments dans l'air afin d'évaluer la faisabilité d'armes à radiations consistant à disséminer chez l'ennemi d'énormes quantités de corps radioactifs. Leur objectif était certes de porter atteinte à la santé des populations ennemies mais surtout de les démoraliser en raison de la terreur qu'inspiraient les radiations. Certains considéraient que cela augmentait la dissuasion d'une attaque ennemie. Ces armes n'ont jamais été déployées par les grandes puissances mais elles font partie de celles qui seraient redoutées si elles venaient à être employées par des groupes terroristes soutenus par des pays ayant facilement accès à des sources radioactives très intenses.

Des expériences furent conduites sur des malades non informés à qui furent injectées des doses de plutonium 10 à 100 fois plus fortes que les limites imposées dans l'industrie nucléaire. Des expériences furent menées sur des prisonniers dont on irradiait les gonades[48]. Les chercheurs prétendaient que les doses étaient trop faibles pour faire des dégâts mais certaines irradiations atteignaient 6 Sv, niveau alors admis comme dangereux. Il y eut enfin des expériences menées à grande échelle sur des soldats pour préparer l'armée américaine à des combats utilisant des armes nucléaires sur le champ de bataille.

Inutile de préciser que le plus grand secret a entouré ces expériences et que les plaintes de maux provenant de ces essais ont été rejetées par le gouvernement américain. Cependant, le Congrès des États-Unis a introduit en 1988 une législation qui donne la possibilité aux vétérans militaires soumis aux tests de demander réparation lorsqu'ils sont victimes d'une maladie attribuable aux radiations et cela, sans avoir à apporter la preuve de cause à effet.

Les experts médicaux du secrétariat d'État à la Défense ont été informés de manœuvres militaires à proximité des points de tirs d'armes nucléaires. Un collègue a assisté, au centre d'essais de Mercury, dans l'État du Nevada, à l'une de ces manœuvres en 1957 lorsque des soldats ont marché sur le sol à la verticale de l'explosion, très peu de temps après celle-ci. Pour les stratèges, il était nécessaire de préparer les troupes à une bataille terrestre avec des armes nucléaires tactiques. Ils considéraient que le danger principal n'était pas la radioactivité mais la panique engendrée par une peur « irraisonnée ». Il fallait donc profiter des essais conduits dans l'atmosphère pour éduquer les troupes et mesurer l'effet des radiations. Dans certains exercices, on demandait aux soldats d'imaginer que les États-Unis avaient été envahis et que l'ennemi était à la frontière du Nevada et de la Californie. Les informations qui leur étaient données sur les dangers qu'ils courraient à accomplir certains actes, comme d'aller immédiatement sur les lieux après l'explosion d'une bombe à une altitude de 600 mètres, étaient faussement rassurantes. L'armée avait décidé que l'utilisation de volontaires humains dans des conditions de risques calculés était essentielle dans la phase finale de préparation physiologique et psychologique des troupes. Elle poussait les essais jusqu'au point où certains participants seraient blessés. Ces tests extrêmes étaient réalisés sur des officiers volontaires. On étudia, par exemple, l'étude de l'aveuglement produit par l'éclair de l'explosion. Douze sujets la regardaient à une distance de 16 kilomètres, une moitié avec des lunettes noires, l'autre à l'œil nu. Une fraction de seconde avant l'explosion, un obturateur s'ouvrait exposant l'œil gauche seulement, tandis que d'autres avaient les deux yeux exposés. Deux participants eurent des brûlures de la rétine et les tests furent interrompus. Le rapport final prétend qu'ils récupérèrent totalement la vue.[49]

Sur les 200 000 soldats qui participèrent aux tests, 1 200 reçurent plus que la limite maximale autorisée aux professionnels utilisant des radiations – 50 mSv – tandis que pour les autres, la dose reçue était inférieure à 10 mSv. Cela conduit à une estimation de 160 cancers létaux induits chez les participants avec le coefficient de 0,08 cancer par personne-Sv qui a été établi pour des doses élevées d'irradiation.

Pour certains des officiers qui dirigèrent ces essais, il fallait se préparer à une bataille d'où la plupart ne reviendraient pas et il importait donc peu de savoir que quelques survivants – des batailles ou des essais – développeraient des cancers plus tard. Soulignons que les lois de la statistique autorisent le fait que certains soldats pourraient survivre à une radiation de 5 Sv reçue sur le champ de bataille, et que ceux qui auraient reçu, par exemple, une dose de 3 Sv auront eu une probabilité de mourir d'un cancer égale à 0,08 cancer/Sv × 3 Sv = 24 % en plus de la proportion habituelle de 20 %.

Les Soviétiques se livrèrent également à des essais d'irradiation sur des soldats. On connaît aujourd'hui les détails d'un essai effectué le 14 septembre 1954. Il s'agissait d'une manœuvre à grande échelle avec une explosion nucléaire. Elle eut lieu près du village de Totskyé dans l'Oural, à 1 000 kilomètres au sud-est de Moscou, à la frontière du Kazakhstan. Une bombe de 40 kilotonnes de puissance (un peu plus de 2 fois celle d'Hiroshima) explosa à 350 mètres d'altitude, juste avant le début de l'exercice. Le maréchal Joukov et les ministres de la Défense de Chine, de Pologne et de Yougoslavie observaient la scène d'une tour située à 5 kilomètres de l'explosion. Environ 45 000 soldats équipés de 600 tanks, 500 canons et mortiers, 600 camions de transport de troupes blindés, 300 avions et 6 000 tracteurs ou voitures participèrent aux manœuvres. On garda secret le fait qu'une bombe nucléaire avait été tirée, on ne le révéla qu'au camp attaquant.

Lors des essais qu'elle a effectués et malgré les connaissances à l'époque sur les dangers liés aux essais nucléaires, la France n'aurait mis en œuvre que des mesures de protection sommaires pour les personnes assistant à certains essais au début des années 1960 et même exposé volontairement des militaires (aviateurs ou soldats) à de fortes doses d'irradiation. Des exemples et témoignages sont relatés dans un document de plainte de personnes exposées lors d'essais nucléaires : « *Le 25 avril 1961, à l'occasion du dernier tir en atmosphère à Reggane, l'armée a voulu connaître les réactions des hommes de troupe dans une ambiance fortement radioactive. Ce jour-là, 195 soldats, triés sur le volet plusieurs semaines auparavant par la sécurité militaire, ont été installés dans des abris à 3 kilomètres du point zéro [...].*

« *Interrogé par le sénateur Bertrand Delanoë, cette expérimentation humaine fut ainsi justifiée par le ministère de la Défense : "Les événements évoqués par l'honorable parlementaire concernant le tir Gerboise verte du 25 avril 1961 doivent être situés dans le contexte historique dans lequel ils sont survenus.*

Il faut se rappeler qu'à cette époque le risque d'un conflit nucléaire était réel. À l'instar de tous les pays possédant l'arme nucléaire, la France a procédé aux recherches et aux expérimentations nécessaires afin de définir de manière optimale les équipements, les matériels de protection destinés aux soldats. Il convient de souligner que tous les participants à ces travaux et expériences ont fait l'objet d'un contrôle de contamination." »[50]

En attendant les batailles meurtrières auxquelles les soldats étaient préparés, ceux-ci étaient manipulés comme des cobayes et nous rencontrons le même problème qu'avec les essais dans l'atmosphère : fusiller 120 soldats pour l'exemple peut être un crime pour certaines âmes mal aguerries, en tuer 120 au hasard par une action délibérée peut sembler à d'autres un acte de routine justifié n'entachant en rien l'honorabilité de ses auteurs.

On trouvait donc dans les établissements militaires des hommes qui auraient pu devenir dangereux pour l'humanité si les circonstances leur avaient donné le pouvoir illimité que la guerre confère parfois à certains dirigeants. C'est pourquoi ceux qui ont protesté avec passion contre les essais nucléaires dans l'atmosphère ont eu raison. Ils ont contribué à les arrêter car l'opinion publique mondiale a été alertée par les prévisions de dommages en terme de santé publique causés par les retombées radioactives. La campagne publique pour l'interdiction des essais atmosphériques a duré longtemps, du milieu des années 1950 jusqu'à 1963, date de la signature du Traité d'interdiction partielle des essais nucléaires, qui n'aurait vraisemblablement pas vu le jour sans l'insistance sur les effets négatifs de ces essais sur la santé publique. Nous verrons au chapitre 9 que la sécurité du monde serait mieux assurée si tous les essais nucléaires étaient définitivement abolis, qu'ils soient atmosphériques ou souterrains. En effet, les essais nucléaires par des États dotés d'armes nucléaires ont grandement contribué à légitimer l'acquisition de ces armes par des États qui n'en sont pas dotés.

Il n'est guère possible de réduire l'irradiation naturelle, à l'exception du radon, mais il est certainement possible de réduire l'irradiation due aux examens médicaux et à la production d'énergie nucléaire. Nous avons indiqué que l'irradiation résultant des essais d'armes nucléaires dans l'atmosphère s'élève à l'équivalent de 0,3 année de radiation naturelle moyenne. Nous montrerons aux chapitres 5 et 6 que la production d'énergie nucléaire, en incluant l'accident de Tchernobyl, a beaucoup moins contribué que cela. Ces chiffres sont des moyennes sur l'ensemble de la population. Nous considérerons ces sujets en détail, en les comparant à d'autres risques d'activités industrielles.

Dans ce chapitre, nous avons passé en revue certains effets des radiations ionisantes sur la santé et avons expliqué en détail les raisons pour lesquelles nous adoptons la valeur préconisée par la Commission internationale pour la protection contre les rayonnements de 0,04 cancer mortel par personne-sievert de radiation ionisante. Les études épidémiologiques conduites à grande échelle en Chine, souvent citées pour réfuter l'hypothèse d'un seuil d'innocuité, sont manifestement trop limitées pour arriver à la conclusion d'une absence de seuil.

Nous avons expliqué les raisons pour lesquelles nous estimons qu'environ 280 personnes sur 1 million[51] mourront d'un cancer induit par la radioactivité naturelle de leur propre corps (principalement le potassium dont nous sommes en partie constitués) et une fraction environ 14 fois plus importante à cause des radiographies médicales, des rayons cosmiques et des effets des roches qui nous entourent.

Si un expert financier évaluait à 1 million d'euros le coût d'une mort prématurée de 16 années, à combien cela reviendrait-il d'éviter 1 mSv qui correspond à une année d'irradiation par des examens médicaux ou dentaires ? Puisqu'il y a 140 000 heures dans 16 années, 1 heure en moins vaudra donc 7 euros. Comme 1 dari correspond à la perte de 1 heure, il serait rentable de dépenser 7 euros pour éviter l'irradiation correspondante et environ 1 mSv/0,170 mSv = 5,6 fois plus, c'est-à-dire 40 euros, pour éviter 1 mSv des examens médicaux ou dentaires.

Comme nous le verrons, l'irradiation moyenne de la population due au fonctionnement normal d'une centrale nucléaire est très inférieure à ces irradiations naturelles. La valeur et l'importance des ces irradiations anormales seront le sujet du chapitre 6. Si l'on estime une valeur de 150 personnes-Sv par an et par centrale nucléaire, cela correspond à une valeur mondiale de 440 × 150 = 66 000 Sv/an. Divisé par 6 milliards d'habitants, cela conduit à 11 μSv/an, ou encore 0,064 dari par an. L'estimation de 600 000 personnes-Sv pour l'accident de Tchernobyl conduit à une dose de 0,6 dari en moyenne par personne dans le monde.

Nous pensons que l'exposition à ces petites doses, tout comme la protection contre elles, n'a que peu d'importance pour un individu « moyen », mais nous insistons sur le fait que, multiplié par 60 millions d'habitants en France ou 1,3 milliard d'habitants en Chine ou encore 6,3 milliards d'habitants dans le monde, on peut légitimement se préoccuper de l'ensemble de ces petites doses. Une dépense de 40 euros serait justifiée pour éviter l'irradiation moyenne de 1 mSv provenant des traitements médicaux, mais cela retirerait aussi le bénéfice de ceux-ci. Si l'on pouvait obtenir les mêmes résultats en terme de santé avec des technologies qui permettraient d'éviter 90 % de l'irradiation, cela représenterait un bénéfice pour la société française de (40 × 90 %) euros × 60 millions = 2 160 millions d'euros chaque année. Toute analyse financière raisonnable montrera donc qu'il serait très bénéfique à la société française de dépenser même quelques milliards d'euros pour faire des recherches et adopter des équipements d'imagerie médicale émettant de plus faibles doses.

Chapitre 5

L'ÉNERGIE NUCLÉAIRE CIVILE

Nous décrivons dans ce chapitre les importants programmes nucléaires aux États-Unis et en France : les réacteurs, le cycle du combustible ainsi que les perspectives de gestion des déchets.

En France, 80 % de l'électricité est d'origine nucléaire ; ce chiffre est de 17 % aux États-Unis et de 18 % dans le monde. En 2003, la France a produit 420 TWh à partir des centrales nucléaires, 64 TWh d'énergie hydraulique et 57 TWh des centrales classiques (combustibles fossiles et autres)[1]. Une partie de l'énergie nucléaire est exportée et 15 % de l'électricité consommée provient des centrales hydrauliques.

Pour jouer un rôle important dans la satisfaction des besoins de nos sociétés, l'énergie électrique produite à partir de la fission nucléaire doit assurer sa compétitivité économique par rapport aux autres moyens de produire de l'électricité, tout en garantissant que l'impact sur l'environnement soit acceptable et que la possibilité d'un accident catastrophique apparaisse impossible. Mais il n'existe pas de certitude parfaite. L'adoption de l'énergie nucléaire requiert une analyse objective démontrant que la probabilité d'une catastrophe est suffisamment petite pour être pratiquement négligeable.

L'énergie nucléaire civile est liée depuis longtemps aux connaissances sur la fabrication des armes nucléaires comme à la production des matériaux qui leur sont nécessaires et, dans certains pays, ces deux aspects sont toujours liés. Il est donc important de se préoccuper du contrôle de l'énergie nucléaire pour éviter la prolifération des armes nucléaires ou des matériaux pour les produire. Certaines options sont meilleures pour la vente de réacteurs nucléaires à des pays politiquement instables car elles sont moins propices que d'autres au détournement à des fins militaires. L'Agence internationale de l'énergie atomique, dont le siège est à Vienne (Autriche), a pour responsabilité première de veiller à la définition de règles précises pour la vérification du respect des obligations des États dans ce domaine. Elle a aussi pour but la promotion de l'énergie nucléaire.

Lorsqu'un néophyte examine la panoplie des réacteurs nucléaires, il ne peut qu'être perplexe devant la diversité des solutions adoptées. Les pays soucieux de se doter d'un armement nucléaire ont choisi leurs solutions en fonction de critères militaires plutôt que de critères purement scientifiques ou économiques. Le choix du moyen de propulsion des sous-marins ou du combustible des armes a influencé la conception des réacteurs civils. Le poids considérable des investissements nécessaires exigeait une coordination des efforts civils et militaires.

Plusieurs filières ont ouvert la voie à une production massive d'énergie dans des conditions économiques compétitives qui promettent une meilleure sécurité pour la santé et un respect plus grand de l'environnement que le charbon ou le pétrole.

Fin 2004, on compte 441 réacteurs nucléaires en fonctionnement dans le monde – dont 104 aux États-Unis et 58 en France – et 25 sont en construction. La capacité installée est de 367 GW(e). Ces réacteurs transforment en électricité 30 % de leur énergie et le reste, 70 %, réchauffe l'atmosphère ou les océans.

Les États-Unis ont, les premiers, mis au point et commercialisé les centrales nucléaires ; ils ont eu une influence majeure sur l'industrie mondiale. Les caractéristiques de la production d'électricité nucléaire aux États-Unis comparées à celles de la France sont les suivantes :

1) sa taille : au moins deux fois plus importante que celle des autres pays, la France étant au second rang ;

2) sa fragmentation : en France, au contraire, une seule compagnie, EDF, est responsable de l'ensemble des réacteurs ;

3) le fait qu'aucun nouveau réacteur n'a été commandé aux États-Unis depuis 1978 (les commandes postérieures à 1973 ont été annulées) ; le dernier a été mis en service en 1978, alors que de nombreuses centrales ont été mises en service en France et dans d'autres pays.

Néanmoins la plupart des aspects des programmes nucléaires français et américains sont semblables, sauf en ce qui concerne la mise au rebut des déchets.

Les débuts du programme nucléaire américain

Le 6 août puis le 9 août 1945, l'énergie nucléaire a éclaté sur le monde avec les explosions d'Hiroshima et de Nagasaki. Le rapport Smyth sur le programme d'armes nucléaires, édité par Henry de Wolfe Smyth, physicien à Princeton, et publié le même mois par le gouvernement américain, révélait en partie la nature des bombes à uranium et plutonium, ainsi que l'existence d'une industrie secrète aux États-Unis pour produire l'uranium enrichi et le plutonium des réacteurs, matériaux à partir desquels ces armes avaient été fabriquées.

Après la Seconde Guerre mondiale, les meilleurs physiciens nucléaires du monde entier s'engagèrent dans la maîtrise des usages non militaires de l'énergie nucléaire, en particulier la production d'électricité. Les Américains avaient une grande avance grâce à leur expérience dans la construction des réacteurs de production de plutonium à Hanford, dans l'État du Washington, ainsi qu'à leur énorme capacité d'enrichissement de l'uranium naturel.

L'effort anglo-américain du Projet Manhattan était centré sur la fabrication d'explosifs nucléaires de peur que l'Allemagne nazie n'y parvienne et ne les utilise la première ; pendant la guerre, l'idée de produire de l'électricité à partir de l'énergie nucléaire n'intéressait pas les États-Unis. Après août 1945, ils n'avaient pas besoin, dans l'immédiat, d'une grande quantité de nouvelles bombes atomiques, si bien que l'excès important d'uranium enrichi disponible et le savoir-faire accumulé dans le Projet Manhattan furent immédiatement dirigés vers les autres applications de l'énergie nucléaire. Certaines d'entre elles, comme l'utilisation du rayonnement nucléaire dans les processus industriels de mesure et de contrôle, ou bien la médecine nucléaire servant au diagnostic et à la destruction contrôlée des cellules malignes, sont maintenant d'une application courante et d'une grande utilité. Mais l'une des applications majeures de l'après-guerre fut la propulsion des navires et des sous-marins militaires. Les États-Unis disposant d'uranium enrichi, ils purent s'engager dans la mise au point et la construction de systèmes de propulsion à base de turbines à vapeur alimentées par des réacteurs à eau légère. Ces systèmes furent d'abord installés à bord des sous-marins d'attaque et des navires de guerre, puis bientôt sur la flotte des sous-marins équipés de missiles balistiques[2]. Fin 1999, la marine américaine disposait de 79 sous-marins et de 10 navires de combat propulsés par des réacteurs nucléaires[3].

À la fin de la guerre, il était alors naturel que les firmes impliquées dans ces programmes de propulsion marine nucléaire (en particulier Westinghouse et General Electric) se tournent vers la production civile d'électricité en utilisant des réacteurs analogues. Le premier fut mis en service en 1957 à Shippingport, dans l'État de l'Ohio, avec une puissance de 90 MWe. De façon à pouvoir fonctionner longtemps sans être rechargés, les réacteurs de propulsion navale, qui sont compacts, employaient de l'uranium hautement enrichi, alors que les réacteurs de puissance civils utilisaient de l'uranium faiblement enrichi.

Comment fonctionne un réacteur nucléaire ?

La conception d'une centrale nucléaire fait appel à une expertise dans différents domaines :

– neutronique : la compréhension du comportement des neutrons et des fissions dans le cœur du réacteur ;

– thermo-hydraulique : le transfert de la chaleur et l'écoulement des fluides dans le réacteur et le système de production d'électricité ;

– turbogénération : le processus électro-mécanique par lequel la vapeur chaude sera convertie en électricité et en vapeur plus froide.

Seul le premier domaine concerne la physique nucléaire, les autres étant communs à tout système de production d'électricité. Les aspects de la physique nucléaire et de la fission ont été abordés au chapitre 2, ainsi que le processus complexe permettant que la fission dans l'uranium conduise à une réaction en chaîne contrôlée à très grande échelle. Les neutrons émis dans la fission doivent être ralentis (« modérés » suivant le terme technique), dans du graphite très pur par exemple, avant de rencontrer les barres de combustible d'uranium pour produire la fission de l'uranium-235.

Pour produire de la puissance électrique, un réacteur nucléaire est utilisé comme source de chaleur et sa température doit pouvoir augmenter de façon à faire fonctionner une turbine à vapeur. La limite de rendement, appelée limite de Carnot, d'après le nom du physicien français Sadi Carnot (1796-1832), est fondamentale et son ignorance peut expliquer l'enthousiasme de nombreux inventeurs novices en la matière. Cette limite traduit le fait qu'une fraction seulement de la chaleur générée et délivrée à la turbine peut se transformer en puissance mécanique ou électrique, même si le système est parfait. Si T_h est la température de la vapeur à l'entrée de la turbine et T_i la température de la vapeur à la sortie, la limite d'efficacité dite de Carnot est de $(T_h - T_i)/T_h$, les températures étant exprimées en degrés Kelvin au-dessus du zéro absolu 0 °K (– 273,18 °C). La température de fonte de la glace (0 °C) est de + 273,18 °K. La lettre K provient du nom de Kelvin-William Thomson, lord Kelvin, physicien britannique (1824-1907). Dans le cas d'une source de chaleur fonctionnant au point d'ébullition de l'eau (100 °C) et rejetant la vapeur à la température ambiante (20 °C), le rendement thermique maximal serait de 21 %[4].

Comme nous le verrons, la plupart des réacteurs fonctionnent à une température de 300 °C et la limite de Carnot conduit à un rendement maximal de 49 % pour une température de sortie de la chaleur de 20 °C. Le paramètre important est la différence entre la température du réacteur et celle à laquelle la chaleur est rejetée dans le milieu environnant de la centrale. En moyenne, seulement 30 % de la chaleur de fission produite dans un réacteur se transforme en électricité et le reste est rejeté généralement dans une rivière, un océan, un lac ou une tour de refroidissement.

Pour ne pas perturber la faune et la flore du milieu environnant, la température de sortie de l'eau des centrales est réglementée. Durant la canicule de l'été 2003 en France, les conditions climatiques ont élevé la température des cours d'eau de l'ordre de 5 °C au-dessus des valeurs moyennes historiques observées sur les 25 dernières années, ce qui a conduit les exploitants de centrales à réduire la puissance ou arrêter la production de plusieurs réacteurs. Certaines dérogations ont dû être accordées, autorisant une température de sortie supérieure de 1 à 3 °C par rapport aux normes en vigueur. Elles ont fait à la suite d'un arrêté gouvernemental daté du 12 août 2003 « *pour garantir l'approvisionnement électrique du pays* » en raison de la canicule. L'arrêté indiquait que les centrales devaient suivre l'incidence environnementale et sanitaire de ces rejets.

« *Cependant les besoins en électricité des régions du sud de la France sont élevés du fait même de la canicule – par usage des climatisations, par exemple –, alors même que les moyens de production d'électricité autres que les centrales nucléaires peuvent aussi rencontrer des difficultés de fonctionnement (elles aussi liées à la canicule) : disponibilité des barrages, rejets thermiques et atmosphériques des centrales au fioul. Les possibilités d'approvisionnement des régions du Sud-Est et du Sud-Ouest par des centrales situées plus au nord sont limitées par la capacité des infrastructures de transport d'électricité*[5]. »

Les températures sont heureusement revenues à la normale le 13 août, avant la reprise industrielle de la mi-août, ce qui a permis d'éviter de mettre en place le plan de délestage prévu par le gouvernement : « *Si la canicule se poursuivait dans les mêmes conditions* », expliquait Pierre Bornard, directeur de la division Système électrique du réseau de transport d'électricité « *avec la reprise économique, nous devrions avoir recours à des coupures maîtrisées de la consommation relativement massives, de manière à éviter des cascades de coupures incontrôlées conduisant à une mise hors tension complète du réseau français*[6]. »

Nicole Fontaine, ministre déléguée à l'Industrie, confirmait ces propos : « *À partir du 13 août, la cellule de crise que j'avais constituée a fait état de craintes sérieuses de ne pouvoir répondre à la demande du fait de la reprise après le week-end du 15 août. Nous savions en effet que l'industrie allait reprendre ses activités et nous avons vraiment craint d'être obligés de mettre en œuvre un plan de délestage [...]. Nous étions donc réellement très inquiets et nous avions des raisons de l'être*[7]. »

« *La conjonction de phénomène de canicule et de sécheresse est une situation susceptible de se reproduire et doit être prise en compte* », précise l'Autorité de sûreté nucléaire dans son rapport 2003[8].

L'impact d'une vague de chaleur sur la production d'une centrale nucléaire, au moment de besoins d'électricité importants, est une contrainte qui devra être prise en compte pour le dimensionnement des nouveaux réacteurs ainsi que pour leur localisation.

La conception d'un réacteur commercial de haute performance est un processus complexe et difficile, impliquant des calculs de neutronique et de thermohydraulique sur une gamme de distances comprises entre des millimètres et des mètres. La théorie doit s'allier à l'expérience pour trouver la température du point le plus chaud dans les barres de combustible. Il faut connaître et contrôler la distribution de la puissance provenant de la fission, de façon à ce qu'aucun endroit ne soit trop chaud, et tenir compte du fait que l'enceinte de confinement peut être fragilisée par l'irradiation, en particulier celle des neutrons rapides. Enfin, ce n'est pas une petite affaire que de s'assurer que des hommes réels dans un cadre industriel réel construiront le réacteur exactement suivant les plans et le feront fonctionner aux normes prescrites.

Les réacteurs à eau légère

Au chapitre 2, nous avons introduit la réaction nucléaire en chaîne dans les réacteurs modérés au graphite, les réacteurs à eau lourde fonctionnant avec de l'uranium naturel et les réacteurs modérés à l'eau légère utilisant de l'uranium faiblement enrichi. Commençons ici par ce dernier type.

Les firmes qui avaient acquis de l'expérience dans les réacteurs de propulsion navale se sont ensuite tournées vers la production d'énergie civile. Westinghouse s'est spécialisée dans les réacteurs à eau pressurisée et General Electric a joué un rôle de pionnier dans la mise au point et le fonctionnement des réacteurs à eau bouillante. Aujourd'hui, la plupart des réacteurs de puissance sont du type des premiers réacteurs américains, à eau légère : les réacteurs à eau bouillante et à eau pressurisée. Sur les 58 réacteurs en France et les 104 aux États-Unis, un tiers est à eau bouillante et les deux tiers à eau pressurisée. Tous sont pourvus d'une enceinte de confinement massive et étanche.

Nous avons expliqué le principe de la fission nucléaire dans un système rendu critique, constitué d'une masse importante de matériau suffisamment enrichi placé à l'intérieur d'un modérateur approprié. Dans les réacteurs à eau légère, le combustible est de l'uranium enrichi à environ 4 % en uranium-235. Le combustible est en céramique d'oxyde d'uranium, dont le point de fusion est à une température très supérieure à celle de l'uranium métallique et qui ne réagit pas chimiquement avec l'eau ou l'air. Le modérateur est de l'eau ordinaire, à température et pression élevées, et à une densité inférieure à la normale en raison de l'expansion thermique. La réaction en chaîne est contrôlée par un assemblage d'une centaine de barres de contrôle contenant un puissant absorbeur de neutrons (carbure de bore) qui résiste aux hautes températures ; la manipulation des barres de contrôle permet de régler la puissance du réacteur, ce qui se fait généralement de façon automatique.

Comme cela a été souligné au chapitre 2, les neutrons de fission retardés émis avec un retard moyen de 10 secondes (0,65 % des neutrons provenant de la fission de l'uranium-235) ont un rôle crucial pour contrôler le réacteur.

En fonctionnement normal, on peut modifier la puissance tout en maintenant constante la température de fonctionnement lorsque la charge électrique (donc la demande en vapeur) varie. Les démarrages et les interruptions doivent être effectués de façon graduelle pour éviter des changements brusques de température dans l'épais mur en acier de la cuve du réacteur qui conduiraient à une réduction de la durée de vie prévue pour la centrale, qui est de 40 ans[9].

Un réacteur nucléaire (figures 5.1 et 5.2) est essentiellement une source de chaleur. Il correspond à la chaudière dans une centrale à combustible fossile. La figure 5.3 le présente dans l'environnement de la centrale.

Dans un réacteur à eau légère, la chaleur de fission est évacuée par la circulation de l'eau qui se convertit en vapeur en haut de l'enceinte de pression dans un réacteur à eau bouillante, ou est transférée à haute pression dans la boucle primaire du générateur de vapeur dans un réacteur à eau pressurisée. L'eau de la boucle secondaire est convertie en vapeur qui actionne la turbine.

La chaleur générée par les fissions doit sortir de l'intérieur des pastilles de combustible, traverser le gaz qui les sépare du tube métallique fin dans lequel elles sont enfilées, puis traverser l'eau qui circule dans le réacteur, et enfin les diverses parois du système d'échangeurs, jusqu'à l'environnement. Les pastilles ont un diamètre d'environ 8 millimètres et les tubes dans lesquels elles sont insérées ont un diamètre extérieur de 9,5 millimètres, l'espace compris entre les pastilles et les tubes étant d'environ 0,05 millimètre.

Dans les réacteurs à eau bouillante, le combustible nucléaire est submergé dans l'eau, qui peut bouillir au-dessus du cœur du réacteur à une température et à une pression élevées. La vapeur produite est dirigée vers une grande turbine à vapeur dont la rotation active un générateur électrique. La vapeur à basse température sortant de la turbine est alors condensée dans un échangeur de chaleur qui transfère la chaleur excédentaire à l'extérieur ; l'eau condensée est ensuite récupérée par une pompe à eau pour revenir dans l'enceinte du réacteur, être réchauffée et, une fois encore, transformée en vapeur.

Par contre, l'eau ne bout pas dans le cœur d'un réacteur à eau pressurisée car l'eau très chaude est à très haute pression, supérieure à la pression d'ébulli-

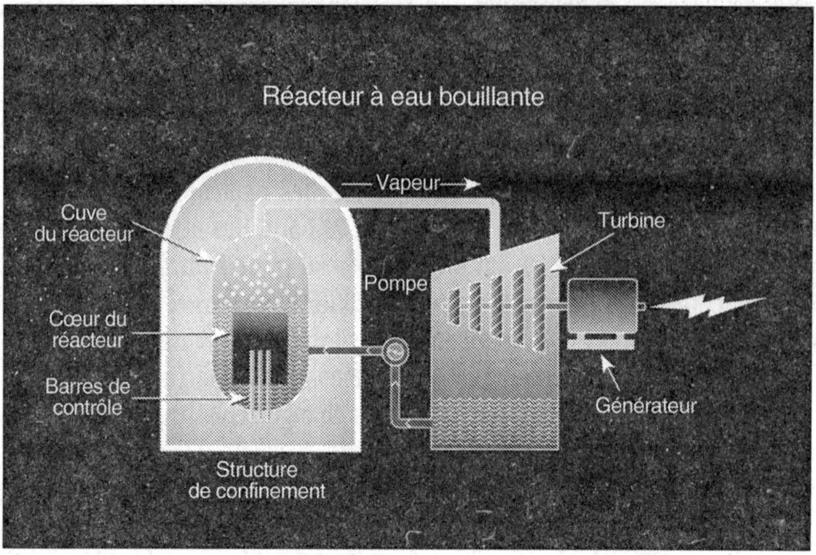

Figure 5.1 : Schéma d'un réacteur à eau bouillante.

tion à la température de fonctionnement du réacteur[10]. L'eau entre à une température de 289 °C et ressort à une température légèrement supérieure, 322 °C. L'eau dans l'enceinte du réacteur est maintenue à une pression très élevée (environ 155 atmosphères), elle ne peut donc pas bouillir, le point d'ébullition à cette pression étant de 350 °C.

Dans un réacteur à eau pressurisée, la chaleur de fission est transférée au modérateur d'eau qui est aussi le fluide de transfert de chaleur. L'eau qui est en contact avec les barres de combustible ne quitte jamais l'enceinte métallique. Circulant depuis la portion supérieure du cœur du réacteur dans des grands tuyaux, la chaleur transportée par l'eau à haute pression est transférée par le mur métallique d'un échangeur de chaleur vers le générateur de vapeur, qui convertit l'eau en vapeur à très hautes pression et température.

Nous donnons quelques détails de la construction et du fonctionnement de ces réacteurs extraits d'un ouvrage technique[11] afin de donner une idée des fonctions principales des éléments d'une centrale électronucléaire.

Comme tous les autres réacteurs à eau légère, les réacteurs à eau pressurisée fonctionnent avec du combustible d'uranium faiblement enrichi (4 à 5 %) sous forme de pastilles cylindriques en céramique d'oxyde d'uranium qui sont enfilées dans des tubes très résistants en zircalloy, un alliage de zirconium, de 5 mètres de long et de 9 millimètres de diamètre. Exactement 264 de ces tubes (« barres de combustible ») sont assemblés en un faisceau vertical (« élément de combustible ») où ils sont disposés aux nœuds d'un réseau carré à 17 × 17 positions.

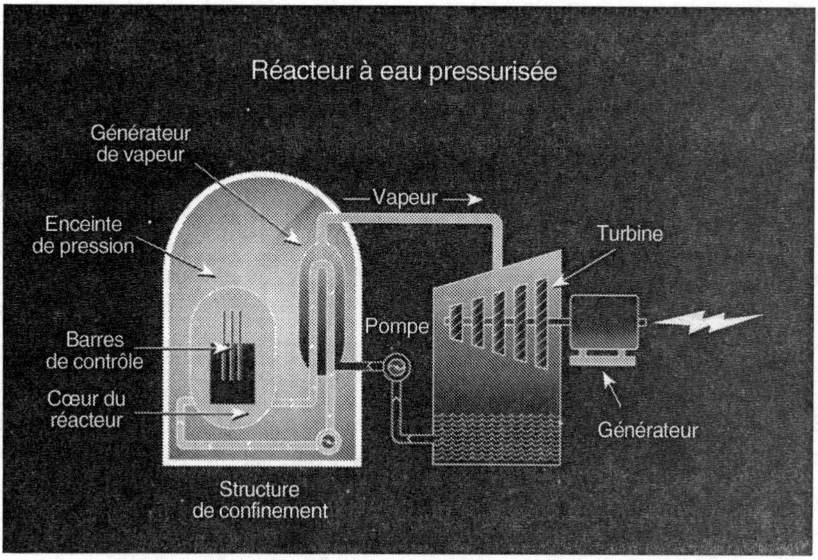

Figure 5.2 : Schéma d'un réacteur à eau pressurisée.

Les 25 (sur 289) emplacements restants sont libres pour recevoir des tubes d'absorbants de neutrons soit fixes, soit mobiles. Ces derniers sont les grappes de contrôle du réacteur. Elles se trouvent maintenues hors du cœur par des électro-aimants qui agissent depuis l'extérieur sur des tiges auxquelles sont pendues les grappes. En cas d'urgence, on coupe l'alimentation des électroaimants ; les grappes tombent dans le cœur et arrêtent la réaction nucléaire.

Les faisceaux de tubes, les éléments combustibles, sont rangés les uns à côté des autres dans un grand panier support en acier inoxydable, suspendu à l'intérieur d'une cuve remplie d'eau maintenue sous forte pression (157 bars) pour l'empêcher de bouillir dans les conditions de fonctionnement. L'hydrogène des molécules de cette eau sert à modérer les neutrons, c'est-à-dire à les ralentir. Pour rendre plus aisé le contrôle de la réaction en chaîne, on ajoute à l'eau du circuit primaire de l'acide borique dont le bore est absorbant pour les neutrons. On ajuste le niveau de la réaction en chaîne à la fois en agissant sur les grappes de contrôle qu'on retire plus ou moins du cœur, et en modifiant la concentration de l'eau en acide borique. Mais l'eau sert aussi à extraire la chaleur produite par les fissions des noyaux d'uranium à l'intérieur des tubes contenant l'oxyde. Pour cela, des boucles de refroidissement sont branchées sur la cuve du réacteur, de une à quatre dans les réacteurs occidentaux, jusqu'à six dans les réacteurs de type soviétique.

Chacune de ces boucles comporte une pompe qui envoie l'eau extraire la chaleur du réacteur. Injectée au niveau du tiers supérieur de la cuve, l'eau descend dans l'espace compris entre la paroi de la cuve et la chemise extérieure du panier contenant les éléments combustibles, traverse le cœur de bas en haut et retourne dans le générateur de vapeur de la boucle d'où elle sera réaspirée par la pompe. L'ensemble des boucles et de la cuve forme le circuit primaire du réacteur.

Dans les réacteurs Westinghouse, comme dans la plupart des réacteurs à eau pressurisée, les générateurs de vapeur sont constitués d'un faisceau de tubes en forme de U renversé, parcouru par l'eau chaude du circuit primaire qui sort du réacteur vers 320 °C à 157 atmosphères. Ces tubes sont baignés par l'eau d'un circuit secondaire indépendant du premier. L'eau de ce circuit rentre dans l'appareil à une pression variant entre 60 et 80 atmosphères. Elle va donc bouillir au contact des tubes parcourus par l'eau primaire. L'émulsion d'eau et de vapeur remplit la partie supérieure du générateur de vapeur. On lui fait traverser des séparateurs cyclones, où une hélice fixe force le flux à prendre un mouvement tourbillonnaire. L'action de la force centrifuge dans ce courant casse l'émulsion et sépare la plus grande partie de l'eau entraînée. La vapeur achève de se sécher tout en haut du générateur de vapeur dans des sécheurs à chevrons, où un chicanage de tôles lui impose des trajets très courbés pour profiter encore de l'action de la force centrifuge sur les gouttelettes d'eau. Elle est ensuite conduite à la turbine d'un groupe turboalternateur par des tuyauteries qui sortent de l'enceinte de confinement du réacteur. Elle se détend dans la turbine et se condense en dessous du groupe sur un faisceau de tubes traversés par de l'eau froide prélevée à un fleuve ou à la mer, ou refroidie dans des tours de réfrigération atmosphérique. L'eau condensée est reprise et renvoyée, au moyen de pompes à haute pression, aux générateurs de vapeur après réchauffage.

Une des boucles primaires est reliée à un pressuriseur, appareil qui fixe la pression pour l'ensemble du circuit. C'est un réservoir vertical dans lequel des résistances électriques font localement bouillir l'eau. Celle-ci est portée à une température supérieure à celle du circuit (environ 360°). La pression de la vapeur en équilibre avec l'eau à cette température fixe la pression. Une douche d'eau froide et un système de soupapes et de vannes de décharge reliées à un réservoir auxiliaire complètent l'appareil et permettent de régler le volume de la bulle de vapeur ainsi que la pression du circuit.

La chaleur est transférée par l'eau du circuit primaire vers les générateurs de vapeur produisant de la vapeur sèche[12] dans le circuit secondaire où la pression est maintenue à 69 atmosphères. La vapeur circule ensuite dans une turbine à plusieurs étages actionnant un générateur électrique qui produit la puissance pour le réseau électrique. La vapeur revient aux générateurs de vapeur par trois pompes à eau, chacune d'une puissance de 17 500 chevaux (13 MW), qui forcent l'eau, condensée dans la boucle secondaire par l'action d'un échangeur de chaleur, à monter de sa pression, qui est inférieure à la pression atmosphérique, à la pression dans le générateur de vapeur qui est de 69 atmosphères.

La différence par rapport au réacteur à eau bouillante est que dans le réacteur à eau pressurisée, l'eau et la vapeur de la boucle secondaire n'ont aucun contact avec les matériaux radioactifs, ce qui facilite l'entretien et le problème du confinement. Toutefois, ces avantages ont un coût, celui d'un système d'échangeurs complexe et coûteux. Les réacteurs à eau bouillante sont donc moins chers, mais l'entretien des turbines est plus coûteux car elles sont exposées à la radioactivité.

La figure 5.3 donne une idée des dimensions : la hauteur de l'enceinte du réacteur est de 14,6 mètres, son diamètre est de 7 mètres et le mur d'acier trempé a une épaisseur de 23 centimètres. Le réacteur contient 100 tonnes de combustible réparties en 50 000 barres dont on remplace chaque année typiquement 25 % ; cela correspond à environ 40 éléments de combustible.

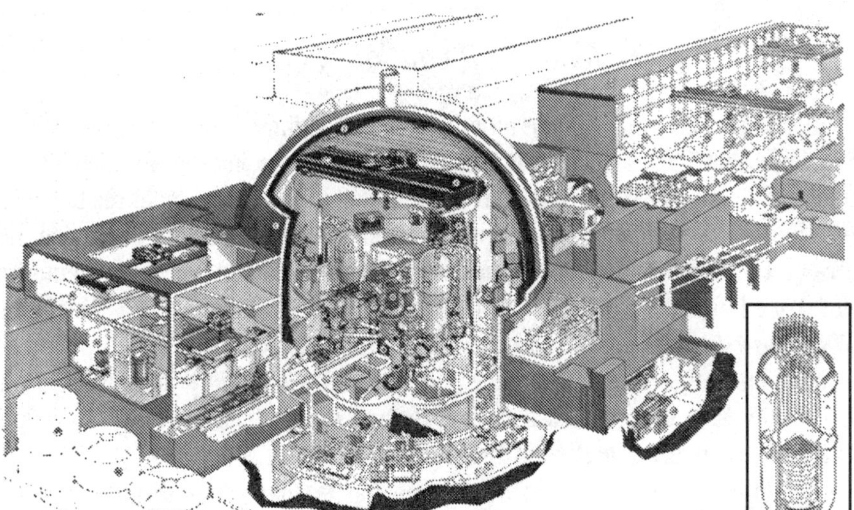

Figure 5.3 : Réacteur à eau pressurisée dans une centrale électrique.
Le détail de l'enceinte du cœur du réacteur est indiqué dans le rectangle à la droite du dessin. En haut de l'enceinte de pression se trouvent les commandes des barres de contrôle et, en bas, les barres de combustible. Sur le grand dessin, le réacteur se trouve à la verticale de l'axe du dôme, entouré de deux plus grands cylindres de chaque côté, qui sont les générateurs de vapeur. La turbine à vapeur et les générateurs se trouvent dans le grand bâtiment rectangulaire situé derrière, à droite sur le schéma. Un petit générateur de secours à diesel est aussi indiqué sur le schéma, juste à la gauche du dessin du détail du réacteur. L'enceinte d'acier est présentée sous le dôme du réacteur en béton. À la gauche du dessin, sont indiqués 3 réservoirs d'eau. Derrière ceux-ci se trouve la piscine de stockage, avec le canal par lequel passent les éléments de combustible usé pour rejoindre le bâtiment où ces éléments sont traités.

Rappelons nous que l'ancêtre de tous ces réacteurs est le réacteur au graphite original mis au point par Fermi, à Chicago, et qui a fonctionné pour la première fois le 2 décembre 1942. Il n'avait qu'une puissance de 2 watts, alors qu'une centrale nucléaire moderne produit environ 3,9 milliards de watts de chaleur nucléaire (3,9 GWt). Le réacteur de Fermi était constitué de briques de graphite (carbone) très pur empilées en une forme de sphère aplatie de diamètre horizontal de 7,76 mètres et vertical de 6,18 mètres. Il contenait 385 tonnes de graphite, 6 tonnes d'uranium sous forme métallique et 40,5 tonnes d'oxyde d'uranium. Les blocs d'uranium de forme sphérique étaient disposés en un réseau cubique d'une maille de 21 centimètres ; chaque morceau d'uranium métallique pesait 2,7 kilogrammes et les sphères d'oxyde, 2,14 kilogrammes. Ce réacteur n'était pas pourvu de système d'extraction de chaleur.

Le réacteur à eau lourde Candu

Pendant la Seconde Guerre mondiale, les scientifiques canadiens jouèrent un rôle important dans le Projet Manhattan, mais aucune installation d'enrichissement n'avait été construite dans leur pays. Il était donc naturel qu'après la guerre, les Canadiens mettent au point un réacteur utilisant l'uranium naturel non enrichi. Un tel réacteur doit être modéré à l'eau lourde (de l'oxyde de deutérium plutôt que l'oxyde d'hydrogène qui est l'eau normale). Comme cela a été expliqué au chapitre 2, l'eau lourde absorbe moins de neutrons que l'eau normale et la réaction en chaîne peut se produire pour une concentration d'uranium-235 plus faible que dans les réacteurs à eau légère. Ce type de réacteur est appelé « Candu » (Canadian Deuterium Uranium).

Actuellement, 22 réacteurs de ce type fonctionnent dans le monde et leur puissance est comprise entre 500 et 900 MWe. Ils utilisent un grand réservoir d'eau lourde à pression et température ambiantes qui est traversé par de nombreux tuyaux horizontaux à double paroi arrangés en calandres. Le combustible nucléaire chaud est séparé du modérateur d'eau lourde froide par deux tubes concentriques, chacun suffisamment robuste pour résister à la pression du fluide caloporteur, qui est aussi de l'eau lourde, qui coule le long des barres de combustible dans le tube intérieur. L'intervalle entre le tube chaud intérieur et le tube froid à l'extérieur est rempli de gaz qui isole thermiquement le réservoir d'eau lourde froide des éléments combustibles chauds. À la différence des réacteurs à eau légère, le réacteur Candu ne comporte pas de cuve épaisse puisque le modérateur d'eau lourde est à température et pression ambiantes.

Comparé à un réacteur à eau légère, les réacteurs Candu produisent seulement 20 % de chaleur par kilogramme de combustible d'uranium puisque la proportion d'uranium-235 est 5 fois plus faible. Pour éviter les pertes de production dues à des arrêts trop fréquents, ils sont rechargés en ligne, c'est-à-dire quand le réacteur fonctionne à plein régime, les éléments combustibles étant dans des tubes pressurisés individuels et non pas dans une enceinte collective pressurisée. Une machine qui recharge automatiquement se connecte à une extrémité d'une conduite de combustible, insère un court faisceau de barres de combustible en poussant les autres de façon à ce qu'une barre usée soit éjectée à l'autre extrémité, tout en maintenant la pression et l'écoulement de l'eau lourde, sinon le combustible fondrait et le réacteur serait détruit.

Un réacteur Candu fait l'économie de l'enrichissement en uranium-235 qui grève lourdement le coût du kilowatt d'électricité ; en outre, il permet d'éviter le risque de prolifération nucléaire lié aux usines d'enrichissement qui pourraient être utilisées pour produire clandestinement de l'uranium hautement enrichi. Par contre, le chargement continu facilite le détournement de plutonium du réacteur car il est extrait en permanence et non pas à des dates déterminées et contrôlables. Cela ne coûterait pas beaucoup plus cher à un éventuel proliférateur de retirer le combustible du réacteur après une courte irradiation quand il contient le mélange isotopique de plutonium idéal pour faire des armes. En effet, comme cela a été indiqué au chapitre 3, une utilisation prolongée du combustible dans le réacteur fabrique un isotope lourd du plutonium, le plutonium-240, qui libère spontanément des neutrons. Dans les armes à implosion les plus simples, ces neutrons peuvent parfois provoquer le démarrage prématuré de la réaction en chaîne et donc conduiraient à une puissance réduite, cependant au moins égale à 1 ou 2 kilotonnes.

Les réacteurs Candu étant beaucoup plus volumineux que ceux à eau légère et à combustible enrichi, ils ne sont pas adaptés aux besoins militaires, comme la propulsion navale, qui furent prioritaires au moment de la guerre froide. La fabrication de la bombe ayant nécessité de gigantesques installations d'enrichissement d'uranium, l'utilisation nécessaire de combustible enrichi en uranium-235 pour les centrales était alors un handicap léger aux États-Unis, par rapport au fait que les réacteurs à eau légère permettaient la propulsion des sous-marins ou des porte-avions ; l'uranium enrichi permet un réacteur plus compact et de conception plus flexible, ainsi qu'un coût d'investissement inférieur. C'est pourquoi les filières reposant sur l'uranium naturel n'ont pas été prises en considération aux États-Unis au début de l'ère nucléaire, bien que le premier réacteur de Fermi et le grand réacteur de production de plutonium de Hanford aient utilisé de l'uranium naturel et un modérateur de graphite.

Un programme nucléaire à maturité : le cas de la France

Comme cela a été indiqué au chapitre 2, la France était à la pointe de la recherche sur la radioactivité et la fission avant la Second Guerre mondiale. À la fin de la guerre, la France a dû reconstruire sa société et son économie. Le Commissariat à l'énergie atomique a été créé en 1945. La France a mis en place un programme de production d'énergie nucléaire afin d'obtenir du plutonium pour les armes nucléaires et relever ce défi technologique, mais aussi pour pallier son manque de ressources énergétiques, consciente de la fragilité de ses colonies ou de ses alliances avec les pays pouvant lui fournir des combustibles.

Le premier réacteur français, appelé Zoé (Zéro (puissance)/Oxyde (d'uranium naturel)/Eau (lourde)), a démarré le 15 décembre 1948. Nous avons vu que pour des réacteurs à uranium naturel, il y a le choix entre un modérateur d'eau lourde ou de graphite pur. Les Français ont choisi l'eau lourde car ils en avaient l'expérience avant la Seconde Guerre mondiale. Zoé étant le premier d'une série de réacteurs à eau lourde, on lui a donné un deuxième nom : EL1. Puis il y a eu le réacteur EL2 qui a démarré le 21 octobre 1952 et qui fonctionnait avec du gaz carbonique circulant à pression élevée. Le réacteur EL3 a démarré le 4 juillet 1957.

Au même moment, le Commissariat à l'énergie atomique a entamé la construction de réacteurs, utilisant de l'uranium naturel et un modérateur de graphite refroidis au gaz, appelés G1, G2 et G3, dans le but de produire du plutonium pour les bombes. Ils ont démarré en janvier 1956, juin 1958 et juin 1959. Ils ont conduit à la première filière de réacteurs nucléaires de production d'électricité en France.

Le programme de réacteurs à eau pressurisée a été mené par une compagnie fondée en 1960 sous la double tutelle d'EDF et d'un consortium de compagnies électriques belges. Une première centrale de 305 MWe a été construite par Westinghouse et mise en service en 1967. Puis d'autres réacteurs à eau pressurisée ont été construits par Framatome (Société franco-américaine de construction atomique) sous licence de Westinghouse. En 1981, Framatome et Westinghouse ont remplacé l'accord de licence par un accord de coopération qui permet à Framatome de construire les réacteurs. En 1982, EDF a lancé la construction d'une nouvelle série (N4) de réacteurs à eau pressurisée, d'une capacité de 1 450 MWe. Le premier à Chooz, à la frontière franco-belge, est entré en service en août 1996.

À la suite des chocs pétroliers des années 1970, la France a mis en place une industrie très centralisée pour la fourniture du combustible nucléaire. EDF est propriétaire des réacteurs et assure leur fonctionnement. La COGEMA (Compagnie générale des matières nucléaires) est responsable de tous les aspects du cycle du combustible. L'ANDRA (Agence nationale pour la gestion des déchets radioactifs) s'occupe des déchets radioactifs depuis 1991. EDF, la COGEMA et le CEA génèrent 95 % des déchets radioactifs. Le CEA supervise le développement et la fabrication des armes nucléaires, ainsi que la recherche et la conception des réacteurs commerciaux. La conception des 58 réacteurs actuellement en service en France est très standardisée.

Principe du réacteur à neutrons rapides

Le réacteur à neutrons rapides utilise un mélange d'uranium-238 et de plutonium dans une proportion de 10 %. On l'appelle aussi « surgénérateur » parce qu'il peut produire plus de combustible qu'il n'en brûle. Le cœur ne comporte pas de modérateur de graphite ou d'eau, si bien que la plupart des neutrons rapides qui ne produisent pas de fission dans le plutonium sont capturés par l'uranium-238 et produisent du plutonium-239. Les avantages de cette méthode pourraient être énormes, comme la possibilité de produire de l'énergie de fission en utilisant l'uranium-238 qui est abondant, dans un processus en deux étapes : la production de plutonium-239 puis sa combustion au cours de laquelle les neutrons de fission produisent plus de plutonium-239 qu'il n'en est effectivement consommé, comme cela sera expliqué ci-dessous.

Nous avons expliqué au chapitre 2 que la capture d'un neutron par l'uranium-238 conduit toujours à la production d'un atome de plutonium-239 qui peut être fissionné par les neutrons thermiques donc brûlé dans les réacteurs à eau.

Pour que la réaction en chaîne se maintienne, il faut qu'un neutron de fission provoque une autre fission. Mais pour régénérer le combustible brûlé, il faut qu'un second neutron pour chaque fission soit capturé par l'uranium-238. Une fraction importante des fissions du plutonium-239 ou de l'uranium-235 par des neutrons thermiques est accompagnée par la capture parasite d'un neutron par le plutonium-239 ou l'uranium-235 pour former les isotopes non fissiles, plutonium-240 ou uranium-236. Pour éviter ces pertes et régénérer entièrement (et même plus) le combustible brûlé, il faut éviter le ralentissement excessif des neutrons de fission émis avec une énergie de 2 MeV. Des innovations furent donc nécessaires pour exploiter la fission produite par des neutrons rapides.

Les sections efficaces de fission et de capture par l'uranium-235, l'uranium-238, l'uranium naturel et l'uranium enrichi à 4,1 % en uranium-235 sont présentées sur les figures 2.2 à 2.5 du chapitre 2. On voit que pour l'uranium-238, la capture du neutron domine sur la fission pour des énergies inférieures à 1 MeV. Seulement 12 % des neutrons produits dans la fission parviennent à fissionner l'uranium-238.

D'autres arrivent à l'énergie optimum (dans la région des résonances) pour la capture par l'uranium-238 ou se consacrent à la fission du plutonium-239. Les noyaux d'uranium-238 ne sont pas durs comme des boules de billard, mais comme des boules de billard enrobées de mousse : les collisions dites « inélastiques » ont pour effet de ralentir les neutrons. La plus grande partie de l'énergie perdue dans la collision réémerge sous forme d'un rayon gamma réémis par l'uranium-238.

Afin d'extraire la chaleur des aiguilles de combustible tout en évitant de ralentir intempestivement les neutrons, on utilise un fluide qui ne contient pas d'éléments légers et qui n'absorbe pas les neutrons. La figure 5.4 montre la probabilité d'absorption des neutrons pour 0,065 MeV, une énergie propice pour

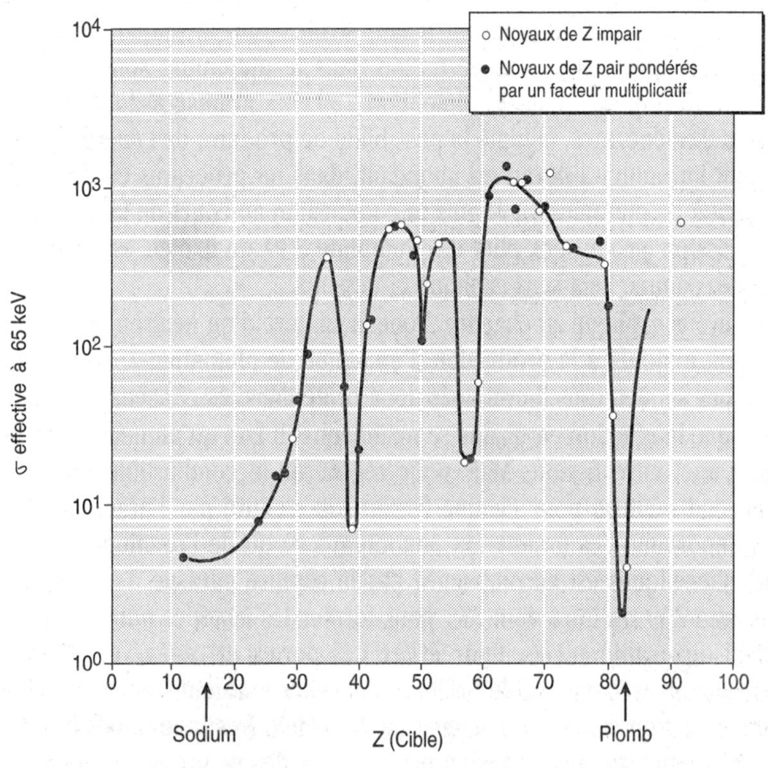

Figure 5.4 : Probabilité d'absorption des neutrons d'énergie 65 000 eV par différents noyaux en fonction du nombre atomique Z.

(les sections efficaces des noyaux de nombre atomique impair sont directement indiquées sur le graphe, alors que celles des noyaux de nombre atomique pair sont multipliées par un facteur constant).

l'absorption par l'uranium-238, en fonction de la charge des noyaux pour différents éléments. On voit la variabilité extraordinaire de l'appétit des noyaux pour les neutrons. Elle reflète le fait que, dans les noyaux, la matière nucléaire est organisée comme les électrons dans les atomes, avec des couches de protons et de neutrons disposées à des niveaux d'énergie déterminés, si bien que l'adjonction d'un neutron ou proton supplémentaire dans une couche peut changer considérablement les propriétés des noyaux. Le choix d'un fluide caloporteur qui n'absorbe pas les neutrons rapides est limité aux quelques éléments qui sont dans les vallées de cette courbe. Seuls le sodium et le plomb ont en plus les qualités thermiques requises pour le liquide de refroidissement. Le bismuth pourrait aussi convenir, mais il est beaucoup trop cher.

Dans un surgénérateur, le cœur du combustible est entouré d'une couverture fertile d'uranium pour que les neutrons qui s'échappent soient capturés et forment le plutonium. Rappelons que les matériaux « fertiles » sont ceux dont la fission n'est pas exploitée pour produire de l'énergie mais qui se transforment, sous l'effet des neutrons qu'ils capturent, en matériaux fissiles. On utilise habituellement pour cela de l'uranium rejeté après le processus d'enrichissement, qui est donc appauvri en uranium-235 et en contient une concentration de 0,2 %.

Il n'est pas possible, dans les réacteurs à neutrons rapides, qu'un combustible enrichi à 4 % en uranium-235 ou en plutonium-239 devienne critique puisque, par conception, il n'y a pas de modérateur de carbone ou d'hydrogène dans un surgénérateur, donc les neutrons ne peuvent être ralentis à une énergie assez basse à laquelle la probabilité de fission de l'uranium-235 ou du plutonium-239 est maximale. Puisque parmi les 2,3 neutrons émis en moyenne par la fission, moins d'un neutron provoquera une nouvelle fission, la réaction en chaîne se terminera en quelques microsecondes même avec une masse infinie d'uranium. Presque tous les neutrons seront capturés par l'uranium-238 produisant finalement du plutonium-239, ce qui ne sert à rien si la réaction en chaîne ne se maintient pas. C'est pourquoi, un surgénérateur exige un niveau d'enrichissement de 10 à 12 % pour atteindre un niveau où il peut devenir critique.

Comme les réacteurs à neutrons thermiques, le réacteur à neutrons rapides est contrôlable dans des circonstances normales seulement grâce à la petite proportion de neutrons retardés de 10 à 20 secondes environ, ce qui donne un temps largement suffisant pour que les barres de contrôle soient repositionnées. Comme nous l'avons déjà vu, pour un réacteur à eau pressurisée qui utilise l'uranium-235, la fraction de neutrons retardés est de 0,65 %. Mais, pour les réacteurs à neutrons rapides, les fissions viennent principalement du plutonium-239 et la proportion de neutrons retardés n'est que de 0,21 %, ce qui rend plus délicates, d'une part, la conception du réacteur et, d'autre part, la manipulation des barres de contrôle. En fonctionnement normal, c'est donc le délai d'une dizaine de secondes environ des neutrons retardés qui commande la vitesse à laquelle change la puissance du réacteur, ce qui est considérablement plus long que la durée de vie d'un neutron, entre sa naissance lors d'une fission et sa disparition par absorption ou fission.

Grandeur et décadence de Superphénix

Le programme français de surgénérateurs a été conçu à l'époque des chocs pétroliers des années 1970, où l'on envisageait aussi un manque d'uranium à bas coût. Les États-Unis ont construit plusieurs réacteurs à neutrons rapides expérimentaux (nommés EBR1, EBR2, ...) et un seul réacteur commercial (Fermi I) qui a fonctionné dans l'État du Michigan pendant quelques années à partir de 1969.

Le premier réacteur à neutrons rapides français, Rapsodie (pour « Rapides-Sodium ») a démarré en janvier 1967. Puis, un autre réacteur à neutrons rapides, Phénix, a fonctionné de 1973 à 1990, produisant 250 MWe. Son nom provient de celui d'un oiseau mythique qui se régénère par le feu tous les cinq cents ans, sous la forme d'un nouvel oiseau qui renaît de ses cendres. Ici, le nouveau combustible au plutonium provient des « cendres » du combustible usé.

Superphénix[13], le réacteur à neutrons rapides de Creys-Malville, a fonctionné de 1985 à 1997, produisant jusqu'à 1 200 MW, mais seulement pendant une petite fraction du temps en raison de divers problèmes, dont des fuites de sodium. Le schéma de ce réacteur est présenté sur la figure 5.5.

Le but initial de Superphénix était de produire plus de matériau fissile qu'il n'en consommait. Pour 100 fissions dans le plutonium, on produit un excès de 13 atomes de plutonium grâce à la capture des neutrons par la matière fertile, l'uranium-238.

Le sodium a été choisi comme fluide caloporteur pour Superphénix comme pour tous les réacteurs à neutrons rapides essayés dans le monde, car malgré sa propriété chimique déplaisante de s'enflammer au contact de l'air, ses propriétés thermiques et nucléaires sont parfaites. Il est liquide à 98 °C. Les ingénieurs avaient d'abord pensé que le sodium liquide, dont la masse dans le surgénérateur, considérable, est de 3 000 tonnes, était peut-être plus aisé à manipuler. Le sodium, déplacé par des pompes, circule dans le cœur en s'échauffant, il se retrouve à 545 °C dans le collecteur chaud et se refroidit dans des échangeurs qui lui permettent de céder sa chaleur au sodium du circuit intermédiaire.

Le système de refroidissement d'un réacteur à neutrons rapides a des caractéristiques semblables à celles des réacteurs à eau pressurisée, mais dans Superphénix, une boucle de sodium intermédiaire et un échangeur de chaleur supplémentaires évitent la possibilité de contact entre l'eau du générateur de chaleur et

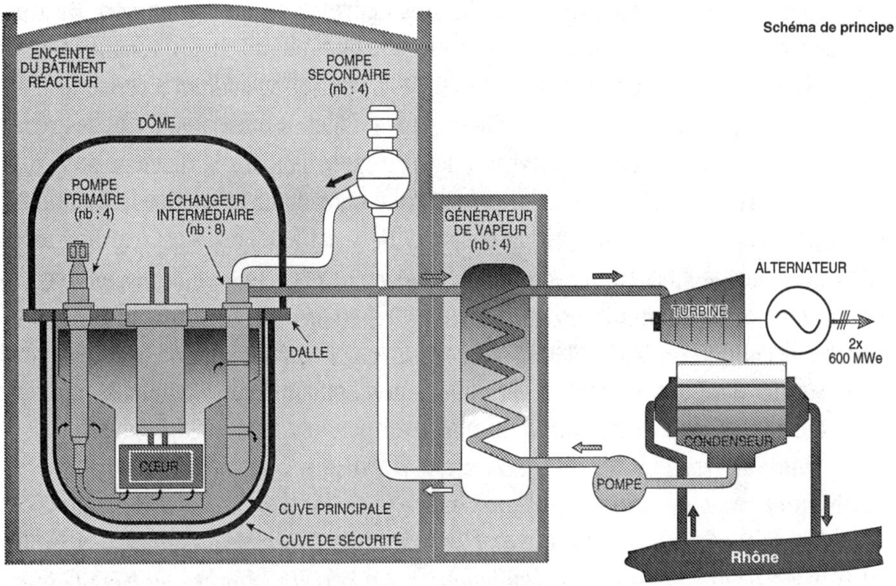

Figure 5.5 : Schéma d'un réacteur à neutrons rapides au sodium, Superphénix. La cuve de sodium liquide se trouve dans l'enceinte même du réacteur et le cœur est immergé dans le sodium. Quatre pompes primaires font circuler le sodium dans le cœur qui produit la chaleur. Huit échangeurs de chaleur immergés dans la cuve transfèrent la chaleur au circuit secondaire. Quatre pompes assurent la circulation dans le circuit secondaire. Quatre générateurs de vapeur transfèrent la chaleur du sodium liquide du circuit secondaire vers l'eau, qui se transforme en vapeur et actionne la turbine qui fait fonctionner deux alternateurs de 600 MW. La vapeur est condensée et la chaleur rejetée dans le Rhône. L'eau condensée revient dans le générateur de vapeur par une pompe.

le sodium radioactif qui circule dans le cœur du réacteur. Ces différences technologiques considérables sont dues à deux facteurs essentiels. D'une part, la circulation, le pompage du fluide de refroidissement et le sodium, posent des problèmes qui n'avaient jamais été rencontrés à cette échelle dans l'industrie et qui ont par ailleurs provoqué des retards importants. D'autre part, la perte accidentelle de sodium entraînerait une augmentation de la criticalité, ce qui pourrait conduire à une réaction en chaîne incontrôlée. La construction du réacteur vise donc à rendre cette éventualité impossible.

L'ensemble du cœur, des pompes primaires et des échangeurs intermédiaires est enfermé dans une cuve principale en acier inoxydable soudée à une dalle de fermeture et pendue à elle. Cette cuve principale est elle-même enfermée à l'intérieur d'une seconde cuve en acier inoxydable, la cuve de sécurité, de façon à empêcher la perte de sodium. Le sodium primaire, celui qui est en contact avec le cœur, ne sort ainsi jamais de la cuve principale.

L'expérience avec Superphénix est mitigée. L'opacité du sodium a rendu les inspections à l'intérieur du réacteur beaucoup plus difficiles que dans le cas des réacteurs à eau où une caméra de télévision peut être insérée dans le réacteur pour inspecter ses structures (lorsque celui-ci est arrêté mais contient encore le liquide de refroidissement). Le directeur de la centrale, Bernard Magnon, s'est exprimé ainsi dans une interview en 1996 : « *Je pense que faire fonctionner Superphénix est une bonne leçon de modestie.* » De nombreux partisans du programme ressentent comme une injustice les obstacles mis au développement de cette filière et, que nous soyons d'accord ou non, il est important d'écouter leurs arguments, comme par exemple, ces lignes extraites d'un plaidoyer passionné pour Superphenix[14] :

« *Dans les années 1970-1980, sous la poussée des mouvements écologistes, soutenus et activés en sous-main par les lobbies charbonniers ou pétroliers (exploitation éhontée de l'accident de Three Mile Island, qui ne fit ni victime ni dispersion de radioélément), un certain nombre de pays (États-Unis, Allemagne, Suède et Angleterre) ont arrêté leur développement nucléaire, un consensus s'établissant en général pour l'exploitation des centrales alors existantes et la finition des centrales en construction.*

« *On peut caractériser la situation actuelle en remarquant que si l'on divise les principaux pays industrialisés en deux catégories, les "charbonniers" et les non charbonniers, les pays charbonniers (États-Unis, Allemagne, Angleterre...) sont antinucléaires et les pays non charbonniers (France et Japon) sont pronucléaires. Cette proposition est une évidence qui n'est malheureusement pas assez bien perçue.*

« *La sûreté des réacteurs rapides a été étudiée et organisée selon les mêmes concepts, conçue par les mêmes équipes et approuvée et vérifiée par les mêmes autorités de sûreté que celles des réacteurs thermiques.*

« *Les principales différences à l'avantage des réacteurs rapides sont : l'absence de pression dans le cœur, la température d'ébullition du sodium étant beaucoup plus élevée que la température nominale de fonctionnement, le confinement du circuit primaire de refroidissement, un effet Doppler particulièrement important, ce qui est fondamental pour la cinétique, le gainage inox des éléments combustibles, qui a pour conséquence une meilleure sécurité et une performance de 100 000 MWj par tonne au lieu de 50 000 pour les combustibles thermiques gainés Zircalloy, et une capacité thermique du circuit primaire beaucoup plus importante, ce qui permet aux sécurités un temps de réponse plus long, ce qui est éminemment favorable à la sûreté.*

« Pour beaucoup de personnes, les nucléaires français ne sont pas crédibles quand ils exposent la sûreté de Superphenix car – ce qui est souvent exact – il leur est reproché d'être tout à la fois juges et parties. »

Pour ce qui est de l'opinion des responsables officiels, Bertrand Barre, directeur du département des Réacteurs nucléaires au Commissariat à l'énergie atomique, s'est ainsi exprimé fin 1996, avant la décision de fermer Superphénix : *« On ne devrait pas juger les réacteurs à neutrons rapides seulement sur les résultats obtenus avec Superphénix. [...] Certains facteurs sont dus à la complexité de l'ingénierie et probablement parce que nous avons extrapolé trop rapidement la taille du réacteur (point sur lequel tout le monde est maintenant d'accord), un fait expliqué par le contexte psychologique des chocs pétroliers.* » Néanmoins, les responsables techniques pensaient que, étant donné l'immense investissement que cela avait représenté, on aurait pu apprendre encore beaucoup de Superphénix.

À la fin de sa courte vie, on pensait l'utiliser comme source de neutrons pour étudier la possibilité de se débarrasser des déchets nucléaires à longue vie par la transmutation d'une partie du plutonium et des éléments les plus lourds. Réduire la couverture d'uranium-238 ou remplacer l'uranium par de l'acier, aurait permis de rendre le cœur consommateur de plutonium, puisque la plupart du plutonium est produit dans la couverture d'uranium et pas dans le cœur du réacteur. On aurait ainsi pu, comme dans les réacteurs à eau légère, brûler le plutonium provenant des armes nucléaires devenues excédentaires et qui sont mises au rebut.

Les réacteurs à neutrons lents, qui constituent aujourd'hui la totalité du parc électronucléaire, n'étaient considérés que comme une étape transitoire, le temps d'accumuler un stock de plutonium suffisant pour les surgénérateurs à neutrons rapides du futur. Les surgénérateurs offraient la promesse d'une situation stabilisée, dans laquelle on brûle le plutonium et on le reproduit au fur et à mesure de sa disparition grâce à la capture des neutrons rapides par l'uranium-238, qui constitue dans le cœur le support fertile du plutonium auquel il est mélangé. Mais on peut arguer qu'il aurait été beaucoup plus efficace de se passer de cette première étape en alimentant dès le départ les surgénérateurs avec de l'uranium enrichi, ce qui aurait permis un développement plus rapide des surgénérateurs[15]. La raison est simple : un réacteur à eau légère convertit chaque année une tonne d'uranium-235 en 250 kilogrammes de plutonium, alors qu'un surgénérateur de la même puissance produirait presque une tonne de plutonium à partir d'une tonne d'uranium-235.

La décision de construire un prototype industriel coûteux a été trop rapide ; elle résultait de l'optimisme technologique de ses ingénieurs, associé à un manque d'évaluation des alternatives possibles. En 1997, le nouveau gouvernement de Lionel Jospin a annoncé la fermeture de Superphénix ; le combustible en a été retiré. Jusqu'à l'an 2000, ce réacteur a coûté 8 milliards d'euros et il en coûte encore

100 millions par an. Son démantèlement est estimé à 2 milliards d'euros. Malgré sa durée de vie limitée, Superphénix a été le seul réacteur à neutrons rapides dans le monde capable de fournir de l'électricité à une puissance comparable à celle des plus grands réacteurs. À ce titre, il a une importance exceptionnelle. Un autre surgénérateur, de 600 MWe, le second surgénérateur le plus puissant au monde, fonctionne depuis 1981 dans la centrale nucléaire de Beloyarsk près de Sverdlosk, en Russie. Il est refroidi au sodium et son cœur est en uranium enrichi.

La technologie des surgénérateurs à neutrons rapides nous semble être l'une des méthodes en lesquelles on peut avoir confiance pour produire de l'énergie dans le futur. Nous en reparlerons dans nos considérations sur l'offre énergétique mondiale et le futur de l'énergie nucléaire au chapitre 7.

L'Inde, le plutonium et les surgénérateurs

L'Inde a mis au point et va démarrer la construction d'un réacteur à neutrons rapides prototype d'une puissance de 500 MWe à Kalpakkam (État du Tamil Nadu[16]). Ce projet fait suite à la construction et à l'exploitation d'un réacteur test à neutrons rapides de 40 MWt refroidi au sodium utilisant un combustible de carbure d'uranium et plutonium, qui a été raccordé au réseau électrique indien en juillet 1997.

Même si ce réacteur prototype est alimenté en plutonium et fonctionne pour produire du matériau pour le programme d'armement nucléaire de l'Inde, la quantité de matériau de qualité militaire produite ne devrait pas susciter d'inquiétude.

Un réacteur à neutrons rapides conventionnel de 1 000 MWe utilise, chaque année, environ 2 030 kilogrammes de plutonium qui sont recyclés comme combustible dans le cœur, et celui-ci génère, en outre, une quantité supplémentaire d'environ 316 kilogrammes de plutonium[17]. Lorsque les combustibles de la couverture et du cœur sont mélangés durant le retraitement, le plutonium obtenu est à 80 % seulement fissile, ce qui est bien meilleur que le plutonium extrait d'un réacteur de puissance à eau légère, fissile à 63 %. Cependant, si le combustible de la couverture est retraité séparément, le plutonium sera fissile à 96 %, ce qui est excellent. Faisons cette hypothèse. Le surgénérateur de 500 MWe produirait chaque année 158 kilogrammes de plutonium de très bonne qualité pour les armes.

En janvier 2005, il y a en Inde 14 réacteurs de puissance, la plupart de faible capacité, et dont la production électrique totale est de 2,5 GWe. Neuf réacteurs sont en construction et devraient produire 4,1 GWe, et 24 sont projetés pour une production de 13,2 GWe. Des réacteurs à eau légère d'une puissance de 15 GWe-an produisent 3 tonnes de plutonium qui peuvent être utilisées dans un surgénérateur. En général, un surgénérateur est un moyen beaucoup plus difficile et coûteux de produire du plutonium pour des armes, comparé à un réacteur qui fonctionne à des valeurs proches de la température ambiante et de la pression atmosphérique. Mais si l'on dispose d'un surgénérateur, le retraitement est alors indispensable, on peut alors facilement retraiter séparément le combustible de la couverture, ce qui permettra d'obtenir du plutonium militaire de la meilleure qualité.

Si l'Inde maîtrise la technologie de production d'armes nucléaires performantes à partir de plutonium provenant des réacteurs à eau légère, la route du surgénérateur pour cet usage constituerait un détour et conduirait à un retard. Un investissement de peut-être 5 tonnes de plutonium adapté aux réacteurs, lui permettrait de fabriquer 1 000 bombes. Si à la place, on les utilise dans un surgénérateur, et qu'une tonne par an fissionne, on obtiendrait alors un excédent d'environ 160 kilogrammes par an (la quantié nécessaire pour 32 bombes), ce qui ne serait pas très rentable.

Il reste à savoir si l'Inde, ou tout autre État cherchant à se doter d'armes nucléaires, utilisera pour cela du combustible de qualité adaptée pour les réacteurs, avec les problèmes annexes liés à l'augmentation de chaleur de désintégration du plutonium dans l'arme nucléaire elle-même. Cette question sera discutée au chapitre 10.

Le cycle du combustible

Le combustible d'uranium est produit de la même façon pour tous les réacteurs à eau légère dans le monde. L'uranium faiblement enrichi étant utilisé dans le monde entier, il est essentiel que sa production respecte des normes internationalement harmonisées.

Les étapes du cycle du combustible, décrites figure 5.6, sont les suivantes :

– l'extraction et le broyage du minerai d'uranium ;

– la purification où l'on obtient un oxyde d'uranium (U_3O_8) ;

– la conversion en hexafluorure d'uranium (UF_6). Ce matériau est solide à température ambiante, mais devient gazeux à une température un peu plus élevée ;

– l'enrichissement isotopique. Aux États-Unis et en France, on utilise la diffusion gazeuse. En Russie et dans les autres pays d'Europe, on utilise des centrifugeuses à gaz ;

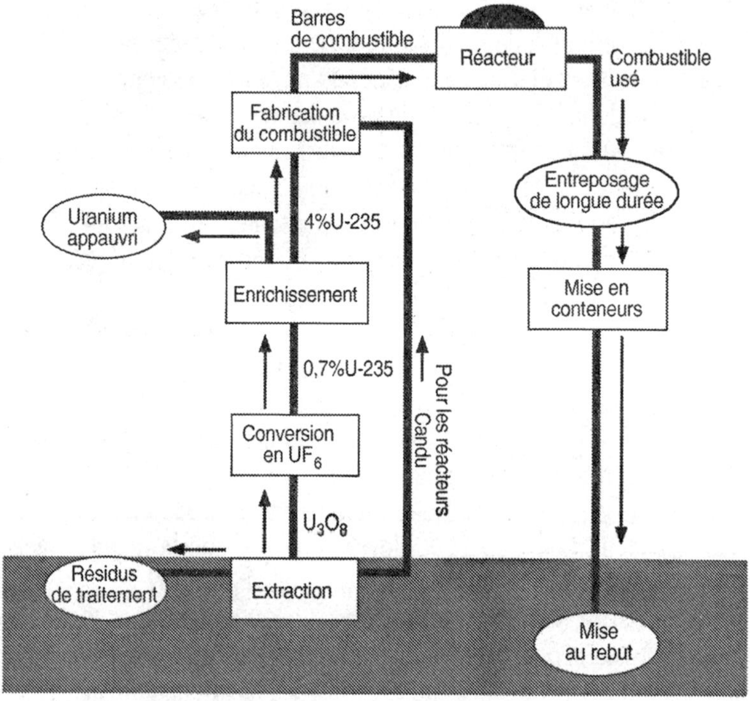

Figure 5.6 : Le cycle « ouvert » du combustible (avec stockage en l'état du combustible usagé).

– la conversion en oxyde : l'hexafluorure d'uranium, qui réagit chimiquement dans l'air ou l'eau, est converti en oxyde d'uranium (UO_2), une poudre noire qui sera pressée dans des pastilles de céramique. Ces pastilles sont ensuite cuites à très haute température (de sorte que les particules fines adhèrent bien à l'intérieur de la pastille) puis usinées à la bonne taille et sont finalement prêtes pour constituer les barres de combustible ;

– la fabrication du combustible. Les pastilles sont insérées dans des tubes en alliage de zirconium qui constituent les barres de combustible, de 5 mètres de long et ayant le diamètre d'un crayon. Quelques centaines de ces barres sont soigneusement arrangées en un assemblage (« l'élément de combustible ») qui sera inséré dans le réacteur ;

– la combustion dans le réacteur. Le combustible est inséré dans le réacteur qui fonctionnera à pleine puissance pendant 4 années. Normalement, pour les réacteurs à eau légère le réacteur est arrêté pendant un mois tous les ans de façon à ce qu'un quart du chargement soit remplacé par du combustible neuf. On

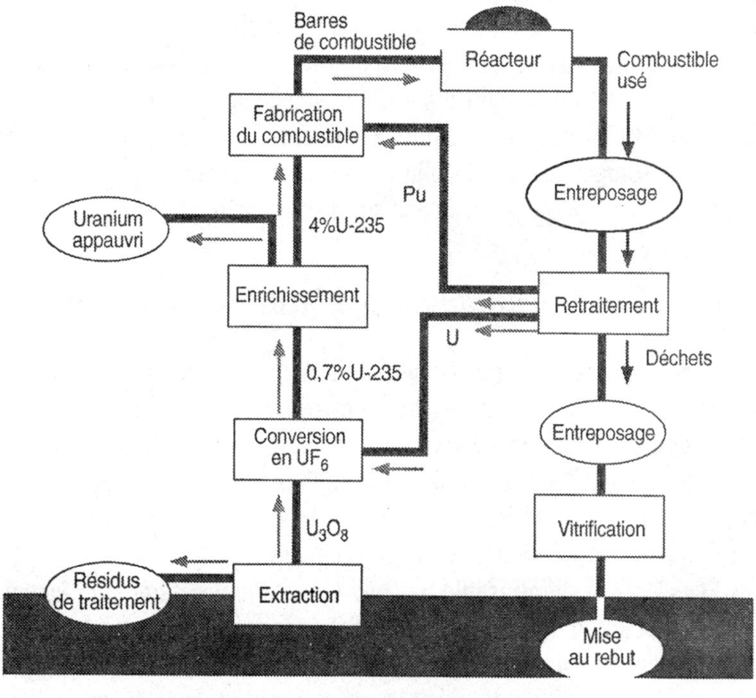

Figure 5.7 : Le cycle fermé du combustible avec retraitement et recyclage du plutonium et de l'uranium.

obtient généralement 40 000 MWj par tonne de métal lourd avec une production de chaleur constante de 30 MW par tonne.

Ces étapes contribuent chacune au coût du cycle du combustible et sont réglementées de façon à maintenir un niveau acceptable de protection pour le public et le personnel qui restent néanmoins soumis à une radiation résiduelle à chaque étape. Nous y reviendrons au chapitre 6.

Sur les 100 tonnes de combustible d'un réacteur, 25 tonnes en sont retirées chaque année puis stockées dans la « piscine » de stockage du réacteur pour une période allant de 6 mois à 5 ans. La chaleur de désintégration des produits de fission est telle que le combustible deviendrait tout rouge s'il était sorti de l'eau qui le refroidit par circulation naturelle.

Les centrales nucléaires produisent du combustible usé hautement radioactif, contenant de nombreux actinides (les éléments dont la chimie est similaire à celle de l'actinium, l'élément de numéro atomique 89) dont l'uranium, le plutonium et d'autres éléments présents en moindre quantité, les actinides mineurs, comme l'américium (élément de numéro atomique 95) et le curium (élément de numéro atomique 96). En plus des produits de fission, comme le césium-137, le strontium-90, l'iode-131 et de nombreux autres, qui sont les inévitables cendres provenant de la fission, le combustible usé contient encore la plupart de l'uranium, du plutonium-239 formé par la capture de neutrons par l'uranium et des quantités importantes d'isotopes lourds du plutonium (plutonium-240, plutonim-241, etc.) provenant de l'absorption de neutrons successifs par le plutonium.

La gestion du combustible usé

Après une année de fonctionnement d'un réacteur d'une puissance de 1 GWe, le combustible usé a une radiotoxicité d'environ 10^{10} Sv. Si une part par milliard de cette radioactivité était ingérée par une personne, son risque de cancer triplerait, ou encore l'ingestion d'une part par milliard de ce matériau, même si elle est répartie sur une population de 100 000 personnes ou plus, conduirait à environ 0,4 cancer additionnel dans cette population.

Aux États-Unis, le combustible usé provenant de la centaine de réacteurs sera entièrement stocké en l'état, les éléments de combustible étant placés dans des grands conteneurs destinés à être enterrés dans un site géologique profond dans la montagne Yucca, au Nevada. C'est le cycle ouvert schématisé sur la figure 5.6.

Par contre, en France, le combustible usé est retraité et le plutonium est séparé et réutilisé comme combustible dans des réacteurs à eau légère. Les produits de fission et autres matériaux radioactifs de haute radioactivité restants sont vitrifiés puis insérés dans des conteneurs en acier inoxydable qui contiennent la majeure partie des matériaux radioactifs produisant de la chaleur. Les conteneurs seront ensuite entreposés en site géologique profond. C'est le cycle fermé schématisé sur la figure 5.7.

Chacune de ces méthodes peut être satisfaisante. Cependant, le retraitement-recyclage est souvent l'objet de critiques en raison du risque de prolifération des armes nucléaires (le plutonium séparé pouvant éventuellement servir à faire des bombes), de la difficulté des différents processus et de son coût. Les avocats du retraitement soulignent le gaspillage de ressources coûteuses dans le cas du stockage en l'état.

Lors de la catastrophe de Tchernobyl, une fraction des produits de fission radioactifs se sont échappés d'un seul réacteur et se sont dispersés sur de grandes distances. Fin 2004, 440 réacteurs de puissance fonctionnaient dans le monde, produisant une énorme quantité de produits radioactifs. Même en l'absence de catastrophe, la gestion de ces produits est délicate et complexe. Notre génération et celles à venir devront faire preuve d'un sens aigu des responsabilités à cet égard. Les solutions mises au point maintenant doivent tenir pour des milliers, des dizaines de milliers voire des centaines de milliers d'années ; sinon, nos descendants devront être prêts à revoir nos solutions, y compris en ré-enfouissant ou retraitant le combustible usé.

Un réacteur à eau de 1 GWe produit chaque année 21 tonnes de combustible usé radioactif qui contiennent :

– 20 tonnes d'uranium à 0,9 % (180 kilogrammes) d'uranium-235,

– 200 kilogrammes de plutonium (dont seulement 63 % est fissile),

– 21 kilogrammes d'actinides mineurs (c'est-à-dire pas d'uranium ni de plutonium) : 10 kilogrammes de neptunium, 10 kilogrammes d'américium, 1 kilogramme de curium,

– 760 kilogrammes de produits de fission dont les éléments à vie longue sont :

- 18 kilogrammes de technécium-99,
- 16 kilogrammes de zirconium-93,
- 9 kilogrammes de césium-135,
- 5 kilogrammes de palladium-107,
- 3 kilogrammes d'iode-129.

Le tableau 5.1 donne la liste des principaux radioéléments à longue durée de vie dans le combustible usé d'un réacteur, ainsi que leur demi-vie qui est le temps nécessaire pour que la moitié des atomes se désintègre. On voit que la demi-vie dépasse le million d'années pour la plupart d'entre eux et, bien sûr, plus leur vie moyenne est longue, moins leur radioactivité par gramme est élevée[18]. Cependant la radioactivité est tellement grande qu'il serait irresponsable de stocker ces matériaux sur des sites accessibles ou poreux. À la difficulté scientifique et technique du problème de la mise au rebut des déchets nucléaires, s'ajoute celle de faire le consensus autour des solutions envisagées.

En France, la quantité de déchets radioactifs conditionnés, bien empaquetés, venant surtout de l'industrie nucléaire, est de 1,2 kilogramme par an et par habitant. Les quantités par an et par habitant d'autres déchets sont de 100 kilogrammes de déchets industriels toxiques, de 15 kilogrammes de déchets hospitaliers, de 3 000 kilogrammes de déchets industriels et 7 300 kilogrammes de déchets agricoles.

La radioactivité d'un combustible évolue dans le temps avec la désintégration progressive des différents éléments. Il en va de même de sa radiotoxicité : celle de l'ensemble des produits de fission décroît très rapidement en quelques centaines d'années, mais persiste à un très faible niveau pour des millions d'années à cause de la présence de quelques produits de fission à longue durée de vie indiqués sur le tableau 5.1. La radioactivité du plutonium (dont les durées de vie des isotopes sont de 24 000, 6 500, 14 et 87 ans) représente moins de 10 % de la toxicité totale du combustible usé au moment du déchargement du réacteur. Au fur et à mesure que le temps passe et que les produits à vie courte disparaissent, cette proportion augmente parce que certains des produits de fission à vie longue se désintègrent en plutonium. Après quelques dizaines de milliers d'années, le plutonium domine et représente près de 90 % de la radiotoxicité.

Tableau 5.1 : Liste et demi-vie des principaux radioéléments à vie longue dans le combustible usé d'un réacteur et du potassium naturel.

	Isotope	*Demi-vie (années)*	*Dose par unité incorporée par ingestion (Sv/Bq)*	*Dose de radiation par unité ingérée (Sv/g)*
Actinides mineurs	neptunium-237	$2{,}15 \times 10^6$	$1{,}1 \times 10^{-7}$	2,9
	américium-241*	432	$2{,}0 \times 10^{-7}$	$2{,}6 \times 10^4$
	américium-243*	7 380	$2{,}0 \times 10^{-7}$	1 500
	curium-244	18	$1{,}2 \times 10^{-7}$	$3{,}6 \times 10^5$
	curium245	8 532	$2{,}1 \times 10^{-7}$	1 300
Produits de fission	technécium-99	$2{,}13 \times 10^6$	$6{,}4 \times 10^{-10}$	0,04
	zirconium-93	$1{,}5 \times 10^6$	$1{,}1 \times 10^{-9}$	0,10
	césium-135	$2{,}3 \times 10^6$	$2{,}0 \times 10^{-9}$	0,09
	palladium-107	$6{,}5 \times 10^6$	$3{,}7 \times 10^{-11}$	0,0007
	iode-129	$1{,}5 \times 10^7$	$1{,}1 \times 10^{-7}$	0,91
Radioélément naturel	potassium-40**	$1{,}28 \times 10^9$	$6{,}2 \times 10^{-9}$	0,0016

* L'américium-243 se désintègre en plutonium-239 et l'américium-241 en neptunium-237.
** 1 part sur 10 000 dans le potassium naturel.

Si l'on retire le plutonium du combustible, ce qui est le cas en France où on l'extrait pour le recycler dans les réacteurs sous forme de combustible Mox (une céramique contenant un mélange d'oxyde de plutonium et d'uranium), la radioactivité de l'ensemble des corps à longue durée de vie – produits de fission, actinides mineurs et uranium résiduel – redevient équivalente, après 60 000 ans environ, à celle de l'uranium dans le milieu naturel ; cette durée augmente jusqu'à 600 000 ans pour du combustible usé non traité comme cela sera le cas pour la solution choisie aux États-Unis[19].

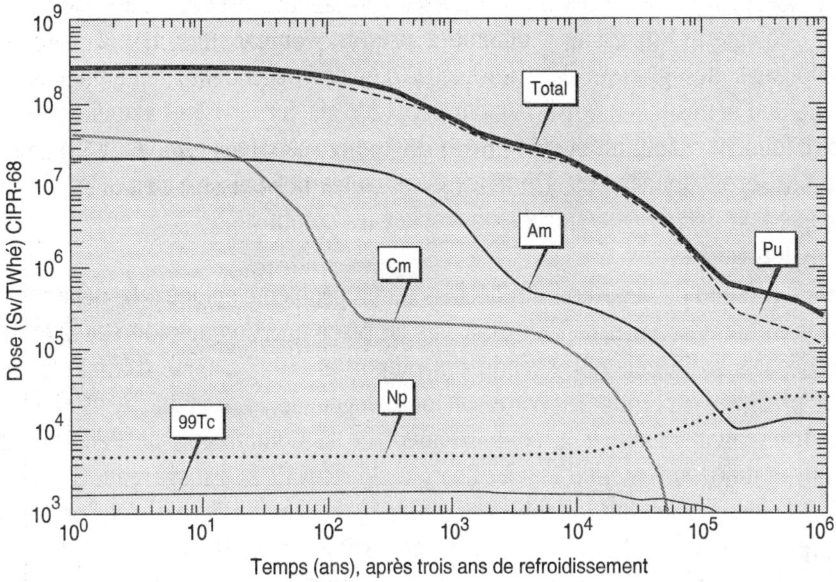

Figure 5.8 : Contributions à la radiotoxicité par ingestion d'un combustible irradié à 33 000 MWj/t. (Une année-réacteur correspond à 8 térawatts-heure d'électricité produite.)

La figure 5.8 montre l'évolution, au cours de milliers d'années, de la composition des déchets nucléaires enfouis sans retraitement. N'y figurent que les actinides mineurs et un seul produit de fission à vie longue, le technécium-99. On notera la forme complexe des figures de décroissance : cela est dû au fait que les produits qui se désintègrent, comme le plutonium, peuvent donner naissance à des atomes radioactifs comme l'uranium-235 qui a une vie très longue. Par exemple, si un combustible usé, contenant seulement 1 % d'uranium-235 et 1 % de plutonium, se désintégrait pendant 250 000 ans, on aboutirait à une concentration de 2 % d'uranium-235. Nos descendants auraient donc la bonne surprise de trouver des mines enrichies à 2 % en uranium-235 sans avoir à en payer le prix.

Les produits de fission à longue durée de vie et les éléments transuraniques (ceux qui sont plus lourds que l'uranium, tels que le neptunium, le plutonium, le curium, etc.) compliquent beaucoup l'évaluation des solutions proposées pour la gestion des déchets nucléaires sur des milliers d'années. À un horizon de l'ordre de quelques dizaines de milliers d'années (long en comparaison des 70 ans d'espérance de vie moyenne de l'homme, mais plus court si on le compare aux 24 000 ans de durée de vie du plutonium ou aux 15 millions d'années pour l'iode-129), les conditions de retour dans la biosphère de certains matériaux pourraient être différentes de ce qu'elles sont actuellement à cause de l'évolution géologique qui est très difficile à prévoir. Par exemple, il y a seulement 13 000 ans, des glaciers de 1 kilomètre d'épaisseur couvraient la plus grande partie de l'hémisphère Nord. Par contre, si les glaciers existant actuellement sur Terre fondent et font monter le niveau de la mer, certaines régions de très basse altitude seront immergées. De telles éventualités doivent être prises en compte lorsque l'on décide des endroits où stocker les combustibles usés et les produits de fission vitrifiés.

La question de la gestion des déchets est un problème épineux. Le département d'État à l'Énergie des États-Unis avait mis en place une Commission sur la gestion des déchets radioactifs qui a rendu son rapport en 1993[20]. Cette commission, qui était présidée par Todd La Porte, un politologue de l'Université de Berkeley, a vigoureusement dénoncé le comportement de la Commission de l'énergie atomique et du département d'État à l'Énergie : le refus de la transparence a conduit, disait-il, à compromettre de fond en comble et dans la durée toute leur crédibilité auprès du public américain. Dans ses conclusions, il mettait en relief trois principes qu'il présentait comme *« proches d'axiomes géométriques »* :

« 1) La confiance du public n'est pas un luxe : le secrétariat d'État à l'Énergie n'a pas seulement obligation de la gagner, il en a aussi le besoin impérieux.

« 2) La confiance du public n'est pas une rue à sens unique : le département doit faire confiance au public avant d'attendre de lui qu'il lui fasse confiance.

« 3) Dans presque toutes les situations où des programmes de gestion des déchets sont en jeu, il est préférable de prendre les décisions dans une enceinte ouverte et pluraliste plutôt que dans un cercle fermé, qui exclut des parties prenantes actuelles ou potentielles. [...] La confiance du public est une contribution essentielle à la légitimité des organisations publiques à l'intérieur du système américain de gouvernement : cette contribution résulte de l'idéologie démocratique qui exige que les institutions publiques fonctionnent de manière transparente[21]. »

Ces trois principes pour la gestion des déchets sont certainement valables quel que soit l'endroit de la planète où ces déchets sont gérés puis entreposés.

Le retraitement : la solution française

La gestion du combustible entre le moment où il est retiré des réacteurs à eau légère pour être entreposé dans une piscine de refroidissement près du réacteur puis transporté sur un site d'entreposage intermédiaire, est identique en

France et aux États-Unis. Plus court sera le temps d'entreposage avant le retraitement, moindre sera la capacité d'entreposage nécessaire auprès du réacteur. Par contre, un temps d'entreposage long nécessitera moins de refroidissement dans le transport et le retraitement sera facilité car le combustible usé sera moins radioactif.

En France, le combustible usé est retraité pour récupérer le plutonium (plutôt que d'être entreposé en l'état comme aux États-Unis). Cette étape faisait partie du programme futur d'utilisation des surgénérateurs.

La décision de retraiter le combustible irradié dans les réacteurs à eau fait partie d'une stratégie de gestion des déchets nucléaires. Le choix des méthodes envisagées pour faire face à la pénurie de minerai d'uranium que l'on craignait pour l'avenir a été influencé par les inégalités considérables d'accès aux réserves de combustibles fossiles. Ce n'est pas un hasard si les Français ont privilégié des solutions diminuant leur dépendance à l'égard de sources d'approvisionnement qui peuvent se révéler coûteuses et aléatoires. Tous les pays n'ont pas la possibilité de lancer une guerre, comme celle de 1991 contre l'Irak, parce que leurs intérêts vitaux en matière d'approvisionnement du pétrole sont menacés.

La France, le Japon et les pays qui font valoir la faiblesse de leurs sources nationales d'énergie, privilégient le recyclage des matières énergétiques contenues dans les combustibles usés et la séparation des déchets qui présentent chacun des problèmes différents ; les plus dangereux peuvent ainsi être rendus plus compacts puis vitrifiés comme cela a été expliqué ci-dessus.

Le but initial du retraitement était d'obtenir du plutonium qui peut remplacer une partie de l'uranium-235 dans les réacteurs, ainsi que de récupérer l'uranium du combustible usé, dont la concentration d'uranium-235, après 4 années dans un réacteur, est de 0,9 %. Cependant l'uranium du combustible usé a moins de valeur que l'uranium naturel en raison des effets nuisibles des isotopes 234 et 236 qu'il contient.

En France, le combustible usé est placé dans une piscine de refroidissement pour une année, puis transporté à une usine de retraitement dans des conteneurs en acier. Les éléments de combustible seront encore refroidis pendant deux années puis désassemblés mécaniquement, les barres étant cisaillées automatiquement (toutes ces manipulations se font dans l'eau) et les morceaux restants sont nettoyés et mis au rebut. Les pastilles de céramique d'oxyde d'uranium, contenant 1 % de plutonium et 5 % d'uranium, sont dissoutes dans des produits chimiques très puissants puis, par des processus complexes, l'uranium et le plutonium sont séparés au maximum des autres produits de fission dont il ne restera qu'une part sur 10 millions ; 99,9 % du plutonium est séparé des produits de fission. La France ne procède pas au réenrichissement de cet uranium mais le soustraite en Russie. Cette opération est effectuée au moyen de centrifugeuses puissantes. D'autres clients de La Hague, auxquels il faut renvoyer l'uranium retraité, font effectuer l'enrichissement aux Pays-Bas. La France évite ainsi de contaminer avec des traces de plutonium ses propres installations d'enrichissement d'uranium par diffusion gazeuse. L'uranium enrichi en Russie sera retourné en France pour la fabrication de combustible.

La capacité annuelle de retraitement de l'usine de la COGEMA, à La Hague, est de 1 600 tonnes de combustible usé, les réacteurs français en produisent 1 200 tonnes chaque année. Celui-ci contient environ 1 % de plutonium, cela représente 250 kilogrammes pour les 21 tonnes annuelles de combustible retirées de chaque réacteur. La Hague sépare donc environ 16 tonnes par an de plutonium sous forme d'oxyde de plutonium, une poudre sèche qui sera ensuite soudée à l'intérieur de petits conteneurs cylindriques en acier contenant chacun 2 kilogrammes de plutonium. Comparé au plutonium de qualité militaire qui contient 94 % de plutonium-239, ce plutonium contient 60 % de plutonium-239, 25 % de plutonium-240, 9 % de plutonium-241, 5 % de plutonium-242 et 1 % de plutonium-238 : seuls les isotopes impairs (qui ont un nombre impair de neutrons) sont fissiles avec les neutrons thermiques. Le plutonium-240 est plus fissile avec les neutrons rapides que ne l'est l'uranium-235 (les masses critiques sont de 40 et 60 kilogrammes).

Ces petits conteneurs où est enfermé l'oxyde de plutonium sont scellés par groupes de cinq dans des conteneurs en acier qui assurent la protection. Ils sont ensuite transportés à l'installation de fabrication du combustible, où l'oxyde de plutonium est mélangé avec de l'oxyde d'uranium sous forme de pastilles en céramique, le Mox, qui sera utilisé dans les réacteurs à eau légère.

Le combustible Mox est fabriqué dans l'usine Melox de la COGEMA, située à Marcoule dans le département du Gard. Sa capacité de production est de 115 tonnes de combustible par an ; c'est la plus grande usine de fabrication de ce combustible dans le monde. Au Royaume-Uni, une usine de retraitement à Sellafield a commencé à fonctionner en 1997, sa capacité annuelle est de 700 tonnes. Une usine de retraitement similaire à celle de La Hague a été construite à Rokkasho au Japon. Cette usine accepte dès à présent du combustible irradié[22]. Sa réalisation a nécessité 20 ans et 20 milliards de dollars[23].

Les problèmes liés à la manipulation du plutonium pèsent sur le prix de la fabrication du Mox dont le coût est par conséquent supérieur à celui du combustible d'uranium, même si le plutonium est donné. Obtenir le plutonium à partir du combustible usé nécessite de retraiter environ 5 kilogrammes pour produire 1 kilogramme de Mox, le coût du retraitement par kilogramme de combustible usé dépassant de coût du kilogramme de combustible frais. Le coût du Mox est donc beaucoup plus élevé que celui du combustible fabriqué à partir de l'uranium naturel, et il le restera jusqu'à ce que le coût de l'uranium naturel augmente jusqu'à une valeur de l'ordre de 500 à 100 dollars par kilogramme, comme cela sera expliqué ci-dessous lorsque nous évoquerons l'usine de retraitement de Rokkasho au Japon.

Le retraitement et le recyclage du combustible permettent donc de récupérer, sous forme d'uranium et de plutonium, 30 % de l'énergie de départ, mais cela a un prix. Par contre, la situation serait beaucoup plus avantageuse avec les réacteurs à neutrons rapides qui permettent en principe de consommer presque tout le stock d'uranium naturel par la fission, avec l'inconvénient d'avoir à retraiter et recycler plusieurs fois le combustible nucléaire hautement radioactif.

Les Français vendent aussi ce savoir-faire et ce service à des pays comme le Japon, l'Allemagne, la Belgique et la Suisse, adeptes du recyclage : les combustibles usés sont retraités en France, l'uranium, le plutonium ou le Mox, ainsi que les déchets étant restitués au pays d'origine, comme cela est requis par la loi française.

La France a été pionnière pour le retraitement. Sur les 58 réacteurs à eau pressurisée, 20 réacteurs de 900 MWe brûlent le plutonium sous forme de Mox qui constitue le tiers des éléments de combustible. Le Mox est aussi utilisé dans une quinzaine de réacteurs en Allemagne, Belgique et Suisse. Au Japon, il est prévu qu'une dizaine de réacteurs fonctionneraient avec ce combustible d'ici 2010.

Une fraction seulement du plutonium est consommée durant les quatre années où le Mox est brûlé dans un réacteur. Si le plutonium est recyclé plusieurs fois, il contient une plus grande proportion d'isotopes de plutonium non fissiles et produira donc moins d'énergie par kilogramme de combustible retraité. Seuls les réacteurs à neutrons rapides ont la capacité intrinsèque de consommer totalement le plutonium venant du retraitement et à incinérer les actinides mineurs. Cela a suscité l'ambitieux programme CAPRA (*Concept to Amplify Plutonium Reduction in Advanced Fast Reactors*) qui avait été conçu pour faire fonctionner Superphénix non seulement avec du plutonium, mais aussi de l'américium et d'autres actinides mineurs séparés. Un rapport élaboré pour le Premier ministre en 1998 indique que ces expériences seront maintenant effectuées auprès du réacteur de recherche Phénix qui a redémarré en 2003.

Les déchets nucléaires en France

En 2020, on estime que le stock français de déchets nucléaires contiendra 150 tonnes de plutonium, 70 tonnes d'actinides mineurs et 2 000 tonnes de produits de fission (contre 526 tonnes de plutonium et 55 tonnes d'actinides mineurs et 2 000 tonnes de produits de fission, si le combustible n'est pas retraité et recyclé et si le plutonium provenant du Mox usé n'est pas recyclé). À titre de comparaison, pour les 100 réacteurs fonctionnant aux États-Unis, les déchets s'élèveront en 2020 à 4 000 tonnes de produits de fission et 1 000 tonnes de plutonium.

Comme cela a été mentionné, la France produit 1,2 kilogramme de déchets radioactifs par habitant et par an, chiffre que l'on peut comparer aux 100 kilogrammes de déchets industriels toxiques (cadmium, plomb ou autres métaux lourds) qui ne se désintègrent pas et dont la durée de vie est infinie.

Seulement 2 % des déchets radioactifs sur ces 1,2 kilogramme constitue le danger principal. Il est fait de déchets très radioactifs à vie courte et de radioéléments à vie longue provenant du cœur du réacteur. Après vitrification par la COGEMA, ce sont 24 grammes de produits par an et par habitant qu'il faut gérer pour au moins 100 000 ans pour jouir en bonne conscience de l'électricité nucléaire.

Les déchets hautement radioactifs sont constitués des pastilles de combustible et de leurs gaines. Ils sont tout d'abord entreposés dans des piscines de refroidissement pendant une à deux années près de la centrale, puis le plutonium (1 %) et l'uranium (96 %) récupérés sont gardés sous forme liquide pendant cinq années à La Hague, et les matériaux restant (les déchets ultimes, 3 %) contenant tous les produits de fission solides sont séchés, vitrifiés et enfermés dans des conteneurs en acier inoxydable. Chaque bloc vitrifié de 0,15 m^3 environ pèse 400 kilogrammes et contient les produits de fission de trois éléments de combustibles d'un réacteur à eau (sur les 250 qu'il en contient). Ils seront conservés à La Hague dans des puits refroidis par circulation d'air pendant 30 ou 40 ans, bouchés par un couvercle en béton.

Pour le moment, les déchets conditionnés sous forme de verre sont entreposés à La Hague, ceux pour le compte de pays étrangers leur étant retournés, tandis que seuls les déchets français doivent rester.

Mais le destin des déchets français à vie longue n'a pas encore été arrêté. La loi du 30 décembre 1991, encore appelée loi Bataille, a défini un programme en trois axes de recherche confiés à l'Agence nationale pour la gestion des déchets radioactifs (ANDRA) et au CEA, sur une séparation encore plus poussée de l'uranium et du plutonium, ainsi que des autres produits de fission qui devraient être transmutés, sur les possibilités de stockage réversible ou irréversible dans des formations géologiques, et sur un conditionnement spécifique des déchets pour qu'ils soient entreposés en surface sur une longue période[24]. Cette loi organise également le dialogue entre les pouvoirs publics, les grands acteurs du nucléaire et les populations concernées de façon à éviter les incompréhensions passées. Elle définit notamment le rôle du législateur dans la définition d'une solution définitive.

Cette loi envisage la transmutation des corps pour réduire leur radiotoxicité. Divers scénarios sont à l'étude. Certains utilisent les neutrons lents des réacteurs actuels à eau pressurisée et d'autres, les neutrons rapides de réacteurs semblables à Superphénix ou les réacteurs hybrides faisant appel à un accélérateur très intense, analogue à l'amplificateur d'énergie de Carlo Rubbia[25] sur lequel nous reviendrons ci-dessous.

La loi prévoit la réalisation de laboratoires souterrains destinés à étudier les sites qui se sont portés candidats au stockage géologique. Trois sites ont été identifiés, en dessous des nappes phréatiques, parmi lesquels deux sont à 500 et 800 mètres de profondeur dans un sol d'argile, et le troisième dans du granite. Un seul site est en cours d'étude à Bure dans l'Aude à 490 mètres de profondeur, et les travaux de construction et de recherche ont pris beaucoup de retard. Une expertise indépendante, commandée par le Comité local d'information et de suivi du site de Bure (organe institué par la loi Bataille), dont le rapport en décembre 2004, a été rendu, indique « *qu'une évaluation de performance scientifiquement valide visant à déterminer la faisabilité de la construction d'un site de stockage avec confinement géologique sur le site de Bure n'est pas possible en l'état actuel des recherches* » et qu'un « *tel jugement est très prématuré* ». Des années seront encore nécessaires pour étudier des aspects comme les dégagements de chaleur, le comportement de la zone perturbée par l'excavation ou les risques d'intrusion humaine accidentelle ou délibérée[26].

Chaque année, un rapport d'évaluation de l'état des recherches est remis au gouvernement. La loi prévoit qu'une décision devra être prise en 2006 au vu d'un rapport final et que cette décision sera traduite sous forme législative après discussion au Parlement. La lourdeur de cette procédure est à la mesure de la difficulté du problème, autant politique que technique.

Les déchets de faible ou moyenne activité à vie courte (moins de 30 ans) provenant de travaux dans les centrales sont conditionnés par fûts et entreposés en surface dans les sites Soulaines et Moronvilliers situés dans l'Aude et gérés par l'ANDRA.

La gestion des déchets à vie courte ou même plus faiblement radioactifs pose des problèmes qui sont, eux aussi, loin d'être faciles à résoudre sur les plans politique et pratique. La Commission Turpin[27] a été chargée par le gouvernement français d'évaluer la situation du centre de stockage des déchets radioactifs de la Manche, situé en bordure de l'usine de la COGEMA à La Hague. C'est le premier centre français de stockage en surface de déchets moyennement et faiblement radioactifs où ont été entassés entre 1969 et 1996 près de 500 000 m^3 de résidus laissés par l'industrie nucléaire civile et militaire. Ces déchets contiennent des radioéléments à vie longue comme le plutonium, mais aussi des métaux lourds, comme le plomb, considérés comme toxiques et dont la toxicité ne décroît pas avec le temps.

Les autorités responsables avaient conçu un plan de surveillance qui s'achèverait en 2294. En partant du principe que la majeure partie de la radioactivité des déchets aurait disparu en 300 ans, elles ont entrepris en 1991 d'enfouir les colis radioactifs sous une couverture étanche, susceptible de les protéger pendant trois siècles. Après 2294, ce site aurait pu être banalisé. Mais la commission a donné un verdict différent, pour certains défauts de couverture et la présence de certains « points chauds » : le site ne pourra pas être banalisé après ce laps de temps, conclusion que le gouvernement a immédiatement reprise à son compte. En 1995 déjà, à la demande des écologistes, un tribunal avait ordonné l'interruption du recouvrement.

Que s'est-il donc passé ? La commission a certes considéré que le centre ne présentait pas de risque significatif de pollution du milieu par les radioéléments. Les pollutions chroniques au tritium et au radon observées sont en effet inférieures d'un facteur 10 aux normes les plus sévères et, à court terme, la couverture actuelle apparaît acceptable. Mais la commission a également noté un danger lié à l'intrusion sur le site : elle a relevé des concentrations élevées de radioactivité en certains points alors que les estimations étaient fondées sur une distribution uniforme. Dans l'état actuel des choses, la commission propose, pendant une période allant de 5 à 50 ans, de préparer une couverture définitive dont le coût serait de 50 millions d'euros. Au-delà, la surveillance sera réduite.

EDF provisionne 0,15 centime d'euro par kWh produit pour financer les retraitement, conditionnement et stockage du combustible usé.

Radiotoxicité

L'évaluation des risques dus à la radiotoxicité des divers composants des déchets nucléaires est une affaire complexe. Les partisans du retraitement en France utilisent souvent l'argument de la réduction de la radiotoxicité des déchets pour justifier celui-ci. Mais il est important de considérer les chemins spécifiques par lesquels les matériaux radioactifs peuvent atteindre les hommes plutôt que de considérer seulement la radiotoxicité par microgramme de déchets nucléaires ingérés. Des études sont en cours pour estimer les possibilités de migration des éléments radioactifs de leur lieu de stockage, emportés par les eaux souterraines par exemple. Les mécanismes en jeu dépendent beaucoup de la nature du terrain, de son acidité, de son pouvoir oxydant.

Le danger à long terme des déchets varie considérablement suivant leur composition chimique et suivant la nature du stockage : céramiques de combustibles irradiés ou bien déchets vitrifiés. Sur 1 000 ans, la radioactivité des produits de fission est le facteur dominant dans la radiotoxicité des déchets nucléaires et de première importance dans la prise en compte des possibilités de retour à la biosphère. La vitrification des déchets, après le retrait de 99,9 % du plutonium, comme le pratique la France, réduit d'un facteur 20 la radiotoxicité transférée à la biosphère au cas où l'eau pénétrerait dans le lieu de stockage, mais cela ne tient pas compte de la mise au rebut du combustible usé de Mox.

L'« indice de dose relative » est un indicateur plus global que la radiotoxicité pour évaluer les risques des déchets nucléaires. Il en diffère aussi car il inclut le taux auquel le matériau se dissoudrait dans l'eau souterraine qui le transporterait jusqu'à la biosphère. Des études récentes montrent par exemple que l'américium[28] domine pendant 4 000 ans car il n'est pas retiré des déchets avant vitrification[29]. Pour le stockage en l'état ou la vitrification des produits de fission, on soulignera que le risque dû au plutonium, très peu soluble dans l'eau, est bien moindre que celui des produits de fission solubles comme le technécium-99, dont la durée de vie est de 2,1 millions d'années. La séparation du plutonium avant l'enfouissement n'offre donc pas de gain important pour la sécurité. Comme nous l'avons vu dans le cas du réacteur naturel d'Oklo, le plutonium reste là où il se trouve, au moins au Gabon.

Retraitement et déchets à vie longue

Rappelons les principaux arguments en faveur du retraitement. Le retraitement devrait permettre de diviser par deux, ou peut-être même quatre, le volume de déchets radioactifs à vie longue, tout en augmentant le volume des déchets d'activité moyenne ou faible. La grande ambition est aussi de séparer les déchets à haute activité et à vie longue et de les transmuter avec des neutrons rapides. Le but est de consommer totalement le plutonium et tous les autres radioéléments à vie longue tout en produisant de l'électricité. Bien que Superphénix soit mort (du moins pour le moment, rappelons-nous l'origine de son nom !), la séparation et la transmutation ont encore de fervents partisans dans le monde.

La figure 5.9 présente les courbes de radiotoxicité pour l'équivalent d'un huitième du combustible usé pour une année de fonctionnement de réacteur. Ces courbes indiquent les risques relatifs si une petite fraction était ingérée. La courbe R1 présente la radiotoxicité dans le cas du retraitement tel qu'il est actuellement pratiqué par la COGEMA ou par British Nuclear Fuels Limited au Royaume-Uni : la radiotoxicité varie entre 1/2 et 1/10 de celle sans retraitement. Bien sûr, les matériaux séparés du combustible existent toujours en surface jusqu'à ce qu'ils aient été détruits ou enfouis. Dans un scénario de retraitement poussé, on sépare aussi

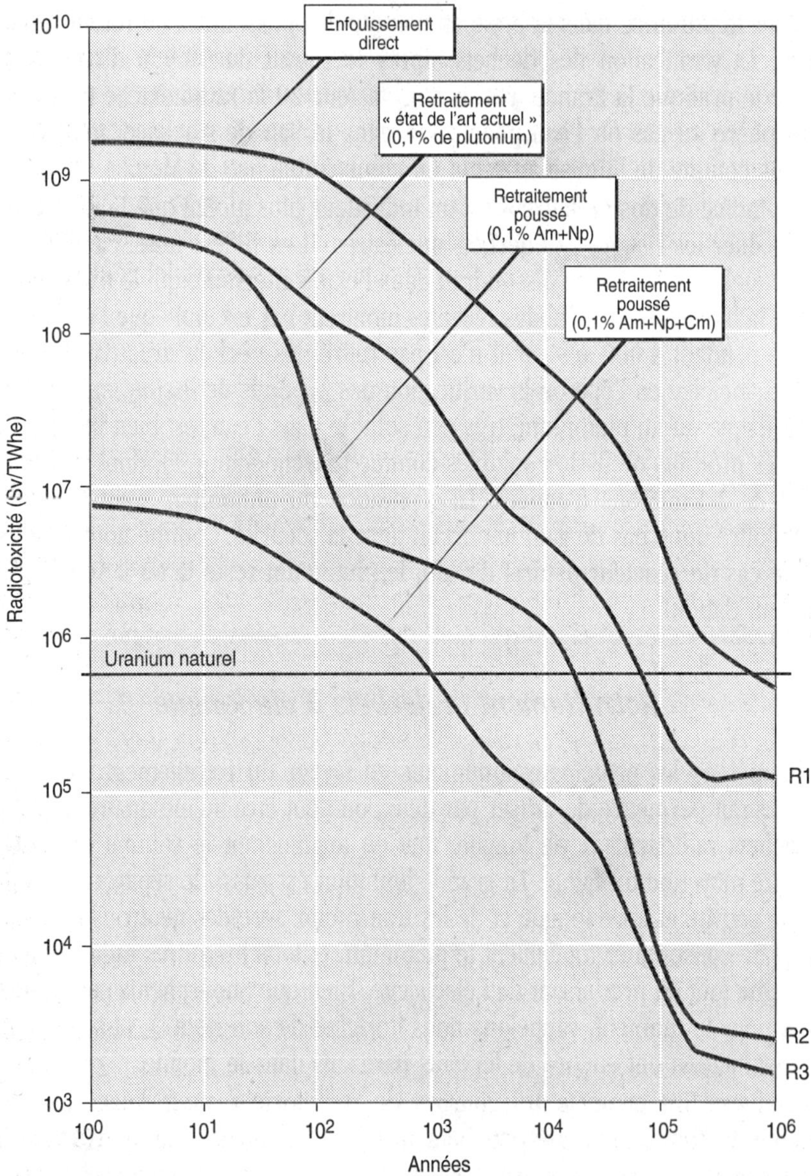

Figure 5.9 : Évolution de la radiotoxicité des déchets dans le temps pour plusieurs types de déchets nucléaires après plusieurs types de traitements.

99,9 % de l'américium, du neptunium et du curium, on obtient alors la courbe R3, environ 100 fois inférieure à la courbe R1 représentant l'état de l'art actuel du retraitement. On s'attend au même résultat après séparation et transmutation. La figure 5.9 montre que cette stratégie doit aboutir, après un millier d'années, à un degré de radiotoxicité égal à celui de l'uranium naturel initial.

Dans le débat entre les partisans de l'enfouissement sans traitement et ceux du traitement maximum, ces courbes semblent trancher en faveur du retraitement. Cependant il faut garder à l'esprit que ces courbes ne prennent pas en compte le fait que le reste du matériau séparé qui est recyclé sera éventuellement enterré après un seul passage, et que la France n'a pas de projet pour recycler le combustible Mox usé[30].

Après 1 000 ans, la radiotoxicité des déchets enfouis est près de 1 000 fois supérieure à celle des déchets retraités, et il leur faut près de 1 million d'années pour arriver au niveau de l'uranium naturel. Cependant, une analyse de la séparation et de la transmutation publiée par le Conseil national de la recherche des États-Unis (le groupe qui réalise les rapports de l'Académie des sciences) conclut que les avantages de cette méthode ne sont pas suffisants pour abandonner le stockage en l'état[31]. Le rapport souligne aussi les fuites de certains des matériaux radioactifs dans les nombreuses opérations de retraitement nécessaires pour une transmutation efficace, aspect qui n'est pas toujours pris en compte par certains partisans de la séparation-transmutation.

Il faut de 50 à 100 ans pour traiter les déchets produits par un réacteur, en tenant compte du temps d'entreposage. Si l'on décide d'arrêter définitivement le nucléaire, il faudrait, après la dernière fission produite, continuer à opérer le retraitement pour que les déchets de haute toxicité ne submergent pas les déchets très raffinés qui ont été enfouis. Ceci suppose encore une confiance dans la stabilité d'une société qui continuera à payer les frais d'une industrie qu'elle aura éliminée.

Le scénario de retraitement poussé (la courbe R3 de la figure 5.9) qui réduirait de façon massive la radiotoxicité, exigerait un très grand parc de grands réacteurs à neutrons rapides et des installations spécialisées dans le retraitement et la fabrication des combustibles, ce qui représenterait un coût important préalable à la réduction de la radiotoxicité des actinides mineurs à vie longue. Il n'est pas certain que même la transformation du surgénérateur en instrument destiné à manger le plutonium et les produits fissiles soit un élément assez convaincant pour que des dizaines en soient envisageables maintenant en Europe ; d'autant que de nouvelles filières, basées sur le thorium plutôt que l'uranium, offrent la perspective d'empêcher la production de la plupart des métaux lourds dans des conditions de fonctionnement excluant toute possibilité de réaction en chaîne non contrôlée.

Il faudra toutefois gérer le combustible usé et un site géologique profond semble être l'endroit le plus sûr pour le stockage. Le site de Pangea en Australie (dont nous reparlerons ci-dessous) accepterait les déchets vitrifiés provenant de combustibles retraités ou non.

L'aval du cycle du combustible : la solution américaine – le stockage en l'état du combustible usé

Les États-Unis projettent de stocker en l'état les éléments de combustible usé. Après le déchargement du réacteur, les éléments de combustible sont placés dans une piscine sur le site du réacteur pour une première phase de refroidissement. Environ 24 éléments sont ensuite mis dans d'épais conteneurs en acier, puis entreposés dans une installation spécialisée pour 10 à 50 ans avant leur dépôt dans un site géologique profond. La plupart des produits de fission se seront désintégrés durant la période d'entreposage au-dessus du sol. C'est important parce que la quantité de produits de fission qui peuvent être mis dans un site souterrain est d'abord déterminée par la chaleur qui sera transmise aux roches et le coût sera d'autant plus faible que la chaleur de désintégration se sera dissipée auparavant (la chaleur de fission est d'environ 1 kW par élément de combustible au moment de l'insertion dans le conteneur). Il faudra aussi évidemment s'assurer que les matériaux seront stockés de façon à ce qu'une réaction en chaîne ne puisse se produire, par exemple en insérant du bore dans l'acier pour absorber les neutrons.

Les États-Unis ont choisi d'installer leur site géologique profond dans la montagne Yucca, dans l'État du Nevada, près du centre où ont eu lieu plus de 900 essais nucléaires. Les tunnels seront à environ 300 mètres au-dessus de la nappe phréatique. L'eau souterraine se trouve dans un bassin fermé qui n'est lié à aucune rivière[32].

Quand on choisit une stratégie d'enfouissement de quantités considérables de déchets fissiles pendant des dizaines de milliers d'années, il faut tenir compte de scénarios peu probables même s'ils sont contestés. Les sites d'enfouissement doivent être étanches aux eaux d'infiltration car les produits de fission sont solubles. Cela est possible avec des plaques de céramique ou de granite qui se chevauchent comme les tuiles des toits de nos maisons. Mais, bien sûr, des tremblements de terre peuvent rendre inefficaces ces précautions.

Nous ne discuterons pas des solutions adoptées pour choisir des sites géologiques d'enfouissement en profondeur qui offrent des garanties de stabilité sur des millions d'années car certains experts pensent qu'il est difficile d'apporter une garantie absolue au-delà de 1 000 ou 10 000 ans. Cela ne doit pas cependant nous empêcher de nous efforcer d'apprécier scientifiquement les risques associés aux différentes stratégies bien au-delà de ces échelles de temps.

Dans une évaluation de viabilité[33], la Commission de réglementation nucléaire des États-Unis note que « *puisqu'on ne connaît pas la nature de la biosphère à la montagne Yucca dans 10 000 ans (glaciers, forêt tropicale ou grande agglomération), il est difficile d'établir un critère de dose valable à cette échelle de temps* ». Elle prend alors l'exemple d'une ville à 20 kilomètres du site ; 10 000 ans après la fermeture du site, la dose de radiation moyenne supplémentaire par individu serait de 0,001 mSv/an, à comparer à la radiation naturelle de 2,4 mSv/an aux États-Unis.

L'Agence de protection de l'environnement aux États-Unis a proposé en août 2005 un changement pour les règles de stockage au site de la montagne Yucca qui limiterait la dose pour la population la plus exposée à 150 microSv par an[34]. Cela conduirait à ce que la limite de dose entre 10 000 et 1 million d'années soit de 3,5 mSv par an, environ la dose moyenne reçue par les Américains en ajoutant toutes les contributions. Puisque cette dose affecterait seulement une petite fraction de la population, nous sommes partisans de ce changement, pour des raisons de transparence, tout en maintenant une bonne protection pour la santé de la population.

Les Américains rencontrent une formidable résistance ainsi que des difficultés techniques pour le site de la montagne Yucca, qui ne devrait pas être opérationnel avant 2010 au plus tôt. En conséquence, les piscines de refroidissement, qui semblent être saturées, devront être modifiées de façon à pouvoir contenir davantage d'éléments de combustible.

L'ouverture de ce site en 2010 dépend d'une décision présidentielle. L'accumulation des déchets durera jusqu'en 2033, mais le site devra rester ouvert pendant 100 ans. La fermeture et le scellement du site commenceront en 2110 et dureront 6 ans. Il est prévu qu'il contiendra 63 000 tonnes de combustible usé commercial, 2 333 tonnes de combustible usé militaire et 4 667 tonnes de déchets hautement radioactifs retraités puis vitrifiés, ce qui sera fait à une petite échelle au site de West Valley, dans l'État de New York. Une somme de 5,9 milliards de dollars a déjà été dépensée pendant la période 1983-1998 pour étudier 9 sites et pour des activités, dont la construction d'un tunnel exploratoire de 8 kilomètres, à la montagne Yucca. On estime à 36,6 milliards de dollars les coûts jusqu'en 2016. Ceux-ci devraient être couverts par les redevances payées par les compagnies électriques (0,1 cent par kWh) au Fonds pour les déchets nucléaires.

Le temps de vie requis pour les conteneurs est encore sujet de débat dans d'autres pays. Devrait-on utiliser de l'acier (durée de vie comprise entre 500 et 1 000 ans), du cuivre, ou même des matériaux nobles (c'est-à-dire chimiquement inertes comme l'or ou le platine) qui pourraient durer 1 million d'années ? Les métaux précieux ajoutent une vulnérabilité supplémentaire, car leur valeur pourrait inciter au vol. Dans tous les cas, les caractéristiques des conteneurs dépendront en partie de la mesure dans laquelle les tuiles de métal ou de granite chevauchant et un remplissage en gravier empêcheront l'accès de l'eau souterraine au métal des conteneurs.

Stockage en l'état et retraitement : arguments et controverses

Les deux solutions, stockage en l'état ou retraitement ont chacune leurs partisans et leurs détracteurs, et la solution choisie, qui n'est pas figée, varie suivant les pays.

Pour un ingénieur, 1 tonne de plutonium vaut 1 GWe pendant une année. Pour un économiste, elle a une valeur négative de 25 millions de dollars (cela représente les dépenses supplémentaires pour pouvoir vendre 1 tonne de plutonium ou 20 tonnes de Mox au même prix que 20 tonnes d'uranium enrichi de même contenu énergétique). Pour Saddam Hussein, elle aurait valu 200 bombes nucléaires. Pour l'industriel chargé de la gestion des combustibles usés, le coût de leur retraitement et de leur enfouissement final dépend des processus industriels complexes qu'il doit mettre en œuvre, mais aussi des stratégies qui peuvent être très différentes selon le pays où il doit opérer. Ces possibilités disparates en termes d'énergie, de coût et aussi d'usage militaire potentiel sous-tendent les débats sur le retraitement-recyclage des combustibles usés, ainsi que la possibilité d'accident ou les conséquences réelles ou perçues du retraitement dans le domaine de la santé publique. Le choix du stockage en l'état sans retraitement est motivé par la minimisation du coût et par la volonté de ne pas accumuler de plutonium séparé des produits de fission radioactifs, qui pourrait être volé ou détourné à des fins militaires.

La France a choisi la voie du retraitement. Elle remarque que dans 1 tonne de combustible irradié avant traitement, il y a près de 10 kilogrammes d'uranium-235 et autant de plutonium, qui sont des sources d'énergie, 32 kilogrammes de produits de fission et 7 kilogrammes d'actinides. Comme cela a été indiqué plus haut, environ 21 tonnes en moyenne sont extraites chaque année pour chaque réacteur, ce qui correspond à un total de 1 200 tonnes annuelles en France. La France pense qu'il est donc plus rationnel de récupérer les produits fissiles et de séparer les produits dangereux à stocker, dont le volume est beaucoup plus petit.

La France fait valoir que le retraitement-recyclage existe et fonctionne industriellement et que ses coûts sont connus alors que l'enfouissement direct n'est qu'à l'état de projet, que son coût est seulement estimé, par conséquent non garanti, et qu'on connaît bien la tendance à l'augmentation irrésistible des coûts des grands projets lorsqu'on passe de l'estimation à la réalisation. Cependant, même avec le retraitement-recyclage, il faudra de l'espace de stockage définitif dont personne ne connaît encore le coût.

Les Américains pensent que leur approche, le stockage en l'état, semble moins chère, puisque le retraitement est une étape supplémentaire avant la mise au rebut et que l'espace nécessaire dans un site d'enfouissement dépend principalement de la chaleur des produits de fission qui ne doit pas endommager la roche. Ils soulignent aussi que la France n'a pas encore enfoui dans un site permanent une seule de leurs milliers de tonnes de déchets vitrifiés et que le coût de leur méthode n'est donc pas mieux connu que celui du stockage en l'état.

Sur la lancée du président Gerald Ford, le président Jimmy Carter a émis une directive en 1977 interdisant le retraitement du combustible nucléaire civil et a tenté de convaincre les autres pays d'en faire autant, essentiellement pour empêcher la prolifération nucléaire. À l'époque, il était clair que le stockage en l'état était moins cher que le retraitement-recyclage. Les coûts des deux approches sont encore débattus. Une étude de 1994 de l'Agence pour l'énergie nucléaire de l'OCDE indique qu'il n'y a pas de différence significative entre les deux options, mais elle utilise pour le stockage en l'état le coût du programme suédois qui est limité, et pas celui du programme, de beaucoup plus grande ampleur, des États-Unis. Son estimation de la différence entre le coût du retraitement-recyclage et celle du stockage en l'état est de 0,06 cent/kWh (avec des estimations optimistes pour la construction d'usine de retraitement et un coût unitaire élevé du programme suédois). Cela correspondrait à 600 millions de dollars par an aux États-Unis, ce qui est très petit par rapport aux coûts globaux et aux simples fluctuations de gestion. D'autres estimations prenant en compte la construction d'installations de retraitement, arrivent à des coûts pour le retraitement beaucoup plus élevés de l'ordre de 0,5 cent/kWh comme c'est le cas en tenant compte des sommes importantes déjà dépensées à Rokkasho-Mura au Japon.

Les compagnies d'électricité nucléaire aux États-Unis paient 0,1 cent/kWh à un fonds spécial pour le stockage du combustible usé, ce qui correspond à 700 millions de dollars par an pour cette industrie. Il y a de fortes oppositions au stockage des combustibles usés au site de la montagne Yucca, mais il n'est pas clair que les tensions auraient été moindres si les produits de fission avaient été vitrifiés et non pas stockés sans traitement.

Si les compagnies électriques américaines devaient se convertir au retraitement et payer la construction des installations nécessaires, elles dépenseraient environ 0,65 cent/kWh de plus que le montant de 0,1 cent/kWh qu'elles paient actuellement, pour se débarrasser du combustible usé, au département d'État à l'Énergie qui a la responsabilité de son stockage[35]. Le coût moyen de l'électricité étant respectivement de 5,9, 7,6, 4,6 cents/kWh pour les particuliers, les services et l'industrie, cela correspondrait à une augmentation de 9 % et ne simplifierait pas beaucoup le problème du stockage des déchets nucléaires.

En France, le coût du kWh nucléaire est d'environ 5 cents. Son prix de vente au public est de 11 cents/kWh auxquels s'ajoutent 30 % de taxes. La fraction du prix pour le retraitement est seulement de 3 %. La différence entre le prix de vente et le prix de revient est beaucoup plus importante qu'aux États-Unis.

En réalisant le programme des surgénérateurs qui l'a conduite à créer un prototype de taille industrielle, Superphénix, la France avaient parié sur une expansion majeure de l'industrie nucléaire dans le monde et sur le fait que l'uranium serait beaucoup moins abondant qu'il ne l'est, et donc sur une forte augmentation des coûts du combustible. Les surgénérateurs représentaient le seul espoir pour que l'énergie nucléaire puisse jouer un rôle important dans le futur de l'offre énergétique. Le retraitement pour récupérer le plutonium était donc un passage obligé. L'évolution à la baisse, inattendue, du prix de l'uranium rend cette voie onéreuse dans l'immédiat et reporte d'une cinquantaine d'années au moins sa rentabilité économique éventuelle.

Les 440 réacteurs en fonctionnement dans le monde aujourd'hui sont beaucoup moins nombreux que les estimations annoncées dans les années 1970 et 1980 et les 3 millions de tonnes d'uranium dans la croûte terrestre sont bien supérieures à ce que l'on anticipait au début de l'ère nucléaire. Cependant, à 200 tonnes d'uranium naturel par GWe-an, celles-ci ne dureront que 30 ans. Nous décrivons dans le chapitre 7 une analyse[36] qui indique que 200 millions de tonnes d'uranium peuvent être extraites de façon plus avantageuse que ce que coûterait la récupération de 20 % de l'uranium économisé par le retraitement-recyclage. Le futur de l'énergie nucléaire dépend en grande partie de la volonté des gouvernements du monde à entreprendre des projets pilotes pour déterminer le coût d'extraction de 2 000 millions de tonnes d'uranium parmi les 4 500 millions de tonnes dont tout le monde s'accorde à penser qu'elles sont contenues dans l'eau de mer. Superphénix est fermé depuis longtemps pour des questions techniques et de coût, et l'industrie nucléaire en Occident semble considérer que les surgénérateurs ne seront pas nécessaires au moins jusqu'en 2050 environ.

D'excellents travaux techniques ont été réalisés sur le retraitement et sur la possibilité de séparation du combustible usé en plutonium pour qu'il soit recyclé dans les réacteurs à eau légère, la séparation des actinides mineurs pour leur combustion éventuelle dans des réacteurs à neutrons rapides, et celle de plusieurs produits de fission à longue durée de vie pour qu'ils soient transmutés dans des réacteurs afin qu'ils se désintègrent plus rapidement. Rappelons que le Commissariat à l'énergie atomique a été un des leaders mondiaux dans ce domaine. L'installation de La Hague (qui retraite 1 600 tonnes de combustible usé chaque année, ce qui conduit à la séparation de 16 tonnes de plutonium qui peut ensuite être recyclé), n'a pas séparé les actinides mineurs, qui ont été vitrifiés avec les produits de fission dans des blocs qui seront entreposés dans des conteneurs en acier scellés pour être éventuellement enterrés dans un site géologique profond. Mais pour le moment, pas un seul de ces blocs n'a été entreposé en site profond, pas plus que le combustible usé aux États-Unis d'ailleurs.

Un rapport intitulé « *Étude économique prospective de la filière électrique nucléaire* », commandé par le Premier ministre Lionel Jospin, a été rendu en septembre 2000 par Jean-Michel Charpin, Benjamin Dessus et René Pellat[37]. Cette publication présente les points de vue d'auteurs parfois antagonistes sur les avantages de l'énergie nucléaire en général, sur une comparaison entre la solution française de retraitement-recyclage et celle du stockage en l'état. Les auteurs de ce rapport étaient, à l'époque, le commissaire au Plan, le directeur du Programme Ecodev du CNRS (programme interdisciplinaire de recherche sur les technologies pour l'écodéveloppement) et le haut-commissaire à l'énergie atomique. Ils font l'hypothèse de l'extension de la durée de vie des réacteurs actuellement en service en France jusqu'à 40 ans, si bien qu'il n'y aura pas besoin de source de remplacement d'ici 2025. Ils considèrent divers scénarios pour la demande d'électricité, l'élimination de l'électricité nucléaire, le retraitement-recyclage de l'ensemble du combustible et le stockage en l'état. Ils indiquent dans tous les cas le calendrier des activités et les dépenses nécessaires à la fourniture de l'électricité. Si la France avait opté pour le stockage en l'état, elle aurait économisé 164 milliards de francs pour une durée de vie du parc de 45 ans. Cependant, au début du programme nucléaire français, il n'était pas garanti que le prix de l'uranium tomberait au prix actuel de 30 dollars par kilogramme ou encore que le prix du pétrole serait au niveau de 10 dollars/baril avant sa remontée à 30 dollars/baril en 2000 puis à 55 dollars/baril en octobre 2004, ascension qui continue depuis. On peut estimer que ce coût revient à une prime d'assurance, mais une assurance contre quoi ? Par exemple, si on divise cette somme par la quantité de plutonium qui n'a pas été enfouie, cela correspond à 150 000 dollars/kg de plutonium, alors que le coût de l'uranium-235 est de 24 000 dollars/kg.

Tout le monde, y compris le Commissariat à l'énergie atomique, s'accorde à considérer que le retraitement conduit à des coûts supérieurs au stockage en l'état de combustible usé dans un site identique. Nous citons :

« *Tout d'abord l'économie. L'expérience industrielle, acquise avec plus de 10 000 tonnes de combustibles retraités à La Hague et le recyclage du plutonium dans les combustibles Mox, permet d'avoir des chiffrages précis du coût global de ces opérations. L'estimation la plus récente de l'OCDE donne 1,6 centime par kWh ; le rapport Charpin-Dessus-Pellat fait état de 1,8 centime par kWh. Dans les deux cas, la comparaison avec un hypothétique cycle direct qui consisterait à mettre en stockage géologique profond la totalité du combustible irradié, avec une évaluation théorique des coûts correspondants, fait ressortir une différence inférieure à 1 centime par kWh. Moins de 1 centime par kWh pour faire disparaître l'élément qui constituerait la principale difficulté du traitement définitif des déchets, ce n'est pas un coût exorbitant*[38]. »

Le Commissariat à l'énergie atomique écrit encore : « *Le combustible usé n'est pas un déchet. Il peut être valorisé par l'étape du traitement au cours de laquelle sont extraits tous les produits pouvant encore produire de l'énergie*[39]. » Puis il indique que le plutonium constitue 1 % du combustible usé et qu'il peut être directement utilisé pour remplacer une partie de l'uranium hautement enrichi. Il est tout à fait exact que 20 % des besoins en uranium peuvent être satisfaits de cette façon dans les réacteurs français. Mais avec un excès en coût. Le retraitement de 1 kilogramme de combustible usé coûte environ 700 euros : on en tire presque 1 kilogramme d'uranium qui vaut moins que 1 kilogramme d'uranium naturel dont le coût est actuellement de 30 dollars, ainsi que du plutonium qui, même s'il est donné en cadeau à un fabricant de Mox, lui couterait plus cher pour fabriquer le Mox que si celui-ci achetait directement l'uranium pour le mettre dans le réacteur. Le Commissariat à l'énergie atomique écrit que le coût supplémentaire dû au retraitement est de 1 centime par kilowatt-heure d'énergie électrique.

Comme nous l'avons indiqué ci-dessus, les compagnies d'électricité nucléaire aux États-Unis paient 0,1 cent/kWh à un fonds spécial pour le stockage du combustible usé, ce qui est supposé être suffisant. Les opérateurs nucléaires poursuivent le gouvernement américain parce qu'il n'a pas encore emporté le combustible usé qui se trouve entreposé sur les sites des réacteurs, et parce qu'il y a des délais de plusieurs années pour l'ouverture du site de la montagne Yucca, mais cela ne modifie pas l'estimation que l'entreposage direct est environ 1 (ou 0,9) cent moins cher que le retraitement et l'entreposage des déchet radioactifs.

La France et British Nuclear Fuels Limited au Royaume-Uni ont probablement profité de contrats commerciaux pour retraiter les combustibles japonais et allemand, mais ces contrats arrivent à terme. Le Commissariat à l'énergie atomique utilise le terme de « valorisé » pour 95 % du combustible usé qui est de l'uranium, le lecteur pourra se faire sa propre opinion. Tout le monde est d'accord sur le fait que l'uranium récupéré a moins de valeur que l'uranium naturel. Comment alors justifier même une petite part du coût de 700 euros le kilogramme de combustible retraité pour obtenir quelque chose qui vaut moins que 30 dollars ? C'est ce type de calcul qui permet de déterminer le prix de l'uranium naturel auquel le retraitement-recyclage serait équivalent en termes économiques avec le stockage en l'état. Ce coût est de l'ordre de 400-500 euros le kilogramme d'uranium naturel. Même à ce prix-là, le retraitement ne serait pas rentable, mais cela n'aurait pas d'importance.

Faut-il abandonner le retraitement avec la fin du programme de surgénérateurs ? De grandes installations de retraitement ont été construites en France et au Royaume-Uni et ont des contrats avec le Japon et l'Allemagne pour le retraitement de 7 120 et 5 165 tonnes de combustible usé, cependant ces contrats vont arriver très prochainement à échéance.

Est-ce qu'il serait meilleur marché d'extraire l'uranium de minerais moins riches ou des océans ? Bien qu'il ne soit pas actuellement dans l'intérêt de l'industrie de maîtriser ces technologies, il est important de savoir que cela sera possible dans le futur. Nous avons déjà estimé le prix « *breakeven price* » de l'uranium (700 dollars par kilogramme à comparer aux 30 dollars actuels) qui rendra le retraitement-recyclage compétitif. Nous reviendrons sur les diverses estimations du prix de l'uranium des océans au chapitre 7 (tableau 7.3).

Dans un article très fourni[40] sur les coûts des ressources en uranium et du retraitement, et sur des considérations relatives au choix entre les deux solutions, stockage en l'état ou retraitement, avec dans les deux cas mise au rebut des produits de fission, les auteurs citent une estimation récente de l'Institut Red Book de 16,2 millions de tonnes pour les ressources d'uranium « conventionnel » à un prix inférieur à 130 dollars le kilogramme, incluant des ressources raisonnablement assurées, des ressources additionnelles et des ressources spéculatives. Pour les ressources d'uranium d'eau de mer, ils citent une estimation, encore très incertaine, de 300 dollars par kilogramme. Sur la question du retraitement, en discussion aux États-Unis, les auteurs analysent en détail les coûts du retraitement et ses conséquences sur le prix de l'électricité. Ils citent un coût en capital de 18 milliards de dollars pour l'usine de Rokkasho (Japon) qui pourra traiter annuellement 800 tonnes (valeur que l'usine Thorp de Sellafield avait des difficultés à réaliser) de combustible usé pour un coût de fonctionnement de 1,4 milliard de dollars par an, ce qui conduit à un coût final de 1750 dollars[41] par kilogramme de combustible usé.

Si l'on considère un coût annuel de 10 % pour les intérêts et les diverses réparations et améliorations, cela reviendra à 4 000 dollars le kilogramme de combustible usé. Si le retraitement permet une économie de 20 % d'uranium et que 9 kilogrammes d'uranium naturel conduisent à 1 kilogramme de combustible usé, même une valeur nominale de 1 000 dollars par kilogramme de combustible usé pour le retraitement correspondrait à un coût de 110 dollars le kilogramme d'uranium naturel ; mais le retraitement ne remplace pas tout l'uranium naturel. Si le plutonium obtenu par le retraitement est utilisé comme Mox, et si cela conduit à une économie de 20 % d'uranium naturel, cela revient à dire que le coût du combustible d'uranium économisé est de 110/0,20 = 550 dollars le kilogramme, une estimation cohérente avec celle que nous utilisons dans ce livre pour le coût du retraitement en France. Si l'usine de Rokkasho est typique des conditions des nouvelles usines de retraitement, les 1 750 dollars par kilogramme de combustible usé conduirait à un coût de 962 dollars le kilogramme d'uranium naturel économisé : sur les 4 000 dollars de coût de retraitement par kilogramme de combustible usé, le coût de l'économie de chaque kilogramme d'uranium naturel est de 2200 dollars.

La question du retraitement aux États-Unis a fait l'objet d'un témoignage de Matthew Bunn devant la Chambre des représentants aux États-Unis le 16 juin 2005[42]. Bunn souligne que les problèmes de l'industrie électronucléaire aux États-Unis (dus en particulier aux retards du site de la montagne Yucca) ne seraient pas résolus par le retraitement, que les coûts seraient augmentés et que le site de la montagne Yucca serait néanmoins nécessaire. La solution qu'il préconise, similaire à celle que nous privilégions dans ce livre, est l'entreposage temporaire des déchets radioactifs en attendant leur stockage définitif mais réversible dans la montagne Yucca.

Parmi les partisans du retraitement aux États-Unis, certains comprennent néanmoins que jusqu'à présent aucune solution proposée ne conduirait à de meilleures conditions, en matière de coût, de sûreté et de sécurité face au risque de prolifération, que la méthode actuelle de stockage en l'état, mais il semblerait qu'ils pensent qu'on obtiendrait des résultats si les efforts étaient concentrés sur une méthode particulière, au lieu d'un programme de recherche plus vaste. Mais l'expérience a souvent montré qu'une approche dirigiste conduit à une stagnation ou à s'engager dans une voie sans issue, comme cela a été le cas de Superphénix en France ou de nombreux programmes gouvernementaux aux États-Unis. La situation en ce qui concerne le retraitement n'a pas changé depuis une quinzaine d'années.

Nous pensons que la solution à court terme au problème des déchets sera de les entreposer dans des sites géologiques profonds, et de les empaqueter et contrôler suivant des procédures très strictes, en conformité avec des normes de l'Agence internationale de l'énergie atomique. Nous reviendrons ci-dessous sur cette proposition.

À long terme, s'il s'avérait que le coût de l'uranium de l'eau de mer était finalement plus cher que 1 000 dollars le kilogramme, les surgénérateurs redeviendraient vraisemblablement nécessaires et il serait alors temps de retraiter le combustible usé, ce qui pourrait être fait à un coût très inférieur. Pour le moment, le public devrait être informé de l'importance de la poursuite de la recherche sur le retraitement, sur la mise au point de surgénérateurs sûrs et moins chers, sur le besoin de financer de façon urgente des travaux sur l'extraction des ressources d'uranium de l'eau de mer, et sur la création de sites géologiques profonds adaptés au stockage du combustible usé.

Quant à la nécessité de retraiter pour parer au manque de ressources domestiques en uranium, comme le proclament actuellement la France, le Japon et maintenant l'Iran, ces pays pourraient tout à fait acheter en avance des stocks d'uranium pour 10 ans de fonctionnement de leurs centrales. Cela serait bon marché et facile à entreposer. Ce n'est pas rendre hommage à l'excellent travail technique du Commissariat à l'énergie atomique, ni informer le public français, que de justifier le programme de retraitement à l'aide d'arguments pseudo-logiques.

Nous pensons que le citoyen a le droit non seulement de connaître les faits, mais aussi de disposer des informations et d'être impliqué dans le processus de décision, comme cela a été défendu par Robert Dautray dans un livre récent[43], sujet sur lequel nous reviendrons au chapitre 11.

Pollution dans les centres de production de matière fissile

Aux États-Unis, le département d'État à l'Énergie est responsable des déchets nucléaires civils et militaires, ce qui absorbe le tiers de son budget. La demande de budget du département d'État à l'Énergie était de 24,3 milliards de dollars, dont 8,6 milliards pour la composante environnementale[44].

Le centre de Hanford est un énorme complexe nucléaire de 1 500 km^2 créé en 1943 pour fabriquer le plutonium des bombes. Sa conception et sa gestion ont souffert du manque d'expérience normal s'agissant d'une technologie naissante, ainsi que de la hâte avec laquelle les armes nucléaires avaient été produites à l'époque. De vastes zones sont littéralement souillées de radioactivité. Tous les produits de fission provenant de la production du plutonium se trouvent dans des boues stockées dans des réservoirs en acier (à simple ou double paroi, et dont certains présentent déjà des fuites), tandis qu'une petite fraction se trouve dans des tranchées peu profondes. Cependant, Hanford est une région aride si bien que la radioactivité qui pénètre dans le sol descend lentement au lieu d'être entraînée dans le voisinage pour émerger avec les eaux de surface. On estime à 50 ans le temps nécessaire pour nettoyer le site, la facture étant estimée à 56 milliards de dollars.

La COGEMA sera partie prenante dans cette aventure. Son expertise dans le traitement du plutonium a été considérée comme précieuse. Il faut d'ici 2028 vitrifier les déchets liquides dans des usines construites sur le site ; or les Français sont passés maîtres dans cette technologie que les Américains sont eux aussi en train de développer. Ces derniers ont mis en place un vaste programme de vitrification au centre de production de plutonium de Savannah River, en Caroline du Sud, et ils projettent de faire de même à Hanford.

Le département d'État à l'Énergie devait utiliser les services de l'entreprise britannique British Nuclear Fuels Limited pour la décontamination des centrales à diffusion gazeuse de Oak Ridge qui produisent l'uranium enrichi depuis 1944. Cependant, fin 1999, BNFL a admis avoir falsifié des données sur un chargement de Mox pour le Japon, et cela a conduit à l'interruption de son contrat avec le département d'État à l'Énergie[45]. Les travaux ont été confiés en mai 2003 à la compagnie Bechtel National, Inc., et ils devraient être terminés en 2028[46]. Le coût total fait encore l'objet de négociations. Le département à l'Énergie avait estimé un coût de 56 milliards de dollars, mais en avançant la date de la fin des travaux à 2028 (l'approche dite « accélérée »), ce coût est tombé à 27 milliards. Le Government Accountability Office américain calcule un coût de 26 milliards de dollars pour la solution actuelle et un coût de 14 milliards de dollars pour l'approche accélérée[47]. Néanmoins, quelle que soit l'estimation choisie, on se demande pourquoi l'approche la plus chère avait été choisie.

D'après un autre rapport du Government Accountability Office américain publié en 2001 la dépollution des sites militaires américains est un défi effrayant, mettant en jeu la mise au point de technologies compliquées, coûtant environ 220 milliards de dollars, et qui devrait prendre 70 ans ou plus[48].

Le site nucléaire français de Marcoule, qui a été le premier centre français des applications militaires et industrielles du plutonium, est également pollué. Le coût du nettoyage total est estimé à 6 milliards d'euros. La vitrification des déchets militaires français a commencé il y a plus de dix ans, alors que l'usine de vitrification sur le site de Hanford est en construction. Le coût plus faible à Marcoule est dû au fait qu'il y a moins de plutonium qu'à Hanford et, qu'ayant été produit plus récemment, la corrosion des réservoirs est moindre.

Les règles de l'industrie sont maintenant plus strictes. On mesure, par ces exemples, la nécessité et la difficulté d'une nouvelle culture écologique capable de prendre en compte l'effet de nos actions dans un avenir parfois aussi distant, sinon 10 ou 100 fois plus, que le temps qui nous sépare de Vercingétorix. Qui accepterait aujourd'hui de payer les impôts locaux destinés à l'entretien d'un site de déchets dangereux laissés par les Gaulois bien que nous en payions avec plaisir pour la préservation des sites archéologiques où ont vécu ces mêmes Gaulois ? C'est ce qu'auront à faire nos descendants en l'an 4000. Nos descendants devront donc se préoccuper des sites où sont entreposés nos déchets nucléaires, tout au moins en empêchant leur accès.

Entreposer l'ensemble des déchets radioactifs du monde dans quelques sites sous contrôle international ?

Les difficultés pour trouver un site de stockage dans chaque pays nous conduisent à penser qu'il serait avantageux de créer des sites géologiques profonds commerciaux aux endroits les plus adaptés, dans lesquels l'industrie nucléaire pourrait envoyer le combustible usé, conditionné de façon sûre, ou les produits de fission vitrifiés.

Actuellement, chaque pays est responsable pour la mise au rebut ultime du combustible usé provenant de ses propres réacteurs, ainsi que pour tous ses déchets hautement radioactifs vitrifiés provenant des installations de retraitement. Cette politique devrait être modifiée : avec l'ouverture de dépôts dans des mines profondes, des petits pays comme l'Arménie, la Corée, la Lituanie ou la Suisse, pour ne prendre que quelques exemples, n'auraient pas besoin d'entreprendre des recherches pour les méthodes de stockage et creuser leurs propres mines. Ces dépôts devraient accepter tous les déchets, combustible usé ou produits de fission séparés. C'est un anachronisme d'exiger de chaque pays de s'occuper obligatoirement de ses propres déchets. Cette contrainte ne sert ni l'économie ni l'écologie.

Cependant, pour des raisons de sécurité, d'écologie et de non-prolifération, nous insistons sur le fait qu'il faudra exiger que les dépôts en site géologique profond soient tous réglementés et surveillés par l'Agence internationale de l'énergie atomique et qu'ils acceptent uniquement des déchets conditionnés sous une forme approuvée par l'agence. L'agence et les Nations unies devront mettre en place un système de surveillance de ces sites pour être alertés de toute violation possible et pour empêcher que les matériaux qui y sont stockés puissent être détournés et éventuellement se retrouver dans des bombes.

Le projet Pangea consiste en la création d'un tel site en Australie de l'Ouest dans une région très vaste où les eaux souterraines ne migrent pas. Il y aurait aussi un port, une ligne de chemin de fer dédiée et adaptée à ce type de transport et une flotte de bateaux spéciaux. Un tel site permettrait de stocker du combustible usé et des produits de fission vitrifiés, ainsi que peut-être le plutonium en excès des armes vitrifié avec les produits de fission, ce serait une bonne étape initiale pour un programme qui profitera à l'environnement, au consommateur et aux industriels. À la condition expresse qu'il soit bien mené, avec toutes les études préalables et les contrôles indispensables, un projet de ce type pourrait jouer un grand rôle en réduisant la probabilité que du matériel provenant d'armes démantelées ne reprenne le chemin des armes nucléaires ou bien ne se retrouve dans des mains mal intentionnées.

Aperçu de l'énergie nucléaire du futur

Y A-T-IL UN FUTUR POUR LES RÉACTEURS À NEUTRONS RAPIDES ?

Les Américains ont acquis une expérience considérable sur les réacteurs à neutrons rapides, parmi lesquels le Fast-Flux Test Facility à Hanford (qui n'est plus en fonctionnement mais dont le sodium a été maintenu à l'état liquide pendant des années par un chauffage électrique, puis finalement vidé en avril 2003, emportant avec lui les espoirs de ceux qui souhaitaient la reprise du fonctionnement de ce réacteur), le réacteur commercial Fermi-I (différent du réacteur original d'Enrico Fermi !) qui a eu des déboires et les surgénérateurs expérimentaux, EBR2 et EBR2 dans l'État de l'Idaho. Le réacteur Fermi-I a commencé à fonctionner à puissance réduite en 1963 et a été endommagé en 1966 par une surchauffe due à une pièce de métal mal fixée qui a bloqué une partie de la circulation du sodium liquide. L'expérience française avec Phénix et Superphénix, 2 réacteurs refroidis au sodium, est très utile. Le réacteur à neutrons rapides présente l'avantage de permettre une fission effective de tous les actinides mineurs, ces noyaux que produit la capture d'un neutron par le plutonium. Ils sont maintenant conservés avec le plutonium et recyclés comme Mox pour les réacteurs à eau légère. Alors qu'un recyclage répété dans des réacteurs à eau légère conduirait à la production d'une grande quantité de curium-244, un puissant émetteur de neutrons, qui compliquerait beaucoup la manipulation des déchets, comme Robert Dautray l'a souligné[49], en revanche, dans un réacteur à neutrons rapides, même le curium est fissionné efficacement puisque les neutrons rapides produisent une excitation suffisante du noyau pour conduire à une probabilité de fission élevée. Le recyclage actuel de plutonium dans les réacteurs à eau légère augmente les réserves d'uranium d'une fraction relativement modeste (20 % au maximum), le recyclage dans les réacteurs à neutrons rapides pourrait multiplier ce chiffre par cent, puisqu'on peut utiliser l'uranium-238 qui est 140 fois plus abondant que l'uranium-235.

On peut imaginer une variante d'un réacteur à neutrons rapides dans lequel le plomb remplace alors le sodium liquide dont la technologie a posé bien des problèmes et qui inspire de la méfiance. Les Russes ont engagé depuis longtemps des recherches actives sur cette substitution dans les réacteurs à neutrons rapides.

Nous rappelons le concept d'amplificateur d'énergie décrit par Carlo Rubbia en 1994[50]. Il s'agit d'un réacteur sous-critique qui est alimenté par une source extérieure de neutrons, obtenus pas spallation sur une cible de noyaux lourds, le plomb dans ce cas, bombardés par des protons accélérés par un accélérateur. L'énergie produite par la fission est supérieure à l'énergie nécessaire pour alimenter le système. Le milieu fissile est composé d'uranium et de thorium et est constitué de noyaux fissiles entourés d'une couverture fertile.

Si on élimine l'accélérateur qui bombarde le plomb et produit des neutrons par spallation il faut donc utiliser une combinaison plus performante de combustibles et de matériaux fertiles. Cela peut être de l'uranium-233 et du thorium, ajoutés à du plutonium-239 ou de l'uranium-235, ce qui permettrait d'avoir un réacteur critique sans utiliser d'accélérateur. On peut penser utiliser un cœur constitué par un alliage uranium-plutonium (Mox) où l'uranium est de l'uranium appauvri (0,2 % d'uranium-235, soit l'uranium rejeté après le processus d'enrichissement) avec, par exemple, 20 % de plutonium. Dans un tel système, on brûle le plutonium et on le régénère à partir de l'uranium-238 avec un excédent. On élimine les pompes primaires, éléments très coûteux ; le plomb circule par convection naturelle vers l'échangeur de chaleur immergé dans la partie supérieure de la cuve de plomb. La convection naturelle du plomb est alors mise à profit pour extraire la chaleur du cœur. C'est donc un surgénérateur refroidi au plomb avec l'uranium-238 régénérant du plutonium-239.

La différence principale entre un réacteur de ce type et le concept original de l'amplificateur d'énergie serait la suppression de l'accélérateur. On abandonne alors la structure sous-critique pour le cœur qui interdit tout emballement en cas de perte du liquide de refroidissement, le plomb. Mais il est difficile de perdre 10 000 tonnes de plomb enfermées dans un puits et la circulation naturelle du liquide de refroidissement empêcherait la création de bulles par ébullition. D'autre part, la haute pression (34 atmosphères) due à la colonne dense de plomb empêcherait aussi toute ébullition. On peut donc songer à tirer bénéfice des progrès considérables faits dans la sûreté du pilotage des réacteurs classiques actuels. Si les pompes tombaient en panne et que le réacteur était éteint, la radioactivité des produits de fission accumulés continuerait à chauffer le réacteur, mais même en supposant une panne totale du système de refroidissement du plomb, la chaleur spécifique et la conductivité thermale du plomb seraient suffisantes pour qu'il se contente de chauffer tranquillement dans sa marmite.

Un système encore un peu plus innovant pourrait consister en un réacteur à neutrons rapides toujours refroidi par la circulation naturelle du plomb et comportant un cœur de thorium/uranium-233 dans lequel le déficit en neutrons serait compensé non pas par un accélérateur mais par l'addition de 20 à 40 kilogrammes par an de plutonium provenant des armes en excès ou des déchets civils. Le bénéfice, considérable par rapport aux réacteurs à eau légère, serait une réduction considérable de la radioactivité provenant de particules à longue durée de vie comme l'indique la figure 5.10 ; ces réacteurs nous rendraient ainsi un grand service en brûlant des matériaux dangereux.

L'amplificateur d'énergie est un système très flexible. Si son but était d'incinérer du plutonium, on pourrait le charger avec 5 tonnes de plutonium sans mettre d'uranium-233 et l'énergie produite proviendrait principalement de la fission du plutonium. L'exemple ci-dessus où l'on brûle de 20 à 40 kilogrammes de plutonium par an montre la durée pendant laquelle on pourrait se passer d'un accélérateur. En 2000, le combustible usé des réacteurs à eau légère contenait 1 500 tonnes de plutonium qui pourraient donc suffire à l'alimentation de 50 années de fonctionnement pour 1 000 amplificateurs d'énergie.

C'est donc tout un vaste domaine de recherches qui est ouvert et il serait présomptueux de croire qu'en 2050-2060 (quand les Français réévalueront la viabilité du surgénérateur et du retraitement quand l'usine de La Hague arrivera en fin de vie), les conceptions des réacteurs seront confinées aux solutions imaginées il y a plus de 35 ans lorsque les surgénérateurs à neutrons rapides ont été conçus. Faisons l'hypothèse, un instant, que tous les problèmes liés à l'énergie nucléaire aient été résolus et que, face à l'effet de serre menaçant, l'humanité décide d'exploiter à fond cette source d'énergie pour produire l'électricité. Il faudrait passer des 440 réacteurs existants à un chiffre de l'ordre de 2 000 pour satisfaire tous les besoins actuels en électricité. Avec la technologie actuelle, 2 000 centrales de 1 GWe consommeraient 2 000 tonnes d'uranium-235 chaque année, ce qui demanderait 400 000 tonnes d'uranium naturel. Il semble que les stocks de minerais connus et estimés aux prix actuels permettraient de satisfaire ces besoins pour une dizaine d'années seulement. Étant donné que le coût de l'énergie nucléaire réside largement dans le capital investi dans les centrales, et que celles-ci ont une durée de vie de l'ordre de 40 ans, et même maintenant de 60 ans, il serait absurde de les construire si on ne peut pas les alimenter en combustible après 10 ans !

Une solution habituellement considérée est la « surgénération », soit à partir de l'uranium-238 soit à partir du thorium naturel, le thorium-232, mais comme cela a été expliqué précédemment, il reste quelques dizaines d'années avant de décider que les surgénérateurs seraient nécessaires. Il est important de réaliser que, en général, les ressources sont très supérieures aux « réserves » mentionnées. Une analyse des ressources d'uranium[51], déjà ancienne mais confirmée par l'article mentionné précédemment[52] indique qu'au lieu des 4,5 millions de tonnes souvent mentionnées comme « réserve », les ressources exploitables sont probablement de l'ordre de 100 à 250 millions de tonnes à un prix inférieur à 350 dollars par kilogramme. Cette énorme différence provient du fait que les firmes qui produisent l'uranium n'ont aucun intérêt économique à faire des recherches et évaluer la disponibilité de ce matériau à des coûts 10 fois supérieurs à ceux qui leur assurent leurs profits présents.

Des ressources de l'ordre de 100 millions de tonnes permettraient d'alimenter 2 000 réacteurs à eau légère pour une période de 250 ans.

Il convient par ailleurs de prendre en compte l'uranium provenant de l'eau de mer (dont nous parlerons au chapitre 7) que l'on estime à 4 milliards de tonnes, dont environ la moitié peut être extraite à un coût du même ordre de grandeur que la valeur initiale d'extraction. Nous soulignons le fait que, en 1998, les Japonais estimaient le coût d'extraction à 100 dollars le kilogramme, ce qui assurerait la disponibilité à bon marché de combustible nucléaire pour des milliers d'années. L'uranium d'eau de mer permettrait d'alimenter 2 000 réacteurs à eau légère pendant 5 000 ans et les surgénérateurs pendant 500 000 ans.

Réacteur évolutionnaire

Sans grande publicité l'industrie électronucléaire a mis en chantier, dans le cadre de la Communauté européenne, une étude sur un réacteur à eau évolutionnaire (*European Pressurized Reactor-EPR*), de plus grande puissance (1 500 MWe), à partir d'une collaboration franco-allemande. Les améliorations par rapport aux réacteurs à eau légère existants sont une meilleure efficacité et une sûreté améliorée, une enceinte de confinement à double paroi pour une meilleure protection au cas où un avion s'écraserait sur le réacteur. En cas d'accumulation de toutes les catastrophes imaginables, les produits du cœur en fusion resteraient confinés dans une cavité située en dessous de l'enceinte de confinement du réacteur[54]. Cependant ils n'ont pas encore été construits, ni même entièrement conçus. Ils n'ont donc pas été soumis à une évaluation par des organismes compétents et indépendants.

La Commission de réglementation nucléaire aux États-Unis a passé en revue et a certifié les conceptions de trois types de réacteurs avancés, y compris un réacteur à eau bouillante avancé (ABWR). Mais il n'y a eu aucune commande aux États-Unis. Deux premiers réacteurs de ce type de 1 350 MWe construits par General Electric sont entrés en service au Japon fin 1998 et d'autres constructions sont prévues.

Réacteurs modulaires à haute température refroidis au gaz

Outre le réacteur évolutionnaire à eau pressurisée européen, il existe deux autres projets qui prévoient de n'utiliser ni liquide de refroidissement ni turbine à vapeur. Il s'agit de deux réacteurs à sûreté passive avec du combustible d'uranium enrichi dans une matrice en graphite. Leur mise en service serait envisagée pour les années 2030.

Le Forum International Génération IV

L'Initiative de recherche sur l'énergie nucléaire aux États-Unis, qui a démarré en 1999, et d'autres activités similaires en Europe, ont pour objectif d'offrir des choix pour l'énergie nucléaire qui seront moins chers, plus sûrs et plus fiables que les centrales actuelles.

Le Forum international Génération IV regroupe une dizaine de pays (Afrique du Sud, Argentine, Brésil, Canada, Corée du Sud, États-Unis, France, Japon, Royaume-Uni et Suisse) qui réfléchissent au futur de l'énergie nucléaire. C'est une organisation reconnue par des gouvernements qui s'est dédiée à poursuivre en collaboration des programmes de recherche et développement sur des systèmes de quatrième génération de production d'énergie nucléaire[53]. Génération IV projette des recherches pour des systèmes qui fourniront une énergie propre, non polluante pour l'air et l'atmosphère, dont la disponibilité sera assurée à long terme, et dont la production sera efficace pour pouvoir être utilisée dans le monde entier. La quantité de déchets produits devra être diminuée au maximum de façon à ne pas représenter un fardeau à long terme pour leur gestion future. Ces systèmes devront être mieux garantis que les précédents types de réacteurs en utilisant et produisant des matériaux présentant moins d'intérêt pour un vol ou un détournement éventuel à des fins de production d'arme nucléaire. La sûreté et la fiabilité devront être améliorées. Ces systèmes devront avoir une probabilité très faible pour l'endommagement du cœur du réacteur. La nécessité du besoin de système de secours extérieur devra être éliminée. Ces systèmes devront présenter un avantage comparatif clair en terme de cycle de vie par rapport aux autres sources d'énergie. Enfin, le niveau de risque financier devra être du même ordre de grandeur que les autres projets énergétiques.

Cette collaboration conduit des recherches sur des réacteurs à neutrons rapides refroidis à gaz et refroidis au plomb (*Gas-Cooled and Lead-Cooled Fast Reactor Systems*), le réacteur refroidi à l'eau supercritique, et le réacteur à très haute température (*Very-High-Temperature Reactor-VHTR*).

Le premier fait l'objet d'une coopération entre les États-Unis (la firme américaine General Atomics Corporation) et la Russie (Minatom) depuis 1993. Il a démarré dans le cadre de projets de soutien à l'industrie nucléaire russe après l'écroulement de l'Union soviétique, auxquels se sont joints en 1996 la France et le Japon. Il s'agit d'un réacteur de 286 MWe (600 MWt) (*Gas Turbine-Modular Helium Reactor* – GT-MHR) à neutrons thermiques, modulaire, à turbine à gaz et cycle direct, à haute température (850 °C), à caloporteur gazeux (hélium) et avec un modérateur de graphite. Le second est un réacteur modulaire (*Pebble Bed Modular Reactor*) actuellement mis au point par la compagnie sud-africaine Eskom. Chaque module devrait produire 110 MWe et consisterait en un réacteur et une turbine de puissance, la chaleur étant transférée par de l'hélium à haute pression qui actionne la turbine à gaz d'une façon similaire à celle des centrales à turbine à gaz actuelles.

Dans les deux cas, le combustible est constitué de petites billes de dioxyde d'uranium enrichi entourées d'une couche de carbone poreux, puis d'une couche de carbone pyrolytique, recouverte à son tour par une couche de carbure de silicone, et enfin d'une dernière couche de carbone pyrolytique. Le carbure de silicone est très solide et constitue une enceinte qui retient les gaz de produits de fission qui sont eux-mêmes contenus dans les pores de la couche de carbone poreux. Le carbone pyrolytique empêche l'apparition des particules de combustible provenant des produits radioactifs de fission. Le diamètre de la bille est d'environ 0,5 millimètre. Les petites billes de combustible sont ensuite mélangées avec de la poudre de graphite comprimée et chauffées pour obtenir un bloc ou une boule de graphite dense.

La méthode GT-MHR[55] est basée sur un réacteur similaire construit à Peachbottom (État de Pennsylvanie) et à Fort Saint Vrain (État du Colorado). Le réacteur est formé d'un combustible rendu compact et enfermé dans des éléments de graphite prismatique. L'hélium à haute température et pression élevée est chauffé par le réacteur et circule dans une turbine à gaz, où il se dilate, produisant de la puissance à un alternateur qui fournit l'énergie électrique au réseau. L'hélium dilaté est ensuite refroidi, recomprimé et réchauffé avant d'entrer dans le réacteur.

À la sortie du réacteur, l'hélium chaud est à une pression de 70 atmosphères et une température de 900 à 950 °C. Il quitte la turbine de pression à environ 26 atmosphères et 530 °C puis est recyclé pour entrer dans le réacteur à 70 atmosphères et 530 °C. Les barres de contrôle bougent verticalement à l'intérieur de blocs de graphite d'une épaisseur de 30 centimètres qui tapissent l'enceinte de pression du réacteur. L'alimentation du réacteur nécessite son arrêt.

Dans l'approche Eskom, les billes de combustible sont rassemblées en balles de 50 millimètres de diamètre. On ajoute ensuite une couche de carbone de 5 millimètres d'épaisseur, puis on rend compact pour obtenir des éléments de la taille d'une balle de tennis de 6 centimètres de diamètre, contenant chacun 9 grammes d'uranium enrichi. Le cœur du réacteur contient environ 330 000 balles de combustible, plus 100 000 balles de graphite pur. L'enceinte de pression du réacteur, qui contient l'hélium à haute pression, a un diamètre extérieur de 3,5 mètres et une hauteur de 8,5 mètres.

Le réacteur pourra être réalimenté tout en continuant à fonctionner, les balles de combustible nouveau entrant par le haut et le combustible usé étant déchargé par le bas. Ce réacteur comportera environ 3 tonnes d'uranium enrichi à 8 % environ à l'entrée et à 2 % à la sortie.

Le grand avantage des réacteurs modulaires à haute température refroidis au gaz serait une sûreté passive due à la faible puissance de chacun des modules et l'absence d'eau. On prétend que le combustible resterait intact en toute circonstance, même si le fluide de refroidissement, l'hélium, venait à manquer à la suite d'une fuite. Les réacteurs de Fort Saint Vrain et Peachbottom utilisent des échangeurs de chaleur pour transférer la chaleur depuis l'hélium à l'eau, qui actionne ensuite une turbine à vapeur dont la température est limitée par la pression de l'eau. Nous avons présenté au chapitre 5 la limite de Carnot, qui restreint le rendement d'un réacteur à eau légère à une valeur de 33 %. Le réacteur modulaire devrait avoir un rendement de l'ordre de 42 à 50 %, ce qui permettra des économies sur trois plans : combustible, tours de refroidissement et investissement.

Eskom va commander dix modules (pour une puissance totale de 1 100 MWe) du réacteur Pebble Bed Modular Reactor après la mise en œuvre d'un premier module de démonstration en 2006. Les critères essentiels seront la sécurité inhérente et un coût de production de 1,5 cent par kilowatt-heure. Des modules de cette taille, ou même le module de General Atomics qui fournira environ 286 MWe, seraient beaucoup plus appropriés que les réacteurs actuels de 1 300 à 1 500 MWe pour les pays en développement.

Un avantage de première importance du réacteur GT-MHR est qu'il peut brûler tout type de combustible, y compris le plutonium-239, matériau en excès du fait du démantèlement des armes nucléaires. Chaque réacteur d'une puissance de 400 MWe pourrait en brûler 250 kilogrammes par an.

Deux méthodes pour produire la fusion nucléaire

La première production artificielle d'énergie par fusion nucléaire a eu lieu lors de l'essai de la première bombe à hydrogène le 1er novembre 1952 par les États-Unis. Les 11 mégatonnes d'énergie libérée provenaient de la fusion de la plupart du deutérium très froid contenu dans un grand cylindre, ainsi que la fission de l'uranium entourant le combustible thermonucléaire. Nous présentons ci-dessous les 2 types de fusion contrôlée sur lesquels les recherches ont démarré depuis les années 1940, mais qui n'ont pas encore abouti pour produire une énergie qui puisse être exploitée commercialement et à grande échelle.

Fusion par confinement inertiel

Brûler du deutérium par compression par radiation à partir d'une bombe à fission (voir chapitre 3) conduit à la production d'une énergie trop importante pour qu'elle soit applicable à la production d'électricité, bien que cela ait été le principe de base du projet Pacer, dont on reparlera au chapitre 11. Néanmoins, cette méthode peut être appliquée à la fusion par confinement inertiel. On utilise ici de très petites pastilles de deutérium (ou de deutérium-tritium congelé) de conception et de fabrication très délicates. On les fait imploser par la pression de radiation dans une cavité en or de 1 millimètre de diamètre. La radiation thermique à une température de 300 eV sera fournie par des lasers puissants comme les 192 faisceaux prévus pour la National Ignition Facility au Laboratoire Lawrence Livermore aux États-Unis ou le laser Mégajoule actuellement en construction près de Bordeaux d'une conception comparable à celle de la National Ignition Facility, qui seront utilisés pour explorer les possibilités d'allumage du combustible thermonucléaire.

Dans la fusion par confinement inertiel, la fusion nucléaire d'environ un milligramme de mélange deutérium-tritum produit une puissance de l'ordre de 0,1 tonne d'explosif puissant… Pour explorer les possibilités d'allumage du combustible thermonucléaire. Il faut convertir plus de un mégajoule de lumière laser en des rayons X thermiques dans la cavité en or. Le combustible deutérium-tritium est comprimé par la compression par radiation sur l'extérieur de la pastille, « *pusher* » sphérique, jusqu'à atteindre la densité et la température auxquelles la réaction de fusion se produit. La pastille explosera à une vitesse comparable à celle d'une bombe thermonucléaire. Mais comme la quantité de matériau est plus petite, dans le même rapport que l'énergie produite (0,1 tonne par rapport à 1 mégatonne, ce qui représente un facteur 10^7), le rayon de cette pastille est inférieur d'un facteur 200, soit la racine cubique de 10^7. La durée de l'explosion (et donc le temps nécessaire pour l'implosion) est plus petit dans le même rapport, il est donc de l'ordre de 100 picosecondes (10^{-10} s).

Les principaux problèmes concernent la précision de la fabrication des petites capsules et de leur contenu (une mince couche de mélange deutérium-tritium glacé confiné à l'intérieur d'un *pusher* de béryllium) de façon à ce que le combustible thermonucléaire ne soit pas mélangé avec le *pusher* lors de l'implosion.

Même si on peut montrer que l'allumage fonctionne, c'est-à-dire que la réaction d'une fraction importante de combustible deutérium-tritium se produit, il faut obtenir suffisamment d'énergie thermonucléaire pour compenser l'énergie des rayons laser qui se convertissent en rayons X dans la cavité avec une certaine efficacité. L'énergie produite (0,1 tonne d'explosif puissant) fournira 400 MJ de chaleur dont une partie est recyclée pour produire 1 MJ de lumière laser pour imploser la capsule suivante.

En dehors des questions de technologie et d'efficacité énergétique, se pose celle de la viabilité économique de cette méthode. Il n'est pas du tout clair que la fusion par confinement inertiel pourra concurrencer les réacteurs à neutrons rapides, qui produisent la chaleur de façon constante sans nécessiter de gros investissements en énergie. Un réacteur nucléaire classique de 3 GWt produit de la chaleur, équivalente à celle produite par 0,8 tonne d'explosif puissant par seconde. Pour produire la même quantité de chaleur, une centrale à fusion par confinement inertiel nécessiterait l'équivalent de 8 explosions de 0,1 tonne par seconde. Dans un réacteur à fission, l'entretien de la réaction en chaîne ne nécessite qu'une fraction de chaleur de l'ordre de quelques pour cent, c'est-à-dire la puissance pour entretenir la réaction plus quelques pour cent pour l'enrichissement en uranium-235. Le défi économique pour la fusion par confinement inertiel est de produire la fusion à un coût comparable au 0,05 ou même 0,11 dollar par kWh que coûte la chaleur nucléaire (aux États-Unis ou en France). Chaque capsule devrait donc ne coûter qu'une faible fraction des 1,6 dollar nécessaires pour produire une quantité comparable de chaleur de fission.

Par contre, la fusion produit beaucoup moins de radioactivité à long terme que les sources actuelles de fission (voir figure 5.10). Bien que les neutrons de 14 MeV transmutent souvent les noyaux qu'ils rencontrent sur leur passage, on pourrait choisir les matériaux des pastilles et de la structure qui convertit l'énergie de façon à minimiser la quantité de produits radioactifs à longue durée de vie.

La National Ignition Facility a fait parler d'elle en 1999, lorsqu'on a révélé des difficultés techniques, précédemment inavouées, relatives aux dommages provoqués sur les miroirs par les puissants faisceaux laser, ainsi que des problèmes de gestion. Sa mise en service est retardée de plusieurs années et son coût dépassera 3,5 milliards de dollars.

Fusion par confinement magnétique

L'autre méthode de production d'énergie de fusion est la fusion par confinement magnétique dans laquelle le deutérium ou le tritium est brûlé non pas pendant quelques picosecondes mais pendant plusieurs minutes. Comme nous l'avons indiqué dans le premier chapitre, l'énergie thermonucléaire du Soleil est obtenue par la fusion de noyaux légers pendant des milliards d'années. L'énergie d'une bombe thermonucléaire se produit en moins de une microseconde et celle d'une pastille dans la fusion par confinement inertiel en quelques picosecondes. L'idée de confiner un grand nombre de noyaux de deutérium (ou de deutérium

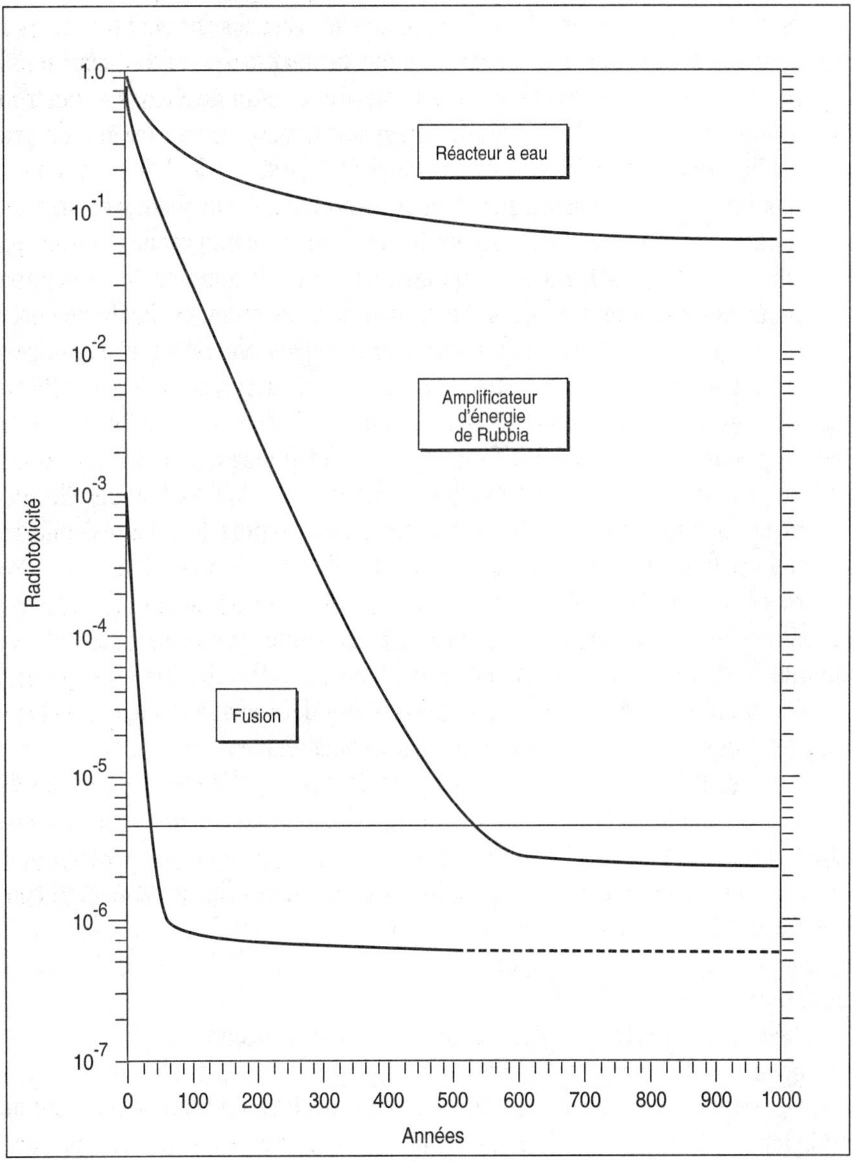

Figure 5.10 : Toxicité comparée d'un réacteur à eau, de l'amplificateur d'énergie et d'un réacteur à fusion.

et tritium) par l'action d'un champ magnétique sur des particules en mouvement existait bien avant que l'on pense à la méthode par confinement inertiel. Il n'est pas possible de concentrer de nombreux noyaux (de charge positive) pour les faire réagir, à moins que leur charge ne soit neutralisée par des électrons non liés aux noyaux individuels mais présents sous forme d'un fluide dans le vide : on appelle « plasma » un milieu complètement ionisé dans lequel les électrons ne sont pas liés aux noyaux.

Dans un champ magnétique uniforme identique à celui d'un solénoïde (un cylindre autour duquel est enroulé un fil métallique) comme ceux que chaque écolier utilise dans les travaux pratiques des cours de physique, les lignes de champ magnétique sont parallèles les unes aux autres à l'intérieur du solénoïde. Un ion voyageant dans ce champ suit une trajectoire hélicoïdale de rayon constant. Si les ions et les électrons ont la même énergie (ce qui est le cas s'ils sont à la même température), la vitesse des électrons est supérieure car leur masse est beaucoup plus faible. Puisque la force due au champ magnétique est proportionnelle au champ, à la charge et à la vitesse, la trajectoire hélicoïdale des électrons a un rayon de giration 60 fois (la racine carrée du rapport des masses) inférieur à celui de la trajectoire des ions de deutérium. Ils s'élancent sur leur orbite avec une fréquence presque 4 000 fois supérieure à celle du deutéron. Les électrons tourbillonnent à 2,8 MHz dans le champ magnétique terrestre, et 100 000 fois plus vite (280 GHz) dans un champ de confinement inertiel.

Bien que le concept de confiner les noyaux de deutérium ait existé depuis longtemps, les problèmes théoriques et pratiques étaient nombreux. Les particules voyageant librement le long des lignes de champ, elles ne peuvent pas être confinées à l'intérieur d'un solénoïde puisqu'elles pourraient s'échapper par les extrémités. On a donc tout de suite pensé à utiliser un tore (cylindre courbe dont les deux extrémités se rejoignent) de façon à ce que les lignes de champ soient entièrement confinées à l'intérieur du tore. Un réacteur de fusion serait une enceinte de confinement dans laquelle on ferait le vide et autour de laquelle on aurait enroulé un fil métallique.

On aurait pu penser que l'orbite de la particule reste dans un plan. Cela aurait été trop simple. Les orbites des électrons restent à peu près confinées le long des lignes de champ, mais à cause de la magnitude du champ magnétique qui est plus fort le long de l'axe du tore, l'orbite dérive et, ce qui complique encore les choses, les électrons et les ions dérivent en sens inverse, ce qui induit un champ électrique qui force chaque type de particule à aller vers la paroi du tore. Lorsque ce problème a été identifié (dérive de Fermi), Lyman Spitzer, astrophysicien à l'Université de Princeton, a suggéré, en 1951, de tordre le tore en une sorte de bretzel, en forme de deux anneaux connectés et superposés, comme un 8 replié sur lui-même. Il lui a donné le nom de « stellarator ». L'idée était que la dérive le long de l'axe d'une des boucles serait compensée par une dérive dans l'autre direction par la seconde boucle, et c'est effectivement ce que les calculs et l'expérience ont montré.

L'ingéniosité de Spitzer (qui s'est aussi révélée dans sa contribution initiale majeure pour le grand télescope, antécédent du célèbre télescope spatial de Hubble) a permis, dans le cas qui nous intéresse, de mettre en évidence le problème suivant : l'instabilité des plasmas.

Les physiciens soviétiques ont rapidement adopté une méthode plus simple pour compenser cette dérive. Au lieu de tordre le tore, ils se sont arrangés pour tordre les lignes de champ à l'intérieur d'un tore, à l'aide de « barres de Joffe » conduisant un courant électrique et disposées sur la surface du tore. Les lignes de champ sont alors d'autant plus déformées qu'elles sont proches de la surface du tore. Les inventeurs russes lui ont donné le nom de Tokamak.

Ces travaux se révélaient suffisamment prometteurs pour qu'en 1988 un consortium international réunissant des pays européens, l'Union soviétique, le Japon et les États-Unis démarrent le projet d'un réacteur expérimental thermonucléaire, ITER, d'une taille deux fois supérieure (d'un volume environ huit fois supérieur) à celle des précédents Tokamaks. Le premier concept était prêt en 1990. Les États-Unis sont sortis de la collaboration internationale en 1999, en raison du manque de soutien du Congrès, mais l'ont rejointe à nouveau en 2003. Les travaux de conception détaillée ont été terminés en 2001. Pendant les 10 premières années de fonctionnement, ITER devrait fournir une puissance de fusion de 500 MW pour un pulse de 400 secondes, dont moins de 10 % sont destinés à maintenir le plasma à la température de fonctionnement et 0,4 gramme de tritium sera consommé à chaque pulse. Cette machine sera construite sur le site de Cadarache et son coût est estimé à 10 milliards d'euros sur trente ans.

ITER utilisera des champs magnétiques intenses (de l'ordre de 120 000 gauss ou 12 tesla) des aimants principaux fournissant le champ magnétique toroïdal. Ces aimants, au nombre de 18 et pesant chacun 5 200 tonnes, seront construits avec des fils supraconducteurs à haute température qui pourront fournir l'intense champ magnétique sans consommer d'électricité. Maintenir les fils supraconducteurs à leur température de fonctionnement, qui est proche de celle de l'azote liquide (77 °K, bien plus élevée que les 4 °K pour les matériaux supraconducteurs normaux comme le plomb ou le niobium) nécessite un investissement très important en installations de réfrigération et fourniture d'électricité dédiée. Des aimants plus légers fournissent la rotation nécessaire du champ magnétique.

Les problèmes à résoudre incluent le confinement stable du plasma dans les conditions de fusion et le maintien d'un vide quasi parfait dans la chambre de confinement à haute température et avec un bombardement important de neutrons de l'ordre de 0,6 MW/m^2 de paroi. Pour que la production d'électricité par cette méthode soit rentable, il faut que les machines soient capables de régénérer leur tritium, ce qui pourrait être fait en grande partie par la capture dans du lithium-6 du neutron produit par la réaction deutérium-tritium, augmenté de réactions n, 2n.

L'uranium de l'eau de mer pouvant subvenir aux besoins des réacteurs à eau légère pendant des milliers d'années, la société aura amplement le temps de mettre en œuvre des méthodes pratiques et abordables de production d'énergie par la fusion contrôlée.

La radioactivité a été découverte il y a cent ans et aujourd'hui une fraction de 18 % de l'électricité mondiale est d'origine nucléaire. Mais après l'accident de Tchernobyl, les problèmes de sûreté encore trop fréquents ont dévoilé des menaces que l'on pensait vaincues. L'enfouissement des déchets des centrales nucléaires nécessite une isolation permanente pour des centaines ou des milliers de siècles. Notre société est-elle préparée à gérer de tels problèmes ? Des voies discordantes s'élèvent parmi les experts quant au choix des stratégies et recouvrent souvent d'âpres compétitions commerciales entre les firmes ou même les nations.

Les chercheurs étudieront dans des laboratoires souterrains, la meilleure façon de stocker les déchets et de les garder de tout contact avec la biosphère. Ils étudieront les diverses variantes de réacteurs nucléaires dont certains prétendent réduire beaucoup les déchets à vie longue. Ils devront étudier, avec suffisamment de moyens, les énergies alternatives.

Quelle que soit la solution adoptée pour les cendres des fournaises nucléaires – enfouissement direct des combustibles usés ou retraitement – la quantité de radioactivité que nous allons devoir enfouir en cent ans représente, pour une couche terrestre de 500 mètres d'épaisseur, une très petite fraction de la radioactivité qui s'y trouve du fait des radioéléments naturels et de leurs descendants, uranium, thorium, radium, etc. Nous ne proposons pas de disperser les déchets, ni de les diluer dans la croûte terrestre ou dans les océans !

Pour qu'il soit possible d'envisager l'expansion de l'énergie nucléaire dans des conditions acceptables de sécurité, il faut faire des efforts concertés pour rapidement mettre au rebut le combustible usé, que ce soit en le stockant sous forme de briques et en l'enfouissant dans un site géologique profond, ou en le retraitant, les autres déchets étant enfouis de la même façon.

D'autre part, à cause du terrorisme et des guerres, il serait souhaitable que les réacteurs nucléaires soient enterrés : ils seraient protégés contre une attaque et les gaz à haute pression qui pourraient s'échapper en cas d'accident seraient mieux confinés et traités. Et qu'ils soient enterrés ou pas, on pourrait aussi mieux les protéger face aux tremblements de terre en disposant des détecteurs sismiques de façon à pouvoir rendre le réacteur sous-critique avant que les ondes sismiques ne l'atteignent.

Il reste un risque contre lequel nous n'offrons aucune solution. Il est possible qu'il se produise une guerre ou des bouleversements sociaux majeurs dans un pays qui comporte de nombreux réacteurs dont le fonctionnement et la gestion du combustible seraient très perturbés. Et si la situation en arrive à ce que les gens doivent quitter le pays, on imagine aisément qu'ils ne continueront plus à effectuer leur travail au risque de leur vie. La plupart des réacteurs seraient abandonnés ou tomberaient entre les mains de personnes dont l'intérêt serait plutôt de détruire la société que de préserver ces réacteurs qui, en plus, poseraient un grand danger. Même s'ils avaient été interrompus en toute sécurité, l'ensemble de la radioactivité serait encore présente pendant de longues périodes. Durant des siècles ou des millénaires, les enceintes de confinement des réacteurs seraient corrodées, les piscines fuiraient et l'eau s'en évaporerait rapidement, et les produits de fission et le plutonium pourraient passer dans la biosphère.

Alors qu'il est difficile de prévoir la date d'une révolution ou d'une désintégration sociale, il est plus facile d'évaluer une probabilité. En fonctionnement normal, un réacteur nucléaire présente peu de risques et est plus sûr qu'une centrale à charbon. Cependant, cela est compensé par la possibilité d'une catastrophe dans l'éventualité d'une révolution ou d'une guerre. Cette analyse doit être faite.

Chapitre 6

SÉCURITÉ, ACCIDENTS NUCLÉAIRES ET RISQUES INDUSTRIELS

Si l'on considère que les besoins en énergie pour l'avenir de l'humanité nécessitent une augmentation importante de l'offre, et en particulier le recours à l'énergie nucléaire, il faut avoir une idée précise des causes d'accidents dans les centrales et des moyens d'éviter qu'ils ne se reproduisent. Il faut avoir une réponse claire à la question : est-il possible de bénéficier, avec l'énergie nucléaire, d'une source d'énergie abondante, peu dangereuse, peu polluante ? Peut-on en même temps se débarrasser de l'éventualité que l'utilisation de l'énergie nucléaire augmente la menace apocalyptique d'une guerre nucléaire ? Cette dernière question ainsi que la prolifération des armes nucléaires seront traitées aux chapitres 8, 9 et 10.

Pour une centrale nucléaire, il est déterminant de prendre en compte les conditions anormales qui pourraient conduire à des accidents, voire même à une catastrophe, afin de mettre en place lors de la conception du réacteur des systèmes qui empêcheront que les gaz radioactifs ne s'échappent, même après l'arrêt de la réaction en chaîne. Cependant, lorsque le réacteur est arrêté, la puissance résiduelle continue de libérer une chaleur en raison de l'énergie des radiations émises par les produits radioactifs, au début à un taux de 7 % de la puissance à plein régime, cette fraction tombant à 0,6 % après une journée, puis à 0,2 % au bout de deux semaines, ce qui représente encore 6 MW de chaleur pour un réacteur habituel.

Parmi les accidents possibles, on peut imaginer une panne électrique locale, l'éclatement des tuyauteries à haute pression, un tremblement de terre, un avion qui s'écrase sur l'enceinte du réacteur, un court-circuit dans le système électrique interne, une erreur humaine, une bombe ou même un sabotage. Comme un réacteur nucléaire est potentiellement dangereux, qu'un accident sérieux aurait des conséquences sanitaires très graves et enfin qu'un réacteur représente un investissement de plusieurs milliards d'euros, il est essentiel de réduire la probabilité d'accident à un niveau extrêmement faible. Il est aussi de la plus haute importance de prendre toutes les mesures pour éviter qu'une centrale nucléaire ne représente une cible de choix pour des actes malveillants.

Une indication de la qualité du fonctionnement d'une centrale est le nombre d'arrêts d'urgence automatiques, ou « scrams » (« *scram* » veut dire « ficher le camp »). C'est un terme provenant de l'époque du premier réacteur nucléaire de Fermi en 1942, quand les scientifiques voulaient pouvoir immédiatement fermer le réacteur. Quand il y a un arrêt d'urgence dans une centrale, on le remarque puisque d'autres sources d'électricité doivent rapidement prendre le relais pour alimenter le réseau ; un scram doit être notifié. En 1980, les réacteurs américains avaient une moyenne de 7 scrams annuels par centrale. En 1999, ce chiffre est tombé à 1 par centrale aux États-Unis et en 2004 il est de 0,6 en moyenne dans le monde[1].

Les techniciens et le public sont protégés de l'intense radioactivité du cœur du réacteur et du circuit primaire par une enceinte en béton de plusieurs mètres d'épaisseur. Un réacteur de puissance est généralement doté de plusieurs systèmes de sécurité. Il y a une redondance dans les barres de contrôle – typiquement il y a trois grappes séparées de barres de contrôle (chacune pouvant interrompre la réaction en chaîne) – et des mécanismes indépendants qui permettent qu'elles tombent dans le cœur. Tous les réacteurs, à quelques exceptions près dans les républiques de l'ex-Union soviétique, ont soit une enceinte de confinement en béton renforcé qui constitue l'extérieur du bâtiment du réacteur, soit une cuve de pression en acier entourée par une enceinte en béton.

Parmi les facteurs qui jouent un rôle important dans la sécurité des centrales nucléaires, il y a la capacité du réacteur de tolérer, à la suite d'un accident, la disparition du fluide caloporteur qui permet de transporter la chaleur dégagée par la fission dans les barres de combustible, ou une panne des systèmes de sécurité destinés à arrêter la réaction en chaîne. En cas d'accident, il faut pouvoir éviter une évolution vers une réaction en chaîne non contrôlée qui conduirait à une montée en température faisant fondre toutes les structures et aboutissant à l'éjection éventuelle d'une énorme quantité de corps radioactifs dans l'environnement de la centrale.

Pour empêcher que le réacteur ne fonde à cause de la chaleur résiduelle des produits de fission, les réacteurs à eau ont des systèmes de secours pour refroidir le cœur, qui peuvent injecter de l'eau froide dans le réacteur. Cela se produirait dans le cas d'une perte accidentelle de liquide de refroidissement si un des principaux tuyaux alimentant le réacteur en liquide de refroidissement risquait d'être endommagé. Les réacteurs commerciaux actuels sont équipés de nombreux autres systèmes de sécurité, comme des systèmes qui aspergent de l'eau dans la partie confinée pour condenser la vapeur et empêcher que la pression ne fasse éclater l'enceinte de confinement, ou encore des systèmes pour empêcher qu'un mélange potentiellement explosif d'hydrogène et d'air ne fasse éclater l'enceinte de confinement et libère ainsi dans l'air la radioactivité contenue dans le réacteur.

On appelle « coefficient de vide » un facteur qui est négatif lorsqu'une perte de fluide de refroidissement, c'est-à-dire la création d'un vide, conduit à l'arrêt de la réaction en chaîne sans aucune intervention extérieure. Il est positif dans le cas contraire. Il était positif pour la centrale de Tchernobyl. Il est positif pour les surgénérateurs à neutrons rapides comme Superphénix à Creys-Malville. Mais cela ne suffit pas cependant à caractériser le niveau de sécurité de ces 2 réacteurs. Un coefficient de vide positif ne suffit pas à mettre en doute la sécurité d'un type de réacteur si celui-ci comporte d'autres systèmes de régulation permettant par exemple, grâce à l'effet Doppler, de ralentir la réaction en chaîne lorsque la température du combustible augmente, comme cela a été expliqué au chapitre 2.

Des réacteurs à graphite avec des tubes à haute pression comme ceux de Tchernobyl ont été construits sans enceinte de confinement (la structure en graphite étant trop grande pour être insérée à l'intérieur d'une enceinte de confinement). Ils étaient produits sans les énormes cuves d'acier résistant aux hautes pressions comme ceux qui sont actuellement utilisés dans les réacteurs à eau modernes tels que les VVER-1000 construits par l'Union soviétique (VV veut dire refroidis et modérés par eau).

Nous allons examiner deux accidents catastrophiques qui ont détruit des réacteurs à Three Mile Island et à Tchernobyl. Il peut sembler injustifié de regrouper ces deux événements, alors que l'un n'a fait que des dommages financiers, certes importants, et que l'autre a été la cause directement ou indirectement de graves dommages, morts ou blessures, pour des dizaines de milliers de victimes et de profonds bouleversements de la vie de centaines de milliers d'autres. Nous verrons que, dans ces deux cas, des erreurs humaines ont joué le rôle principal. Une bonne dose de chance, tout autant que la compétence des techniciens, ont empêché que l'accident de Three Mile Island ne se transforme en catastrophe.

L'accident de Three Mile Island (1979)

Le 28 mars 1979, le monde apprit l'accident survenu à 4 heures du matin à l'unité n° 2 de la centrale nucléaire de Three Mile Island située à la périphérie de Harrisburg, capitale de l'État de Pennsylvanie. Il s'agissait d'un réacteur à eau sous pression d'une puissance de près de 1 GW fonctionnant à plein régime depuis fin 1978 dans une centrale considérée comme l'une des plus sûres. Cet accident résultait d'une panne technique et de l'incapacité des personnes faisant fonctionner la centrale à comprendre l'état dans lequel se trouvait le réacteur et, à plus forte raison, l'effet de la panne sur celui-ci. La description ci-dessous reprend le compte rendu[2] présenté par l'Institut de l'énergie nucléaire, une association d'opérateurs de centrales nucléaires américains. Notre propre évaluation de l'accident nous a convaincus de sa précision et de sa fiabilité. Il se peut néanmoins que cette association ne soit pas en complet accord avec l'ensemble de nos commentaires.

Le point de départ de l'accident fut l'arrêt des principales pompes d'alimentation en eau, conduisant à une augmentation de la pression dans la cuve contenant le cœur du réacteur. Cette augmentation de pression a provoqué l'ouverture d'une soupape de décharge du pressuriseur et l'arrêt automatique du réacteur. Des barres contenant du bore, qui est un absorbeur de neutrons, sont rapidement entrées dans le cœur, conduisant à l'arrêt de la réaction en chaîne. Les produits de fission du combustible ont continué à se désintégrer, libérant environ 200 MW de chaleur juste après l'arrêt du réacteur. Comme cela était prévu par la conception du réacteur, la hausse de la pression dans la cuve du réacteur a été limitée grâce à l'ouverture de la soupape par laquelle la vapeur s'est échappée dans l'enceinte de confinement. Cependant, la soupape ne s'est pas refermée au moment prévu, la pression a continué à baisser et la plupart de l'eau de refroidissement est passée par la soupape.

Le personnel du réacteur n'a pas compris ce qui se passait. Leurs instruments montraient, à tort, que la soupape s'était refermée. En outre, ils ont mal interprété d'autres indicateurs de contrôle et pensaient qu'il y avait trop d'eau dans le système de refroidissement. Ils n'ont donc pas remplacé l'eau de refroidissement qui s'écoulait. Au fur et à mesure que la pression baissait, de plus en plus d'eau se transformait en vapeur. Finalement, les pompes de refroidissement du cœur ont commencé à vibrer violemment parce qu'elles n'étaient pas prévues pour pomper un mélange d'eau et de vapeur.

Ne comprenant toujours pas ce qui se passait et craignant d'endommager les pompes, les opérateurs les ont arrêtées. Cela n'a fait qu'aggraver la situation.

Finalement, il s'est formé une grande bulle de vapeur dans la partie supérieure de l'intérieur de la cuve du réacteur, empêchant encore plus la circulation du liquide de refroidissement à l'intérieur du cœur.

Des pompes de secours qui auraient dû injecter de l'eau de refroidissement étaient bloquées par les soupapes qui auraient dû rester ouvertes. On faisait fonctionner le réacteur en violation des règles élémentaires de sécurité. Le combustible surchauffé, qui n'était pas immergé dans la partie supérieure, a provoqué la fonte des tubes en métal (les gaines) contenant les pastilles de combustible. Le métal a réagi chimiquement avec la vapeur et l'eau, si bien que la bulle de vapeur s'est transformée en une bulle d'hydrogène à haute pression. Pendant plusieurs jours, cette bulle a empêché que le réacteur ne soit complètement recouvert d'eau. Finalement, elle a diminué et la circulation du fluide de refroidissement a repris, mais environ la moitié du combustible avait fondu. Certaines barres de combustible ont aussi été fissurées par l'eau de refroidissement trop froide. L'ensemble du combustible a été endommagé ou détruit.

Au total, 2 600 m^3 d'eau radioactive ont été dispersés sur le sol du bâtiment du réacteur et des bâtiments extérieurs qui ont ainsi été contaminés. En outre, une petite quantité de produits radioactifs s'est échappée par une cheminée et est passée au travers d'un filtre à charbon.

Pendant onze heures après le début de l'accident, de bruyantes alarmes ont résonné dans la salle de contrôle, autre preuve du manque de préparation en cas d'accident. De l'hydrogène s'est échappé dans l'enceinte de confinement du réacteur, où il a explosé en réagissant avec l'air normalement présent dans le bâtiment. Heureusement, la pression n'a pas été assez forte pour faire éclater le dôme et libérer l'énorme quantité de radioactivité produite dans le cœur du réacteur, qui avait partiellement fondu.

Il est important de souligner que la formation d'une bulle d'hydrogène n'avait été prévue par aucun des scénarios d'accident imaginés par les autorités gouvernementales américaines. L'accident a été compliqué parce que les opérateurs avaient la possibilité de faire des interventions contraires à ce qui était nécessaire en pareil cas, ce qui a rendu la situation encore plus dangereuse. Même dans un réacteur du type réputé le plus sûr, on a ainsi appris qu'il n'était pas impossible de répandre dans l'atmosphère la plupart des matériaux radioactifs du réacteur. Cette centrale était l'une des plus modernes des États-Unis ; le même accident, survenu dans une centrale plus ancienne, aurait pu aboutir à une catastrophe majeure. On peut imaginer que les conséquences sanitaires, psychologiques et économiques d'une explosion aux États-Unis auraient totalement ruiné l'industrie nucléaire. Malgré l'absence de dommages pour les habitants ou l'environnement, l'accident de Three Mile Island a grandement sapé la confiance du public et a substantiellement contribué à l'arrêt des commandes de réacteurs aux États-Unis.

Des dizaines de milliers de personnes ont évacué la zone proche du réacteur pendant plusieurs jours lors de la phase aiguë de l'accident. C'est seulement le 27 avril, presque 1 mois après l'accident, que le réacteur a été mis en mode de refroidissement stable à long terme, la chaleur des produits de désintégration étant alors de 4 MW, 0,13 % de la chaleur produite quand le réacteur fonctionne à plein régime. La sécurité ne dépendait alors plus des pompes pour refroidir la cuve du réacteur.

L'un des auteurs (Garwin) avait fait partie, en 1975, d'un groupe de physiciens chargés d'étudier la sécurité des réacteurs à eau légère, avec Robert Budnitz qui, à l'époque de l'accident, était rattaché à la Commission de réglementation nucléaire aux États-Unis. Garwin avait eu par téléphone des informations sur le déroulement de l'accident et a donné son avis sur les différentes méthodes pouvant être adoptées pour se débarrasser de la bulle d'hydrogène. On était alors très inquiet par l'éventualité de la formation d'oxygène par ionisation et décomposition de l'eau du réacteur irradiée par les produits de fission ; le mélange d'oxygène avec l'hydrogène en haut de la cuve du réacteur aurait pu exploser en libérant une énergie équivalente à 3 tonnes d'explosif puissant, ce qui aurait eu pour effet de faire éclater la cuve de pression du réacteur et peut-être même l'enceinte de confinement. Tous les produits de fission auraient alors été projetés dans l'atmosphère, comme cela s'est ensuite produit à Tchernobyl.

La bulle d'hydrogène a été progressivement éliminée au bout de quelques jours en ayant recours à la méthode dite de « dégazage de l'eau » après que la circulation d'eau fut redevenue normale.

Bien que 40 % à 60 % des principaux produits de fission (le xénon-133, l'iode-131, le césium-137 et le césium-134) se soient échappés du cœur, moins de 1 % a été relâché à l'extérieur de la centrale. La radioactivité totale libérée dans l'atmosphère fut de 4×10^{17} Bq, principalement du xénon-133, et 6×10^{11} Bq d'iodine-131, conduisant à une dose collective infligée aux États-Unis de 20 à 40 personne-Sv. En utilisant le coefficient habituel pour l'induction de cancers de 0,04 cancer par sievert, cela conduit à 1 ou 2 cas mortels. Les vents d'ouest dominants ont emporté le nuage radioactif au-dessus de l'Atlantique ; l'impact en dehors des États-Unis a été faible parce que le xénon-133 a une durée de vie de 5 jours et s'était donc essentiellement désintégré avant que le nuage radioactif n'atteigne l'Europe.

L'exploitant de la centrale de Three Mile Island, General Public Utility Nuclear, a retiré le combustible du réacteur en 1990 et, entre 1991 et 1993, plus de 8 000 m^3 d'eau radioactive ont été évaporés en utilisant des filtres pour retenir la radioactivité. Depuis 1993, ce réacteur est placé sous surveillance. Il sera fermé quand son réacteur jumeau, Three Mile Island 1, sera mis hors service à l'expiration de la licence de fonctionnement en 2014.

Cet accident a fortement contribué à l'appréhension du public vis-à-vis de l'énergie nucléaire et à ce que les compagnies d'électricité se détournent de l'acquisition de réacteurs nucléaires. Des inquiétudes quant à la compétence de la firme exploitant le réacteur de Three Mile Island ont conduit à l'arrêt de nombreux réacteurs pendant quelques années.

Les réacteurs américains sont construits et opérés sous licence de la Commission de réglementation nucléaire qui est un organisme fédéral indépendant du département d'État à l'Énergie ou des organisations professionnelles qui œuvrent à la promotion de l'énergie nucléaire. La Commission de réglementation nucléaire n'exige pas que les centrales nucléaires résistent à toutes les menaces concevables ; par exemple, en 1994, le directeur de la commission a témoigné que les centrales nucléaires n'étaient pas protégées contre un choc provenant d'un camion chargé d'explosifs, ce qui est un scénario possible comme l'a montré l'explosion de la bombe au bâtiment de l'Administration fédérale à Oklahoma City en 1995. Un camion chargé d'explosifs fait maintenant spécifiquement partie des menaces. Dans son évaluation du risque d'accident dans l'industrie nucléaire, la Commission de réglementation nucléaire considère non seulement les conséquences d'un événement possible, mais aussi sa probabilité (le risque est défini ici comme le produit des conséquences multiplié par la probabilité). Au fur et à mesure de l'amélioration des estimations, la Commission de réglementation nucléaire a modifié ses exigences, comme par exemple que toute centrale soit prévue pour résister aux conséquences d'un éventuel tremblement de terre.

Cet accident a servi de sonnette d'alarme pour l'industrie qui, avant cela, n'acceptait pas volontiers les analyses publiées au milieu des années 1970 avertissant qu'il fallait s'attendre à la fusion d'un réacteur sur cent sur une période de 30 à 40 ans, c'est-à-dire 1 fois pour 3 000 à 4 000 réacteurs-année[3]. Cette nouvelle estimation était en désaccord avec des résultats antérieurs concluant que ce chiffre était de 1 pour 20 000 réacteurs-année, valeur certainement très supérieure au chiffre de 1 par million réacteurs-année estimé avant 1975 pour la probabilité de fusion d'un réacteur[4].

À la suite de la fusion presque complète du combustible du réacteur de Three Mile Island, le président de la Commission de réglementation nucléaire et le président Carter ont mis en place deux commissions d'enquête. La Commission Carter était présidée par John Kemeny, président du Darmouth College, et son rapport, très critique vis-à-vis de la Commission de réglementation nucléaire, indiquait « *qu'elle était si préoccupée de donner des autorisations aux centrales qu'elle n'avait pas apporté suffisamment de considération aux questions générales de sécurité*[5] ».

L'autre étude conduite sous la direction de la Commission de réglementation nucléaire a conduit celle-ci à imposer de nouvelles réglementations et exigences sur l'industrie nucléaire[6].

De son côté, l'industrie américaine a créé l'Institut pour l'exploitation de l'énergie nucléaire qui établit des normes à l'intérieur des États-Unis, évalue le fonctionnement et constitue le lien formel entre les différents secteurs de l'industrie. L'institut forme les opérateurs au fonctionnement et à la gestion des réacteurs et est impliqué dans les exercices d'urgence. Cet institut est pris au sérieux par l'industrie : en effet, la façon dont il classe une centrale peut influer sur le prix de l'action de la compagnie électrique qui l'exploite. L'institut peut aussi classifier une centrale comme « inacceptable ». Sur le modèle de l'Institut pour l'exploitation de l'énergie nucléaire, l'Association mondiale des exploitants nucléaires (World Association of Nuclear Operators – WANO) a été créée en mai 1989 suite à l'accident de Tchernobyl pour améliorer la sécurité des centrales partout dans le monde.

Le public peut-il avoir confiance et considérer qu'il ne se produira plus d'accident comme celui de Three Mile Island ? Comme l'illustre clairement l'article de *Nucleonics Week* auquel nous avons fait référence dans l'avant-propos, écrit à la suite de la conférence de cette association en 2003, l'industrie nucléaire doit prendre les dispositions nécessaires et mettre en œuvre les moyens pour limiter grandement les incidents manifestement trop nombreux, dont certains pourraient, avec une certaine probabilité, se transformer en accidents.

L'exemple du Boraflex est instructif. Il s'agit d'une matière plastique chargée de bore qui est utilisée dans certaines piscines où est entreposé le combustible usé. L'eau est filtrée et régulée de façon à limiter au maximum la corrosion du revêtement du combustible. Le bore (un absorbeur de neutrons) empêche qu'une réaction en chaîne ne démarre dans les éléments de combustible. Dans d'autres piscines, on utilise des tubes en acier inoxydable remplis de poudre de bore. Malheureusement, dans le cas du Boraflex, la matière plastique se dégrade rapidement à cause des rayons gamma provenant du combustible usé, puis tombe en miettes au fond de la piscine et n'absorbe plus les neutrons.

Certains exploitants surveillent fréquemment les piscines contenant du Boraflex plutôt que de remplacer celui-ci par des structures métalliques contenant du bore. Une piscine de stockage qui devient critique et dans laquelle une réaction en chaîne se développe ne présente pas le même risque que la fusion d'un réacteur, mais un tel accident saperait encore plus la confiance dans l'industrie nucléaire. Des progrès rapides pour éliminer ce risque d'accident sont évidemment très souhaitables.

La catastrophe de Tchernobyl (1986)

L'accident de Tchernobyl s'est produit à l'aube du 26 avril 1986 dans une région qui fait maintenant partie de l'Ukraine. Ce fut la conséquence d'une expérience de sécurité conduite sans respecter les spécifications techniques de la centrale. Ce site comportait 4 réacteurs fonctionnant indépendamment les uns des autres et situés dans des halls adjacents. Il s'agissait de vérifier la capacité du système à fournir suffisamment de puissance électrique en cas d'arrêt du réacteur jusqu'à ce que des générateurs au diesel puissent se mettre en marche et prendre le relais de la production d'électricité en quantité suffisante pour faire fonctionner les pompes de refroidissement et fournir l'électricité nécessaire au site du réacteur. Le réacteur fonctionnait à très bas régime et l'augmentation de la quantité de xénon (provenant de la désintégration du produit de fission iode-135) avait réduit la réactivité du cœur (voir chapitre 2). En conséquence, les barres de contrôle avaient été en grande partie retirées du cœur pour éviter que la réaction en chaîne ne s'éteigne. L'équipe en charge de ces essais n'avait pas coordonné la procédure avec le personnel responsable de la sécurité du réacteur et l'expérience a été conduite sans les précautions appropriées. Un certain nombre de manœuvres ne respectant pas les procédures de sécurité ont conduit à une situation dangereuse.

La conception de la centrale présentait aussi plusieurs défauts sérieux qui rendaient le réacteur potentiellement instable et incontrôlable en cas de fausse manœuvre. Par exemple, comme cela a été indiqué plus haut, le réacteur avait un coefficient de vide positif, ce qui veut dire que la réaction en chaîne, et donc la puissance produite, pouvaient augmenter d'autant plus qu'il y avait une fuite de liquide de refroidissement. Le coefficient de vide avait une valeur élevée et une montée de puissance énorme et incontrôlable a conduit à la destruction de l'unité n° 4. Cette montée a provoqué une augmentation soudaine de la chaleur et la rupture de tubes de pression contenant du combustible. Le combustible chaud a réagi avec l'eau, provoquant une explosion de vapeur qui a soulevé les 1 000 tonnes du couvercle du réacteur, rompant le reste des 1 660 tubes de pression, provoquant une seconde explosion et exposant le cœur du réacteur à l'air libre.

La centrale n'était pas équipée de l'épaisse enceinte de confinement dont sont dotées la plupart des centrales nucléaires dans le monde. Les matériaux radioactifs se sont donc échappés dans l'environnement. Cependant, l'énergie des explosions a été supérieure à ce que la plupart des enceintes pourraient supporter et il est donc peu vraisemblable que la dispersion des produits radioactifs aurait pu être empêchée par une enceinte. Le réacteur gravement endommagé est maintenant enfermé dans une protection en béton, construite à la hâte, qui se fragilise au fil du temps. L'Ukraine et le G7 se sont mis d'accord sur un projet visant à stabiliser la structure actuelle.

Nous donnons maintenant quelques détails sur les conséquences de l'accident de Tchernobyl et rapportons ce qu'ont écrit des témoins oculaires[7], puis nous examinerons les effets sanitaires sur les populations des régions avoisinantes.

LES ORIGINES DU DÉSASTRE DE TCHERNOBYL

Le ministre de l'Énergie, Anatoli Maïorets, avait promulgué un an avant l'accident un décret stipulant, entre autres : « *Les informations concernant les effets négatifs des installations énergétiques sur le personnel, la population et l'environnement ne se prêtent pas à une diffusion générale à la radio, dans la presse et à la télévision*[8]. » À l'abri de ce décret, un secret étanche était maintenu sur tous les accidents, si bien que le personnel ne pouvait en tirer parti pour améliorer la sécurité tandis que le pouvoir des chefs responsables s'en trouvait renforcé à tous les échelons. L'Union soviétique s'était installée dans un système où la propagande remplaçait l'information, pratiquée par le gouvernement, la presse et même certains groupes d'intérêt public, phénomène que l'on peut aussi trouver dans d'autres pays, y compris les États-Unis ou la France, qui disposent néanmoins de mécanismes permettant que de telles pratiques soient éventuellement dénoncées.

Et pourtant, le personnel comportait aussi des gens honnêtes, énergiques et responsables. Dans *La Vérité sur Tchernobyl*, Grigori Medvedev, qui avait été sous-directeur de la Direction des centrales nucléaires en Union soviétique, écrit :

« *Le 20 février 1986 au Kremlin, je participais à une réunion des directeurs de centrales et des chefs de chantier de centrales nucléaires. Chaque directeur ne put guère s'exprimer plus de deux minutes. Chtcherbina [le vice-président du Conseil des ministres] les interrompait pour garder la parole pendant trente-cinq ou quarante minutes.*

« *Au cours de cette réunion, P. G. Khenokha, le chef de chantier de la centrale de Zaporojié, fit une intervention remarquable. Prenant son courage à deux mains, il déclara de sa voix de basse (dans ces réunions, ce genre de voix passait pour un manque de tact) que la troisième tranche de la centrale de Zaporojié ne serait pas mise en service avant le mois d'août 1986, au plus tôt (en fait la mise en service eut lieu… le 30 décembre 1986). Il justifia son propos en invoquant des retards dans la livraison de l'équipement et dans la mise en place des systèmes informatiques que l'on commençait seulement à monter.*

« " Félicitations ! lui lança Chtcherbina en colère, comme ça, vous fixez vous-mêmes vos délais ! Puis, d'une voix stridente : Qui vous en a donné l'autorisation ?

– C'est la technologie qui fixe les délais, lui répliqua Khenokha.

– Assez ! l'interrompit Chtcherbina. Ne vous retranchez pas derrière des arguments fallacieux. Le gouvernement a dit mai 1986, vous n'avez qu'à vous y tenir !

– Mais ce n'est qu'à la fin mai que les armatures de renforcement seront livrées.

– Faites-vous livrer plus tôt, déclara Chtcherbina péremptoire. Il se tourna alors vers Maïorets qui était assis à côté de lui : Vous avez vu ! Vos chefs de chantier prennent prétexte du manque d'équipement pour ne pas respecter les délais.

– Nous y couperons court, promit Maïorets.

– Je ne vois pas comment on peut construire une centrale nucléaire et la mettre en service sans équipements... Ce n'est pas moi qui livre mais l'industrie, grommela Khenokha."

« Après la réunion, alors que nous discutions dans le foyer du Palais des Congrès du Kremlin, il me dit que le mensonge était notre tragédie nationale ; nous mentions et apprenions à mentir à nos subordonnés. Mais même motivés par de bonnes intentions, les mensonges demeuraient des mensonges et cela ne pouvait mener à rien de bon.

« Khenokha tenait ces propos deux mois avant l'accident de Tchernobyl[9]. »

Ces lignes illustrent crûment le type de personnage que l'on pouvait rencontrer parmi les dirigeants de l'industrie soviétique. C'est avec eux que les responsables politiques s'étaient fixé pour programme de doter l'Union soviétique d'une puissance électronucléaire égale au tiers de celle de toute la planète. L'opinion publique, dopée par les déclarations lénifiantes de sommités scientifiques, l'avait accepté les yeux fermés jusqu'au coup de tonnerre de Tchernobyl.

Dès 1972, quinze ans avant la catastrophe, Medvedev était l'adjoint de l'ingénieur en chef de la centrale de Tchernobyl. Il se rendit à Kiev et on lui demanda de faire un exposé au ministre de l'Énergie d'Ukraine. Celui-ci lui demanda si on avait bien choisi le type de réacteur, en soulignant que Kiev n'était pas loin. Il répondit sans hésiter qu'il aurait mieux valu choisir un réacteur à eau légère sous pression, du type choisi massivement en Occident. Il ne put trouver d'autre explication au choix qui avait été fait que la préconisation des académiciens entérinée par le Conseil des ministres. En 1972, on pouvait encore agir et changer le fusil d'épaule. Mais cela présupposait trop de personnalité de la part d'un chef bureaucrate pour aller hardiment à contre-courant.

SÉQUENCE DES ÉVÉNEMENTS LES 25 ET 26 AVRIL 1986

La centrale était implantée dans une région où la densité de population n'était pas élevée : 110 000 personnes vivaient dans un rayon de 30 kilomètres. Le 25 avril 1986, on se préparait à arrêter l'un des 4 réacteurs pour des travaux d'entretien. Des prescriptions très strictes étaient édictées pour de telles opérations : dans la pratique, le protocole adopté par l'ingénieur en chef n'en a respecté aucune.

Le personnel était mal instruit, mal préparé et, ne connaissant pas les dangers, ne suivait pas les consignes. Les techniciens ne réalisaient pas que la conception du réacteur était telle qu'une perte soudaine de liquide de refroidissement conduirait non seulement à une augmentation de chaleur mais aussi à une réaction en chaîne incontrôlée. La conspiration du silence sur les accidents survenus dans les centrales au cours des 35 années précédentes contribuait à l'inconscience des opérateurs. Par commodité, ils mirent hors-circuit les dispositifs de sécurité.

C'est un enchaînement d'événements devant lequel les spécialistes et l'ingénieur en chef réagirent en commettant une série d'erreurs grossières. Il est intéressant de relever, sous la plume de Medvedev, qui s'était opposé à sa promotion, ce commentaire sur un personnage clé de l'aventure : « *Il était maladroit, il avait l'esprit lent, un caractère difficile et irascible.* » L'ingénieur en chef est décrit en ces termes : « *Travailleur peu énergique, vaniteux, rancunier, méchant, parfois juste. Il a une voix de baryton agréable qui sous le coup de l'émotion grimpe vers l'alto, mais qui d'habitude se rapproche d'une belle basse*[10]. »

Même en 1986, l'électronique permettait d'assurer la sécurité d'un réacteur nucléaire, que les opérateurs aient des voix de fausset, soient ivres morts ou fous furieux. Mais l'industrie nucléaire dans son ensemble, y compris dans les pays riches, a été très lente pour adopter des procédures automatiques et informatisées, se reposant plutôt sur des protocoles et la sélection d'un personnel censé être bien formé.

Les fautes commises ont conduit à l'emballement de la réaction en chaîne. La conception même du réacteur était défectueuse car il aurait dû être construit de façon à s'arrêter tout seul dans ce cas, sans nécessiter une intervention humaine ou électronique. Au fur et à mesure que la catastrophe démarrait, une partie du combustible est entrée en fusion et s'est évaporée avant d'être propulsée dans l'atmosphère par l'explosion puis emportée par le vent en direction du nord-ouest, au-delà des frontières de l'Union soviétique à travers la Biélorussie et les républiques baltes. Le nuage radioactif s'est propagé entre 1 000 et 11 000 mètres d'altitude. Pendant une semaine, les avions arrivant à Moscou étaient contaminés.

Le cœur du réacteur était comme un volcan d'où s'échappaient rayonnements et neutrons car une plaque de 1 000 tonnes avait volé dans les airs avant de retomber sur le réacteur, ne le recouvrant qu'en partie, et de briser ses structures. Cinquante tonnes de combustible nucléaire avaient ainsi été dispersées. Les pompiers avaient éteint les feux visibles, mais ils étaient totalement ignorants du fait qu'ils marchaient sur des débris qui irradiaient 20 000 roentgens/heure, dose létale pour une personne exposée pendant 90 secondes. Un pompier pouvait travailler pendant une trentaine de minutes sans en être empêché par la radiation, mais il deviendrait un mort ambulant et serait condamné à mourir en quelques semaines des suites de cette exposition même s'il n'avait travaillé à cet endroit que pendant 2 minutes.

Il faut souligner que les opérateurs ne disposaient pas de détecteurs de radiations permettant de mesurer les intensités très fortes. Tous les appareils de contrôle de routine étaient bloqués en haut du cadran. Il est évident que plusieurs, parmi les hommes dépêchés sur les lieux, sont morts inutilement sans accomplir de travail utile. Un minimum de précautions aurait évité la majorité des sacrifices. Les doses reçues étaient telles que les hommes bronzaient en quelques heures comme s'ils avaient passé 15 jours sur une plage.

En même temps, des tempéraments héroïques se révélèrent. Medvedev remarque :

« *Alexandre Leletchenko, voulant épargner aux jeunes électriciens d'aller inutilement dans la zone de haute radioactivité, retourne lui-même à trois reprises dans la salle d'électrolyse pour débrancher la conduite d'amenée d'hydrogène dans les alternateurs de secours. Lorsqu'on sait que cette salle est située près des décombres, où les débris de combustible et de graphite émettent entre 5 000 et 15 000 roentgens/heure [une dose létale de radiation en 6 minutes ou 2 minutes, respectivement], on mesure la valeur de cet homme de 50 ans, qui a volontairement protégé ses cadets. De l'eau radioactive jusqu'aux genoux, il examine l'état des installations électriques, s'efforçant de brancher les pompes d'alimentation… Il recevra une dose globale de 2 500 rads, suffisante pour tuer 5 hommes. Néanmoins, après avoir reçu les premiers soins au centre médical de Pripyat où on lui injectera du sérum, Leletchenko retournera aussitôt au réacteur et y travaillera encore quelques heures… Il mourra dans de terribles souffrances à Kiev*[11]. »

Les dirigeants de la centrale intoxiquaient la direction de Moscou par de fausses informations selon lesquelles le réacteur n'était pas détruit, alors que les environs étaient jonchés de morceaux de graphite radioactif provenant du cœur du réacteur et projetés au loin par les explosions d'hydrogène. Medvedev écrit encore :

« *Comme je l'ai déjà dit, Fomine et Brioukhanov n'ont pas cru Sitnikov lorsqu'il leur a dit que le réacteur était détruit, pas plus que Vorobiev, le chef d'état-major de la défense civile de la centrale qui leur a signalé des champs de rayonnements élevés : ils lui ont conseillé de jeter son radiomètre aux ordures. Mais une pensée raisonnable a tout de même traversé l'esprit de Brioukhanov. Il a enregistré inconsciemment ce que Vorobiev et Sitnikov lui ont dit et a demandé, à tout hasard, à Moscou l'autorisation d'évacuer la ville de Pripyat. B. E. Chtcherbina qui se trouve alors à Barnaoul, à l'autre bout du pays, et que son conseiller L. P. Dratch a contacté par téléphone, envoie l'ordre suivant : "Ne semez pas la panique ! Pas d'évacuation avant l'arrivée de la Commission gouvernementale !"*

« *L'euphorie nucléaire, le caractère tragique et catastrophique de la situation privent Brioukhanov et Fomine de tout jugement sensé. Heure après heure, Brioukhanov annonce à Moscou et à Kiev que la situation radiologique à Pripyat et autour de la centrale est normale, que la situation est entièrement maîtrisée et que de l'eau de refroidissement est injectée dans le réacteur*[12]. »

Lorsque Chtcherbina arrive à Tchernobyl, il persiste à refuser l'évacuation des 48 000 civils alors que la situation est terrible. Medvedev donne la parole à Charcharine :

« *Quand Chtcherbina est arrivé, je l'ai pris à part, avant la réunion, pour lui expliquer la situation. Je lui ai dit qu'il fallait évacuer immédiatement la ville. Il me répondit d'un air contraint que cela pourrait provoquer la panique, laquelle est bien pire que la radioactivité*[13]. »

Medvedev continue :

« *Le 26 avril 1986, vers 9 heures du soir, Boris Evdokimovitch Chtchebina arrive à Pripyat. Premier président de la Commission gouvernementale chargée d'éliminer les conséquences de l'accident, il a eu un rôle réellement historique à jouer.*

« *De taille moyenne, fluet, plus pâle que d'habitude, il a déjà une bouche de vieillard, aux lèvres fortement pincées, et des joues maigres que strient des rides d'autorité bien marquées. Il est calme, concentré et attentif.*

« *Il ne comprend pas encore que partout, aussi bien dans les bâtiments qu'à l'extérieur, l'air crépite de radioactivité, émet des rayons notamment bêta et gamma. Tout le monde est touché, aussi bien le diable, Chtcherbina lui-même, que les simples mortels. En fait, Chtcherbina se moque éperdument de ces 48 000 êtres humains dormant dans la ville plongée dans la nuit, derrière la fenêtre du bureau, et parmi lesquels il y a des vieillards, des femmes et des enfants. Il est le seul à qui appartient la décision d'évacuer ou non et de considérer l'événement comme une catastrophe nucléaire.*

« *Comme à l'accoutumée, il se montre d'abord calme, discret, un peu apathique même. Néanmoins, le pouvoir colossal, difficile à contrôler, dont est investi ce petit homme malingre lui procure la douce sensation qu'il a une puissance illimitée et qu'il peut, comme Dieu le Père lui-même, châtier ou pardonner à son gré. Mais… Chtcherbina n'est qu'un homme, et il se comportera comme tel : la tempête mûrira sourdement en lui, cachée sous un calme appa-*

rent, pour se déchaîner une fois qu'il aura compris la situation et choisi la voie à suivre ; elle deviendra une tornade aveugle de précipitation et d'impatience qui le poussera à harceler sans trêve les gens[14]. »

Il se déchaîna lorsqu'il apprit que la seule solution rationnelle était d'enterrer la centrale sous des tonnes de sable projetées depuis des hélicoptères.

Medvedev continue, citant un autre témoin, G. A. Chacharine :

« *Chtcherbina nous harcelait. Dans le vrombissement des hélicoptères, il hurlait à pleins poumons que nous étions des incapables, que nous ne savions pas nous organiser. Il nous traitait comme du vulgaire bétail, tous autant que nous étions, ministres, vice-ministres, académiciens, maréchaux, généraux, sans parler des autres. Il hurlait que nous n'étions bons qu'à faire exploser un réacteur mais que pas un seul d'entre nous n'était fichu de pelleter le sable.*

« *Nous avons finalement chargé les six premiers sacs dans un MI-6. Antonchtchouk, Deïgraf et Tokarenko se relayaient dans les hélicoptères pour le bombardement. Ils avaient participé à la construction du réacteur, ils pouvaient indiquer précisément au pilote où il fallait larguer les sacs*[15]. »

Les risques que durent prendre les « liquidateurs », nom donné à ceux à qui incombait la tâche de « liquider » les conséquences de l'accident, sont illustrés par les conditions dans lesquelles les aviateurs durent travailler pour noyer le réacteur sous le sable :

« *Le colonel B. Nesterov, pilote d'élite, partit le premier bombarder la tranche n° 4. En droite ligne, à 140 km/h. Un seul point d'orientation : à gauche, les deux cheminées de ventilation de la centrale de 150 mètres de haut. Trop haut. À 110 mètres, le radiomètre indiquait 500 roentgens/heure. Nesterov survola la brèche créée par l'inclinaison de la dalle de protection biologique supérieure reposant sur la cuve. Largeur de la brèche : 5 mètres. Il fallait viser juste. La protection biologique était de la couleur du disque solaire. Lorsque l'on ouvrit la porte de l'hélicoptère, une chaleur torride frappa les hommes de plein fouet. Une puissante colonne de gaz radioactifs, ionisés par les neutrons et les rayons gamma, s'élevait dans l'air. Personne n'avait de masque. Par en dessous, l'hélicoptère n'était pas protégé par du plomb… On ne pensera à le protéger qu'après avoir déversé des centaines de tonnes de matériaux. En attendant, les hommes sortaient la tête par la porte ouverte et, visant au jugé, jetaient les sacs dans le cratère. Et cela sans arrêt. Il n'y avait pas d'autre moyen*[16]… »

C'est un des traits étonnants de la description de la catastrophe de voir que Moscou a envoyé une kyrielle de responsables politiques de très haut niveau dont beaucoup vont pelleter du sable et recevoir des doses de radiations destructrices.

Parmi les responsables scientifiques compétents, on note la présence d'Evgueni Velikhov, réputé pour ses travaux en physique des plasmas. Il est bien connu en Occident car il a souvent participé aux discussions sur la maîtrise des armements nucléaires. Le récit décrit Velikhov, ayant déjà reçu 50 roentgens (le dixième de la dose mortelle), expliquer la situation à des nucléocrates et académiciens :

« *Il faut que vous vous rendiez compte de ce qui s'est passé. L'explosion de Tchernobyl est pire que les autres explosions atomiques. Pire qu'Hiroshima. Là-bas, il n'y avait qu'une bombe. Ici, il y a eu dix fois plus de matières radioactives rejetées... Plus d'une demi-tonne de plutonium. Aujourd'hui, Anatoli Ivanovitch, il va falloir compter les hommes, compter les vies*[17]. »

Très caractéristique de la façon de traiter l'homme – « *capital le plus précieux* » selon Staline – fut la décision d'un chef de fermer une vanne d'eau cruciale placée dans une piscine du réacteur. Il arriva à se procurer deux combinaisons étanches de plongeur. Il envoya deux hommes dans une piscine hautement radioactive et leur promit que s'ils mouraient, leur famille recevrait un appartement, une datcha, une voiture. Ils sont morts, en effet.

Ce que fut ensuite la vie des sommités est décrit partiellement dans le témoignage de M. S. Tsvirko :

« *Quand nous sommes arrivés à Moscou, ma tension était extrêmement élevée. Mes yeux étaient injectés de sang. Pendant qu'à l'aéroport de Vnoukovo, mes compagnons de route étaient pris en charge et envoyés en autocar à la clinique n° 6, j'ai appelé ma voiture de fonction et me suis rendu à ma polyclinique habituelle, la n° 4 (c'est-à-dire la clinique du Kremlin). Le médecin m'a demandé pourquoi j'avais les yeux rouges. Je lui répondis que des vaisseaux avaient éclaté en raison d'une hausse de tension. Le médecin a pris ma tension : 22/11. J'appris ensuite que c'était dû aux rayonnements. Je dis au médecin que j'arrivais de Tchernobyl et que de toute évidence j'avais été irradié. Je lui demandai de mesurer la dose que j'avais cumulée. Il me répondit qu'il n'avait pas de moyen de le faire et qu'il fallait pour cela aller à la clinique n° 6. Je lui demandai néanmoins de me faire un examen du sang et des urines. Puis je rentrai chez moi. Une fois à la maison, je me lavai entièrement. Je l'avais déjà fait avant de prendre l'avion, à Tchernobyl et à Kiev. J'ai voulu ensuite me reposer, mais impossible : on me téléphona pour me dire qu'on me cherchait, qu'il fallait que j'aille immédiatement à la clinique n° 6, j'y étais attendu. Je m'y suis rendu à contrecœur.*

« *À la réception, j'ai dit que je venais de Tchernobyl, de Pripyat, et je fus prié d'aller dans la salle d'attente. Un dosimétriste m'y contrôla. Je n'étais pas trop radioactif. Il est vrai que je m'étais bien lavé auparavant et que je suis chauve. À la clinique n° 6, je retrouvai le vice-ministre A. N. Semenov. On l'avait déjà tondu, comme s'il avait eu le typhus. Il se plaignait que, depuis qu'il était à l'hôpital, sa tête était plus radioactive qu'auparavant. Il s'avéra que les malades arrivés dans la journée avaient été installés dans les lits qu'avaient précédemment occupés les sapeurs-pompiers et les opérateurs hospitalisés dès le 26 avril. On n'avait pas changé les draps et les nouveaux arrivants s'étaient recontaminés à leur contact. J'insistai fermement pour qu'on me laisse repartir. Je revins enfin chez moi et m'allongeai*[18]. »

L'évacuation en autocar de la population de Pripyat ne fut pas un chef-d'œuvre d'organisation. Medvedev écrit :

« *Les adieux de la population aux animaux domestiques, chiens et chats, furent tragiques. Les chats, la queue dressée en l'air, miaulaient plaintivement en regardant leurs maîtres d'un air interrogateur. Des chiens de toutes races hurlaient de désespoir, se faufilaient au milieu des autocars, poussaient des glapissements aigus, montraient les dents quand on voulait les écarter. Il était malheureusement interdit d'emmener tous ces animaux, auxquels les enfants surtout étaient très attachés. Leur pelage était extrêmement radioactif, tout comme les cheveux des gens, et ce d'autant plus que les chiens couraient toute la journée.*

« *Longtemps, les chiens abandonnés par leurs maîtres coururent derrière les autocars. En vain. Ils furent distancés et retournèrent dans la ville abandonnée, où ils commencèrent à se rassembler en bandes.*

« *Les archéologues ont découvert une inscription intéressante sur une tablette d'argile de la Babylone antique : "Si les chiens de la ville se rassemblent en bandes, la ville tombera et sera détruite." La ville de Pripyat n'a pas été détruite, elle a été abandonnée aux rayonnements pour quelques dizaines d'années, elle est devenue une ville fantôme…*

« *Les meutes de chiens abandonnés ont commencé à dévorer une grande partie des chats radioactifs, sont retournés à l'état sauvage et ont commencé à montrer les dents. Ils ont même parfois tenté de s'attaquer aux humains…*

« *Un groupe de chasseurs armés de fusils a été rapidement constitué. Pendant trois jours, les 27, 28 et 29 avril, ils ont tiré sur les chiens : chiens de garde, dogues, chiens de berger, terriers, épagneuls, bouledogues, caniches, bichons. Le 29 avril, les rues de Pripyat abandonnée étaient jonchées de cadavres de chiens aux pelages divers*[19]… »

Le dernier des quatre réacteurs de Tchernobyl a été fermé en décembre 2000. Le sarcophage recouvrant le réacteur détruit lors de l'accident laisse passer l'air et l'eau et nécessite d'être reconstruit. Le gouvernement d'Ukraine devra prendre des mesures énergiques pour sécuriser ce site pendant plusieurs décennies, jusqu'à ce que le matériau radioactif trouve sa destination finale en lieu sûr.

CONSÉQUENCES DE L'ACCIDENT

Il est utile de chercher à dresser un bilan réaliste des dégâts. Une vaste étude internationale menée par les équipes coordonnées sous les auspices de l'Organisation mondiale de la santé[20], dix ans après, permet de dégager des effets réels de l'accident à Tchernobyl dans les régions proches. Nous présentons ci-dessous leurs conclusions ainsi que celles d'études plus récentes menées par des agences des Nations unies.

Contamination, irradiation, évacuations

L'unité 4 de la centrale de Tchernobyl contenait environ 150 tonnes de combustible de dioxyde d'uranium et de produits de fission dont on estime qu'entre 13 et 30 % se sont échappés dans le milieu environnant.

La radioactivité totale libérée par le réacteur a été de 300 millions de curies ou 12×10^{18} Bq, dont 6×10^{18} Bq étaient dues au xénon-133, un gaz inerte dont la durée de vie est de 5 jours. Seulement 3 à 4 % du combustible solide présent dans le réacteur a été éjecté, mais 100 % des gaz nobles et 20 à 60 % des radioéléments volatiles ont pris la clé des champs. La radioactivité était, pour le césium-137, 560 fois supérieure à celle libérée par les bombes d'Hiroshima et de Nagasaki, et pour l'iode-131, 6 fois. Ces valeurs sont plus élevées que celles données en 1986 par les autorités soviétiques qui s'étaient limitées aux retombées en Union soviétique.

Les radioéléments emportés par le nuage radioactif contenaient environ $1{,}7 \times 10^{18}$ Bq d'iode-131 et $8{,}5 \times 10^{16}$ Bq de césium-137. La pluie en a déposé de fortes quantités dans la région proche du réacteur. C'est l'iode-131 qui a initialement produit l'effet le plus important sur la santé car il s'accumule dans la thyroïde. Mais il a une vie moyenne de 8 jours seulement tandis qu'à long terme, le césium-137, dont la durée de vie est de 30 ans, est plus important.

En raison des conditions atmosphériques, on eut à déplorer 70 % des précipitations radioactives en Biélorussie, la majeure partie des autres retombées se répartissant entre l'Ukraine, la Russie et le reste de l'hémisphère Nord. La localisation des pluies conduit à une distribution très inhomogène de la contamination. Même à une distance de 400 kilomètres du réacteur, dans la région de Woshin au nord-ouest de Minsk, on a dû évacuer une partie de la population. En quelques endroits, la radioactivité était considérable. C'est ainsi que les militaires mesuraient à 70 kilomètres de Tchernobyl, à Novodicki, 30 heures après l'explosion, une dose de 30 mSv/heure à l'extérieur des maisons. Au total, presque 5 millions de personnes en Ukraine et en Biélorussie ont été exposées à des doses notables de radiations ionisantes provenant de la retombée de corps radioactifs. Des doses faibles de radioactivité ont aussi été dispersées sur des zones où vivent des centaines de millions de personnes sur tout l'hémisphère Nord.

Le tableau 6.1 donne la répartition des doses reçues et des personnes touchées. Une superficie de 10 000 km^2 a été contaminée à des niveaux allant de 555 kBq/m^2 à 1 480 kBq/m^2, tandis que 21 000 km^2 recevaient de 185 à 555 kBq/m^2.

Tableau 6.1 : Répartition des doses reçues et populations exposées à la suite de l'accident de Tchernobyl. (kBq = 1 000 becquerels, mSv = millisievert)

Contamination par m^2	*Taux d'exposition moyen annuel*	*Population exposée*	*Mesures prises par les autorités soviétiques*
> 1 480 kBq	> 5 mSv	135 000	Évacuation générale
555-1 480 kBq	2-5 mSv	270 000	Aide au relogement Suivi médical obligatoire
185-555 kBq	1-2 mSv	580 000	Suivi médical spécial
37-185 kBq	< 1 mSv	4 000 000	Suivi médical régulier

Les personnes ayant participé au nettoyage du site après l'accident ont reçu de fortes doses de radiation. Dans la plupart des cas, elles n'avaient pas de dosimètre individuel pour mesurer la quantité de radiation reçue, si bien que les experts ne peuvent que l'estimer. L'Organisation mondiale de la santé évalue à 800 000 le nombre de ceux qui ont participé au nettoyage sur la zone évacuée à moins de 30 kilomètres du réacteur. Pendant la première année après l'accident, on estime que 211 000 personnes ont reçu une très forte dose de radiation.

Les autorités soviétiques ont commencé à évacuer les populations dans la zone autour de Tchernobyl trente-six heures après l'accident. En mai 1986, environ 1 mois après, les 116 000 personnes qui vivaient dans un rayon de 30 kilomètres avaient été transférées.

Comparaison de la radiation provenant de l'accident de Tchernobyl avec la radiation naturelle

Le rayonnement normal du sol est de l'ordre de 1 kBq/kg, provenant essentiellement de la désintégration du potassium naturel, le potassium-40. Pour calculer le nombre de becquerels par mètre carré, on multiplie ce chiffre par le nombre de kilogrammes dans un mètre carré de sol sur une épaisseur de 6 centimètres. Puisque la densité du sol est de 1,5 g/cm^3, cela correspond à 90 kg/m^2. Le bruit de fond naturel, qui doit être comparé aux valeurs de la première colonne du tableau 6.1, est donc de 90 kBq/m^2. On se souvient qu'un Français reçoit en moyenne 0,9 mSv/an à cause de la radioactivité naturelle et qu'un Américain reçoit en moyenne 0,3 mSv/an des rochers, sols et matériaux dont sont faits les immeubles, et que le granite de Bretagne contient 750 kBq/m^2 pour des plaques de 4 centimètres d'épaisseur.

Les corps radioactifs pénètrent dans le sol et les humains ne sont donc pas au contact direct des radioéléments qui peuvent cependant se retrouver par la suite dans les aliments. Ce tableau indique que 135 000 personnes recevaient des doses un peu supérieures à celle tolérée pour les travailleurs de l'industrie nucléaire (50 mSv/an) alors que 4 000 000 d'entre elles recevaient des doses inférieures aux fluctuations observées entre les différentes régions de France. On leur a conseillé de se soumettre à un suivi médical régulier.

Seulement en Ukraine et en Biélorussie, les doses reçues moyennes sont supérieures au bruit de fond naturel, comme on peut le voir sur la figure 6.1. On estime que le césium-137 pénètre à 3 centimètres de profondeur et reste dans le sol. À partir de là, on calcule la dose reçue par les habitants chez eux. Dans la région la moins touchée autour de Tchernobyl, la radioactivité par mètre carré due à l'accident est de 185 000 désintégrations par seconde, le nombre de muons cosmiques est de 50 par seconde, et le nombre de rayons gamma provenant de la radioactivité naturelle est de 90 000 par seconde. Un rayon cosmique traversant tout le corps produit 100 fois plus d'ionisation qu'un électron de 1 MeV libéré par un rayon gamma émis par des roches, et seulement 30 % des rayons gamma provenant du sol sont émis vers le haut et produisent des électrons ionisants dans le corps. Les 185 000 désintégrations par seconde et par mètre carré ajoutées par la radiation de Tchernobyl contribuent pour une dose comparable à celle du bruit de fond naturel de la radioactivité du sol, des bâtiments et des rayons cosmiques.

On ne peut pas évaluer précisément le risque individuel. On ne peut estimer que des moyennes. Les retombées ne sont pas homogènes. Il y a une grande différence entre les terrains. Dans une ville asphaltée, les radioéléments ne sont pas absorbés par le sol. Sur des terrains dont la poussière peut être soulevée par les vents ou par des voitures, les éléments radioactifs peuvent s'envoler et s'infiltrer

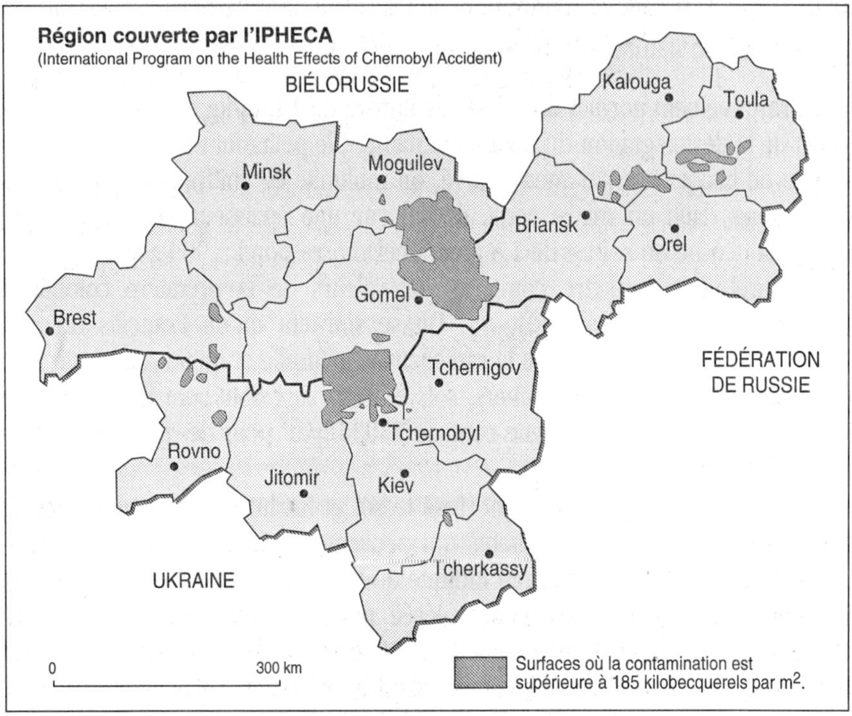

Figure 6.1 : Valeurs moyennes du dépôt total d'iode-131 à la suite de l'accident de Tchernobyl.

dans les poumons. Les éléments radioactifs peuvent être absorbés par les racines des plantes, passer dans la chaîne alimentaire et se fixer durablement dans le corps comme le césium-137. Ces chiffres n'ont donc un sens que parce qu'ils permettent d'évaluer, en moyenne et sur un grand nombre d'habitants, combien d'entre eux contracteront un cancer mortel, sans pouvoir préciser qui, parmi eux, sera victime de l'accident.

Les effets mentionnés ne concernent qu'un nombre qui reste faible parmi les multiples causes d'induction de cancers. « *La dose moyenne reçue par les populations françaises estimée pour 1986 est comprise entre moins de 0,025 mSv dans l'Ouest et 0,4 mSv dans l'Est. En 1997, la dose annuelle est de l'ordre de 0,001 à 0,015 mSv, ce qui est 100 à 1 000 fois inférieur aux doses dues à la radioactivité naturelle*[21]. »

Si nous faisons l'hypothèse qu'en France, une année après Tchernobyl, la dose moyenne était 0,05 mSv et en admettant un effet linéaire des faibles doses et l'estimation de 0,04 cancer létal par sievert, nous trouvons 100 cancers létaux sur un an et 300 environ sur 30 ans, en tenant compte de la décroissance des produits de fission. Sur la même période, près de 3 millions de Français, c'est-à-dire 10 000 fois plus, auront contracté un cancer létal et la contribution de Tchernobyl est inférieure à celle que produirait une augmentation de 1 % de la consommation de tabac.

Il est certain que la grande majorité des cancers ne sont pas causés par l'accident, y compris dans les zones les plus affectées, à la notable exception du cancer de la thyroïde dans les zones les plus touchées par la catastrophe.

Conséquences en matière de santé publique

L'étude de l'Organisation mondiale de la santé de 1995 jette un éclairage parfois inattendu sur l'effet de la catastrophe et la façon dont la société a fait face. Le manque d'informations et les mensonges officiels des autorités soviétiques ont retardé les soins et engendré une angoisse dévastatrice pour la santé des populations concernées. Les conditions d'évacuation et de relogement de la population ont aggravé les choses. Beaucoup de personnes ont présenté des symptômes qui n'avaient jamais été observés comme conséquences d'irradiation. Une enquête psychologique et clinique après l'accident a enregistré des maux de tête, une sensation d'oppression de la poitrine, des indigestions, des troubles du sommeil, une perte de concentration et une plongée dans l'alcoolisme. Chez les enfants, on a enregistré des maladies telles que des désordres endocriniens, des troubles mentaux, des affections du système nerveux, digestif ou génital.

L'étude a évalué les effets immédiats dus aux radiations et les effets à plus long terme comme le cancer de la thyroïde et la leucémie. Les effets strictement immédiats ont été limités au personnel de l'usine et aux pompiers appelés pour éteindre les feux du modérateur en graphite, très radioactif, éjecté du réacteur : deux en sont morts ; 444 personnes étaient sur le site et furent très irradiées. Sur les 300 personnes admises à l'hôpital, 134 avaient subi une irradiation aiguë et 28 en moururent durant les trois premiers mois. Celles qui ont survécu connurent de graves troubles physiques et émotionnels. Il n'y a aucun syndrome d'irradiation aiguë dans la population évacuée d'une zone de 30 kilomètres autour de la centrale. Plus de 5 millions de personnes dans les régions voisines de Tchernobyl ont reçu des pastilles d'iode pour saturer leur thyroïde et l'empêcher de fixer l'iode radioactif qui pénétrait dans leur organisme par l'ingestion de nourriture ; cependant on ne connaît pas le nombre de ceux qui ont effectivement pris ces pilules. Beaucoup d'enfants en ont été privés, ce qui explique en partie l'augmentation des cancers de la thyroïde chez eux.

Certains enfants des zones contaminées ont reçu de fortes doses dans la thyroïde à cause de l'iode radioactif à courte durée de vie qui se trouvait dans le lait produit localement. Plusieurs études ont montré une forte augmentation des cancers de la thyroïde chez les enfants en dessous de 15 ans en Biélorussie, Ukraine, et Russie[22], et ces cancers sont d'un type particulièrement grave. S'ils sont détectés assez tôt, on peut opérer et faire suivre une radiothérapie à l'iode-131 pour détruire les métastases et enfin remplacer des hormones de la thyroïde.

Dans la région la plus touchée, la Biélorussie, qui compte 2 ou 3 millions d'enfants, les figures 6.2 a et b montrent l'évolution annuelle du nombre de cancers de la thyroïde.

En Ukraine, le nombre de cancers de la thyroïde a été multiplié par 8 après l'accident. Dans les régions contaminées, plus de 95 % des cancers de la thyroïde étaient très invasifs, c'est-à-dire largement étendus aux tissus voisins, ce qui rendait très difficiles les interventions chirurgicales curatives. C'est là que le manque d'équipements de détection précoce des cancers, par ultrasons, se révéla désastreux. Une étude de 1999[23] présente le taux annuel de cancers de la thyroïde dans dix régions de Biélorussie et Russie, dont la valeur passe de 220 avant l'accident de Tchernobyl à plus de 1 000 chaque année dans les années 1995-1997, qui sont les dernières années pour lesquelles les données étaient disponibles.

Un rapport émanant de l'Académie des sciences de Biélorussie indique que sur la période 1987-2000, en Biélorussie, le nombre de cancers de la thyroïde dus à l'irradiation s'est élevé à 707 chez les enfants et à 4 401 chez les adolescents et adultes, dont 351 cas mortels sur l'ensemble de la population[24].

Un site internet mis en place grâce à des financements du gouvernement suisse et dont le but est de donner une information fiable et non biaisée, indique que « *l'augmentation la plus importante de cancers de la thyroïde a été enregistrée par les médecins dans la région de Gomel. Plus de 50 % des enfants malades avaient moins de 4 ans à l'époque de la catastrophe. En considérant les caractéristiques des cas qui ont été rapportés jusqu'à maintenant, l'Organisation mondiale de la santé prédit qu'un tiers des enfants dans la région de Gomel âgés de 0 à 4 ans au moment de l'accident pourront avoir un cancer pendant leur vie, un total de 50 000 enfants pour ce seul groupe*[25] ».

Le césium, qui a contaminé la nourriture des animaux et l'eau buvable, présente un danger à plus long terme car sa durée de vie est longue. L'irradiation de longue durée est presque entièrement due au césium qui est introduit dans le corps par les légumes et le lait, ainsi que les sources externes qui irradient le corps. Les isotopes du strontium et du plutonium ont contribué à moins de 5 % de l'irradiation.

La leucémie a été étudiée sur un groupe de 270 000 enfants. Les observations ont été faites dans la région qui avait subi une irradiation supérieure à 555 kBq/m^2 de césium-137. Elles montrent une augmentation de la morbidité pour les leucé-

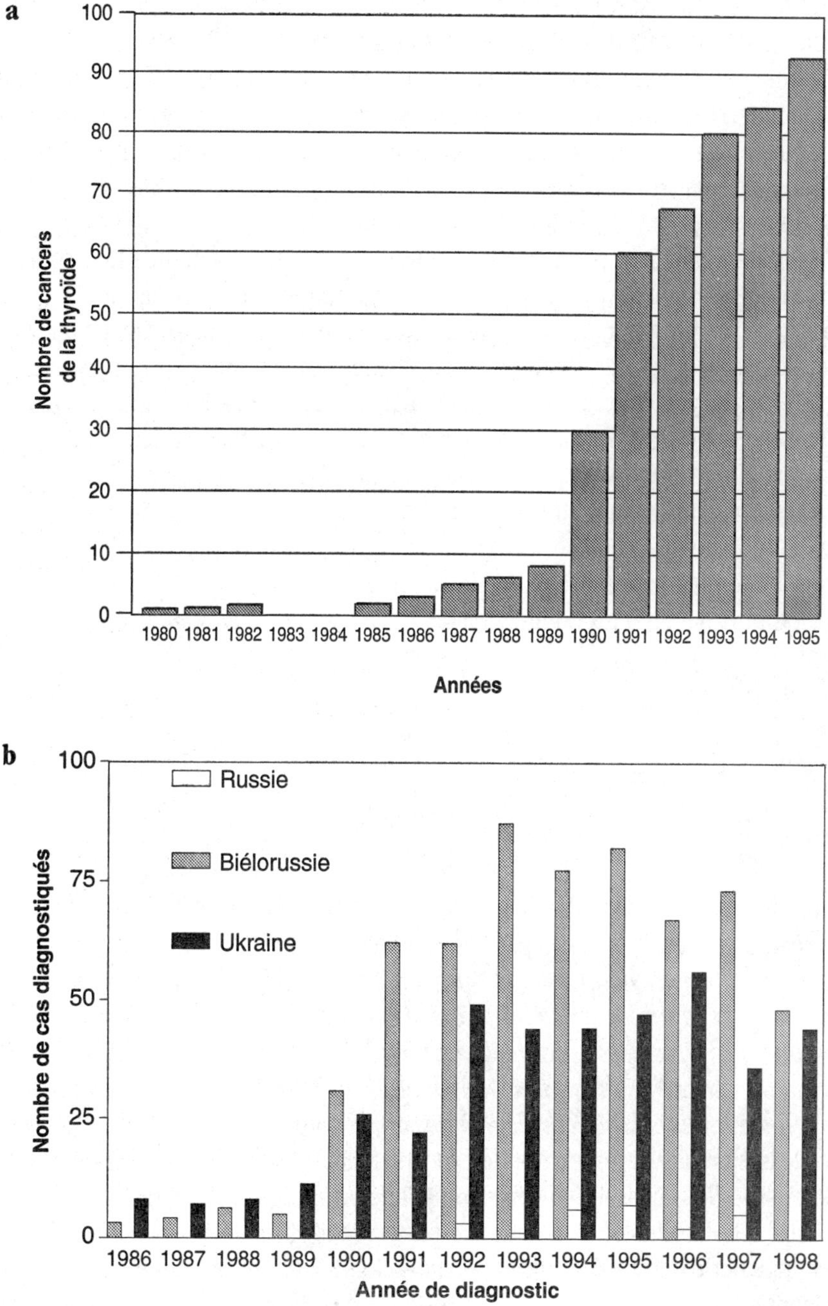

**Figure 6.2 : a) Nombres annuels des cancers de la thyroïde en Biélorussie.
b) Nombre de cancers de la thyroïde pour les enfants de moins de 15 ans au moment du diagnostic[26].**

mies et les autres désordres sanguins, mais on notera qu'on voit aussi la même tendance dans des régions voisines non contaminées.

L'étude de l'Organisation mondiale de la santé de 1995 conclut qu'il n'y a eu aucun changement de la morbidité par leucémie qu'on puisse attribuer à l'accident de Tchernobyl. Cette maladie ne met pas longtemps à se déclarer : le taux maximum de cas de leucémie dus à Hiroshima et Nagasaki a été observé en 1953, huit ans après l'irradiation.

L'étude a également porté sur les dommages infligés aux fœtus. Elle conclut à une incidence sur le retard mental de certains enfants exposés. Mais il est impossible d'en imputer la cause aux seules radiations, ou même en grande partie. Le stress et les conditions de vie difficiles des parents peuvent avoir joué leur rôle. Il est probable qu'une enquête sur la vie des habitants affectés par la catastrophe montrerait des dommages irréversibles qui dépasseraient de loin les effets que l'on peut attribuer de façon plausible aux radiations. Sur les 800 000 travailleurs ayant travaillé à Tchernobyl après la catastrophe, les enquêtes indiquent une morbidité et une mortalité augmentée, mais il était très difficile de donner le nombre exact de victimes.

Le rapport de 2005 du Comité consultatif sur les effets biologiques des rayonnements ionisants de l'Académie des sciences des États-Unis (BEIR) conclut : « *Des études sur les liquidateurs de Tchernobyl offrent une opportunité importante d'évaluer les effets de la prolongation de l'exposition aux radiations dans le domaine des faibles et moyennes doses. Cependant, aucune évaluation fiable des risques ne peut en être déduite actuellement, à cause de difficultés dans le suivi et du manque d'estimation validée des doses reçues*[27]. »

On notera le contraste entre la clarté de ces données et la prudence de la conclusion sur les effets de la catastrophe d'un groupe d'étude comprenant 200 scientifiques réunis en 1990 par l'Agence internationale pour l'énergie atomique de Vienne : « *Il y a des désordres de santé, mais non reliés à la radioactivité [...], il n'y a aucun désordre de santé que l'on puisse attribuer à l'exposition aux radiations. [...] Les doses absorbées estimées dans les thyroïdes d'enfants sont telles qu'il pourrait y avoir une augmentation statistiquement convaincante dans le futur, mais cela sera difficile à discerner*[28]. » Le groupe savait certainement que cette très grande augmentation de cancers de la thyroïde ne serait pas « *difficile à discerner* ». Nous pensons au contraire qu'une prédiction claire aurait été impopulaire dans cette assemblée et a donc été passée sous silence dans la publication. Il s'ensuit une perte de confiance dans l'organisation qui en est responsable.

Quant à l'industrie nucléaire, il lui reste encore de sérieux efforts à faire pour augmenter sa crédibilité. Par exemple, le Centre d'information sur l'uranium en Australie publie, sur une page internet consacrée à l'accident de Tchernobyl[29], deux conclusions mises en exergue suivant lesquelles « *31 personnes ont été tuées et depuis il y a eu environ dix morts de cancer de la thyroïde apparemment dues à l'accident »*, et *« qu'un rapport des Nations unies de 2000 faisant autorité avait conclu qu'il n'y avait aucune preuve scientifique d'effets sanitaires significatifs pour la plupart des personnes exposées »*. Les conclusions publiées sont identiques à celles que l'on peut aussi trouver dans le rapport sur les conséquences radiologiques et sanitaires de Tchernobyl par l'Agence pour l'énergie nucléaire de l'OCDE[30]. Comme nous l'avons expliqué au chapitre 4 au sujet des effets des faibles doses, les 31 morts sont les morts « déterministes », mais il faut aussi dire que des milliers d'autres personnes sont mortes de cancers « stochastiques ». Le mode de comptabilisation n'est certainement pas le facteur le plus important pour les victimes et leurs proches.

Il existe heureusement d'autres sources d'information, comme le Bureau de coordination des affaires humanitaires des Nations unies, l'Unicef ou la Croix-Rouge, ou encore le site internet financé par le gouvernement suisse[31].

D'après le professeur Victor G. Baryakhtar, écrivant en 2003 dans un numéro spécial du journal *Environmental Science and Pollution Research*, entièrement consacré aux conséquences de l'accident de Tchernobyl[32] :

« Plus de 90 000 personnes provenant de 81 sites d'Ukraine et environ 25 000 personnes provenant de 107 sites en Biélorussie ont été évacuées jusqu'au milieu du mois d'août 1986. Depuis, des personnes ont commencé à revenir chez elles sans permission [...], en 1986, 6 275 personnes habitaient dans la zone d'exclusion de Tchernobyl, en 1990, il y en avait 1 064, et à la fin de 1998, 537 personnes habitaient à Tchernobyl et dans quatorze villages alentour. »

Baryakhtar indique que la contamination moyenne de césium-137 ne dépasse pas 15 curies par kilomètre carré (ou encore 555 kBq/m^2) et qu'un programme national ukrainien est responsable de la sécurité en matière de radiation pour ces personnes.

Ce travail, fondé sur de considérables dégâts environnementaux et humains, est d'un grand intérêt pour la connaissance future sur les effets des radiations à faible dose et faible débit de dose. Ajouté à l'expérience sur les réinstallations légales et extralégales des personnes habitant les zones évacuées, cette étude pourra utilement contribuer à envisager une réponse sociétale en cas d'acte malveillant avec des matériaux radioactifs, une éventualité qui doit malheureusement être considérée comme possible.

Un article paru dans le *New York Times* du 22 avril 2004 dresse un tableau humain de la situation. L'écrivain Martin Cruz Smith relate une discussion avec un couple âgé qui est revenu dans la zone de Pripyat. Ils sont dans leur ancienne maison, font pousser leurs légumes et s'occupent de leurs cochons, envoient leurs produits au marché et ceux-ci seront consommés dans les meilleurs restaurants de Moscou. Ces personnes semblent heureuses, même si leur probabilité de cancer a considérablement augmenté.

Un rapport réalisé en 2002 à la demande du programme des Nations unies pour le Développement et de l'Unicef dresse un bilan, quinze années après le drame, des conditions de vie des personnes qui ont été touchées et émet des recommandations détaillées pour un retour à la normale[33]. Il met en relief l'étendue des conséquences sanitaires, sociales et économiques qui se font encore sentir pour la vie et le bien-être de ces populations. Cela représente une charge considérable (qui n'a pas été appréciée à sa juste valeur) pour les budgets de la Biélorussie, de l'Ukraine et de la Russie, les ressources financières correspondantes n'ayant pas pu être affectées à d'autres priorités comme la santé, l'éducation ou les investissements, ressources particulièrement nécessaires pour ces régions qui traversent une époque de crise économique grave. Par exemple, le gouvernement d'Ukraine y a alloué entre 5 et 7 % des dépenses publiques du gouvernement[34].

Les tableaux 6.2 et 6.3 présentent des chiffres sur le nombre de personnes touchées par l'accident et sur les pertes en ressources agricoles. Les 860 000 liquidateurs ont entièrement utilisé leur « crédit » de radiation.

Tableau 6.2 : Nombre de personnes touchées par l'accident (décembre 2000)[35].

	Biélorussie	*Russie*	*Ukraine*	*Total*
Personnes déplacées	135 000	52 400	163 000	350 400*
Personnes vivant dans des zones contaminées	1 571 000	1 788 600	1 140 813	4 500 413
Liquidateurs 1986/1987	70 371	160 000	61 873	292 244
Liquidateurs 1988/1989	37 439	40 000	488 963	566 402
Invalides**	9 343	50 000	88 931	148 274
Total	1 823 153	2 091 000	3 189 477	7 103 630

* Inclus d'autres personnes déplacées volontairement.

** Les définitions peuvent varier suivant les pays.

Tableau 6.3 : Terres agricoles, forêts, entreprises et ressources retirées du service[36].

	Biélorussie	*Russie*	*Ukraine*	*Total*
Terres agricoles (hectares)	264 000	17 100	512 000	784 320
Forêts (hectares)	200 000	2 200	492 000	694 200
Entreprises agricoles et forestières	54	8	20	82
Usines, entreprises de transports et services	9	0	13	22
Dépôts de matériaux	22	0	0	22

En matière de conséquences sanitaires, le rapport indique qu'« *environ 2 000 cas de cancers de la thyroïde ont été diagnostiqués parmi les jeunes exposés à l'iode radioactif en avril et mai 1986. Suivant des estimations conservatrices, ce chiffre pourrait monter à 8-10 000 dans les prochaines années. Bien que le cancer de la thyroïde puisse être traité, ces personnes nécessiteront une attention médicale constante pour le restant de leur vie. Un nombre important pourrait avoir des complications sérieuses. Il est vraisemblable que dans les prochaines décennies, on verra une augmentation d'autres types de cancers solides résultant de l'exposition aux radiations. Cependant, il n'y a pas de consensus sur le nombre de cas qui se produiront*[37] ».

Les morts peuvent être évitées, mais cela nécessite des soins très coûteux, ce qui ajoute un fardeau économique supplémentaire pour ces sociétés.

Le rapport note aussi que « *les chercheurs n'ont pas assez apporté de considération à l'amélioration des effets psychologiques d'accidents comme celui de Tchernobyl. L'argument en faveur d'une méthode plus systématique pour les recherches sur les effets de Tchernobyl est illustré avec force par l'apparition inattendue de cancers de la thyroïde chez les enfants en bas âge, l'absence inattendue de leucémies dues à l'accident et la persistance d'effets psychologiques, allant tous dans un sens contraire à ce qu'on attendait*[38] ».

Sur les questions d'information et d'éducation du public concernant les risques des radiations, le rapport indique : « *Les initiatives en matière d'information et d'éducation du public figurent parmi les mesures planifiées avec le moins de cohérence et sont les moins efficaces. Les campagnes d'information ont été conduites séparément des autres activités [...]. L'information sur la protection radiologique n'a, la plupart du temps, pas été liée aux explica-*

tions sur les effets sanitaires des radiations. Il en est résulté une perception confuse de la radiation et de ses effets parmi tous les segments de la société[39]. »

Le rapport de 2002 à la demande du programme des Nations unies pour le Développement insiste sur la nécessité du maintien d'une aide internationale à un niveau approprié, non seulement pour d'évidentes raisons morales, mais aussi pour la connaissance que l'on peut en tirer sur les effets à long terme des retombées et sur les difficultés de gestion d'une telle crise. Il insiste enfin sur le fait que l'aide doit s'attacher à restaurer des conditions économiques et sociales durables pour que ces populations puissent elles-mêmes reprendre la conduite de leur propre destinée. Le rapport du secrétaire général des Nations unies d'août 2003 réitère lui aussi le besoin d'une augmentation de l'aide internationale pour ce qu'il appelle « *la crise oubliée* »[40].

En matière de prévention, nous avons mentionné qu'une mesure de protection pour empêcher l'iode radioactif de se fixer sur la thyroïde serait de fournir des pastilles d'iode aux populations proches des centrales nucléaires, qui pourraient immédiatement les avaler en cas de libération dans l'air d'iode radioactif : c'est simple, peu coûteux et efficace. Cependant, aux États-Unis, malgré les efforts répétés de scientifiques pour que soit mis en place un programme de stockage et de distribution de pastilles d'iode en cas d'accident nucléaire, l'industrie nucléaire et le gouvernement se sont toujours montrés réticents. En août 1998, la Commission de réglementation nucléaire a décidé de promouvoir aux États-Unis le stockage de telles pastilles, un triomphe de la raison sur les relations publiques qui n'a que trop tardé. Certains États entreposent ces pastilles dans des centres d'évacuation situés à quelques kilomètres des centrales. Nous pensons qu'il faudrait aussi encourager les ménages à avoir de telles pastilles en réserve, leur coût est minime.

Le gouvernement français a reconnu en 1996 la nécessité de mettre à la disposition de tous ceux qui habitent à moins de cinq kilomètres des centrales nucléaires des pilules d'iodure de potassium. Mais il semblerait que le gouvernement en place en avril 1986 ait fait preuve d'une certaine négligence. On se souvient qu'à l'époque, les pays européens (de la Finlande à la Grèce, et de l'Autriche aux Pays-Bas) prenaient des mesures limitant la consommation de lait et de légumes frais. En France, aucune mesure ne fut prise. Le 30 avril 1986, le professeur Pellerin, qui fut le directeur du Service central de protection contre les rayons ionisants (SCPRI) de 1957 à 1993, indiquait « *qu'aucune élévation significative de la radioactivité a été constatée* », alors que les mesures effectuées au centre du Commissariat à l'énergie atomique de Marcoule dans le Gard indiquaient un niveau de césium-137 dans l'air multiplié par 20 000. Le 2 mai, il affirmait : « *Les prises préventives d'iode ne sont ni justifiées ni opportunes, il faudrait imaginer des élévations 10 000 ou 100 000 fois plus importantes pour que commencent à se poser des problèmes significatifs d'hygiène publique.* » Dans l'instruction d'une plainte déposée en 2001 par des personnes ayant contracté un cancer de la thyroïde, la juge d'instruction a commandé un rapport dont les conclusions sont sévères pour les autorités de l'époque et celles du Service central de protection contre les rayons ionisants. « *Le SCPRI avait pleinement connaissance du dépassement quelquefois très important des valeurs de la radioactivité* », *notent les auteurs, qui relèvent aussi que* « *les cartes qui ont été fournies par le SCPRI sont inexactes dans plusieurs domaines* ». *Ils observent que* « *le SCPRI n'a visiblement pas restitué toutes les informations qui étaient en sa possession aux autorités décisionnaires ou au public [...]. Les risques de contamination ont toujours été niés ainsi que l'irradiation de la population avec, pour conséquence, l'absence de toute prophylaxie et en particulier l'absence d'administration d'iode*[41]. » Des mesures de protection pendant quelques semaines auraient été suffisantes puisque l'iode radioactif a une durée de vie de 8 jours. Même si dans la grande majorité, ces cancers sont dus à d'autres raisons et sans préjuger des résultats d'études épidémiologiques à venir, ce manque de transparence n'est pas acceptable (et il est contre-productif) et les Français n'ont peut-être pas tort de ne pas accorder grande confiance aux autorités en ce qui concerne la protection contre les accidents nucléaires, comme le montre un récent sondage, dont nous reparlerons en conclusion de ce chapitre.

L'accident de criticité à Tokai-mura (1999)

Le 30 septembre 1999, à 10 h 35, des employés d'une petite usine de Tokai-mura, une ville située à 110 kilomètres au nord-est de Tokyo, indépendante du réacteur à neutrons rapides qui se trouve aussi dans cette ville, procédaient à une opération considérée comme habituelle lorsqu'ils furent soudainement et mortellement irradiés sans alarme préalable. Bien que cet accident ait conduit à un nombre inférieur de morts ou de blessés que dans le cas d'une explosion de méthane dans une mine de charbon, il aura des conséquences sérieuses sur l'industrie nucléaire au Japon[42].

Depuis des années, une compagnie privée, Japan Nuclear Fuel Conversion Co (JCO), faisait fonctionner cette usine qui préparait du combustible d'oxyde d'uranium pour le réacteur expérimental refroidi au sodium Joyo à Tokai-mura. Le combustible est sous forme de cylindres métalliques dans lesquels sont empilées des pastilles en céramique d'oxyde d'uranium enrichi à environ 19 % en uranium-235. L'enrichissement est supérieur à celui des réacteurs ordinaires à eau légère (4 %) parce que le sodium liquide est un mauvais modérateur et que l'énergie cinétique des neutrons dans le réacteur est élevée, si bien que la probabilité de fission de l'uranium-235 est beaucoup plus petite que pour les réacteurs où les neutrons ont l'énergie thermique, d'où la nécessité d'un enrichissement supérieur.

L'accident s'est produit dans un réservoir cylindrique de 50 centimètres de diamètre et de 70 centimètres de hauteur recouvert d'une enveloppe de refroidissement jusqu'à mi-hauteur. L'opération en cours consistait en un traitement de poudre d'oxyde d'uranium enrichi qui n'avait jamais séjourné dans un réacteur et n'était donc ni contaminée par des produits de fission ni très radioactive. La quantité maximale autorisée d'uranium dans la cuve était de 2,4 kilogrammes pour que la masse reste sous-critique et qu'une réaction en chaîne ne puisse pas démarrer.

Vraisemblablement pour améliorer la production, les employés ont mélangé de la poudre d'oxyde d'uranium (enrichi à 19 % en uranium-235) avec de l'acide nitrique dans une cuve. Ils ont finalement versé l'équivalent de 16 kilogrammes d'uranium, dépassant ainsi la masse critique pour une solution entourée d'une couverture d'eau qui est un « réflecteur » de neutrons. La multiplication des neutrons est ici beaucoup plus lente que dans l'uranium métallique parce que le neutron parcourt une distance plus longue et que sa vitesse est plus lente : il n'y a donc pas eu d'explosion comme dans le cas d'une arme nucléaire. Dans un accident de criticité de ce type, la température de l'eau s'élève de façon soudaine et l'eau se dilate parce qu'elle se met à bouillir et que l'intense radiation produit de l'hydrogène et de l'oxygène. Cette expansion réduit la criticité et la réaction en chaîne s'étouffe.

Comme la cuve de Tokai-mura était équipée d'une enveloppe de refroidissement contenant de l'eau qui sert de modérateur, l'uranium est vite redevenu critique. Cette alternance de sous- et sur-criticité a continué pendant une vingtaine d'heures et s'est terminée seulement quand l'eau a été complètement vidée de l'appareil et que le système est devenu sous-critique de façon permanente. Trois employés ont été sévèrement irradiés (2 sont morts), 36 moins sévèrement et une dizaine de personnes ne travaillant pas dans cette usine ont reçu une dose de radiation, y compris trois pompiers venus secourir les employés les plus sévèrement irradiés.

Puisqu'il n'y a pas de blindage contre la radiation comme dans un réacteur nucléaire, des rayons gamma ainsi que des neutrons se sont échappés et ont été détectés à des centaines de mètres du site de l'accident.

En admettant une puissance moyenne de 1 kilowatt, il y aurait eu de l'ordre de $2,5 \times 10^{18}$ fissions produisant environ 3×10^{12} Bq provenant des trois isotopes d'iode (l'iode-131, l'iode-133 et l'iode-135) qui ont une durée de vie courte comprise entre 6 heures et 8 jours[43].

En comparaison, l'accident de Three Mile Island a produit $2,6 \times 10^{18}$ Bq d'iode-131 dans le cœur du réacteur, dont 12 % se sont échappés dans l'enceinte de confinement et seulement 6×10^{11} Bq ont été libérés dans l'atmosphère, comme cela a été indiqué en début de ce chapitre. Les quantités d'iode libérées dans l'air à Tokai-mura et Three Mile Island sont donc du même ordre de grandeur.

Des solutions contenant de l'uranium ne peuvent provoquer une explosion avec émission d'une grande quantité de radiations. Par contre, la manipulation sans précaution de quantités significatives d'uranium sous forme métallique très enrichi pourrait conduire à une forte explosion nucléaire, puisque le bruit de fond de neutrons dans ces matériaux est tellement faible que l'assemblage d'une masse critique pourrait survenir même sans l'utilisation d'un explosif.

Il est clair que cet accident est le produit de la négligence des responsables de l'usine, de l'ignorance des employés et d'un manque de surveillance de la part du gouvernement et de l'industrie nucléaire au Japon.

Les conséquences de cet accident peuvent être de plusieurs ordres : conduire à une amélioration salutaire de la surveillance et de la transparence dans les opérations nucléaires commerciales au Japon, conduire à l'abandon de la filière des réacteurs à neutrons rapides qui utilisent nécessairement un combustible à un taux d'enrichissement plus élevé que les réacteurs à eau et augmenter le scepticisme de la population vis-à-vis de l'énergie nucléaire au Japon. Même si ce n'est pas une conséquence directe de cet accident, il semble cependant que l'industrie électrique est maintenant beaucoup moins favorable à la filière des réacteurs à neutrons rapides avec retraitement.

Les accidents de criticité sont rares. Ils se sont produits dans les réacteurs de recherche et dans les installations du cycle du combustible, presque exclusivement aux États-Unis et en Union soviétique, et un accident s'est produit dans l'usine de retraitement à Windscale au Royaume-Uni. Entre 1956 et 1997, dans les installations du cycle du combustible, il s'est produit 21 accidents, provoquant la mort de 7 personnes et une irradiation importante pour 40 personnes. Aucun accident ne peut être attribué uniquement à une défaillance matérielle[44].

La fuite de Sellafield

Le 9 mai 2005, le quotidien anglais *The Guardian* publiait un article informant qu'à l'usine Thorp, du complexe de retraitement de Sellafield au Royaume-Uni, 83 m^3 de liquide radioactif très toxique contenant environ 20 tonnes d'uranium et 200 kilogrammes de plutonium (assez pour une vingtaine d'armes nucléaires ou aussi une année de combustible pour un réacteur) s'étaient échappés d'une tuyauterie. Cette usine est dédiée au traitement du combustible irradié provenant des réacteurs à eau légère. Les opérations effectuées consistent à cisailler les combustibles en morceaux de quelques centimètres et à les dissoudre dans de l'acide nitrique à l'ébullition, puis à séparer les corps insolubles par centrifugation. Ce liquide se trouve dans une énorme enceinte (60 mètres de long et 20 mètres de hauteur) en acier – étanche – qui est tellement radioactive qu'il est impossible d'y entrer. La fuite a été découverte mi-avril 2005 par une inspection de l'enceinte avec une caméra. Cette enceinte n'est pas accessible au personnel. La fissure se serait produite en janvier 2005 (et peut-être même dès août 2004) vraisemblablement à cause du vieillissement du métal. Cet accident est classé au niveau 3 sur l'échelle Ines (les accidents de Three Mile Island et Tchernobyl étaient classés aux niveaux 5 et 7). La réparation du tuyau et la récupération du liquide pourraient prendre des mois et nécessiter la construction de robots spéciaux.

Cet accident, passé presque inaperçu dans la presse en France, aura de sérieuses conséquences pour le contribuable anglais. En effet, cette usine, qui était censée rapporter environ un million de livres par jour pour financer la décontamination d'installations nucléaires, est maintenant fermée pour une durée indéterminée et la compagnie British Nuclear Fuels Limited venait de la transférer à l'Autorité (publique) chargée du démantèlement des centrales nucléaires, tout nouvellement créée le 1er avril 2005.

Cet accident met aussi en relief la nécessité de contrôles internationaux dans toutes les installations nucléaires du monde entier : « *Cet incident montre une fois encore que la Commission européenne devrait avoir un contrôle d'ensemble pour la sécurité des installations nucléaires. Il n'est pas possible de continuer à fonctionner efficacement avec des législations variables suivant les pays. Dans un domaine aussi sensible que celui de l'énergie nucléaire, il est essentiel de faire preuve de la plus grande transparence* », a dit Andris Piebalgs, commissaire européen à l'Énergie[45].

Les feux follets et les vrais dangers

Les feux follets sont une ancienne illustration des fausses peurs dans notre monde rempli de vrais dangers. Les réactions aux feux follets sont admirablement illustrées par les longs commentaires qui leur sont consacrés dans le dictionnaire Larousse du XIXe siècle :

« *En septembre 1849, entre Camenz et Koenigsbrück, puis encore en novembre près de Leipzig, Monsieur Vogel vit des flammes s'élever au-dessus de fossés bourbeux, s'éteindre, puis reparaître plus loin, au point que l'on eût pu croire qu'elles gambadaient comme une troupe de lutins.*

« *Généralement, le feu follet, par l'effet de l'air mis en mouvement, s'éloigne de la personne qui veut en approcher, ou la poursuit quand elle marche en sens contraire. De là, sans aucun doute, toutes ces terreurs, toutes ces superstitions qui naissent dans l'esprit des gens simples ; de là, toutes ces mystérieuses légendes qui nous viennent des pays où se remarquent ces phénomènes.*

« *La croyance au merveilleux est encore très répandue dans les campagnes ; l'y entretenir a été de tout temps le privilège facile des simples phénomènes de la nature. Comme il faut absolument que l'ignorance transforme les choses les plus naturelles, de combien d'hallucinations et de quels prestiges n'a-t-elle pas entouré les feux follets ? C'est ainsi qu'on leur a souvent attribué une mystérieuse influence, non pas seulement sur la température et sur les fruits de la terre, mais encore sur les faits mêmes de la vie humaine. Aux yeux de nos populations des campagnes, le feu follet est une lumière qui marche, et cette lumière elle-même n'est autre chose qu'une âme en peine accomplissant de nocturnes pérégrinations. Dès que l'un de ces météores a été vu quelque part, l'étrange nouvelle court le pays, commentée de mille manières et grossie de bouche en bouche, pour la plus grande frayeur des crédules.*

« *Le thème habituel de ces légendes a trait à une lutte d'un homme contre la lumière qui marche. Le héros est en route, la nuit, et il est obligé de passer à côté d'un cimetière. Tout à coup, à quelques pas de lui, des hautes herbes qui couvrent les tombes, un globe lumineux jaillit, monte, descend, s'arrête, se balance. À cette vue, le délire de la peur s'empare de l'homme ; il se prend à courir comme un insensé, et le météore de s'élancer à sa suite. Après quelques minutes d'une course effrénée, l'homme, par un mouvement de subite exaspération, s'arrête et se retourne : la lumière s'est arrêtée comme lui, à quatre pas ; lui, dans sa terreur, se prend à jeter les hauts cris, menace le globe lumineux et accompagne ses paroles de gestes désordonnés. Le météore se rapproche davantage. L'homme, pour repousser son agresseur, ferme les yeux, frappe de droite et de gauche, se déchire de ses propres mains, jusqu'à ce que, d'épuisement, il tombe sur le sol. Quand il se relève la lumière a disparu. Tout cela est amplifié de mille manières et se transforme en une histoire effrayante.*

« Quand donc une instruction suffisante viendra-t-elle délivrer le peuple des campagnes de ces malheureuses superstitions ? »

Le caractère exagéré de la peur inspirée par les feux follets peut être rapproché de la peur des radiations chez les mêmes personnes qui ignorent les irradiations par les rayons X de la radiologie médicale. Elle peut produire des dégâts psychologiques profonds si elle provient d'une exposition accidentelle bien moindre à des corps radioactifs.

Il ne s'agit nullement de minimiser les dangers bien réels et parfois horribles des accidents nucléaires graves. Il y a bien sûr de vraies maladies dues aux radiations, telles que la leucémie ou le cancer de la thyroïde, mais il n'est ni correct ni constructif d'interpréter chaque symptôme de maladie, même bénigne, qui affecte toute vie humaine, comme l'effet des irradiations. Comme nous l'avons expliqué au chapitre 4, les irradiations, quelle que soit leur origine, conduisent à une probabilité, peut-être infime mais non nulle de cancer. Comme pour toute autre activité, ce risque doit être comparé à ceux des autres solutions possibles et considéré en fonction des bénéfices que l'irradiation peut produire, comme par exemple pour les radiographies de prévention du cancer, la production d'électricité et même les détecteurs de fumée.

Une information transparente de la part des autorités et de l'industrie nucléaire, dans tous les pays, sur les risques encourus, y compris lors du fonctionnement normal d'une industrie, quelle qu'elle soit, et une éducation expliquant comment réagir en cas d'accident éventuel, seraient bénéfiques à tous.

En revanche, le monde doit utiliser, respecter et même craindre le feu, et les feux follets devraient plus susciter l'intérêt que l'épouvante !

Évaluation du nombre de cancers provoqués par l'industrie nucléaire

Nous avons décrit au chapitre 5 les différentes étapes du cycle du combustible, dans les cas du cycle ouvert et du recyclage après retraitement des combustibles usés. Nous allons voir que l'irradiation du public dans le cas de la production d'électricité par les filières nucléaires est du même ordre de grandeur que pour la filière à charbon si les cendres du charbon sont utilisées pour la construction des maisons, comme c'est le cas actuellement.

Le tableau 6.4 ci-dessous présente les irradiations des travailleurs et du public à chaque étape du cycle du combustible.

Tableau 6.4 : Dose collective effective pour le public provenant du cycle du combustible pour une centrale (en personne-Sv par GWe-an).

Composante locale et régionale :

Source	*Cycle ouvert*[46]	*Cycle fermé avec retraitement*[47]	*Charbon*[48]
Extraction du minerai	1,1	0,9	0,002
Fonctionnement du réacteur	1,3	1,3	20
Sous-total	2,4	2,2	20

Déchets solides et composante globale :

Extraction du minerai et résidus de roches (rejets sur 10 000 ans)	150	120	
Fonctionnement du réacteur, mise au rebut des déchets intermédiaires	0,5	0,5	
Retraitement des déchets solides		1,2	125 utilisation des cendres[49]
Retraitement : radionucléides dispersés dans le monde		217	
Sous-total	150	339	125
Total général	152	341	145

La quantité de corps radioactifs libérés par la combustion de charbon est très grande. En moyenne le charbon contient quelques parties par million d'uranium et de thorium. Le fonctionnement d'une centrale à charbon contribuera pour 20 personnes-Sv/an, ce qui pourra se traduire par 0,8 cancer annuel, et l'utilisation de 5 % des cendres de charbon dans le béton des bâtiments conduira à 6 cancers (0,04 × 145 personnes-Sv).

Une centrale nucléaire en fonctionnement contribuera à 1,8 personne-Sv/an, 1,3 provenant du fonctionnement et 0,5 de la mise au rebut des déchets intermédiaires ce qui correspond à 0,08 cancer annuel en utilisant la valeur de 0,04 cancer par personne-Sv.

L'extraction du minerai et les résidus de roches du combustible nécessaire pour alimenter une centrale nucléaire contribueront pour 120 ou 150 personnes-Sv/an – 5 ou 6 cancers par année de fonctionnement du réacteur. Suivant le conditionnement des résidus et leur protection après l'arrêt de la mine, ce nombre peut être divisé par 6 ou multiplié par 150[50]. L'extraction du minerai et les résidus de roches dont l'uranium est extrait contribuent pour 20 % de moins lorsqu'il y a retraitement car on admet qu'on utilise alors 20 % de moins d'uranium. Par contre, le retraitement lui-même compense largement cette réduction d'irradiation : il ajoute 217 personnes-Sv/an, ce qui correspond 9 cancers par an, cette contribution étant mondiale (et non pas locale ou régionale) parce qu'elle est due à 99 % au carbone-14 (la durée de vie est de 5 730 ans) libéré dans l'atmosphère sur une période de 10 000 ans. Cette estimation doit être prise en compte pour la décision de la filière de retraitement et le recyclage.

La situation semble cependant s'être améliorée, comme le montre l'exemple du retraitement du combustible des réacteurs à eau légère à l'usine de Sellafield (Royaume-Uni) gérée par la compagnie British Nuclear Fuels Limited. En 1997, British Nuclear Fuels Limited a retraité 684 tonnes de combustible et 275 tonnes de Magnox[51] et indique dans un rapport que, pour 10 000 ans, la dose est de 29 personnes-Sv en Europe et de 422 personnes-Sv pour le monde. Puisque cela correspond à une puissance de fonctionnement de 34 GWe-an, la dose mondiale correspond à 12 personnes-Sv pour le retraitement de 1 GWe-an, que l'on peut comparer à la valeur correspondante de 217 personnes-Sv (tableau 6.4). Cette différence est essentiellement due à la récupération sous forme solide de la plupart du carbone-14. Cela diminue donc beaucoup le nombre de cancers, 0,5 au lieu de 9.

On voit sur le tableau 6.4 que le nombre total de cancers par année de fonctionnement, incluant toutes les phases depuis l'extraction jusqu'à la mise au rebut, est de 6 (0,04 × 152 personnes-Sv) pour une centrale à cycle ouvert, de 14 (0,04 × 341 personnes-Sv) lorsqu'il y a retraitement. Une centrale fonctionnant pendant 50 années conduira à 300 cancers, ou à 700 cancers avec retraitement. L'irradiation durant l'extraction du minerai est constante pendant des milliards d'années car elle est due au radon émis par la désintégration de l'uranium. Si l'on considère les 500 premières années, le nombre de morts provenant de l'irradiation durant l'extraction sera 20 fois inférieur aux chiffres du tableau 6.4 qui indiquent les rejets sur 10 000 ans, le nombre de morts provenant du retraitement sera 10 fois moins important. Par réacteur de 1 GWe, le nombre annuel de morts pendant les premières 500 années sera de 0,6 pour le cycle ouvert, de 1,3 avec retraitement et de 6 pour le charbon.

Dans le futur, l'irradiation due aux opérations d'extraction des mines et des résidus de roches pourrait être réduite d'un facteur 100, y compris pour les centrales arrêtées, si les déchets de minerai sont traités de façon appropriée[52]. En ce qui concerne la radiation due au retraitement, nous venons de voir qu'il est possible de ne pas émettre de carbone-14 dans l'atmosphère.

Une étude de la Commission de réglementation nucléaire américaine de 1990 a évalué les « risques d'accident grave » pour cinq réacteurs à eau particuliers aux États-Unis : les accidents internes conduisant à des dommages sur le cœur du réacteur sont estimés à une valeur comprise entre 4 et 60 par million de réacteurs/an, les tremblements de terre, à 3 à 120 par million de réacteurs-an et le feu à 11 à 20 par million de réacteurs-an. Une estimation ultérieure de la Commission de réglementation nucléaire indique une probabilité inférieure pour les tremblements de terre, si bien que la probabilité de dommage du cœur reste inférieure à 100 par million de réacteurs-an. Pour les 100 réacteurs américains actuels, on attend en moyenne un accident sévère tous les 100 ans, dans les conditions de fonctionnement et d'entretien actuelles. Ces nombres sont, bien sûr, très incertains.

Comparaison des risques de l'industrie nucléaire avec d'autres risques

Il faut permettre aux opinions publiques de s'appuyer sur des données scientifiques non filtrées grossièrement par les groupes d'intérêt puissants de tous bords. Nous en avons eu un admirable et caricatural exemple en 1994, lorsque sept dirigeants de grandes firmes de cigarettes ont contesté la nocivité du tabac[53].

Un autre risque industriel est celui des substances radioactives contenues dans différents minerais qui seront extraits et qui s'ajoutent à la radiation naturelle. Certains minerais, d'une grande importance commerciale, ont une concentration d'uranium et de thorium bien supérieure à la moyenne dans la croûte terrestre. Mais, à part dans certains cas extrêmes, cette radioactivité ne produit pas de doses annuelles supérieures à 1 mSv, ce qui est de l'ordre de grandeur de la variation de la radioactivité naturelle à la surface de la Terre. Le minerai appelé « monazite » est riche en thorium radioactif. Dans certaines régions comme la côte du Kerala au sud-ouest de l'Inde et sur la côte de l'État d'Espirito Santo au centre du Brésil, le taux de radiation peut atteindre 36 mSv/an, ce qui est 13 fois supérieur à la radiation naturelle moyenne dans le monde. Le radon provenant des collines de déchets de roches contribue aussi globalement à l'irradiation.

La plus grande partie de l'énergie électrique dans le monde, consommée dans les moteurs, l'éclairage et le chauffage, dans l'industrie, les commerces et nos maisons, ainsi que dans les transports et autres activités, provient des combustibles fossiles, c'est-à-dire de la transformation des substances vivantes en charbon, pétrole ou gaz par la chaleur et la pression à l'intérieur de la Terre[54]. Le cycle du combustible fossile comprend l'extraction des mines ou des puits, le transport et le raffinage, la combustion qui produit la chaleur et du gaz carbonique s'échappant dans l'atmosphère, et la mise au rebut des déchets sous forme de cendres dans le cas du charbon. La combustion libère des oxydes de soufre et d'azote dans l'air et il y a en outre des matériaux radioactifs naturels dans le cas du charbon. Les mécanismes de la combustion des combustibles fossiles sont complexes mais, à la différence de ce qui se passe dans un réacteur nucléaire, leur compréhension et leur maîtrise peuvent être obtenues progressivement, sans qu'il y ait de conséquences immédiates graves en cas de fausse manœuvre, du moins pour les bourgeois et les intellectuels. Il en va parfois différemment pour les mineurs. Toutefois, il y eut des cas où notre ignorance a pu provoquer des accidents, comme dans les premiers temps des fusées à combustible liquide, dont certaines ont été détruites par des explosions meurtrières.

Les nuisances du charbon méritent une attention spéciale en raison de l'importance considérable de celui-ci dans des pays industrialisés comme les États-Unis ou dans des pays de très grande population et en voie d'industrialisation comme l'Inde ou la Chine. Aux États-Unis, environ la moitié de l'électricité est produite par le charbon. Or, comme nous l'avons indiqué, la quantité de corps radioactifs libérés par la combustion du charbon est très grande et en moyenne le charbon contient quelques parties par million d'uranium et de thorium. Les centrales à charbon modernes sont conçues avec des filtres pour réduire les émissions de particules des cheminées, ainsi que les émissions d'oxyde de soufre et les oxydes nitreux. Par contre, ce n'est pas le cas des centrales plus anciennes, comme la majorité des centrales en Chine. Quand le charbon est brûlé, tous les produits provenant de la désintégration de l'uranium (radium, radon et polonium) sont aussi libérés. Le Comité scientifique des Nations unies sur les effets des radiations atomiques évalue l'irradiation de la population par cette source[55]. Elle correspond à 0,8 cancer mortel par gigawatt-année d'électricité produite par le charbon, en utilisant les technologies actuellement utilisées dans le monde, en dehors de l'emploi des cendres de charbon dans la fabrication du béton destiné aux bâtiments. Des filtres plus efficaces ou des technologies plus propres permettraient de réduire la dose.

Bien que les dangers des mines de charbon modernes aient beaucoup diminué, que l'époque de la « maladie des poumons noirs » et des accidents mortels fréquents soit révolue, il faut extraire des quantités importantes de charbon pour alimenter une centrale : une centrale à charbon, produisant la même énergie qu'une centrale nucléaire française d'une puissance de 1 000 MWe, brûle une tonne de charbon toutes les 12 secondes, ce qui correspond à 2,2 millions de tonnes par an. Une centrale nucléaire de même puissance utilise moins de une tonne d'uranium-235 par an, ce qui correspond à environ 200 tonnes d'uranium naturel contenu dans 100 000 tonnes de minerais actuellement exploités.

Comme nous l'avons indiqué précédemment, une autre source importante d'irradiation par le charbon est due à l'utilisation de ses cendres pour faire du béton. Une fraction de 5 % des cendres des centrales est incorporée dans les maisons et on estime que cela induit 2 000 cancers supplémentaires par an dans le monde.

L'utilisation du charbon et du pétrole conduit aussi à une pollution chimique, source de cancers et autres maladies. Depuis quelques dizaines d'années, on a imposé des contraintes sur l'endroit et la façon dont on brûle le charbon, si bien que les célèbres brouillards de Londres ne sont plus maintenant que des souvenirs pittoresques de scènes de meurtre. En 1952, une inversion de température pendant quatre jours a retenu les produits de combustion du charbon utilisé pour le chauffage des maisons au fort contenu en soufre, en conséquence, il a fait nuit en plein jour. Ce brouillard meurtrier fut responsable de 4 000 à 7 000 morts précoces.

On a dépensé des sommes considérables pour limiter les polluants autres que le gaz carbonique, tels que les oxydes de soufre, les oxydes nitreux et les particules. Le gaz carbonique n'est pas en lui-même directement dangereux pour la santé, mais un effort international est en cours pour réduire les émissions de gaz carbonique afin de minimiser l'amplitude du réchauffement climatique global. Cependant les émissions de gaz carbonique ne peuvent pas être facilement limitées dans l'utilisation des combustibles fossiles puisque ce gaz est émis par leur combustion.

Il est techniquement possible de récupérer en partie le gaz carbonique produit par les centrales électriques à combustibles fossiles et, par exemple, de l'injecter dans des puits de gaz désaffectés. Le coût serait élevé, environ 30 % du coût de l'électricité.

Considérons un autre polluant, l'arsenic, dont les effets sur la santé sont proportionnels à la dose ingérée, cas similaire à la radiation dans l'hypothèse que nous avons retenue où le nombre de morts est proportionnel à la dose reçue.

Le 24 mai 2000, l'Agence pour la protection de l'environnement aux États-Unis a proposé de réduire la limite pour l'arsenic contenu dans l'eau du robinet de 50 à 5 parts par milliard. L'arsenic est un poison dangereux qui peut tuer en une seule fois. C'est un poison chronique et, depuis une vingtaine d'années, des études épidémiologiques ont montré qu'il est la cause de cancers de la vessie, des poumons, des reins, du foie et d'autres organes. À partir de 500 parts par milliard d'arsenic, le taux de cancers d'organes internes est de 10 %, dont un dixième sont des cancers de la vessie. Puisque rien n'indique que la contribution de l'arsenic au taux de cancer n'est pas linéaire, une réduction jusqu'à 5 parts par milliard de la concentration d'arsenic ferait baisser à 0,1 % le taux de cancer chez ceux qui consomment cette eau.

C'est un problème très important au Bangladesh où 97 % d'une population de 120 millions d'habitants ont seulement accès à l'eau des puits. Dans les années 1970, la population de 35 millions d'habitants n'avait accès qu'à de l'eau de surface et les quatre millions de puits devaient permettre l'accès à une eau non contaminée. Malheureusement, l'eau des nappes phréatiques contient une proportion trop importante d'arsenic, supérieure aux normes en vigueur (50 parts par milliard). Ce n'est qu'en juin 1996 qu'on s'est vraiment rendu compte de l'étendue de cette contamination et c'est un véritable désastre.

En janvier 2001, l'Administration Bush n'a pas donné suite à ce que proposait l'Agence pour la protection de l'environnement, prétextant des coûts trop élevés pour les communautés locales. Les responsables ne réalisaient peut-être pas que la présence d'arsenic dans une proportion de 50 parts par milliard condamnerait 1 % de la population qui consommerait cette eau à être victime de cancers internes. L'Agence pour la protection de l'environnement a commandé une autre étude pour déterminer le niveau d'arsenic qui équilibrerait la balance des coûts et bénéfices pour la santé. Le rapport de l'Académie des sciences des États-Unis[56] confirme cette estimation du risque et souligne que « *les hommes et les femmes qui consomment quotidiennement de l'eau contenant 3 parts par milliard d'arsenic ont une augmentation de 0,1* % *de chance de développer un cancer de la vessie ou des poumons* ». Bien qu'il y ait eu des pressions de l'Administration Bush pour maintenir la norme de 0,05 mg/l (50 parts par milliard), qui est en vigueur depuis cinquante ans, l'Agence a néanmoins baissé cette norme à la valeur de 0,01 mg/l qui devra entrer en vigueur le 26 janvier 2006.

Le tableau 6.5 présente les causes de décès par accident qui guettent les humains telles qu'elles ont été recensées par le Bureau du recensement américain en 1994.

Tableau 6.5 : Nombre de décès par accident et probabilité par habitant pour l'année 1994 aux États-Unis (261 millions d'habitants).

Type d'accident	*Nombre total par an*	*Probabilité par habitant et par an sur 100 000*
Maladies cardio-vasculaires	2 286 000	876
Malignités (cancer)	534 000	205
Accidents divers	90 000	34
Véhicules à moteur	42 524	16
Transport maritime	723	0,28
Transport aérien	1 075	0,41
Rail	635	0,24
Chutes	13450	5,15
Noyades	3 404	1,30
Feu et incendies	3 986	1,53
Armes à feu (non spécifiées)	1 123	0,43
Revolvers	233	0,09
Électricité	561	0,21
Empoisonnement (drogues et médicaments)	7 828	3,00
Autres substances solides et liquides	481	0,18
Gaz et vapeurs	605	0,26
Complications médicales	2 700[57]	1,03
Inhalation ou ingestion d'objets	3,065	1,17
Ajoutées par les auteurs :		
Cycle du combustible nucléaire en fonctionnement normal	6/an × 300 sites/ 6 milliards d'habitants	0,03 (300 par milliard)
Fonctionnement d'une centrale Three Mile Island	3 morts/20 ans/ 220 millions d'habitants	0,00007 (0,7 par milliard)
Tchernobyl : (en ex-Union soviétique)	30 000 morts sur 20 ans/ 250 millions d'habitants	0,6 (6 000 par milliard)

Ce tableau ne comporte évidemment pas les risques en cas de guerre ou de catastrophes naturelles étudiées dans le chapitre 3 où l'on traite de l'hiver nucléaire.

Dans un monde de bons pasteurs, charitables les uns envers les autres et où les gros météorites sont éloignés par des anges gardiens musclés, ce tableau aurait un sens. Mais dans notre monde où nous cultivons la guerre comme un art, il en a fort peu. De plus, un seul météorite de 10 kilomètres de diamètre, comme il en tombe environ un tous les 50 millions d'années sur Terre, peut faire 1 milliard de morts, ce qui n'est pas inclus dans les statistiques. Pour l'inclure dans le tableau, il faut compter 1 milliard de morts en 50 millions d'années, soit 20 morts par an, si bien que la probabilité correspondante est de 1/250 millions seulement.

Stephen Breyer, juge à la Cour suprême des États-Unis, analyse les risques de l'énergie nucléaire ainsi que des méthodes d'organisation que peuvent adopter le gouvernement et la société pour prendre des décisions rationnelles et efficaces face aux risques[58]. Il cite le coût d'une mort évitée : ce chiffre est de 0,1 million de dollars pour une interdiction des radiateurs non ventilés et une norme de protection des colonnes de direction dans les automobiles, de 0,8 million de dollars pour une interdiction de pyjamas inflammables pour les enfants, de 45 millions de dollars pour recouvrir ou déplacer les résidus de roches de minerais dans les mines d'uranium en activité et de 86 *milliards* de dollars pour limiter l'exposition au formaldéhyde. Une approche rationnelle serait de réguler les activités à risque, par exemple, jusqu'à 5 millions de dollars par vie sauvée.

Breyer souligne les divergences entre les analyses des experts et les perceptions par le public. Parmi 30 activités ou technologies étudiées, l'industrie nucléaire est jugée comme la plus risquée par la League of Women Voters et par les étudiants (données publiées en 1987), alors que les experts considèrent que c'est la vingtième. Ces 3 groupes classent les risques des véhicules à moteur aux 2e, 5e et 1er rang respectivement, et les faucheuses aux 27e, 28e et 28e rang. Nous insistons sur l'importance, pour la prise en compte des risques, des comités d'experts extérieurs, de scientifiques indépendants et d'experts en matière de politique publique.

Un sondage a été réalisé en octobre 2004 pour l'Institut de radioprotection et de sûreté nucléaire sur la perception des situations à risque par les Français[59]. Le risque nucléaire est perçu comme une préoccupation majeure par 8 % des personnes interrogées, le chômage ayant la première place avec 37 % et, par exemple, le terrorisme étant à 16 %, les accidents de la route à 14 % et le réchauffement climatique à 7 %. Parmi les activités industrielles qui risquent le plus de provoquer un accident grave ou une catastrophe en France, les installations chimiques viennent en premier (20 %, l'explosion de l'usine AZF à Toulouse en 2001 est encore dans les mémoires), puis les centrales nucléaires

(19 %) et les sites de stockage de déchets radioactifs (17 %). Il est intéressant de noter que le risque dû au radon n'évoque rien pour 42 % des personnes.

L'accident de Tchernobyl est le premier argument cité contre le nucléaire (40 %) et 35 % indiquent la sécurité énergétique comme premier argument favorable à l'énergie nucléaire.

En ce qui concerne la confiance accordée dans les autorités pour leurs actions de protection, elle est en baisse très nette sur les déchets chimiques (42 % de non en 2002, 53 % en 2004) et encore plus sur les retombées radioactives de Tchernobyl sur la France (51 % de défiance en 1999, 68 % en 2004). Pour la confiance dans les informations reçues, celle-ci ne recueille que 20 % de vérité pour la pollution atmosphérique, 17 % pour les transports de matériaux dangereux et les centrales nucléaires, 12 % sur les pesticides, les déchets radioactifs et les OGM. Il y a une véritable crise de crédibilité qui ne pourra pas être surmontée sans de réels progrès en matière de transparence.

L'importance de l'expertise scientifique est soulignée. Si 64 % des personnes pensent que les décideurs politiques ne s'appuient pas suffisamment sur les experts scientifiques (+ 10 % par rapport à 2000), elles sont seulement 51 % à avoir une bonne opinion des experts scientifiques. La proposition d'une « *structure réunissant des experts scientifiques, des décideurs politiques, des industriels, des associations, des citoyens dont le but serait de s'occuper des situations à risques* » est jugée très utile ou utile par 43 % et 48 % des personnes interrogées. En effet, 70 % pensent que « *le public peut fournir des informations auxquelles les experts scientifiques n'auraient pas pensé* », et 58 % pensent que « *les citoyens doivent s'organiser eux-mêmes pour faire entendre leur opinion aux experts scientifiques* », et 49 % pour dire que les experts doivent davantage tenir compte de l'opinion de la population avant de rendre un avis. Les Français souhaitent, ce qui semble normal, que leurs préoccupations soient prises en compte et leurs avis entendus. Nous reviendrons sur ce thème dans le dernier chapitre car nous pensons que cette collaboration est essentielle pour le progrès, la sûreté et la sécurité.

L'accident de Tchernobyl a eu un impact profond sur la façon dont est perçue l'énergie nucléaire. Il nous a contraint à réfléchir aux conséquences des radiations ionisantes et aux dangers liés à toutes les sources de radiation qui nous entourent, naturelles ou créées par l'Homme. En particulier, les déchets nucléaires nous forcent à nous interroger sur le monde que nous laisserons à nos descendants des millénaires à venir.

Mais il arrive que des incidents même insignifiants dans les installations nucléaires soient amplifiés. Le centre de traitement des combustibles nucléaires de La Hague, qui récupère 16 tonnes de plutonium par an à partir de 1 600 tonnes de combustible usé hautement radioactif, est une cible privilégiée. Greenpeace et les antinucléaires n'hésitent pas à l'accuser de rejeter inconsidérément des corps radioactifs dangereux ou d'être responsable de cancers dans le voisinage. L'impact de l'usine représente 1 % de la radioactivité naturelle. Les études épidémiologiques sur l'apparition de cancers au voisinage de l'usine n'ont pas mis en évidence d'excès[60] par opposition aux résultats montrant l'énorme augmentation de cancers de la thyroïde chez les enfants dans plusieurs régions de l'ex-Union soviétique.

Il est important de ne pas confondre les problèmes très graves de Tchernobyl et les faibles rejets de radioactivité, sinon on occulte le vrai débat sur le nucléaire qui doit porter sur les choix les plus sûrs pour assurer une source d'énergie aussi peu polluante que possible et considérer le problème dans son ensemble et pas seulement à court terme. Nous n'essayons pas du tout de minimiser la perception du risque dû à l'énergie nucléaire, au contraire, nous voulons en rendre compte le plus précisément possible. Mais il y a quelque chose d'étrange dans la perception qu'ont les personnes des risques en général, comme le montrent les inquiétudes relatives exprimées par le public américain à propos des accidents d'avion et d'automobile, bien que le taux de morts sur la route soit vingt fois supérieur aux morts par avion, sans compter les blessures graves qui augmentent de beaucoup le carnage sur les routes.

La nécessité de réfléchir aux conséquences de nos choix pour les siècles à venir doit nous conduire à la prudence mais aussi au refus des réactions irréfléchies. Celles-ci favorisent d'ailleurs la tendance tout aussi fâcheuse à minimiser, voire nier totalement, les conséquences de l'accident sur la population. Le fait même que dix ans après l'accident de Tchernobyl, d'importants feux de forêts en Ukraine aient contaminé l'atmosphère devrait conduire les enthousiastes du nucléaire à la prudence : les corps radioactifs enfouis dans le sol et absorbés par les plantes ne se font pas oublier. Ils peuvent retrouver le chemin de la liberté et se répandre sur de grandes surfaces grâce aux fumées puis aux vents et susciter une inquiétude hors de proportion avec le danger réel, mais ils sont un rappel du seul accident, jusqu'à présent dans l'industrie nucléaire, qui a eu des conséquences sérieuses sur le public.

Il n'en reste pas moins que, même si des maladies attribuées à l'accident de Tchernobyl ne peuvent pas avoir été toutes dues aux radiations, les difficultés de l'industrie nucléaire à prendre sérieusement en compte l'estimation de 24 000 morts par cancer dues à cet accident, rappelle singulièrement l'attitude trompeuse des producteurs de tabac insistant jusqu'en 1997 que la nicotine ne provoquait pas d'accoutumance.

D'après Richard Peto, un épidémiologiste d'Oxford, le tabac fait 3 millions de morts par an et, dans 30 ans, ce chiffre atteindra 10 millions de morts par an, la plupart dans les pays en voie de développement. « *Si les fumeurs ne modifient pas leur comportement actuel, le tabac pourra provoquer plus de 2 millions de morts par an en Chine*[61]. » Il y a aussi le comportement des producteurs de cigarettes, qui perdant d'importantes parts de marché en Europe, redirigent à grand renfort de publicité leurs efforts vers les pays africains où les cigarettes sont très peu taxées. Est-ce que Greenpeace va désormais se détourner du nucléaire et créer des brigades internationales qui iront couler les transports de cigarettes et incendier les champs de tabac ? Nous condamnerions ce genre de violence, mais nous devons être bien conscients de ces millions de morts chaque année.

L'industrie nucléaire ainsi que les organismes officiels auraient nettement avantage à adopter une attitude honnête sur ces questions. Par exemple, sur le rapport du Comité des Nations unies, on trouve cette affirmation franche sur Tchernobyl : « *L'estimation de la dose effective collective due à cet accident est d'environ 600 000 personnes-Sv*[62] » (ce chiffre multiplié par 0,04 donne 24 000 morts). Mais le rapport de 2000 ne contient pas de dose globale, on trouve seulement que « *la dose effective pour une vie est estimée à 60 000 personnes-Sv pour la Biélorussie, la Fédération de Russie et l'Ukraine*[63] ». Ignorer la dose reçue par le monde entier ne constitue par un progrès.

Nous avons étudié le rapport intitulé « *L'héritage de Tchernobyl* » publié en septembre 2005 par le forum Tchernobyl[64], qui contient beaucoup d'informations utiles. Mais ce rapport perd une grande partie de sa crédibilité à la lecture de phrases trompeuses comme celle de la page 10 mentionnant « *l'estimation de 3 940 personnes qui pourraient mourir d'un cancer contracté à la suite d'une exposition aux radiations* ». Dans la phrase suivante, le rapport note que ce nombre s'applique à un échantillon de 200 000 liquidateurs, plus 116 000 personnes évacuées et 270 000 personnes résidant dans la plupart des régions contaminées. Il était tout à fait prévisible que, dans les jours suivant sa publication, ce rapport serait repris comme indiquant que le nombre « total » de morts dus à Tchernobyl serait de 4 000, sans aucune mention des 600 000 personnes-Sieverts de radiation reçue en Europe et en Asie, dont les retombées ont été à 90 % en dehors de la Biélorussie, la Russie et l'Ukraine. En effet le jour de sa publication, c'est ce qui s'est produit dans la plupart des journaux, comme le *New York Times* du 8 septembre 2005, dont l'éditorial titre : « *L'impact de Tchernobyl* », citant les 4 000 morts attendues, et l'AFP d'écrire « *Le bilan final de l'accident nucléaire de Tchernobyl devrait être de quelque 4 000 morts, soit nettement moins que ne le craignaient les experts.* » Mais le même calcul qui aboutit à 4 000 morts parmi l'échantillon de 600 000 personnes conduit à prédire 24 000 morts par cancer dans le monde des suites de Tchernobyl. Du point de vue de chacune des dizaines de millions de personnes qui, de toutes les façons, ont environ 20 % de mourir d'un cancer pour d'autres causes, on peut considérer que ce risque additionnel est négligeable. Mais du point de vue des gouvernements, cela représente 24 000 morts, chiffre qui ne sera réduit par aucune dilution, aussi poussée soit-elle !

À propos du rapport Forum de Tchernobyl, l'Agence internationale de l'énergie atomique a publié un communiqué de presse intitulé « Tchernobyl : l'ampleur réelle de l'accident[65] » qui commence par le paragraphe suivant :

« *Jusqu'à 4 000 personnes au total pourraient à terme décéder des suites d'une radio-exposition consécutive à l'accident survenu il y a une vingtaine d'années dans la centrale nucléaire de Tchernobyl : telles sont les conclusions d'une équipe internationale de plus d'une centaine de scientifiques.* »

Quand une organisation aussi compétente que l'Agence internationale de l'énergie atomique publie une telle déclaration, aussi trompeuse, qui ignore les données officielles, mais maintenant absentes, sur le nombre de morts attendues en dehors de la zone la plus exposée, il est tout à fait prévisible que les non-spécialistes seront induits en erreur. Une telle attitude est bien loin de ce que disait Einstein : « *Le droit de chercher la vérité implique aussi un devoir. On ne doit cacher aucune partie de ce qui a été reconnu comme étant vrai* ».

Même si on peut considérer que, en moyenne, une catastrophe majeure comme Tchernobyl a un effet mineur sur la santé de l'ensemble des habitants de l'hémisphère Nord, par contre elle a eu un effet majeur sur le plan politique et ses conséquences économiques et de santé publique sont considérables. Pour les personnes se trouvant dans une région fortement contaminée et qui ont une chance sérieuse de voir leur santé compromise ou leur vie détruite à court terme, peu leur importe de savoir que les épidémiologistes considèrent que, si la radioactivité qui les afflige était uniformément distribuée, à toute petite dose, sur toute la population du globe, il y aurait le même nombre de victimes au total, mais que l'effet serait imperceptible en raison des autres causes de cancer, beaucoup plus nombreuses.

La solution ne consiste pas à minimiser l'effet des faibles doses de rayonnement infligées à la population du globe (ou pire, à cacher les expositions aux radiations), mais à discuter ouvertement de leurs causes, évaluer leurs conséquences en déterminant si le dommage global est supérieur au bénéfice global, et développer un système dont le niveau de sécurité est acceptable. Exactement comme la réaction des sociétés industrielles à l'insécurité initiale des chemins de fer ou aux effroyables accidents des mines de charbon fut l'amélioration de la sécurité. Cela n'a toutefois pas éliminé les risques d'accident, mais les a ramenés dans des limites telles que personne ne songe aujourd'hui à éliminer les chemins de fer ni le charbon, bien que ce dernier soit paradoxalement le plus grand contributeur des sources d'énergie aux faibles doses de radiations qui viennent s'ajouter aux radiations naturelles. Mais il s'agit là du moindre de ses défauts en regard à sa contribution à l'effet de serre.

Chapitre 7

L'ÉNERGIE NUCLÉAIRE EN PERSPECTIVE : RESSOURCES ET BESOINS ÉNERGÉTIQUES

Jusqu'en 1973, la production de pétrole était dominée par les compagnies pétrolières multinationales et les États dont les territoires abritaient les réserves jouaient un rôle relativement mineur. En octobre 1973, lorsque a éclaté la guerre entre Israël, la Syrie et l'Égypte, les pays arabes ont décidé d'utiliser l'arme du pétrole ; ils en ont limité la production et ont en grande partie nationalisé les réserves pétrolières, ce qui a provoqué une flambée des prix. Alors que remonter un baril de pétrole à la surface coûtait 0,25 dollar et que son prix sur le marché international était de 2 dollars le baril, les prix à la raffinerie sont montés à 12 dollars.

Les deux chocs pétroliers de 1973 et 1978-1980 ajoutés à l'instabilité politique au Moyen-Orient ont fait clairement apparaître la menace potentielle pesant sur l'approvisionnement en pétrole. La croissance soudaine des prix du pétrole a valorisé l'énergie nucléaire. Mais ce ne fut qu'un feu de broussailles. Les prix ont ensuite chuté. La chronologie des prix mondiaux du pétrole indique une première augmentation de 2 à 3 dollars par baril à 12 dollars par baril en 1973, et une seconde augmentation en 1979 de 15 dollars par baril à 30-40 dollars par baril (valeurs en dollars courants). Si l'on veut comparer le prix des matières premières, même avec des prix du pétrole très bas comme en 1999, le combustible nucléaire est moins coûteux et présente l'avantage supplémentaire d'être facile, sûr et bon marché à entreposer.

Entre 1970 et 1980, il semblait vraisemblable que l'énergie nucléaire offrait la possibilité de produire de l'électricité à un prix inférieur à celui des autres sources d'énergie disponibles dont les prix étaient à la hausse. La situation se présentait différemment d'un pays à l'autre selon ses ressources en charbon et en pétrole et sa volonté de ne pas dépendre du commerce international pour son approvisionnement énergétique, mais il semblait clair aux gouvernements japonais et français par exemple, que dans un avenir assez proche le nucléaire s'imposerait. Par contre, aux États-Unis, des ressources nationales abondantes en charbon, pétrole et gaz offraient une solution réaliste pour couvrir les besoins énergétiques nationaux, et étaient avantageuses du double point de vue économique et politique par rapport à l'industrie nucléaire naissante. Alors que les programmes nucléaires en France et au Japon fournissent une part importante de l'électricité de ces pays, la question qui se pose maintenant aux États-Unis n'est pas de savoir si l'énergie nucléaire dominera l'offre énergétique, mais plutôt si elle ne va pas disparaître complètement malgré le soutien affirmé de l'Administration de George W. Bush pour l'énergie nucléaire.

Aux États-Unis, le prix de l'essence à la pompe a atteint en 1999 son minimum historique en dollars constants. Dans d'autres pays, des taxes maintenaient ce prix à un niveau 4 à 5 fois plus élevé, signal très fort de l'engagement des gouvernements à limiter leur dépendance à l'égard de sources énergétiques étrangères. Ces situations contrastées expliquent en grande partie les différences de points de vue des gouvernements sur les sources énergétiques et leur futur. Dans la mesure où les prix de l'énergie au consommateur varient suivant les pays en raison des taxes ou subventions, l'impact du prix sur la consommation est donc une conséquence des politiques nationales. Les taxes ont normalement pour objectif de refléter, sur le prix au consommateur, le coût réel de l'énergie incluant par exemple les dommages environnementaux ou le coût des forces armées pour assurer l'accès aux ressources énergétiques, ce qui devrait inciter les firmes et les individus à prendre leurs décisions en tenant compte de ces facteurs bien réels.

Malheureusement, des raisons de politique intérieure aux États-Unis y ont empêché l'imposition de taxes au niveau approprié. Les producteurs de pétrole, hostiles aux taxes, sont favorables à des prix élevés de l'énergie. En effet, en août 2000, le prix moyen payé par les raffineries américaines pour un baril de pétrole avait augmenté de 10 à 30 dollars, évidemment pas à cause d'une augmentation des coûts de production. Le pouvoir de marché du cartel des pays de l'OPEP (Organisation des pays exportateurs de pétrole), ainsi que des producteurs ne faisant pas partie de l'OPEP, comme par exemple les firmes nationales américaines, leur permettait de faire un bénéfice supplémentaire de 20 dollars par baril de pétrole. Les producteurs nationaux de pétrole aux États-Unis produisent environ 7 sur les 18 millions de barils de pétrole et dérivés du pétrole consommés par jour dans ce pays et on ne mentionne que rarement l'intérêt qu'ils ont à maintenir des prix du pétrole élevés, ce qui va à l'encontre de celui des autres acteurs économiques (industriels et services) pour des coûts faibles de l'énergie.

L'effet de serre

Face à la demande croissante d'électricité dans des grands pays d'Asie comme l'Inde ou la Chine, nous pensons que l'électricité nucléaire est l'un des moyens qui peut contribuer à satisfaire les besoins énergétiques des habitants de ces pays, en particulier pour alimenter les grandes agglomérations. Un autre facteur important du point de vue de la protection de l'environnement mondial est que l'énergie nucléaire n'émet pas de gaz à effet de serre. En effet, comme cela est bien connu maintenant, les gaz à effet de serre sont les principaux responsables des changements climatiques à venir dont les conséquences, qui ne sont pas encore toutes prévisibles, risquent néanmoins d'être désastreuses pour une grande partie des habitants de la planète.

L'énergie provenant du Soleil joue un rôle moteur dans les phénomènes climatiques et météorologiques. Ce rayonnement traverse la haute atmosphère en étant très peu absorbé, un tiers est réfléchi par les particules en suspension dans l'atmosphère, les nuages et la surface de la Terre, et le reste est absorbé par les différentes composantes du système climatique comme l'atmosphère, les océans, les glaces, les terres émergées. Pour que la Terre ne se réchauffe pas, l'énergie du rayonnement solaire ainsi absorbée doit être contrebalancée par le rayonnement ascendant de la Terre et de l'atmosphère. La Terre chauffée par le Soleil émet un rayonnement infrarouge en partie absorbé par plusieurs gaz présents dans l'atmosphère comme la vapeur d'eau, le gaz carbonique ou le méthane par exemple : c'est ce phénomène qu'on appelle l'« effet de serre[1] ». S'il n'existait pas, si l'atmosphère était complètement transparente au rayonnement infrarouge émis par la Terre, la température à la surface du globe serait d'environ – 18 °C, mais grâce à l'effet de serre naturel, indépendant de l'action de l'homme, la température est actuellement beaucoup plus clémente, 15 °C en moyenne, pour une certaine composition naturelle de l'atmosphère. Il est à noter que, hormis la vapeur d'eau, les proportions atmosphériques de ces « gaz à effet de serre » sont très faibles : la concentration de gaz carbonique n'y est que de 0,03 % par volume.

Les scientifiques ont aujourd'hui une connaissance précise de l'évolution du gaz carbonique pendant les 400 000 dernières années et on sait que les variations de température sont étroitement liées à celles des concentrations de 2 gaz à effet de serre, le gaz carbonique et le méthane, comme le montre la figure 7.1.

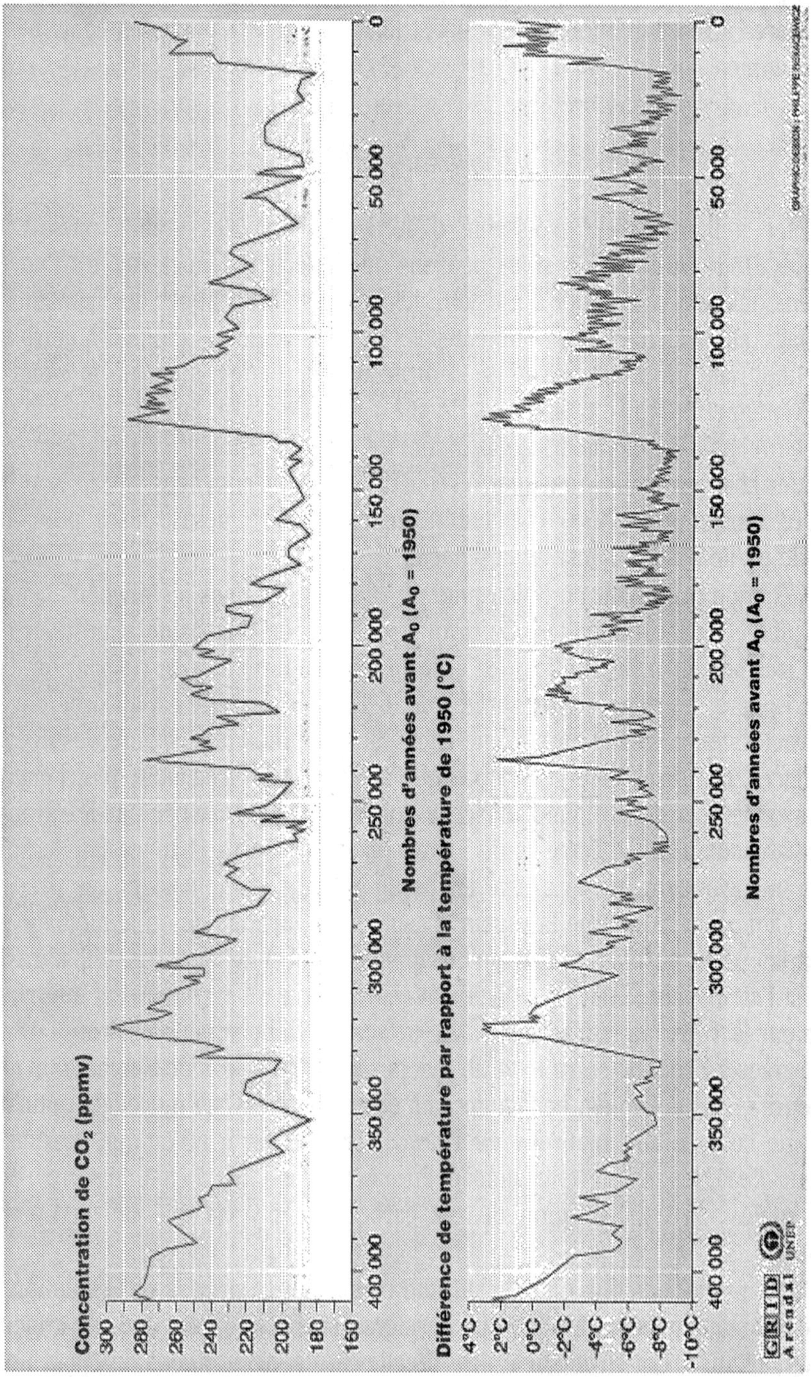
Concentration de CO_2 (ppmv)
300
280
260
240
220
200
180
160
400 000
350 000
300 000
250 000
200 000
150 000
100 000
50 000
0
Nombres d'années avant A_0 (A_0 = 1950)
Différence de température par rapport à la température de 1950 (°C)
4°C
2°C
0°C
-2°C
-4°C
-6°C
-8°C
-10°C
400 000
350 000
300 000
250 000
200 000
150 000
100 000
50 000
0
Nombres d'années avant A_0 (A_0 = 1950)
GRID
Arendal
UNEP

La quasi-totalité des scientifiques craignent qu'une modification de la composition naturelle de l'atmosphère par le rejet excessif de gaz carbonique dû à un usage trop important, et qui continue de croître, des combustibles fossiles (dans les transports en particulier), ne produise un réchauffement catastrophique de la planète[2]. La figure 7.2 montre clairement la montée vertigineuse des concentrations de gaz à effet de serre depuis la révolution industrielle : dans les 280 dernières années, la concentration de gaz carbonique dans l'air est passée de 280 parts par million à 370 parts par million, valeur jamais atteinte depuis au moins 400 000 ans.

Les variations de la température du globe, puis les conséquences des changements du climat, sont associées aux modifications de la concentration de gaz carbonique : il y a incontestablement un réchauffement lorsque la teneur en gaz carbonique augmente. Dans les cent prochaines années, la température moyenne à la surface de la Terre pourrait croître de 1,5 à 6 degrés et être plus élevée qu'elle ne l'a été au cours des derniers 400 000 ans. Cet intervalle de temps ne représente que le quart de la période pendant laquelle la population humaine a commencé de croître et elle a continué de croître en dépit de cinq périodes glacières. L'espèce humaine s'est donc adaptée à des changements climatiques aussi sérieux mais beaucoup moins brutaux que ceux projetés aujourd'hui pour les cent prochaines années. Le temps d'adaptation est crucial, non seulement pour les sociétés humaines, mais aussi pour l'ensemble de la biosphère et, en particulier, pour les ressources agricoles qui sont, ne l'oublions pas, la base de notre survie. Sur cette période de 400 000 ans, la température moyenne maximum est seulement de 1 à 2 °C supérieure à ce qu'elle est maintenant. La dernière fois que cela s'est produit remonte à 130 000 ans.

Figure 7.1 : Variations de la concentration de gaz carbonique et de la température depuis 400 000 ans à partir des carottes glaciaires de Vostok[3] :

« *Sur cette période, le climat de la Terre a été très instable, avec des changements importants de température, passant d'un climat chaud à une ère glaciaire en seulement quelques décennies. Ces changements rapides suggèrent que le climat pourrait être très sensible à des forçages ou rétroactions internes ou externes. La courbe de température indique une relative stabilité pendant les dernières 10 000 années. En se fondant sur des données qui peuvent être incomplètes, il semble peu probable que les températures moyennes mondiales aient varié de plus de 1 °C par siècle pendant cette période. L'information présentée sur cette figure indique une corrélation forte entre la température et la teneur en gaz carbonique dans l'atmosphère. Un scénario possible est que les émissions anthropiques de gaz à effet de serre pourraient conduire le système climatique à l'état très instable auquel il se trouvait dans l'âge préglaciaire. Plutôt qu'une évolution linéaire, le climat suit une trajectoire non linéaire avec des surprises soudaines et dramatiques lorsque les niveaux de gaz à effet de serre atteignent un seuil qui n'est pas encore déterminé*[4]. »

L'augmentation de la température pourrait provoquer la fonte des glaces, la montée des eaux océaniques en raison principalement de l'expansion thermique ce qui inonderait de vastes étendues continentales, ainsi que des sécheresses prolongées et une augmentation notable de la fréquence et de la violence des perturbations climatiques telles que les ouragans. Même s'il reste encore des incertitudes sur l'ampleur du phénomène et sur sa distribution géographique précise, on s'attend à ce que les effets soient plus importants au fur et à mesure que l'on s'éloigne de l'équateur. On sait aussi que les particules en suspension dans l'atmosphère provoquent un refroidissement et celles-ci pourraient même avoir caché en partie le phénomène de réchauffement.

Une certaine modestie est de mise pour prévoir précisément l'évolution du climat d'ici à 2050 et ses conséquences, ainsi que pour notre compréhension

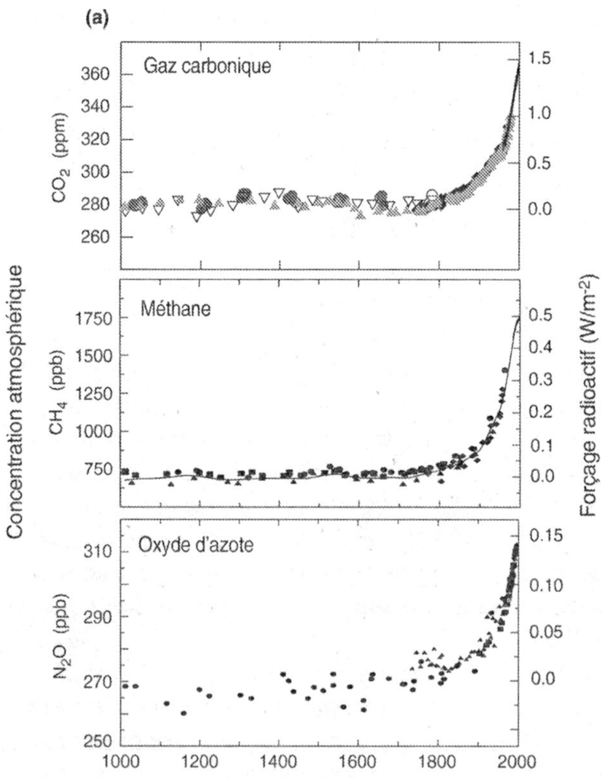

Figure 7.2 : Concentrations atmosphériques de gaz carbonique, de méthane et d'oxyde d'azote sur les 1 000 dernières années[5].

des phénomènes fondamentaux qui régissent les impacts des activités humaines sur l'environnement et donc sur notre civilisation. Néanmoins, depuis une vingtaine d'années, l'ampleur de l'effet de serre est devenue plus perceptible, comme la fonte des glaciers ou la présence de poissons vivant dans des eaux chaudes et qui remontent maintenant vers le nord. Une étude conduite sous les auspices d'un forum intergouvernemental des pays arctiques[6] indique que déjà actuellement le climat des régions arctiques se réchauffe notablement, que de nombreux impacts sont attendus sur la flore, la faune, ainsi que la fonte du permafrost qui entraîne des dommages pour les systèmes de transport, les bâtiments et les infrastructures. D'autres ouvrages récents très bien documentés décrivent de façon vivante et précise ces phénomènes climatiques et leurs conséquences sur la planète[7].

Quant aux conséquences immédiates et locales de la production d'électricité, celles-ci sont depuis longtemps l'objet de préoccupations spécifiques. Les centrales nucléaires répandent 70 % de leur énergie dans les océans et l'atmosphère sous forme de chaleur, contre 55 à 60 % pour les centrales les plus modernes à combustibles fossiles à énergie égale. Mais l'effet de serre prolonge et augmente fortement le réchauffement initial dû aux centrales à combustible fossile. La moitié du gaz carbonique rejeté par les centrales qui est dilué dans l'atmosphère y reste environ cent ans.

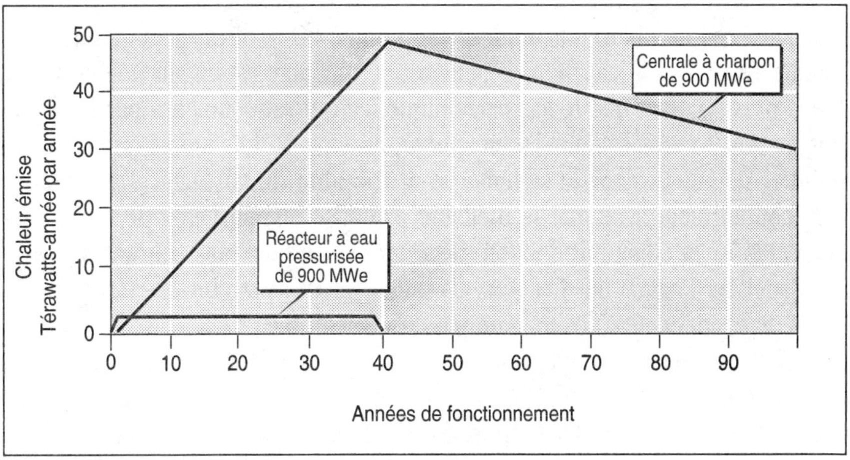

Figure 7.3 : Chaleur moyenne annuelle transmise dans l'atmosphère par une centrale à charbon de 900 MWe et par un réacteur nucléaire à eau pressurisée de 900 MWe.

Il est simple de calculer le réchauffement de la Terre dû à l'effet de serre par une centrale à charbon de 1 GWe fonctionnant pendant une année : la combustion d'une certaine quantité de charbon produit un effet de long terme correspondant à une chaleur équivalente libérée tous les 8 mois pendant 100 ans ! En effet, chaque année de fonctionnement d'une centrale à charbon libère une certaine quantité de chaleur, mais elle émet en outre du gaz carbonique qui retient aussi beaucoup de chaleur et ce, pendant une centaine d'années environ. Lorsqu'une centrale électrique à charbon fonctionne pendant ses 40 années de vie, le réchauffement de la planète qu'elle produit est équivalent à celui d'une centrale nucléaire mise en opération tous les ans pendant ces 40 ans.

La perspective de changements climatiques majeurs est évidemment un argument d'abord en faveur de l'amélioration de l'efficacité énergétique ou de la sobriété énergétique, en particulier pour les usages qui dépendent des combustibles fossiles (transports routier ou aérien), et du développement des sources d'énergie qui ne produisent que peu ou pas de gaz à effet de serre, dont l'énergie nucléaire ou les énergies renouvelables comme l'énergie solaire.

En France, pendant ces vingt-cinq dernières années, le programme électronucléaire a permis de réduire les quantités du gaz carbonique par kWh produit, puisque 8 % des émissions de gaz carbonique proviennent de la production d'électricité alors que ce chiffre est de 40 % dans le monde entier. Cependant, l'énergie nucléaire ne suffira pas à elle seule à résoudre le problème du réchauffement climatique puisqu'elle ne représente que 39 % de l'énergie totale consommée en France, 8,3 % aux États-Unis et seulement 6,5 % dans le monde.

Un moyen de limiter l'effet de serre serait d'étendre l'usage du gaz naturel (méthane) qui ne libère par unité d'énergie que 60 % de la quantité de gaz carbonique émise par le charbon. Cependant, le méthane est un gaz à effet de serre 70 fois plus puissant que le gaz carbonique, ce qui est compensé par le fait qu'il ne reste que 11 années dans l'atmosphère, environ 10 fois moins que le gaz carbonique. Des fuites dans le système de distribution du gaz naturel à hauteur de 10 % conduiraient à ce que le méthane produise autant d'effet de serre que le charbon pour la même production d'énergie. Les estimations courantes pour ces fuites sont de l'ordre de 3 à 9 % avec des valeurs pouvant atteindre 20 % en Russie, le premier producteur mondial de gaz naturel.

L'effet de serre provoqué par les gaz rejetés par l'activité urbaine et industrielle de nos sociétés est certainement la menace pour nos sociétés qui mérite le plus d'attention. Il peut aussi être masqué en partie par les fluctuations climatiques naturelles.

Ce fait avait déjà été reconnu par l'ensemble des nations, qui dans leur très grande majorité ont ratifié la Convention cadre des Nations unies sur les changements climatiques, ouverte à signature lors du Sommet de la Terre à Rio en 1992.

Les États se sont ensuite engagés à faire un premier pas vers la diminution des émissions de gaz à effet de serre en signant le Protocole de Kyoto en 1997. Les discussions portent maintenant sur les moyens de réduire beaucoup plus les émissions dans le futur. Un facteur 2 de réduction des émissions mondiales d'ici 2050 est considéré comme le minimum à faire pour éviter des conséquences irréversibles sur le climat mondial et les impacts catastrophiques pour les populations qui s'ensuivraient. Cela exige une réduction d'un facteur 4 dans les pays industrialisés, ceux-ci étant beaucoup plus émetteurs par habitant que les pays en développement : les émissions annuelles moyennes variant de moins de 2 tonnes de gaz carbonique par habitant dans les pays les moins développés, à des valeurs de 8 à 13 tonnes de gaz carbonique par habitant en Europe de l'Ouest, Océanie, Japon, Asie du Sud et pays de l'ex-Union soviétique, jusqu'à 19 tonnes de gaz carbonique par habitant en Amérique du Nord. Cette réduction des émissions d'un facteur 4 des émissions à l'horizon 2050 est aussi un objectif proclamé par le gouvernement français en février 2005.

Très récemment, le 8 juin 2005, une déclaration commune des Académies des sciences sur la réponse mondiale au changement climatique[8], signée par les Académies des sciences des pays du G8, ainsi que celles du Brésil, de la Chine et de l'Inde, appelle les dirigeants mondiaux à « *reconnaître que la menace du changement climatique est évidente et croissante* ». Elle les invite à mettre en place des stratégies mondiales de mobilisation de la communauté scientifique internationale et d'identification de mesures appropriées pour réduire de façon substantielle les émissions de gaz à effet de serre.

Espérons que les gouvernements du monde entier sauront prendre, sans plus attendre, les mesures qui permettront d'éviter que des dégâts trop importants et irréparables ne se produisent. Il y a urgence. Nous pensons que cela nécessitera aussi que les citoyens soient conscients de l'ampleur du problème, qu'ils soient informés sur les moyens à mettre en œuvre et enfin qu'ils fassent entendre leur voix.

Dans ce livre, notre objectif est surtout d'informer le lecteur des différentes options telles que nous les voyons. En considérant l'énergie nucléaire, nous ne dénigrons certainement pas les autres méthodes pour satisfaire aux besoins de la société, tout en préservant la planète et son atmosphère, au contraire, que ce soit les énergies renouvelables ou les améliorations de l'efficacité énergétique, comme nous le verrons ci-dessous.

Consommation énergétique mondiale

La figure 7.4 présente la consommation mondiale des différentes sources d'énergies pour la période 1850-2000. La figure 7.5 présente la consommation par type d'énergie fossile, nucléaire, hydroélectrique et de biomasse, pour différentes régions du monde en 2003. Il y a une augmentation spectaculaire de la consommation mondiale d'énergie depuis la fin de la Seconde Guerre mondiale, et une suprématie des énergies fossiles qui représentent plus des trois quarts de l'énergie totale consommée et qui, comme nous l'avons vu ci-dessus, sont en grande partie responsables de l'effet de serre additionnel. Enfin, il est apparent que l'énergie nucléaire tient une place relativement faible.

Comparons maintenant les consommations d'énergie et d'électricité dans différents pays.

Le tableau 7.1 indique pour plusieurs pays significatifs et pour le monde entier, pour 1992 et 2002, la population, la production d'électricité d'origine nucléaire et la consommation totale d'électricité, toutes les deux exprimées en énergie primaire, c'est-à-dire des joules d'énergie électrique divisés par l'efficacité de production. Les énergies totales (charbon, pétrole, hydraulique, bio-

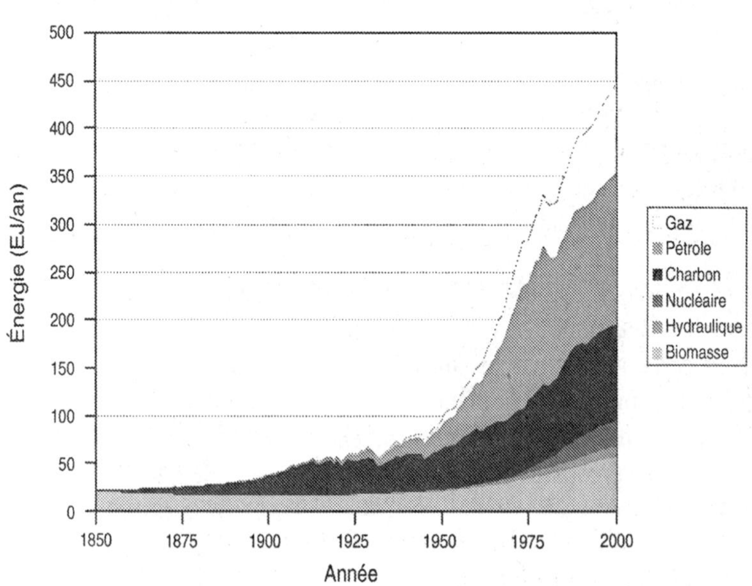

Figure 7.4 : Consommation mondiale par source d'énergie sur la période 1850-2000[9].

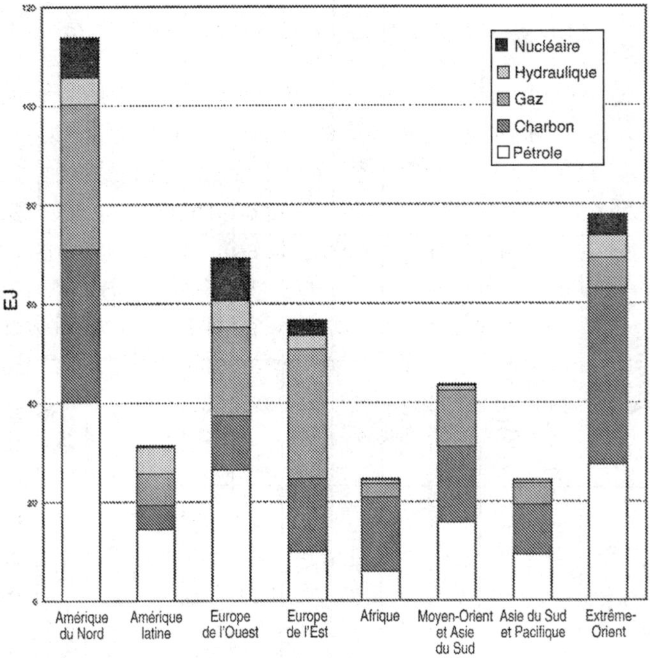

Figure 7.5 : Consommation d'énergie totale par source d'énergie et pour différentes régions du monde en 2003[10].

masse, énergie solaire, éolienne, etc.) produites et consommées sont aussi indiquées.

En 2002, l'énergie nucléaire contribue pour 20,7 % de la consommation d'électricité mondiale et pour 6,5 % de l'énergie totale consommée. Les États-Unis consomment 33,2 quads d'électricité par an et leur consommation totale d'énergie est de 97,6 quads par an ; pour la France, les chiffres correspondants sont de 3,76 et 11,0. Les États-Unis consomment 34 % de leur énergie sous forme d'électricité, en France cette proportion est également de 34 % et dans le monde, elle est de 31 %.

Les quatre colonnes à la droite du tableau montrent la diversité des situations suivant les pays. Le Japon importe 16,7 quads sur les 21 consommés, c'est-à-dire 79 %, la France importe environ la moitié de l'énergie consommée, et les États-Unis, 27 %. L'Inde ou le Brésil importent le quart de l'énergie consommée. Le bilan de la Chine est presque équilibré. Quant à la Russie, celle-ci est exportatrice d'énergie. En général, presque toute l'énergie nucléaire est consommée dans le pays où elle est produite.

Tableau 7.1 : Production et consommation énergétiques mondiales pour l'année 1992 et 2002 (en quads)[11].

	Population (millions d'habitants)		*Énergie nucléaire primaire produite*		*Électricité totale primaire consommée*		*Énergie totale primaire consommée*		*Énergie totale primaire produite*	
	1992	*2002*	*1992*	*2002*	*1992*	*2002*	*1992*	*2002*	*1992*	*2002*
États-Unis	255,0	288,0	6,5	8,1	26,22	33,26	85,9	97,6	70,0	70,8
Brésil	153,6	176,3	0,02	0,14	2,23	3,2	6,1	8,6	4,0	6,7
Allemagne	80,4	82,4	1,5	1,6	4,21	4,65	14,0	14,3	6,2	5,3
France	57,4	59,9	3,3	4,3	3,21	3,76	9,8	11,0	4,6	5,1
Russie	148,7	144,1	1,2	1,5	8,01	7,09	34,1	27,5	48,0	45,7
Chine	1 183,3	1 294,9	0,05	0,25	6,09	13,24	29,3	43,2	30,3	41,8
Japon	124,4	127,5	2,17	3,0	7,25	8,82	19,2	21,0	3,5	4,3
Inde	880,2	1 049,5	0,07	0,215	2,68	4,64	8,9	14	3,3	10,4
Nigeria	91,3	120,9	0	0	0,12	0,16	0,8	0,9	4,4	5,1
Monde	5 443	6 243	21,2	26,9	98,44	129,84	348,9	411,2*	348,9	404,9*

Un quadrillon BTU (10^{15} BTU ou un quad) est égal à $1{,}055 \times 10^{18}$ joules, ou encore 1 exajoule (1 EJ). Les données présentées utilisent une valeur de l'efficacité de 39 % pour convertir l'électricité primaire. 1 quad = 13.0 GW-an ou encore 110 TWh.

* Nous avons reproduit ces deux nombres tels qu'ils apparaissent dans la référence, mais ils devraient être strictement équivalents.

Réserves mondiales de combustible

Les réserves de combustible pour la production d'énergie sont portées sur la figure 7.6, en distinguant les réserves prouvées, les réserves dites « additionnelles » (avec de très bonnes probabilités) et les réserves plus hypothétiques. Le terme « réserves » est un terme technique se référant aux ressources dont la localisation et la quantité sont bien identifiées et qui peuvent être produites commercialement aux prix actuels et avec les technologies présentes. La connaissance des réserves est toujours entachée d'incertitude, comme l'a illustré l'exemple de Shell qui, au début de 2004, a diminué de 20 % son estimation de ses réserves de pétrole, ce qui a sérieusement perturbé les marchés financiers.

La figure 7.6 montre l'importance du charbon, encore disponible pour plusieurs siècles : les ressources sont principalement situées en Afrique du Sud, en

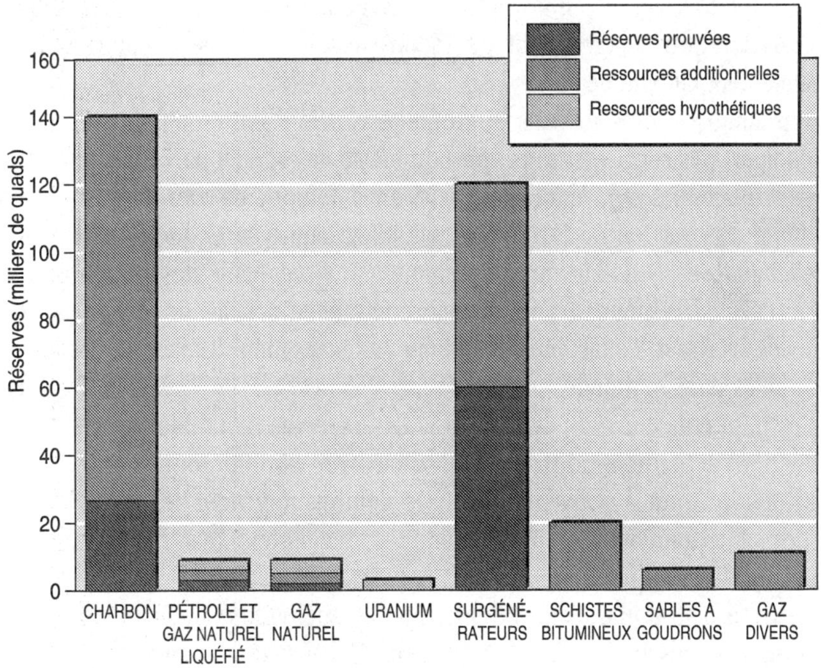

Figure 7.6 : Les réserves de combustible pour la production d'énergie[12] en milliers de quads (1 quad = 1,055 10^{18} joules). Les valeurs indiquées pour l'uranium et les surgénérateurs seraient multipliées par 1 000 si on prend en compte les 2 milliards de tonnes d'uranium de l'eau de mer qui pourraient être récupérées à un coût abordable.

Australie, en Chine, en Colombie, aux États-Unis, en Inde et en Sibérie. Les réserves prouvées de pétrole devraient permettent d'assurer les besoins jusqu'en 2030-2050 et peut-être jusqu'à la fin du siècle. D'autres sources de combustible, schistes bitumineux (couche de roche altérée par la chaleur et la pression à l'intérieur de la Terre) et sables à goudrons, dont on pourra aussi tirer du pétrole mais à un coût plus élevé, sont aussi mentionnées. On notera les divers gaz parmi lesquels les hydrates de gaz naturel que l'on trouve au fond des océans et dans le permafrost des zones arctiques. Le Geological Survey américain a estimé que les réserves d'hydrates de gaz mondiales s'élèvent à environ 10 000 gigatonnes de méthane, ce qui équivaut à 400 000 quads, ce qui suffirait pour un millier d'années[13]. Bien que l'utilisation à grande échelle de cette ressource ne soit pas acceptable à cause des émissions de gaz carbonique qui en résulteraient, la substitution du gaz au charbon à court terme permettrait de réduire les émissions de gaz à effet de serre, puisque pour la même quantité d'énergie produite, le charbon émet 1,7 fois plus de carbone dans l'air que le gaz. Et à long terme, la séquestration du carbone produit par la combustion du gaz dans l'industrie permettrait de réduire encore plus cette contribution au réchauffement climatique.

L'uranium est présent dans la croûte terrestre, il entre dans la composition de la plupart des roches, et sa proportion moyenne est de 4 parts par million. Les réserves mondiales sont évaluées à environ 2 millions de tonnes pour un coût maximum d'extraction de 80 dollars par kilogramme alors que le prix spot est actuellement de 30 dollars le kilogramme[14]. Utilisées dans des réacteurs à eau légère, cela correspond à une énergie équivalente à celle de 28 milliards de tonnes de charbon. Le tableau 7.2 indique la localisation des ressources les plus importantes dans le monde.

Ces pays concentrent environ 96 % des réserves mondiales d'uranium. La production actuelle mondiale étant d'environ 41 000 tonnes par an, ces 2 millions de tonnes peuvent fournir le combustible pour les 440 réacteurs fonctionnant actuellement pour quelques décennies. Des réserves supplémentaires de 3 millions de tonnes peuvent être exploitées pour des coûts inférieurs à 130 dollars par kilogramme. Actuellement, le coût du minerai d'uranium représente de 2 à 3 % du prix du kWh, une augmentation importante du prix de l'uranium n'affecterait donc pas notablement le prix du kWh.

Si l'énergie de fission provenant seulement de l'uranium-235 doit être compétitive avec celle des combustibles fossiles aux prix actuels, une exploitation économique exige des gisements ayant une teneur au moins égale à un millième.

Tableau 7.2 : Réserves d'uranium à un coût d'extraction inférieur à 80 dollars le kilogramme[15].

Pays	*Réserves d'uranium (en tonnes)*
Australie	460 000
Canada	426 000
Kazakhstan	254 000
Afrique du Sud	186 000
Brésil	112 000
Namibie	110 000
Ouzbékistan	109 000
États-Unis	102 000
Niger	94 000
Russie	75 000

Si l'on n'utilise qu'une portion des 0,7 % d'uranium-235 de l'uranium naturel, comme c'est le cas actuellement avec les réacteurs à eau légère qui en consomment une fraction de 0,5 %, on obtient une énergie de 1 600 quads provenant des ressources estimées à 3 millions de tonnes d'uranium naturel. Même à moyen terme, cela représente une ressource très limitée, seulement suffisante à subvenir aux besoins mondiaux actuels en électricité (130 quads) pour une douzaine d'années, ou bien de l'ordre d'un siècle pour l'électricité nucléaire au taux actuel de production.

En prenant en compte la fission de l'uranium-235 et celle de l'uranium-238 dans les surgénérateurs, l'énergie de fission que cela représente est supérieure à celle qui serait contenue dans la croûte terrestre si celle-ci était constituée de charbon pur ! Si on utilise l'uranium-238 qui pourrait être presque entièrement brûlé dans les réacteurs à neutrons rapides, il serait possible de produire $200 \times 1\,600 = 320\,000$ quads.

Le tableau 7.3 présente des estimations récentes des ressources d'uranium en fonction du prix par 3 instituts spécialisés. Les ressources à des prix deux fois supérieurs aux prix actuels sont multipliées par quatre ou même sept suivant les estimations.

Tableau 7.3 : Estimations des réserves d'uranium à des prix de 80, 130 et 260 dollars par kilogramme (avec une estimation de 2,1 millions de tonnes d'uranium exploitables à un prix de 40 dollars le kilogramme)[16].

Institut	*Réserves (en millions de tonnes d'uranium) pour un prix (en dollars/kilogramme d'uranium) inférieur ou égal à*		
	80$/kg	130$/kg	260$/kg
Uranium Information Centre	21	105	500
Deffeyes and MacGregor	12	40	220
Generation IV group	11	34	170

L'uranium de l'eau de mer : un combustible vert pour le futur ? Les 2 à 4,5 milliards de tonnes d'uranium diluées dans l'eau des océans sont une ressource d'uranium beaucoup plus importante[17]. Deux milliards de tonnes pourraient être extraites à un coût constant. L'eau de mer contient deux fois plus d'uranium que de fer, environ 3,3 milligrammes par mètre cube, mais son coût d'extraction serait supérieur à celui des minerais actuellement exploités. Après les métaux alcalins (lithium, sodium, potassium, rubidium) et les terres alcalines (magnésium, calcium, baryum), les métaux les plus abondants sont le molybdène (10 mg/tonne) et l'uranium (3,3 mg/tonne).

Tadao Seguchi, directeur du secteur Développement des matériaux à l'Institut de recherche sur l'énergie nucléaire au Japon, a publié un rapport indiquant avoir obtenu dans des absorbeurs en plastique de l'uranium d'eau de mer à des concentrations des millions de fois supérieures. Il a estimé le coût d'extraction à environ 100 dollars par kilogramme d'uranium[18], mais aucune étude n'en a encore fourni une estimation fiable. Une masse de 20 kilogrammes de polyéthylène a été placée dans une bouée pendant vingt jours dans le courant Oyashio. Au bout de cette période, chaque kilogramme de polyéthylène contenait 3 grammes d'uranium, 2 grammes de titane, 6 grammes de vanadium et 6 grammes de cobalt. On peut donc en extraire ces précieux métaux et réutiliser le matériau plusieurs fois.

En France, Jacques Foos et son équipe ont utilisé la méthode japonaise dans un courant du Gulf Stream, qui transporte chaque année 10 millions de tonnes d'uranium, ce qui représente 150 fois la quantité annuelle d'uranium actuellement utilisée dans le monde, et ils ont estimé le coût d'extraction à une valeur comprise entre 215 et 260 dollars par kilogramme d'uranium[19].

L'éventuelle disponibilité d'uranium d'eau de mer à un coût de 100, ou même de 350, dollars le kilogramme est une question d'une très grande importance. Des estimations récentes varient de 100 à 1 000 dollars le kilogramme d'uranium, avec une estimation représentative de la situation actuelle de 300 dollars le kilogramme[20].

Les 4,5 milliards de tonnes de réserve d'uranium d'eau de mer correspondent à 1 500 fois les 3 millions de tonnes de réserves terrestres assurées ; elles correspondent donc à 2,4 millions de quads si elles sont exploitées dans les réacteurs à eau légère brûlant l'uranium-235 et à 480 millions de quads si elles sont utilisées dans les surgénérateurs. Si la population mondiale double et monte à 12 milliards d'habitants, ce qui est une hypothèse réaliste, et si chacun utilise autant d'électricité qu'un Européen actuellement, c'est-à-dire environ 0,06 quad par million d'habitants, les besoins en électricité seraient de 720 quads par an, alors que la consommation actuelle est de 130 quads environ. La moitié des ressources d'uranium d'eau de mer suffiraient pour 1 600 ans si elles sont utilisées dans les réacteurs à eau pressurisée, et pour 320 000 ans avec des surgénérateurs.

Un rapport préparé pour le gouvernement américain en soutien du programme Génération IV de recherche sur les nouveaux réacteurs (dans lequel la France joue un rôle important) donne des informations sur les progrès récents des Japonais pour obtenir de l'uranium d'eau de mer[21]. Des estimations de coût sont données pour différentes méthodes d'extraction. En particulier, dans le cas de la méthode de « chaîne », qui consiste à avoir une chaîne de petits conteneurs dans lesquels se trouve le matériau absorbant, le coût se divise de la façon suivante : 17 % pour la fabrication du matériau, 73 % pour l'installation dans l'océan et 10 % pour l'élution et le raffinage, pour un coût d'extraction de 241 dollars par kilogramme d'uranium.

Le futur de l'énergie nucléaire dépend de la confiance des États, des exploitants de réacteurs et des investisseurs dans la disponibilité de combustible pour les réacteurs. Alors que les fournisseurs d'uranium et de services d'enrichissement n'ont aucun intérêt à ce que leurs clients sachent que les ressources actuelles pourraient être multipliées par mille à un coût abordable, il est certainement de l'intérêt du public de savoir si 2 des 4 milliards de tonnes présentes dans les eaux des océans pourraient être obtenues par des processus connus, même à un coût de 100 à 300 dollars le kilogramme, le coût actuel étant d'environ 30 dollars le kilogramme. Ceux qui vendent les services de retraitement et insistent pour dire que les réserves d'uranium sont limitées, et ceux qui sont favorables aux surgénérateurs dans un futur proche aussi pour des raisons de limitation des ressources d'uranium, proposent d'étendre les ressources d'uranium à un coût beaucoup plus élevé, à plus de 500 dollars le kilogramme d'uranium comme cela a été expliqué au chapitre 5. Pour la décision des politiques publiques, tout comme pour le futur énergétique mondial, il est donc essentiel d'établir les coûts d'extraction de l'uranium de l'eau de mer.

On voit donc que le futur de l'énergie nucléaire ne semble pas limité par la disponibilité de l'uranium, mais plutôt par le coût des centrales et aussi peut-être par la perception des risques d'accidents. D'autres sources d'énergie, telles que le charbon et le pétrole, sont plus limitées et leurs effets nocifs peuvent être considérables en raison des émissions de gaz à effet de serre. À long terme, nous pensons que l'uranium restera une source d'énergie importante pour les sociétés industrialisées.

Quelle que soit la forme sous laquelle on entrepose l'uranium, uranium naturel, uranium faiblement enrichi ou combustible d'uranium fabriqué, le coût de l'achat est faible par rapport à celui du charbon, du pétrole ou du gaz. Si l'on veut entreposer le combustible nécessaire pour le fonctionnement d'un réacteur d'une puissance de 1 GWe pendant un an sous forme d'uranium, il en faut 200 tonnes, au prix de 30 dollars le kilogramme, cela coûterait donc 6 millions de

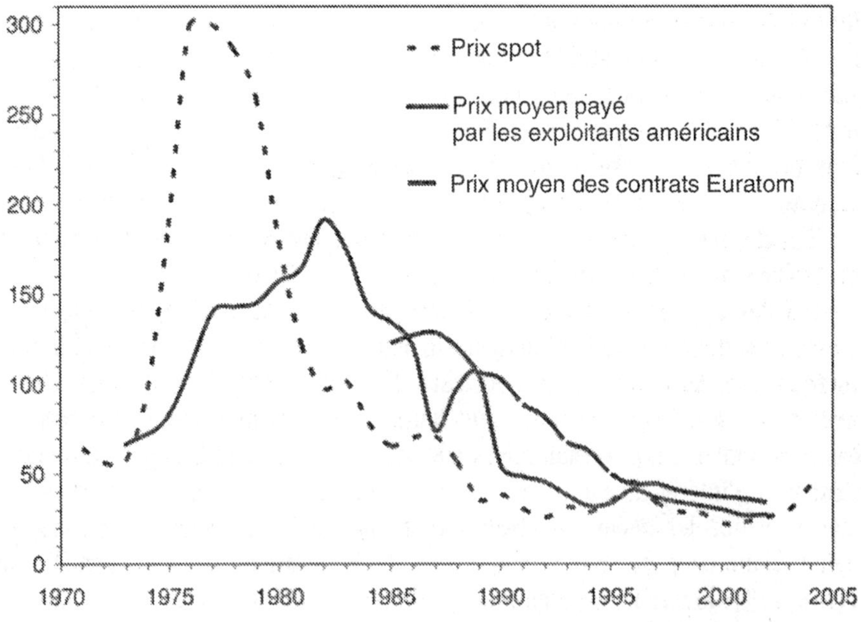

Figure 7.7 : Prix de l'uranium de 1971 à 2004[22].

dollars, comparé au coût de 150 millions de dollars pour les 3 millions de tonnes de charbon qui représentent le combustible annuel d'une centrale à charbon, avec l'hypothèse d'un prix du charbon équivalent au prix actuel de 50 dollars la tonne.

Alors qu'il y avait eu des prévisions de 3 000 réacteurs en service en l'an 2000, il y en a seulement environ 440, et l'offre de minerai d'uranium est plus élevée que ce qui avait été anticipé. Le coût en capital et le temps nécessaire pour construire une centrale nucléaire rendent malgré tout encore problématique la compétition avec les centrales à pétrole, à gaz ou même à charbon. Le prix de l'uranium a beaucoup baissé comme le montre la figure 7.7 ; même les enthousiastes des surgénérateurs sont maintenant d'accord pour estimer que leur développement n'est plus justifié à court terme, ni économiquement, ni en matière de ressources.

Capacité nucléaire : tendances et projections

Comme cela a été indiqué au chapitre 5, il y a dans le monde 440 réacteurs nucléaires en fonctionnement avec une capacité totale de 370 000 GWe et 24 réacteurs sont actuellement en construction. En 2000, la capacité nucléaire mondiale était de 349 GWe, alors qu'elle était de 321 GWe en 1990, et la projection pour 2010 s'élève à 420 GWe[23,24].

Trente pays possèdent des centrales nucléaires : en 2003, en unités de réacteur d'une puissance nominale de 1 GWe, les États-Unis sont au premier rang avec 98, puis viennent la France 63, le Japon 46, l'Allemagne 23, la Russie 22, la Corée du Sud 15, le Royaume-Uni 12, l'Ukraine 12, le Canada 11, la Suède 9, l'Espagne 7, la Belgique 6, Taiwan 5,1 et la Chine 4,5[25].

Les figures 7.8, 7.9 et 7.10 montrent la répartition du nombre de réacteurs en fonctionnement, le nombre de réacteurs en construction par pays, l'âge des réacteurs et la proportion d'électricité nucléaire dans la production électrique. La figure 7.10 indique que la plupart des réacteurs ont plus de 17 ans. La figure 7.9 indique que les réacteurs en construction se trouvent principalement dans les pays asiatiques. Les projections de l'énergie nucléaire montrent une progression lente, et limitée à court terme, principalement en Asie et en Europe centrale et de l'Est.

De tous les réacteurs nucléaires dans le monde, les réacteurs ordinaires à eau légère occupent la première place. Ils représentent la technologie la plus répandue, la mieux testée et la plus mûre. Le parc électronucléaire se répartit de la façon suivante : les réacteurs à eau pressurisée produisent 48 % de la capacité totale, les réacteurs à eau bouillante, 20 %, les réacteurs à eau lourde, 9 %.

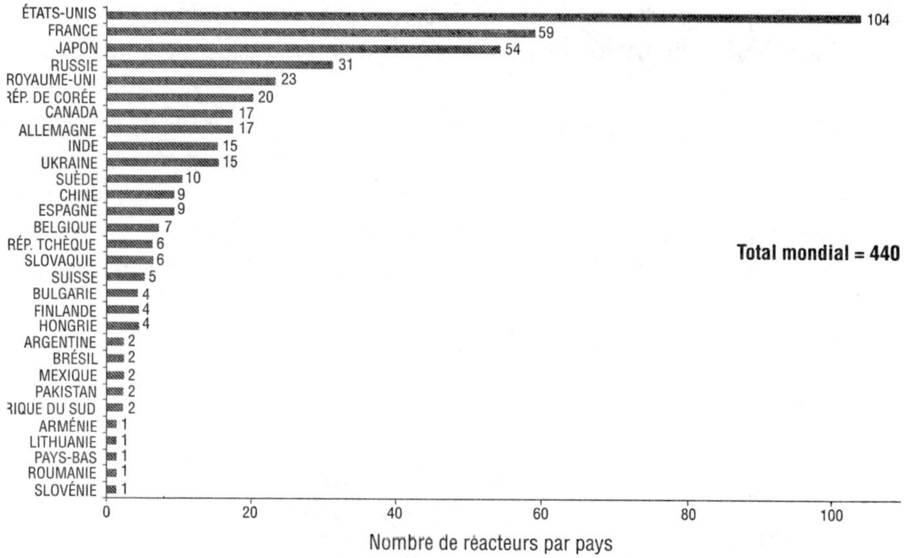

Figure 7.8 : Nombre de réacteurs en fonctionnement dans le monde[26].

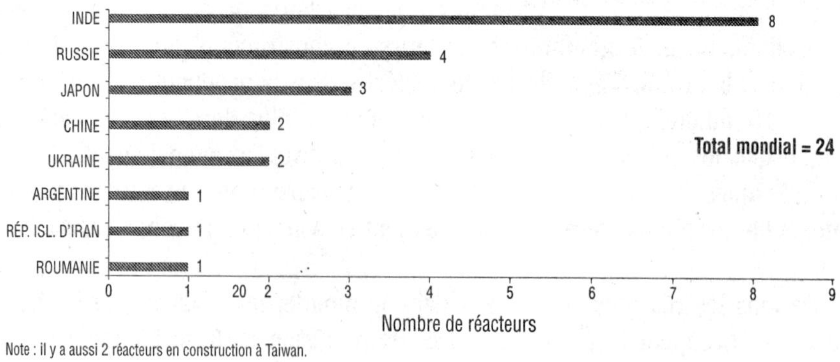

Figure 7.9 : Nombre de réacteurs en construction dans le monde[27].

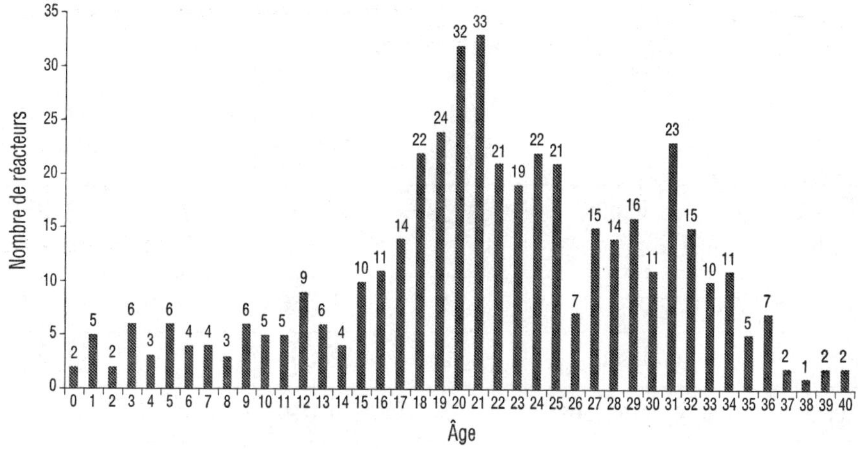

Figure 7.10 : Âge des réacteurs en fonctionnement[28].

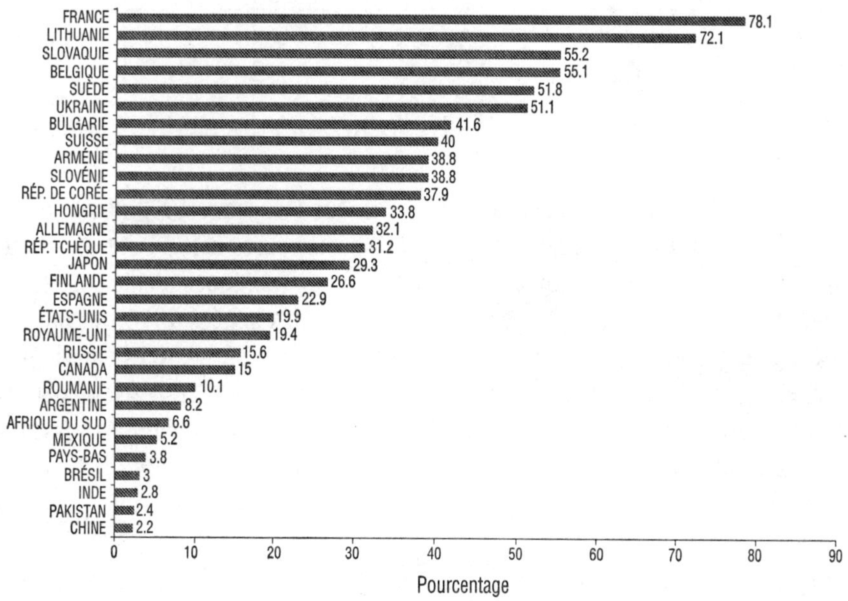

Figure 7.11 : Proportion de la production nucléaire dans l'électricité par pays[29].

Tableau 7.4 : Réacteurs en fonctionnement et en construction par types[30].

Type	*En fonctionnement*		*En construction*	
	Nombre d'unités	*Total MW(e)*	*Nombre d'unités*	*Total MW(e)*
Réacteur à eau bouillante ordinaire avancé	3	3 955	3	3 904
Réacteur à gaz avancé	14	8 380	0	0
Réacteur à eau bouillante	90	78 604	1	1 067
Réacteur à neutrons rapides	3	1 039	0	0
Réacteur refroidi au gaz	8	2 284	0	0
Réacteur à eau légère modéré au graphite	17	12 589	1	925
Réacteur Candu	39	19 972	8	3 135
Réacteur à eau pressurisée	214	204 709	6	6 111
Réacteur VVER refroidi à l'eau et modérateur d'eau	53	35 890	5	4 684
Total :	**441**	**367 422**	**25**	**20 296**

Aux États-Unis, la plupart des centrales commandées après 1973 n'ont jamais été construites et les commandes de réacteurs postérieures à 1973 ont été annulées, comme le montre la figure 7.12. Cela est dû aux politiques d'efficacité énergétique consécutives aux chocs pétroliers du début des années 1970 qui ont fait baisser la demande d'électricité quelle qu'en soit la source. C'est aussi une conséquence de l'accident de Three Mile Island. Aucun nouveau réacteur n'a été commandé aux États-Unis depuis 1978. Sept unités qui avaient été mises hors service pendant de longues périodes ont été redémarrées depuis 1998[31]. L'arrêt de la construction de réacteurs nucléaires aux États-Unis conduit à un recul des compétences dans ce domaine.

Cette crise n'est pas propre à l'industrie nucléaire. Elle a frappé toutes les filières de production d'électricité. L'illusion répandue au milieu des années 1970 qu'il fallait s'attendre à un doublement de la consommation d'électricité tous les 10 ans dans le monde industrialisé, s'est évanouie. Aux États-Unis

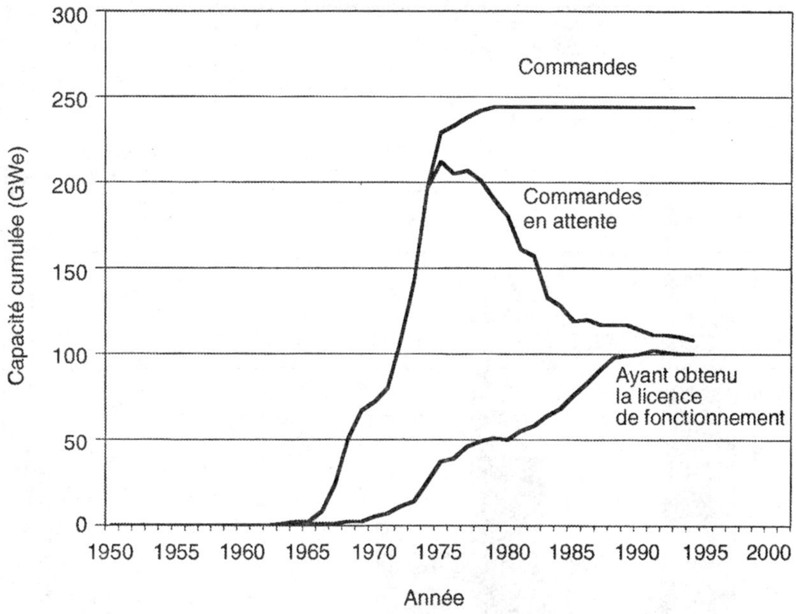

Figure 7.12 : Capacité totale des réacteurs commandés aux États-Unis, commandes en attente, et réacteurs ayant obtenu la licence de fonctionnement[32].

en particulier, les producteurs ont dû faire face à une surcapacité de production et à un surendettement qui ont bloqué l'industrie électronucléaire, et la dérégulation des marchés ne fera qu'aggraver les choses.

En Europe, la situation est similaire. Les Allemands estiment qu'avant 2010 aucune source d'électricité supplémentaire ne sera nécessaire. Le gouvernement finlandais a approuvé la construction d'un cinquième réacteur pour 2010. En Europe occidentale, aucune centrale n'est en construction. La Belgique, l'Allemagne et la Suède ont pris la décision d'interrompre leurs programmes nucléaires. Le dernier réacteur, Civaux-2, a été connecté au réseau en 1999.

L'ouverture des marchés européens a également freiné le développement électronucléaire car elle a permis de rationaliser l'exploitation des centrales existantes grâce à un marché plus vaste. EDF, qui a le monopole de la production d'énergie nucléaire en France, distribue de l'électricité à Londres par un câble qui traverse la Manche. Cependant EDF est vulnérable à la concurrence interne à cause de la nouvelle réglementation européenne qui stipule qu'une fraction de 25 % du marché électrique national doit être ouverte à la compétition. Les quatre cents plus gros consommateurs français d'électricité peuvent donc librement choisir leur fournisseur.

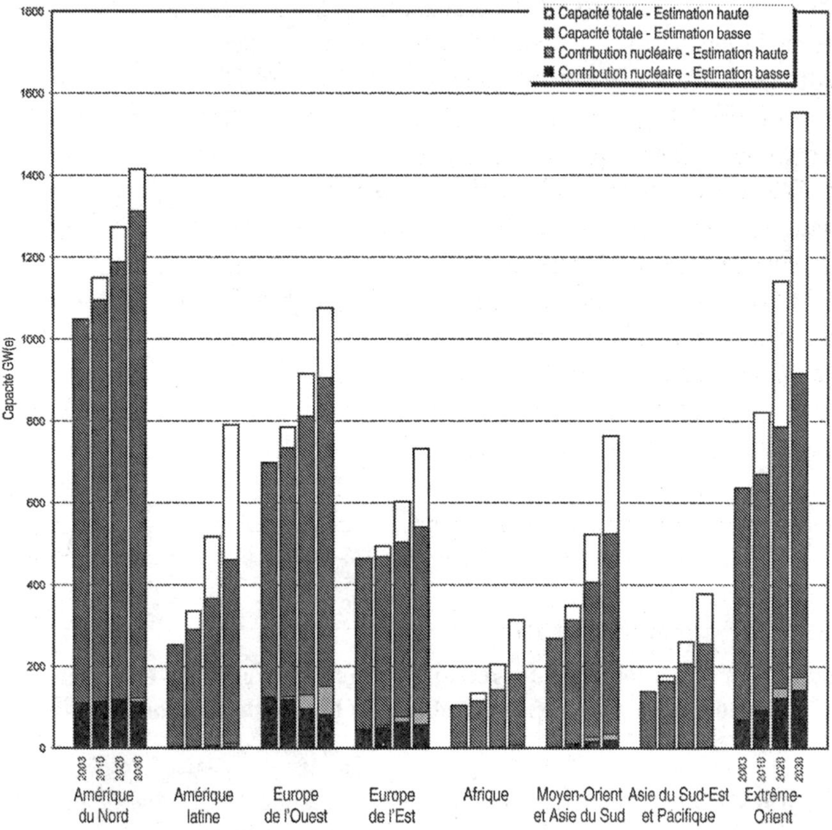

Figure 7.13 : Estimations des capacités électriques et nucléaires pour les différentes régions du monde à l'horizon 2030[33].

La France est le seul pays de la Communauté européenne à envisager la construction de nouveaux réacteurs, mais la libéralisation des marchés électriques en Europe conduira plus vraisemblablement à des surplus qu'à des possibilités de vente pour l'énergie nucléaire. En Europe, à part la France, 12 % de l'électricité est produite par la cogénération, c'est-à-dire que la puissance électrique, provenant généralement de centrales au gaz, est produite en conjonction avec de la chaleur pour les bâtiments ou l'industrie. Il n'y a presque pas de cogénération en France. Cette méthode présente des avantages en termes de rendement énergétique, de flexibilité d'utilisation et de performances environnementales. L'électricité ainsi fournie est bon marché car elle est produite avec une efficacité de presque 100 %, près de l'endroit où elle est utilisée, ce qui permet des économies sur les coûts de transmission et de distribution, qui sont souvent plus élevés que le coût de la cogénération. Cela est un exemple de méthode de production d'énergie qui sera en compétition économique avec l'énergie nucléaire dans le cadre de l'ouverture des marchés européens pour l'électricité.

La figure 7.13 montre qu'à l'horizon 2030, la production d'énergie nucléaire semble stable dans la plupart des régions du monde sauf en Asie, région de forte croissance économique, où la production devrait plus que doubler. Les estimations basses sont obtenues en faisant l'hypothèse que les barrières actuelles à l'expansion de l'énergie nucléaire (faible augmentation de la demande électrique dans les pays de l'OCDE, opposition du public, barrières financières et institutionnelles dans les pays dits en transition ou dans les pays en développement) se maintiendront. Les hypothèses hautes traduisent un modeste retour à l'énergie nucléaire, par de nouveaux programmes pour lever les obstacles mentionnés ci-dessus et prendre en considération les préoccupations liées au réchauffement climatique.

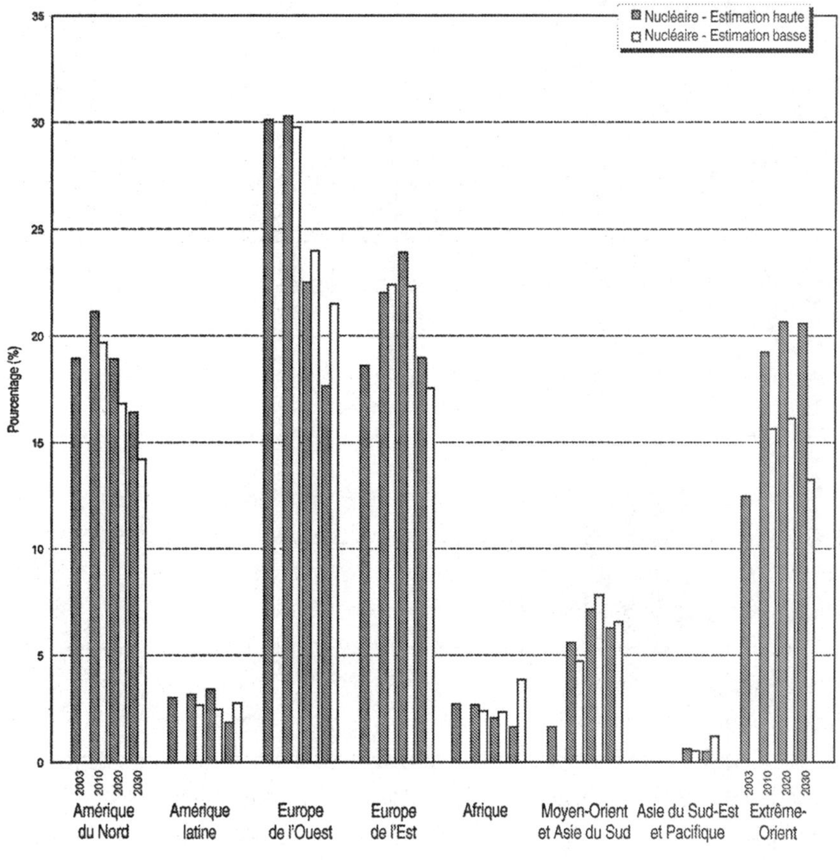

Figure 7.14 : Pourcentage de l'énergie nucléaire par région à l'horizon 2030[34].

Tableau 7.5 : Estimation des consommations d'énergie totale, fraction utilisée pour la production d'électricité et fraction fournie par l'énergie nucléaire à l'horizon 2030[35].

Pays	*2003*			*2010*			*2020*			*2030*		
	Consommation d'énergie totale	Fraction utilisée pour la production d'électricité	Fraction fournie par l'énergie nucléaire	Consommation d'énergie totale	Fraction utilisée pour la production d'électricité	Fraction fournie par l'énergie nucléaire	Consommation d'énergie totale	Fraction utilisée pour la production d'électricité	Fraction fournie par l'énergie nucléaire	Consommation d'énergie totale	Fraction utilisée pour la production d'électricité	Fraction fournie par l'énergie nucléaire
Amérique du Nord	113,9	37,3	7,1	119 127	37 38	7,9 7,4	127 145	40 40	7,5 6,8	136 166	42 43	6,8 6,1
Amérique latine	31,4	31,4	0,9	37 40	29 32	0,9 0,8	47 61	31 33	1,1 0,8	59 90	34 36	0,6 1,0
Europe de l'Ouest	69,8	40,6	12,2	73 76	42 43	13 13	77 85	43 50	10 12	82 96	44 57	7,7 12
Europe de l'Est	56,3	28,7	5,3	59 64	29 29	6,3 6,5	68 82	29 31	6,9 6,9	76 101	29 36	5,6 6,3
Afrique	24,5	18,4	0,5	27 30	19 19	0,5 0,5	33 41	20 22	0,4 0,5	40 54	21 27	0,3 1,0
Centre-Est asiatique et Asie du Sud	43,6	24,5	0,4	51 57	23 25	1,3 1,2	65 82	24 27	1,7 2,1	82 117	25 25	1,6 1,9
Asie du Sud-Est et Pacifique	24,4	23,5		28 32	24 23		35 45	25 23	0,2 0,1	42 62	26 24	0,1 0,3
Extrême-Orient	78,0	42,8	5,3	87 99	41 45	7,8 7,0	106 140	41 48	8,5 7,7	128 193	41 52	8,5 6,9
Total mondial — Estimation basse	442,0	34,2	5,5	481	34	6,3	558	35	5,8	645	35	5,0
Total mondial — Estimation haute				524	35	6,0	680	37	5,7	878	41	5,2

Enfin le tableau 7.5 et la figure 7.15 indiquent que les estimations de consommation d'énergie à l'horizon 2030 reposent encore de façon importante sur la consommation d'énergie fossile.

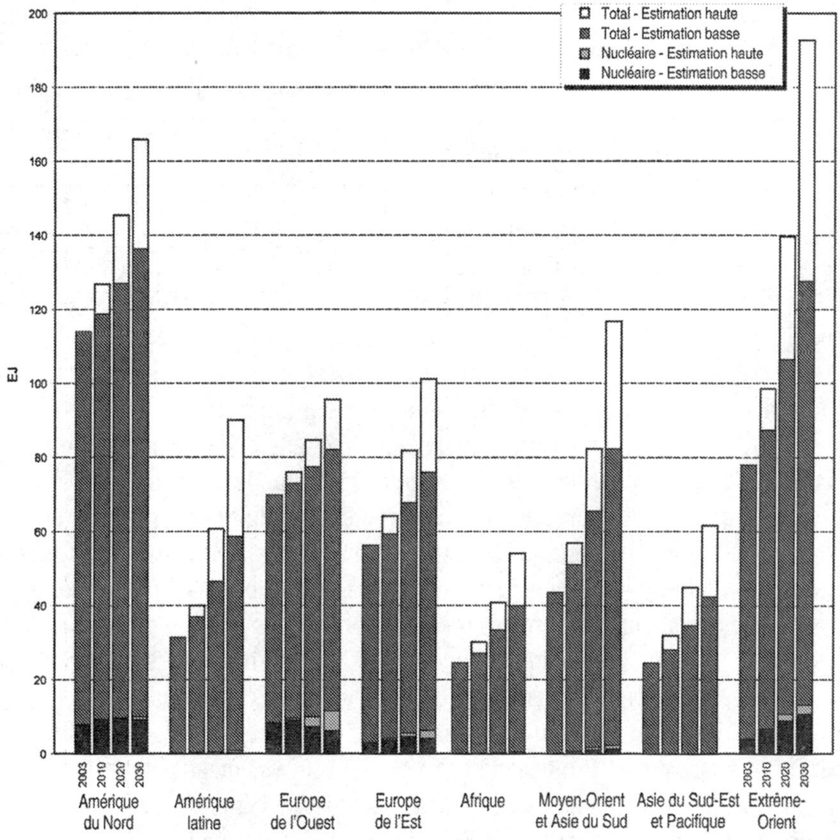

Figure 7.15 : Estimation des consommations d'énergie par région à l'horizon 2030[36].

La Chine, le développement économique et l'énergie

Dans le passé, le développement des pays industrialisés est passé par de fortes augmentations de la consommation énergétique avec une utilisation importante des combustibles fossiles (charbon, puis pétrole et gaz). Si le développement des populations de la planète suit la même trajectoire technologique que celle des pays industrialisés, cela conduira à une augmentation considérable des dangers des changements climatiques comme nous l'avons souligné en début de chapitre. La Chine est exemplaire à ce titre : c'est le pays le plus peuplé de la planète et son taux de croissance économique est l'un des plus élevés.

La Chine a connu vingt ans de forte croissance économique avec des taux annuels de l'ordre de 10 %. Elle dépend fortement du charbon pour son industrie, le chauffage résidentiel et la cuisson, ainsi que pour la production d'électricité. Faisons les hypothèses suivantes sur les ordres de grandeur[37] : le produit intérieur brut de la Chine est multiplié par 7 entre 2000 et 2050 (ce qui correspond à une croissance annuelle inférieure à 4 % par an), la demande électrique sera multipliée par 4 sur la même période. Les prévisions actuelles de consommation de charbon et d'autres combustibles fossiles pour la Chine à l'horizon 2025, indiquent que les émissions de gaz carbonique pour le secteur énergétique atteindront environ 7 gigatonnes pour ce seul pays, et environ 8 gigatonnes pour les États-Unis, alors qu'elles sont actuellement de l'ordre de 25 gigatonnes pour le monde[38].

La Chine est actuellement le deuxième émetteur de gaz carbonique, et sa consommation énergétique est satisfaite à 75 % par le charbon. Les Chinois estiment que la pollution due au changement climatique pourrait leur coûter deux points de croissance d'ici 5 ans. Pour que les 1,3 milliard de Chinois poursuivent leur développement sans causer de dommages à leur santé, à leur environnement et à l'environnement mondial, les très importantes réductions de l'intensité énergétique déjà réalisées par la Chine devraient être combinées avec un usage de l'énergie respectueux de l'environnement[39].

Bien que la Chine n'ait pas d'engagement contraignant de réduction des émissions suivant le Protocole de Kyoto, le gouvernement chinois prend la mesure de ce défi puisqu'il a promulgué une loi sur l'énergie renouvelable qui entrera en vigueur le 1er janvier 2006[40]. Cette loi oblige les exploitants du réseau électrique à acheter un minimum d'énergie renouvelable et les distributeurs de pétrole à vendre du carburant biologique. Elle offre des avantages fiscaux pour les projets de production d'énergie renouvelable. En 2003, seulement 3 % de la consommation d'énergie était d'origine renouvelable. L'objectif est que cette fraction passe à 10 % à l'horizon 2020.

Le tableau 7.6 présente quelques projections pour la consommation d'énergie en Chine. On notera que l'énergie nucléaire ne fournirait que 13 % des besoins en électricité en 2050. Ces projections sur l'évolution de l'énergie dans le monde sont loin d'être fiables. Ni le ralentissement actuel des économies occidentales ou le développement accéléré des économies asiatiques au début des années 1990 ne peuvent servir de présage comme l'ont montré les crises financières en Asie en 1998.

Tableau 7.6 : Consommation électrique en 1995 et 2050 en Chine (en gWe)[41].

Année	*population (en milliards)*	*émissions (gigatonnes de carbone)*	*hydro*	*fossiles*	*nucléaire*	*renouvelables*	*total*
1995	1,2	1,24	49	149	2,1	0	200
2020	1,4	2	260	650	40	10	960
2050	1,5-1,8	4,0	250	1 100	240	100	1 690
Croissance annuelle 1995-2020	0,62	1,91 %	6,68 %	5,89 %	11,79		6,27
Croissance annuelle 2020-2050	0,55 %	2,31 %	– 1,3 %	1,75 %	4,18 %	7,68	1,89 %

Sources d'énergies alternatives

À cause de l'importance des coûts de recherche et de développement ainsi que des investissements, un nombre restreint de filières nucléaires a été mis en œuvre. Par ailleurs, à l'époque de la mise au point des surgénérateurs, cette dernière filière, qui apparaissait comme la seule source d'énergie pratiquement inépuisable et techniquement maîtrisable, semblait inévitable aux Français et aux Japonais, ainsi qu'aux Américains à l'époque des débuts de leur programme nucléaire. Ni les réacteurs modulaires à haute température refroidis au gaz, ni les surgénérateurs à thorium refroidis au plomb pour lesquels des recherches avaient été entreprises dès les années 1960, n'avaient tenu de place importante dans le développement de l'énergie nucléaire.

Des méthodes plus propres d'utilisation des combustibles fossiles peuvent aider à satisfaire les besoins énergétiques avec un coût et un impact environnemental acceptables dans les décennies qui viennent avant qu'il soit possible de construire une capacité nucléaire adaptée aux besoins mondiaux.

Les énergies renouvelables, qui ne sont ni nucléaires ni fossiles, qui avaient été ignorées, méritent un effort de recherche intense parce qu'elles apparaissent maintenant plus prometteuses qu'auparavant quant au coût et à la pollution. Des commentaires détaillés sur le futur des énergies renouvelables dépassent le contenu de ce livre. Cependant nous pensons que d'importants efforts de recherche et développement (sur la production, le stockage et la distribution) sont indispensables pour que ces énergies qui existent à profusion, en particulier l'énergie solaire, puissent être utilisées à grande échelle. C'est certainement l'une des avancées technologiques requises pour pouvoir réduire d'un facteur 4 en 2050 les émissions de gaz à effet de serre dans les pays industrialisés, comme cela est recommandé par les scientifiques. Les déclarations des gouvernements en 2005 sur cet objectif doivent se traduire de façon urgente en gestes concrets et significatifs.

Pour réduire ses émissions de gaz à effet de serre, l'Europe s'est fixé un objectif de 22 % pour la part de sa consommation d'électricité d'origine renouvelable en 2010. L'humanité aurait aussi tout intérêt à ce que ces énergies propres soient disponibles à bas coût dans les régions en développement, comme la Chine ou l'Inde qui peuvent sinon utiliser leurs abondantes ressources de charbon.

Le tableau 7.7 présente une estimation des sources d'énergie renouvelable exploitables dans le monde entier[42]. Si on les compare aux 4,3 TWe, correspondants aux 130 quads d'énergie primaire consommés pour l'électricité dans le monde en 2002 (tableau 7.1), on voit que la base de ces ressources est abondante.

Tableau 7.7 : Sources d'énergie renouvelable exploitables dans le monde entier en térawatts (1 TWe = 1 000 GWe = 30 quads par an d'énergie primaire).

Électricité solaire	50 (élec)	1 % des terres, efficacité 20 %
Biomasse	20 (chim)	10 % des terres, efficacité 0.8 %
Énergie thermique des océans	9 (élec)	lumière solaire absorbée 2 %, efficacité 2 %
Hydro-électricité	2 (élec)	tous les sites possibles
Énergie éolienne	1 (élec)	3 % des terres les plus ventées, pas de site sur l'océan
Vagues, marées, géothermique	< 1 (élec)	

Certaines énergies non fossiles sont économiquement compétitives en certains endroits, comme l'énergie solaire pour le chauffage de l'eau des ménages. L'énergie solaire focalisée par des miroirs de grande surface peut chauffer une chaudière centrale qui fournira de la vapeur pour produire de l'électricité. Par ailleurs, des « piles solaires » constituées de couches de silicium cristallin ou non cristallin peuvent également produire de l'électricité ; on a aussi montré que des systèmes sans silicium peuvent fonctionner. La plupart des satellites artificiels de transmission de données, d'observation météorologique et de photo-reconnaissance utilisent des piles solaires. Cependant, la lumière solaire est une source d'énergie très diluée, elle est absente la plupart du temps dans la majorité des endroits. L'énergie solaire n'est pas encore compétitive avec les combustibles fossiles ou l'énergie nucléaire. Il est important de noter que le développement de la science et de la technologie dans ces domaines permettra de réduire les coûts de ces méthodes.

Beaucoup a été fait pour générer de l'électricité à partir de centrales éoliennes modernes, d'usines marémotrices et de géothermie.

Alors que la consommation mondiale d'énergie industrielle était de 11 900 GW en 1996 et celle d'énergies traditionnelles (charbon de bois, bois de feu, résidus de récolte) de 1 800 GW, on estime qu'on pourrait obtenir environ 90 000 GW à partir des énergies renouvelables. Le département d'État à l'Énergie américain a annoncé en juin 1999 que l'objectif des États-Unis était de produire 5 % de son énergie à partir de l'énergie éolienne en 2020, alors que celle-ci ne contribuait que pour 0,1 % en 1998[43]. Aux États-Unis, la capacité de production d'énergie éolienne est passée de 4 600 MW en 2002 à 6 300 MW en 2003. En 2003, avec plus de 28 000 MW, l'Europe détient 70 % de la capacité mondiale. Cela est dû en partie à des lois visant à encourager sa croissance en Allemagne, au Danemark et en Espagne. L'Allemagne occupe le premier rang au chapitre de l'énergie éolienne avec une capacité de plus de 14 000 MW. L'industrie éolienne de ce pays emploie 35 000 personnes et fournit 3,5 % de l'électricité. Au Danemark, plus de 20 % de l'électricité est générée par le vent. Les manufacturiers danois détiennent près de 40 % du marché mondial des éoliennes. En 2004, la capacité mondiale d'énergie éolienne dépassait les 39 000 MW[44]. Quant à la Chine, la capacité éolienne installée était de 567 MW en 2003, et les projections sont de 20 000 MW installés en 2020. Une nouvelle centrale éolienne est construite à Guangting (province du Hebei). Elle entrera en service en 2007 et pourra générer jusqu'a 400 MW, ce qui fournira 8 % des besoins en électricité de la zone Pékin-Tianjin-Tangshan. Cela doublera la production actuelle d'électricité éolienne en Chine.

Un enjeu aussi important que les sources d'énergie futures pour l'humanité mériterait un financement particulier comme le prélèvement, sur les opérateurs des centrales, d'une taxe par kilowatt-heure de l'ordre de 2 % par exemple destinée à la recherche, développement et démonstration de nouvelles sources d'énergies pour le long terme. Aux États-Unis par exemple, les 4 milliards de dollars annuels obtenus permettraient ainsi de financer des recherches sur des méthodes, coûteuses à court terme, qui se révéleraient peut-être indispensables plus tard. Et dans les pays où l'essence est peu taxée, comme aux États-Unis, on pourrait prélever une taxe additionnelle de 0,10 euro le litre dont on tirerait des fonds substantiels pour la recherche.

Maîtrise de l'énergie

Depuis la Seconde Guerre mondiale, en Europe de l'Ouest et au Japon, les prix élevés de l'énergie, principalement à cause des taxes imposées par les gouvernements, ont conduit à des progrès en matière d'efficacité énergétique. Pour évaluer ces progrès, on utilise le concept d'intensité énergétique qui représente la quantité d'énergie utilisée pour produire une unité de Produit intérieur brut. Cependant l'intensité énergétique est aussi influencée par la structure de l'économie et le type d'énergie disponible. L'intensité énergétique primaire a décliné de 1,5 % par an entre 1990 et 2002, ce qui a permis de réduire fortement la consommation d'énergie totale (20 % de la consommation totale depuis 1990). La Chine, dont l'intensité énergétique était la plus élevée en 1980, a connu l'amélioration la plus rapide de la productivité de l'énergie (6 % en moyenne), qui correspond au quart de cette amélioration dans le monde, et son intensité énergétique se situe maintenant au niveau de la moyenne mondiale[45].

Aux États-Unis, par exemple, des améliorations de l'efficacité énergétique n'ont été apportées que depuis une vingtaine d'années, en partie à la suite de changements structurels chez les producteurs et de l'arrivée de la concurrence sur les marchés de l'énergie. En particulier, les compagnies de production et de distribution ont été obligées d'accepter l'électricité produite par des producteurs indépendants comme les opérateurs des petits barrages hydrauliques ou ceux qui produisent de l'électricité à partir de la combustion des déchets de bois, ou encore de la cogénération. En outre, de nouvelles incitations dans l'industrie ont permis de mettre sur le marché des équipements (électroménager par exemple) plus efficaces en matière de consommation énergétique. Le premier choc pétrolier de 1973 a montré l'importance des améliorations de l'efficacité énergétique dont nous donnons ici trois exemples : le chauffage résidentiel, la cogénération et l'éclairage.

Dans une ville comme San Diego, qui se trouve au bord de la mer, au sud de la Californie, il y a besoin de très peu de chauffage en hiver et, en été, la température et l'humidité sont telles que la plupart des maisons peuvent se passer de climatisation. Il n'en est pas de même dans le Minnesota ou la Floride. On a construit, dans les années 1950, de nombreuses maisons sans isolation appropriée dans des régions où le climat est froid. Certains utilisent des chauffages électriques, meilleur marché à installer mais plus chers à l'utilisation. En effet, le rendement de production et de transmission jusqu'à la maison n'est que de 30 %. Une chaudière à pétrole, gaz ou charbon requiert des investissements plusieurs fois supérieurs à ceux qu'exige un chauffage électrique. Les constructeurs décident donc de vendre les maisons à moindre coût, mais le coût de fonctionnement sera substantiellement plus élevé. C'est une approche à courte vue.

Par contre, le coût total pour les habitants des installations de production et de transmission de ces 30 % de chaleur est très supérieur aux investissements nécessaires pour installer une chaudière particulière fournissant une chaleur équivalente. Des analyses détaillées indiquent que, si l'on tient compte de ces coûts réels, le chauffage électrique coûte 2,90 dollars par heure pour une maison de taille normale pendant l'hiver alors que le chauffage au gaz ne coûte que 0,9 dollar par heure.

Face à l'importance des factures d'électricité qu'ils avaient du mal à payer, les ménages ont alors eu le choix soit de baisser le chauffage et de vivre dans des conditions inconfortables, soit d'installer une chaudière au gaz, ce qui revenait finalement à payer plus que cela aurait été nécessaire si la décision initiale avait été la bonne.

Dans le secteur industriel tout comme dans le secteur résidentiel, on a souvent besoin à la fois de chaleur et d'électricité. L'électricité sert pour l'éclairage et pour actionner les moteurs. La chaleur sert pour chauffer les locaux ainsi que pour certains process comme la fabrication du verre, de l'acier, ou pour la cuisine ou l'utilisation des machines à laver. La plupart du temps, l'électricité provient d'une centrale et la chaleur est produite localement.

Puisque la plupart des utilisations de la chaleur, le chauffage des locaux par exemple, ne nécessitent pas une température élevée, on a intérêt à récupérer la chaleur rejetée par la centrale électrique pour chauffer le bâtiment ou pour certains processus industriels tels que la stérilisation des aliments ou le séchage des vêtements. Il faut alors installer un échangeur de chaleur d'air ou de liquide. On appelle ce processus « cogénération » parce que le même kilogramme de combustible (charbon, pétrole ou gaz) produit simultanément l'électricité et la chaleur.

Jusqu'en 1980 environ aux États-Unis, les compagnies indépendantes de cogénération avaient de grandes difficultés à se fournir auprès des compagnies électriques et il était presque impossible pour les centrales à cogénération de vendre de l'électricité en surplus à la compagnie électrique. En termes d'efficacité énergétique et économique, la situation s'est maintenant grandement améliorée et certaines compagnies telles que les raffineries de pétrole et les usines chimiques ont obtenu une réduction de moitié de leur coût en combustible grâce à la cogénération. Alors que le rendement d'une centrale simple à gaz est de 30 %, celui d'une centrale à cycle combiné gaz-vapeur atteint 55 %. Si les 45 % d'énergie rejetés sous forme de chaleur sont en grande partie réutilisés pour le chauffage des bâtiments ou pour des processus industriels à basse température, le rendement peut monter jusqu'à 85 %.

L'éclairage consomme beaucoup d'électricité. La merveilleuse ampoule à incandescence, inventée par Thomas A. Edison, est beaucoup plus efficace pour produire de la lumière que la bougie ou la lampe à kérosène. Cependant, son efficacité n'est que de 15 % de celle de la lampe à fluorescence. En effet, le passage du courant électrique dans le gaz de la lampe fluorescente chauffe les électrons à une température très supérieure au point de fusion du tungstène et peu de chaleur est perdue dans l'ampoule en verre. Mais le coût d'une ampoule à incandescence est inférieur à celui d'une ampoule à fluorescence. Une ampoule à incandescence de 60 W coûte 0,30 dollar et consomme 60 kWh pendant sa durée de vie qui est de mille heures. Avec un coût moyen de 0,10 dollar par kWh, cela correspond à 6 dollars et pour une lampe allumée 11 heures par jour (4 000 heures dans l'année), cela revient à 24 dollars d'électricité par an. Une lampe à fluorescence coûte moins de 10 dollars, consomme 15 W et fournit la même lumière qu'une lampe à incandescence de 60 W. Elle est donc beaucoup plus efficace et ne consomme que 3,60 dollars d'électricité par an : la lampe à fluorescence est donc un excellent investissement dont le temps de retour n'est que de cinq mois environ.

Alors que les locaux commerciaux sont éclairés depuis longtemps à l'aide d'ampoules à fluorescence, les petits modèles pour les particuliers ne sont disponibles que depuis quelques années. On peut maintenant remplacer dans la même douille une ampoule à incandescence de 60 W par une lampe fluorescente compacte de 9 W. Pour une lampe en fonctionnement quatre heures par jour, le temps de retour pour l'investissement des 6 dollars de l'achat de la lampe sera inférieur à un an.

Des usines produisant des petites lampes à fluorescence ont été créées en Chine et en Inde grâce à un projet commun de la Banque mondiale et du Programme de technologies énergétiques bénéfiques pour l'environnement au Laboratoire Lawrence Berkeley à l'Université de Californie. Cela permet d'économiser l'équivalent de plusieurs centrales nucléaires.

La technologie des réfrigérateurs est aussi une réussite dans ce domaine. Aux États-Unis, des normes fédérales et des innovations technologiques ont permis de réduire leur consommation unitaire de 1 800 kWh par an en 1974 à 450 kWh en 2001. À un prix de 0,10 dollar par kWh, cela représente pour le consommateur une économie de 135 dollars par an. Avant les débauches énergétiques des années 1960 et du début des années 1970, un réfrigérateur consommait environ 350 kWh par an, mais les modèles de 2001 sont beaucoup plus grands et de meilleure qualité que ceux des années 1950. Lorsque les 150 millions de réfrigérateurs aux États-Unis auront atteint les normes de 2001, l'économie annuelle en électricité par rapport à l'année 1974 sera de 200 milliards de kilowatts-heure, ce qui représente la production de 32 centrales nucléaires.

Rapport de la Commission nationale sur la politique énergétique aux États-Unis

La politique énergétique aux États-Unis est rendue plus difficile par le système de gouvernement fédéral et par l'existence d'importantes ressources nationales et capacités de production de charbon, pétrole et gaz naturel. Il y a une forte influence sur le Congrès et sur l'Administration actuels de la part de secteurs de l'économie, vastes et très organisés, et plus particulièrement, les producteurs de pétrole et de gaz parmi eux. Les disputes sont plus fréquentes que les points d'accord en matière de politique énergétique. C'est la raison pour laquelle la publication récente d'un rapport consensuel par un groupe de personnes bien informées et provenant d'horizons divers est un événement qui mérite d'être remarqué[46]. Les seize auteurs présentent leur rapport comme un « paquet » qui, pris dans sa globalité, présente une vision d'ensemble équilibrée des défis économiques, environnementaux et de sécurité nationale que représente la question de l'énergie pour les États-Unis.

Ce rapport contient des chapitres sur les thèmes suivants : augmenter la sécurité face à la pénurie du pétrole, réduire les risques du changement climatique, améliorer l'efficacité énergétique, augmenter et diversifier l'offre énergétique, renforcer les infrastructures de fourniture d'énergie, développer des meilleures technologies énergétiques. Ce rapport contient aussi les références de plusieurs études techniques approfondies. Bien qu'il ne traite pas prioritairement de l'énergie nucléaire, il recommande vivement une augmentation de la production d'électricité nucléaire, et ses préconisations sont regroupées autour des questions de sûreté, sécurité, coûts ainsi que des déchets nucléaires et de la prise en compte des risques de prolifération. Les auteurs estiment que les réacteurs nucléaires de nouvelle génération doivent être considérés de pair avec les sources d'énergie renouvelable, que les procédures de délivrance de permis pour la construction de réacteurs de conception standardisée devraient être simplifiées, et qu'il faudrait accélérer l'ouverture du site de la montagne Yucca pour le stockage des déchets.

En outre, les auteurs du rapport proposent la construction d'un minimum de deux nouvelles installations centralisées pour un entreposage intermédiaire du combustible usé, en complément au programme de stockage géologique. Ils recommandent vivement de prendre en compte les risques du terrorisme pour la protection des centrales nucléaires et la mise au point de nouveaux réacteurs, ainsi que de prolonger le moratoire américain pour le retraitement du combustible usé et la construction de surgénérateurs commerciaux. En même temps, la commission recommande l'étude de nouveaux concepts qui pourraient inclure du retraitement, seulement s'ils présentent « *des barrières notablement meilleures contre le vol ou le détournement de matériau adapté pour des bombes, que cela n'est le cas pour les technologies actuelles de retraitement et de surgénération* ».

Pour ce qui concerne la non-prolifération, les auteurs insistent pour que le gouvernement américain encourage (et même offre des incitations lorsque c'est possible) la France, le Japon, le Royaume-Uni et la Russie à déclarer un moratoire sur le retraitement civil, et que les installations de fabrication de combustible au plutonium qui deviendraient excédentaires soient dédiées à la fabrication de combustible en utilisant le plutonium en excès des armes.

Le rapport recommande que les États-Unis et la communauté internationale travaillent pour « *augmenter le pouvoir, les procédures et les ressources disponibles pour l'Agence internationale de l'énergie atomique pour ses missions liées à la minimisation du risque de prolifération provenant de l'énergie nucléaire civile* » et que « *le gouvernement des États-Unis devrait activement agir pour prévenir l'émergence de nouvelles capacités d'enrichissement et de retraitement dans des nouveaux pays, explorant une gamme de nouvelles méthodes dans ce but, y compris en faisant une offre commerciale intéressante pour fournir du combustible faiblement enrichi et récupérer le combustible usé, à des pays qui ne déploieraient donc pas leurs propres capacités dans ces domaines* ».

Nous soulignons que cette dernière proposition rejoint celles faites par l'Allemagne, la France et le Royaume-Uni dans leurs négociations récentes avec l'Iran pour lui fournir du combustible nucléaire que l'Iran renverrait sous forme de combustible usé pour retraitement ou mise au rebut. Nous sommes enfin de l'avis qu'un renouveau de l'énergie nucléaire aux États-Unis pourrait grandement bénéficier du contenu de ce rapport.

Sur le site Internet contenant la publication intégrale de ce rapport, on notera avec intérêt que celui-ci contient aussi les lettres critiquant le rapport et reçues par la commission. Il contient aussi une analyse réalisée par l'Agence d'information sur l'énergie, faisant partie du département d'État à l'Énergie, qui a évalué, et le plus souvent validé, les recommandations de la commission[47].

Comment évaluer les besoins en énergie pour la fin du siècle ?

Contrairement aux économies des pays en développement, celles des pays industrialisés ne sont pas très sensibles aux prix de l'énergie, comme le montre leur prospérité malgré la forte augmentation du prix du pétrole qui atteignait plus de 55 dollars le baril en 2004. Mais une sérieuse pénurie d'énergie aurait de graves conséquences. Quant aux ressources en gaz, aussi récemment qu'en 1977, on pensait qu'elles étaient trop limitées pour que le gaz puisse concurrencer le pétrole et encore moins le charbon. Cependant, aux États-Unis par exemple, depuis quelques années, presque toutes les nouvelles centrales fonctionnent au gaz naturel.

Niels Bohr avait coutume de dire que « *la prédiction est un art difficile, surtout lorsqu'elle s'applique au futur* ». Cependant les prédictions n'ont pas besoin d'être parfaites pour être néanmoins utiles. Pour simplifier cet art, on peut isoler les différents facteurs. Par exemple, on peut calculer les besoins énergétiques d'un pays en multipliant l'intensité énergétique (la quantité d'énergie divisée par le Produit intérieur brut [PIB], en joules par euro) par le PIB. On peut donc écrire :

$$\text{énergie} = \text{PIB} \times (\text{énergie/PIB}).$$

On peut ainsi déduire les besoins énergétiques à partir des projections de PIB et des tendances en intensité énergétique (énergie/PIB).

On peut aussi écrire :

$$\text{énergie} = \text{population} \times (\text{énergie/population})$$

ou encore, pour une activité donnée, comme le transport par exemple :

$$\text{énergie/habitant} = (\text{énergie/activité}) \times (\text{activité/habitant})$$

si bien que l'énergie totale utilisée par une personne est la somme de chaque énergie utilisée par activité, multipliée par la quantité d'activité considérée.

Les valeurs médianes pour les diverses estimations de projection de la population mondiale sont relativement en accord, mais les fourchettes d'incertitude sont très étalées. Par exemple, pour l'année 2100, les projections de la Banque mondiale sont comprises entre 9,4 et 12,3 milliards d'habitants, alors que celles des Nations unies sont comprises entre 5,6 et 17,5 milliards d'habitants.

Le taux annuel d'augmentation de la consommation énergétique est donc la somme des taux de croissance démographique, de croissance du PIB par habitant et de la variation de l'intensité énergétique. Une des hypothèses communément utilisées est que la population augmentera de 1 % par an jusqu'en 2050, que le PIB par habitant augmentera de 1,5 % par an et que l'intensité énergétique diminuera de 1 % par an. La consommation énergétique mondiale augmenterait donc de 1 % + 1,5 % – 1 % = 1,5 % par an et atteindrait 900 EJ/an en 2050. Il est probable que cette estimation n'est valable qu'à 50 % près. En 1995, la consommation d'énergie par habitant était de 360 GJ aux États-Unis et seulement de 12 GJ en Inde. La consommation de 900 EJ en 2050, divisée par une population de 9,6 milliards, correspond donc à une moyenne par habitant de 94 GJ/an.

Tableau 7.8 : Estimations de la population mondiale pour 2020, 2050 et 2100, en millions d'habitants pour plusieurs hypothèses sur la fertilité ou la mortalité[48].

FERTILITÉ / MORTALITÉ		Basse			Moyenne			Haute		
	1995	2020	2050	2100	2020	2050	2100	2020	2050	2100
Haute										
Afrique	720	1 202	1 312	707	1 278	1 710	1 484	1 355	2 173	2 739
Asie de l'Est	1 956	2 239	1 979	994	2 412	2 601	2 308	2 589	3 369	4 650
Asie de l'Ouest	1 445	2 073	2 210	1 241	2 181	2 741	2 432	2 290	3 352	4 321
Europe	808	759	593	291	811	716	546	654	860	961
Amérique latine	477	644	687	454	686	867	927	729	1 080	1 700
Amérique du Nord	297	335	321	251	354	386	423	374	463	697
PED	4 451	6 011	6 071	3 330	8 404	7 780	7 040	6 802	9 810	13 228
Pays industrialisés	1 251	1 250	1 032	607	1 319	1 241	1 081	1 388	1 486	1 841
MONDE	5 702	7 261	7 103	3 937	7 723	9 021	8 120	8 191	11 300	15 070
Moyenne										
Afrique	720	1 252	1 562	1 140	1 332	2 040	2 366	1 414	2 599	4 349
Asie de l'Est	1 956	2 268	2 116	1 205	2 444	2 760	2 704	2 621	3 554	5 348
Asie de l'Ouest	1 445	2 117	2 421	1 634	2 228	2 995	3 136	2 338	3 659	5 508
Europe	808	782	640	342	825	766	824	868	912	1 075
Amérique latine	477	650	722	530	693	906	1 056	737	1 125	1 910
Amérique du Nord	297	339	340	283	359	406	487	378	483	757
PED	4 451	6 138	6 694	4 433	6 541	8 554	9 137	6 946	10 765	16 915
Pays industrialisés	1 251	1 270	1 107	700	1 340	1 319	1 216	1 410	1 568	2 033
MONDE	5 702	7 408	7 802	5 134	7 879	9 874	10 350	8 356	12 330	18 950
Basse										
Afrique	720	1 298	1 799	1 662	1 381	2 344	3 348	1 487	2 963	6 058
Asie de l'Est	1 956	2 296	2 257	1 440	2 473	2 918	3 090	2 652	3 733	5 960
Asie de l'Ouest	1 445	2 158	2 624	2 073	2 270	3 235	3 847	2 383	3 939	6 627
Europe	808	796	692	402	839	819	705	882	968	1 185
Amérique latine	477	856	756	612	700	945	1 180	743	1 169	2 096
Amérique du Nord	297	344	360	318	363	427	511	383	505	812
PED	4 451	6 257	7 301	5 701	6 665	9 285	11 326	7 080	11 643	20 524
Pays industrialisés	1 251	1 291	1 188	806	1 360	1 402	1 355	1 431	1 654	2 214
MONDE	5 702	7 547	8 488	6 507	8 028	10690	12680	8 510	13 300	22 740

Vers un futur sans carbone

L'énergie nucléaire ne contribue pas significativement aux émissions de gaz à effet de serre, mais une transition à l'énergie nucléaire n'est pas envisageable avant plusieurs décennies. Nous avons déjà mentionné ci-dessus la percée technologique majeure requise de la part des pays industrialisés pour une utilisation massive des énergies renouvelables dans un avenir relativement proche. À court terme, les émissions de gaz à effet de serre peuvent être substantiellement réduites (et presque complètement) en séquestrant le carbone, c'est-à-dire en injectant le gaz carbonique séparé du gaz de combustion dans des mines de gaz qui ne sont plus en activité.

Chaque année, plus de un million de tonnes de gaz carbonique sont séparées du gaz naturel en mer du Nord et y sont réinjectées dans les réservoirs pour maintenir la pression et la production et pour empêcher que ce gaz carbonique ne pollue l'atmosphère. C'est ce qu'on appelle le processus de « capture et stockage » du gaz carbonique. Depuis 1996, la compagnie pétrolière norvégienne Statoil a démarré la première opération industrielle de récupération de gaz carbonique du gaz naturel à partir de la plate-forme off-shore de gaz naturel de Sleipenr Vest et en a réinjecté un million de tonnes par an dans l'aquifère saline Sleipner, qui se trouve à 1 000 mètres en dessous du plancher marin[49]. Le coût supplémentaire de construction estimé pour la récupération et la séquestration du gaz carbonique serait de 80 millions de dollars.

Il est possible d'exploiter des sources de gaz non conventionnelles comme celles qui se trouvent au fond des océans. Dans le secteur automobile, les véhicules hybrides ont une meilleure efficacité : le moteur ne fonctionne que lorsque le véhicule est à la vitesse optimale afin qu'il charge une batterie pour accélérer le véhicule. L'énergie n'est pas dissipée lorsque le véhicule ralentit mais convertie en énergie qui est stockée. Ces véhicules sont utilisés depuis 2000, et ils consomment 2 fois moins d'essence que les autres.

Henry R. Lyndon explique[50] qu'il y a maintenant un large consensus sur le fait que tous les usages stationnaires d'énergie seront satisfaits par l'électricité, et que l'hydrogène (comprimé ou liquéfié) sera le combustible utilisé pour les transports. L'hydrogène serait converti en puissance motrice par l'intermédiaire de piles à combustibles. D'après Robert H. Williams, de l'Université de Princeton, en 2020, le coût de l'hydrogène par unité de chaleur produite sera le même que le gaz naturel fourni aux centrales électriques. L'hydrogène serait produit par réaction du charbon avec de l'eau, puis séparé par des céramiques. Mais on ne connaît pas encore le coût et la durabilité de ces systèmes.

Le secteur énergétique draine d'énormes flux financiers et d'énergie. La consommation mondiale de pétrole en 2004 s'élevait à 82,4 millions de barils par jour, ce qui à un prix de 50 dollars le baril, représente 4,12 milliards de dollars par jour, ou 1,5 téra (mille milliards) dollars par an. Il faudrait dépenser des sommes comparables pour réduire substantiellement les émissions de gaz à effet de serre des centrales électriques, et encore plus pour remplacer l'énergie fossile par l'énergie nucléaire : la construction de 15 000 réacteurs nécessaires pour satisfaire aux besoins actuels d'énergie coûterait plus de 15 téra dollars, alors que le PIB annuel mondial est de 53 téra dollars.

Ce livre n'a pas pour objet les projections des besoins énergétiques pour le futur ou les différentes technologies capables de les satisfaire. Cependant, ces aspects font partie du contexte que nous devons prendre en considération lorsque nous traitons de l'énergie de fission ou des armes nucléaires.

Nous ne savons pas si l'énergie sera produite par de grandes centrales, nucléaires ou pas, ou si l'électricité sera distribuée à partir de piles à combustible, l'hydrogène étant distribué par des réseaux de pipelines, ou encore s'il y aura des réacteurs alimentés par la fusion nucléaire du deutérium provenant de l'eau de mer. Le 28 juin 2005, la décision a été prise de construire le réacteur expérimental thermonucléaire ITER à Cadarache dans le sud de la France. Ce programme ambitieux coûtera 10 milliards d'euros sur une trentaine d'années. La fusion nucléaire a de farouches partisans et a reçu des fonds importants pour la recherche, mais sa maîtrise pour la production de chaleur afin de générer de l'électricité à grande échelle est loin d'être assurée.

Chapitre 8

DE LA COURSE AUX ARMEMENTS…

En août 1945, les États-Unis avaient utilisé leur réserve d'armes nucléaires : celle qui avait été testée au mois de juillet dans le Nouveau-Mexique, et les 2 armes lancées sur Hiroshima et Nagasaki. C'était la démobilisation et les forces nucléaires allaient être profondément transformées dans la réorganisation qui allait suivre la Seconde Guerre mondiale. Même si les armes nucléaires n'avaient pas de cible immédiate, il ne faisait pas de doute que l'on continuerait à en fabriquer. Les responsables militaires américains n'étaient pas prêts à se déposséder de l'arme la plus puissante qui existe. Ils s'attendaient plutôt à avoir la responsabilité de leur mise au point et de leur production, comme cela avait été le cas pour toutes les autres armes, même si ces armes nucléaires, construites à l'unité et non en série, étaient loin de satisfaire aux normes habituelles pour des explosifs robustes et sûrs. La production de matériau fissile continuait. Le plutonium provenait des réacteurs et des installations de retraitement de Hanford, dans l'État de Washington, et l'uranium-235, des installations d'enrichissement à Oak Ridge, dans l'État du Tennessee.

Les scientifiques qui avaient construit la bombe atomique étaient tout à fait opposés au contrôle par les militaires d'une arme qui pouvait tuer des dizaines de millions de personnes. Certains d'entre eux ont même interrompu leur carrière pendant 2 ans pour se consacrer à faire du lobbying et des conférences publiques. Ils ont gagné la bataille pour le contrôle civil du développement des armes nucléaires. Aux États-Unis, le département d'État à l'Énergie, successeur de la Commission à l'énergie atomique, met au point et fabrique les armes nucléaires. Les militaires ont dû attendre plusieurs années après la fin de la guerre pour avoir en leur possession des armes nucléaires opérationnelles.

De nombreux scientifiques impliqués dans le programme d'armes nucléaires étaient très favorables au contrôle mondial pour ces armes, et ils étaient même partisans de leur élimination totale. Ils disaient que l'Union soviétique pourrait se doter d'armes nucléaires en 4 ans environ si elle le voulait, tout comme la France ou le Royaume-Uni. Ils n'ont donc pas été surpris par la première explosion soviétique en 1949. La crainte des conséquences sur leur propre vie en cas d'échec avait poussé les scientifiques soviétiques à commencer leurs essais par une copie de la bombe américaine à implosion dont ils avaient obtenu les plans par espionnage, par l'intermédiaire de Klaus Fuchs. Ils ont réservé pour leur second essai la bombe réalisée suivant leur propre conception et qui était plus efficace.

Aussi longtemps que l'Union soviétique n'avait pas d'armes nucléaires, les Américains pouvaient projeter d'utiliser les leurs au cas où ils seraient attaqués ou impliqués dans une grande guerre, non seulement dans un but stratégique (bombardant le territoire de l'adversaire pour détruire villes et habitants, ou pour détruire les installations militaires), mais aussi sur le champ de bataille.

À leur entrée dans la Seconde Guerre mondiale, les États-Unis avaient été horrifiés par les bombardements des nazis sur les civils dans les villes et leurs attaques sur les réfugiés. En représailles des bombardements allemands de la Grande-Bretagne, les Américains et les Anglais avaient conduit des attaques massives avec des explosifs puissants et des bombes incendiaires sur les villes allemandes, et les Américains ont fait de même contre les villes japonaises. À l'époque, on justifiait cela en expliquant que ce n'étaient pas les populations qui étaient visées mais les industries qui permettaient la guerre. Les règles de la guerre interdisent le ciblage intentionnel des civils et c'est l'une des raisons pour lesquelles des scientifiques américains influents ont, après la guerre, vivement recommandé le développement des armes nucléaires tactiques. Ils pensaient que ces dernières feraient moins de dégâts que des armes nucléaires sur des missiles stratégiques (dont la portée est supérieure à 5 500 kilomètres) qui, à cause du manque de précision des missiles et de la puissance très destructrice des têtes nucléaires, détruiraient des villes entières.

Face à un adversaire non doté d'armes nucléaires, les États-Unis considéraient les armes nucléaires tactiques simplement comme des moyens plus puissants permettant de conduire plus rapidement à la victoire ou même de dissuader d'un conflit. Cependant, dans le cas d'un ennemi doté d'armes nucléaires, celui-ci pourrait bien répondre à un emploi d'armes nucléaires « de champ de bataille » par une attaque nucléaire sur les villes, à moins qu'un système de défense efficace puisse l'intercepter. Il y avait donc le grand risque que l'usage d'armes nucléaires tactiques démarre une guerre nucléaire stratégique.

Les armes tactiques, de portée très inférieure à celle des armes stratégiques, de l'ordre du kilomètre à des centaines de kilomètres, ont été construites pour être utilisées sur le champ de bataille. Les États-Unis se sont dotés de têtes d'artillerie nucléaires qui seraient lancées à partir de canons de 8 pouces ou de 6 pouces, de missiles nucléaires sol-air, air-air, et même d'armes nucléaires que l'on pouvait lancer de son épaule, les « *Davy Crockett* ». Pour ne pas être en reste, la marine avait ses propres missiles nucléaires lancés des navires, des grenades sous-marines nucléaires, des torpilles nucléaires et des armes anti-sous-marins à courte portée lancées par des sous-marins. Il y avait enfin des armes nucléaires tactiques qui pouvaient être lâchées sur le champ de bataille par des bombardiers. Les armes nucléaires étaient intégrées dans les forces armées, l'armée de terre, la marine, et l'armée de l'air nouvellement créée. L'arme nucléaire tactique était tout simplement un explosif plus puissant.

Aucune de ces armes n'a jamais été utilisée. Néanmoins, des investissements énormes ont été consentis pour les armes nucléaires tactiques, leurs moyens de lancement, ainsi que les personnels spécialisés et les forces de défense et de protection.

Après la Seconde Guerre mondiale, l'Allemagne, le Japon et l'Italie avaient été désarmés et ne représentaient plus une menace. Il en allait différemment de l'Union soviétique qui est rapidement devenue un concurrent sérieux et un ennemi déclaré, si bien que les forces nucléaires américaines ont été focalisées sur ce pays. Les armes nucléaires étaient considérées comme le « grand égalisateur ». En cas d'attaque nucléaire, les armées soviétiques ou de pays sous la domination soviétique, comportant des millions d'hommes, mais ne possédant pas d'armes nucléaires, ne pourraient éviter leur propre destruction ou celle de leur pays. Il en allait de même pour les États-Unis si un autre État obtenait des armes nucléaires et pouvait les lancer sur les côtes américaines. Ce constat a inspiré les efforts pour éviter la prolifération des armes nucléaires, un objectif partagé par presque tous les États et qui a, en grande partie, été atteint, mais qui nécessite toujours des efforts constants.

Dans son fameux discours, à Fulton, dans l'État du Missouri, le 5 mars 1946, Winston Churchill a prononcé cette phrase célèbre : « *De Stettin sur la Baltique, à Trieste sur l'Adriatique, un rideau de fer traverse le continent.* » L'Europe dévastée, essayant de se redresser des ravages de la guerre, craignait maintenant l'invasion de centaines de divisions soviétiques ou des pays qui avaient été annexés. Pour contrecarrer cette menace, en 1949 avait été créée l'alliance militaire des nations occidentales, l'Organisation du traité de l'Atlantique Nord, l'OTAN, dont la charte stipule qu'une attaque sur un membre serait considérée comme une attaque sur l'ensemble de l'Alliance. L'Union soviétique a répondu en créant le pacte de Varsovie en 1955.

Le Rideau de fer a empêché, d'une part, l'émigration de l'Est vers l'Ouest et, d'autre part, une évaluation fiable des capacités et intentions militaires de l'Union soviétique et du pacte de Varsovie. Considérant la grande supériorité numérique des armées des pays du pacte de Varsovie comparée à celle de l'OTAN, et prenant au sérieux les menaces belliqueuses de Staline et de ses successeurs, les États-Unis ont déployé des armes tactiques et ont posté des bombardiers stratégiques (c'est-à-dire capables de frapper le territoire soviétique) dans des bases en Afrique du Nord, en Angleterre, au Japon, en Turquie et en Europe continentale. Les pays européens sur le sol desquels serait menée la bataille, et particulièrement l'Allemagne, on la comprend, n'ont jamais aimé l'idée que les armes nucléaires américaines seraient utilisées sur leur sol pour repousser une éventuelle invasion de l'Est.

À partir du premier essai nucléaire soviétique et de la construction de bombardiers à longue portée, les États-Unis n'étaient plus protégés par les deux océans qui l'entourent. La destruction nucléaire de ses villes n'était qu'à une douzaine d'heures, durée qui est tombée à 30 minutes à la suite du déploiement des missiles balistiques intercontinentaux. Les troupes de l'OTAN et des milliers d'armes nucléaires tactiques auraient pu arrêter les troupes du pacte de Varsovie sur le champ de bataille, mais cela aurait-il suffi à gagner, ou même à terminer, la guerre si l'Union soviétique avait pu lancer des bombes nucléaires sur Paris, Londres, New York, Chicago, et Washington ?

Avec le souvenir encore récent de la Seconde Guerre mondiale dans laquelle 60 millions de personnes avaient péri, les États-Unis devaient sérieusement considérer que l'Union soviétique de Joseph Staline puisse lancer une guerre nucléaire contre les impérialistes capitalistes, alors que celui-ci avait dit en 1946 que cette guerre était l'inévitable conséquence de « *l'impérialisme capitaliste* » et avait insinué qu'une autre guerre pourrait survenir. Les deux camps ont donc construit des armes nucléaires et mis en place des forces conventionnelles pour contrer autant que possible les forces adverses en cas de guerre et de façon à signifier clairement qu'une guerre ne pourrait être gagnée. Bien que Staline soit mort en 1953, la course aux armements entre les États-Unis et l'Union soviétique, qui avait commencé dès la fin de la Seconde Guerre mondiale, a continué pendant les trente-cinq années suivantes.

Pour se défendre contre les bombardiers soviétiques, les États-Unis et le Canada ont construit des lignes de radar s'étendant à travers le Canada, ainsi que des milliers de missiles nucléaires sol-air et des avions de combat avec missiles air-air armés de têtes nucléaires.

En 1949, le président Truman a décidé de lancer la construction de la bombe à hydrogène. Le 1er novembre 1952, les États-Unis faisaient exploser leur premier engin thermonucléaire, avec une énergie libérée presque mille fois supérieure à celle de la bombe d'Hiroshima. La menace soviétique pesant sur l'OTAN a augmenté lorsque l'Union soviétique a procédé à sa première explosion thermonucléaire en 1954.

À partir de 1950, l'un des auteurs (Garwin) a participé, à Los Alamos, au développement et aux essais des armes nucléaires à fission et thermonucléaires et peu de temps après, en 1953, il a travaillé sur la défense antiaérienne et sur d'autres activités liées à l'utilisation des armes nucléaires ou à la défense contre leur usage. Il a travaillé pendant 1 an sur l'extension aux océans qui bordent le Canada et les États-Unis d'un système antiaérien semi-automatique au sol (le système SAGE) de défense contre les bombardiers nucléaires soviétiques. Les exercices de routine effectués par l'armée de l'air et l'armée de terre n'ont jamais pu prouver que ce système aurait une efficacité supérieure à 15 %. Même si ce chiffre atteignait 50 % ou même 90 %, le coût d'une arme nucléaire et du bombardier était suffisamment faible pour qu'un grand nombre en soit utilisé, et les États-Unis auraient pu être détruits, avec ou sans ces défenses.

Le Projet Lamp Light étudiant l'extension des défenses antiaériennes était dirigé par Jerome B. Wiesner qui deviendrait conseiller scientifique du président John F. Kennedy en 1961, et Jerrold Zacharias, 2 physiciens de l'Institut de technologie du Massachusetts. En 1953, Garwin leur a demandé pourquoi ils perdaient leur temps avec les défenses antiaériennes, alors que la menace viendrait des missiles balistiques intercontinentaux avant que le projet n'ait eu le temps d'aboutir. Zacharias lui a répondu que les États-Unis déploieraient une défense contre les avions, et puis contre les missiles lorsque ceux-ci apparaîtraient. Heureusement, la sécurité des États-Unis et du monde n'a jamais dépendu de défenses efficaces contre des bombardiers ou plus tard contre des missiles nucléaires. La dissuasion d'une attaque par la promesse d'une destruction assurée s'est montrée plus efficace.

Un visionnaire soviétique

Nous avons découvert ce texte qui nous a stupéfié par sa vision prémonitoire du procédé par lequel les lobbies militaires du monde entier allaient, après la Seconde Guerre mondiale, imposer à la plupart des responsables politiques des décisions conformes à leurs intérêts. Nous livrons à nos lecteurs ce texte intitulé « *Bon sens pratique* » écrit par le Soviétique Arkady Averchenko.

« Le ministère de la Défense d'un pays, dont le nom n'a ici aucune importance particulière, reçut, un jour, la visite d'un monsieur à l'attitude furtive.

– Conduisez-moi auprès de quelqu'un qui comprend les choses, dit-il. J'ai des informations importantes à lui communiquer.

– Que voulez vous dire – qui comprend les choses ? lui demandèrent-ils.

– Au sujet de l'aviation. J'ai inventé quelque chose que je souhaite vendre. C'est une invention qui signifie une révolution dans l'art de la guerre dans son ensemble. Celui qui achètera mon invention sera alors supérieur à son ennemi. À partir de maintenant, mon invention décide des victoires et des défaites.

« Évidemment tout le monde était ravi d'entendre cela, et l'inventeur a rapidement été introduit auprès d'un vieux général très digne.

« Le général, tout autant ravi que les autres, offrit à l'inventeur son fauteuil le plus confortable et s'enquit avec sollicitude :

– Quelle est donc, cher Monsieur, la nature de votre invention ?

– J'ai construit un nouveau type d'"avion", dit l'inventeur, qui peut rester en l'air pendant une semaine, peut transporter un bataillon entier et qui résiste à tout type de temps. Peut-être voudriez-vous acheter ce vaisseau aérien ?

« Après que le général eut donné sa parole d'honneur de ne pas abuser de la bonne foi de l'inventeur, ce dernier retira un gros paquet de son cartable et étala ses plans et ses dessins.

– Oui… dit le général après les avoir examinés, cela est correct. C'est bien comme vous le dites… Et combien vendez-vous votre invention ?

– Un million.

– Bravo ! dit le général en l'embrassant. Voici un chèque du Trésor public. Un million ! Et la prochaine fois que vous aurez quelque chose, n'hésitez pas à venir nous voir…

– J'ai déjà quelque chose pour vous, dit sournoisement l'étranger. Quelque chose d'assez époustouflant…

– Qu'est-ce que cette chose ?

– J'ai construit un missile qui pourrait détruire votre avion en quelques instants, de façon tellement efficace que celui-ci s'écraserait sur la terre comme un sac de farine. L'avion n'a aucune défense contre le missile.

– Bien, maintenant… dit le général en fronçant les sourcils, voyons… Cela me semble un peu bizarre ! N'avez-vous donc aucune décence ? Vous inventez d'abord un avion très utile, et ensuite vous l'abattez avec votre propre canon ?

– Je ne vois pas de quoi il faut avoir honte, dit calmement le visiteur. Vous admettrez que la technique de la guerre se perfectionne en permanence, et que personne ne peut s'arrêter en milieu de course de crainte de reculer et, si la tournure des choses devenait sérieuse, de subir une défaite. Mon

avion est vraiment une arme terrible ! Il est donc évident qu'il faut concevoir un moyen de s'en défendre.

– Hmm... en théorie, c'est correct, mais en pratique... J'aurais compris si au moins c'était quelqu'un d'autre qui construisait le missile et qui nous l'offrait... Mais de cette façon, quand c'est vous-même...

– Pour l'amour du ciel ! dit l'étranger, en frappant des mains. Comme si cela avait une importance quelconque ! Dites-moi : qu'est-ce que cela change si je sors maintenant de la pièce, rase ma moustache, mets un nouveau costume, et reviens par la même porte comme si je ne vous avais jamais vu auparavant ? Si cela vous amuse, je serais heureux de vous faire cette faveur.

« Le général qui, fondamentalement, n'était pas aussi stupide que cela, et était donc quelque peu embarrassé, réalisa qu'il avait dit quelque chose d'idiot.

– D'accord, dit-il avec une certaine hésitation. Nous n'avons pas d'autre choix que de vous acheter votre canon, si nous ne voulons pas que vous le vendiez à quelqu'un d'autre, ce qui serait votre droit le plus strict. Combien ?

– Un million.

« Le général écrivit le chèque, donna une tape sur l'épaule de l'inventeur, et dit cordialement : Vous êtes vraiment quelqu'un.

– Oh oh, oui.

– Vous savez, c'est quelque chose de construire un missile comme cela.

– Maintenant, les choses ne vont pas aussi mal que cela... Il y a toujours un remède...

– Mais, dit le général, ce que je veux dire... enfin d'après ce que je peux voir sur les croquis...

– Oui, oui, ce missile est une arme terrible. Mais ils...

« L'inventeur s'assit à nouveau, regarda le général avec une simplicité de façade, et lui dit sournoisement :

– Mais alors, que diriez-vous si je vous confiais un petit secret qui vous intéresserait sûrement ? Voyez-vous, pour protéger l'avion du missile, j'ai inventé un bouclier pour le protéger qui est tellement solide que les missiles ne peuvent même pas l'entailler...

« Le général mit la main sur son front.

– Est-ce que vous essayez de me rendre fou ? Agir de la sorte est scandaleux, ignoble, déshonorant...

« Le visiteur fronça les sourcils.

– Je n'agis jamais de façon déshonorante, rappelez-vous cela. Qui vous donne le droit de m'accuser de cette manière ? Est-ce que mon avion n'est pas bon ? Il est superbe ! Est-ce que mon missile est mauvais ? C'est un chef-

d'œuvre ! Que voulez-vous de moi ? Ai-je profité de vous ? Vous ai-je déçu en quelque chose ?

– Vous auriez dû m'offrir le bouclier dès le début !

– Maintenant, vraiment, dit l'inventeur d'un ton supérieur, l'art de la guerre, et les techniques de la guerre en particulier, doivent se développer de façon organique pour que cela ait un sens. Faire des bonds, comme vous le suggérez, cela n'arrive pas.

« Les deux restèrent assis en silence pendant un instant. Le général réfléchissait profondément, l'inventeur fumait confortablement son cigare.

« Le général aurait aimé faire remarquer une fois encore que cela aurait peut-être été mieux si quelqu'un d'autre lui avait offert le bouclier protecteur, mais il craignait que l'étranger suggère encore une fois de se raser la moustache… Non, vraiment, pourquoi se rendre ridicule par-dessus le marché ? Il se décida donc, se redressa sur son siège, et demanda :

– Combien ?

– Un million.

– Au moins diminuez de moitié.

– Il n'en est pas question, dit le visiteur. D'autres paieraient beaucoup plus cher pour cela.

– Oui, oui… soupira le général. Vous êtes insatiable. Bon, il faudra que ce soit… voilà. Prenez votre million ! Pour l'amour du ciel ! allez-y, ruinez-nous.

« L'inventeur rangea son chèque avec les autres, serra la main du général et se dirigea vers la porte.

– Un moment, dit le général. Encore une chose. Êtes-vous absolument sûr de vous ? Est-ce que le bouclier peut résister à toute attaque ?

« L'étranger sourit :

– De mon canon ? Naturellement.

– Sur cette question, nous n'avons pas d'inquiétude à avoir ?

– Bien sûr. Dans la mesure, bien sûr, où d'autres missiles d'un pouvoir de pénétration inhabituel ne sont pas inventés.

– Quoi ? Et vous insinuez sérieusement qu'ils seront inventés ?

– Sans aucun doute.

– Miséricorde ! mais quand ?

– Ils … ont déjà été inventés.

– Par qui ?

– Moi-même.

– Maintenant, allez au diable… Pourquoi ne l'avez-vous pas dit ?

– Que voulez-vous dire ? Je suis justement en train de vous le dire : ces missiles ont déjà été inventés.

« Le général émit un rire moqueur. Bien, bien… et maintenant vous allez nous offrir les nouveaux missiles, n'est-ce pas ? Et quand nous les aurons achetés, vous ferez un large sourire et nous informerez que vous avez un bouclier en réserve – un bouclier contre votre propre missile – est-ce correct ?

– Absolument.

« Le général agita les mains comme s'il était possédé, s'arracha les cheveux et cria : "Que le diable vous dévore vivant ! Que la terre vous avale ! Vous nous avez fait tomber dans une embuscade dont nous ne pouvons nous échapper ! Vous nous pillez ! Vous sucez notre sang ! Vous ruinez notre pays ! Quel est votre nom ? Au moins donnez-nous votre nom que nous puissions vous maudire à chaque coin de rue !"

« L'étranger se redressa. Son visage, qui arborait un sourire moqueur, était maintenant sévère, sa lèvre inférieure tremblant d'une colère rentrée.

– Vous pouvez m'insulter autant que vous le voudrez, dit-il d'un ton glacial. Cela ne vous rend pas plus intelligent, ni moi plus idiot. Je ne vous donnerai pas mon nom, mais si vous aviez un peu plus de sens que vous n'en avez, vous vous rendriez compte que je suis la logique incarnée, que je suis en fait le Bon sens pratique en personne !

Mais vous n'avez pas de quoi vous vanter de votre compréhension, et c'est aussi la raison pour laquelle cela n'a aucune importance si votre pays se ruine par une course aux armements en dix ans ou en dix minutes… Le génie humain vous a parlé, et vous, comme un imbécile, vous le jetez dehors ! Après tout, cela ne devrait pas me concerner ; chacun fait des bêtises et se ruine le mieux qu'il peut… Mais vous, vous n'avez même pas le bon sens de vous ruiner complètement, une fois pour toutes ! Bonne journée.

« Après cette remarque, l'étranger claqua la porte derrière lui et quitta le ministère de la Défense d'un pays dont le nom n'a aucune importance pour nous. »

Quel visionnaire ! Arkady Averchenko a écrit ce texte en 1919…

La dissuasion nucléaire

Dès les explosions des armes nucléaires d'août 1945, suivies de la campagne pour leur contrôle menée par les scientifiques qui les avaient développées, alertant que d'autres pays pourraient aussi rapidement s'en doter, des chercheurs en sciences politiques très clairvoyants tels que Bernard Brodie[1] ont réfléchi à l'avenir de ce monde nucléaire. Brodie a fait partie de ces théoriciens qui ont reconnu que le but de l'arme nucléaire n'était pas de gagner la guerre, mais de l'empêcher. Ils comprenaient que, même en cas de très profonde animosité, deux pays dotés d'armes nucléaires n'étaient pas condamnés à se détruire mutuellement, même s'ils ne pouvaient se défendre contre ce type d'armement. Un pays possédant un nombre suffisant d'armes nucléaires capables de survivre à une première attaque et qui pourraient ensuite être lancées avec une probabilité suffisante d'atteindre leurs objectifs, pourrait *dissuader* une attaque de l'adversaire *à la condition expresse que ce dernier attache plus d'importance à sa propre survie qu'à la destruction de l'opposant.*

Malgré leur utilité limitée, des armes nucléaires très variées ont été construites depuis 1945. Chaque type répondait initialement aux exigences des stratèges ou bien à la demande d'un secteur influent des armées – air, terre ou marine – dont aucun ne voulait être privé de ces armes qui bouleverseraient l'art de la guerre.

Les missions imparties à ces armes ont également évolué. Après une brève période où les États-Unis ont eu le monopole des armes nucléaires qui étaient simplement considérées comme des outils plus puissants que les armements traditionnels, l'acquisition d'armes nucléaires par l'Union soviétique et la difficulté d'un système de défense effectif contre celles-ci ont conduit à la nécessité de la mise en place d'un système de « dissuasion » nucléaire.

Une défense passive est analogue à un fort imprenable, tels les États-Unis protégés d'une attaque massive par deux océans et par des nations amies au nord et au sud, comme s'ils étaient entourés de douves. Mais, soudain, ils sont devenus vulnérables et leurs villes auraient pu être détruites par les bombardiers nucléaires soviétiques puis, très peu de temps après, par les missiles à longue portée. Un système de défense actif qui pourrait détruire seulement la moitié des bombardiers ne pourrait pas protéger le pays, la puissance destructrice transportée par une seule bombe excédant alors l'énergie totale des explosifs utilisés pendant la Seconde Guerre mondiale. Par contre, si le fort n'était plus imprenable, on pouvait cependant rendre l'attaque trop coûteuse par la menace et la capacité de détruire les principales forces militaires et industrielles des assaillants. Une bonne défense contre une attaque conventionnelle n'avait aucun effet contre la puissance destructrice des armes nucléaires, mais des forces nucléaires pourraient avoir un effet protecteur en dissuadant l'agresseur potentiel de conduire une telle attaque. Les ports de l'Union soviétique, ses avions à longue portée stationnés au sol, ainsi que son gouvernement centralisé sont alors devenus des cibles particulièrement précieuses et vulnérables face à des représailles.

La mise en place de la dissuasion nucléaire stratégique a conduit à ce que les villes, les centres industriels et tous les objectifs potentiels, y compris les objectifs mineurs, de l'Union soviétique, puis rapidement des États-Unis et de leurs alliés, soient ciblés par des missiles de plus en plus précis. Ensuite, cela a été le tour des armes stratégiques de l'adversaire pour une frappe préventive (« *preemptive* » en anglais, c'est-à-dire lancée lorsque l'on avait des informations suivant lesquelles l'adversaire allait frapper[2]) désarmante, paralysant sa force de frappe offensive ainsi que ses capacités de représailles. Le but était d'assurer la survie du pays dans le cas où les armes de l'opposant ne pourraient être contrées.

Le problème de la détermination des objectifs pour les quelques dizaines de milliers de têtes stratégiques, dont la puissance de chacune était 30 fois celle de la bombe d'Hiroshima, a quand même parfois dû poser quelques problèmes de conscience aux stratèges professionnels, problèmes qui allaient au-delà des questions d'arithmétique, sinon ce serait à désespérer de la nature humaine. De ce point de vue, personne n'est mieux informé ou préparé que George Lee Butler, général américain de l'armée de l'air à la retraite, qui a commandé les forces nucléaires stratégiques américaines de 1992 à 1994. Avant cela, en tant que directeur de la planification et de la politique stratégiques pour l'armée des États-Unis, Butler avait eu la charge de concevoir une nouvelle politique. En 2000, le général Butler s'exprime publiquement de la façon suivante : « *Vingt armes nucléaires suffiraient à détruire les 12 plus grandes villes russes et 25 millions d'habitants [...] ; il s'ensuit que des arsenaux contenant des centaines d'armes, et* a fortiori *des milliers d'armes, ne peuvent plus remplir d'objectif stratégique sensé.* » Son « *inquiétude la plus pressante [...] est que des milliers d'armes sont maintenues en état d'alerte élevé [...] ce qui équivaut à une posture de lancement immédiat*[3] ». Depuis la chute de l'Union soviétique en 1991, il est devenu essentiel de comparer les bénéfices et les coûts et dangers du maintien d'un important stock mondial d'armes nucléaires. Ce n'est pas seulement le nombre d'armes qui est préoccupant mais aussi, comme le souligne bien Lee Butler, leur efficacité et les risques de leur doctrine d'emploi.

Au fil des années, aux États-Unis, nombreux ont été les efforts pour interpréter la dissuasion comme la nécessité de développer telle ou telle arme ou programme : on a fréquemment entendu à la fin des années 1970 l'argument selon lequel une « dissuasion de haute qualité » était essentielle pour empêcher la guerre – raison pour laquelle les États-Unis devaient posséder la capacité de détruire les armes de l'autre camp et donc lui retirer la possibilité d'attaquer ou de dissuader une attaque.

La menace contre les forces nucléaires elles-mêmes avant qu'elles ne soient lancées ou qu'elles n'aient pu atteindre leurs cibles, a contribué à une monstrueuse inflation des forces nucléaires stratégiques aux États-Unis et en Union soviétique, défiant toute logique militaire.

Ce que l'on a ensuite appelé la « dissuasion étendue » traduisait la reconnaissance formelle de la part des États-Unis que ceux-ci considéreraient une attaque contre l'un des membres de l'OTAN comme une attaque sur leur propre territoire. Cette expression a été utilisée pour désigner l'extension aux alliés de la dissuasion à la fois d'une attaque conventionnelle de grande envergure et d'une attaque nucléaire par la promesse d'une réponse nucléaire stratégique, c'est-à-dire sur le territoire de l'agresseur.

Pour Henry Kissinger, conseiller à la Sécurité nationale du président Nixon puis secrétaire d'État, il n'était pas toujours évident que ce parapluie fût autre chose que psychologique. Celui-ci déclarait en 1979 dans un discours à Bruxelles : « *Nos alliés européens devraient arrêter de nous demander de multiplier des assurances stratégiques que nous ne pouvons peut-être pas avoir l'intention de donner, ou si nous en avons l'intention, nous ne devrions pas les exécuter car, si nous les exécutons, nous risquons la destruction de la civilisation*[4]. » Mais la plupart des personnes et des pays ne croyaient pas que les États-Unis étaient aussi logiques que Kissinger, et la dissuasion n'a pas été mise en défaut.

L'inflation du nombre d'armes

La décision par chacune des deux superpuissances de construire un grand nombre d'armes nucléaires n'a jamais été prise de façon cohérente. Elle a été le résultat des interactions de puissantes forces dont la plupart convergeaient vers l'augmentation des arsenaux.

Sous l'Administration Kennedy, le secrétaire d'État à la Défense, Robert McNamara, avait défini la dissuasion comme étant la capacité de « destruction assurée » de l'opposant. D'une certaine façon, cela voulait dire que la stabilité était assurée si les deux opposants étaient certains de leur destruction réciproque, concept qui a reçu le nom de « destruction mutuellement assurée » *(Mutually Assured Destruction – MAD*[5]*)*, acronyme illustratif s'il en est !

On a « précisé » ce concept par un critère de destruction de 40 % de la population et de 70 % de la capacité industrielle de l'opposant principal. Le département d'État à la Défense a ensuite montré que cet objectif pourrait être réalisé si 400 têtes nucléaires de une mégatonne atteignaient leur cible en Union soviétique. Cependant, s'assurer que 400 têtes nucléaires atteignent leur cible nécessitait un nombre d'armes stratégiques bien supérieur pour pouvoir pénétrer les systèmes adverses de défense antimissile (au cas où ceux-ci existeraient et seraient efficaces) et au cas où certaines armes seraient détruites avant d'être lancées.

Un jour, Robert McNamara est revenu chez le président John F. Kennedy d'une visite au Congrès et lui a dit que le projet de construire 500 fusées stratégiques Minuteman, dans autant de silos, était inacceptable pour les élus. Il a

La prévention par les satellites

Face à cette menace nucléaire, les États-Unis ont utilisé toutes les ressources humaines, les moyens électroniques et de communication à leur disposition pour obtenir des informations. Des avions volaient le long des frontières soviétiques et récoltaient des communications et des informations sur les radars soviétiques. À partir de 1956, un avion remarquable, sans arme, monosiège et équipé d'une caméra, le U-2, a commencé à voler au-dessus du territoire soviétique à une altitude de 23 000 mètres. À cette époque, il ne risquait donc pas d'être attaqué par un avion de combat ou par des missiles sol-air. En 1960, un U-2 piloté par Gary Powers a été atteint par un missile SA-2. Powers, indemne, ainsi que son avion en morceaux, ont été exhibés à une conférence de presse à Moscou. Après avoir initialement nié que son Administration ait autorisé de tels vols, le président Eisenhower les a ensuite reconnus et a pris l'engagement qu'il n'y aurait plus de vols de reconnaissance au-dessus du territoire soviétique.

En août 1960, le premier retour réussi d'un film placé à bord d'un satellite (Corona) a permis de combler cette brèche dans le système de renseignement. Jusqu'en 1972, une centaine de missions ont permis de récupérer un million de mètres de films[6], c'est-à-dire un million de photos couvrant chacune une superficie de 15 kilomètres le long de la trajectoire du satellite, par 240 kilomètres perpendiculairement à cette trajectoire, et chaque vol par temps clair permettait d'obtenir l'image d'une surface de 320 kilomètres par 3 200 kilomètres. Le satellite repassait au-dessus du territoire soviétique toutes les 90 minutes. Les photographies revenaient sur Terre dans une fusée équipée d'un parachute, qui était ensuite rattrapée au vol par un avion C-117 au-dessus de l'océan Pacifique. Eisenhower et les plus hauts responsables de la sécurité nationale ont ainsi su presque immédiatement, c'est-à-dire en 1960, que le prétendu « retard numérique en missiles » mis en avant par la suite pendant la campagne présidentielle de John F. Kennedy n'existait pas ; au contraire, s'il y avait une avance, c'était plutôt du côté des États-Unis.

Par la suite, le programme de satellite Corona a pris de l'ampleur et a été remplacé par des systèmes spatiaux d'imagerie et de communication plus performants. Les États-Unis possèdent actuellement un système quasiment en temps réel pour obtenir des images du monde entier ne nécessitant pas de retour des films sur Terre et qui transmet des images détaillées couvrant une grande superficie. Nous sommes convaincus que ces systèmes de renseignement ont été cruciaux dans la prévention d'une catastrophe nucléaire.

expliqué au Président que s'il n'avait pas accepté d'en construire 1 000, alors l'Administration aurait été forcée d'en construire 5 000 !

McNamara a ensuite introduit le concept de « menace supérieure à la menace attendue », essentiellement dans le but de montrer que les armes présentes dans les arsenaux, ou dont la fabrication était projetée, étaient suffisantes puisqu'elles permettaient d'y faire face. Il n'avait pas envisagé que cette capacité deviendrait ensuite une exigence habituelle. Ainsi est né le concept du « scénario du pire » qui, s'il était mis en place de façon aussi réussie par l'Union soviétique, conduirait à une spirale sans fin dans la construction des armes. McNamara a lui-même contribué à cette spirale en annonçant, en 1962, que les armes nucléaires, en plus de ce qu'exige la dissuasion simple (par exemple, parce que la capacité soviétique de défense contre les missiles balistiques n'avait pas encore atteint le niveau « supérieur au niveau attendu »), rempliraient un rôle bénéfique de « réduction de dommages » car elles seraient utilisées pour détruire les armes nucléaires soviétiques avant qu'elles ne soient lancées. Cette fonction « en prime » a alors conduit à d'irrésistibles demandes pour une meilleure précision des armes stratégiques américaines, ce qui a sans aucun doute contribué à la décision soviétique de construire encore plus d'armes et d'être prête à les lancer avant que celles-ci ne puissent être détruites.

Avec de telles justifications et avec une « exigence » de milliers d'armes nucléaires tactiques, ou plus, pour détruire les chars et les armées lors d'un combat, McNamara en a fait déployer 7 000 en Europe à l'époque de la seconde crise de Berlin ; on comprend aussi comment les États-Unis ont pu construire un total de 70 000 armes nucléaires depuis 1945, avec un arsenal maximum de 31 700 armes en 1966. Quant à l'arsenal des Soviétiques, celui-ci a grimpé jusqu'à 40 700 armes nucléaires en 1986.

L'existence d'une immense quantité d'armes nucléaires et de lanceurs pouvant atteindre n'importe quel point du globe a bouleversé la stratégie militaire. Lorsque le nombre de têtes nucléaires et de missiles a dépassé celui de tous les objectifs imaginables, la réflexion s'est tournée vers l'attaque des lanceurs de l'adversaire. Celui-ci les a protégés en les enterrant dans des silos, puis en imaginant d'immenses souterrains où ils pouvaient circuler et être tirés par une variété d'ouvertures choisies au hasard. Il était aussi envisagé d'avoir des avions dont un certain nombre, armés de lanceurs nucléaires, étaient en vol nuit et jour. Finalement, les stratèges ont occupé leurs esprits à la construction de missiles antimissile pouvant abattre les armes en vol lorsqu'elles étaient dirigées contre des villes ou des silos, sujet fascinant pour les techniciens et qui a permis de remplir les carnets de commandes de sociétés menacées par la saturation des besoins.

La possibilité de lancer des missiles à la suite d'une alerte d'une attaque, puis de détruire le pays coupable, contribue certainement à le dissuader d'une telle attaque. Cependant, si l'attaque se produit, on n'est pas très sûr de ce que l'on gagnerait par ces représailles. Ce paradoxe est sous-jacent à la théorie et à la pratique de la dissuasion. Nos vies ont peut-être été sauvées par la tolérance envers ce paradoxe, mais elles ont certainement couru un grand risque pendant plusieurs décennies, d'autant plus que la dissuasion par une posture de « lancement sur alerte » peut finalement aboutir au lancement de ces armes sur la base d'une fausse alerte ou par accident, provoquant ainsi la destruction totale que ces armes étaient censées éviter. Il doit être clair que ce sont les États-Unis qui se sont, en grande partie, imposé ce péril à eux-mêmes et à la planète entière : si la précision des missiles balistiques intercontinentaux embarqués sur des sous-marins n'avait pas été améliorée au point de mettre en péril la survie des silos de missiles stratégiques soviétiques, les forces nucléaires soviétiques n'auraient pas eu besoin d'être prêtes pour un lancement sur alerte.

Il arrivait cependant que l'opinion suivant laquelle la menace nucléaire de l'adversaire pourrait être réduite par une modération auto-imposée, ou par des traités ou accords entre les 2 États, rencontre quelque écho. Par exemple, aux États-Unis, sous l'Administration du président Richard M. Nixon, le sénateur Edward Brooke du Massachusetts avait forcé l'examen d'un amendement, qui n'a d'ailleurs pas tenu longtemps, stipulant que la précision des têtes nucléaires lancées par les fusées embarquées sur les sous-marins américains ne pouvait pas être améliorée jusqu'au point où elles pouvaient menacer la survie des silos de lancement des armes du côté adverse, ceci afin de pouvoir atteindre une sécurité équilibrée avec beaucoup moins d'armes. Au lieu de perdre du temps à faire rejeter l'amendement, Nixon a annoncé que les missiles précis ne seraient pas déployés sur les sous-marins américains pendant son mandat, tout en continuant la mise au point de ce système, qui a été déployé peu de temps après. Avec 24 missiles Trident-II par sous-marin, équipé chacun de 8 têtes, la force américaine peut efficacement détruire les silos ; et c'est justement cette capacité qui motive le commandement russe à maintenir une force nucléaire en état d'alerte, prête à être lancée avant qu'elle ne soit détruite.

En février 1971, dans un rapport au Congrès américain intitulé « *Politique étrangère pour les années 1970*[7] », le président Nixon a défini une exigence de « suffisance » pour les armes nucléaires américaines, ce qui a conforté ceux qui disaient qu'il n'était pas nécessaire de contrebalancer numériquement les armes de l'adversaire. Mais si la rhétorique était sincère, sa mise en place ne s'est pas concrétisée.

La doctrine avait été énoncée dans un Mémorandum sur les décisions en matière de sécurité nationale, du 24 juin 1969, qui avait imposé aux forces nucléaires américaines la condition de faire en sorte qu'il y ait moins de survivants soviétiques qu'américains à la suite d'une guerre nucléaire. Cela semblait impliquer que les États-Unis auraient gagné la guerre si 1 million d'Américains avaient survécu et seulement 200 000 Soviétiques (ou même 10 Américains et 4 Soviétiques).

Les critères pour la suffisance stratégique du Mémorandum sur les décisions en matière de sécurité nationale[8] définissant les objectifs fondamentaux de la politique nucléaire américaine étaient les suivants :

« *– Maintenir la plus haute confiance dans la suffisance de notre capacité de seconde frappe pour dissuader d'une attaque surprise de grande envergure sur nos forces stratégiques ;*

– maintenir des forces à un niveau suffisant pour s'assurer que l'Union soviétique n'aurait aucune incitation à frapper en premier les États-Unis en temps de crise ;

– maintenir la capacité d'empêcher l'Union soviétique de pouvoir causer un nombre de morts et dommages industriels plus important aux États-Unis que cela n'en provoquerait chez eux, en cas de guerre nucléaire ;

– déployer des défenses qui limiteraient les dommages d'attaques de petite envergure ou de lancements accidentels à un faible niveau[9]. »

Bien que le Mémorandum soit à l'époque classifié « top secret », les principaux éléments de doctrine avaient déjà fait l'objet de déclarations publiques.

Même avant la découverte de la théorie de l'hiver nucléaire, le pouvoir destructeur stupéfiant des armes nucléaires était bien connu. Pour détruire 80% de la capacité industrielle des États-Unis, les Soviétiques auraient dû envoyer 600 armes de 1 mégatonne bien ciblées sur une centaine de centres. En 1989, l'arsenal soviétique s'élevait à 35 000 armes. En 2000, il restait encore aux Russes 6 000 têtes nucléaires stratégiques opérationnelles sur un total compris entre 10 000 et 18 000[10]. Quant aux Américains, au début de l'année 2000, ils possédaient quelque 7 200 armes stratégiques opérationnelles sur un total d'environ 12 000, y compris les armes tactiques et en réserve.

Les États-Unis ont toujours eu une triade de forces nucléaires, à savoir des armes nucléaires emportées sur des bombardiers, sur des missiles balistiques intercontinentaux, et sur des missiles embarqués sur des sous-marins. L'un des auteurs (Garwin) a participé à de très nombreuses réunions secrètes au Old Executive Office Building, en face de la Maison Blanche, avec le Comité d'experts stratégiques militaires du Comité consultatif scientifique du Président, ainsi que le Comité militaire aérien et le Comité sur l'armement naval, concernés par l'évolution de la triade. On n'a jamais manqué, *a posteriori*, de justification quant à la nécessité, pour chaque composante de la triade, de pouvoir à elle seule infliger la destruction totale de l'adversaire.

La prévention de lancement accidentel et d'instabilités

Pendant la guerre froide, les États-Unis et l'Union soviétique considéraient la dissuasion que leur offraient leurs forces stratégiques comme la solution au problème, sinon insoluble, posé par la confrontation des idéologies. La Russie étant maintenant sur le chemin de la démocratie, les forces nucléaires représentent beaucoup plus une menace que le moyen d'entreprendre une attaque réfléchie. Il est grand temps que les hommes d'État donnent la plus haute priorité à la réduction de ce danger nucléaire par déclenchement involontaire.

Certains des moyens disponibles ont été créés pour résoudre des problèmes similaires, mais dans des circonstances très différentes. Les hommes politiques, quand même troublés par les dangers évidents de cette accumulation d'armes apocalyptiques, se posaient des questions graves : pouvait-on éviter les instabilités qui conduiraient à un usage intempestif des armes nucléaires et à une fuite en avant impossible à maîtriser ? Des lignes téléphoniques directes dites « rouges » (des télex, des fax ou des communications par ordinateur) furent installées entre les dirigeants suprêmes des États-Unis et de l'Union soviétique. Ceux-ci, ainsi d'ailleurs que les autres dirigeants des puissances nucléaires, se déplaçaient désormais avec, en permanence, à quelques pas d'eux, un officier portant une mallette qui contenait un émetteur actionnable seulement par une clé qu'ils portaient et qui, seule, pouvait déclencher le feu nucléaire. Oh ! les rendez-vous galants des chefs d'État ! Cette présence permanente de l'officier porteur de mallette devait leur donner un sel inconnu des profanes.

Les dirigeants politiques sont-ils toujours disponibles et rationnels ? Lors de la grande crise des 24 et 25 octobre 1973, pendant les derniers moments de la guerre du Yom Kippour, la mise en état d'alerte des forces stratégiques américaines fut l'une des actions cruciales prises par la Maison Blanche pour répondre à la menace soviétique d'intervenir au Moyen-Orient. Le secrétaire d'État Henry Kissinger, qui présidait la séance où cette décision a été prise, s'était mis d'accord avec le secrétaire général de la Maison Blanche de ne pas prévenir le président Nixon de la réunion parce qu'il était trop « *affolé* », « *agité et émotif* » par l'éclatement de l'affaire du Watergate[11].

En août 2005, l'Inde et le Pakistan viennent d'établir une ligne rouge sur le nucléaire et sont convenus de se prévenir avant tout tir d'essai de missiles balistiques.

Une défense antimissile protège-t-elle ?

La demande récurrente aux États-Unis pour un système de défense efficace contre les armes nucléaires était en partie le résultat de l'état d'alerte dans lequel se trouvaient, et se trouvent encore, les forces russes prêtes à être lancées. À cela, s'ajoute maintenant la protection contre un lancement accidentel ou non autorisé de missiles russes ou chinois, ou encore la possibilité d'arrêter quelques têtes nucléaires placées sur des missiles balistiques intercontinentaux lancés par un État hostile.

Un article technique[12] sur la défense contre les missiles nucléaires balistiques a été publié par Hans Bethe et Garwin en 1968, sous l'Administration du président Lyndon Johnson, à une époque de controverses intenses sur le déploiement d'un système défensif contre les missiles nucléaires soviétiques. Cet article, traitant en détail des intercepteurs nucléaires, des radars et d'autres éléments du système de défense, concluait que ce système serait inefficace, essentiellement à cause de la possibilité de mettre en place des contre-mesures. Des analyses similaires étaient aussi faites par des membres du gouvernement américain. Elles ont persuadé le secrétaire d'État à la Défense Robert McNamara et le président Lyndon Johnson que l'Union soviétique et les États-Unis seraient incapables de limiter la croissance de leurs forces nucléaires stratégiques, à moins que les systèmes de défense contre les missiles soient fortement limités ou même abolis. Quant à eux, les dirigeants soviétiques et leurs responsables militaires étaient des avocats passionnés de la défense, et cela a été très difficile de les persuader de la supériorité technique des missiles nucléaires sur les défenses antimissile qui pouvaient être imaginées à l'époque. Ils ont finalement donné leur accord.

Ce processus a conduit au Traité sur la limitation des systèmes antimissile balistiques, le Traité ABM, entre les États-Unis et l'Union soviétique, signé en mai 1972 et entré en vigueur en octobre de la même année. Il limite chaque partie à ne déployer qu'une centaine de fusées pour détruire les missiles balistiques entrants et comporte d'autres restrictions interdisant d'installer une défense antimissile.

Le 13 juin 2002, les États-Unis se sont retirés du Traité ABM. En effet, le 13 décembre 2001, le président George W. Bush avait annoncé que les États-Unis exerceraient leur droit de se retirer du traité dans un délai de six mois pour la protection des « intérêts nationaux suprêmes » du pays, comme cela est permis par le traité. Cependant, le président Bush n'a donné aucune information sur la menace envers les États-Unis qui nécessitait ce retrait, et il ne semble pas qu'il y ait eu des discussions avec les Russes pour s'accorder sur une interprétation du traité qui permettrait de mettre en œuvre une défense de petite envergure contre la Corée du Nord (ou même contre l'Iran) que l'Administration Bush espère déployer.

La crise des euromissiles

Dans les années 1970, l'Union soviétique avait remplacé ses vieux missiles nucléaires balistiques SS-4 et SS-5[13] ciblés vers l'Europe de l'Ouest, par les nouveaux missiles SS-20 modernes, mobiles, équipés de trois têtes nucléaires indépendantes, ciblées chacune sur un objectif particulier.

Lors d'une conférence à l'Université de Cambridge en 1982, l'un des auteurs (Garwin) a expliqué que les SS-20 ne représentaient pas une nouvelle menace nucléaire pour l'Europe, mais que c'était une modernisation des centaines de missiles SS-4 et SS-5 qui constituaient, aussi depuis longtemps, un risque pour l'Europe. Peu ont souligné le fait que cette modernisation ne constituait pas une augmentation du risque de destruction due à l'utilisation des SS-20, mais que les SS-20, étant mobiles, étaient insensibles à une première frappe par l'Ouest, alors que les SS-4 et les SS-5 dans leurs silos fixes étaient vulnérables à une attaque nucléaire américaine avant qu'ils ne puissent être lancés. C'était la vraie différence.

En leur qualité de membre de l'OTAN, les États-Unis ont proposé de répondre à l'Union soviétique en déployant des missiles de croisière nucléaires, basés au sol en Europe, et en étendant la portée de leurs missiles balistiques de portée intermédiaire Pershing (740 kilomètres) à celle des Pershing II de portée de 1 770 kilomètres, armés eux aussi de têtes nucléaires. Des missiles de croisière basés au sol, d'une portée de 2 800 kilomètres, devaient aussi être déployés en Italie. Certains alliés de l'OTAN étaient quelque peu anxieux d'avoir encore plus de têtes nucléaires déployées en Europe, particulièrement des missiles balistiques dont le temps de vol était très court. Finalement, les États-Unis et l'Union soviétique se sont mis d'accord pour le retrait des missiles de croisière américains en Europe et des Pershing II, et pour leur destruction, ainsi que pour se débarrasser de tous les missiles soviétiques de portée intermédiaire basés au sol, incluant les missiles de croisière et les missiles balistiques de portée intermédiaire. Cette interdiction s'étend à tous les missiles américains et soviétiques basés au sol dont la portée est comprise entre 500 et 5 500 kilomètres, mais pas aux missiles balistiques intercontinentaux dans chaque pays, ni aux missiles lancés des avions ou des océans, quelle que soit leur portée.

Le Traité sur les forces nucléaires intermédiaires (le Traité INF) entre les États-Unis et l'Union soviétique a été signé en décembre 1987 sous l'Administration Reagan. Il est entré en vigueur en juin 1989 et sa mise en œuvre est achevée depuis juin 1991. Ce traité exigeait la déclaration et la destruction de ces missiles où qu'ils soient déployés, et qu'ils soient ou non équipés de têtes nucléaires. D'autres pays ont des missiles balistiques de portée intermédiaire, comme la Chine, la Corée du Nord, l'Inde, Israël et le Pakistan. Ceux-ci ne sont pas contraints par le Traité INF qui est bilatéral. Il ne semble pas qu'il y ait de projet, ni même de volonté, d'universaliser cette interdiction.

Le dernier missile couvert par le Traité INF a été détruit en mai 1991. En tout, 2 692 missiles balistiques et de croisière ont été détruits, et donc 2 692 armes nucléaires ne pourront plus atteindre leur cible grâce à la mise en œuvre de ce traité.

Les têtes nucléaires ne sont pas prises en compte par le traité. Lorsque, pendant les auditions parlementaires pour la ratification du Traité INF, le sénateur Jesse Helms en a demandé la raison, les officiels de l'Administration de George Bush ont allégué l'impossibilité de vérifier le démantèlement des têtes nucléaires. Nous pensons plutôt que cela est dû à un manque de volonté.

La guerre des Étoiles

Le président Ronald Reagan a lancé l'Initiative de défense stratégique, appelée la guerre des Étoiles, une chimère dans laquelle les États-Unis, grâce à leur supériorité technique, auraient dû pouvoir se forger un arsenal leur permettant d'atteindre et de détruire toutes les fusées soviétiques avant leur réentrée dans l'atmosphère. Une protection absolue des Américains était un cauchemar absolu pour les Soviétiques, puisque cela permettait d'envisager que l'Union soviétique pourrait alors être attaquée par une salve préventive puissante, détruisant la plupart des silos de lancement et empêchant ainsi toute frappe de représailles, rendue inopérante par cette défense. Pour les États-Unis, cette dépense de quelques centaines de milliards de dollars était supposée venir à bout du cauchemar du troublant équilibre de la terreur avec « *l'Empire du Mal* », un pays dont la puissance économique et industrielle était médiocre, mais qui représentait néanmoins une menace inacceptable. Pour l'Union soviétique, ce bouclier imprenable était l'élément manquant dans la réalisation de la frappe désarmante promise lors de la campagne de Reagan en 1980.

Le programme de la Guerre des Étoiles a démarré à la suite d'une intervention télévisée sur la sécurité nationale prononcée le 23 mars 1983. Les derniers paragraphes du discours ont marqué le départ de l'un des épisodes les plus bizarres de la politique moderne aux États-Unis :

« Je reconnais que les systèmes défensifs ont des limitations et soulèvent certains problèmes et ambiguïtés. S'ils sont couplés à des systèmes offensifs, ils peuvent être considérés comme favorisant une politique agressive, et personne ne veut cela. Mais avec ces considérations présentes à l'esprit, je demande à la communauté scientifique de notre pays, ceux qui nous ont donné les armes nucléaires, de mettre maintenant leurs grands talents au service de l'humanité et de la paix mondiale, de nous donner les moyens de rendre ces armes nucléaires impuissantes et obsolètes.

« Ce soir, dans le respect de nos obligations envers le Traité ABM et reconnaissant le besoin d'une consultation plus étroite avec nos alliés, je franchis cette première étape importante. Je vais diriger un effort de grande ampleur pour définir un programme de recherche et développement à long terme, pour commencer à atteindre notre but ultime d'éliminer la menace posée par les missiles nucléaires stratégiques. Cela pourrait ouvrir la voie aux mesures de maîtrise des armements pour éliminer les armes nucléaires. Nous ne cherchons ni supériorité militaire ni avantage politique. Notre seul but, qui est partagé par l'ensemble des peuples, est de chercher des moyens de réduire le danger de guerre nucléaire.

« Mes chers compatriotes, ce soir nous lançons un effort qui fait espérer la promesse d'un changement du cours de l'histoire de l'humanité. Cela comporte des risques et les résultats prendront du temps à se concrétiser. Mais je crois que nous pouvons le faire. Alors que nous franchissons ce seuil, je vous demande vos prières et votre soutien[14]. »

Ces paragraphes ont pris le pays par surprise, non seulement le grand public, mais aussi presque tout le gouvernement. Le secrétaire d'État à la Défense, Caspar W. Weinberger, et le secrétaire d'État George P. Shultz n'avaient été prévenus que quelques heures auparavant et n'avaient pas eu la possibilité de commenter cette nouvelle initiative politique. La presse, avec le soutien enthousiaste du service de communication de la Maison Blanche, l'a immédiatement surnommée « guerre des Étoiles » à cause du rôle que des armes basées dans l'espace, comme des lasers puissants et des machines produisant des faisceaux de particules neutres destructeurs, étaient supposées jouer dans ce système défensif.

Pendant l'été 1983, plusieurs comités techniques sous la direction de James C. Fletcher, ancien directeur de la NASA, ont étudié les perspectives d'une telle défense efficace contre la totalité des forces de missiles balistiques intercontinentaux soviétiques, y compris ceux lancés des sous-marins. La Commission Fletcher a élaboré un programme de recherche et développement de 25 milliards de dollars sur 5 ans et 75 milliards de dollars sur 10 ans pour créer la technologie ayant une telle capacité et démontrer qu'elle fonctionnait. Vraisemblablement, les coûts à envisager pour déployer et faire fonctionner le vrai système seraient beaucoup plus élevés. On avait spécifiquement demandé à la commission et aux groupes d'experts de ne pas déterminer si ce programme était faisable, mais seulement de définir les étapes de ce programme et les résultats qu'il fallait obtenir pour qu'il soit réussi.

La commission a rédigé un rapport en sept volumes qui a été accompagné d'un optimiste Résumé à l'intention des décideurs. Fletcher a indiqué plus tard que ce résumé avait été ajouté par une personne inconnue, « *vraisemblablement quelqu'un de la Maison Blanche* ». Le résultat : un énorme rapport à peine lu, un résumé excessivement optimiste sous le nom de James Fletcher, qui en a ensuite désavoué le contenu. Le rapport contenait un ensemble d'objectifs pour obtenir un système qui fonctionne, où chacun pris séparément était vraisemblablement irréalisable et dont l'ensemble était incroyable. Ce programme a ainsi été recouvert d'un voile de légitimité trompeur, parce que, d'une part, il ne prenait pas en compte l'impossibilité d'atteindre ses nombreux objectifs et, d'autre part, il ignorait les contre-mesures possibles.

Un stratège amateur pouvait imaginer une riposte simple et peu coûteuse à ce plan grandiose. Un membre du gouvernement américain estimait à 1 800 par an le nombre d'atterrissages clandestins d'avions contenant une tonne de drogue chacun sur le territoire des États-Unis. Il aurait dû alors être possible pour le KGB de pénétrer partiellement le milieu de la drogue et de diffuser aux États-Unis des bombes nucléaires, pas forcément légères, camouflées dans des villes, et de répondre à une attaque préventive par une salve d'explosions locales si la situation devenait réellement déséquilibrée. Heureusement, les stratèges amateurs étaient inutiles car les savants soviétiques surent convaincre leurs dirigeants, en particulier Gorbatchev, que la guerre des Étoiles relevait de la science-fiction et que si un tel système venait à être déployé, il pourrait être contré par des contre-mesures asymétriques, bien moins coûteuses.

Le terme « armement asymétrique » est maintenant communément utilisé, se référant aux moyens pouvant être utilisés par d'autres États pour répondre à une énorme supériorité, en particulier américaine, en forces non nucléaires. La réponse soviétique à la guerre des Étoiles en a été un premier exemple. L'un d'entre nous (Charpak) a pu en parler personnellement à M. Gorbatchev, qui a souri et a dit qu'avec un centième seulement des dépenses envisagées par les Américains, on pouvait arrêter ces armes si, par miracle, elles fonctionnaient.

Dans le film de Stanley Kubrick, *Docteur Folamour*, un chef militaire américain participant à la tentative désespérée d'arrêter un avion des forces stratégiques américaines détourné par un officier fou parti bombarder Moscou, fait une remarque significative. Lorsqu'il apprend que les Soviétiques ont fabriqué une bombe qui peut détruire la planète et qui est activée automatiquement en cas de bombardement nucléaire de Moscou, il devient furieux : non parce que la planète va être détruite, mais parce que des savants américains avaient proposé la même arme et que le président des États-Unis avait refusé de la réaliser, sous l'influence des savants intellectuels qui se mêlent de ce qui ne les regarde pas. Le général voulait bien sauter avec toute la planète, mais avoir la même arme dans son arsenal l'aurait conforté avant de mourir. On trouverait sans difficulté ce type de militaires et d'analystes de la défense, plus ou moins fous, dans tous les camps.

Pourrait-on limiter l'escalade et la destruction ?

Les résultats escomptés d'un échange nucléaire à grande échelle entre les deux superpuissances n'ont jamais été encourageants. Il est fascinant de lire, par exemple, les comptes rendus publiés en 1975 par le Comité des relations extérieures du Sénat américain sur les effets d'une guerre nucléaire limitée. Pour la plupart des stratèges impliqués dans ce monde sinistre, il était clair, en effet, qu'un échange total de tirs d'armes nucléaires entre Américains et Soviétiques était impensable, puisqu'il conduirait à la vitrification réciproque, et même répétée plusieurs fois. Par contre, l'un de ces rapports[15] imaginait un échange plus aimable, une entrée en matière plus polie, avec un envoi de 10 fusées stratégiques (sur 7 000) visant, par exemple, tous les centres de raffinage de pétrole. Ce jeu du jet de gant courtois, que pratiquaient les chevaliers du Moyen Âge, aurait conduit à la destruction de 70 % des capacités de raffinage et à la mort, non voulue, de 2 à 5 millions de citoyens vivant à proximité des centres. « Comment répondre à une telle invitation au dialogue musclé ? » demandait le rapport. Évidemment pas en bombardant Moscou ou Leningrad, car la destruction de New York et Los Angeles aurait suivi dans l'heure. On pouvait donc imaginer de rendre la politesse en bombardant les centres de raffinage soviétiques, et le compte rendu nous décrit les effets attendus de cette réponse. Analyser l'utilisation des armes nucléaires ne nécessite pas de s'en faire l'avocat, mais ces analyses ont néanmoins suscité une certaine attirance et ont, à l'occasion, conduit au développement d'armes qui auraient pu rendre un tel échange moins impensable.

Pendant la crise des missiles nucléaires soviétiques basés à Cuba, en octobre 1962, L. Szilard (le premier à avoir réfléchi, pendant les années 1930, aux possibilités destructrices d'une réaction nucléaire en chaîne et qui a ensuite toujours été préoccupé par les dangers de l'armement nucléaire) et l'un d'entre nous (Garwin), en visite au CERN (l'Organisation européenne pour la recherche nucléaire basée à Genève), réfléchissant aux problèmes de la dissuasion nucléaire, étaient assis à Genève dans un restaurant fameux pour la qualité de sa bouillabaisse. Ils en arrivèrent à discuter de la liste des objectifs adverses à détruire, par valeur décroissante, de façon à dissuader le plus efficacement possible une guerre nucléaire sans aboutir à une annihilation totale si la dissuasion venait à ne pas fonctionner. L'idée couramment admise était que, en cas d'attaque, on riposterait en détruisant un objectif équivalent, par exemple en nombre d'habitants d'une ville. Mais des différences d'estimation des deux côtés auraient conduit à une escalade sans fin.

Szilard et Garwin ont suggéré un scénario où la riposte aurait lieu sur un objectif moitié moins important. Si les deux camps étaient d'accord sur une telle attitude (et ce serait dans leur propre intérêt), cela conduirait à une convergence, c'est-à-dire un arrêt faute d'objectifs, et non pas à une divergence, c'est-à-dire un emballement sans fin. La beauté de cette approche était que la destruction finale serait limitée à 2 fois la taille de la cible initiale. De telles discussions avaient un sens, car il fallait prendre en compte le cas où un seul missile serait envoyé par accident ou par un acte de folie isolé, et il eût été absurde d'aboutir à un anéantissement mutuel dans ce cas. Pendant ce temps, autour d'eux, des gens futiles savouraient leur bouillabaisse en discutant peut-être de la qualité des champignons en cette saison, dans les bois autour de Genève. Deux mondes se côtoyaient, mais qui évoluaient sur des planètes différentes !

Malheureusement, il était rare d'assister à des discussions aussi courtoises entre des personnes dont les vues et les propositions étaient différentes de celles de Szilard et Garwin. En effet, les programmes américains de protection de la population contre les effets des armes nucléaires, le déploiement de grands missiles balistiques intercontinentaux MX ainsi que la guerre des Étoiles ou les réductions d'armements nucléaires soulevaient d'âpres discussions.

Des arsenaux de toutes les tailles, des bombes à tous les prix

La très grande majorité des armes actuellement stockées par les puissances nucléaires se limite à quelques types bien définis. Nous n'entrerons pas dans le détail des arsenaux nucléaires. Les 2 figures 8.1 et 8.2 montrent l'évolution du nombre d'armes nucléaires détenues par les cinq puissances nucléaires officielles. La simple contemplation du total atteint conduit à une condamnation du système et des personnes qui l'ont édifié. Un coup d'œil sur leur nombre et leur puissance destructrice (et, par exemple, sur la diminution du nombre total de mégatonnes américaines montrée sur la figure 8.3) donne l'impression qu'il y en

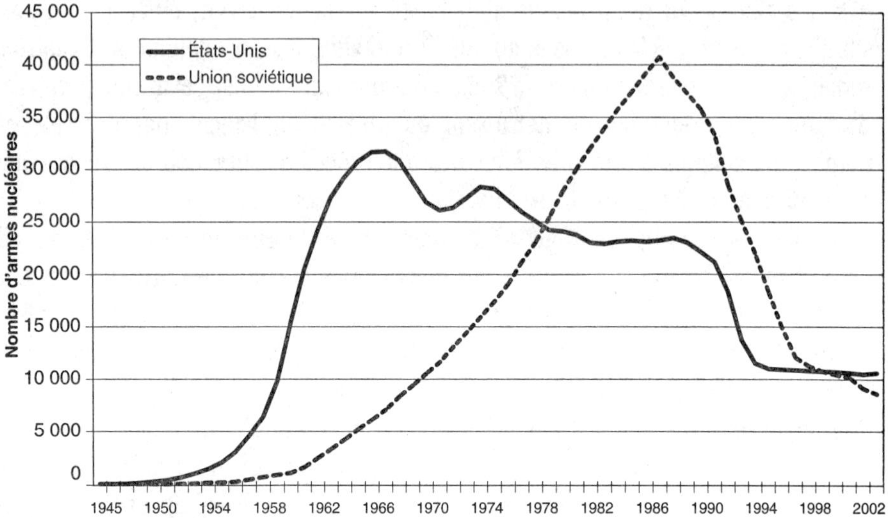

Figure 8.1 : Estimation du nombre d'armes nucléaires des États-Unis et de l'Union soviétique entre 1945 et 2002[16].

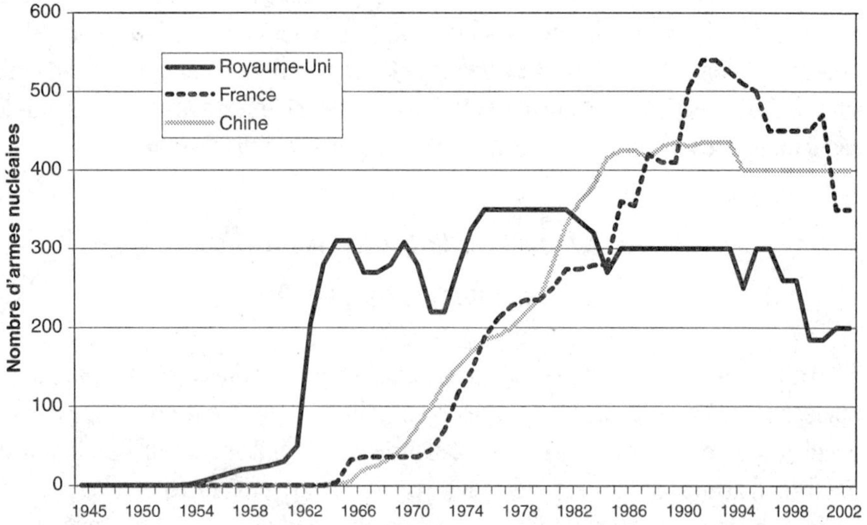

Figure 8.2 : Estimation du nombre d'armes nucléaires du Royaume-Uni, de la France et de la Chine entre 1945 et 2002[17].

avait trop pour n'importe quel objectif un tant soit peu rationnel. Une mécanique que les hommes ne contrôlaient plus s'était mise en marche.

Si l'Union soviétique s'était écroulée dix ans plus tôt, la France n'aurait pas dépassé le niveau de 250 têtes nucléaires, au lieu d'avoir des stocks de 500 têtes nucléaires au début des années 1990 et 350 environ actuellement (dont chacune a une puissance comprise entre environ 7 et 20 fois celle qui a rasé la ville d'Hiroshima), force que les responsables estiment être la « *stricte suffisance* » (figure 8.2). Aucun homme d'État n'aurait eu le courage de dire qu'il voulait doubler le stock dans les dix années à venir. Au contraire, il aurait dit que notre sécurité était alors parfaitement assurée. Maintenant que le danger principal, l'Union soviétique, s'est volatilisé, il est parfaitement raisonnable, pour la France comme pour les États-Unis, de se livrer à une évaluation des besoins en tenant compte de nos ressources et de l'interdépendance avec nos voisins.

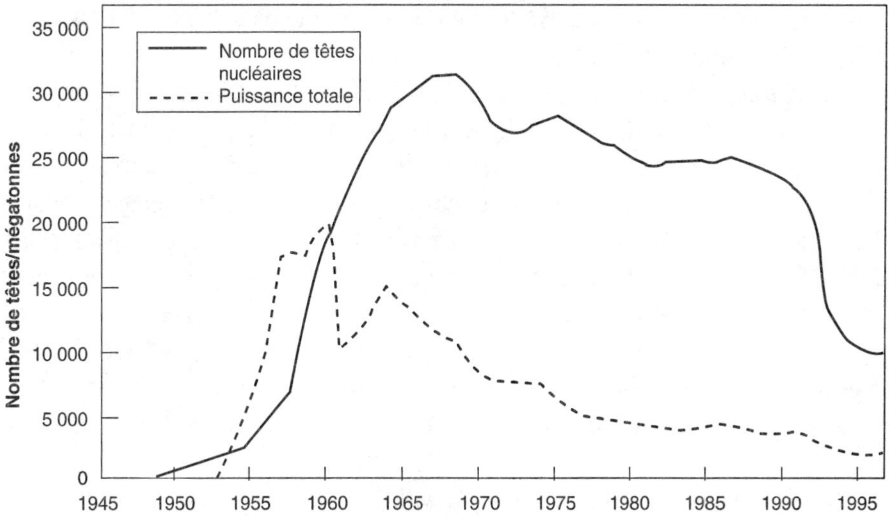

Figure 8.3. Nombre d'armes nucléaires et puissance totale des armes (en mégatonnes)[18].

L'armement nucléaire français a coûté et coûte encore très cher. « *Si on se réfère à l'ensemble du budget de la Défense, la part (force nucléaire stratégique + armement nucléaire tactique), qui était de 3,25 % en 1960, passait à 26,40 % en 1967, pour diminuer ensuite à 14 % en 1980, chiffre autour duquel on a peu évolué depuis*[19]. » Une estimation d'un autre auteur donne une valeur globale de 1 500 milliards de francs (de 1997) pour le programme de

1945 à 1999[20]. Ce chiffre comprend l'équipement militaire nucléaire et le fonctionnement des unités qui servent les armes nucléaires ainsi qu'une partie de dépenses militaires qui ne sont pas sur les lignes budgétaires nucléaires, mais qui servent à l'environnement des armes nucléaires (sous-marins nucléaires d'attaque, porte-avions).

Si les Français ne dépensaient que 10 milliards de francs par an pour leur force nucléaire et qu'ils jouissaient encore de 50 ans de paix nucléaire, ils auraient dépensé 500 milliards que ni leurs voisins ni d'autres concurrents comme les Japonais n'auraient dépensés. Ces 500 milliards de francs se seraient retrouvés dans leurs développements technologiques.

La disparition du danger de l'impérialisme soviétique doit être prise en compte pour échafauder une pensée politique et militaire nouvelle : l'Europe existe avec des solidarités nouvelles. Les Européens, comme tous les habitants de la planète, doivent faire face à la tâche formidable d'offrir un monde habitable aux nouvelles générations en exploitant avec sagesse le potentiel de richesses mis à notre disposition par la science.

Il est très difficile d'estimer le coût réel des forces nucléaires. Aux États-Unis, les acheteurs, c'est-à-dire les militaires, ne paient pas les armes nucléaires. Ils paient les avions, les chars, les ogives des bombes ; les explosifs nucléaires sont livrés gratuitement – sauf pour le contribuable – par le département d'État à l'Énergie, après l'accord des comités spécialisés du Congrès et le déblocage des fonds. Pendant de nombreuses années, le nombre des armes nucléaires construites et les stocks de « réserves pour la guerre » étaient parmi les secrets les mieux gardés de la nation. Maintenant ces informations sont disponibles, ayant été officiellement rendues publiques (grâce, entre autres, à la loi sur la liberté d'information) ou publiées par des associations comme le Conseil de défense des ressources naturelles[21].

Il est quelque peu artificiel de séparer le coût des programmes nucléaires de celui de la défense dont le but est de protéger les intérêts vitaux du pays. De plus, presque tous les gouvernements pensent que pour survivre politiquement contre l'opposition, il ne faut jamais apparaître, même de façon temporaire, en position d'infériorité. Il est cependant utile d'évaluer les dépenses relatives aux armes nucléaires pour tenter de comprendre les problèmes économiques, technologiques et humains qu'implique tout effort pour adapter au nouveau contexte international l'arsenal nucléaire hérité de la guerre froide. Examinons, par exemple, la situation américaine, pour laquelle il y a davantage d'informations disponibles ; les programmes américain et soviétique avaient plus ou moins la même taille, mais le programme soviétique a consommé une fraction plus importante des ressources économiques du pays.

Le rapport du Projet d'étude de coûts des armes nucléaires américaines[22] estime à 5 800 milliards de dollars 1995 le coût total du programme nucléaire militaire de 1940 à 1995, comprenant les silos de lancement, les navires, le personnel et les systèmes de renseignement, ainsi que le prix du démantèlement et de l'élimination des armes. Cela représente 30 % du budget total de la défense sur la même période. Personne ne peut dire combien aurait coûté une défense purement conventionnelle qui aurait rempli la même fonction pour se prémunir contre les mêmes dangers. Il est aussi possible qu'il y aurait eu de réels combats. Ces dépenses doivent être jugées par rapport à la fonction de dissuasion des armes nucléaires, en réduisant la probabilité d'une confrontation majeure entre l'Union soviétique et les États-Unis et leurs alliés, mais garantissant qu'une guerre à grande échelle aurait conduit à l'apocalypse.

L'évolution des dépenses militaires américaines (figure 8.4), en milliards de dollars de 1995, reflète les changements politiques importants au cours des six dernières décennies. Il est intéressant de comparer le budget de la défense américain avec ceux des quatorze autres pays ayant les budgets de défense les plus élevés du monde (tableau 8.1). Les quinze plus gros budgets militaires dans le monde représentent 82 % des dépenses militaires mondiales en 2004, avec les États-Unis ayant une part de 47 % du budget mondial à eux seuls. Les pays suivants, le Royaume-Uni, la France, le Japon, et la Chine représentent chacun environ 4-5 % du budget mondial. Si l'on considère les dépenses par habitant, les États-Unis et Israël dépensent plus de 1 500 dollars par an et par habitant, alors que la Chine ou l'Inde dépensent moins de 30 dollars par an et par habitant. La France et le Royaume-Uni dépensent entre 750 et 800 dollars par an et par habitant pour leur défense. On voit sur la dernière colonne que, si l'on traduit ces dépenses en fonction de la parité de pouvoir d'achat (qui permet de mieux refléter ce que ces dépenses représentent par rapport à un ensemble de biens produits nationalement), ces dépenses ont un impact important pour des pays comme la Chine, l'Inde et la Russie, mais cette présentation ne traduit pas le niveau technologique des équipements.

Qui décide du nombre d'armes ? Ce stock considérable d'armes nucléaires, – 33 000 ou 40 000, ou même quelques milliers – ne peut être justifié par aucune rationalité militaire ; ce bourgeonnement d'armes sans frein était le résultat de l'interaction de la politique intérieure aux États-Unis et du sentiment, partagé en Union soviétique, qu'un important arsenal nucléaire inspirerait le respect et pourrait aussi être utilisé pour éliminer les forces nucléaires de l'autre côté.

Il suffit de regarder l'ampleur du stock d'armes pour voir que l'avaient emporté ceux qui, exploitant la diabolisation de l'adversaire, avaient paralysé toute analyse réaliste. Ils témoignaient du pouvoir irrésistible qu'ils avaient acquis du fait qu'ils géraient une part importante des richesses de la nation. Relatant son expérience comme conseiller à la sécurité nationale auprès du président Nixon, Henry Kissinger écrit : « *Nos responsables militaires résistent à toute intrusion dans la doctrine stratégique, même lorsque cela vient de la Maison Blanche qui essaie d'aider*[23]. »

Tableau 8.1 : Les 15 budgets militaires les plus élevés, 2004 en milliards de dollars 2003[24]**.**

			Proportion/ monde (%)		En parité de pouvoir d'achat	
Pays	Dépenses (en milliards de dollars)	Dépenses par habitant (dollars)	Dépenses	Population	Pays	Dépenses (en milliards de dollars)
1 États-Unis	455,3	1 533	*47*	5	1 États-Unis	455,3
2 Royaume-Unie	47,4	798	*5*	1	2 Chine	[161,1]
3 France	46,2	764	*5*	1	3 Inde	81,8
4 Japan	42,4	332	*4*	2	4 Russie	[66,1]
5 Chine	[35,4]	[27]	*[4]*	21	5 France	51,2
Sous-total (5)	**626,7**		***64***	***29***	**Sous-total (5)**	**815,6**
6 Allemagne	33,9	411	*3*	1	6 Royaume-Uni	46,2
7 Italie	27,8	484	*3*	1	7 Allemagne	36,9
8 Russie	[19,4]	[136]	*[2]*	2	8 Japon	35,2
9 Arabie Saoudite	19,3	775	*2*	0	9 Italie	34,5
10 Corée du Sud	15,5	323	*2*	1	10 Arabie Saoudite	29,1
Sous-total (10)	**742,5**		***76***	***35***	**Sous-total (10)**	**997,4**
11 Inde	15,1	14	*2*	*17*	11 Turquie	24,3
12 Israël	10,7	1 627	*1*	*0*	12 Corée du Sud	23,1
13 Canada	10,6	336	*1*	*1*	13 Brésil	20,7
14 Turquie	10,1	140	*1*	*1*	14 Iran	18,5
15 Australie	10,1	507	*1*	*0*	15 Pakistan	16,1
Sous-total (15)	**799,2**		*82*	*54*	**Sous-total (15)**	**1 100,2**
Monde	975	153	*100*	*100*	**Monde**	–

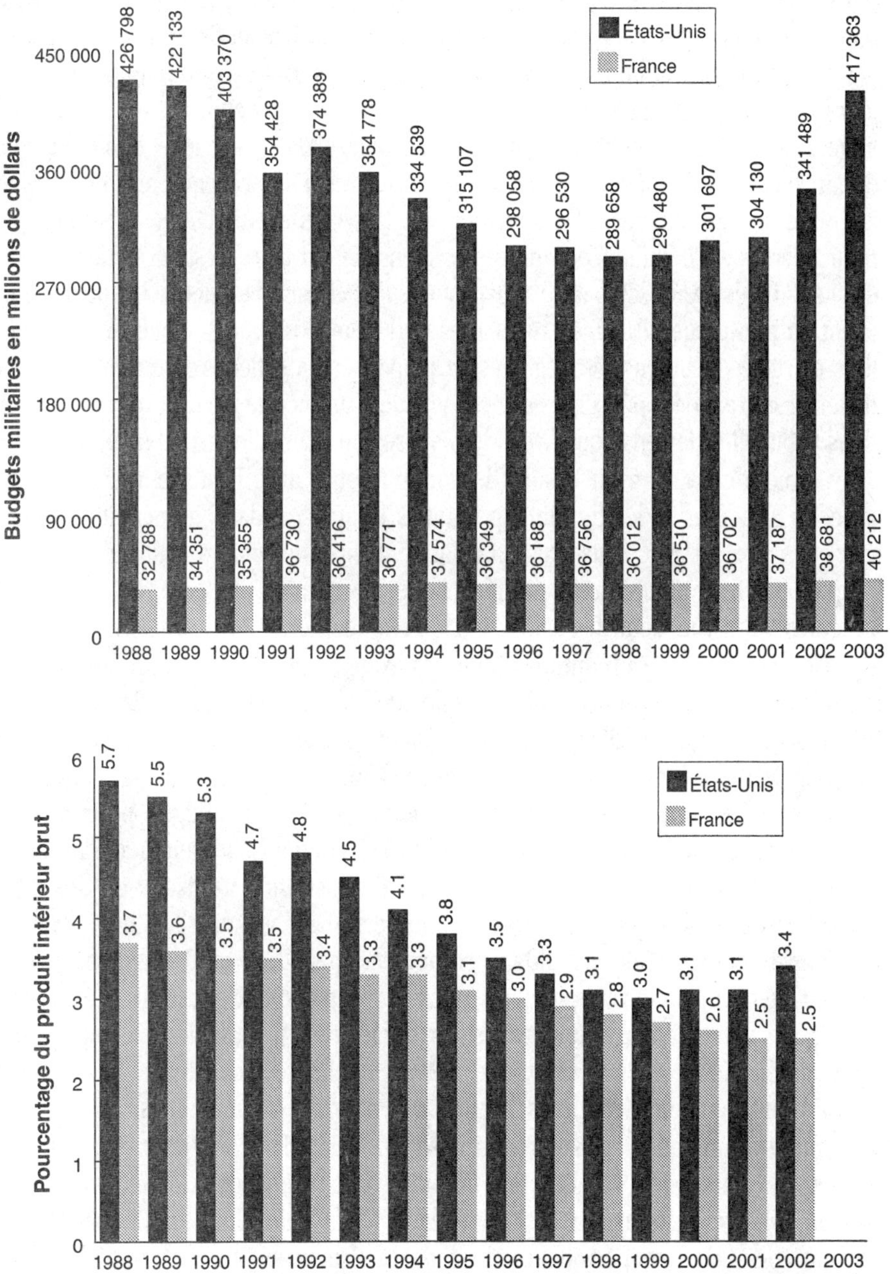

Figure 8.4 : Les budgets militaires de la France et des États-Unis 1988-2003, en millions de dollars américains 2000, et en pourcentage du produit intérieur brut[25].

Un groupe puissant est l'armée. Toutefois, les groupes d'intérêt ne s'identifiaient pas toujours à elle. Une partie de l'armée pouvait considérer, à juste titre, que les ressources exagérées investies dans le nucléaire se faisaient au détriment de développements plus utiles à la défense du pays, comme les armes conventionnelles. Toujours est-il que, pendant les années de la guerre froide, deux énormes machines politiques, financières et militaires, se sont affrontées dans le cadre d'une logique dominée par le développement des armes nucléaires. Elles avaient à leur disposition la crème des scientifiques et des techniciens. Une culture scientifique et stratégique particulière s'est développée dans ces bastions. Des articles destinés à des cercles étroits d'initiés, ayant seuls accès aux données touchant à la défense nationale, traitaient du bon usage des armes nucléaires et de leur évolution souhaitable. Des milliers d'articles techniques stratégiques, la plupart confidentiels, réservaient le plaisir de leur lecture à des spécialistes qui constituaient un monde à part, avec les proportions habituelles de gens équilibrés, de névrosés ou d'ambitieux sans scrupules.

Ce monde secret avait besoin de communiquer avec l'extérieur, c'est-à-dire avec les militaires et les hommes politiques dont dépendait l'alimentation financière des projets. Aux États-Unis, la relation avec les premiers était un peu compliquée par la rivalité entre les différents corps d'armée, de terre, de l'air ou de la marine, qui voulaient des armes nucléaires adaptées à leur mission.

La relation avec les hommes politiques exigeait un effort colossal de relations publiques, une sorte d'intoxication intellectuelle, dont l'effet dépendait fortement de la personnalité des dirigeants. Le président Reagan a été un homme de rêve pour le lobby d'armes américain : même si le président Carter, en campagne pour sa réélection, en avait préventivement augmenté le budget, pour ne pas paraître faible sur les questions de défense, Reagan a aussitôt augmenté massivement leur budget à un tel niveau que son Administration a ensuite eu des difficultés à trouver des arguments pour continuer à faire grimper les financements. Ce gouvernement avait cependant commencé par dire qu'il augmenterait le budget des armes conventionnelles, mais il a rapidement pensé qu'il était plus commode d'augmenter celui des armes nucléaires. Il avait déclaré que c'était pour améliorer la défense contre les armes nucléaires soviétiques, mais c'était aussi pour augmenter les forces stratégiques offensives américaines.

Aujourd'hui, quand Russes et Américains sont d'accord pour estimer que leur stock d'armes est excessif, les hommes d'État devraient se mettre d'accord sur un chiffre raisonnable et l'imposer à leurs subordonnés. Clemenceau a déclaré pendant une période critique de la Première Guerre mondiale : « *La guerre est une chose trop sérieuse pour la laisser faire aux militaires.* » Nous nous permettons de le paraphraser en disant que le désarmement nucléaire est une chose trop sérieuse pour être décidée par les directeurs d'arsenaux.

Il nous faut des hommes d'État capables de dire à leurs subordonnés : « Voici le niveau que nous trouvons raisonnable d'atteindre rapidement, compte tenu des dangers réels qui nous menacent à un horizon prévisible. Débrouillez-vous et rompez les rangs ! »

La politique nucléaire française

Le 18 octobre 1945, deux mois après les explosions nucléaires à Hiroshima et Nagasaki, une ordonnance du gouvernement provisoire présidé par le général de Gaulle crée le Commissariat à l'énergie atomique avec « *la mission de mettre en œuvre l'utilisation de l'énergie atomique dans les domaines de la Science, de l'Industrie et de la Défense nationale*[26] ». Dans le secret, la France met en place un programme complet de mise au point d'armes nucléaires, avec la production des matériaux fissiles (uranium hautement enrichi et plutonium) et les moyens de lancement (avions, sous-marins, missiles). Le premier essai nucléaire aura lieu à Reggane au Sahara le 13 février 1960[27].

Les Français gardent un souvenir cuisant de la menace brandie par Khrouchtchev, en 1956, de lancer des armes nucléaires sur la France et l'Angleterre. Il s'agissait alors d'arrêter l'expédition militaire réussie contre l'Égypte de Nasser qui venait de nationaliser le canal de Suez. L'expédition fut arrêtée, en partie à cause de la menace soviétique, et aussi parce que le président Eisenhower avait fait part de son mécontentement à la France et au Royaume-Uni et leur avait demandé de se replier. Même si le but ultime de la France était d'affaiblir une Égypte qui aidait puissamment la rébellion algérienne, et si aujourd'hui même les partisans de l'Algérie française pensent que leur position n'était pas réaliste, le souvenir de cette menace est intolérable à bien des Français soulagés de savoir que ces temps sont révolus : jamais plus quelqu'un ne nous menacera de cette façon, car il serait assuré d'une riposte foudroyante. La débâcle de 1940 à la suite de l'invasion allemande ainsi que cet épisode permettent de comprendre ce qui a motivé la France à mettre au point un armement nucléaire.

La doctrine de la France était essentiellement défensive dans le but d'empêcher la guerre : « *La France pense que la dissuasion, c'est-à-dire la crainte qu'inspirerait l'usage de la force nucléaire, devrait suffire pour qu'il n'y ait pas de guerre. Le problème n'est pas de gagner la guerre, il est de ne pas la faire*[28] », dit le président Mitterrand, qui s'était converti à la dissuasion nucléaire en 1978.

La France s'est dotée d'une force de dissuasion nucléaire, mais elle disposait de moyens beaucoup plus faibles que les États-Unis ou l'Union soviétique. C'est une force strictement nationale qui n'a jamais dépendu du parapluie nucléaire des États-Unis.

Pour se prémunir d'une attaque éventuelle, le « faible » (la France) voulant dissuader le « fort » (l'Union soviétique) doit disposer des forces suffisantes, c'est-à-dire des armes nucléaires capables de survivre à une première attaque et capables de traverser les défenses de l'ennemi. Les armes basées au sol sont, bien entendu, les plus vulnérables à une première attaque. Les seules armes qui peuvent survivre à une première attaque sur le territoire national sont celles qui traversent les mers à bord des sous-marins, qui peuvent rester pendant des mois sous l'eau et dont la position est quasiment indécelable. Quant aux armes qui sont transportées sur des avions, si leur mission est une mission de dissuasion pour laquelle elles doivent survivre à une première attaque, il faut que les avions puissent être en vol en un temps plus rapide que celui que mettraient à atteindre leur cible les missiles censés les détruire, temps qui se chiffre en quelques (très peu) dizaines de minutes.

Avec des moyens limités, il s'agissait donc d'imposer à un adversaire potentiel des dommages inacceptables, ce qui le dissuaderait d'une attaque contre les « intérêts vitaux » de la France, ceux-ci n'étant d'ailleurs pas spécifiés ni publiquement définis : « *Si la dissuasion est réservée à la protection des intérêts vitaux, la limite de ceux-ci est nécessairement floue. Un adversaire potentiel n'en aura que plus de mal à apprécier sa marge de manœuvre, ce qui renforce la dissuasion*[29]. » Un autre élément de l'ambiguïté dans la dissuasion est la tradition du secret en France particulièrement sur les questions de politique nucléaire, « *plus encore que dans tout autre pays occidental – et la transparence est depuis longtemps un anathème à Paris*[30] ».

À l'origine, comme nous l'avons indiqué, la doctrine de dissuasion de la France était strictement de prévenir la guerre : en conséquence, celle-ci exclut tout recours aux armes nucléaires sur le champ de bataille, ce qui enlève aux armes nucléaires toute fonction militaire et leur donne un rôle essentiellement politique. Néanmoins, la France s'était dotée d'une triade, sol, air, mer, comprenant des missiles stratégiques et des missiles tactiques. Il n'est donc pas étonnant qu'il y ait eu des velléités de donner une fonction militaire à ces armes, donc d'imaginer une possibilité d'emploi, ce que pouvait laisser suggérer la mise en service des armes tactiques, à courte portée.

De telles armes de faible puissance, qui ont été mises au point et installées sur les missiles Pluton entre 1974 et 1993, ont été vues d'un très mauvais œil en Allemagne, puisque ces armes étaient censées servir d'« ultime avertissement », et donc interrompre sur le sol allemand l'avancée potentielle des forces soviétiques vers la France. Ces armes à courte portée avaient néanmoins été baptisées « préstratégiques » pour indiquer que leur emploi se ferait dans le cadre de la dissuasion stratégique.

Cette particularité française, l'« ultime avertissement », est née dans les années 1970, et a été réaffirmée par le président Chirac dans son discours à l'Institut des hautes études de défense nationale en juin 2001. Elle consiste à montrer la détermination française par une seule frappe limitée sur des cibles militaires. Si par malheur l'adversaire persiste, alors cet avertissement sera suivi d'une frappe massive. Nous pensons que si l'on en arrive à utiliser l'« ultime avertissement » (et si, bien sûr, l'ultime avertissement est effectivement lié à une menace sur les « intérêts vitaux » de la France), cela signifie plutôt que la dissuasion n'aura pas fonctionné. Et rien ne garantit que l'adversaire serait convaincu, à moins que cet ultime avertissement ne l'ait complètement anéanti, lui ainsi que tout son état-major et son armée. Vraisemblablement, cet ultime avertissement ne démontrerait rien d'autre que le bon fonctionnement des armes nucléaires françaises, ce dont personne ne doute.

La dissuasion française était essentiellement dirigée contre l'Union soviétique. Malgré la dissolution de celle-ci, la prédominance de la dissuasion nucléaire est toujours réaffirmée, elle reste la pierre angulaire de la défense française, comme cela est rappelé dans le *Livre blanc* de 1994, qui est toujours la doctrine officielle, et à nouveau souligné par le président Chirac en 2001.

Dans les années 1990, le gouvernement français sera favorable à des mesures de désarmement, comme l'exprimera le président Mitterrand aux Nations unies en 1991. La France mettra en œuvre des mesures de désarmement significatives[31] : le démantèlement des missiles à courte portée (Pluton), l'arrêt anticipé de la production des missiles Hadès en septembre 1991 ; la réduction des forces stratégiques (voir figure 8.2), l'arrêt de la production de plutonium pour les armes nucléaires et le moratoire sur les essais nucléaires et l'adhésion au Traité de non-prolifération en 1992 ; le démantèlement de la composante terrestre (missiles stratégiques sol-sol du plateau d'Albion), l'arrêt de la production d'uranium hautement enrichi pour les armes nucléaires, la réduction du niveau d'alerte des forces stratégiques et la réduction du nombre de sous-marins en mer en 1996 ; la destruction du dernier missile Hadès en 1997.

La France a pris une part active aux négociations sur le Traité d'interdiction complète des essais nucléaires (qui sera discuté dans le chapitre suivant). Après la dernière campagne d'essais nucléaires menée en 1995-1996, la France démantèle son site d'expérimentation de Mururoa (la France est le seul pays à avoir procédé à une telle étape irréversible de désarmement), soutiendra l'option de seuil égal à zéro pour les essais nucléaires dans les discussions sur le Traité d'interdiction complète des essais nucléaires qu'elle ratifiera en 1998. La France ratifiera les traités établissant des zones dénucléarisées dans le Pacifique Sud

(Traité de Roratonga) et le continent africain (Traité de Pelindaba) en 1996. Enfin la France a démantelé les centres de production de matière fissile pour les armements à Pierrelatte et Marcoule.

La situation internationale a changé, mais les scénarios justifiant le maintien d'une force nucléaire dite « strictement suffisante », mais néanmoins importante et modernisée, prolifèrent. C'est au tour des États régionaux de pouvoir menacer les intérêts vitaux de la France, par « *l'usage d'armes de destruction massive quelle que soit leur nature* ». Comme nous le soulignerons au chapitre 10, le terme d'arme de destruction massive ne devrait être employé que pour désigner les armes nucléaires. En effet, les armes biologiques, et à plus forte raison les armes chimiques, infligeraient des dommages sans commune mesure avec ceux que peuvent infliger les armes nucléaires, et le terme d'arme de destruction indiscriminée leur est plus adapté.

Le président Chirac réaffirme en 2001 que les armes nucléaires servent en premier lieu à garantir la survie du pays face à une menace majeure. Nous avons vu que, suivant la doctrine de la France, une attaque sur ses intérêts vitaux (non définis par principe) provoquerait une réponse nucléaire sous la forme de dommages inacceptables, quelle que soit la nature de la menace, l'État agresseur ou le type d'armes utilisé : « *On peut dire qu'il s'agit là d'une fonction permanente et "intemporelle", liée au concept même de dissuasion nucléaire, indépendamment d'un contexte de sécurité déterminé dans l'espace ou dans le temps*[32]. »

Maintenant, les armes nucléaires servent aussi à préserver d'une agression par des puissances régionales possédant des armes de « destruction massive » (c'est-à-dire, dans ce cas, biologique, chimique et nucléaire) et à contribuer à la sécurité de l'Europe. La dissuasion nucléaire française sort du cadre de la « dissuasion du faible au fort » et il semblerait aussi qu'elle sorte de la stricte protection des « intérêts vitaux » de la France. Les propos relevés dans un rapport du Sénat sur la loi de finances 2004 sont très clairs à cet égard :

« *Se plaçant dans l'hypothèse d'une menace émanant d'une puissance régionale dotée d'armes de destruction massive, le président de la République a précisé que dans un tel cas, "le choix ne serait pas entre l'anéantissement complet d'un pays ou l'inaction. Les dommages auxquels s'exposerait un éventuel agresseur s'exerceraient en priorité sur ses centres de pouvoir, politique, économique et militaire".*

« *Il s'agit, à cet égard, d'adapter la menace dissuasive à l'enjeu d'un conflit qui ne serait pas, face à une puissance régionale, notre survie même. Notre concept ne se résume plus à la "dissuasion anticités" mais évolue vers une dissuasion adaptée à la nature et à la variété des menaces.*

« Comme l'a indiqué le 16 octobre 2003 le Premier ministre, les forces nucléaires "sont adaptées pour faire face à une diversité de scénarios de chantages et de menaces auxquels nous expose, de façon de plus en plus plausible, le développement d'armes de destruction massive dans le monde. Sous l'autorité du chef de l'État, leur conception, leur programmation et la doctrine qui les gouverne évoluent avec notre environnement et l'analyse des menaces".

« Ainsi, nos forces nucléaires doivent être en mesure de menacer de manière crédible une plus large gamme d'objectifs, afin de garantir la dissuasion en toutes circonstances. La modulation de la puissance explosive des têtes nucléaires et le renforcement de leurs capacités de pénétration, la variété des types de vecteurs et l'amélioration de leur portée et de leur précision, la possibilité de définir les cibles les plus pertinentes compte tenu des circonstances, sont autant de paramètres qui sont d'ores et déjà pris en compte pour l'évolution de notre dissuasion, à travers les différents programmes en cours. Ces différents éléments sont au centre des enjeux de la modernisation de nos forces nucléaires au cours des quinze prochaines années[33]. »

Se font à nouveau entendre les requêtes de moyens pouvant s'adapter à toute circonstance. Les nouvelles menaces induiraient un besoin de flexibilité, de meilleure précision pour cibler des « centres de pouvoir » ou cibles militaires d'éventuels proliférateurs, tout en diminuant les « dommages collatéraux » : on passe de la dissuasion par des frappes massives sur des villes au développement d'armes miniaturisées pour obtenir des armes aux effets « plus limités » et qui puissent s'adapter à une cible plus précise. Tout cela ressemble fort aux arguments que l'on entend depuis des années aux États-Unis sur l'inadéquation de la dissuasion, à moins qu'elle ne soit capable de, et planifiée pour, détruire effectivement des cibles militaires ou politiques. Nous reviendrons sur la question des capacités (ainsi que sur les effets) d'armes destinées à être utilisées sur des cibles précises enfouies sous terre lorsque nous discuterons à la fin de ce chapitre du projet américain d'arme nucléaire pénétrante.

Nous pensons aussi que toutes ces nouvelles requêtes pour des armes nucléaires pouvant s'adapter à toutes les circonstances et les modifications de doctrine d'emploi qu'elles risquent fort de susciter font courir le risque d'une banalisation de l'utilisation de l'arme nucléaire en lui faisant remplir des missions que des armes classiques sont aussi capables de remplir.

Enfin ce sont typiquement des développements qui devraient logiquement conduire les autres pays à vouloir mettre au point et se doter des mêmes moyens de protection. Il nous semble que l'ambiguïté persistante dans la définition des intérêts vitaux, si elle se comprend dans une doctrine de non-emploi, pourrait avoir des effets pervers si on l'affiche dans le cadre d'une menace crédible sur une gamme plus étendue d'objectifs.

Alors que la dissuasion était restée dans un contexte strictement français, on conçoit que la notion d'intérêts vitaux pour la France englobe aussi des intérêts vitaux pour l'Europe. Cepedant les propositions d'ouverture pour une dissuasion à l'échelle de la défense de l'Europe risquent de ne pas rencontrer d'écho très favorable dans des pays qui ont renoncé aux armes nucléaires depuis les années 1960, et dont certains considèrent que celles-ci représentent plutôt une menace qu'un moyen de protection. En effet les pays ayant la capacité de se doter d'armes nucléaires mais y ayant volontairement renoncé doivent avoir fait l'analyse que leur sécurité est mieux assurée sans. La « dissuasion concertée », formulée avec insistance au moment de la reprise des essais nucléaires en 1995, avait été très fraîchement accueillie par les autres pays européens.

Extraits du discours du président Chirac à l'Institut des hautes études de défense nationale, le 8 juin 2001

Fondée sur le droit, appuyée sur une défense plus mobile, plus collective et plus européenne, notre sécurité est et sera avant tout garantie par la dissuasion nucléaire. C'est vrai aujourd'hui, cela le sera plus encore demain. Et je vais vous dire pourquoi.

Il m'appartient, en tant qu'ultime gardien de la dissuasion et décideur unique de la mise en œuvre éventuelle de nos forces nucléaires, de vous en rappeler le rôle et de vous exposer comment ses moyens ont été adaptés à l'évolution des menaces.

La dissuasion nucléaire est au cœur des moyens qui permettent à la France d'affirmer le principe d'autonomie stratégique dont découle notre politique de défense.

Elle est aujourd'hui, grâce aux efforts consentis de manière continue depuis le général de Gaulle, un fondement essentiel de notre sécurité et elle le restera pendant de longues années encore, dans le nouveau contexte stratégique où elle garde tout son sens et toute son efficacité.

La dissuasion nucléaire est d'abord un facteur important de la stabilité internationale. C'est à elle que l'Europe doit d'avoir été préservée, depuis plus de 50 ans, des ravages qu'elle a connus au cours du XXe siècle. Imposant la retenue, incitant à la raison, la menace nucléaire crédible commande la paix.

Nos forces nucléaires ne sont dirigées contre aucun pays, et nous avons toujours refusé que l'arme nucléaire puisse être considérée comme une arme de bataille employée dans une stratégie militaire.

Notre dissuasion garantit, en premier lieu, que la survie de la France ne sera jamais mise en cause par une puissance militaire majeure animée d'intentions hostiles et prête à recourir à tous les moyens pour les concrétiser.

Alors même que des arsenaux considérables existent encore ou se développent dans diverses parties du monde, cette garantie reste pour nous fondamentale.

La dissuasion doit également nous permettre de faire face aux menaces que pourraient faire peser sur nos intérêts vitaux des puissances régionales dotées d'armes de destruction massive.

J'évoquais tout à l'heure le développement par certains États de capacités balistiques qui pourraient leur donner les moyens, un jour, de menacer le territoire européen avec des armes nucléaires, biologiques ou chimiques. S'ils étaient animés d'intentions hostiles à notre égard, les dirigeants de ces États doivent savoir qu'ils s'exposeraient à des dommages absolument inacceptables pour eux.

Et dans ce cas, le choix ne serait pas entre l'anéantissement complet d'un pays ou l'inaction. Les dommages auxquels s'exposerait un éventuel agresseur s'exerceraient en priorité sur ses centres de pouvoir, politique, économique et militaire. Naturellement, par essence, l'arme nucléaire est différente et le monde l'a compris. Ce que j'affirme, devant vous, c'est que la France, fidèle à son concept de non-emploi, a, et conservera, les moyens de maintenir la crédibilité de sa dissuasion face à toutes les nouvelles menaces.

Enfin, notre dissuasion nucléaire doit aussi, c'est le vœu de la France, contribuer à la sécurité de l'Europe. Elle participe ainsi à la capacité globale de dissuasion que peuvent exercer, ensemble, les démocraties réunies par le Traité de sécurité collective conclu, il y a plus de cinquante ans, entre l'Europe, les États-Unis et le Canada.

En tout état de cause, il revient au président de la République d'apprécier, dans une situation donnée, l'atteinte qui serait portée à nos intérêts vitaux. Cette appréciation tiendrait compte, naturellement, de la solidarité croissante des pays de l'Union européenne.

Je souhaite enfin rappeler que notre concept de dissuasion, fondé sur le principe de l'unicité, n'exclut pas la capacité de marquer, le moment venu, à un adversaire éventuel, à la fois que nos intérêts vitaux sont en jeu et que nous sommes déterminés à les sauvegarder.

Dans ce cadre général, en accord avec le Premier ministre, j'ai défini une programmation de nos moyens nucléaires garantissant à la France de disposer d'un ensemble suffisamment diversifié pour assurer la crédibilité de notre dissuasion en toutes circonstances et quelles que soient la localisation ou la nature de la menace.

Notre capacité nucléaire repose sur 2 types de moyens aux caractéristiques techniques différentes et complémentaires. Des missiles balistiques équipant la composante océanique, emportés par des sous-marins, et des missiles à trajectoire aérobie pour la composante aéroportée.

Le renouvellement et la modernisation de ces forces ainsi que l'avancement du programme de simulation, destiné à compenser l'abandon des essais nucléaires pour le maintien de nos capacités, constituent, dans ce domaine, les principaux objectifs de la prochaine loi de programmation militaire.

Ces moyens ont été définis, dans leur volume et leurs caractéristiques, à un niveau de stricte suffisance déterminé en fonction du contexte politique et stratégique. Dans l'application de ce principe, la France s'est toujours souciée de définir un niveau de capacité le plus bas possible, conforme, naturellement, et compatible avec sa sécurité.

Restreinte à la stricte suffisance, notre dissuasion nucléaire est donc, plus que jamais, au cœur de la sécurité de notre pays.

Dans la situation géographique et politique qui est celle de la France, elle est la meilleure garantie face aux menaces nées de la prolifération, quel qu'en soit le vecteur.

Les forces françaises actuelles sont dotées d'une composante océanique et d'une composante aérienne[34]. Les sous-marins nucléaires lanceurs d'engins sont équipés de missiles ayant une portée d'au moins 4 000 kilomètres et transportant six têtes, chacune d'une puissance de l'ordre de 100 à 150 kilotonnes (c'est-à-dire environ 7 à 10 fois la puissance de la bombe qui a rasé Hiroshima) qui seront remplacées par les TNO (tête nucléaire océanique) qui équiperont les missiles M51 à partir de 2015. La portée du missile M51 qui remplacera en 2010 les missiles actuels M45 est supposée être de l'ordre de 6 000 kilomètres avec sa charge nominale ; cependant sa portée pourrait être bien supérieure s'il n'était armé que d'une seule tête nucléaire.

La composante aéroportée consiste en trois escadrons de 20 bombardiers Mirage 2000, et une flotte de Super-Étendard sur l'unique porte-avions français, le *Charles de Gaulle*. Ces avions transportent des missiles air-sol moyenne portée (ASMP), qui ont une portée de 300 kilomètres et transportent une tête TN81 d'une puissance de 300 kilotonnes environ. Ils seront remplacés par des missiles « améliorés » (ASMP-A), plus précis et équipés de tête nucléaire aéroportée

(TNA) qui entreront en service en 2007. Ces avions seront aussi remplacés par les Rafale. La portée de l'ASMP-A sera de l'ordre de 300 à 400 kilomètres, et sa précision serait de l'ordre de 10 mètres. L'argument est souvent avancé qu'une bonne précision permet de limiter les dommages. Pour une tête nucléaire, cela n'est vrai que dans le sens où une arme aurait plus de chances d'atteindre son objectif, moins d'armes seraient nécessaires pour un but précis. Le Royaume-Uni a démantelé sa composante aéroportée.

Comme le montre le tableau 8.2, en 2004, la France était supposée posséder 48 missiles à têtes multiples indépendamment guidées (« MIRV ») sur la flotte de sous-marins et une soixantaine de têtes pouvant être lancées à partir de bombardiers Mirage ou Super-Étendard. Le nombre total actuel d'armes nucléaires serait de l'ordre de 350 et leur puissance comprise entre 100 et 300 kilotonnes. La France a aussi disposé de têtes nucléaires d'une puissance de l'ordre de la mégatonne, mais les dernières ont été retirées du service en 1996. Quant aux armes de plus faible puissance qui équipaient les missiles Pluton ou les flottes de bombardiers, elles ont été retirées du service en 1993[35].

Tableau 8.2 : Forces nucléaires françaises au 15 août 2004[36].

	Mise en service	*Nombre*	*Têtes nucléaires*	*Nombre × puissance kt*	*Portée en km*
Forces aéroportées					
Mirage 2000 N	1988	60	50 TN-81	1 × 300	2 750
Super-Étendard	1978	24	10 TN-81	1 × 300	650
Forces sous-marines					
M45	octobre 1996	48	288 TN-75	6 × 100	4 000 (6 000)

Ajoutons quelques éléments sur le programme de maintenance et de modernisation de l'arsenal français.

Charge robuste et programme de simulation sont les outils « indissociables » pour le renouvellement des charges nucléaires : les têtes nucléaires aéroportées (TNA) et têtes nucléaires océaniques (TNO) qui équiperont les missiles M51 sur les sous-marins sont la génération des armes nucléaires dites « robustes », c'est-à-dire dont les paramètres de définition « *autorisent une marge de tolérance vis-à-vis des paramètres physiques ou technologiques présidant au fonction-*

nement de l'arme[37] ». C'est la validation de ce concept qui a été à l'origine de la dernière campagne d'essais de 1995-1996.

Pour assurer le maintien en état des armes, voire en construire de nouvelles, dans un régime d'interdiction des essais nucléaires, la France a lancé un programme de simulation des essais nucléaires qui a été présenté pour la première fois dans un rapport parlementaire du 15 décembre 1993 sous le nom de « Préparation à la limitation des essais nucléaires » ou PALEN. Ce programme de simulation comprend un laser de haute puissance, un système de radiographie (pour analyser la dynamique des matériaux et étudier le fonctionnement non nucléaire des armes) et une architecture de calcul parallèle. Le laser Mégajoule, qui sera construit au Barp (près de Bordeaux), sera équipé de 240 faisceaux laser et permettra d'étudier les domaines de la fusion nucléaire. Les premières expériences d'ignition et de combustion thermonucléaire sont prévues pour fin 2011.

Le programme de simulation devrait permettre d'étudier certains phénomènes de vieillissement des charges, de s'assurer de la validité de certains paramètres pour les charges nouvelles « robustes ». Enfin, ce programme ambitieux devrait contribuer à maintenir la compétence en matière d'armes nucléaires des scientifiques chargés de les réaliser, mais qui n'auront jamais participé à des campagnes d'essais en vraie grandeur.

Nous reviendrons sur ce sujet avec la discussion de l'installation National Ignition Facility aux États-Unis, les remarques que nous ferons étant valables pour les deux programmes, américain ou français. Soulignons dès à présent que ce programme ne permettra pas la conception d'armes d'un type complètement nouveau. Ce programme pourrait néanmoins permettre de fournir des possibilités de recherche intéressantes pour maintenir les compétences scientifiques dans la mise au point des armes nucléaires. En effet, celles-ci diminuent avec les départs en retraite des pionniers, et il devient plus difficile d'attirer les meilleurs cerveaux dans ce type de recherches. Enfin, l'expertise en matière de missiles est concentrée dans une industrie privée, EADS, pour laquelle la dissuasion nucléaire n'est pas une mission, mais une activité commerciale. Si les contrats diminuent, cette entreprise ne maintiendra des compétences qu'à un niveau inférieur[38].

La fraction du nucléaire dans le budget d'équipement total des armées est passée de 50 % dans les années 1960, à 30-40 % dans les années 1970 et 1980, puis à 20 %, niveau auquel elle se trouve actuellement. En francs de 1997, les sommes dépensées (crédits de paiement) pour l'équipement nucléaire ont été de 40 milliards en 1967, 24 milliards en 1978, 28 milliards en 1982, 19,6 milliards en 1996 et 18,8 milliards en 1997[39].

Les restrictions budgétaires seront une contrainte pour un programme nucléaire ambitieux. Les dépenses en matière d'armement ont augmenté depuis la réélection du président Chirac, le budget étant de 32,4 milliards d'euros en

2004. Le budget pour le nucléaire a diminué de 58 % entre 1990 et 2000 et n'absorbe maintenant que 10 % des crédits de la défense. Le budget nucléaire pour 2003-2008 sera en moyenne de 2,82 milliards d'euros[40]. Le coût du programme de simulation était estimé à 15 milliards de francs en 2000. En 2004, l'estimation pour le programme total est de 5 milliards d'euros[41], valeur remise à jour 5,5 milliards d'euros en 2005[42].

Le président Chirac a réitéré le fait que les armes nucléaires ne sont pas des armes d'emploi mais, en même temps, la France cherche à rendre ses systèmes d'armement nucléaire plus flexibles, pour se prémunir contre des menaces plus diversifiées avec un ensemble plus varié d'options de ciblage. Ces deux options nous semblent difficilement conciliables.

Même si les armes nucléaires n'ont plus la place centrale qu'elles avaient durant la guerre froide, elles restent considérées comme armes défensives, donc ne seront pas remises en cause puisqu'elles sont destinées à se protéger contre tout agresseur potentiel. Mais tout agresseur potentiel serait-il dissuadé par les armes françaises si sa propre survie ne lui est pas aussi essentielle qu'à nous ? Tant que tous les responsables importants, militaires et politiques, ne sont pas convaincus par cet argument, la France maintiendra ses efforts pour développer de nouvelles armes et peut-être aussi pour se doter d'une capacité de défense antimissile.

Développements récents aux États-Unis

Nous avons expliqué comment les Américains ont mis au point et déployé un très grand nombre d'armes nucléaires. Comme nous le verrons au chapitre suivant, des négociations entre les États-Unis et l'Union soviétique ont cherché à diminuer la menace que faisait courir au monde la course aux armements, ainsi qu'à diminuer les coûts, même si certains pensaient que les États-Unis pouvaient se permettre cette dépense et que de lourds programmes d'armements auraient pour conséquence de limiter substantiellement les capacités conventionnelles de l'armée soviétique. Avec le refrain que les États-Unis et la Russie ne sont plus des ennemis, on aurait pu penser que la taille des forces stratégiques aurait diminué beaucoup plus vite que cela n'a été le cas.

La fin du pacte de Varsovie aurait aussi dû conduire à un arrêt des demandes en matière d'armes nucléaires tactiques. Une autre motivation pour diminuer les stocks d'armes nucléaires tactiques vient des avancées dans les armes non nucléaires qui sont performantes et coûtent moins cher. Les bombes guidées par laser, d'abord utilisées au Vietnam, puis les bombes actuelles guidées par GPS, sont très efficaces et ne coûtent que de l'ordre de 20 000 à 50 000 dollars. Quant à l'utilisation des bombes nucléaires contre des forces armées sur le terrain, elles n'invalideraient qu'un nombre limité de chars. Enfin, l'armée américaine est lasse des armes nucléaires.

Un argument pour conserver des armes nucléaires est la dissuasion de l'utilisation de munitions chimiques ou biologiques. Même si cet argument a quelque valeur, la politique des États-Unis a toujours été de dire qu'ils n'utiliseraient pas d'arme nucléaire contre des États non dotés d'armes nucléaires, ou qui ne sont pas alliés à des États dotés d'armes nucléaires. Cela a certainement encouragé les pays à rejoindre le Traité de non-prolifération dont nous parlerons au chapitre suivant.

Par contre, les laboratoires d'armes nucléaires et des chercheurs sur les questions de défense continuent à explorer les possibilités de nouvelles utilisations pour les armes nucléaires. Au milieu des années 1980, il y a eu le programme de laser à rayons X avec pompage par explosion nucléaire dont la seule utilisation ne pouvait être que l'interception des missiles en phase de mi-course au-dessus de l'atmosphère (puisque les faisceaux de rayons X ne peuvent pénétrer l'atmosphère). Actuellement, la plupart des travaux des laboratoires d'armement aux États-Unis sont focalisés sur le programme de surveillance de l'arsenal nucléaire. Et comme toujours, les armes nucléaires sont tout autant un symbole qu'une arme.

L'absurdité d'un arsenal de plus de 10 000 armes nucléaires dans un monde sans Union soviétique semble être admise par beaucoup de ceux qui ont de l'expérience et de l'influence. Une nouveauté est que des officiels qui n'avaient jamais été impliqués dans les discussions de maîtrise des armements proposent maintenant plusieurs postures qui conduiraient à diminuer le stock d'armes nucléaires à 1 000 têtes. Certaines propositions s'intéressent à des armes nucléaires « mieux adaptées » aux besoins actuels, des armes « robustes » dont la durée de vie serait assurée pour de nombreuses décennies et qui pourraient être refabriquées sans que cela ne nécessite d'essais. Il y a des propositions, émanant par exemple de John Deutch ou John Hamre (tous deux anciens secrétaires d'État adjoints à la Défense), de remplacer toutes les bombes actuellement dans l'arsenal par un millier d'armes de puissance inférieure, plus simples et plus faciles à maintenir. Mais la plupart des personnes impliquées dans la mise au point des armes nucléaires au laboratoire de Livermore, comme Bruce Goodwin, affirment que le Programme de surveillance scientifique de l'arsenal (que nous discutons ci-dessous) permet de garantir la fiabilité et la sûreté des armes thermonucléaires américaines, ainsi que leur refabrication éventuelle[43].

La question de la robustesse des armes françaises est différente. Le Commissariat à l'énergie atomique français a apparemment jugé que la conception et la réalisation des armes nucléaires françaises étaient trop optimisées pour qu'elles puissent être remplacées par des nouveaux modèles sans pouvoir procéder à des essais en vraie grandeur. Des modifications mineures et très spécifiques ont été testées lors de la dernière campagne d'essais nucléaires française. Alors que la France a fermé le centre de Mururoa et ratifié le Traité d'interdiction complète des essais nucléaires, il y a aux États-Unis des déclarations en faveur d'une reprise des essais. Nous pensons que toutes ces propositions émanent de personnes qui refusent le traité et le moratoire sur les essais nucléaires. John Hamre recommande même des essais pour valider les armes simples et robustes qu'il propose, de façon à démontrer au monde entier qu'elles fonctionnent. Mais il est clair que les sceptiques ne seront jamais satisfaits, tant sont grandes les possibilités d'erreurs. Les armes françaises et américaines existantes sont sûres et fiables à long terme, et nous pensons ce sont plutôt des réductions massives dans les arsenaux nucléaires qui augmenteront la sécurité de ces États à long terme.

Programme de surveillance scientifique de l'arsenal

Le fonctionnement des sociétés démocratiques s'enraye lorsque la propagande remplace la discussion raisonnée. Le débat public sur les programmes importants donne souvent lieu à des excès chez les partisans de solutions opposées. Ainsi, le Programme de surveillance de l'arsenal nucléaire des États-Unis lancé en 1995 est à la fois sanctifié par ses partisans et diffamé par ses opposants. Il permet de préserver la sûreté et la fiabilité des armes nucléaires existantes et il est essentiel à l'application par les États-Unis du Traité d'interdiction complète des essais nucléaires, que nous discuterons au chapitre suivant. En effet, pour faire accepter ce traité, le président Clinton s'est mis d'accord avec les responsables des programmes nucléaires pour soutenir un programme de surveillance scientifique de l'arsenal qui inclurait d'importantes installations nouvelles. Parmi celles-ci figurent des machines radiographiques pulsées (« flash X rays ») qui permettraient d'améliorer l'imagerie d'implosions de haute puissance qui seraient effectuées avec de l'uranium naturel à la place de l'uranium-235 fissile, ou un autre élément à la place du plutonium, ou encore à une échelle assez réduite pour qu'il ne puisse y avoir aucune réaction nucléaire en chaîne.

L'installation de ce type la plus importante est l'Institut national d'ignition (NIF – National Ignition Facility) au Laboratoire Lawrence Livermore. Cette machine emploiera 192 lasers puissants dont les faisceaux entreront par des ouvertures situées à chaque extrémité d'un petit cylindre creux en or de quelques millimètres de diamètre et de longueur. La lumière se transforme en rayons X mous (c'est-à-dire des rayons X thermiques de densité d'énergie et de longueur d'onde appropriées à la température des électrons dans l'or chauffé par les lasers) simulant ainsi, avec une quantité d'énergie bien moindre, les radiations de rayons X mous générés par l'étage primaire d'une arme nucléaire qui peut comprimer et chauffer une charge de fusion secondaire. Ceci étant, l'un des objectifs principaux de cette installation est de « brûler » du tritium avec du deutérium dans de minuscules ampoules de verre implosées à l'intérieur du cylindre en or, tout comme l'étage secondaire d'une arme thermonucléaire est implosée à l'intérieur de la coquille de la bombe. L'énergie dégagée par les rayons X de cette machine est de l'ordre de 1 mégajoule (10^6 J), à comparer à celle de la charge primaire d'une bombe supérieure à 1 kilotonne (4×10^{12} J) ; ce facteur de 4 millions entre ces deux énergies signifie que le volume de matière qui peut être comprimé dans la machine est à peu près 4 millions de fois plus petit que ce qui se trouve dans l'étage secondaire d'une bombe, soit une sphère de diamètre 150 fois plus petit. En aucune façon cette machine ne simule fidèlement une explosion nucléaire.

Mais la pression énorme des rayons X mous permet de réaliser des expériences liées aux explosions nucléaires à cette petite échelle. En outre, la possibilité d'atteindre un seuil de rentabilité (quand l'énergie de fusion est supérieure à celle des rayons X) est intéressante pour des programmes civils explorant la possibilité de produire de l'énergie électrique à partir de réactions de fusion nucléaire.

La comparaison détaillée de résultats d'expériences réalisées dans cette installation avec les prédictions théoriques pour de minuscules capsules de fusion pourrait aider à maintenir des équipes au même niveau scientifique que celui qu'elles avaient atteint pendant la course aux armements. L'un des buts avoués du programme de maintenance de l'arsenal nucléaire américain est de préserver la capacité des scientifiques à concevoir de nouvelles armes, de garantir leur faisabilité et de permettre de les tester si nécessaire, évidemment pas si, et tant que, le Traité d'interdiction complète des essais nucléaires est en vigueur. Cet objectif est utile et il est compatible avec le traité, mais il n'est pas justifié par la nécessité de maintenir la sûreté et la fiabilité de l'arsenal.

L'Institut national d'ignition est peut-être indirectement nécessaire, dans la mesure où il permet aussi de préserver le niveau de compétence des scientifiques qui pourraient éventuellement être amenés à trouver des solutions à certains problèmes observés sur des armes en vieillissement. Avec des lasers ou des installations à énergie pulsée, on peut générer, à volume réduit, des rayons X semblables à ceux émis par une charge primaire nucléaire et étudier certains aspects de leurs effets sur l'assemblage de la charge secondaire. Par conséquent, même si les lasers n'apportent pas de solution aux problèmes liés à la charge primaire, ils peuvent permettre d'étudier certains détails liés à la configuration de la charge secondaire. Ainsi, ils pourraient par exemple fournir des réponses à certaines questions relatives à la corrosion des composants secondaires des bombes et permettre de déterminer si ces derniers ont besoin d'être remplacés fréquemment. Cependant le coût d'un remplacement préventif sans vérification pourrait être inférieur à celui du programme de lasers. Non seulement les pays qui ne possèdent pas de lasers superpuissants ne se trouveraient pas désavantagés, mais ils pourraient même s'en porter mieux : une étude récente sur le taux de guérison de malades atteints d'affections cardiaques montre que la technique de diagnostic la plus avancée, qui utilise un cathéter placé à l'intérieur du cœur pour obtenir des informations permettant un traitement modulé en temps réel, est associée à un taux de mortalité supérieur à celui des patients à qui l'on épargne cette intervention.

Les personnels des laboratoires américains de mise au point d'armes nucléaires ont affirmé à plusieurs reprises qu'à une époque où les autres pays ne détectent plus d'ondes sismiques causées par les essais nucléaires américains, la crédibilité de la force de dissuasion nucléaire repose sur la réalisation d'opérations d'ignition. Nous pensons qu'il est erroné et aberrant de lier la crédibilité des armes nucléaires à la question entièrement distincte de savoir si l'on peut atteindre un seuil de rentabilité énergétique dans de minuscules capsules de deutérium et de tritium soumises à des rayons laser.

Il est tout à fait possible de préserver la sûreté et la fiabilité de nos armes pendant plusieurs décennies au moyen d'un programme beaucoup plus simple d'inspections et de refabrication/remplacement de pièces si nécessaire. Un pays doté d'un programme nucléaire peut choisir de conserver et d'étendre sa compétence scientifique et technique au moyen d'un programme basé sur la recherche, comme en France et aux États-Unis, ou bien il peut adopter un programme plus modeste basé sur l'entretien et le remplacement fréquent. Il est probable que la Russie, la Chine et peut-être le Royaume-Uni choisissent cette dernière approche, moins ambitieuse mais néanmoins efficace par rapport à son objectif.

Le programme scientifique a pour objectif subsidiaire de permettre un retour au développement d'armes nucléaires en cas d'échec du Traité de non-prolifération. Il est possible que le régime de non-prolifération s'effondre dans les décennies à venir, et l'on peut comprendre que les puissances nucléaires, leurs laboratoires et leurs experts veuillent préserver leur niveau de compétences. Mais un activisme excessif de la part des experts pourrait, en réalité, se traduire par un risque accru pour la fiabilité et la sûreté de l'arsenal nucléaire, particulièrement si les scientifiques ne parviennent pas à résister à la tentation de procéder à des améliorations dont ils n'auront pas pu tester les effets. Il y a un autre problème potentiel : un responsable de laboratoire a signalé récemment que les chercheurs dont la tâche quotidienne est de surveiller les armes nucléaires dans les laboratoires craignent que l'investissement et l'excitation causés par de nouvelles installations ne détournent l'attention des ingénieurs et des physiciens de leur tâche première qui est l'entretien des armes existantes.

Cette installation devrait coûter plus de 3,5 milliards de dollars[44]. À la fin de 1999, on a découvert que sa construction était très en retard et que son budget était largement dépassé, ce que n'avaient pas laissé prévoir les rapports optimistes présentés au Congrès et au département d'État à l'Énergie par les directeurs de ce laboratoire. Fin juin 2005, un comité du Sénat a refusé d'allouer des fonds supplémentaires pour la construction, ce qui met la réalisation du projet en considérable péril.

Programme d'arme nucléaire robuste pénétrante

Ni la cause de la sécurité nationale des États-Unis ou des autres pays, ni celle de la non-prolifération des armes nucléaires ne sont servies par le genre de confusions qui abondent aux États-Unis au sujet du programme de la nouvelle tête nucléaire robuste pénétrante qui pourrait atteindre des objectifs profondément enfouis (*Robust Nuclear Earth Penetrator* : arme nucléaire robuste pénétrante dans la terre). Les prémices de ce programme remontent à 1989[45].

Le département d'État à la Défense note à juste titre que les adversaires potentiels des États-Unis, et les États pouvant prendre part à des conflits n'impliquant pas les États-Unis, construisent de plus en plus souvent des installations souterraines importantes. L'avènement de technologies de percement de tunnel bon marché et une meilleure connaissance des capacités des États-Unis à détruire des cibles souterraines profondes et renforcées avaient conduit à la construction d'installations renforcées dans des sous-sols de roche dure. Celles-ci abritent des centres « de commandement et de contrôle » pour les forces armées et même pour l'économie, ainsi que des installations fabriquant ou stockant des armes chimiques ou biologiques. Il existe aujourd'hui plus de 1 000 « installations renforcées profondément enterrées » de par le monde et nombre d'entre elles résisteraient même à l'explosion en surface d'armes nucléaires telles qu'en possède l'armée américaine. En outre, ces centres étant très chers et difficiles à construire, certains pensent que ces pays seraient dissuadés d'attaquer les États-Unis s'ils sont convaincus que ces derniers ont les moyens de les détruire.

Avec l'expérience de la guerre du Golfe de 1991 et l'avènement à cette occasion d'armes conventionnelles pénétrantes, les militaires ont commencé à réclamer la mise au point d'armes nucléaires pouvant transpercer plusieurs mètres d'épaisseur de béton armé ou de roche dure pour exploser en sous-sol. Mais un projectile ne peut pas pénétrer à plus de trois à quatre fois sa longueur sans se déformer, ce qui représente une contrainte pour l'utilisation d'explosifs nucléaires. Ainsi, une arme d'une longueur de 3 mètres pourrait s'enfoncer jusqu'à une profondeur de 12 mètres. D'autre part, la pénétration est pleine d'incertitudes, étant donné que, par accident ou à dessein, la structure ou la roche pourrait dévier le projectile et le faire ressortir de terre avant qu'il n'ait pu exploser en sous-sol.

La pénétration à cette profondeur n'est d'ailleurs pas nécessaire pour obtenir le bénéfice quasi complet d'une explosion en sous-sol. Une explosion à 2 mètres de profondeur obtient au moins un facteur 20 dans l'intensité du choc terrestre. En d'autres termes, une explosion de 100 kilotonnes à 2 mètres de profondeur aurait le même impact sur une structure située entre 100 et 300 mètres de profondeur que l'explosion d'une bombe de 2 000 kilotonnes en surface. Les États-Unis étaient depuis longtemps dotés d'un arsenal de bombes B53, d'une puissance de nombreuses mégatonnes qui pesaient 4 000 kilogrammes, et il n'était pas certain que les B53 elles-mêmes puissent détruire ces installations souterraines.

En 1996, les États-Unis ont modernisé une arme nucléaire déjà sophistiquée, la bombe à retardement B61, qui était destinée à être larguée d'un avion avec un parachute et à se poser sans exploser immédiatement, pour laisser le temps à l'avion l'ayant larguée de s'éloigner. La bombe B61 pèse environ 340 kilogrammes. Les laboratoires d'armement nucléaire des États-Unis, particulièrement le laboratoire national de Sandia, ont modifié la B61 pour créer la B61-Mod11, dont il était certifié qu'elle pouvait s'enfoncer même dans un sol gelé pour exploser au moins à quelques mètres de profondeur. Mais elle ne peut pas pénétrer des épaisseurs de roche ou de béton renforcé.

Même si l'on est convaincu qu'une telle capacité à bénéficier d'un choc terrestre par pénétration dans la roche ou le béton est nécessaire, on comprend cependant que ce programme d'arme nucléaire pénétrante robuste est inutile et mal conçu. Ce que les fabricants d'armes auraient pu faire aurait été de coupler la bombe B61-11 (ou une autre bombe nucléaire existante) avec une grosse charge creuse[46] conique conventionnelle, pouvant contenir jusqu'à une tonne d'explosif superpuissant. Un tel système serait transporté sous forme compacte par avion, puis ajusterait sa trajectoire en vol une fois largué à l'approche de la cible, guidé par un faisceau laser ou un GPS comme les bombes JDAM qui ont démontré leur efficacité lors de leur utilisation en Irak en 2003. À l'approche de la cible, l'explosif conique superpuissant entouré de métal exploserait, dégageant ainsi un long jet de métal à vitesse hypersonique qui pénétrerait dans la roche ou le béton. Un tel jet vaporise le matériau pénétré et atteint une profondeur indépendante de la résistance de celui-ci. Toutes les armées du monde sont équipées de munitions à charge creuse. Un manuel de terrain utilisé par le Corps des ingénieurs de l'armée décrivant les caractéristiques des explosifs de ce type d'un poids de 7 et de 20 kilogrammes indique que ceux-ci percent un trou de 17 centimètres de diamètre et d'au moins 2 mètres de profondeur. La B61-11, fixée à une telle charge creuse, d'un poids de 500 kilogrammes, pénétrerait par le trou ainsi produit et devrait être programmée pour exploser avant d'avoir atteint le fond du trou, à une profondeur de 2 mètres sous la surface. Aucune modification structurelle de la B61-11 ne serait donc nécessaire, même s'il fallait la tester avec des composants inertes pour s'assurer qu'elle résiste à une explosion chimique si proche sans dommage. La solution pour obtenir une onde de choc puissante dans le sol ne consiste donc pas à mettre au point une arme nucléaire pénétrante. Si les États-Unis veulent disposer d'une arme pénétrante, ils auraient intérêt à choisir cette méthode plutôt qu'un programme qui mettra plusieurs années pour aboutir et qui conduira d'autres pays à développer et tester des armes nucléaires.

Les supporters au Congrès d'un programme de mise au point d'arme nucléaire pénétrante n'en comprenaient pas vraiment l'objectif, car ils semblaient penser que l'arme nucléaire pénétrerait elle-même à des grandes profondeurs jusqu'à la proximité de l'installation souterraine avant d'exploser, qu'elle détruirait non seulement le bunker, mais aussi ce qu'il contiendrait, et enfin qu'il n'y aurait pas de retombées radioactives parce que l'explosion se produirait sous terre. Ceci n'avait jamais été envisagé, tout simplement parce que ce n'est pas réalisable.

Linton Brooks, directeur de l'Agence nationale de sécurité nucléaire des États-Unis créée en 1999 pour administrer les armes nucléaires et les programmes liés, a expliqué que les retombées ne seraient pas réduites. Un rapport de l'Académie des sciences des États-Unis publié en avril 2005 explicite les conséquences sur les populations que l'on peut attendre des retombées et souligne que ces explosions ne pourraient pas détruire les agents chimiques ou biologiques, à moins que l'explosion se produise à l'endroit où les munitions sont entreposées[47].

Ce programme d'arme nucléaire robuste pénétrante entrave sérieusement les efforts en matière de non-prolifération et de contre-prolifération, dans la mesure où il donne l'image d'une puissance nucléaire qui n'a que trop d'expérience en matière d'essais nucléaires, qui déploie un grand nombre d'armes nucléaires de types très différents et qui continue de se plaindre de l'insuffisance de son propre dispositif nucléaire. Que doivent penser dans ces conditions les puissances nucléaires plus petites, ainsi que les pays qui ont renoncé de bonne foi au statut de puissance nucléaire en signant le Traité de non-prolifération ?

Il semble acquis qu'au fur et à mesure que le temps passe, et puisque le dernier essai nucléaire américain a eu lieu en 1992, la confiance des États-Unis dans son arsenal ne peut que diminuer. Au contraire, il nous semble qu'avec les énormes sommes dépensées pour le Programme de surveillance scientifique de l'arsenal, les États-Unis en savent plus sur leurs armes nucléaires qu'ils n'en ont jamais su dans le passé et, en principe, cette connaissance devrait pouvoir être utilisée pour assurer que la refabrication et la maintenance donnent une confiance accrue sur ce qui était acquis à l'époque des essais nucléaires.

Au lieu de se concentrer sur la minimisation de la menace nucléaire en utilisant les moyens à notre disposition comme le Traité de non-prolifération ou le Traité d'interdiction complète des essais nucléaires, et d'encourager la participation des autres pays du monde pour répondre à toute violation de l'un de ces traités, l'Administration de George W. Bush semble au contraire adopter une méthode erronée de mise au point d'armes nucléaires qui serait à ses yeux la seule méthode capable de protéger les États-Unis d'une menace provenant d'un pays ou d'un groupe hostile.

Nous pensons au contraire que le grand nombre d'armes nucléaires aux États-Unis réduit la sécurité de ce pays qui les possède, ainsi que la sécurité des autres pays, car cela légitimise la mise au point, les essais et l'acquisition d'armes nucléaires par des pays qui n'en possèdent pas encore. Cela est tout aussi vrai des autres puissances nucléaires qui continuent d'affirmer que leur sécurité repose essentiellement sur leurs armes nucléaires.

L'efficacité d'un système de défense antimissile face aux missiles balistiques

La création de la Commission Rumsfeld, dont nous allons décrire les travaux ci-dessous, a suivi des années de frustration de la part de ceux qui avaient été pour longtemps la minorité républicaine dans le Comité des forces armées de la Chambre des représentants. En 1994, les élections ont donné au Parti républicain la majorité à la Chambre, et ce comité a pris le nom de Comité sur la sécurité nationale.

Dès 1991, le Congrès avait examiné une proposition de loi pour autoriser le déploiement d'une défense antimissile pour les États-Unis. Hans Bethe et Garwin avaient écrit une lettre[48] au président du Comité des forces armées de la Chambre des représentants, Les Aspin (qui deviendra plus tard le secrétaire d'État à la Défense pendant l'Administration Clinton), et au président du Comité des forces armées du Sénat, Sam Nunn, en spécifiant les raisons pour lesquelles aucun système de défense antimissile actuellement considéré ne pourrait protéger les États-Unis contre les milliers de têtes nucléaires russes. Le concept central du système proposé était l'interception dans l'espace ; cependant, même avant qu'il ne soit déployé, quelques missiles russes auraient pu être déployés, équipés avec des leurres sous forme de ballons, pour empêcher leur interception dans l'espace. Et si ces intercepteurs spatiaux avaient pu être déployés, ils auraient été mis en échec par une nouvelle génération de missiles balistiques intercontinentaux pouvant atteindre leur vitesse finale en 100 secondes au lieu des 250 secondes typiques à l'époque, durée trop courte pour que les intercepteurs basés dans l'espace puissent détruire les missiles dans leur phase de propulsion.

Bethe et Garwin indiquaient aussi que non seulement cette défense ne permettrait pas non plus de protéger les États-Unis contre des missiles de croisière ou missiles balistiques à courte portée lancés à partir de navires, mais qu'elle serait même incapable de détecter ces missiles. Enfin, cette lettre ajoutait que cette défense n'offrirait aucune protection contre les missiles balistiques intercontinentaux des puissances émergentes, emportant des charges nucléaires ou biologiques, si, afin de maximiser leur efficacité militaire, ce missile était équipé non pas d'une seule tête pesant des centaines de kilogrammes, mais au contraire d'une centaine ou plus de grenades aériennes ayant chacune son bouclier thermique contre la chaleur de la réentrée dans l'atmosphère. Les grenades se sépareraient du missile dès que celui-ci atteindrait sa vitesse maximale à la fin de la phase de propulsion. Enfin, la lettre indiquait une contre-mesure facile à mettre en œuvre dans le cas d'un missile balistique intercontinental : tout pays qui pourrait développer un tel missile serait aussi capable d'équiper la bombe d'un ballon de 30 mètres de diamètre qui l'entourerait. Ce ballon serait évidemment détecté par tout radar de défense antimissile, mais l'arme défensive (les intercepteurs de destruction par collision directe que la défense antimissile est supposée utiliser) qui doit percuter la cible à très haute vitesse pour la détruire serait effectivement capable de faire un grand trou dans le ballon, mais la probabilité de percuter l'arme nucléaire à l'intérieur d'un ballon aussi grand serait faible.

En 1997, le Congrès des États-Unis a mis en place la Commission d'évaluation de la menace des missiles balistiques pour les États-Unis. Garwin a fait partie de cette commission présidée par Donald H. Rumsfeld, ancien secrétaire d'État à la Défense, et qui a ensuite repris ce poste à partir de janvier 2001. Les autres membres de cette commission incluaient R. James Woolsey, ancien directeur de la CIA sous l'Administration Clinton, Paul Wolfowitz, ancien ambassadeur en Indonésie et actuel secrétaire d'État adjoint à la Défense, le général Lee Butler, qui fut le commandant en chef de la Force nucléaire stratégique américaine, le général Larry D. Welch, ancien chef d'état-major de l'armée de l'air et président de l'Institut pour les analyses de défense. Comme cela était requis par la loi, George J. Tenet, alors directeur de la CIA, a permis à la commission l'accès à l'ensemble de la documentation classifiée. La commission a commencé ses travaux le 14 janvier 1998 et rendu son rapport 6 mois plus tard. Le rapport exécutif, non classifié, de 30 pages présente ses conclusions[49]. Le rapport complet de 200 pages, entièrement classifié, est disponible pour les membres du Congrès et pour les hauts fonctionnaires de l'exécutif.

La Commission Rumsfeld a estimé que, parmi les 3 pays – Corée du Nord, Irak et Iran – actuellement très hostiles vis-à-vis des États-Unis, seuls la Corée du Nord et l'Iran ont des programmes importants de mise au point de missiles balistiques à longue portée. La Corée du Nord a construit un arsenal de missiles No Dong qui ont une portée de 1 300 kilomètres à partir d'une technologie basée sur celle des missiles soviétiques Scud, d'une portée de 300 kilomètres, dont des centaines ont été utilisés pendant la guerre entre l'Iran et l'Irak et qui ont été exportés dans de nombreux pays. La Corée du Nord en a vendu beaucoup à d'autres pays et, le 22 juillet 1998, l'Iran a testé un missile dont la portée lui permettrait de frapper Israël, l'Arabie Saoudite et une grande partie du territoire de la Turquie. Le Pakistan a testé un missile

similaire en avril 1998. Malgré de nombreux efforts pour empêcher le commerce des missiles de portée intermédiaire, la Corée du Nord a déclaré en juin 1998 que ses exportations de missiles sont destinées à obtenir les devises étrangères dont elle a actuellement besoin. La Corée du Nord considère donc ces missiles comme un moyen de gagner de l'argent et de soutenir (en partie) son secteur militaire. Bien que le Régime de contrôle de la technologie des missiles[50], créé en 1987 par le Canada, la France, l'Allemagne, l'Italie, le Japon, le Royaume-Uni et les États-Unis (auxquels 34 pays sont maintenant partenaires, la Russie ayant adhéré en 1995), interdise l'exportation de tels missiles, la Corée du Nord n'en est pas membre et il n'y a aucune barrière légale ni aucun accord qui puisse restreindre ses activités dans ce domaine.

La rapport de la Commission Rumsfeld conclut qu'avec des missiles balistiques à courte portée (comme les Scud par exemple) embarqués sur des navires, plusieurs pays pourraient menacer les États-Unis avec des charges nucléaires ou biologiques et que cette menace semble sous-estimée. Elle a aussi estimé que la

Corée du Nord disposait de une ou deux armes nucléaires qui pourraient être utilisées de cette façon et, malgré l'accord suivant lequel Pyongyang a fermé son réacteur au graphite de 20 MW (5 Mwe) et interrompu la construction de son réacteur au graphite de 200 MW, la Corée du Nord a continué son programme nucléaire militaire. En outre, il y a des inquiétudes au sujet de la possibilité qu'elle acquière de l'uranium militaire du Pakistan en échange de quelques missiles et de transfert de technologie pour les missiles.

Dans la mise au point des missiles balistiques, l'achat de technologie et d'expertise de la Russie et de la Chine a joué un rôle important, tout comme le transfert de technologie obsolète des États-Unis à certains de ces pays. Enfin, en ce qui concerne les armes avec lesquelles la Corée du Nord, l'Irak ou l'Iran pourraient frapper directement les États-Unis, la commission a estimé que si l'Iran et la Corée du Nord donnaient une priorité élevée à la mise en place d'un programme d'acquisition de missiles balistiques intercontinentaux, ces pays seraient capables de les mettre au point en cinq années et que, en raison des mesures de camouflage empêchant leur détection par les satellites, les États-Unis pourraient mettre plusieurs années avant de connaître l'existence de ces programmes.

Cependant, on notera que depuis 1991, le régime de sanctions des Nations unies envers l'Irak a non seulement empêché tout programme de production d'uranium ou plutonium militaire, mais aussi tous travaux sur les missiles à longue portée. Cependant, en accord avec les règles de ce régime, l'Irak avait l'autorisation de travailler sur des missiles de portée maximum de 170 kilomètres, ce qui lui a permis de maintenir un groupe de scientifiques et d'ingénieurs qui pourront travailler sur d'autres projets de missiles lorsque le régime des sanctions sera levé. La commission a estimé que l'Irak pourrait posséder des missiles balistiques intercontinentaux au bout de dix ans, estimation réduite à cinq en août de la même année, à la suite d'une possible levée ou érosion du régime des sanctions, éventualité qui s'est matérialisée avec l'expulsion de la Commission spéciale des Nations unies en octobre 1998. Bien sûr, l'invasion américaine de l'Irak en mars 2003 a éliminé le programme de missiles et a finalement permis de révéler qu'il n'y avait pas eu de stocks d'armes biologiques, chimiques ou nucléaires, ni programme en cours pour en réaliser.

Au début de l'année 2000, l'Administration Clinton achevait un programme de trois ans de mise au point d'une défense antimissile et devait prendre à l'été 2000 une décision sur le déploiement de cette défense en 2005, à partir de quatre critères : le coût, la menace des missiles balistiques à longue portée, l'état d'avancement technologique d'une telle défense et les conséquences de la mise en place d'un système de défense antimissile sur les objectifs américains en matière de sécurité nationale, comme la non-prolifération des armes nucléaires ou la réduction de l'arsenal russe.

Ce système comporte précisément les failles décrites dans la lettre de Bethe et Garwin de 1991. Néanmoins, de nombreux membres du Comité sur la sécurité nationale de la Chambre des représentants ont demandé le déploiement urgent de ce système de défense antimissile et, même parmi les anciens opposants à ce programme, peu sont ceux qui ont mentionné que ce programme n'avait aucun effet positif sur la défense du pays.

Garwin s'était exprimé en 1999[51] sur le système national de défense antimissile en expliquant qu'avec une vingtaine, ou peut-être même une centaine, d'intercepteurs déployés, ce système ne fournirait pas de protection, même contre cinq missiles intercontinentaux venant par exemple de Corée du Nord. Il a au contraire proposé que les États-Unis déploient un système d'interception en phase de propulsion qui détruirait les missiles intercontinentaux nord-coréens pendant les premières 250 secondes environ de leur vol, juste après le lancement. Ceci pourrait être réalisé avec des intercepteurs très similaires à ceux qui sont actuellement développés, mais avec des systèmes de guidage beaucoup moins sensibles, puisqu'ils doivent seulement détecter la flamme de la fusée et non la chaleur d'un objet de petite taille réentrant dans l'atmosphère à une distance d'une centaine de kilomètres. Il n'y aurait pas besoin de radars, puisque les lancements de missiles intercontinentaux seraient détectés par les satellites du Programme de soutien pour la défense que les Américains maintiennent, depuis les années 1970, en orbite géosynchrone et qui voient donc l'ensemble de la planète.

Nous proposons donc qu'un tel système soit construit conjointement avec la Russie et d'abord déployé sur une zone allant de Vladivostok à la Corée du Nord. Un intercepteur pouvant atteindre en 100 secondes la vitesse d'un missile intercontinental pourrait être embarqué sur un navire américain dans les eaux internationales de la mer du Japon et lancé à 500 kilomètres de la côte coréenne. Il serait capable d'intercepter un missile coréen. Cette méthode nous semble bien préférable à la difficile interception d'un missile au milieu de sa course. On pourrait faire de même pour les missiles lancés d'Iran ou de tout autre pays, si leur programme de missiles atteint un niveau de développement suffisant avant que leurs relations avec les États-Unis ne s'améliorent, et par exemple en utilisant des bases situées en Turquie.

En avril 2000, le rapport d'une étude (à laquelle Garwin a participé) menée conjointement par l'organisation non gouvernementale Union of Concerned Scientists et le Programme d'études sur la sécurité de l'Institut de technologie du Massachusetts présente les contre-mesures face au système national de défense antimissile[52]. Ce rapport détaille la faisabilité de la menace de grenades aériennes transportant des charges biologiques. Des grenades libérées pendant la phase ascendante ne pourraient pas être arrêtées par le système actuel de défense antimissile. Pour protéger les armes nucléaires contre une interception dans leur retombée dans l'espace, les contre-mesures adaptées sont, par exemple, de les insérer dans un grand ballon comme cela a été indiqué plus haut ou de refroidir le fuselage avec de l'azote liquide pour réduire le rayonnement infrarouge.

Un groupe d'études de la Société américaine de physique a publié en 2003 une analyse détaillée de la faisabilité de l'interception en phase de propulsion[53]. Elle montre la difficulté d'intercepter des missiles balistiques intercontinentaux lancés à partir de pays moins accessibles que la Corée du Nord et dont la durée de combustion est inférieure à 250 secondes. Cependant, l'interception de missiles nord-coréens à combustible liquide est faisable, et on a perdu du temps avant que l'Agence américaine de défense contre les missiles (US Missile Defense Agency) ne mette en place un programme convenablement financé pour étudier les possibilités d'interception en phase de propulsion.

En réalité, ceux qui souhaitent menacer les États-Unis, la France ou tout autre pays, avec des missiles transportant des bombes nucléaires ou biologiques pourront beaucoup plus facilement le faire à partir d'un navire commercial, accosté dans l'un des nombreux ports que comptent par exemple des côtes américaines. De plus, des armes nucléaires, et encore plus facilement des armes biologiques, pourraient être déployées en cachette et employées sans que soit connue l'adresse de retour que les missiles balistiques fournissent inévitablement.

La Commission Rumsfeld avait explicitement souligné l'importance des échanges de technologie entre les proliférateurs potentiels, particulièrement entre le Pakistan et la Corée du Nord, et elle avait estimé qu'ils ne nécessitaient plus de transferts de technologie de la part des puissances nucléaires ou de celles qui ont des missiles perfectionnés. Nous avons maintenant la preuve de cette conjecture. Les confessions du Pakistanais A. Q. Khan en février 2004 suivant lesquelles il aurait fourni des technologies nucléaires militaires et d'enrichissement à la Libye ne sont certainement pas exhaustives quant à ses propres relations, ou celles du Pakistan, avec d'autres États.

La Corée du Nord n'a pas encore testé son missile balistique intercontinental Taepo Dong-2 ni même procédé à un test après l'unique lancement du missile Taepo Dong-1. Donc, pour le moment, aucun de ces États ne possède de missile intercontinental capable de frapper les États-Unis avec des armes nucléaires. Néanmoins, comme cela avait été reconnu par la Commission Rumsfeld et souligné dans ce livre, tous ces États ont de nombreux missiles à courte portée ou missiles de croisière qui sont perfectionnés et qui pourraient être utilisés pour attaquer les villes proches de la mer, partout dans le monde. Ni les États-Unis ni la France n'ont aucune défense contre ces missiles une fois qu'ils seront lancés. Que faire ?

Les responsables politiques répugnent toujours à identifier des menaces envers les populations dont ils ont la charge, à moins qu'ils ne connaissent les moyens de se défendre ou qu'ils aient la promesse qu'il est possible de les mettre en œuvre. Durant les campagnes électorales, les politiciens ont souvent mis en avant des failles dans la sécurité nationale ou des menaces envers les populations, comme le fit par exemple John F. Kennedy durant la campagne présidentielle de 1960. Kennedy avait accusé le président Eisenhower de permettre le « *missile gap* » alors qu'Eisenhower et quelques personnes de son gouvernement savaient, depuis les premières photographies satellite de l'Union soviétique, que le programme de missile américain avait une avance importante sur celui des Soviétiques. Dans une démocratie, la population devrait avoir accès aux informations, aussi désagréables soient-elles, pour pouvoir se protéger, comme le souligne aussi Robert Dautray dans son livre[54].

Contre les menaces de puissances hostiles, la protection principale reste la dissuasion, qui est la menace de réponse à une attaque éventuelle. Et bien qu'elle soit désagréable et moralement discutable, la dissuasion peut aussi servir à différer l'investissement de ressources rares dans la construction d'un arsenal de missiles intercontinentaux. Si une telle menace venait à se matérialiser, il est vraisemblable que la dissuasion pourrait empêcher son usage ; en outre, l'adversaire potentiel devrait toujours craindre une frappe préventive « *preemptive* » qui anéantirait sa capacité de missiles balistiques intercontinentaux.

Afin de prévenir la mise au point et l'utilisation de ces missiles, et encore plus s'ils voulaient procéder à une attaque préventive pour désarmer un État hostile, les États-Unis nécessiteraient d'avoir au moins l'accord tacite de la grande majorité de l'ensemble des nations. Cela ne pourrait être obtenu que s'ils diminuent considérablement leur nombre d'armes nucléaires et s'ils démontrent clairement que leur seul but est d'assurer la sécurité non seulement des États-Unis mais aussi des pays qui respectent les normes internationales. Les États-Unis sont le pays le plus puissant en matière d'affaires militaires, une des raisons étant la quantité et la qualité de leur armement (nombre de bombes et précision des missiles de croisière équipés d'explosifs puissants et guidés par faisceaux laser, ce qui leur donne une précision de l'ordre de quelques mètres, l'imagerie satellite et les bases de données digitales qui permettent un ciblage précis). Mais des armes nucléaires du même type que celles qui étaient à la disposition des États-Unis il y a une soixantaine d'années, poseraient aussi une menace à la civilisation, encore plus maintenant à cause de l'augmentation des échanges (voyages, commerce) et de l'interdépendance entre tous les pays. La responsabilité repose sur ceux qui ont mis au point les armes nucléaires (tout comme sur ceux qui font reposer leur sécurité sur l'arsenal nucléaire de leurs alliés). Ils ne seront pas libérés de cette tâche avant que les stocks d'armes nucléaires ne soient réduits à leur minimum possible et que les bénéfices qu'ils tirent de leur possession ne soient accessibles à tous. C'est plus qu'un devoir : c'est de leur propre intérêt.

Chapitre 9

… À LA MAÎTRISE DES ARMEMENTS

Lors d'un discours prononcé le 16 novembre 1945, Robert Oppenheimer, le directeur du laboratoire de Los Alamos durant le Projet Manhattan, émettait ces prévisions effrayantes :

« *Le modèle de l'utilisation des armes nucléaires a été établi à Hiroshima. Ce sont des armes d'agression, de surprise et de terreur. Si jamais elles sont encore utilisées, cela pourrait être par milliers, peut-être même par dizaines de milliers ; leur mode de lancement pourra être différent et pourra refléter de nouvelles possibilités d'interception et de nouveaux efforts pour les éviter. La stratégie d'emploi pourrait être différente de celle utilisée contre un ennemi qui avait essentiellement perdu la guerre. Mais c'est une arme pour les agresseurs, les éléments de terreur et de surprise lui étant tout autant intrinsèques que les noyaux fissiles*[1]. »

Conscients des aspects moraux et éthiques relatifs à la capacité, inégalée jusqu'alors, de destruction massive et indiscriminée des armes nouvellement mises au point, les scientifiques avaient, dès le début de l'ère nucléaire, alerté les dirigeants des dangers d'une course aux armements. Cependant, certains responsables des pays en avaient aussi une conscience aiguë.

Quelques années après les bombardements, deux parmi les plus grands responsables militaires américains de la Seconde Guerre mondiale ont fait des déclarations sur leurs préoccupations face à l'usage de ces nouvelles armes. L'amiral William D. Leahy, qui avait été chef d'état-major de l'armée américaine et chef d'état-major auprès du commandant en chef de l'armée et de la marine de 1942 à 1949, s'était ainsi exprimé : « *Je pense que l'utilisation de cette arme barbare à*

Hiroshima et Nagasaki n'a été d'aucune aide matérielle dans notre guerre contre le Japon. Les Japonais avaient perdu et étaient prêts à se rendre. Je pense qu'étant les premiers à l'utiliser, nous avons adopté une norme éthique commune à celle des Barbares de l'Âge des ténèbres. On ne m'avait pas appris à faire la guerre de cette façon, et on ne peut pas gagner des guerres en tuant femmes et enfants[2]. »

Le président Eisenhower, commandant suprême de la force expéditionnaire alliée, qui avait dirigé les opérations anglo-américaines contre Hitler fit aussi, peu de temps après son fameux discours d'adieu à la nation américaine, une déclaration sur la décision de bombarder Hiroshima. Se souvenant de l'épisode en 1945 où le secrétaire d'État à la Guerre, Henry L. Stimson, l'informe que la bombe atomique serait utilisée contre les villes japonaises : « *Pendant son exposé des faits, j'éprouvais un sentiment de découragement et je lui ai donc fait part de ma profonde appréhension, d'abord fondée sur mon opinion que le Japon était déjà vaincu et que le bombardement était complètement inutile et, deuxièmement, parce que je pensais que notre pays devrait éviter de choquer l'opinion publique mondiale par l'utilisation d'une arme dont l'emploi n'était, à mon avis, plus nécessaire pour économiser des vies américaines. Je pensais que, à ce moment même, le Japon essayait de capituler en perdant la face le moins possible*[3]. »

Les premières tentatives pour maîtriser cette course aux armements ont démarré dès les bombardements d'Hiroshima et de Nagasaki. Henry Stimson, évidemment partisan du bombardement nucléaire des deux villes, avait ensuite été bouleversé par les nouvelles du désastre humain : « *Mais à la suite des conséquences du bombardement, Stimson changea d'avis et, avec Dean Acheson, sous-secrétaire d'État, ils proposèrent de placer les futures armes nucléaires sous contrôle international*[4]. » Ils pensaient que le seul moyen d'éviter la course aux armements était de coopérer avec les Soviétiques, proposition qui rencontrait de fortes résistances de la part de nombreux officiels américains. Acheson eut finalement la tâche de présider un groupe chargé d'élaborer une politique pour le contrôle international de l'énergie nucléaire. Il s'adjoint l'aide d'un comité de scientifiques dirigé par David Lilienthal pour mettre au point les aspects techniques. Le 17 mars 1946, le Rapport Acheson-Lilienthal[5] est prêt : « *La proposition centrale est la création d'une Autorité pour développer l'énergie atomique qui maîtriserait l'ensemble des activités nucléaires, depuis l'extraction jusqu'à la fabrication. Au lieu de dépendre de groupes d'inspecteurs internationaux, le groupe proposait de contrôler une tricherie éventuelle à la source, aux mines d'uranium et de thorium. Cette solution avait été proposée par Oppenheimer, et Acheson l'avait qualifiée de "brillante et profonde". [...] Le rapport conclut "qu'aussi longtemps que des activités intrinsèquement aussi dangereuses peuvent être conduites par des pays, les rivalités seraient inévitables" et qu'en conséquence, seule une organisation internationale unique devrait avoir la responsabilité des activités liées aux armements nucléaires*[6]. » Il s'agissait donc de mettre l'énergie nucléaire sous la responsabilité d'une agence internationale, les secrets des armes nucléaires étant révélés et l'ensemble des pays renonçant à la mise au point d'armes nucléaires.

Ce projet fut présenté le 14 juin 1946 aux Nations unies sous une forme malheureusement modifiée par Bernard Baruch et qui était inacceptable pour les Soviétiques. En particulier, les Américains abandonneraient leurs armes nucléaires seulement après qu'ils auraient eu la ferme garantie que d'autres pays ne pourraient pas se doter d'armes nucléaires.

La course aux armements deviendra alors officielle dès la détonation de la première bombe nucléaire soviétique en 1949. Les physiciens qui avaient mis au point les armes nucléaires étaient aussi conseillers de leurs gouvernements. Le conseil consultatif de la Commission à l'énergie atomique, présidé par Robert Oppenheimer, avait pris position unanimement contre la mise au point de la bombe thermonucléaire dans un rapport rendu quelques semaines après l'essai soviétique. Dans une lettre adjointe au rapport de cette commission, les deux grands physiciens Isidor Rabi et Enrico Fermi écrivent :

« *Il est clair que l'utilisation d'une telle arme ne peut être justifiée d'aucune manière sur le plan de l'éthique, celle-ci reconnaissant à l'être humain sa dimension unique et sa dignité, même s'il habite dans un pays ennemi. Le fait qu'il n'existe pas de limite au pouvoir de destruction de cette arme rend son existence même et la connaissance de sa fabrication un danger pour l'humanité entière. C'est nécessairement une chose diabolique, quel que soit l'angle sous lequel on la considère*[7]. »

Ayant été aux commandes de l'invasion alliée de l'Europe le 6 juin 1944, le président Eisenhower avait trop d'expérience de la guerre pour avoir envie d'en faire une autre. Il reprend certaines des idées du Rapport Acheson-Lilienthal lors d'un discours intitulé « *L'atome au service de la paix* » qu'il prononce le 8 décembre 1953 devant l'Assemblée générale des Nations unies. Il proposait que les États disposant de matériaux nucléaires les placent sous l'autorité d'une organisation internationale, ce qui permettrait aussi de garantir un contrôle pour l'ensemble des activités militaires ; les États seraient aidés pour acquérir des technologies nucléaires à condition que celles-ci soient pacifiques. Cette proposition conduira à la création de l'Agence internationale de l'énergie atomique en 1957, qui aura la tâche et la responsabilité de promouvoir et de contrôler les technologies nucléaires.

Pendant les huit années où il a dirigé le pays, de 1953 à 1961, le président Eisenhower s'est battu pour imposer des limites sur l'armement nucléaire, tâche difficile durant cette époque de profonde inimitié entre les États-Unis et l'Union soviétique. Ses espoirs d'aboutir à de tels résultats au sommet de Paris avec Nikita Khrouchtchev se sont volatilisés lorsque l'Union soviétique a abattu l'avion espion U-2 en mai 1960 et que Khrouchtchev a refusé de poursuivre les discussions.

Pendant quatre décennies, les épisodes les plus tendus de la guerre froide ont dominé la scène politique internationale, le point culminant étant la crise des missiles de Cuba en octobre 1962, lors de laquelle le monde a frôlé la catastrophe nucléaire[8]. Les Américains et les Soviétiques signeront le 20 juin 1963 à Genève un mémorandum d'accord relatif à l'établissement d'une ligne de communication entre les capitales (la « ligne rouge ») pour empêcher le déclenchement d'une guerre nucléaire accidentelle. Les puissances nucléaires conduisent des centaines d'essais nucléaires aériens, mettant au point des armes de plus en plus puissantes et provoquant une contamination radioactive de l'atmosphère qui inquiète les opinions publiques.

Afin de contenir ces dangers et de limiter la diffusion des armes nucléaires, des traités ont été négociés depuis le début des années 1960. Nous commençons ce chapitre par l'historique et les enjeux des deux principaux traités qui permettent de limiter effectivement la progression du nombre d'États détenteurs d'armes nucléaires : le Traité sur la non-prolifération des armes nucléaires, conclu en 1968 et entré en vigueur en 1970, et le Traité d'interdiction complète des essais nucléaires, signé en 1996, ratifié par de nombreux pays, mais qui n'est pas encore entré en vigueur.

Les États-Unis et l'Union soviétique, puis la Russie, concentrant à eux deux plus de 90 % des armes nucléaires, il est logique qu'ils aient conclu des traités bilatéraux pour limiter la course aux armements à laquelle ils se sont livrés pendant des décennies. Nous aborderons ces traités dans la partie finale du chapitre.

Le Traité sur la non-prolifération des armes nucléaires

Comme il était évident que les technologies de production d'énergie nucléaire étaient aussi utiles pour mettre au point des armements nucléaires, cette question a toujours été, et est encore, au centre des discussions sur les applications pacifiques de l'énergie nucléaire. Les États ont cherché à empêcher l'agrandissement du « club » des puissances nucléaires tout en promouvant les applications pacifiques de l'énergie nucléaire. Le Traité sur la non-prolifération des armes nucléaires (dont le texte intégral est reproduit en annexe), appelé aussi Traité de non-prolifération, est le seul traité dont l'objectif est de prévenir la dissémination des armes nucléaires et des technologies associées, tout en promouvant la coopération pour l'utilisation pacifique de l'énergie nucléaire. Ce traité a aussi pour but d'engager l'ensemble des pays vers un désarmement nucléaire ainsi que vers un désarmement général et complet.

Les éléments fondamentaux sont les Articles 1 et 2. Selon l'Article 1, les cinq puissances nucléaires (c'est-à-dire celles qui étaient dotées d'armes nucléaires en 1964 et qui avaient procédé à un essai nucléaire avant le 1er janvier 1967 : la Chine, les États-Unis, la France, le Royaume-Uni et l'Union soviétique) se sont engagées à ne pas aider d'autres États à acquérir des armes nucléaires. Selon l'Article 2, les États non nucléaires s'engagent à ne pas acquérir d'armes nucléaires. En échange, les puissances nucléaires se sont engagées à leur fournir le bénéfice des applications pacifiques de l'énergie nucléaire.

Pour concilier les objectifs de non-prolifération et de confiance entre les États-parties, le traité a mis en place un système de « garanties » sous la responsabilité de l'Agence internationale de l'énergie atomique (Article 3). Ce système, qui sera décrit plus en détail dans le chapitre suivant, permet de s'assurer du respect des engagements par le biais d'inspections dans les sites nucléaires « déclarés », qui doivent tous être à vocation pacifique. Ces inspections ne sont effectuées que dans les États-parties non dotés d'armes nucléaires. Les inspecteurs de l'agence doivent vérifier l'absence de détournement de matériaux fissiles afin d'éviter que ceux-ci ne se retrouvent éventuellement dans des bombes. Enfin, le traité promeut la coopération pour les applications pacifiques des technologies nucléaires et en assure l'accès à tous les États membres.

Le Traité de non-prolifération a été signé en 1968 et il est entré en vigueur en 1970 pour une durée initiale de 25 ans. Il a été ratifié par le Royaume-Uni en 1968, puis par les États-Unis et l'Union soviétique en 1970. Prenant acte de la nouvelle situation internationale et après les révélations sur le programme nucléaire irakien, la France ratifie le traité en 1992. La Chine le ratifie aussi en 1992. Taiwan a signé le traité en 1970, se considère engagée par celui-ci et l'Agence internationale de l'énergie atomique y conduit des inspections.

Après la dissolution de l'Union soviétique, le traité a été ratifié par toutes les républiques de l'ex-Union soviétique, la Russie comme puissance nucléaire, les autres républiques comme États non dotés d'armes nucléaires.

De tous les traités de désarmement, c'est celui qui comporte le plus grand nombre de signataires, ce qui augmente d'autant son importance : il comporte maintenant 189 États-parties (ce nombre n'inclut pas Taiwan), dont les cinq premiers États dotés d'armes nucléaires. Il y a seulement trois États qui ne l'ont jamais signé : l'Inde, Israël et le Pakistan. Ces trois pays ont un arsenal nucléaire. Bien qu'Israël n'ait jamais officiellement reconnu être une puissance nucléaire, ce pays a mis au point l'arme nucléaire avec l'aide de la France. Israël aurait assemblé sa première arme nucléaire en 1967. L'Inde avait procédé à un essai nucléaire qu'elle avait qualifié de « pacifique » en 1974. L'Inde et le Pakistan sont les derniers pays à avoir officiellement rejoint le « club » nucléaire, lorsqu'ils ont effectué leurs essais en 1998.

L'Iran et l'Irak ont signé et ratifié le traité au début des années 1970. La Corée du Nord, qui avait ratifié le traité en 1985 s'en est formellement retirée en 2003.

C'est l'unique traité multilatéral par lequel les États dotés d'armes nucléaires s'engagent dans la voie du désarmement nucléaire. En effet, l'Article 6 stipule que « *chacune des Parties au Traité s'engage à poursuivre de bonne foi des négociations sur des mesures efficaces relatives à la cessation de la course aux armements nucléaires à une date rapprochée et au désarmement nucléaire et sur un traité de désarmement général et complet sous un contrôle international strict et efficace* ». Même si le terme « *de bonne foi* » est ambigu, la croissance constante des arsenaux nucléaires et leur modernisation n'ont pas été suivies des mesures de désarmement significatives que les États non nucléaires étaient en droit d'espérer. En particulier au moment de la dissolution de l'Union soviétique, il y a bien eu des réductions en nombre d'armement, mais il ne s'agissait souvent que d'armes obsolètes ; en revanche, la logique des doctrines d'emploi est restée quasiment inchangée.

L'Article 8 prévoit que, tous les cinq ans, se tienne une conférence pour examiner le fonctionnement du traité. Lors de la conférence de 1995, vingt-cinq ans après son entrée en vigueur, la prolongation indéfinie et inconditionnelle du Traité de non-prolifération avait été acquise sans vote par les 184 États-parties (à l'époque) sur les 190 membres que comptait l'Organisation des Nations unies, en échange du double engagement des puissances nucléaires à conclure rapidement un Traité d'interdiction complète des essais nucléaires et à entamer des négociations en vue d'un désarmement nucléaire complet.

Puis, à la Conférence d'examen en 2000, les États s'étaient mis d'accord sur un programme en 13 étapes « *sur des efforts systématiques et progressifs* » pour mettre en place l'Article 6 du traité, y compris « *un engagement sans équivoque* » des puissances nucléaires « *pour accomplir l'élimination totale des arsenaux nucléaires* ». Ces étapes comprennent, entre autres, des engagements en matière de maîtrise des armements et de désarmement et de réduction du niveau d'alerte des armes nucléaires.

Cinq années après, le bilan est bien maigre. Le président George W. Bush s'oppose officiellement à certaines de ces mesures. Les États-Unis justifient leur

Les 13 étapes pratiques pour le désarmement nucléaire[9]
(Document de la Conférence d'examen du TNP de mai 2000)

1. Signature du Traité d'interdiction complète des essais nucléaires (TICE) sans délai et sans condition.

2. Arrêt des essais nucléaires et de tout autre type d'explosion nucléaire.

3. Négociation à la Conférence du désarmement de Genève d'un traité sur l'interdiction de production de matières fissiles. Date limite pour aboutir : 2005.

4. Création d'une sous-structure de la Conférence du désarmement pour négocier le désarmement nucléaire.

5. Toute mesure de désarmement nucléaire devra avoir un caractère irréversible.

6. Renouvellement de l'engagement des États nucléaires de leur décision sans équivoque d'accomplir une élimination totale de leurs armes nucléaires, comme cela est écrit dans l'Article 6 du TNP.

7. Respect complet des traités de désarmement nucléaire START II et START III et renforcement du Traité ABM.

8. Renforcement de l'accord tripartite États-Unis-Russie-AIEA.

9. Les étapes de désarmement nucléaire seront menées de telle façon qu'elles garantissent la stabilité internationale. On respectera les règles suivantes :

1- efforts de réductions unilatérales,

2- transparence des mesures prises,

3- réduction concernant aussi les armes nucléaires non stratégiques,

4- réduction du niveau d'alerte des systèmes nucléaires,

5- diminution du rôle des armes nucléaires dans les politiques de défense,

6- les États nucléaires engageront au plus vite un processus d'élimination totale de leurs armes nucléaires.

10. Arrêt de la production de plutonium. Toutes les matières fissiles seront placées sous contrôle de l'AIEA avec des processus de vérification pour s'assurer que ces matériaux ne retournent pas dans des programmes militaires.

11. Réaffirmation que le but ultime poursuivi est un processus de désarmement général et complet sous contrôle international.

12. Des rapports réguliers seront fournis dans le cadre du Traité de non-prolifération par tous les États-parties, par rapport au respect de l'Article 6.

13. Il sera mis au point de nouveaux moyens de vérification pour s'assurer du respect des accords de désarmement et de la pérennité d'un monde sans arme nucléaire.

respect du traité par les mesures de désarmement prises dans le cadre du traité de Moscou signé le 24 mai 2002, mais, comme on le verra dans la suite de ce chapitre, celui-ci n'est ni irréversible ni vérifiable. D'autre part, les États-Unis refusent de ratifier le Traité d'interdiction complète des essais nucléaires. Enfin, la doctrine américaine réserve aux États-Unis le droit d'employer des armes nucléaires dans des attaques préventives *(« preemptive »)*, affaiblissant ainsi les garanties négatives de sécurité. Les garanties négatives de sécurité consistent à ce que les États dotés d'armes nucléaires s'engagent à ne pas recourir, ou menacer de recourir, aux armes nucléaires à l'encontre des États non dotés d'armes nucléaires. Enfin, les États-Unis ont dénoncé le Traité sur la limitation des systèmes antimissile balistiques (le Traité ABM) en vigueur depuis 1972, ce qui a eu pour résultat la dénonciation par les Russes de l'accord START II qui interdit les têtes multiples indépendantes sur les missiles intercontinentaux basés au sol.

Comme cela a été expliqué au chapitre précédent, bien qu'elle ait mis en place des mesures significatives de désarmement jusqu'en 1996, la France quant à elle maintient encore actuellement que la dissuasion nucléaire est le « pilier » de sa politique de défense, qu'elle doit être crédible « en toutes circonstances et quelles que soient la localisation ou la nature de la menace ». La France poursuit un programme de modernisation de ses armes nucléaires et des vecteurs de lancement pour les composantes aérienne et océanique.

La Chine continue à justifier son engagement au désarmement par sa doctrine de non-emploi en premier des armes nucléaires, mais elle modernise ses armes nucléaires pour améliorer leur précision et leur mobilité. En outre, elle insiste sur la responsabilité principale des puissances nucléaires majeures pour entreprendre en premier des mesures de désarmement.

Dans ces conditions, il n'est pas étonnant que la Conférence d'examen de 2005 se soit soldée par un échec, ce qui est d'autant plus grave que le régime de non-prolifération s'est en parallèle détérioré depuis quelques années. Le terrorisme n'était pas à l'agenda des préoccupations lors des discussions préparatoires au traité dans les années 1960, et celui-ci ne concerne que la prolifération des armes nucléaires par des États. Le terrorisme nucléaire étant maintenant une réelle préoccupation (nous traiterons de ce sujet au chapitre suivant), les États, dont ceux qui sont dotés d'armes nucléaires, veulent imposer des contraintes de plus en plus strictes aux pays non dotés d'armes nucléaires. Mais l'intransigeance et le refus des puissances nucléaires de mettre en œuvre leurs propres engagements rendent difficile d'exiger des autres pays des contraintes supplémentaires, que ce soit des inspections plus intrusives, ou bien l'instauration de limites dans la mise au point et l'accès à des technologies sensibles mais néanmoins permises par le traité, comme les technologies d'enrichissement.

La situation particulière d'Israël et l'accord tacite des puissances nucléaires vis-à-vis de son arsenal et de ses installations nucléaires, qui ne sont pas inspectés par l'Agence internationale de l'énergie atomique, sont difficilement acceptables beaucoup plus longtemps pour les autres pays de la région.

Le programme nucléaire israélien est principalement concentré à Dimona, le centre de recherche nucléaire du Néguev, où un réacteur à eau lourde a fourni du plutonium depuis les années 1960. Israël n'a procédé à aucun essai d'arme nucléaire ; néanmoins, on estime que son arsenal comprend entre 100 et 200 armes thermonucléaires qui peuvent être lancées par des avions ou des missiles. Ni la France ni les États-Unis n'ont accepté dans leurs arsenaux des armes nucléaires qui n'avaient pas été testées. (La France avait validé des TN 75 mais a ensuite décidé que ces têtes nécessitaient des essais pour rendre le concept plus robuste et a procédé à une série de 6 essais en 1995-1996). Cependant Israël semble avoir confiance que ses armes fonctionneraient suffisamment bien pour assurer une fonction de dissuasion et estime que sa sécurité nationale est assurée par cet arsenal non testé. Le programme nucléaire israélien est si secret que d'anciens militaires sont préoccupés par le manque de contrôle civil dans ce domaine, ainsi que par l'insuffisance des informations de la Knesset sur un sujet qui reste un véritable tabou dans ce pays[10].

Israël n'a jamais fait l'objet de sanctions économiques, à la différence de l'Inde et du Pakistan, ou même de l'Iran qui subit actuellement des pressions internationales y compris pour des activités sensibles mais permises par le traité et conduites dans des centres sous contrôle de l'agence. La prorogation indéfinie du traité avait été adoptée sans vote à la conférence de 1995. Mais elle n'avait été obtenue qu'après l'adoption d'une résolution sur le Moyen-Orient[11], coparrainée par les États dépositaires du Traité de non-prolifération (États-Unis, Royaume-Uni, Russie), le seul document final de la Conférence concernant une région particulière. Reconnaissant les progrès faits dans le processus de paix au Moyen-Orient, cette résolution demande que cette région devienne une zone exempte d'armes nucléaires, elle exhorte les États qui ne font pas partie du Traité de non-prolifération et qui possèdent des installations nucléaires qui ne sont pas inspectées, d'accepter les garanties de l'Agence internationale de l'énergie atomique et de rejoindre le Traité de non-prolifération dans les plus brefs délais ; elle demande aux États-parties au traité de mettre en place des coopérations et de faire tous leurs efforts pour que les puissances de la région établissent cette zone exempte d'armes nucléaires.

Israël étant maintenant le seul pays de la région en dehors du traité, ce sujet a, de nouveau, fait l'objet de débats à la Conférence d'examen de 2000. Pour la première fois, le document final de la conférence fait une référence explicite à Israël : la conférence « *réaffirme l'importance de l'accession d'Israël au Traité de non-prolifération et la mise de toutes ses installations nucléaires sous les garanties de l'Agence internationale de l'énergie atomique, pour aboutir à une adhésion au Traité de tous les pays du Moyen-Orient* ».

Le double langage des États-Unis, ainsi que d'autres puissances nucléaires qui ferment les yeux sur l'arsenal israélien, rend peu crédibles leurs exhortations à l'universalité du traité ; et d'une certaine façon il peut être compris comme une violation de l'esprit de l'Article 1, et risque même d'inciter d'autres pays de la région à mettre au point une capacité nucléaire.

En juillet 2005, le président George W. Bush et le Premier ministre indien Manmohan Singh ont annoncé, dans une déclaration commune, un vaste programme de coopération pour la technologie nucléaire. Il ne semble pas que cela ait été accompagné d'un engagement par l'Inde de cesser la production de matières fissiles pour son arsenal d'armes nucléaires. Si tel est le cas, une telle collaboration pourrait bien être vue par d'autres pays, par exemple l'Iran, et aussi par l'Inde elle-même, comme une récompense après l'acquisition d'armes nucléaires par ce pays, plutôt que comme un soutien au Traité de non-prolifération. Un exemple contraire avait été celui de l'Afrique du Sud qui avait rejoint le Traité de non-prolifération comme État non doté d'armes nucléaires après avoir démantelé son arsenal de 6 armes nucléaires. Pour éviter les incitations à d'autres pays de se doter d'armes nucléaires et renforcer la sécurité mondiale, une politique cohérente de non-prolifération consiste à ne pas transférer de technologies nucléaires à quelque pays que ce soit dont *toutes* les installations ne sont pas sous contrôle de l'Agence internationale de l'énergie atomique. Le nouvel accord américano-indien sort de ce cadre, puisqu'il requiert seulement que l'Inde s'engage à séparer ses activités militaires des activités civiles et à placer ces dernières seulement, et de façon volontaire, sous contrôle de l'agence. Néanmoins, l'Inde s'est aussi engagée à prolonger le moratoire sur les essais nucléaires et à travailler avec les Américains pour la conclusion du traité d'arrêt de la production de matière fissile[12].

L'Article 7 du Traité de non-prolifération prévoit le « *droit d'un groupe quelconque d'États de conclure des traités régionaux de façon à assurer l'absence totale d'armes nucléaires sur leurs territoires respectifs* ». Les premiers efforts pour créer une zone exempte d'armes nucléaires datent des années 1950. Le ministre des Affaires étrangères polonais, Adam Rapacki, avait proposé en 1958 un projet pour que les armes nucléaires ne soient pas déployées en Europe centrale (Allemagne de l'Est, Allemagne de l'Ouest, Pologne et Tchécoslovaquie). Ce projet n'a pu être mené à bien dans le contexte de la guerre froide, mais le concept a été appliqué avec succès à d'autres régions du monde et une large fraction des terres de la planète est maintenant constituée de zones exemptes d'armes nucléaires. Cette méthode pourrait permettre d'éliminer graduellement les armes nucléaires. Des zones dénucléarisées sont établies en Amérique latine et aux Caraïbes par le traité de Tlatelolco depuis 1967, dans le Pacifique Sud par le traité de Roratonga depuis 1985 (traité ratifié par la France après la série d'essais nucléaires de 1995-1996), en Asie du Sud-Est par le traité de Bangkok depuis 1995, sur le continent africain par le traité de Pelindaba depuis 1996, et en Asie centrale par un traité négocié par les cinq pays de la région. L'efficacité de ces traités dépend évidemment de leur ratification, sans réserves, par les puissances nucléaires. Cependant, par ces traités, les États non nucléaires manifestent, une nouvelle fois, qu'ils considèrent leur sécurité mieux assurée sans armes nucléaires qu'avec.

Enfin, cette approche régionale de la non-prolifération permet de prendre plus spécifiquement en considération les besoins légitimes de sécurité des différents pays d'une région, ainsi que de mettre en place des procédures de vérifications et des mesures de confiance adaptées aux conflits latents qui, sans cela, pourraient justifier la possession d'armes nucléaires aux yeux des pays impliqués.

Malgré sa nature discriminatoire qui rend le régime de non-prolifération de plus en plus fragile, ce traité a néanmoins été jusqu'à présent un réel succès, étant certainement l'instrument qui a permis de limiter le nombre d'États dotés d'armes nucléaires à un nombre inférieur à 10. En effet, au début des années 1960, des pays comme la Suisse ou la Suède étudiaient la possibilité de fabriquer des armes nucléaires. Des dizaines de pays maîtrisent la technologie de l'énergie nucléaire. Il est donc vraisemblable que, sans ce traité, le nombre de pays détenteurs d'armes nucléaires aurait atteint quelques dizaines. Certains pays n'avaient pas ratifié le traité, comme l'Afrique du Sud qui avait mis au point un programme secret mais l'a ensuite démantelé en 1991 avant le changement de gouvernement, ou le Brésil et l'Argentine, qui n'avaient pas renoncé à la possibilité de mettre au point des armes nucléaires. Tous ces États ont maintenant signé et ratifié le traité. Nous traiterons au chapitre suivant des questions soulevées par les programmes nucléaires clandestins, finalement peu nombreux, dont l'existence a été découverte depuis le début des années 1990, et qui se trouvent dans des régions instables (Moyen-Orient, Asie de l'Est).

Enfin, le point d'achoppement récurrent dans toutes les conférences d'examen du traité concerne le manque de détermination des puissances nucléaires à s'engager dans la voie du désarmement : il est maintenant de la responsabilité des puissances nucléaires de faire en sorte que ce traité devienne et reste universel, faute de quoi le régime de non-prolifération tendra à s'éroder. Le maintien d'une capacité de dissuasion par certains à cause de l'éventualité que d'autres pays se dotent d'armes nucléaires tient de la prophétie autoréalisatrice.

Traités d'interdiction des essais nucléaires

Depuis longtemps, de nombreux scientifiques, diplomates ou organisations non gouvernementales avaient réfléchi à une interdiction complète des essais nucléaires comme mesure de maîtrise des armements et comme élément indispensable au régime de non-prolifération. Par exemple, dès 1957, un groupe international de scientifiques, l'organisation des Conférences Pugwash sur la science et les affaires mondiales[13], avait consacré sa première rencontre aux efforts pour arrêter les essais nucléaires comme moyen de limiter la menace pour l'humanité que représentaient les armes nucléaires.

Dans le long prélude au Traité d'interdiction complète des essais nucléaires, la première étape a été, en 1963, la signature du Traité d'interdiction partielle des essais nucléaires, qui interdit les explosions nucléaires dans l'atmosphère, l'espace et les océans.

Les puissances nucléaires avaient des objectifs contradictoires et, à l'intérieur d'un même pays, il était possible de rencontrer des avis opposés. Par exemple, les responsables de l'armement nucléaire étaient réticents à toute limitation sur ce qu'ils considèrent être une étape essentielle dans la construction de leur propre arsenal : les essais nucléaires ont joué un rôle capital pour vérifier la validité des nouveaux concepts ainsi que sur l'étude des effets des armes. Les concepteurs d'armes dans les puissances nucléaires ont longtemps résisté à des restrictions. Les ingénieurs insistaient toujours sur le fait que d'autres pays ayant signé le traité pourraient néanmoins procéder à des essais souterrains, qu'ils tricheraient et en retireraient un avantage en termes de sécurité. Il est dommage que dans cette compétition entre tous les groupes qui avaient des intérêts particuliers, au Congrès et dans tous les cercles informés, personne n'ait éprouvé le besoin d'effectuer une évaluation des bénéfices en termes de sécurité du traité proposé. C'est finalement le fort mécontentement du public face aux pollutions radioactives provenant des essais atmosphériques des bombes à hydrogène dans les années 1950 qui a permis la signature du Traité d'interdiction partielle des essais nucléaires.

Alors que les explosions nucléaires peuvent être détectées par des réseaux de séismomètres actifs en permanence, les explosions souterraines furent néanmoins permises pour empêcher, a-t-on prétendu, l'adversaire d'obtenir un avantage au cas où il trouverait un moyen de faire des essais qui ne pourraient être détectés avec certitude par des séismomètres situés près de la frontière. On aurait pu résoudre cette difficulté en permettant l'inspection des sites par une équipe internationale, mais il n'a pas été possible de se mettre d'accord sur un nombre annuel d'inspections en cas de soupçon si les séismomètres détectaient un signal.

Les Américains demandaient sept inspections annuelles et l'Union soviétique n'en a offert que trois. Manifestement, les deux côtés ne voulaient pas d'interdiction complète des essais, sinon ils auraient pu se mettre d'accord sur un compromis de cinq inspections ou même accepter la demande de l'autre partie. Les puissances nucléaires attachaient plus d'importance à leurs propres progrès dans la mise au point des armes nucléaires qu'aux restrictions pouvant être imposées à leurs adversaires. Leur attitude n'aurait pas été différente si chaque essai avait pu être détecté.

Cet échec dans la mise en place d'une mesure efficace pour empêcher la mise au point de nouvelles armes a été pour Eisenhower « *la plus grande déception de tout gouvernement, de toute décennie, de tous temps et de tout parti* ».

Le Traité d'interdiction complète des essais nucléaires

Passons maintenant au Traité d'interdiction complète des essais nucléaires. L'objet d'un tel accord est d'empêcher, d'une part, que les États non nucléaires mettent au point des armes sophistiquées et, d'autre part, que les puissances nucléaires puissent améliorer leur armement existant, car on ne peut être sûr du fonctionnement d'armes nouvelles non testées.

Les négociations du Traité d'interdiction complète des essais nucléaires ont abouti en 1996, et ce traité impose maintenant une interdiction stricte sur les signataires. La France et le Royaume-Uni l'ont ratifié le 6 avril 1998. Les États-Unis l'ont signé en 1996, mais le Sénat a rejeté sa ratification en octobre 1999.

Nous avons vu au chapitre 4 que les puissances nucléaires ont effectué plus de 2 000 essais nucléaires, 543 dans l'atmosphère et 1 876 souterrains.

Deux aspects très sensibles et qui sont liés sont, d'une part, les procédures de vérification pour s'assurer qu'aucun État ne peut tricher et, d'autre part, le seuil maximal autorisé pour des éventuelles expérimentations nucléaires. Les deux options possibles étaient une interdiction complète (seuil de puissance nul) ou d'autoriser un seuil beaucoup plus élevé, de l'ordre de la kilotonne.

L'objectif principal du Traité d'interdiction complète étant de favoriser le régime de non-prolifération nucléaire, il aurait été difficile de demander aux pays ayant renoncé à l'arme nucléaire d'autoriser les cinq puissances nucléaires, ainsi que ceux qui n'ont pas signé le Traité de non-prolifération, à procéder à des essais d'une puissance de 1 000 tonnes d'explosif puissant. L'engagement renouvelé des pays non dotés d'armes nucléaires de ne pas en acquérir est tout d'abord l'acceptation que leur propre possession d'armes nucléaires ne pourrait les protéger du danger posé par ces armes dans les arsenaux de leurs voisins. Rappelons que lors de la Conférence d'examen de 1995 où le Traité de non-prolifération avait été prolongé indéfiniment, les puissances nucléaires s'étaient engagées à négocier rapidement une interdiction complète des explosions nucléaires. Si un seuil de 1 kilotonne avait été adopté, cela aurait été une invitation pour les pays non dotés d'armes nucléaires à se retirer du Traité de non-prolifération et à accepter la même « limitation » pour la mise au point et la construction de leur propre arsenal.

Du moratoire des essais à la non-ratification par les États-Unis

Depuis 1992, un moratoire était observé par les États-Unis sur les essais souterrains au Nevada. En 1992, les militaires américains en charge des armes nucléaires avaient eu l'opportunité de procéder à quinze essais nucléaires pour résoudre d'éventuels problèmes de sécurité ou de fiabilité des armes (il s'agissant de modifier la tête Trident II pour pourvoir utiliser un « explosif puissant insensible »). Une loi d'octobre 1992 (loi Hatfield-Exon-Mitchell) avait imposé un moratoire d'une année sur les essais, puis permettait ensuite cinq tests par an, strictement pour résoudre des problèmes de sécurité ou de fiabilité, puis imposait ensuite une interdiction complète des essais à partir du 30 septembre 1996 à moins qu'un autre pays ne procède à des essais nucléaires.

Pendant les négociations du traité, les chercheurs du Laboratoire national de Los Alamos, contrairement à ceux de Livermore, ont affirmé qu'il était essentiel pour les États-Unis de continuer à procéder à des essais hydro-nucléaires. Ces essais, dans lesquels l'énergie nucléaire libérée est inférieure à celle de quelques kilogrammes d'explosif puissant, permettent d'étudier certaines questions scientifiques relatives à la physique des explosifs nucléaires. Ils ont joué un rôle important dans l'analyse de la sécurité des armes nucléaires. Ce laboratoire voulait donc un traité qui permettrait de petites explosions nucléaires libérant une quantité d'énergie nucléaire équivalente à un dix-millionnième de la puissance réelle (2 kg/vs/20 kilotonnes). D'autres organismes n'étaient pas intéressés par ces essais hydro-nucléaires et voulaient avoir la possibilité de procéder à des essais d'une puissance de plusieurs centaines ou milliers de tonnes.

Un groupe de consultants pour le département de l'Énergie, le Groupe Jason (dont faisaient partie Sidney D. Drell[14], qui a dirigé ces études sur les armes nucléaires, et Garwin), très actif dans le travail préparatoire aux négociations du traité, a montré que les modifications nécessaires pour limiter la puissance d'une explosion à quelques kilogrammes empêcheraient d'obtenir des informations utiles pour une arme réelle[15]. En revanche, tous furent d'accord pour dire que les essais de faible puissance sont utiles pour vérifier que la bombe est sûre en un point (c'est-à-dire que l'amorçage accidentel de l'explosif ne produirait pas de puissance importante) ; mais la sûreté en un point avait été vérifiée pour toutes les armes nucléaires en stock aux États-Unis. Les autres pays favorables à ce traité doivent aussi avoir abouti à la même conclusion.

La position initiale américaine en faveur du traité dépendait de l'assurance que les stocks d'armes existants pourraient être maintenus indéfiniment sans essai nucléaire explosif. Nous avons vu au chapitre précédent que cela peut être réalisé aux États-Unis grâce au Programme de surveillance scientifique de l'arsenal nucléaire.

La question des mesures à prendre en cas de vieillissement de l'élément primaire après quelques décennies a aussi été traitée par le Groupe Jason. Le rapport montre que l'augmentation de la quantité de tritium dans le gaz d'exaltation (par exemple en changeant le réservoir de tritium tous les cinq ans) pourrait pallier cette dégradation. La sécurité et la fiabilité des armes nucléaires pouvaient être maintenues sous un régime d'interdiction complète des essais.

Le rapport du Groupe Jason publié en 1995 a été l'un des fondements de la décision du président Clinton en faveur de l'arrêt complet des essais nucléaires. Le président des États-Unis a aussi certainement pris en compte les effets positifs, pour renforcer le régime de non-prolifération, d'une interdiction totale plutôt que de permettre des essais d'une puissance de 1 ou même 2 kilotonnes.

Une autre question qui se posait pour la ratification était de savoir si des adversaires potentiels pourraient améliorer de façon significative leurs armes nucléaires sans procéder à des essais souterrains. Après que le Sénat américain eut rejeté le traité en octobre 1999, l'Administration Clinton a tenté de répondre aux 3 questions qui avaient constamment été soulevées durant les débats. Malheureusement, les débats intéressants ont été très limités, les mêmes arguments étant répétés de nombreuses fois. Répondant à une requête de John M. Shalikashvili, un général à la retraite, conseiller spécial de Clinton sur le traité, l'Académie des sciences des États-Unis a mis en place un comité qui a publié un rapport en juillet 2002. Le comité comptait parmi ses membres Harold M. Agnew, ancien directeur du laboratoire de Los Alamos, ainsi que des anciens directeurs des laboratoires de Sandia (responsable des systèmes de mise à feu pour toutes les armes nucléaires américaines, qui permettent de s'assurer que les armes fonctionneront et qu'elles ont les protections nécessaires contre un accident ou un usage illégal) et d'Oak Ridge (qui fournit l'uranium enrichi et le deutérure de lithium pour les armes thermonucléaires). Le rapport du comité[16] traite de trois sujets principaux : des considérations sur le Programme de surveillance scientifique de l'arsenal nucléaire, la sécurité et la fiabilité des armes sous un régime d'interdiction des essais, les capacités de surveillance du traité et les conséquences potentielles, sur la sécurité des États-Unis, d'essais conduits par une puissance étrangère.

Ce comité a démontré que les armes américaines actuelles pouvaient être maintenues en toute fiabilité et sécurité sans recourir à des essais explosifs. Le Programme de surveillance scientifique de l'arsenal nucléaire, qui fonctionne depuis une dizaine d'années, ainsi que les programmes de refabrication des armes peuvent assurer la viabilité des arsenaux aussi longtemps qu'il y aura les financements et les personnels nécessaires. C'est une mauvaise nouvelle pour ceux qui espèrent que les armes nucléaires se désintégreront si on ne procède pas à des essais ainsi que pour ceux qui voudraient continuer à les tester et qui insistent sur le fait que ces essais sont essentiels au maintien des arsenaux.

En ce qui concerne les moyens de surveillance devant être mis en place par le traité, en conjonction avec les moyens techniques nationaux de vérification et de renseignement, et les avantages dont pourraient bénéficier d'autres pays s'ils procédaient à des essais sans être détectés, le comité a conclu que les essais, qui pourraient être cachés par des puissances nucléaires naissantes ou inexpérimentées, ne leur permettraient d'en tirer des informations, pour améliorer leurs armes, qu'elles n'auraient pu obtenir autrement. Quant aux autres puissances nucléaires, elles pourraient peut-être cacher des essais de puissance plus élevée, mais leurs armes nucléaires seraient moins dangereuses avec un régime d'interdiction des essais que sans. Dans tous les cas, les essais nucléaires ne sont pas une réponse utile à des essais clandestins conduits par d'autres pays.

L'Administration Clinton a repoussé la soumission du traité pour ratification par le Sénat américain jusqu'à septembre 1997. Aucune action n'avait été entreprise et les débats habituels des différentes commissions du Sénat en charge des affaires étrangères, des armées et du renseignement, n'ont pas eu lieu. Comme rien n'avançait, et sous la pression maladroite des partisans du traité, les dirigeants républicains du Sénat ont, sans en avoir averti personne, proposé un vote immédiat pour le traité en septembre 1999. Le vote a été repoussé de dix jours de façon à permettre un débat. Cependant la majorité (républicaine) du Sénat, sans bruit, dans les mois précédents, s'était assurée de l'opposition de certains sénateurs au traité. La commission des Affaires étrangères du Sénat, en charge des traités, n'a pas fait de rapport, et la ratification du traité a été honteusement rejetée par un vote de 51 voix contre 48, le 13 octobre 1999. (La ratification d'un traité exige une majorité des deux tiers.)

Les arguments contre la ratification, répétés de multiples fois, ont été un manque de confiance dans la capacité des États-Unis à maintenir, sans essais, la sécurité et la fiabilité de leur arsenal nucléaire ; également la crainte que d'autres États puissent procéder à des essais sans être détectés et donc obtenir un avantage sur les États-Unis, et aussi le fait que l'engagement demandé par le traité aux États non nucléaires n'était qu'une signature sur un bout de papier, puisque ceux-ci étaient déjà liés par le Traité de non-prolifération et que ce nouveau traité ne leur imposait aucune contrainte supplémentaire.

La considération des avantages du traité pour les États-Unis a été absente du débat. Les États-Unis ont procédé à un millier d'essais et ils ont un arsenal nucléaire très supérieur à celui des autres puissances nucléaires, qui gagneraient donc relativement plus qu'eux à faire des essais supplémentaires. Mais l'avantage principal, important, est indirect. Nous pensons que les États non dotés d'armes nucléaires ne vont pas renoncer pour longtemps au statut perçu et aux bénéfices de sécurité (essentiellement illusoires) que donne la possession des armes nucléaires si les puissances nucléaires continuent à procéder à des essais. Il est donc faux d'imaginer que les États non nucléaires resteront liés par le Traité de non-prolifération. Si les États-Unis ne ratifient pas le traité et reprennent les essais, les États non nucléaires pourraient rejeter à la fois le Traité de non-prolifération et le Traité d'interdiction complète des essais.

La majorité des sénateurs opposés au traité n'acceptent pas les avantages de la maîtrise des armements et estiment que les États-Unis sont la seule superpuissance restante qui devrait pouvoir dicter son bon vouloir. Pourquoi même devrait-il y avoir des lois puisque les États-Unis obéissent à la loi et les États hors la loi ne le font pas ? Les États-Unis agiraient aussi de la même façon s'il n'y avait pas de loi. Qu'importe si des analyses du même genre conduiraient à l'abolition du caractère criminel du meurtre, ce qui serait vraisemblablement suivi par une augmentation des meurtres, crimes et autres vols. La possibilité de violer une loi ou un traité ne veut pas dire que cela arrivera souvent. C'est seulement quand le système d'imposition du respect d'une loi s'effondre que le régime perd l'essentiel de sa valeur : un contribuable pourrait se trouver stupide de payer ses impôts si les autres, surtout si ce sont les plus riches, ne les paient pas.

Légalement, même s'ils ne l'ont pas ratifié, les États-Unis sont toujours liés par leur signature au Traité d'interdiction complète des essais nucléaires, jusqu'à ce qu'un président déclare formellement qu'ils ne sont plus liés par le traité et qu'il en retire la signature.

Les essais nucléaires français et le Traité d'interdiction complète des essais nucléaires

En 1996, la France, tout comme les États-Unis à l'époque, est devenue un partisan d'un seuil de puissance strictement nul.

Les essais nucléaires français avaient été interrompus par le président François Mitterrand en 1992 pour des raisons politiques. Il voulait que les puissances nucléaires interrompent définitivement les essais et a ignoré ou rejeté les objections des laboratoires d'armes nucléaires français qui préparaient un programme d'essais.

En novembre 1994, huit mois avant l'annonce de la reprise des essais nucléaires français, Garwin est venu à Paris avec deux autres spécialistes éminents, Ray Kidder, physicien des plasmas et expert en armes nucléaires du Laboratoire Lawrence Livermore, et Christopher Paine, analyste de longue date des armements nucléaires et cocréateur de la série *Nuclear Weapon Databook*[17], afin de comprendre les objectifs d'une éventuelle campagne d'essais[18]. Les arguments avancés par ceux qui étaient impliqués dans ces essais n'étaient pas cohérents avec les déclarations antérieures du Commissariat à l'énergie atomique selon lesquelles une nouvelle tête nucléaire TN 75 pour les missiles M 45 placés sur les sous-marins avait été produite et acceptée sans nécessiter d'essai nucléaire pour la version de production. L'avis majoritaire au sein du Commissariat à l'énergie atomique était que la conception de l'arme thermonucléaire pourrait être rendue plus robuste en essayant des petits changements dans les dimensions, qui a donc proposé une rafale d'essais pour valider les changements proposés.

Lorsque Jacques Chirac a été élu président en mai 1995, il a levé le moratoire mis en place par le président Mitterrand et a autorisé la série d'essais prévue à Mururoa, dans l'océan Pacifique. Huit explosions souterraines furent programmées. Cette décision, sans que des explications réellement convaincantes n'aient été données, a provoqué, en France et à l'étranger, un mouvement de réprobation générale et a nuit à l'image et aux intérêts économiques de la France dans le monde. Presque toutes les nations, y compris les alliés dans l'Union européenne, ont protesté.

La réaction internationale, qui n'avait pas été anticipée par le président Chirac, était injustifiée par rapport aux risques que présentaient ces essais, comme par exemple le boycott des vins français par les Australiens qui protestaient contre les fuites de radioactivité provenant du site d'expérimentation souterraine à une distance de 6 000 kilomètres. Dans une interview à la radio australienne, Garwin a alors expliqué que ces essais étaient non seulement acceptables, mais aussi souhaitables s'ils pouvaient conduire à ce que la France soutienne un seuil de puissance nul pour le traité et que l'Australie n'avait pas à craindre la radioactivité provenant de cette série d'essais.

Après six essais réussis, la France a déclaré qu'elle interrompait définitivement les essais. En août 1996, les présidents Chirac et Clinton ont annoncé, à un jour de différence, leur soutien pour le traité avec un seuil de puissance strictement nul.

Rappelons que le centre d'essais de Mururoa a été démantelé, éliminant ainsi toute possibilité de revenir procéder à des essais sur ce site. En revanche, Washington n'a pas encore décidé de fermer le centre d'essais du Nevada et le maintient même explicitement en état de pouvoir reprendre les essais. Cette décision aura un impact beaucoup plus positif sur l'avenir de la sécurité professionnelle des deux sénateurs de l'État du Nevada que sur la sécurité des États-Unis. En 2003, le Congrès américain a autorisé l'Administration Bush à s'assurer que le centre d'essais du Nevada pourrait être utilisé pour procéder à un essai nucléaire dans un délai de 18 mois à compter de la décision de procéder à l'essai, mais les fonds ont été fournis pour préparer le site dans un délai de 24 mois.

Entrée en vigueur du traité

Dans les dernières étapes de la négociation du traité en 1996, le Royaume-Uni, la Chine et la Russie avaient introduit une exigence suivant laquelle le traité n'entrerait en vigueur que lorsque chacun des 44 États possédant des réacteurs nucléaires ou des installations d'enrichissement l'aurait signé et ratifié. Cela inclut donc l'Inde, Israël et le Pakistan, ainsi que la Corée du Nord. L'Inde s'était toujours vivement opposée à cette clause, estimant inacceptable la pression imposée et qu'un traité international ait des clauses particulières pour certains pays.

Quant à Israël, bien qu'il possède des armes nucléaires et ne soit pas partie au Traité de non-prolifération, on peut aussi penser qu'il aurait ratifié le traité (Israël a signé le traité un jour après la France, mais ne l'a toujours pas ratifié). La Corée du Nord aurait vraisemblablement fait de même car elle était alors partie au Traité de non-prolifération et, de ce fait, n'avait pas le droit de procéder à des essais nucléaires.

Sans cette clause, la plupart des pays auraient signé et ratifié le traité qui aurait donc pu entrer en vigueur. L'Inde ne l'aurait probablement pas signé, donc le Pakistan non plus, mais on peut peut-être penser qu'aucun des deux pays n'aurait procédé à des essais nucléaires. Un traité engageant tous les autres pays du monde aurait été beaucoup plus contraignant que des signatures pour un traité qui n'entrera pas en vigueur. Les scientifiques indiens auraient certainement voulu procéder à des essais, mais il n'est pas certain que le gouvernement indien aurait accédé à leur demande. Nous pensons qu'il aurait été préférable de ne pas lier la date où ce traité prendrait effet à la signature de l'Inde, de façon à ce que le reste du monde puisse bénéficier d'un régime solide d'interdiction des essais, même si l'Inde et un ou deux autres États n'avaient pas signé. Dans ces circonstances, la pression internationale aurait encouragé l'Inde à respecter le traité, tout comme la France et la Chine ont essentiellement respecté le Traité d'interdiction partielle des essais nucléaires signé en 1963 et n'ont procédé qu'à des essais souterrains, bien qu'elles ne fussent pas parties à l'accord.

D'autres traités sont passés par de semblables mésaventures dans le passé. Trop souvent, des pays ont affirmé leur souhait d'arrêter les essais tout en sabotant les négociations. Dans les années 1970, les négociations ont été bloquées lorsque le

Royaume-Uni, tout en déclarant soutenir le traité, a refusé les limitations sur les essais en arguant du coût élevé des équipements de surveillance, c'est-à-dire des séismomètres à installer sur son sol, alors que ce coût était tellement faible qu'il aurait pu être pris en charge même par une organisation de bienfaisance.

Le 20 août 1996, l'Inde a invoqué la règle de consensus de la Conférence sur le désarmement (qui revient à un droit de veto) pour empêcher que le traité, négocié par 61 États, soit présenté à l'Assemblée générale des Nations unies. Malgré les protestations indiennes, plusieurs États ont pris l'initiative de porter le projet de traité devant l'Assemblée générale, puisqu'il ne pouvait donc pas être transmis par la Conférence du désarmement. L'Inde insistait aussi pour que les cinq puissances nucléaires adoptent une clause d'élimination des armes nucléaires à une date spécifique. Elle a déclaré qu'elle ne signerait jamais le traité, mais qu'elle n'aurait pas bloqué sa présentation si la clause relative à l'entrée en vigueur n'avait pas spécifié la ratification préalable des 44 États, y compris elle-même. L'Inde se réservait donc le droit de se doter d'armes nucléaires et de les tester, ce qu'elle fit dès que le parti nationaliste, le BJP, a été au pouvoir après les élections de mars 1998.

Le 9 septembre 1996, l'Assemblée générale des Nations unies, à une très large majorité, a adopté ce traité, que les États-Unis et les quatre autres puissances nucléaires furent les premiers à signer, le 24 septembre 1996. Dans les quelques minutes qui ont suivi, de nombreux États firent de même. Le 18 octobre, 127 États l'avaient signé. Les seuls États parmi les 44 qui n'avaient pas signé étaient la Corée du Nord, l'Inde, le Bangladesh et le Pakistan.

En mai 2005, 175 États ont signé le traité, mais seulement 121 l'ont ratifié. Pour que le traité puisse entrer en vigueur, il doit donc être ratifié par les 44 pays possédant des installations nucléaires civiles, parmi lesquels la Chine, la Colombie, l'Égypte, l'Indonésie, l'Iran, Israël, les États-Unis et le Vietnam qui ne l'ont pas encore ratifié. La Corée du Nord, l'Inde et le Pakistan n'ont toujours pas signé le traité. La Russie l'a ratifié le 30 juin 2000, la France et le Royaume-Uni le même jour, le 6 avril 1998. Le président George W. Bush a indiqué qu'il maintenait le moratoire sur les essais, mais qu'il n'avait aucun intérêt à ratifier ce traité.

D'après le traité de Vienne sur le droit des traités, les États signataires ne doivent entreprendre aucune action qui porterait atteinte à la viabilité d'un traité, même s'ils ne l'ont pas ratifié ou s'il n'est pas encore entré en vigueur. En revanche, ni l'Organisation internationale de vérification du Traité d'interdiction complète des essais nucléaires, ni les autres institutions nécessaires à son application ne peuvent être mises en place avant son entrée en vigueur. Le traité pourra être modifié par les parties qui l'ont ratifié trois ans après son (éventuelle) entrée en vigueur.

Les essais nucléaires indiens et pakistanais

L'Inde et le Pakistan (qui, comme Israël, n'ont pas adhéré au Traité de non-prolifération) sont dotés d'armes nucléaires et ont procédé à des essais en mai 1998. À moins que le Traité de non-prolifération ne soit amendé, aucun de ces deux pays ne peut y être partie comme puissance nucléaire.

Aux États-Unis, l'Amendement Glenn, ayant pris valeur de loi en 1996, était destiné à dissuader ces deux pays de procéder à des essais nucléaires, en leur imposant le cas échéant des peines sévères, même si ces essais ne violaient aucun engagement international pris par l'un d'entre eux. Les essais de mai 1998 ont automatiquement déclenché l'application de cet amendement, et plusieurs programmes de soutien intergouvernementaux, ainsi que des prêts des États-Unis ou de la Banque mondiale, et tous les autres programmes sauf ceux d'aide humanitaire, ont été suspendus. La dissuasion qu'aurait dû représenter l'Amendement Glenn ayant échoué, cet amendement s'est révélé être davantage un problème qu'une solution, son maintien étant un rappel que la diplomatie américaine avait échoué. D'un autre côté, la levée de ces sanctions (qui nécessiterait une nouvelle loi) pourrait se produire seulement après des assurances vérifiables que l'Inde et le Pakistan diminuent les risques de sécurité posés par leur armement nucléaire et qu'ils adhèrent au Traité d'interdiction complète des essais nucléaires. En juillet 1998, le Congrès a voté une loi autorisant des livraisons de nourriture à l'Inde et au Pakistan, ce qui est plutôt le résultat de la pression des fermiers américains que la conséquence d'une analyse des effets de cette action pour restreindre ou renverser la prolifération. Les effets dévastateurs de ces sanctions sur l'économie pakistanaise ont provoqué un assouplissement de ces mesures.

Des discussions fréquentes entre le secrétaire d'État adjoint Stobe Talbott et le ministre indien des Affaires étrangères Jaswant Singh n'avaient pas permis d'aboutir à un engagement à signer le traité de la part de l'Inde ni d'interrompre la production de matières fissiles pour les armes. L'Inde insiste sur son droit à tester et produire des armes nucléaires. Cependant il n'y a pas encore de programme nucléaire cohérent, car il y a différents points de vue parmi les responsables indiens. Ce sont les scientifiques indiens qui avaient mis au point les armes nucléaires qui ont demandé au gouvernement de procéder aux essais de mai 1998, sans que les militaires ne les aient demandés et n'y aient vraiment participé.

En mai 1999, une délégation du Comité sur la sécurité internationale et la maîtrise des armements (Cisac – sur lequel nous reviendrons au chapitre 11) s'était rendue en Inde (ces réunions avaient été proposées bien avant les essais de 1998) et avait eu des discussions sur l'avenir du programme nucléaire militaire indien avec un groupe de personnalités diverses. Dans une longue interview au magazine indien *Frontline*[19], Garwin explique que le déploiement d'armes nucléaires par ces deux pays augmente de façon importante les risques en matière de sécurité dans la région. En effet, tant qu'il n'y a pas d'assurance que sont réellement mis en place tous les systèmes de sécurité (par exemple le dispositif de contrôle gouvernemental), le risque de lancement accidentel ou non autorisé est un danger très réel. L'expérience des autres pays ayant mis en place ces dispositifs indique que leur coût est très élevé et leur mise au point nécessite beaucoup de temps.

Un an après les essais de leur « moyen de dissuasion », ces deux pays se livraient un conflit conventionnel dont le risque de l'escalade nucléaire a été mieux mesuré *a posteriori*. Lors de la guerre du Kargil en 1999, « *l'armée pakistanaise avait mobilisé son arsenal nucléaire sans que cela ne soit connu du Premier ministre Nawaz Sharif*[20] ». Ce dernier a été informé des préparatifs par le président Clinton ! Cet épisode montre que, dans une région où deux pays se livrent depuis des dizaines d'années une « *guerre chaude et froide* », les armes nucléaires sont plus une contrainte stratégique qu'une assurance de sécurité.

Les essais par l'Inde et le Pakistan en mai 1998 ont encore une fois démontré que les armes nucléaires conçues sans essais peuvent produire une puissance importante. Cela n'est pas une surprise, mais nous ne savons pas si les essais ont été entièrement satisfaisants quant aux performances escomptées.

Même après les essais indiens et pakistanais, le Traité d'interdiction complète des essais nucléaires présenterait des avantages en matière de sécurité. S'il était possible de le modifier pour qu'il puisse entrer en vigueur, le Système international de surveillance qu'il prévoit serait effectivement mis en place, le monde aurait une meilleure garantie que des pays ne procèdent pas à des essais et il serait alors possible d'effectuer des inspections en cas de soupçon[21]. Certains de ces mécanismes existent déjà sous une forme préliminaire. Les États-Unis estiment que le réseau de séismomètres déployé par le Système international de surveillance, ainsi que les nombreux séismomètres des universités peuvent détecter toute explosion d'une puissance supérieure à environ 1 kilotonne essentiellement partout sur Terre, et même de puissance bien inférieure dans la plupart des endroits, y compris dans les sites d'essais des puissances nucléaires. Dans le cas de deux des six essais indiens de 1998, dont la puissance déclarée était de 200 tonnes et 800 tonnes d'explosif puissant, les séismologues ont enregistré une explosion estimée à une puissance de 20 tonnes seulement, à partir de séismomètres placés au Pakistan, ce qui sème le doute sur les déclarations indiennes. Une dizaine de séismomètres placés au Kirghizstan auraient une très bonne sensibilité pour détecter des essais chinois sur le site de Lop Nor jusqu'à des puissances de 10 tonnes, ce qui est bien inférieur à la sensibilité nominale de 1 kilotonne prévue pour le Système international de surveillance[22].

Traités bilatéraux entre les États-Unis et l'Union soviétique ou la Russie

Depuis les années 1970, les gouvernements successifs des États-Unis et aussi de l'Union soviétique ont cherché à limiter les capacités de lancement d'armes nucléaires de l'autre camp par des traités ou des initiatives unilatérales moins formelles. Les discussions sur la limitation des armements stratégiques entamées en 1972 sous l'Administration Nixon se sont traduites dans les Traités SALT (*Strategic Arms Limitation Talks* – Négociations sur la limitation des armements stratégiques). Les accords SALT comprennent le Traité sur la limitation des systèmes antimissile balistiques (le Traité ABM), ainsi que l'Accord intérimaire sur les armes stratégiques, signé par le président Nixon et le secrétaire général Brejnev en mai 1972 et entré en vigueur en octobre de la même année. L'Accord intérimaire était prévu pour une durée de cinq ans : il imposait le gel, jusqu'à l'aboutissement d'un accord sur des mesures plus détaillées, du nombre total de lanceurs de missiles nucléaires et de sous-marins stratégiques américains et soviétiques.

Pour bien signifier que les réductions ont plus d'importance que les limites ou les « plafonds », l'Administration Reagan a changé ce traité en Traité de réduction des armements stratégiques (Traité START – *Strategic Arms Reduction Treaty* – Traité sur la réduction et la limitation des armements stratégiques offensifs). Le Traité START limite les nombres de vecteurs de lancement des armes nucléaires stratégiques, de bombardiers, de missiles balistiques intercontinentaux et de missiles basés sur les sous-marins.

Le premier accord START entre les États-Unis et l'Union soviétique a été signé par le président George Bush en juillet 1991, puis en 1992, par la Biélorussie, le Kazakhstan et l'Ukraine qui, à l'époque, possédaient encore des armes nucléaires stratégiques héritées de l'Union soviétique. Il est entré en vigueur en décembre 1994. Le Mémorandum d'accord de janvier 2001 du Traité START I indique que les États-Unis ont déployé 7 295 têtes stratégiques alors que 6 302 armes russes sont couvertes par le traité.

Le Traité START II a été signé en 1993. Il réduit encore plus les armements stratégiques offensifs des deux parties, en éliminant tous les missiles intercontinentaux à têtes multiples. À la fin de la phase de désarmement prévue en 2007, il restera encore, de chaque côté, environ 3 000 armes nucléaires stratégiques sur des vecteurs de lancement opérationnels, et plus de 10 000 têtes nucléaires, incluant les armes non stratégiques et les armes en réserve. Cela correspond au nombre réel d'armes nucléaires conservées par les États-Unis, information rendue publique dans des documents officiels. Il est évident que quelques-uns parmi les militaires russes sont ravis de pouvoir justifier d'en conserver aussi un nombre équivalent. Le Traité START II a été ratifié par les États-Unis en janvier 1996 et par les députés russes en mars 2000. En vue du coût pour l'économie russe du maintien d'un nombre d'armes élevé, les Russes auraient certainement préféré se mettre d'accord sur un nombre bien plus réduit. Mais pour des raisons de politique interne, le gouvernement ne pouvait se permettre d'apparaître faible en ayant un nombre d'armes inférieur à celui des États-Unis.

Le Traité START II ne pourra entrer en vigueur qu'avec l'approbation de certains protocoles par le Sénat américain car la Douma russe a joint des réserves à la ratification, en particulier la condition que le système de défense antimissile national que les États-Unis mettent actuellement au point ne soit pas déployé.

Les 3 000-3 500 têtes nucléaires déployées de chaque côté en accord avec le Traité START II sont encore beaucoup trop nombreuses. Comme START II ne permet qu'une seule tête par missile basé au sol, les Russes n'ont pas assez de véhicules de lancement : leurs responsables militaires demandent donc des financements pour en construire d'autres, cherchant ainsi à rétablir un équilibre absurde. Le 16 octobre 1997, devant la Douma, le secrétaire d'État à la Défense, William Perry, avait plaidé pour la négociation d'un traité de réduction des armements, START III, qui rendrait cette course inutile. Cela a conduit à l'accord d'Helsinki entre le président Clinton et le président Eltsine en mars 1997, suivant lequel le futur Traité START III limiterait à 2 000-2 500 le nombre de têtes nucléaires. Cette réduction, par rapport aux 3 000 à 3 500 armes permises par le Traité START II, permettrait à chaque pays une économie de presque 5 milliards de dollars. Les États-Unis et la Russie ne purent s'entendre sur un chiffre unique : les Russes sont donc autorisés à déployer 2 000 têtes nucléaires et les États-Unis 2 500. Les responsables russes ont indiqué que leur pays n'avait ni le besoin, ni les moyens d'entretenir plus de 2 000, voire 1 700 têtes nucléaires, et qu'ils désarmeront unilatéralement jusqu'à ce niveau[23].

Il ne semble pas possible que la situation économique de la Russie lui permette de maintenir 3 000 têtes nucléaires sur des missiles à une seule tête en accord avec le Traité START II ; néanmoins l'Administration Bush n'a pas saisi l'opportunité de réduction que représente cette nécessité pour la Russie, et au contraire elle ne voit pas de raisons pour que la riche Amérique réduise ses armements au même niveau que la pauvre Russie ! Bush serait plutôt ravi d'une situation dans laquelle la Russie devrait réduire ses armements stratégiques pour des raisons économiques, alors que les États-Unis n'auraient aucune contrainte.

D'après un rapport de l'organisation non gouvernementale américaine Natural Resources Defense Council[24], la Russie disposait en 1995 de 585 silos opérationnels pour lancer des missiles balistiques intercontinentaux et de 192 tubes de lancement de missiles sur ses sous-marins stratégiques. Avec l'hypothèse que les missiles balistiques lancés par les sous-marins seraient équipés de trois têtes chacun mais que les missiles basés au sol ne pourraient avoir qu'une seule tête par missile, la Russie aurait pu déployer 1 161 têtes nucléaires, la moitié sur les missiles basés au sol. Si les États-Unis avaient eu le courage de proposer de réduire le nombre de têtes déployées à 1 000 seulement, les missiles au sol n'étant équipés que d'une seule tête, la médiocre économie russe aurait même pu faire des économies en baissant le niveau de ses forces. Nous pensons que les États-Unis ont manqué une opportunité d'améliorer sa propre sécurité ainsi que la sécurité internationale.

L'Administration Bush actuelle éprouve une réelle antipathie pour les accords formels de maîtrise des armements et ne voit pas de raisons à leur maintien avec la Russie puisque les États-Unis et la Russie « ne sont plus ennemis » et que les États-Unis n'ont pas de tels traités avec la France ou le Royaume-Uni. En décembre 2001, Bush a annoncé que les États-Unis ne seraient plus liés par le Traité ABM à partir de juin 2002, comme cela est permis par le traité si « l'intérêt national suprême » est menacé. Cependant, aucune raison n'a été donnée pour savoir ce qui dans le traité mettait en danger la sécurité nationale américaine. Il n'a pas non plus été demandé à la Russie de permettre aux États-Unis un système limité pour se défendre contre quelques éventuels missiles envoyés par des États hostiles. De toutes les façons, il n'a jamais été proposé à la Russie d'interpréter le Traité ABM comme permettant un déploiement de missiles spécifique et limité. Et l'Administration Bush n'aime pas les accords entre des États qui ne sont pas des « pairs », ce qui revient à dire que les États-Unis sont actuellement peu disposés à signer des accords qui appliqueraient des contraintes sur les États-Unis autant que sur les autres pays.

Les présidents Bush et Poutine ont signé à Moscou le 24 mai 2002 un Traité de réduction des armements offensifs. Alors que les deux pays se trouvaient au niveau prévu par le Traité START I, à environ 6 000 têtes déployées de chaque côté, ce traité limite le déploiement de têtes stratégiques opérationnelles à 1 700-2 200 par pays. Mais il ne spécifie aucune limite pour les armes en réserve, aucune procédure de vérification n'est associée aux réductions promises, et il n'y a pas de calendrier si ce n'est que les réductions devront être achevées fin 2012. Cette date coïncide exactement avec celle de l'expiration du traité, si bien que le non-respect éventuel du traité est impossible pour plus d'une seule journée ! En 2002, l'Administration Bush ne voyait pas la nécessité d'un autre traité, mais ce sont les Russes qui ont insisté pour avoir un traité formel.

Comme conséquence du retrait des États-Unis du Traité ABM, la Russie s'est retirée du Traité START II et a recommencé à mettre au point des missiles balistiques intercontinentaux à têtes multiples : en effet, cela coûte beaucoup moins cher pour conserver un arsenal de 2 000, 5 000 ou même 10 000 têtes nucléaires que cela ne le serait de construire des missiles à tête unique. Bien sûr, la menace que représentent 5 000 têtes nucléaires est la même, que ces têtes proviennent de missiles à tête unique ou à têtes multiples. Mais les missiles à têtes multiples étant moins nombreux, ils sont donc plus vulnérables à une destruction préventive et pourraient contribuer à ce que la Russie veuille prévenir une attaque préventive en se maintenant dans une posture de lancement sur alerte, ce qui est très risqué, aussi bien pour la Russie que pour les États-Unis et une bonne partie de la planète.

Cependant, malgré des mouvements dans une direction opposée par l'Administration Bush actuelle, la dissolution de l'Union soviétique pendant la présidence du premier président Bush a été suivie d'une phase active de désarmement nucléaire. Les États-Unis ont supprimé le poste de commandement du service stratégique dont des avions étaient en permanence en vol et qui devait organiser la riposte nucléaire au cas où Washington aurait été rasée par une arme nucléaire. Il n'est plus nécessaire de répliquer rapidement, puisque aucun protagoniste ne croit que l'autre veut, ou peut, effectuer une frappe préventive qui le désarmerait. Malgré tout, la Russie et les États-Unis maintiennent des milliers d'armes stratégiques qui peuvent être lancées en quelques minutes. En outre, après la fin de la guerre froide, peu nombreux sont ceux qui perçoivent l'autre comme un ennemi implacable. Il existe néanmoins une minorité relativement importante de militaires et de politiques qui désirent une protection absolue au lieu d'une simple dissuasion, semblant ignorer que tout pas dans ce sens pourrait conduire à augmenter le danger. Depuis environ un an, le gouvernement américain semble accepter que le président Bush soit sérieusement intéressé à réduire le nombre d'armes nucléaires aux niveaux prévus par le Traité de Moscou. Cependant, pour certains, cela rend encore plus urgente la mise au point d'armes nucléaires « adaptées à leur nouvelle mission », comme les armes pour aller détruire les bunkers. Enfin, la détérioration de la situation en Irak préoccupe plus le président Bush que les réductions d'armements nucléaires.

Les armes nucléaires tactiques américaines ont été mises au rebut, sauf un millier d'armes conservées par les forces aériennes basées en Europe, ainsi qu'un nombre similaire de têtes sur des missiles de croisière qui peuvent être lancés de navires. En Russie et au Texas, des usines ont travaillé pendant des années à détruire les têtes nucléaires et des avions stratégiques aux ailes et à la queue coupées sont exposés à découvert pour que leur mise hors service puisse être vérifiée par satellite. L'image de ces avions posés sur le sol avec leurs ailes coupées, que l'on peut voir sur la photographie, est à la fois réjouissante, parce qu'ils ne menacent plus personne, et désolante. Ils sont le témoin d'une puissance destructrice importante longtemps en service et d'un gâchis de ressources précieuses dépensées en vain.

Cette castration est opérée avec une lame de guillotine de 6 tonnes qui tombe de 25 mètres de hauteur sur l'aile puis sur la queue de l'avion. Elle illustre les progrès dans le démantèlement d'un arsenal monstrueux ; elle illustre surtout l'immensité de la bêtise humaine s'étant donné libre cours pendant un demi-siècle. La fortune engloutie dans des tels avions aurait mieux servi à la défense des pays si elle avait été utilisée au développement économique du pays ou au bien-être de la population.

Avions américains attendant d'être détruits.

La maîtrise des armements comme outil puissant pour la sécurité de tous les pays et de l'humanité

Le monde a survécu un demi-siècle sans l'usage des armes nucléaires, mais il n'est pas sûr que cela continue pour toujours. Réfléchissant à un monde futur avec des armes nucléaires, Albert Einstein a dit : « *Je ne sais pas avec quelles armes sera menée la Troisième Guerre mondiale, mais je sais que la Quatrième le sera avec des bâtons et des pierres.* »

À la fin de la Seconde Guerre mondiale, les scientifiques les mieux informés pouvaient avoir des points de vue différents sur leur vision future du monde,

Destruction des armes nucléaires en excès

La destruction des armes nucléaires en excès comprend plusieurs étapes. Les armes peuvent être démilitarisées par exemple en retirant les batteries des systèmes d'armement et d'amorçage ou les réservoirs de tritium des armes à fission exaltée, si bien qu'il faudra un certain temps avant que ces armes puissent être utilisées. Puis les bombes ou les missiles peuvent être désassemblés, et il ne reste que ce que l'on appelle par euphémisme le « paquet physique », c'est-à-dire l'explosif nucléaire lui-même.

Aux États-Unis, le démantèlement a lieu au site Pantex du département d'État à l'Énergie, situé à Amarillo dans l'État de Texas. Après le démantèlement mécanique, on enlève d'abord les détonateurs de la bombe primaire, puis les explosifs. Il ne reste plus que la coquille de plutonium à l'intérieur de sa protection métallique avec tube en métal pour le tritium. Les armes nucléaires quittent le site de Pantex en trois courants : les explosifs puissants, les matériaux fissiles et les diverses parties métalliques ou en plastique. Ces dernières sont pour la plupart écrasées puis vendues, et l'explosif puissant est brûlé ou recyclé. Les matériaux fissiles sont transportés à des endroits de stockage, bien qu'une partie du plutonium soit encore stockée temporairement au site de Pantex. L'uranium est transporté à Oak Ridge, dans l'État de Tennessee, où il avait été enrichi. L'uranium en excès est entreposé jusqu'à son utilisation future dans les réacteurs des sous-marins. Tout ce processus représente un coût énorme.

cependant leurs propositions étaient communes. Hans Bethe avait dirigé le département de physique théorique du laboratoire de Los Alamos, le laboratoire qui a construit les deux seules armes nucléaires utilisées dans un but de destruction. Il s'exprime ainsi : « *Je suis immensément soulagé que ces armes n'aient pas été utilisées depuis la Seconde Guerre mondiale, mais ce sentiment est mêlé à l'horreur ressentie par le fait que des dizaines de milliers de ces armes ont été construites depuis cette époque, 100 fois plus que n'aurait pu l'imaginer chacun de ceux qui travaillaient à Los Alamos*[25]. » Ce sont les « *milliers ou dizaines de milliers d'armes nucléaires* » qui avaient été prédites par Oppenheimer en 1945.

Il est affligeant que ceux qui en ont les moyens ne prennent pas les mesures nécessaires pour réduire la menace que représentent les 30 000 armes nucléaires encore en service dans le monde. Les gouvernements pensent qu'ils seront plus populaires s'ils se reposent sur des programmes d'armements, dont la plupart sont inefficaces, pour donner une impression de protection, plutôt que de négocier des réductions importantes et vérifiables d'armements qui menacent leur propre pays et le monde entier. Dwight D. Eisenhower avait dit au Premier ministre britannique Harold Macmillan à Londres, dans un entretien radiotélévisé le 31 août 1959 : « *Je pense que les peuples veulent tellement la paix que, un de ces jours, les gouvernements feraient mieux de se retirer et de les laisser goûter à cette paix.* »

Cinquante années après, quelques accords de maîtrise des armements et de désarmement sont en place. Certains ont été, et sont encore, des instruments très efficaces pour réduire le danger des armes nucléaires. Cependant aucun progrès n'est définitivement acquis, comme le montrent clairement le retrait des États-Unis du Traité ABM, ou encore le non-respect de l'esprit du Traité de non-prolifération par les puissances nucléaires, ce qui incite fatalement d'autres pays à vouloir se doter des mêmes moyens de protection et de prestige.

Nous pensons que les avantages de la maîtrise des armements justifient que l'on y apporte une priorité beaucoup plus élevée et davantage de ressources. Cela commence par une bonne gestion de la défense, et il est faux d'imaginer que les officiers militaires ou les responsables des ministères de la Défense sont en faveur d'une croissance des armements, sans considération des coûts ou des conséquences. Dans la plupart des cas, ils essaient de faire un dur travail dans des circonstances rendues encore plus difficiles par la bureaucratie et les pressions politiques internes (sur les instances législatives et le Président) ; aux États-Unis, par exemple, la dynamique de la réélection est telle qu'elle épuise les énergies intellectuelles et physiques des représentants, et même des sénateurs, si bien que nombreux parmi les plus respectés ont quitté le Congrès à l'apogée de leur influence.

Tous les traités de maîtrise des armements ne contribuent pas de la même façon à la sécurité des pays. Le traité de Moscou, qui a finalement rendu caduc le Traité START II, est un pas en arrière. Mais le Traité sur l'arrêt de la production de matières fissiles[26], proposé depuis des années comme moyen complémentaire d'empêcher la prolifération des armes nucléaires, mériterait d'être conclu le plus rapidement possible. Pour diverses raisons (le fait que les pays ont des niveaux de stocks très différents et les mesures de vérification à mettre en place), ces négociations sont bloquées depuis des années. Cela a pour conséquence de bloquer aussi toutes les autres négociations de la Conférence du désarmement, situation qui arrange tout à fait ceux qui ne souhaitent pas discuter ou négocier une interdiction des armes dans l'espace par exemple.

Dans son éditorial du journal *Combat*, daté du 8 août 1945, après la nouvelle du bombardement d'Hiroshima, Albert Camus écrivait :

« *Mais nous nous refusons à tirer d'une aussi grave nouvelle autre chose que la décision de plaider plus énergiquement encore en faveur d'une véritable société internationale, où les grandes puissances n'auront pas de droits supérieurs aux petites et aux moyennes nations, où la guerre, fléau devenu définitif par le seul effet de l'intelligence humaine, ne dépendra plus des appétits ou des doctrines de tel ou tel État.*

« *Devant les perspectives terrifiantes qui s'ouvrent à l'humanité, nous apercevons encore mieux que la paix est le seul combat qui vaille d'être mené. Ce n'est plus une prière, mais un ordre qui doit monter des peuples vers les gouvernements, l'ordre de choisir définitivement entre l'enfer et la raison.* »

Dans les quatre pages écrites de sa main et énumérant les sujets de discussion en préparation de sa première rencontre avec le ministre soviétique des Affaires étrangères, Andrei Gromyko, à la Maison Blanche le 28 septembre 1984, le président Reagan écrit : « *Monsieur le Ministre, si on leur demandait leur avis, je sais que les peuples de nos 2 pays exprimeraient que la paix est leur plus grand souhait. Si nous méritons vraiment d'être leurs dirigeants, ne devrions-nous pas leur fournir ce qu'ils veulent par-dessus tout ? Est-ce que nous avons le droit d'être leurs dirigeants s'il nous est impossible de leur donner ce qu'ils demandent*[27] *?* »

Chapitre 10

MENACES SUR LA SÉCURITÉ MONDIALE

La tranquillité quotidienne des populations est sous la menace grandissante d'actes de malveillance ou de terreur. Jusqu'à présent de tels actes ne se sont pas matérialisés par l'utilisation d'armes biologiques[1] ou d'explosifs nucléaires, mais il serait irresponsable de ne pas évaluer cette éventualité, au moins pour pouvoir s'en protéger.

Depuis une quinzaine d'années, le risque d'explosion nucléaire a sensiblement augmenté. D'une part, on assiste à une augmentation de la prolifération des armes nucléaires à l'extérieur du « club » des États nucléaires. À la suite des mesures de désarmement mises en place par les États-Unis et la Russie, de nombreuses armes nucléaires et de grandes quantités de matériaux fissiles sont maintenant devenues excédentaires et doivent être gérées en s'assurant qu'elles ne peuvent être détournées. Cet état de choses augmente significativement les risques d'accident ou d'usage d'un engin nucléaire, y compris par un groupe criminel hostile.

D'autre part, les États-Unis et la Russie ont encore des milliers de têtes nucléaires sur des missiles balistiques à longue portée *en état d'alerte* et qui sont prêts à être lancés sur des cibles dans d'autres pays, et cela constitue *le* danger qui, en moins d'une heure, peut mettre en péril la vie de peuples entiers. Bien que ces missiles soient actuellement pointés vers les océans, ils pourraient être redirigés en quelques minutes et lancés vers des cibles terrestres si, par malheur, le système russe qui prévient d'une attaque massive vers la Russie venait à défaillir.

Les possibilités d'accès à des stocks de matériaux utilisables pour les bombes, comme l'uranium hautement enrichi ou le plutonium, contribuent certainement à la prolifération nucléaire ; cependant, certaines actions des puissances membres du club nucléaire, en particulier leurs doctrines d'emploi et les programmes de modernisation des armes nucléaires, sont autant d'incitations à la prolifération.

Nous pensons que les armes chimiques ne méritent pas le nom d'armes de destruction massive puisque leur efficacité meurtrière est comparable à celle des explosifs puissants et non pas à celle des armes nucléaires, et il existe des moyens de protection. Outre les puissances nucléaires, de nombreux pays ont possédé des armes chimiques, mais ce n'est pas pour autant qu'on peut leur attribuer une capacité de destruction massive au même titre que la menace qu'ils représenteraient s'ils avaient un arsenal nucléaire.

Le cas des armes biologiques est différent. De nombreux biologistes sont de l'avis que même le virus de la variole ne peut pas être rangé dans la catégorie des armes de destruction massive. Nous ne sommes pas d'accord et pensons que leur avis est dû au fait que, à la différence des armes chimiques, les armes biologiques n'ont pas encore été utilisées en temps de guerre et il est difficile d'avoir unc idée précise de leurs effets. La plupart des armées sont bien équipées pour se protéger contre les armes biologiques, mais les populations sont presque sans protection, bien qu'il existe des mesures efficaces de santé publique contre la contagion comme la quarantaine et des mesures d'hygiène.

Les États-Unis ont officiellement révélé qu'ils avaient eu un programme très actif de mise au point d'armes biologiques jusqu'en 1969, date de son interruption par le président Nixon qui a pris la décision unilatérale d'abandon de toute recherche, fabrication, possession et évidemment d'utilisation d'armes biologiques et de toxines. C'était la première fois qu'une puissance annonçait qu'elle renonçait définitivement à une classe entière d'armements. L'ouverture à signature le 10 avril 1972 de la Convention d'interdiction des armes biologiques (qui exige aussi la destruction des stocks existants) a suivi très rapidement cette décision. La convention est entrée en vigueur en mars 1975. Les États-Unis et l'Union soviétique l'ont ratifiée en 1975 et la France en 1984.

L'Union soviétique avait mis en place un programme très agressif d'armes biologiques[2] qui a été maintenu après la ratification de la convention et, encore maintenant, certains des anciens centres de recherche restent fermés aux visiteurs étrangers. En 1979, une fuite d'anthrax à Sverdlovsk avait tué 64 personnes et la Russie a maintenant admis que cette épidémie avait été causée par une fuite accidentelle d'une installation militaire.

Un rapport de l'Organisation mondiale de la santé sur les aspects sanitaires des armes chimiques et biologiques, datant de 1970, estimait que la dissémination de 50 kilogrammes d'anthrax par un avion à 2 kilomètres d'une ville de 500 000 habitants, provoquerait la mort de 95 000 personnes et en rendrait malades 125 000, ce que nous considérons être des dommages « massifs ». Dans le cas de la fièvre Q, ces nombres seraient de 150 morts et de 125 000 malades.

En 1997, les États-Unis ont démarré un programme de formation aux premiers secours dans cent vingt villes, avec des unités de réserve de médecins et de scientifiques pour conseiller et soutenir les opérations en cas d'épidémie, de menace ou d'incident biologique. Pour protéger la société contre le risque d'une attaque biologique, on peut mettre en place des systèmes de protection collective en mettant les bâtiments commerciaux et résidentiels en légère surpression et en les équipant de filtres à air, ce qui permettrait de réduire le risque d'un facteur 100 ou plus. En outre, on pourrait informer le public par la radio et la télévision en lui conseillant des gestes d'hygiène et l'utilisation de masques.

À la suite de l'attaque au sarin dans le métro de Tokyo en 1995 et depuis septembre 2001, le risque de bioterrorisme est pris beaucoup plus au sérieux, mais ce thème est en dehors du sujet de ce livre. Une attaque bioterroriste est un risque réel et sérieux. En revanche, un État préférera se doter d'armes nucléaires plutôt que d'armes biologiques, une des raisons étant peut-être que les armées peuvent mieux se protéger des effets des armes biologiques que de ceux des armes nucléaires et que les armes nucléaires ont un effet immédiat et non pas après un délai qui peut se compter en heures ou en jours.

C'est pour avoir une base légale afin de se protéger d'une menace réelle que la majorité des nations ont signé et ratifié la Convention sur les armes chimiques qui rend illégales non seulement leur utilisation mais aussi leur mise au point et leur possession. Un régime strict d'inspection et de vérification accompagne ce traité. Il faudrait renforcer la Convention sur les armes biologiques à cet égard, bien que nous ne devions pas avoir d'illusions sur la vérification du désarmement biologique qui ne pourra jamais être aussi efficace que celle du désarmement chimique. C'est seulement en rendant les armes chimiques et biologiques illégales pour ceux qui en maîtrisent la technologie que le traité peut devenir universel et s'imposer aux nations qui n'auraient pas envie de s'y soumettre.

Il est essentiel de prévenir la catastrophe que les armes nucléaires pourraient provoquer, qu'elles soient utilisées par un pays en guerre ou par n'importe qui d'autre, que ce soit pour des motivations politiques ou autres.

La réduction de la menace de destruction nucléaire passe, à court terme, par la réduction du nombre et du pouvoir de destruction des armes nucléaires, par l'amélioration de leur contrôle et par l'abolition de tous les essais nucléaires. Il y a maintenant un grand nombre d'armes nucléaires, la majorité d'entre elles étant retirées du service, et elles constituent une menace inutile.

La réduction de la menace passe aussi par l'assurance qu'aucun État, ou organisation hostile, ne cherche à se procurer des armes nucléaires, que ce soit par un programme militaire ou par l'obtention de matériaux provenant d'armes retirées du service ou de l'industrie nucléaire civile. Il faut donc empêcher que des armes ou des matériaux nécessaires à leur fabrication, comme l'uranium hautement enrichi ou le plutonium provenant des armes démantelées, ainsi que les quantités beaucoup plus importantes de plutonium d'origine civile qui pourraient être utilisées pour des armes, puissent tomber entre des mains non autorisées.

La possibilité d'un lancement accidentel de missiles américains, russes ou de tout autre État doit enfin être éliminée par l'assurance permanente que les systèmes de commande et de contrôle sont en bon état de fonctionnement.

Un pays ou un groupe puissant ne peut construire des armes nucléaires que s'il dispose d'hommes et de femmes qualifiés. Avec la chute de l'Union soviétique, des milliers d'ingénieurs qualifiés sont au chômage ou payés très irrégulièrement, de sorte qu'il n'est sûrement pas impossible d'en recruter quelques-uns, bien que la communauté militaire russe, aux niveaux les plus élevés, ait un sens aigu de ses responsabilités. En outre, la diffusion de la culture technologique et l'engagement, dans le cadre du Traité de non-prolifération, des puissances nucléaires à partager le savoir-faire nucléaire civil ont aussi contribué à répandre une compétence utile en matière d'armes nucléaires.

Le temps nécessaire pour fabriquer des armes est considérablement réduit s'il y a une source de plutonium ou d'uranium hautement enrichi de qualité militaire, ce qui éviterait d'avoir à l'extraire du combustible d'uranium irradié dans un réacteur ou d'enrichir l'uranium. Pour les armes au plutonium, il faut aussi disposer d'explosifs chimiques extrêmement puissants et être capable de fabriquer la source intense de neutrons qui, au bon moment, amorce la réaction en chaîne. Les ordinateurs et les technologies industrielles ayant énormément progressé depuis 1945, la prévention de la prolifération dépend de plus en plus de barrières physiques, politiques et légales pour empêcher l'accès aux matériaux fissiles essentiels pour la fabrication des armes.

En 2005, les quantités de matériaux fissiles en excès provenant des armes à la suite des réductions d'armes nucléaires prévues par les accords entre les États-Unis et la Russie déjà en vigueur incluent 50 tonnes de plutonium[3] aux États-Unis, et une quantité au moins aussi importante en Russie. Quant à l'uranium hautement enrichi, seuls quelques pays dont l'Allemagne[4], la France et les États-Unis ont fait des déclarations officielles sur leurs quantités stockées. La Russie a déclaré officiellement posséder un stock de 500 tonnes d'uranium hautement enrichi, en excès de ses besoins nationaux de sécurité ; cependant, des estimations non officielles évaluent les stocks russes à une valeur comprise entre 1 000 et 1 500 tonnes[5]. On rappellera ici qu'une tonne d'uranium hautement enrichi suffit pour fabriquer 50 armes nucléaires et chaque tonne de plutonium environ 200.

Mettre au point des armes nucléaires n'est pas une entreprise facile

Le 11 mai 1998, l'Inde a procédé à un essai souterrain d'au moins une arme nucléaire à son site de Pokhran, à 560 kilomètres au sud-ouest de New Delhi. Le gouvernement indien a déclaré qu'il avait fait exploser simultanément 3 bombes, l'une de 43 kilotonnes, la seconde de 12 kilotonnes et la troisième d'une puissance inférieure à la kilotonne, et le 13 mai, il a annoncé deux essais supplémentaires de 200 et 800 tonnes chacun. Cependant, un doute subsiste quant aux puissances déclarées pour ces essais, puisque les mesures effectuées avec des séismomètres installés au Pakistan n'indiquent qu'une puissance totale pour les explosions du 11 mai. Aucun signal sismique n'a été observé pour les explosions du 13 mai, alors que la sensibilité des détecteurs est de l'ordre de 10 à 100 tonnes. L'Inde avait procédé à un essai nucléaire souterrain dit « pacifique », en 1974, d'une puissance mesurée inférieure à 10 kilotonnes.

Le Pakistan a répondu le 28 mai 1998 par 5 essais nucléaires puis un autre annoncé le 30 mai, qui ont eu lieu au centre d'essais de Chagai, à 30 kilomètres de la frontière afghane. L'un des responsables du programme nucléaire pakistanais, Abdul Q. Khan, a été l'initiateur du programme d'enrichissement de l'uranium et de la mise au point du missile Ghauri. Ce missile a été testé le 6 avril 1998 à l'intérieur du Pakistan. Il a une portée de 1 300 kilomètres et une charge de 700 kilogrammes, et il ressemble de très près au missile No Dong nord-coréen. Khan a indiqué que l'explosion la plus forte avait une puissance de 30-35 kilotonnes et que les autres essais étaient de très faible puissance. La puissance déclarée par les autorités pakistanaises pour l'essai du 30 mai est de 15-18 kilotonnes, alors que les données séismologiques conduisent à une estimation de 2 kilotonnes.

Le Pakistan a fabriqué des armes avec de l'uranium enrichi alors que l'Inde a utilisé du plutonium séparé du combustible usé de ses réacteurs.

Après la guerre du Golfe en 1991, on a découvert que l'Irak avait un programme nucléaire de plus grande ampleur que ce que l'on soupçonnait auparavant, ce qui a été révélé grâce à un informateur irakien puis avec plus de détails par les inspections de la Commission spéciale des Nations unies (UNSCOM). Ce programme incluait la poursuite de plusieurs technologies d'enrichissement de l'uranium. En janvier 1991, au début des opérations militaires, l'Irak possédait environ 10 kilogrammes d'uranium non irradié enrichi à plus de 90 %, ainsi qu'une quantité supérieure d'uranium enrichi à 80 % qui avait été irradié dans un réacteur. Cet uranium enrichi avait été fourni par des sources étrangères et était comptabilisé par l'Agence internationale de l'énergie atomique, mais l'Irak avait apparemment le projet de le purifier et de l'enrichir encore plus pour fabriquer une arme nucléaire.

Ces projets ont été anéantis par la défaite de l'Irak et l'imposition des sanctions. En juin 1998, l'Agence a annoncé qu'elle n'avait aucune indication que l'Irak avait désobéi aux exigences mais avait déclaré toutes ses activités nucléaires, et donc que les sanctions spécifiques devraient être levées. Les inspections de l'Agence devaient continuer pour s'assurer que le programme nucléaire ne serait pas repris. En 2004, on en sait plus sur la possession par l'Irak d'agents biologiques et chimiques qu'au moment de l'invasion de l'Irak en mars 2003. Le Groupe de surveillance de l'Irak, qui a fait son rapport[6] au directeur de la CIA, initialement dirigé par David Kay puis par Charles Duelfer, n'a trouvé aucune preuve d'un programme d'arme nucléaire, ni, ce qui est surprenant, d'agents chimiques ou biologiques, alors que l'Irak en possédait à la fin de la première guerre du Golfe en 1991. Il est vraisemblable que Saddam Hussein a refusé les inspections pendant la période 1998-2003 parce qu'il ne voulait pas que ses faiblesses soient révélées.

On peut tirer deux principales leçons des expériences avec l'Inde, le Pakistan et l'Irak. La première est que la fabrication d'une arme nucléaire n'est pas une entreprise facile, même pour un pays possédant des richesses et des ressources scientifiques importantes. La seconde est que l'acquisition de matériau fissile est l'étape cruciale dans la production d'armes nucléaires.

Donc les matériaux en excès de la Russie permettraient de fabriquer quelque 10 000 armes au plutonium et 60 000 armes à implosion à uranium. La protection de ces matériaux est donc vraiment une tâche de la plus haute importance.

Les liens entre les applications civiles et militaires de l'énergie nucléaire étaient évidents dès les débuts en 1945, et beaucoup d'efforts ont été consacrés à trouver un moyen de produire de l'électricité nucléaire sans contribuer à la prolifération des armes. Toutes les menaces doivent être prises en compte. Dans cet esprit, on devrait aussi se préoccuper de savoir si l'industrie nucléaire contribue à la vulnérabilité de la société. Nous avons traité séparément des applications civiles et militaires de l'énergie nucléaire, mais les liens entre les deux pourraient conduire à modifier la stratégie de production d'électricité nucléaire. Les neutrons qui causent la fission et génèrent de l'énergie nucléaire dans les centrales électriques sont aussi ceux qui produisent du plutonium pouvant être utilisé dans les armes. Les usines d'enrichissement qui fabriquent de l'uranium faiblement enrichi à 4 % pour les réacteurs civils peuvent aussi enrichir l'uranium à 95 %, ce qui sera idéal pour faire des bombes. Le Mox pose aussi un problème particulier sur lequel nous reviendrons dans la suite de ce chapitre puisque le plutonium du Mox, avant que celui-ci ne soit utilisé dans un réacteur, peut être séparé chimiquement pour être utilisable dans des bombes sans avoir à se protéger de la radiation particulièrement féroce, comme cela est le cas pour le combustible usé des réacteurs.

Les matériaux nécessaires à la fabrication d'une bombe

URANIUM HAUTEMENT ENRICHI

À l'aube de l'ère nucléaire, l'enrichissement de l'uranium était la tâche la plus difficile, même si, à cette époque, toutes les autres étapes étaient aussi semées de grandes difficultés. L'uranium enrichi est le matériau de rêve pour les fabricants de bombes et des centaines de tonnes ont été retirées des armes démantelées. Aux États-Unis, elles seront entreposées à Oak Ridge et, en Russie, une installation est en construction à Ozersk (l'ancienne Chelyabinsk-65[7]) grâce à un financement américain du département d'État à la Défense et du département d'État à l'Énergie[8]. Avec la diminution de la demande en uranium hautement enrichi pour leurs armes, la possibilité de vol de cet uranium hautement enrichi russe pour un profit considérable a beaucoup augmenté.

L'uranium peut être utilisé dans un dispositif relativement primitif comme celui de la bombe d'Hiroshima, c'est-à-dire par un rapprochement de deux parties, comprenant environ 60 kilogrammes d'uranium-235. Un système d'implosion d'uranium a été utilisé dans la première bombe chinoise et nécessite beaucoup moins de métal qu'une bombe à rapprochement. La quantité significative est de 25 kilogrammes pour l'uranium. La « quantité significative » est un critère utilisé par l'Agence internationale de l'énergie atomique pour évaluer le risque de prolifération lorsque, ce qui arrive fréquemment, les quantités de matériau de qualité militaire déclarées sont un peu différentes de celles qui sont effectivement mesurées. La quantité significative représente la quantité nécessaire de matériau fissile qui, si elle était détournée des installations civiles dans lesquelles ces mesures sont faites, pourrait suffire sans autre traitement à fabriquer un engin explosif primitif.

Comme il est relativement facile de faire une bombe avec de l'uranium hautement enrichi, Saddam Hussein avait fait de gros investissements pour la production d'uranium-235 dans les années 1980 après la destruction du réacteur Osirak par les Israéliens en 1981. Ce réacteur qui avait été fourni par la France aurait pu produire environ 7 kilogrammes de plutonium chaque année. Le programme d'enrichissement de l'uranium incluait l'utilisation de centrifugeuses et une technique ancienne de séparation isotopique dans un champ magnétique, le même principe que celui des « calutrons » développés à Oak Ridge dans l'État du Tennessee qui avait fourni une partie de l'uranium utilisé dans la bombe d'Hiroshima. En janvier 1991, un rapport américain a estimé que trois années lui auraient probablement encore suffi pour atteindre son but : « *Avant l'invasion du Koweit en 1990, l'Irak aurait pu avoir des armes nucléaires à partir des années 1993-1995, bien qu'il y ait encore des problèmes techniques à régler*[9]. »

L'Afrique du Sud avait construit un arsenal de 6 bombes à rapprochement utilisant de l'uranium enrichi suivant une méthode qu'elle avait mise au point. Avant le transfert du pouvoir au gouvernement de Mandela, ces armes nucléaires ont été démontées et l'uranium enrichi dilué avec de l'uranium naturel. S'il n'est pas enrichi à nouveau, cet uranium faiblement enrichi est inutilisable pour des armes nucléaires. Au début des années 1990, l'Afrique du Sud a révélé l'existence de ce programme et de cet arsenal et elle a rejoint le Traité de non-prolifération nucléaire comme État non doté d'armes nucléaires.

Une autre source d'uranium hautement enrichi est le combustible qui alimente les réacteurs de recherche : 280 réacteurs sont actuellement en fonctionnement dans 56 pays, en particulier la Russie (62 réacteurs), les États-Unis (54), le Japon (18), la France (15), l'Allemagne (14) et la Chine (13), ainsi que des pays comme l'Algérie, le Bangladesh, la Colombie, le Ghana, la Jamaïque, la Libye, la Thaïlande ou le Vietnam[10]. Il y a 128 réacteurs de recherche et installations associées dans le monde qui détiennent des quantités d'uranium hautement enrichi égales ou supérieures à 20 kilogrammes[11]. Dans le cadre des efforts actuels pour empêcher la prolifération nucléaire, l'uranium faiblement enrichi devrait être substitué à l'uranium hautement enrichi utilisé dans presque tous les réacteurs de recherche. La France, les États-Unis et la Russie se sont lancés dans cette voie à partir de 1977. En 1996, le gouvernement américain a pris la décision de se charger du combustible usé retiré de l'ensemble des réacteurs de recherche dans le monde qui avaient reçu du combustible en provenance des États-Unis, et a indiqué qu'il était déterminé à mettre au point un combustible plus performant mais enrichi à seulement 19,9 %. Cependant, actuellement, cette substitution n'est prévue que pour la moitié seulement des réacteurs de recherche dans le monde. L'exception la plus importante est le nouveau réacteur de recherche FRM II à Munich, en Allemagne, qui a commencé à fonctionner en 2001 à une puissance de 20 MW, qui contient 7,5 kilogrammes d'uranium-235 et qui devra être rechargé tous les cinquante jours.

Les réacteurs substituant du combustible faiblement enrichi bénéficieront de la nouvelle conception des éléments de combustible sous forme de fines plaques de métal au lieu des éléments en forme de crayon dans les réacteurs habituels.

Aux États-Unis, les laboratoires dépendant du département d'État à l'Énergie qui mettent au point ce combustible ont rencontré des problèmes qui risquent de retarder la substitution à 2010 au plus tôt.

Il y a encore aux États-Unis, en France et en Russie des réacteurs fonctionnant à l'uranium hautement enrichi pour lesquels cette conversion n'est pas prévue, car la substitution coûterait de 5 à 10 millions de dollars par réacteur. En outre, le département d'État à l'Énergie a fait preuve d'une certaine négligence pour récupérer ce combustible qui se trouve encore stocké auprès des réacteurs qui ont procédé à cette conversion, comme c'est par exemple le cas dans une université où la substitution a été effectuée en 2000. Des financements pourraient fournir des incitations pour que les réacteurs de recherche, en Russie et dans d'autres pays du monde, procèdent à cette substitution, mais la bureaucratie américaine ne semble pas prête à faire des investissements de ce type qui permettraient d'éviter une prolifération éventuelle[12]. Nous pensons que le G7 devrait fournir les fonds nécessaires à cette substitution.

URANIUM HAUTEMENT ENRICHI EN EXCÈS EN RUSSIE

Les stocks d'uranium hautement enrichi en Russie sont préoccupants car la situation économique de ce pays et les salaires de misère, quand ils sont même payés, pourraient conduire à ce que faiblisse la vigilance des personnes censées les garder. Pour réduire le danger associé à la présence de ces stocks, les États-Unis ont signé avec Moscou en février 1993 un contrat d'une valeur de 12 milliards de dollars pour acheter, sur 20 ans, 500 tonnes d'uranium militaire enrichi à plus de 90 %, quantité qui correspond aux stocks déclarés en excès, alors que les stocks totaux sont très certainement bien supérieurs (1 000-1 500 tonnes). Dans des installations situées à Seversk, près de Krasnoyarsk, et près d'Ekaterinburg[13], il est procédé à l'appauvrissement de cet uranium pour descendre à une concentration de 4,4 % en uranium-235. Cet uranium dilué pourra être utilisé comme combustible dans les réacteurs civils mais ne sera pas adapté pour les armes. Cela revient à 24 000 dollars par kilogramme, ce qui est bien supérieur au coût, cependant important, de dilution et de transport de ce matériau, mais c'est sans doute modique en regard du risque évité. Cette situation où il est possible de transformer des épées en charrues présente des avantages pour les deux parties.

Cependant ce programme a connu des incertitudes à la suite de la privatisation en 1998 de la Compagnie américaine d'enrichissement qui a eu pour résultat de suspendre cette vente compliquée d'uranium. Elle a ensuite été momentanément sauvée par l'intervention du sénateur Pete Domenici (Nouveau-Mexique) qui a obtenu un financement public supplémentaire de 335 millions de dollars. En juin 2000, les directeurs de la Compagnie américaine d'enrichissement ont annoncé qu'ils interrompraient en 2001 la production dans l'une des deux usines d'enrichissement malgré les prévisions faites en 1998 de les maintenir en service jusqu'en 2005. Les actions de cette société sont descendues à 4,5 dollars, bien en dessous de leur valeur initiale de 12 dollars. En mars 2001, la compagnie avait acheté 113 tonnes d'uranium hautement enrichi russe sur les 500 tonnes. Elle s'est mise d'accord avec le partenaire russe pour modifier l'accord et inclure un mécanisme d'actualisation des prix pour des achats suivants d'uranium faiblement enrichi, provenant de 30 tonnes annuelles d'uranium hautement enrichi, retirées des armes.

En 2004, la situation semble s'être stabilisée puisque, après de dures négociations avec les partenaires russes, la Compagnie américaine dispose de l'uranium enrichi le moins cher. Fin mars 2005, 237 tonnes d'uranium hautement enrichi avaient ainsi été diluées, ce qui a produit 6 974 tonnes de combustible et correspond à l'élimination de 9 482 têtes nucléaires[14].

Comparées aux 50 tonnes de plutonium russe en excès, les 500 tonnes d'uranium hautement enrichi qui seront achetées à la Russie sur 20 ans représentent une charge plus importante, mais heureusement, le combustible peut être vendu au même prix que l'uranium naturel non enrichi sans que l'opérateur ait besoin de modifier le fonctionnement de la centrale. On pourrait s'attendre à ce que la consommation des 500 tonnes d'uranium hautement enrichi ayant été appauvries nécessite 500 réacteurs-année, mais il y a un détail : l'uranium russe hautement enrichi contient trop d'uranium-234 (un isotope émetteur de particules alpha) pour satisfaire aux normes internationales pour le combustible des réacteurs, et les 500 tonnes amenées de Russie sont mélangées avec 1,5 % d'uranium-235 russe pour former de l'uranium-235 à 4,4 %. À cause de l'uranium-235 additionnel utilisé dans la dilution, environ 760 réacteurs-année seraient nécessaires pour consommer les 500 tonnes, ou encore cela représenterait le combustible pour 40 des 100 réacteurs américains sur une durée de 19 ans. Puisque l'enrichissement de l'uranium a un coût, il n'est pas question de charger plus que l'uranium optimal contenant 4,4 % d'uranium-235 et de rejeter une grande partie du matériau fissile. En revanche, comme nous le verrons dans le cas du plutonium, il y aurait intérêt à charger plus de plutonium que nécessaire pour la production d'énergie, simplement pour fabriquer la barrière de radiation qui protégera le plutonium non consumé.

La sécurité de tous serait considérablement augmentée si le stock d'uranium hautement enrichi restant pouvait être dilué aussi vite que possible à un niveau tel (20 %) qu'il ne pourrait pas être directement utilisé pour des armes, au lieu d'attendre les 20 années prévues dans le contrat. Le G7 devrait mettre en place un programme à cet effet qui pourrait se présenter sous la forme d'un prêt à la

Russie, ensuite remboursé quand le matériau serait encore plus dilué, à 4,4 % en uranium-235, et qui pourrait être alors vendu comme combustible pour les réacteurs commerciaux.

Il reste encore des centaines de tonnes d'uranium hautement enrichi qui ne sont pas prises en compte par ces programmes. Ce matériau pose des dangers spécifiques à cause de sa relative facilité d'emploi pour fabriquer une ou plusieurs armes nucléaires, une cinquantaine de kilogrammes étant suffisants pour une bombe d'une puissance de 10-20 kilotonnes, ce qui serait vraisemblablement dans les compétences de groupes non étatiques déterminés[15]. Le G7 devrait prendre la mesure de l'importance et de l'urgence de ce problème, et mettre en place les incitations financières nécessaires pour que la Russie ait intérêt, et se décide, à déclarer la totalité des stocks existants, puis que cet uranium soit dilué dans les plus brefs délais pour éviter qu'une quantité ne soit volée et se retrouve ensuite dans une arme nucléaire d'un État proliférant ou, pire, d'un groupe hostile.

PLUTONIUM

Pour la production d'un petit nombre d'armes nucléaires, le plutonium pose des problèmes différents. Le plutonium est d'un maniement plus difficile que l'uranium et ne représente pas une filière aussi aisée pour les proliférateurs, s'ils ont le choix. En revanche, il présente l'avantage que la masse nécessaire peut être réduite à 4 kilogrammes environ pour un modèle parfait de bombe au lieu des dizaines nécessaires pour les bombes à uranium.

La période de désintégration du plutonium est de 24 000 ans contre 700 millions d'années pour l'uranium-235. Il est donc beaucoup plus radioactif et a, en outre, une plus grande réactivité chimique. Dans les usines de retraitement où le plutonium civil est presque entièrement séparé des autres produits de fission, le plutonium sous forme d'oxyde est en général empaqueté dans des boîtes d'acier soudé en contenant 2 kilogrammes. Celles-ci peuvent ensuite être manipulées sans danger à main nue ; leur fonction est d'empêcher la dispersion du plutonium dont l'inhalation est dangereuse et de prévenir l'assemblage accidentel d'une masse critique. Ces paquets facilitent aussi un décompte précis du matériau fissile. Ce plutonium contient environ 24 % de plutonium-240. Sous forme métallique, le plutonium-240 a une masse critique de 40 kilogrammes, inférieure à celle de l'uranium-235, mais le mélange d'isotopes dans le plutonium de qualité civile a une masse critique de 13 kilogrammes, à comparer à la masse critique de 10 kilogrammes du plutonium-239 ou du plutonium de qualité militaire. Rappelons que ces masses critiques se réfèrent au métal sphérique à densité normale, entouré d'air ou de vide. Nous soulignons qu'une méthode de retraitement moins poussée, où le plutonium est séparé avec d'autres métaux lourds, serait beaucoup plus sûre du point de vue de la prolifération puisque le plutonium serait « protégé » par la radiation provenant des autres produits.

Plutonium en excès des armes

Alors qu'il suffit de diluer l'uranium de qualité militaire pour le rendre inutilisable pour les bombes, le plutonium en excès des armes nucléaires représente un problème beaucoup plus difficile à résoudre même s'il est moins adapté que l'uranium-235 pour la production illicite de bombes. En effet, le plutonium ne peut être dilué parce que toute composition isotopique de plutonium convient pour faire des armes.

Le plutonium a une valeur commerciale négative comme combustible dans les réacteurs actuels parce que les fabricants de combustible au plutonium devraient être payés pour l'utiliser même si le plutonium était gratuit. Comme cela a été discuté au chapitre 5, le plutonium peut être utilisé dans un réacteur à eau légère sous forme de Mox, mais le coût de fabrication du Mox dépasse le coût total du combustible d'uranium faiblement enrichi. Donc, contrairement à l'accord américano-russe sur l'uranium hautement enrichi, le plutonium en excès des armes ne trouvera pas de débouché commercial et son utilisation nécessitera des subsides importants, de l'ordre de 1 à 4 milliards de dollars pour 50 tonnes de plutonium en excès. C'est à la fois une menace et une tragédie que les grandes puissances économiques n'aient pas encore fourni les financements nécessaires pour se débarrasser de ce plutonium, alors que ce serait de leur propre intérêt. Les programmes américains n'ont pas suscité les motivations requises en Russie parce que la majorité des financements alloués par ces programmes ont été majoritairement dépensés aux États-Unis, et quand ils l'ont été en Russie, ils n'ont pas servi à financer ceux dont la tâche est de sécuriser ce plutonium.

L'un des auteurs (Garwin) est impliqué depuis 1992 dans plusieurs programmes conjoints russo-américains pour tenter de trouver une solution à ce problème. Le Comité sur la sécurité internationale et la maîtrise des armements de l'Académie des sciences des États-Unis (Cisac), dont on reparlera au chapitre 11, a publié un rapport en 1994 intitulé « Gestion et mise au rebut du plutonium militaire en excès[16] ». Cette étude examine l'ensemble des propositions techniques, qui incluent même le lancement des matériaux dans l'espace ou dans le Soleil, la dissolution du plutonium dans les océans ou l'enfouissement à une profondeur de 4 à 6 kilomètres.

Les deux méthodes considérées comme praticables et abordables sont la fabrication de Mox ou la vitrification puis le stockage du plutonium avec d'autres produits de fission hautement radioactifs, de façon à isoler le plutonium et en rendre le détournement plus difficile. Ce matériau serait alors transformé soit en le brûlant partiellement dans un réacteur, soit en le mélangeant avec des produits de fission hautement radioactifs, de façon à ce qu'il ne soit pas plus accessible que les grandes quantités de combustible usé produites par l'ensemble des réacteurs civils dans le monde, environ 70 tonnes de plutonium chaque année.

Ces deux méthodes ont fait l'objet d'un second rapport du Cisac en juillet 1995 intitulé « *Méthodes liées à l'utilisation du combustible dans les réacteurs*[17] ». Ces deux méthodes nécessitent de l'oxyde de plutonium et non pas du plutonium sous forme métallique. En effet, le plutonium métallique réagit fortement avec l'eau ou l'air et serait donc plus susceptible de filtrer que l'oxyde de plutonium qui est vitrifié. Pour convertir le plutonium en oxyde, les Américains avaient initialement le projet d'employer un processus essayé à Los Alamos qui traiterait le plutonium sans nécessiter d'eau ou d'acide. Le problème est compliqué par la présence d'environ 1 % de gallium dans le plutonium des armes, un élément essentiel pour empêcher que le métal ne s'émiette lorsqu'on le ramène à température ambiante après qu'il a été moulé en blocs séparés. L'oxyde de plutonium doit être chauffé à haute température pour se débarrasser du gallium, qui pourrait réagir chimiquement avec la gaine de zirconium qui entoure la barre de combustible dans le cas de la fabrication de Mox. Nous pensons que le traitement chimique conventionnel serait plus sûr que cette nouvelle technique pour accomplir cette tâche et que les problèmes environnementaux dus à l'utilisation d'eau et d'acides pourraient être résolus en recyclant l'eau. C'est en effet cette méthode classique qui sera utilisée par les États-Unis et la Russie si un programme de mise au rebut par vitrification voit le jour. Dans ce cas, le gallium pourrait rester dans le plutonium.

Les États-Unis prévoient de produire 6 000 blocs vitrifiés, pesant chacun environ 1,5 tonne (et 2,5 tonnes si on inclut les conteneurs en acier inoxydable), à partir des déchets de produits de fission provenant de la fabrication du plutonium militaire. Ce programme est maintenant en cours et permettra de se débarrasser de ces déchets hautement radioactifs, actuellement stockés sous forme liquide dans des réservoirs en acier. Si chaque bloc contenait environ 2 % de plutonium, 1 700 de ces blocs seraient suffisants pour immobiliser le stock total américain de 50 tonnes de plutonium.

Il est prévu de fabriquer des pastilles de céramique pour la méthode de stockage dans des conteneurs, si bien que chacun contiendra environ 20 kilogrammes de plutonium et 60 kilogrammes d'uranium appauvri. Les pastilles de céramique seraient contenues dans des boîtes en acier soutenues par une structure dans le conteneur dans laquelle les produits de fission vitrifiés sont coulés. La préparation des céramiques nécessiterait la conversion du plutonium métallique en oxyde de plutonium. L'uranium extrait dans mille siècles ou plus, après la désintégration du plutonium, contiendrait quand même environ 25 % d'uranium-235 qui n'est donc pas utile pour faire des armes. Mais au bout de 1 000 à 10 000 ans, les produits de fission ne seraient plus radioactifs et le plutonium pourrait être extrait sans difficulté. La seule protection serait alors les 300 mètres de terre au-dessus de leur site d'enfouissement, et peut-être un accord d'interdiction d'extraire le plutonium qui pourrait être mis en place par les gouvernements.

Il serait vraisemblablement économiquement plus avantageux de procéder à la conversion en oxyde le plus tard possible et par ailleurs, le démantèlement complet des armes nucléaires retirées du service prendra encore des années. En attendant, il serait plus que souhaitable de faire en sorte que ces armes soient inutilisables, même au cas où elles seraient volées. On pourrait « farcir » la coquille creuse de plutonium de matériau inerte qui empêcherait que l'implosion ne conduise à une réaction critique, même si quelqu'un arrivait à fournir des pulses de haute tension aux détonateurs avec une bonne synchronisation. L'insertion d'une masse importante de fils métalliques dans la coquille est un moyen bien connu pour empêcher l'explosion d'une arme nucléaire.

L'autre moyen de se débarrasser du plutonium militaire en excès est de le brûler comme Mox dans les réacteurs à eau légère commerciaux. Puisqu'un réacteur de 1 GW consomme environ 1 tonne de matériau fissile par an, la combustion de 50 tonnes de plutonium militaire en excès nécessitera 4 réacteurs fonctionnant pendant treize années. Quatre réacteurs civils américains se sont engagés dans ce sens.

Le Cisac recommande dans le rapport de 1994[18] que les États-Unis ne décident pas trop tôt entre les deux méthodes (vitrification/stockage ou Mox) mais qu'elles soient toutes les deux mises au point et utilisées. Cela augmenterait aussi les chances que les États-Unis, et aussi la Russie, aient au moins une méthode qui fonctionne bien au cas où il y aurait des problèmes inattendus, techniques ou politiques. Les quantités de plutonium militaire utilisées dans chacune des deux méthodes pourraient être ajustées en fonction du coût.

Les deux méthodes (vitrification et Mox) ont été adoptées par le département d'État à l'Énergie américain pour la mise au rebut de 50 tonnes de plutonium militaire en excès. Les rapports du Cisac ainsi qu'une bibliographie volumineuse du département d'État à l'Énergie contiennent des analyses détaillées du coût et du matériel spécifique nécessaires pour les deux méthodes.

Le programme du département d'État à l'Énergie américain pour se débarrasser d'une partie du plutonium militaire en excès en fabriquant du Mox ne doit pas être confondu avec le retraitement du combustible usé que l'industrie et le gouvernement américain ne considèrent pas rentable et ne recommandent pas pour les autres pays à cause des possibilités de détournement pour un usage potentiel dans des bombes. Pour encourager son utilisation, ce Mox sera vendu à prix égal ou inférieur à celui du combustible d'uranium qu'il remplacerait, malgré un coût de production beaucoup plus élevé. Après son utilisation dans les réacteurs commerciaux, le combustible usé de Mox sera manipulé de la même façon que le combustible à uranium faiblement enrichi, c'est-à-dire conservé dans des piscines de refroidissement pour quelques années, puis stocké en l'état dans un stockage sec, et éventuellement dans des conteneurs en acier pour être transporté au site d'enfouissement de la montagne Yucca.

Nous avons déjà souligné le fait qu'en France le combustible est constitué d'un tiers de Mox pour une vingtaine de réacteurs. Ce Mox a été fabriqué à partir du combustible déjà brûlé dans des réacteurs civils, mais il serait tout à fait possible d'utiliser du plutonium militaire. Les États-Unis avaient espéré que les fournisseurs de Mox pour les réacteurs civils européens auraient accepté le plutonium en excès des armes, même gratuitement, pour qu'il soit mélangé au plutonium civil pour le combustible des réacteurs ; comme ce n'est pas le cas, cela renforce les doutes sur la viabilité économique de l'utilisation du plutonium dans les réacteurs à eau légère et laisserait plutôt penser qu'un don de plutonium doit être accompagné d'une offre financière substantielle. Bernard Estève, ancien directeur du département des Combustibles à EDF, a déclaré en avril 2000 qu'il n'y avait pas de marché pour le plutonium, et que même s'il y en avait un, la valeur du plutonium serait « *plutôt négative*[19] ».

Le rapport du Cisac de juillet 1995 (sur les méthodes liées à l'utilisation du combustible dans les réacteurs pour la gestion et la mise au rebut du plutonium des armes en excès) a considéré plusieurs niveaux d'élimination du plutonium en excès des armes. Il a, entre autres, considéré la méthode consistant en plusieurs combustions successives dans les réacteurs, avec retraitement et recyclage, jusqu'à ce que ce plutonium soit totalement consommé. Ce rapport insiste sur le fait qu'une telle élimination n'a aucun sens puisque la quantité de plutonium en excès des armes est petite par rapport à celle du plutonium présent dans le combustible usé déchargé des réacteurs américains.

Une élimination totale du plutonium militaire a souvent été émise comme une exigence par les fanatiques de la technologie ou par ceux qui veulent diaboliser le plutonium, et aussi par ceux qui ont intérêt à augmenter le coût apparent de la gestion du plutonium. Au lieu d'éliminer ce plutonium, le Cisac propose une « Norme pour le combustible usé » telle que, après sa mise au rebut, le plutonium en excès des armes ne serait pas plus avantageux ou utile qu'une quantité équivalente de plutonium provenant du combustible usé des réacteurs. Il est clair que le Mox usé répond à cette norme. Il est protégé contre le vol pendant 10, 30 ou 100 ans, par l'intense radioactivité des produits de fission qu'il contient.

La Russie résiste fortement à l'idée que le plutonium, dont la production a coûté tellement cher, soit traité comme un déchet sans qu'on utilise son contenu énergétique. Viktor Mikhailov, l'ancien dirigeant du ministère soviétique de l'Énergie atomique, se réfère à ce matériau comme du « *plutonium de sang* », à cause des efforts énormes, y compris en vies humaines, que sa production a nécessités. Initialement, les Russes voulaient garder le plutonium des armes comme combustible pour une nouvelle génération de grands surgénérateurs qu'ils espéraient construire, mais des contacts avec Washington et des scientifiques indépendants dans les années 1990 les ont apparemment persuadés de considérer l'option du Mox pour leurs réacteurs à eau légère[20].

La mise au rebut complète du plutonium des armes retirées du service par les États-Unis et la Russie prendra au moins 10, voire 20 années pendant lesquelles le matériau devra être stocké en toute sécurité. Les États-Unis coopèrent avec la Russie pour installer un site de stockage à Ozersk en Russie pour entreposer des dizaines de milliers de conteneurs dans lesquels se trouveront les parties des armes nucléaires démantelées avant leur traitement définitif. Il faudrait des investissements supplémentaires pour que le processus se déroule plus rapidement, ce qui pourrait être réalisé si le Congrès et les responsables des autres pays industrialisés se rendaient vraiment compte du problème et y affectaient les ressources nécessaires.

Lors de leur rencontre de juin 2000, les présidents Poutine et Clinton ont signé un accord pour que chaque pays se débarrasse de 34 tonnes de plutonium militaire. Le financement pour la partie russe devra être fourni par le G7. La totalité du plutonium russe et 75 % (25,5 tonnes) du plutonium américain seront brûlés sous forme de Mox, le reste étant stocké en l'état. La Russie ne procédera à aucun retraitement du Mox usé jusqu'à ce que tout le plutonium militaire ait été converti en Mox. Bien que cet accord n'ait pas été remis en question par l'Administration Bush, aucun progrès n'a encore été réalisé et le département d'État à l'Énergie a même décidé qu'aucune quantité de plutonium américain ne serait stockée en l'état bien qu'une partie ne soit pas utilisable pour les réacteurs. Quant aux Russes, ils ne convertiront pas leur plutonium en Mox avant d'avoir reçu les fonds des États-Unis ou du G7. Ces fonds attendent que les Russes accordent l'immunité judiciaire aux firmes américaines impliquées dans cette activité.

Un accord, Aida, de coopération franco-russe pour l'élimination des armes nucléaires russes et l'utilisation à des fins civiles des matières nucléaires issues de ces armes a été signé en 1992. Avec un financement de 62 millions d'euros, il a permis de faire les études sur le procédé de recyclage du plutonium en excédent des armes en Mox et de financer des équipements destinés au démantèlement des armes (bâtiments de stockage, machines-outils et conteneurs de transport). Il a abouti à la définition de l'ensemble du procédé de recyclage de ce plutonium comme combustible Mox destiné à être irradié dans des réacteurs VVER-1000 situés en Russie. L'accord Aida-II, accord trilatéral avec l'Allemagne, a été signé en 1998, avec un financement de 10 millions d'euros sur quatre années. Il s'agit d'un projet complet de construction de l'usine de fabrication de combustible Mox utilisable dans les centrales nucléaires russes.

Le plutonium civil doit aussi être contrôlé

Les laboratoires américains d'armes nucléaires ainsi que le groupe de physiciens et d'ingénieurs du Cisac ont aussi prêté une attention particulière au plutonium extrait des combustibles usés[21]. Ils ont tenu à insister sur le fait, souvent méconnu, que celui-ci aussi est approprié pour faire des armes, malgré certaines complications par rapport au plutonium de qualité militaire.

La fabrication d'une arme à partir du plutonium civil utilisé dans les réacteurs serait plus complexe qu'à partir du plutonium militaire, notamment en raison de la chaleur dégagée par la radioactivité (10,5 W/kg dans le cas du plutonium civil, comparés à 2,3 W/kg pour le plutonium militaire, ce qui surchauffe l'explosif à moins de trouver un moyen de pallier cette production de chaleur) et du plus grand bruit de fond de neutrons produits (360 000 neutrons par seconde pour le plutonium des réacteurs et 66 000 pour le plutonium des bombes). Pour manipuler le plutonium civil en grande quantité à une échelle industrielle, il faut disposer d'un équipement très élaboré comme celui qui existe dans les usines de fabrication du Mox. Mais ceux qui ne sont intéressés que par un petit nombre de bombes n'ont à manipuler que des quantités de l'ordre de quelques dizaines de kilogrammes environ et ils peuvent se servir des vieilles techniques utilisées à Los Alamos en 1945.

Ce n'est pas la voie facile, car il est bien évident que les boîtes de plutonium à La Hague ne sont pas empilées sur des étagères comme les conserves dans un supermarché, et on peut imaginer des technologies de stockage et de manipulation excluant toute possibilité de détournement par des groupes criminels même bénéficiant de complicités intérieures. Cela pourrait inclure des règles stipulant qu'au moins deux personnes doivent être présentes lors des accès et l'installation de systèmes de protection comme ceux qui existent depuis longtemps pour les transports d'armes nucléaires, comme c'est le cas aux États-Unis. Il est nécessaire que ces moyens soient effectivement mis en œuvre dans les endroits où est entreposé du plutonium séparé. L'Agence internationale de l'énergie nucléaire classifie le Mox comme « matière d'emploi direct » jusqu'à son chargement dans un réacteur de production d'énergie. Nous ne supposons cependant pas que les conditions de stockage à La Hague sont équivalentes à celles au Pakistan ou même en Iran.

Chaque réacteur de 1 GW couramment vendu aujourd'hui produit, chaque semaine, environ la quantité de plutonium nécessaire pour une bombe. Après séparation des produits de fission et de l'uranium du combustible usé, ce mélange d'isotopes de plutonium n'est pas optimum pour les bombes car les isotopes pairs du plutonium, le plutonium-240 par exemple, sont moins fissiles. Le principal problème est que la plus grande quantité de plutonium-240 augmente la probabilité d'un déclenchement précoce, ce qui pourrait réduire la puissance d'un facteur 10 environ. Cependant une conception plus sophistiquée pourrait limiter cet effet et la probabilité d'obtenir une explosion avec la puissance nominale est néanmoins considérable, même dans ce cas[22]. Soulignons que même avec une puissance réduite à cause d'une initiation précoce, la puissance des bombes à implosion sera toujours supérieure à 1 ou 2 kilotonnes.

Une possibilité pour produire, auprès d'une centrale à eau légère, du plutonium adapté pour les armes serait de ne garder qu'une partie des barres de combustible dans le réacteur pendant sept mois au lieu des quatre années requises pour un usage économique optimum, ce qui permettrait d'avoir une composition isotopique contenant moins de 10 % de plutonium-240, acceptable pour les bombes, et le contenu en plutonium-239 des barres de combustible aurait atteint la moitié de sa valeur si l'irradiation durait quatre ans. On perdrait l'avantage de brûler le plutonium au lieu du coûteux uranium-235, comme on le ferait si l'on maintenait le combustible dans la pile trois années de plus, ce qui est loin d'être négligeable d'un point de vue commercial pour les producteurs d'électricité. Ce serait possible avec des réacteurs du type Tchernobyl alimentés en uranium naturel (c'était la technique des Soviétiques pour produire leur plutonium militaire) ou des réacteurs Candu déchargés fréquemment et non pas après quatre années d'utilisation comme les réacteurs à eau légère. Les réacteurs à uranium naturel, comme les réacteurs Candu, convertissent moins de plutonium-239 en plutonium-240 que ne le font les réacteurs à uranium faiblement enrichi sur la période maximale de combustion. Le réacteur peut ainsi produire le plutonium pour les armes en même temps qu'est assurée la production d'électricité avec un bon rendement.

Il faut donc absolument placer tous les réacteurs, y compris ceux officiellement destinés à la production d'énergie civile, sous contrôle international, pour s'assurer que le combustible est bien déchargé aux dates spécifiées puis entreposé sous surveillance.

Une autre possibilité de produire du plutonium pour les bombes serait d'extraire le plutonium du Mox non irradié et l'étude du Cisac[23] montre que cela serait beaucoup plus facile que de retraiter le combustible usé pour en extraire le plutonium. Le combustible Mox doit donc aussi être étroitement surveillé. Dans les pays dotés d'armes nucléaires, le Mox non irradié devrait être protégé comme tous les matériaux nucléaires de qualité militaire. Les pays (la France, le

Royaume-Uni et la Russie) ayant des usines de retraitement ou de fabrication de Mox qui ne sont pas surveillées par l'Agence internationale de l'énergie nucléaire posent problème. Étant donné les failles dans la gestion, comme à Sellafield, il est difficile d'avoir confiance dans le fait que le plutonium séparé est en lieu sûr et protégé contre le vol, et il y a un manque total de transparence dans les procédures suivies en Russie. En outre, les exigences pour les inspections de l'Agence internationale de l'énergie atomique dans les usines de retraitement des pays non dotés d'armes nucléaires comme le Japon par exemple, sont considérées comme augmentant le coût du retraitement ; cela se traduit aussi par un sentiment d'irritation et de discrimination en faveur des puissances nucléaires. On notera que les pays comme l'Allemagne ou le Japon, qui utilisent le Mox mais ne devraient néanmoins pas avoir de matériau utilisable pour des bombes, manipulent d'importantes quantités de Mox destinées aux réacteurs : en effet le tiers du cœur d'un réacteur alimenté avec du Mox contient environ 33 tonnes de métal, dont 1,7 tonne de plutonium et cela représente 250 bombes. Le Conseil de sécurité des Nations unies ainsi que tous les États membres doivent s'assurer que l'agence a les moyens d'effectuer une surveillance adéquate. Cela nécessitera des fonds supplémentaires puisque, bien que ses responsabilités augmentent, le financement de l'agence est resté constant depuis quinze années. La première augmentation a eu lieu pour l'année 2004-2005 et le budget de l'agence est maintenant de 268,5 millions de dollars.

Les auteurs de l'étude Cisac recommandent donc que le plutonium séparé, *quelle que soit son origine*, y compris les éléments de Mox pour les réacteurs de puissance civile, soit manipulé suivant les règles qui s'appliquent aux armes nucléaires entreposées, que sa mise au rebut se fasse sous une forme telle qu'il ne soit pas plus utilisable dans les armes que le combustible usé, et ils proposent de le vitrifier avec les produits de fission. Bien entendu, la vitrification ne résout le problème que dans l'immédiat, car les produits de fission ont une vie moyenne beaucoup plus courte que le plutonium, de sorte qu'au bout de quelques siècles, on se trouvera devant de véritables mines de plutonium. C'est aux techniques d'enfouissement sous terre de prévenir toute prolifération future, et à long terme, il faut envisager des moyens de surveillance internationaux ainsi que vraisemblablement des forces de sécurité pour garder les sites.

Ces problèmes ont également été traités dans une étude de la Société nucléaire américaine, dont un rapport en donne les conclusions[24]. Il a été rédigé par un comité éditorial de qualité exceptionnelle. On y trouve A. Haig, l'ancien secrétaire d'État américain, H. Agnew, ancien directeur du laboratoire d'armes de Los Alamos, Bertrand Goldschmidt, ancien directeur des relations extérieures du Commissariat à l'énergie atomique français et ancien président du conseil d'administration de l'Agence internationale de l'énergie nucléaire, et d'autres personnalités importantes du monde nucléaire américain, japonais et russe. Ils recommandent d'ériger des systèmes de sécurité étanches pour le plutonium *de toute origine*. Ils ne prennent pas position sur des sujets tels que celui des vertus relatives du retraitement ou de l'enfouissement direct mais considèrent que les deux méthodes peuvent être appliquées en toute sécurité.

Y a-t-il de la contrebande de matériaux fissiles ?

La nécessité absolue, pour un groupe voulant fabriquer une ou plusieurs armes nucléaires, d'acquérir du plutonium ou de l'uranium hautement enrichi est la raison pour laquelle on se préoccupe des possibilités de contrebande, en particulier en Russie, bien qu'il n'y ait encore aucune preuve que cette source de prolifération potentiellement sérieuse ait déjà conduit à l'évasion d'une quantité de matière suffisante pour faire une seule bombe.

Le directeur des services de renseignements américains a déclaré devant un comité du Sénat en 1996 : « *Nous avons reçu plus d'une centaine de rapports alléguant le détournement de têtes ou de composants nucléaires pendant les dernières années. Les services de renseignements vérifient tous les rapports de vol de tête nucléaire et continueront à le faire. Mais jusqu'à présent, la plupart de ces rapports sont sporadiques, non fondés et non fiables.*

« *Parmi les nombreux rapports décrivant le détournement de matériaux de qualité militaire, celui-ci n'était réel que dans seulement quelques cas et les quantités en jeu étaient très inférieures à ce qui est nécessaire pour fabriquer une arme. Dans les deux dernières années et demie, les polices européennes ont effectué les premières prises de matériau de qualité militaire volé dans des installations russes et passé en fraude dans d'autres pays. La police allemande a saisi environ 6 grammes de plutonium, un échantillon d'un gramme d'uranium hautement enrichi et environ un demi-kilogramme d'un échantillon contenant du plutonium et de l'uranium. La police tchèque a saisi trois kilogrammes d'uranium hautement enrichi en décembre 1994, ce qui représente la quantité la plus importante jamais saisie.*

« *Jusqu'à présent, tous les autres rapports concernent des escroqueries, certains concernant de l'uranium faiblement enrichi des réacteurs. Cela n'est pas surprenant car des tonnes de ces matériaux sont entreposées auprès des réacteurs ou des installations de fabrication de combustible et parce que ces matériaux sont moins bien protégés que les matériaux de qualité militaire*[25]. »

À la date de mars 2000, la prise la plus importante est celle de trois kilogrammes d'uranium hautement enrichi, alors qu'il faut 20 kilogrammes pour faire une bombe à implosion en uranium. Le rapport le plus récent faisant autorité, émanant de l'Institut d'études internationales de Monterey[26], décrit en détail ces détournements déjà anciens, en particulier ceux qui ont été découverts en Russie, mais ne donne aucune information sur ce qui s'est passé après décembre 1994. Il continue à y avoir de nombreux rapports sur le trafic de matériaux militaires, et l'absence d'incidents confirmés depuis 1994 n'implique pas que ce trafic a cessé.

D'après l'Agence internationale de l'énergie atomique, il y a eu 18 cas de vol d'uranium et de plutonium, la plupart provenant des États de l'ex-Union soviétique, mais les quantités mises en jeu sont très faibles. Nous ne savons pas si ce résultat qu'on peut qualifier de positif est le produit du renforcement des mesures de sécurité dans les États de l'ex-Union soviétique ou provient du fait que les détournements sont mieux cachés. En 1998, les services de sécurité de la Fédération de Russie ont déjoué une tentative de détourner 18,5 kilogrammes « *de matière radioactive qui auraient pu être utilisés pour la production d'une arme nucléaire*[27] ». Les autorités russes ont ensuite déclaré que les voleurs « *pourraient avoir produit des dégâts sérieux à l'État russe* » et que c'était le premier cas mettant en jeu une conspiration pour voler une quantité suffisante pour faire une arme nucléaire. Le matériau était de l'uranium hautement enrichi[28].

Pour le moment, d'après les informations publiques, il ne semble pas qu'il y ait eu de prise réussie de matériaux radioactifs d'une quantité significative pouvant poser un danger sérieux. Cependant, cela ne présage pas des éventualités dans le futur. Pour les autorités russes, l'une des causes des vols est une protection physique qualifiée de « pauvre », ainsi qu'un manque critique de fonds pour la protection, le contrôle et la comptabilité de ces matériaux[29]. Enfin il existe aussi des quantités d'uranium hautement enrichi suffisantes pour fabriquer quelques bombes dans d'autres pays, dont certains ont des réacteurs de recherche, et aussi, entre autres, dans des pays de l'ex-Union soviétique. Au Pakistan, il y a de l'uranium hautement enrichi en quantité suffisante pour faire des dizaines de bombes.

Protection des capacités nucléaires en Russie

Après 1991, année de la dissolution de l'Union soviétique, la Russie a rejoint le Traité de non-prolifération nucléaire comme État doté d'armes nucléaires, et les autres pays de l'ex-Union soviétique ont rejoint le traité comme États non nucléaires. Ces derniers acceptent donc les inspections de l'Agence internationale de l'énergie nucléaire pour toutes leurs installations nucléaires telles que les réacteurs et les installations d'enrichissement ou de retraitement.

À cette époque, outre la Russie, la Biélorussie, l'Ukraine et le Kazakhstan étaient en possession de nombreuses armes nucléaires stratégiques et de milliers d'armes nucléaires tactiques. Il était donc urgent d'en centraliser le contrôle et la Russie a fait un excellent travail en rapportant sur son territoire, dès 1992, toutes les armes nucléaires tactiques de l'ex-Union soviétique et, en 1996, toutes les armes nucléaires stratégiques avaient été rapportées en Russie. À une époque où la plupart des richesses de la société russe étaient souvent arbitrairement « privatisées », il n'y a pas d'indication qu'une seule des quelque 35 000 armes nucléaires ait eu ce destin.

Les États-Unis ont œuvré avec la Russie et l'Ukraine pour le retour des armes nucléaires en Russie, et cette dernière s'est engagée à fournir à l'Ukraine une quantité équivalente de matériau fissile sous la forme d'uranium faiblement enrichi pour être utilisé dans les 14 réacteurs nucléaires de l'Ukraine.

L'économie de l'Union soviétique reposait sur un système hautement centralisé. Dans de nombreux cas, les objets n'étaient fabriqués que dans une seule usine. Cela était vrai pour l'industrie civile et militaire et les forces armées ont donc souffert de perturbations sévères après la dissolution de l'Union soviétique. En particulier, les missiles stratégiques SS-18 et SS-24, contenant chacun dix têtes nucléaires, étaient développés et fabriqués en Ukraine. Après que les têtes nucléaires en eurent été retirées, les missiles restant en Ukraine, en Biélorussie et au Kazakhstan leur ont posé un problème car le combustible est très toxique. Sans leur tête nucléaire, ces missiles ne servaient plus à rien et leur mise au rebut était coûteuse pour les nouvelles républiques. Certains missiles restés en Ukraine ont été utilisés comme lanceurs des satellites par un consortium international.

Comme nous l'avons signalé ci-dessus, une protection inadéquate pour les armes nucléaires ou les matériaux militaires en excès, ou qui le seront dans un futur proche, est particulièrement préoccupante en regard des conséquences possibles de leur détournement. Il est très probable que des vendeurs clandestins pourraient être motivés par des matériaux dont le coût de production est de 40 000 dollars le kilogramme (pour le plutonium) et de 20 000 dollars le kilogramme (pour l'uranium hautement enrichi) et qui auraient une valeur de millions de dollars pour des pays cherchant à se doter d'armes nucléaires, dont certains dépensent des sommes bien supérieures pour leurs programmes de missiles et pour fabriquer des matériaux fissiles par eux-mêmes. On imagine aisément leur intérêt pour ces sources de matériau très recherché.

La qualité du contrôle des forces stratégiques russes a fait l'objet d'un débat en juin 1998 entre les services de renseignements américains et le chef du Commandement stratégique américain. En 1996, la presse avait cité un rapport secret de la CIA concluant que le contrôle de la Russie sur son arsenal nucléaire s'affaiblissait, bien que les risques de chantage et de lancement non autorisé restent faibles. « *Le système de contrôle et de commandement de l'arsenal nucléaire est soumis à des tensions auxquelles il n'était pas préparé en raison du changement social, des misères économiques et du malaise qui règnent dans les forces armées*[30]. » Le rapport met en garde contre les complots possibles dans les unités nucléaires. Le contrôle des armes nucléaires tactiques et des torpilles nucléaires est qualifié de pauvre. Les autorités semblaient plus inquiètes du sort des armes nucléaires en Extrême-Orient car les conditions de vie des troupes y sont particulièrement déplorables.

En juin 1998, le général Eugene Habiger, alors commandant des forces stratégiques américaines, a fait une mise au point à la suite d'une visite des sites militaires russes. Lors d'une conférence de presse à Moscou, Habiger a déclaré : « *Je veux en finir avec ces préoccupations à propos des armes nucléaires "perdues" en Russie. J'ai pu observer que les Russes sont très sérieux en matière de sécurité.* » Il a même ajouté qu'il avait été en Russie à plusieurs reprises, qu'il avait visité les bases stratégiques et touché les missiles et les armes, sous-entendant ainsi que les alarmistes des services de renseignements ne pouvaient pas en dire autant. Cependant les services de renseignements ne sont pas convaincus par ce témoignage, peut-être parce qu'ils ont accès à d'autres sources d'information.

Même si leur puissance explosive est beaucoup plus faible, les engins nucléaires portables, plus petits, sont aussi l'objet de préoccupations, car ils sont faciles à cacher et à transporter. D'après William C. Potter et Nikolai Sokov, « *la probabilité que des engins nucléaires portables aient été perdus avant ou après la dissolution de l'Union soviétique apparaît faible* ». Mais cela ne veut pas dire que la menace n'existe pas. Ils indiquent aussi que même si de tels engins avaient été perdus, « *leur efficacité serait très faible ou peut-être même nulle, spécialement si la perte s'était produite pendant la période de plus grand risque, au début des années 1990. Même s'ils ne sont pas maintenus, ces engins peuvent seulement produire une puissance minimale, voire nulle, et ils ne pourraient servir qu'à fournir de petites quantités de matière fissile de qualité militaire. Cela étant, les informations du domaine public ont une utilité limitée et peuvent seulement servir à des analyses statistiques, sans qu'il soit possible de donner une réponse définitive. En conséquence, il est nécessaire de poursuivre les efforts en vue d'acquérir de meilleures informations et d'une plus grande fiabilité au sujet des engins nucléaires portables soviéto-russes, ainsi que sur leur capacité de nuisances s'ils se trouvaient entre les mains de terroristes*[31] ».

Il n'y a eu jusqu'à présent aucun incident ou disparition d'armes nucléaires, au moins dans ce qu'on en connaît par les informations du domaine public ; néanmoins il reste de nombreuses armes nucléaires qui ne sont pas équipées de système de contrôle gouvernemental et de nombreuses armes nucléaires tactiques déployées, toutes ces armes étant particulièrement vulnérables[32]. Elles doivent toutes être mises hors d'état de nuire.

Programmes de coopération avec la Russie

En dehors des armes nucléaires qui pourraient être volées en Russie, celles qui pourraient être fabriquées avec l'aide du savoir-faire de techniciens russes représentent une menace pour les pays extérieurs et pour la Russie elle-même. Il est donc de l'intérêt général de satisfaire aux besoins des personnes qui ont ce savoir-faire et qui contrôlent ces armes. En Union soviétique, la construction des armes était confinée à une dizaine de cités interdites, ce qui est à la fois un problème et une opportunité. Le problème est le chômage massif résultant de l'élimination, ou la réduction trop importante, des activités liées aux armes nucléaires dans dix villes closes qui n'avaient aucune autre industrie, et dans lesquelles habitaient 600 000 employés et leurs familles. L'avantage est que la plupart des techniciens sont concentrés dans ces villes.

Un projet, l'Initiative des villes nucléaires, a été entamé en 1998 par le département d'État à l'Énergie des États-Unis pour encourager la transition des activités du complexe nucléaire militaire russe vers des travaux techniques civils. En 1999, le président Clinton avait annoncé un financement de 600 millions de dollars sur cinq ans[33], mais jusqu'à présent celui-ci n'atteint que 16 millions de dollars par an. Les financements fournis par le département d'État à l'Énergie américain ont été insuffisants, et un rapport du Government Accounting Office de 2001 « *critique le département d'État à l'Énergie pour une gestion inadéquate du programme de l'Initiative des villes nucléaires, et en particulier pour la proportion trop importante des financements dépensés aux États-Unis (70 % de toutes les dépenses) et pour une mauvaise sélection des projets*[34] ».

Un groupe de l'Université de Harvard, et le professeur Ashton B. Carter en particulier, ont soutenu les sénateurs Sam Nunn et Richard Lugar pour la mise en place en 1991 d'une loi de financement à hauteur de 400 millions de dollars provenant du budget du département d'État à la Défense, pour réduire la menace posée par les armes nucléaires en excès de l'ex-Union soviétique. En quelques années, une somme de 3,1 milliards de dollars a été rendue disponible (dont 475 millions de dollars pour l'année 2000), ce qui est insuffisant pour détruire ces armes, pour empêcher leur utilisation ou encore pour la mise au point de systèmes permettant de s'en protéger au cas où elles seraient volées.

Malheureusement, le département d'État à la Défense américain a été très lent à mettre en place cette législation, et depuis plusieurs années, cet argent a été essentiellement dépensé aux États-Unis pour acheter des équipements servant à protéger les armes nucléaires lors de leur transport puis de leur entreposage en Russie. La réglementation pour les dépenses du département d'État à la Défense interdit le transfert de fonds à cette région où personne n'a d'idée sur la façon dont il faut remplir les formulaires nécessaires à l'attribution des financements. Enfin, le département d'État à la Défense craignait de mettre en péril ce financement si les fonds étaient dépensés à l'étranger plutôt que dans les circonscriptions des membres du Congrès. Même Ashton Carter, lorsqu'il était secrétaire d'État adjoint à la Défense entre 1993 et 1996, n'a pas été capable de faire en sorte que la majorité des fonds Nunn-Lugar soient dépensés en Russie. Il est donc clair que les scientifiques, ingénieurs et militaires russes n'ont eu que peu d'incitations à prendre les mesures pour protéger ces armes, alors que cela aurait été bénéfique aussi bien pour la Russie que pour les États-Unis.

En comparaison, le département d'État à l'Énergie a été plus efficace, puisqu'il a mis en place un programme de collaboration entre les laboratoires d'armes nucléaires américains et leurs homologues en Russie, ainsi que d'autres organisations impliquées dans la protection, le contrôle et le décompte des matériaux nucléaires ; un tiers du financement a été dépensé pour les salaires des Américains, un tiers pour les salaires des Russes et le tiers restant pour des équipements achetés dans les deux pays. Ce programme a bénéficié d'un financement de 150 millions de dollars en 1999.

Le 8 janvier 2001, Ted Turner, le milliardaire qui a créé la chaîne de télévision CNN, a annoncé la création de l'Initiative sur la menace nucléaire, une nouvelle organisation non gouvernementale dédiée à la réduction de la menace des armes nucléaires et autres armes de destruction massive. Turner et l'ancien sénateur Sam Nunn président cette organisation dont le siège est à Washington. Les fonds (de l'ordre de 250 millions de dollars) devaient être dépensés sur cinq ans et devraient permettre une contribution majeure dans les domaines où les sénateurs Nunn et Lugar ont été des pionniers. Malheureusement, les soubresauts de la Bourse ayant affecté la base financière de ce projet ont eu pour effet de réduire à 20 millions de dollars les dépenses annuelles de ce projet. Warren Buffet a offert 35 millions de dollars sur cinq ans pour soutenir cette initiative.

Une action conduite en coopération entre les États-Unis, la Russie et le Kazakhstan pour transporter 600 kilogrammes d'uranium enrichi du Kazakhstan à Oak Ridge en 1994 (l'opération Sapphire dont nous reparlerons en fin de chapitre), et quelques kilogrammes de matériau fissile de Géorgie au Royaume-Uni en 1998, avait reçu beaucoup de publicité. Cependant nous soulignons que ces quantités, qui seraient suffisantes pour fabriquer une trentaine d'armes nucléaires, ne représentent qu'un millième du problème. Quelques kilogrammes d'uranium hautement enrichi ont été récupérés en 2002 dans un laboratoire de Vinca en Yougoslavie, en partie grâce à l'Initiative sur la menace nucléaire. Cette organisation a aussi fourni 5 millions de dollars pour la décontamination environnementale en Yougoslavie à un moment où le gouvernement américain n'avait pas de fonds disponibles pour cela.

Plusieurs autres programmes ont été créés, en particulier, le Centre international sur la science et la technologie de Moscou et un établissement analogue à Kiev en Ukraine. Le centre de Moscou, financé par le Canada, la Corée du Sud, les États-Unis, la Norvège, la Suède, la Finlande, le Japon et l'Europe, a été institué pour proposer un programme scientifique aux personnes des laboratoires d'armes nucléaires russes, dans le but d'empêcher que, se retrouvant au chômage, elles émigrent dans des pays cherchant à se doter d'armes nucléaires. Ce centre reçoit un financement annuel de 25 millions de dollars. L'Union européenne a financé 65 millions d'euros sur 231 millions de dollars. Près de 20 000 scientifiques, dont 60 % spécialisés auparavant dans l'armement, ont ainsi pu, au cours de l'année 2000, se préparer à une reconversion dans le civil. Le centre ukrainien emploie 4 000 scientifiques hautement qualifiés dans toutes les disciplines scientifiques. L'Union européenne a fourni 3 millions d'euros[35].

Enfin nous mentionnons les programmes de coopération pour la réduction de la menace nucléaire du département d'État de l'Énergie mettant l'accent sur des activités de protection, contrôle et décompte des matériaux, qui ont conduit à améliorer la sécurité des matériaux fissiles en ex-Union soviétique. L'élimination des matières adaptées pour faire des armes nécessite de recevoir une plus haute priorité.

L'Agence internationale de l'énergie atomique et le contrôle des matériaux fissiles

Une telle agence avait fait l'objet d'une proposition du président Eisenhower, lors de son discours intitulé « *Les Atomes au service de la Paix* » devant l'Assemblée générale des Nations unies en 1953.

Pour promouvoir l'énergie nucléaire dans des pays qui n'en maîtriseraient pas la technologie, l'Agence internationale de l'énergie atomique a été créée en 1957 dans le cadre des Nations unies et son siège est à Vienne, comme cela a été exposé au chapitre 9. En échange de leur renoncement aux armes nucléaires, les pays signataires du Traité de non-prolifération ont pu bénéficier d'une formation de leurs futurs experts. De nombreux savants et ingénieurs ont été accueillis à cette fin dans les pays producteurs de centrales, ce qui constitue évidemment un élément à prendre en compte pour évaluer les risques de prolifération future.

L'agence a pour mission de mettre en place des accords de « garanties » pour empêcher les détournements de matériaux civils. Ces accords sont à la base

L'ACHETEUR : On m'a dit que vous vendiez la bombe thermonucléaire MK28.

LE VENDEUR : Oui, il y en a 5 000 à la casse. Nous la vendons sans les accessoires que vous trouverez facilement et dont voici la liste : explosifs rapides, explosifs lents, détonateurs électriques, lithium-6 et deutérium, uranium-238, béryllium, cônes d'aluminium, bouchon d'explosif, réservoir de tritium et de deutérium, bouchon en uranium, générateurs de neutrons, polyuréthane.

L'ACHETEUR : Je ne vois pas le plutonium dans cette liste.

LE VENDEUR : Oui, c'est plus difficile à trouver. Si vous le faites vous-même, cela vous coûtera 10 milliards de dollars. Mais vous pouvez l'acheter aux surplus militaires russes pour 1 milliard de dollars.

L'ACHETEUR : Vous avez l'adresse ?

LE VENDEUR : Non, mais demandez aux services secrets allemands.

L'ACHETEUR : Et la bombe elle-même, c'est combien ?

LE VENDEUR : 100 000 euros, avec le polyuréthane en prime.

de la vérification du respect des engagements des pays ayant ratifié le Traité de non-prolifération. Les États doivent faire une déclaration initiale de leurs installations nucléaires, toutes supposées être à but pacifique, ainsi que des inventaires détaillés des matériaux fissiles en leur possession. La mise en place de ces accords de garanties consiste essentiellement en l'analyse de comptabilités strictes des produits nucléaires *déclarés* et leur vérification par des inspections dans les installations.

Les garanties ne sont pas un but en soi mais ont pour objectif de fournir une « alerte en temps utile » en cas de détournement de ce que l'on appelle une « quantité significative » de matériau de qualité militaire. Ces deux concepts dépendent de l'état de la technologie des pays cherchant à acquérir les matériaux détournés. En effet, la quantité significative de plutonium est de 8 kilogrammes, alors que nous avons vu que la première bombe à implosion en a utilisé 6 kilogrammes et que les armes américaines en contiennent environ 4 kilogrammes. Par exemple, si un pays, ou un groupe, a acquis le savoir-faire pour fabriquer les composants d'une arme nucléaire, comme cela pourrait être le cas s'il a obtenu les plans détaillés d'une arme ou l'aide de personnes compétentes, l'obtention d'une capacité nucléaire pourrait ne lui prendre que quelques semaines, et non des mois ou des années, à partir du moment où il acquiert le matériau fissile. Ce délai, qui peut être très court, doit être pris en compte par le régime d'inspection, ainsi que par le processus de décision mis en place par la communauté internationale pour répondre à d'éventuelles violations des accords de garanties conclus avec l'agence.

Ces accords ne permettent pas de s'assurer de l'exhaustivité des déclarations des États puisque, suivant le Traité de non-prolifération, l'agence effectue des inspections régulières de toutes les installations nucléaires *déclarées* dans les pays signataires non dotés d'armes nucléaires. Le fait de n'être autorisée à ne visiter que des installations déclarées a sérieusement limité l'efficacité de la mission de vérification de l'agence. En cas de soupçon d'activités non déclarées, il était en théorie possible de procéder à des « inspections spéciales », mais le recours à de telles inspections s'est révélé politiquement très délicat. Le conseil des gouverneurs de l'agence a invoqué ce droit une seule fois en 1993, pour procéder à une inspection spéciale en Corée du Nord, qui a refusé de s'y soumettre.

L'article 4 du Traité de non-prolifération permet aux États de conduire toutes les activités de recherche, de production et d'utilisation de l'énergie nucléaire aussi longtemps que ces activités sont déclarées dans un but pacifique et sont surveillées par l'agence ; cela inclut aussi des activités qui pourraient éventuellement avoir des applications militaires comme l'enrichissement de l'uranium. Un État désirant ensuite fabriquer des armes nucléaires a ainsi le moyen de mettre en place légalement certaines technologies nécessaires, puis il peut quitter le traité avec un préavis de trois mois, comme cela est aussi possible suivant le traité. Nous verrons plus loin que cette échappatoire pourrait être corrigée par l'amendement d'un nouveau protocole.

Une autre faiblesse dans la mise en œuvre du système de garanties est que, dans le but d'éviter des discriminations et sans considération des risques de prolifération (par exemple à cause d'instabilités régionales), l'agence allouait les ressources pour les inspections à peu près proportionnellement à la quantité de matériaux nucléaires en possession des pays. Cela a conduit l'agence à dépenser des sommes importantes pour des vérifications dans des pays où les programmes nucléaires sont bien développés, comme le Canada, et à distraire son attention de pays plus préoccupants comme l'Iran[36].

L'exemple suivant illustre les difficultés techniques des inspections. La plupart des réacteurs brûlent leur combustible pendant des années et sont déchargés à date fixe pendant un arrêt de un mois environ. Dans ce cas, le décompte des éléments de combustible se fait aisément. En revanche, les réacteurs dont le combustible est déchargé en continu présentent davantage de difficultés d'inspection, comme c'est le cas des réacteurs canadiens à uranium naturel Candu, très largement exportés, où une partie seulement du combustible est déchargée sans que le réacteur soit arrêté, ce qui rend plus difficile le décompte des pastilles. En conséquence, ces types de réacteurs sont plus adaptés à un détournement de leur activité normale s'ils sont achetés par des États qui veulent se doter d'armes nucléaires. C'est pour cette raison que les inspections de l'agence sont plus rigoureuses pour les réacteurs Candu que pour les réacteurs à eau légère.

Considérons les implications de nouvelles technologies en termes de prolifération et de garanties. Les détails ont leur importance. Dans le système proposé par Rubbia (chapitre 5), le cœur de thorium qui contient 10 % d'uranium-233 doit être retraité tous les cinq ans. Les propriétés nucléaires de l'uranium-233 sont telles que la masse nécessaire pour le cœur d'une arme nucléaire serait la moitié de celle requise pour l'uranium-235 et, contrairement au plutonium, l'uranium-233 ne produirait pas assez de neutrons pour provoquer une détonation précoce. Cependant, dans ce système, l'uranium-233 est accompagné d'environ 0,1 % d'uranium-232 dont il ne peut être séparé chimiquement. Il se trouve que, après six désintégrations successives, le thallium-208 émet une grande quantité de rayons gamma de haute énergie. Même si l'uranium était chimiquement purifié, une masse critique d'uranium-233 âgée de deux ans infligerait encore une dose mortelle de radiation en 20 minutes à une distance de 1 mètre. Ces rayons gamma rendent donc ce matériau facilement détectable, à moins qu'il ne soit fortement blindé, contrairement à l'uranium-235 qui est pratiquement indécelable. Quant au plutonium-239, celui-ci peut être facilement blindé car il émet des particules alpha et des rayons X de faible énergie. Cette comparaison rapide montre que les techniques de surveillance pour les matériaux retraités doivent prendre en considération leurs caractéristiques précises, et que dans certains cas, la protection contre d'éventuels détournements en sera facilitée.

Depuis dix ans, certaines des puissances nucléaires ont invité des inspecteurs. Les installations nucléaires sont cependant tellement nombreuses dans ces pays que le budget de l'agence devrait être considérablement augmenté pour qu'elle puisse effectuer ces inspections. Il n'est pas sûr que la surveillance des réacteurs commerciaux en Russie et aux États-Unis ait un intérêt car ces États ne sont pas tentés de détourner des matériaux de provenance civile puisqu'ils ont d'importants excédents de matériaux militaires.

La quasi-totalité des États ont ratifié le Traité de non-prolifération, mais environ une cinquantaine d'entre eux, presque seulement des pays peu développés n'ayant aucune activité nucléaire, n'ont pas signé d'accords de garanties, qui constituent pourtant une obligation juridique du traité. En Inde, au Pakistan et en Israël, des pays qui n'ont jamais signé le Traité de non-prolifération, l'agence ne contrôle que certaines installations à vocation entièrement civile. Enfin, l'agence ne peut punir les contrevenants, ce qui est de la responsabilité du Conseil de sécurité des Nations unies, mais elle peut déclencher l'alerte pour qu'une pression politique ou économique empêche que les combustibles usés d'un réacteur ne soient transformés en armes.

La nécessité de renforcer les moyens de contrôle de l'agence

Depuis une quinzaine d'années, plusieurs crises internationales ont été cristallisées autour de différends concernant des activités nucléaires de la part de pays ayant signé et ratifié le Traité de non-prolifération. Les révélations de l'état d'avancement en 1991 du programme nucléaire irakien, puis les informations en 1993 sur le programme nord-coréen, celles en 2003 sur le programme libyen et les découvertes récentes sur les activités d'enrichissement de l'Iran ont mis en évidence les faiblesses de la politique de l'agence, à savoir n'inspecter que les sites *déclarés*. Ces pays avaient souscrit aux accords de l'agence. Les accords de garanties originaux prévoyaient aussi des « inspections spéciales » beaucoup plus intrusives, mais celles-ci n'avaient jamais été effectivement mises en œuvre. Nous verrons que les protocoles additionnels permettent maintenant des inspections plus intrusives et complètes.

L'Irak était signataire d'un accord de garanties avec l'agence qui était entré en vigueur en 1972. Au lendemain de la guerre du Golfe en 1991, grâce aux pouvoirs exceptionnels conférés par la résolution 687 du Conseil de sécurité des

Nations unies, les inspecteurs de l'agence ont découvert les éléments d'un programme nucléaire militaire beaucoup plus ambitieux que ce qui était soupçonné jusqu'alors. En effet, l'Irak n'avait pas déclaré un certain nombre d'installations et de matières destinées à un programme nucléaire militaire ; en conséquence, les vérifications effectuées jusqu'alors étaient inopérantes.

La Corée du Nord avait refusé une inspection spéciale en 1993. Depuis, la crise ouverte entre les États-Unis et ce pays a fait l'objet de négociations soutenues. La Corée du Nord avait signé l'accord de garanties en 1985 mais celui-ci n'était entré en vigueur qu'en 1992. Dans ce cas, c'est l'exactitude et l'exhaustivité de la déclaration initiale des matières nucléaires qui restent sujettes à caution, l'agence n'ayant pas pu mettre en œuvre le moyen de les vérifier. La Corée du Nord ayant maintenant expulsé les inspecteurs de l'agence et s'étant retirée du Traité de non-prolifération en 2003, l'agence n'a actuellement plus aucun rôle dans ce pays.

À la fin de 2003, il est devenu apparent que l'Iran avait, depuis les années 1980, un programme secret d'enrichissement d'uranium, que ce pays justifie pour la fabrication du combustible servant à alimenter des centrales construites par la Russie sur son sol. L'Iran a offert d'interrompre son programme d'enrichissement mais a annoncé en février 2004 qu'il commencerait à vendre de l'uranium enrichi sur le marché international. Il a accepté la visite des inspecteurs de l'agence et a signé en décembre 2003 le protocole additionnel qu'il a proposé de mettre en œuvre immédiatement. Comme nous le verrons par la suite, ce protocole autorise l'agence à procéder à des inspections partout et à tout moment pour s'assurer que les activités iraniennes sont en accord avec les déclarations de ce pays. « *Dans son rapport du 15 novembre 2004 sur l'application des garanties en Iran, le directeur général [de l'agence] a indiqué que toutes les matières nucléaires déclarées par ce pays étaient localisées et répertoriées et n'avaient donc pas été détournées vers des activités interdites, mais que l'agence n'était pas encore en mesure de conclure qu'il n'y avait en Iran ni matières ni activités nucléaires non déclarées*[37]. »

Des négociations intenses entre la France, le Royaume-Uni, l'Allemagne (EU-3) et l'Iran se prolongeaient encore en juillet 2005. L'EU-3 demande que l'Iran interrompe toutes ses activités d'enrichissement, alors que celui-ci insiste sur son « droit inaliénable » aux bénéfices des applications pacifiques de l'énergie nucléaire, y compris celui de l'enrichissement de l'uranium, alors que cela n'est pas justifié économiquement ; mais cela est cependant en conformité légale avec les dispositions du Traité de non-prolifération pour tout État qui respecte ses engagements vis-à-vis du traité. La position des Européens (EU-3) et des États-Unis est que ce droit est confisqué à l'Iran pour ne pas avoir respecté pendant une vingtaine d'années ses engagements de déclaration de l'ensemble de ses activités nucléaires. En juillet 2005, la position de l'Iran est de redémarrer ses installations pour la conversion de l'uranium en hexafluorure d'uranium et ce pays rejette toute éventualité de ne pas avoir d'installation d'enrichissement, même s'il accepte que sa mise en service pourrait se faire par étapes, en accord avec les propositions de l'EU-3.

En octobre 2003, un navire en direction de Tripoli, battant pavillon allemand, a été intercepté par l'Italie. Dans le cadre de l'Initiative de sécurité contre la prolifération menée par l'Allemagne, l'Australie, l'Espagne, les États-Unis, la France, l'Italie, le Japon, les Pays-Bas, la Pologne et le Portugal, il est possible d'arrêter tout aéronef ou navire soupçonné de transporter des matériaux liés aux armes de destruction massive. Ce navire transportait des milliers de composants pour des centrifugeuses à gaz qui pouvaient être utilisées pour enrichir l'uranium. Le 20 décembre 2003, la Libye a annoncé qu'elle révélerait toutes les installations et informations relatives à ses programmes pour acquérir des armes biologiques, chimiques et nucléaires. La Libye a déclaré que des négociations avec les États-Unis et le Royaume-Uni avaient démarré en mars 2003 et qu'elles avaient été conclues en septembre 2003.

Bien que la Libye ait été partie au Traité de non-prolifération depuis 1975 et à la Convention d'interdiction des armes biologiques depuis 1982, elle n'avait évidemment pas respecté ses engagements. La Libye a maintenant ratifié la Convention d'interdiction des armes chimiques le 6 janvier 2004. Très rapidement, l'Agence internationale de l'énergie atomique a commencé à superviser l'élimination des activités liées au programme libyen de production d'armes nucléaires.

La Libye avait fourni des informations suivant lesquelles elle avait reçu de nombreux matériaux et données du métallurgiste pakistanais Abdul Qadeer Khan et du Khan Research Laboratories (KRL) au Pakistan. Khan a d'abord commencé par rejeter ces déclarations, mais en février 2004, à la télévision, il a avoué, « *avec ses plus profonds regrets et ses excuses illimitées à une nation traumatisée* », avoir fourni des informations détaillées sur l'enrichissement de l'uranium ainsi que des matériaux à plusieurs pays dont la Libye et la Corée du Nord. Khan et le président Pervez Musharraf ont nié toute participation du gouvernement dans ces activités. Khan a immédiatement été pardonné par le président Musharraf qui a dit qu'il était un héros de la nation pour lui avoir donné la bombe nucléaire. Le président Musharraf a néanmoins réaffirmé que le Pakistan ne rejoindrait pas le Traité de non-prolifération comme puissance non nucléaire et qu'il ne permettrait pas d'inspections de l'agence.

Khan a aussi fourni des plans détaillés pour des explosifs nucléaires à la Libye, et peut-être à d'autres États. En effet, la Libye a transmis aux États-Unis les plans détaillés d'une bombe à implosion à uranium qui lui avaient été fournis par Khan.

L'opération d'interception du navire à destination de Tripoli en octobre 2003 a aussi permis de mettre au jour des pans entiers du stupéfiant réseau mis en place par Abdul Khan : « *Après avoir débuté avec les plans de centrifugeuses volés aux Pays-Bas, auxquels s'ajoutèrent des plans d'armes en provenance de Chine, le groupe reçut également une assistance technique de Grande-Bretagne ; des pompes à vide d'Allemagne ; des tours spécialisés d'Espagne ; des fours d'Italie ; des centrifugeuses et des convertisseurs de fréquence de Turquie ; du matériel d'enrichissement d'Afrique du Sud et de Suisse ; de l'aluminium de Singapour et des pièces de centrifugeuses de Malaisie, le tout orchestré à partir d'un centre administratif situé à Dubaï.*

« *Toutefois, en dépit de l'accumulation des preuves, il est peu probable que l'on connaisse jamais la véritable étendue de ce réseau que Mohamed El-Baradei, directeur général de l'Agence internationale de l'énergie atomique, a appelé "le Wal-Mart nucléaire"*[38]. »

Des révélations ultérieures ont mis en lumière le fonctionnement d'une « entreprise mondiale ». Alors que Khan était depuis longtemps soupçonné par les services de renseignements, en particulier américains, des experts pensent que le retard dans la mise au jour de ces activités est en partie dû au manque de communication entre les services de renseignements, qui ont accès à des données satellites et d'interception, et l'agence de Vienne dont les inspecteurs peuvent pénétrer à l'intérieur d'installations nucléaires parmi les plus secrètes[39].

En décembre 2004, la Libye a transféré aux États-Unis 2 tonnes d'hexafluorure d'uranium quand elle a abandonné son programme d'armes nucléaires et adhéré au Traité de non-prolifération. En février 2005, le gouvernement des États-Unis en est arrivé à la conclusion que ce matériau lui avait été fourni par la Corée du Nord pour un éventuel programme d'enrichissement. Cette conclusion semble fondée sur la concentration mesurée d'uranium-234, qui peut varier de 30 % suivant les échantillons. Comme cela a été le cas dans la saga de l'uranium d'Oklo, la variabilité de la concentration d'uranium-234 est le résultat de phénomènes physico-chimiques intéressants. Quand l'uranium-238 se désintègre en thorium-234 par désintégration alpha puis en uranium-234 au bout de 24 jours, le recul du noyau dans la réaction bêta de désintégration nucléaire conduit à ce que l'infime portion de roche qui l'entoure soit endommagée et sera donc davantage sujette aux infiltrations d'eau. L'uranium-234 se trouve donc dans les parties les plus oxydées du minerai. La vie moyenne de l'uranium-234 est de 2,5 millions d'années. La concentration d'uranium-234 est faible dans les minerais jeunes, mais cela peut aussi être le cas dans les minerais très anciens, parce que l'uranium-234 formé il y a longtemps a une plus grande chance d'être éliminé par filtration que l'uranium-238.

Les autorités américaines ont fondé leur conclusion par élimination, puisque la concentration qu'ils ont mesurée sur le matériau libyen ne correspond à aucune valeur mesurée pour des minerais connus. Cependant, dans un excellent article, des auteurs russes indiquent que la concentration d'uranium-234 peut substantiellement varier, même à l'intérieur du même minerai[40]. L'article donne une liste de minerais avec une concentration d'uranium-234 variant de 48 à 62 ppm, et cite une différence de 4 ppm pour deux morceaux extraits d'un même minerai. En conséquence, sans avoir connaissance des chiffres sur lesquels le gouvernement américain en est arrivé à sa conclusion sur la provenance nord-coréenne de l'uranium, nous ne pouvons avoir d'avis sur l'exactitude de celle-ci.

Puisque la Corée du Nord a quitté le Traité de non-prolifération, il n'y a aucun moyen légal de l'empêcher de posséder de l'hexafluorure d'uranium, de l'uranium hautement enrichi ou même des armes nucléaires. Cela serait aussi le cas pour tout pays décidant de quitter le Traité de non-prolifération. Pour limiter les incitations à ce qu'un pays utilise de sources extérieures de matériaux, technologie et savoir-faire dont il aurait bénéficié grâce au traité et les emploie pour fabriquer des armes nucléaires, il faudrait que le traité soit amendé avec un nouveau protocole. Suivant ce protocole, dont la validité s'étendrait après qu'un État eut éventuellement quitté le traité, les États s'engageraient à ne pas utiliser des matériaux ou installations obtenus quand le pays était partie au traité. En cas d'une éventuelle violation de cet engagement volontaire, une action internationale serait justifiée.

Mise en place d'un système renforcé de garanties

Afin de pallier les insuffisances juridiques des accords de garanties originaux et d'obtenir des assurances non seulement sur les quantités de matériaux déclarées, mais aussi sur l'absence d'activités ou de matériaux non déclarés, des mesures d'urgence avaient été adoptées en 1992 par le conseil des gouverneurs de l'agence : l'obligation de déclarer une nouvelle installation nucléaire 6 mois avant le début des travaux de construction, et non, comme auparavant, 6 mois avant la première introduction de matières nucléaires ; la notification à l'agence des importations et exportations de matières nucléaires, en particulier sur certains équipements nucléaires et matières non nucléaires spécifiques ; le recours effectif aux inspections spéciales dans les installations déclarées ou non déclarées, qui n'avait pas été utilisé auparavant.

En mai 1997, le conseil des gouverneurs de l'Agence internationale de l'énergie atomique a adopté un modèle de protocole additionnel aux accords de garanties[41] qui augmente les droits de l'agence pour inspecter les installations liées au cycle du combustible pour la recherche et la production d'électricité. Chaque pays membre du Traité de non-prolifération doit définir un protocole additionnel d'après le modèle, le signer et le ratifier.

L'application du protocole additionnel conduit à des déclarations beaucoup plus détaillées sur les diverses activités ainsi qu'une possibilité d'accès immédiat pour la visite des sites. Les activités surveillées vont depuis l'extraction du minerai jusqu'au stockage des déchets, et incluent aussi les activités d'industries privées et sur tout site qui contient des matériaux nucléaires quel qu'en soit l'usage. En outre, les inspecteurs devront avoir la possibilité de procéder à des échantillonnages environnementaux y compris en dehors des emplacements déclarés, de façon à s'assurer qu'il n'y a pas d'installation non déclarée, comme par exemple une installation d'enrichissement. De tels échantillonnages permettraient de détecter une éventuelle fuite de vapeur d'hexafluorure d'uranium, et même le niveau d'enrichissement atteint si les prélèvements sont effectués de façon suffisamment précise.

La France a adopté le protocole additionnel en 1998 et a notifié l'agence qu'il est prêt pour l'entrée en vigueur. Cet accord a été ratifié par tous les membres de l'Union européenne, y compris la France, le 30 avril 2004[42]. Les États-Unis l'ont signé en 1998 mais ne l'ont pas encore ratifié malgré les requêtes du président Bush au Sénat et malgré les projets détaillés de l'Administration pour utiliser la clause d'exclusion pour la sécurité nationale prévue par le protocole de façon à empêcher à l'agence l'accès à des sites très sensibles aux États-Unis et non liés au cycle du combustible.

Tous les États sauf quatre, la Corée du Nord, l'Inde, Israël et le Pakistan, sont membres du Traité de non-prolifération et doivent adopter des protocoles additionnels. Mohamed El-Baradei, le directeur de l'agence, en a souligné l'importance pour empêcher la prolifération et la nécessité d'actions mises en place par le Conseil de sécurité des Nations unies au cas où un pays se retirerait du régime de non-prolifération[43]. La prévention de la prolifération gagnerait beaucoup à ce que ces protocoles soient ratifiés et entrent en vigueur beaucoup plus rapidement.

Le 11 février 2004, lors d'un discours prononcé à l'Université de défense nationale[44], le président George W. Bush a rendu publiques des mesures de renforcement de l'Initiative de sécurité contre la prolifération, dans laquelle il demande aux États de criminaliser la prolifération et d'aider à mettre en sécurité puis détruire les armes héritées de la guerre froide dans les pays de l'ex-Union soviétique. Le président Bush a aussi exprimé que les pays devraient renforcer les barrières aux transferts de moyens technologiques d'enrichissement aux pays qui ne maîtrisent pas encore le cycle nucléaire complet et empêcher l'acquisition de capacités de retraitement du plutonium. Il propose de mettre le combustible nécessaire aux réacteurs de puissance à la disposition des pays désirant utiliser l'énergie nucléaire afin que ceux-ci n'aient pas besoin de construire d'usine d'enrichissement de l'uranium ou de séparation du plutonium, matériaux qui pourraient peut-être un jour être utilisés à des fins militaires.

Nous pensons que cela aiderait évidemment les efforts de non-prolifération et contribuerait à la sécurité internationale. Mais cela irait aussi à l'encontre des engagements de longue date de promouvoir ces technologies pour autant qu'elles ne servent pas à fabriquer des armes nucléaires. Comme nous l'avons déjà mentionné, le Traité de non-prolifération devrait contenir un nouveau protocole stipulant que des équipements et des matériaux reçus par un État non nucléaire ne devraient jamais être utilisés pour un programme militaire. Un pays pourrait toujours se retirer du traité avec un préavis de six mois, mais il serait alors obligé de rendre les équipements (installation d'enrichissement ou de retraitement) et matériaux reçus ou de les détruire de façon vérifiable.

Le président Bush a aussi exhorté les pays à adopter les protocoles additionnels et il pense que les pays ne respectant pas le régime de non-prolifération ne devraient pas être autorisés à siéger au conseil des gouverneurs de l'agence.

Enfin, et dans l'intérêt de tous, nous pensons que les pays pourraient, et devraient, mettre en place un système par lequel les individus pourraient fournir confidentiellement des informations sur les activités, en particulier celles de leur propre pays, qui violent les lois internationales, y compris les traités qui sont signés mais non ratifiés.

Mégaterrorisme nucléaire ?

La prévention du terrorisme doit inclure des mesures de limitation de la tolérance face à la violence dans la société, que celle-ci s'exprime contre les citoyens et les États ou bien qu'elle soit imposée par les États.

Nous avons décrit au chapitre 3 les différentes méthodes de fabrication d'armes nucléaires. Nous avons aussi indiqué plus haut dans ce chapitre qu'il est possible de fabriquer des armes d'une puissance importante à partir de plutonium civil bien qu'aucun pays ne possède de telles armes dans son arsenal.

Le 19 avril 1995, un camion rempli d'explosif a tué 169 personnes à Oklahoma City. Des terroristes ont détruit des avions commerciaux en vol. La bombe lancée sur Hiroshima le 6 août 1945 a tué 140 000 personnes, dont la plupart sont mortes instantanément et les autres avant la fin de l'année 1945, et plus de 100 000 autres personnes qui sont mortes dans les cinq années qui ont suivi. Une telle arme pourrait-elle être à la portée de terroristes ? Voudraient-ils l'utiliser ?

Après la Seconde Guerre mondiale, de nombreux pays se consacraient à leur reconstruction. Cette époque a été marquée par l'avènement puis le durcissement de la guerre froide entre l'Union soviétique et les pays occidentaux et la décolonisation. L'usage de la force entre les nations était en principe limité par la Charte des Nations unies, sauf en cas d'autodéfense. Mais la violence ou les menaces de violence ne sont pas limitées aux conflits interétatiques ; elles sont aussi très vivaces au service de causes politiques ou de querelles religieuses.

Pendant des décennies, les plus hautes instances du gouvernement qui se préoccupaient de terrorisme aux États-Unis disaient que les faits démontraient que les terroristes ne voulaient pas tuer beaucoup de personnes et que, dans la plupart des cas, ils ne voulaient tuer personne. Ils voulaient seulement montrer leur puissance et obtenir des concessions de la part de ceux qui avaient le pouvoir. Les alertes prévenant de l'endroit et de l'heure de l'explosion d'une bombe semblaient prouver ces affirmations. Même en Irlande du Nord, les « troubles » tuaient quelques personnes ici ou là, mais désorganisaient complètement la vie des gens. En tout, 3 200 personnes sont mortes en Irlande du Nord en 30 ans.

Les faits ont maintenant démontré que ces affirmations étaient erronées.

Quelle que soit l'origine des ressentiments ou des conflits internes, les publications sur les moyens de terreur, qui sont aussi maintenant disponibles sur Internet, rendent accessibles à des individus ou à des petits groupes non contrôlés par les directions politiques d'organisations plus importantes les capacités d'infliger des dommages importants. En même temps, l'omniprésence de l'électronique a permis le remplacement du système rudimentaire de l'horloge par un microprocesseur ou une horloge électronique pour le déclenchement d'une bombe. Le moyen de destruction préféré était l'explosif puissant, volé ou fabriqué en utilisant les mêmes matériaux que ce qui est employé pour les explosifs commerciaux, du nitrate d'ammonium (facilement disponible car c'est un engrais) mélangé avec du pétrole ou du sucre. Des centaines de personnes pourraient être tuées d'un coup par un demi-kilogramme d'explosif puissant explosant dans un avion en vol, ou par quelques tonnes d'explosif dans un camion, comme celui qui a détruit un bâtiment du gouvernement à Oklahoma City, ou comme ce qui a produit l'explosion catastrophique de l'usine AZF à Toulouse le 21 septembre 2001 qui a fait 30 morts et plus de 2 500 blessés graves, ou encore celui utilisé à Bali pour l'explosion qui a conduit à la mort de 200 personnes le 12 octobre 2002 ; cela se passe presque quotidiennement en Irak depuis la chute du régime de Saddam Hussein. La vulnérabilité des gros avions commerciaux a toujours été évidente pour ceux qui considéraient l'étendue possible des destructions.

Dans un livre récent, Charles Ferguson et William Potter soulignent « *que l'utilisation d'une arme nucléaire est plus probable maintenant qu'elle ne l'a été durant les trois décennies passées. Cette affirmation abrupte est fondée sur deux prémisses : 1) des acteurs non étatiques tentent maintenant de se procurer des armes nucléaires afin de les utiliser, et 2) la fabrication d'armes nucléaires grossières mais qui seraient néanmoins de véritables armes nucléaires, différentes d'engins qui disperseraient seulement de la radioactivité, est tout à fait dans les capacités techniques de certaines organisations terroristes* ». Ce livre insiste aussi sur la nécessité d'éduquer le public sur les risques réels d'une exposition à une contamination radioactive pour aider les populations à être psychologiquement immunisées contre la peur d'une attaque radiologique dont ces auteurs pensent qu'il est inévitable qu'elle se produise d'ici à quelques années[45].

Après avoir décrit les conséquences d'une contamination radioactive dont nous verrons qu'elles dépendent beaucoup du type de matériaux radioactifs et de la façon dont ceux-ci auront été dispersés, nous aborderons la question beaucoup plus cruciale de l'acquisition éventuelle d'une ou plusieurs armes nucléaires par un groupe terroriste. Nous donnerons des exemples de moyens à mettre en œuvre pour que cette éventualité catastrophique ne puisse pas se matérialiser.

LES RISQUES D'UNE CONTAMINATION RADIOACTIVE

Commençons par le cas d'une éventuelle contamination radioactive et examinons-en les conséquences. Avant 1945, une curie de radium était considérée comme une source radioactive très forte. Maintenant, des sources de milliers de curies, ou même de millions de curies de cobalt-60 ou de césium-137 sont communément disponibles pour la radiographie ou la stérilisation des matériels médicaux. Des sources aussi intenses de rayons gamma pourraient être dispersées avec des explosifs puissants et contamineraient une zone importante. Personne ne serait immédiatement tué (si ce n'est par l'explosif lui-même) mais il faudrait procéder à une décontamination longue et coûteuse. L'utilisation industrielle de ces sources nécessite un blindage important pour le transport et la protection des personnes. Mais il est possible de détecter des sources même blindées, ce qui serait encore plus le cas si des terroristes voulaient en transporter ou les stocker avec un blindage improvisé.

La dispersion accidentelle de radioactivité peut produire des dommages et avoir des effets mortels, comme cela a été souligné dans le rapport du Comité des Nations unies sur les effets des radiations atomiques de 1993. En septembre 1987, une contamination dans une zone habitée de la ville de Goiania au Brésil s'est produite après qu'une source de césium de 1 600 curies (59 000 milliards de becquerels) eut été enlevée d'une installation de radiothérapie et démantelée par des ferrailleurs. Le césium était brillant et des personnes s'en sont mis sur le visage. Elles ont ensuite mangé, leurs mains étant contaminées par le césium, ce qui a conduit à d'importantes irradiations internes. Cinquante-quatre personnes ont été hospitalisées, 4 sont mortes. D'après un rapport du Comité des Nations unies : « *Lors de la décontamination, il a fallu démolir sept maisons et enlever des quantités de terre importantes. Le volume total de déchets était de 3 100 m*^{3} », environ 4 000 tonnes.

Dans le cas d'une contamination radioactive, il faudrait évacuer de vastes régions s'il n'était pas possible de les décontaminer. Par exemple, les habitants des zones autour de Tchernobyl où la radiation était supérieure à 1,48 TBq par kilomètre carré ont tous été évacués. Si la radioactivité libérée par cette source de 1 600 curies avait été uniformément distribuée, cela aurait pu conduire à l'évacuation d'une zone de 30 kilomètres carrés.

La question de l'usage terroriste du plutonium s'est souvent posée. Du point de vue technique, le plutonium, sous forme de nitrate de plutonium en poudre ou d'oxyde de plutonium, bien scellé dans un conteneur, ne présente pas de risque sanitaire dans le transport, mais sa radiation est beaucoup moins détectable que ne le sont les émetteurs de rayons gamma utilisés dans la radiographie ou les thérapies médicales. Comme nous l'avons vu, les États-Unis ont produit 100 tonnes de plutonium militaire et l'Union soviétique beaucoup plus (les stocks de plutonium militaire en excès sont de 50 tonnes de chaque côté). En outre, chaque réacteur produit environ 200 kilogrammes de plutonium par an, et en France et au Royaume-Uni, le combustible usé est retraité pour produire de l'oxyde de plutonium qui est stocké dans des petits conteneurs de 2 kilogrammes de plutonium. Des tonnes de plutonium retraité ont été transportées jusqu'au Japon. Seule une petite fraction du plutonium se dissout dans l'eau, donc le plus grand risque provient de l'inhalation.

Plusieurs explosions accidentelles ont conduit à une dispersion de plutonium. Le 17 janvier 1966, un avion ravitailleur de l'armée de l'air américaine et un bombardier B52 sont entrés en collision à 10 000 mètres au-dessus de la côte espagnole de la Méditerranée, près de la ville de Palomares. D'après Randy Mayhew, qui a participé aux efforts pour récupérer deux armes nucléaires intactes, « *la collision a tué les 4 membres d'équipage de l'avion ravitailleur et trois des sept personnes à bord du bombardier. Quatre armes thermonucléaires sont tombées de l'avion ; deux ont frappé le sol à haute vitesse, l'explosif non nucléaire a explosé et des centaines d'hectares de terres agricoles ont été contaminées par de la poussière de plutonium. Le parachute de la troisième bombe s'est ouvert et l'arme nucléaire a été récupérée presque intacte à l'endroit où elle était tombée. La quatrième bombe qui était tombée dans l'eau a finalement été localisée à l'aide d'un véhicule sous-marin et remontée intacte, ce qui a coûté quelque 50 millions de dollars*[46] ».

Les conséquences radiologiques de l'accident de Palomares sont détaillées dans le rapport du Comité des Nations unies sur les effets des radiations atomiques de 1993[47]. Le nuage a contaminé 2,26 kilomètres carrés de terres agricoles non cultivées et de zone urbaine. Dans la zone la plus contaminée, la végétation et une épaisseur de terre de 10 centimètres ont été enlevées et mises au rebut comme des déchets radioactifs. Dans les autres zones, la terre arable a été irriguée, labourée, retournée et mélangée sur une profondeur de 30 centimètres. Sur les 714 personnes examinées jusqu'en 1988, 124 présentaient une concentration de plutonium dans les urines supérieure au minimum détectable.

Le rapport du Comité des Nations unies estime que la dose effective collective reçue par inhalation de plutonium immédiatement après l'accident est d'environ 1 personne-sievert. Comme nous l'avons vu au chapitre 4, le Comité international pour la protection contre les rayonnements prend l'hypothèse de 0,04 cancer mortel par sievert. En tenant compte de la persistance du plutonium dans le sol, le Comité des Nations unies estime un total de trois personnes-sievert par ingestion de plutonium à la suite de cet accident, ce qui conduit à environ 0,1 cancer mortel. Si la densité de population avait été 100 fois plus élevée, toutes choses égales par ailleurs, cet accident aurait conduit à 10 morts. Tout en ne voulant pas minimiser les conséquences humaines et économiques d'un tel accident, nous pensons qu'il serait beaucoup plus facile de tuer 1 000 personnes dans un stade par des moyens conventionnels que de tuer 10 personnes en disséminant du plutonium.

Le plutonium étant très peu soluble dans l'eau, la contamination de réserves d'eau avec de l'oxyde de plutonium produirait une dose de radiation bien inférieure à la radiation naturelle. Un article publié par W. G. Sutcliffe, du Laboratoire de Livermore, indique que très peu de personnes seraient tuées par la dispersion d'un kilogramme de plutonium dans l'eau[48]. Cet article discute spécifiquement les risques dus à l'hypothétique dispersion par explosion de 1 kilogramme de plutonium dans une ville comme celle de Munich. Il fait l'hypothèse de 12 cancers par milligramme de plutonium inhalé. Il souligne aussi que « *la plus grosse particule de plutonium qui peut être inhalée a un diamètre de 3 microns et une masse de 0,14 millionième de milligramme* ». Une augmentation de 0,1 % de la probabilité de mourir de cancer correspond à l'inhalation de 600 particules. Pour une densité moyenne de population de 4 300 habitants par kilomètre carré, sans vent et si le nuage de poussière reste 12 heures au-dessus de la ville, on attend 120 cancers. Des estimations comparables ont été publiées en 1990[49]. L'article de Sutcliffe examine plusieurs expériences. En 1959, 200 grammes de plutonium ont été brûlés dans un désert en Australie. D'après les résultats obtenus, à 200 mètres de la source et par kilogramme de plutonium, aucune personne n'aurait inhalé plus de 0,1 microgramme de plutonium, ce qui conduirait à une augmentation de 0,1 % du risque de cancer. Au site d'essais nucléaires du Nevada, des expériences de dispersion de matériau explosif ont montré qu'une personne à 300 mètres aurait inhalé moins de 0,1 microgramme de plutonium, conduisant encore à une augmentation de la probabilité de cancer de 0,1 %.

EXPLOSIFS NUCLÉAIRES UTILISÉS COMME ARME TERRORISTE

Le 20 mars 1995, la secte Aum Shinrikyo a répandu du gaz sarin dans le métro de Tokyo. Douze personnes ont été tuées et 5 500 ont été blessées. L'enquête a montré que le groupe avait l'intention d'acquérir des armes biologiques et nucléaires. Bien que la secte Aum ait heureusement fait preuve d'une grande maladresse dans cet épisode du métro de Tokyo, ses intentions malveillantes étaient claires. On est donc en droit de penser que certains groupes utiliseraient des armes nucléaires s'ils en avaient en leur possession.

On pourrait imaginer le vol de quelques cœurs nucléaires provenant d'armes modernes démantelées, c'est-à-dire l'enceinte métallique inerte avec sa coquille de plutonium à laquelle il faudrait ajuster un système approprié d'explosif puissant pour atteindre la criticité. Un groupe qui se serait procuré du plutonium ou un cœur nucléaire pourrait sans doute plus facilement fabriquer sa propre arme nucléaire rudimentaire, du type de la bombe de Nagasaki. Il ne serait pas beaucoup plus difficile de commencer avec de l'oxyde de plutonium, puisque l'oxyde peut facilement être réduit sous forme métallique, comme cela avait été rendu public dans les années 1950 et 1960 dans le cadre du Programme Atomes au service de la paix.

Si un groupe cherche à fabriquer une arme, il lui faudra franchir toutes les étapes depuis la conception jusqu'à la réalisation. Les nombreuses tentatives du Projet Manhattan sont décrites en détail dans un livre dont l'écriture a bénéficié de l'accès aux archives et aux personnes du laboratoire de Los Alamos[50]. Le livre traite surtout des moyens de fabriquer la bombe plutôt que de se procurer les matériaux fissiles, et il introduit les diverses méthodes d'enrichissement de l'uranium. Il lui faudra ensuite franchir de nombreuses étapes comme choisir le type de bombe (à rapprochement ou à implosion), usiner les matériaux pour qu'ils aient une forme adéquate, obtenir les détonateurs appropriés et encore mettre au point le système de déclenchement avec des neutrons.

Le détournement d'une arme nucléaire est une chose, la capacité de la faire exploser en est une autre. Plusieurs systèmes étroitement intégrés dans l'arme assurent qu'elle ne peut exploser à moins qu'elle ait reçu la séquence spécifique de signaux appropriés. Par exemple, un projectile d'artillerie doit d'abord subir l'énorme accélération dans le canon puis une légère décélération. La tête d'un missile balistique intercontinental nécessite une accélération soutenue et un gain en vitesse puis une longue période de chute libre avant qu'elle puisse être armée et prête à exploser. En outre les armes modernes sont équipées d'un dispositif de contrôle gouvernemental, un système de sécurité empêchant le déclenchement non autorisé, intégré à la tête nucléaire : la tête nucléaire ne peut pas exploser si elle ne reçoit pas le code correct. On ne sait pas dans quelle mesure les armes des autres pays sont équipées de systèmes aussi performants qui augmentent la sécurité des armes et empêchent leur lancement non autorisé. Le dispositif de contrôle gouvernemental n'a pas été conçu avec la spécification de pouvoir empêcher indéfiniment un pays compétent en armes nucléaires de faire exploser une arme volée. Il pourrait sans doute y arriver au bout de quelques jours. En revanche il serait presque impossible pour un petit groupe de venir à bout de ce système.

Enfin, une arme fabriquée par un groupe terroriste ne serait probablement pas sûre en un point : son explosion non prévue pourrait donner une puissance significative même s'il y avait un seul détonateur. Si cela est un sérieux défaut pour une arme destinée à faire partie d'un arsenal militaire, qui ne doit donc jamais être suspectée de détonation accidentelle, cela ne serait pas si grave pour une arme fabriquée par un groupe terroriste.

Il n'est malgré tout pas si facile de fabriquer une arme nucléaire : cela peut être fait mais sans avoir d'assurance sur la date à laquelle l'arme sera prête ni sur sa puissance.

PROTECTION CONTRE LE TERRORISME NUCLÉAIRE

Les moyens de lutte contre la prolifération nucléaire fonctionnent aussi contre le terrorisme nucléaire. Ils consistent à dénier le savoir-faire et les matériaux fissiles. Cependant, comme nous l'avons déjà souligné, le déni du savoir-faire devient de moins en moins efficace au fur et à mesure que le temps passe. De nouvelles informations deviennent disponibles et les anciennes sont encore valables. La chronologie des informations officiellement diffusées sur les armes nucléaires a été fournie par le Bureau de la déclassification du département d'État à l'Énergie et est accessible sur Internet[51]. On y trouve par exemple dans le 4e élément déclassifié en 1977 « *qu'on a utilisé du plutonium civil pour procéder à un essai nucléaire* » qui « *a réussi à produire une puissance nucléaire* », et que « *le département d'État à l'Énergie a annoncé le 27 janvier 1994 que cela s'était produit en 1962 et que la puissance était inférieure à 20 kilotonnes* ».

Un ordinateur personnel permet maintenant de faire très facilement les longs calculs qui étaient autrefois effectués à la main ou avec des calculatrices électromécaniques en 1943 ou 1944. La puissance de calcul est maintenant des millions de fois supérieure à ce qu'elle était à l'époque, et des millions de personnes y ont accès. La restriction de l'accès aux matériaux fissiles est donc plus importante que jamais puisque c'est le principal et réel obstacle à l'acquisition d'armes nucléaires. La situation se complique puisque le plutonium est passé de l'état de matériau de grande valeur et protégé par tous les moyens contre le vol à celui de déchet au sens où le coût de son usage est supérieur à celui de sa mise au rebut, sauf pour les fabricants d'armes nucléaires.

La Convention sur la protection physique des matières nucléaires[52] a été élaborée par l'Agence internationale de l'énergie atomique dans le but d'empêcher la prolifération des matières nucléaires pouvant être utilisées pour la fabrication d'armes nucléaires et le terrorisme nucléaire : *« Aux termes de la convention, les États parties sont tenus d'assurer la protection les matières nucléaires employées à des fins pacifiques en cours de transport international et en cours d'utilisation, de stockage et de transport sur le territoire national sur les niveaux de protection convenus à l'échelle internationale. Les États parties s'engagent à autoriser ni l'importation ni l'exportation de ces matières que s'ils ont reçu les assurances requises. De plus, la convention établit un cadre de coopération internationale conformément à la législation nationale de chaque pays concernant le transport et le stockage de matières nucléaires, y compris des mesures efficaces appropriées pour garantir la prévention, la détection et l'imposition de peines liées à la prise et à l'utilisation non autorisées de matières nucléaires*[53]. »

La convention a été signée le 2 mars 1980. Un amendement du 8 juillet 2005 étend la portée de cette convention à l'usage national des matières nucléaires et à la protection contre le sabotage des installations nucléaires. Il met en avant la responsabilité première des États en matière de protection des matières et installations nucléaires et exige que chaque État mette en œuvre un système de protection physique qui réponde à des critères minimaux.

Nous pensons que cette convention et cet amendement sont des instruments dont la nécessité devient chaque jour plus évidente. Ils devraient être ratifiés par les États qui ne l'ont pas encore fait, dans un délai de quelques mois et non pas de plusieurs années comme c'est habituellement le cas.

Nous avons mentionné ci-dessus l'Initiative de protection contre la menace nucléaire, un projet privé initié par Ted Turner et Sam Nunn. Nous citons ci-dessous des extraits du témoignage de Rose Gottemoeller devant un comité de la Chambre des représentants des États-Unis le 28 juin 2005. Rose Gottemoeller est une spécialiste des questions de non-prolifération et de la Russie. Elle a dirigé le Bureau de la non-prolifération et de la sécurité nationale des États-Unis et elle est maintenant membre de l'Institut Carnegie Endowment for International Peace. Dans son témoignage, elle fait le point de la situation actuelle, avec ses obstacles, et elle fait des propositions pour renforcer l'Initiative mondiale de réduction de la menace, un des éléments de l'effort indispensable pour protéger les matières fissiles de tout accès non autorisé :

« Les matières fissiles (y compris les quantités présentes auprès des réacteurs de recherche et les très nombreuses sources radioactives très intenses utilisées en thérapie) posent une menace particulière quand elles se trouvent dans des installations vastes, dont certaines sont situées dans des pays politiquement troublés ou même instables. Dans une étude récente, un groupe de chercheurs de la Rand Corporation a mis en lumière la façon dont Aum Shinrikyo et Al Qaeda, deux groupes terroristes très dispersés, avaient beaucoup travaillé pendant les années 1990 pour acquérir des matériaux nucléaires pour des armes. Même s'ils ont finalement échoué durant cette période, il ne fait pas de doute que leur ambition n'a pas fléchi.

« C'est le croisement entre un intérêt reconnu des terroristes pour acquérir des matériaux pour faire des bombes et l'existence de petites cachettes pour ces matériaux dans des installations très dispersées dans le monde entier qui a conduit à la création de l'Initiative mondiale de réduction de la menace mise en place par le département d'État à l'Énergie. Alors que des États peuvent être dissuadés d'utiliser des armes nucléaires par peur de représailles, des terroristes qui n'ont ni territoire, ni peuple, ni projet national à protéger, ne pourraient peut-être pas être dissuadés. L'acquisition d'armes nucléaires par des terroristes représente la plus grande menace nucléaire. Et le danger le plus grand provient de l'accès de terroristes à des matières fissiles, parce que l'acquisition de matière fissile est le défi le plus difficile pour un groupe terroriste.

« Les États dénommés "voyous" ne sont pas la source la plus vraisemblable. Leurs arsenaux sont petits et donc bien gardés. Ils ne sont pas susceptibles de laisser partir ce qu'ils considèrent comme les joyaux de la couronne en matière de sécurité. Les sources seraient plutôt les aires de stockage dans les États de l'ex-Union soviétique et au Pakistan, et dans les ressources de matières fissiles qui se trouvent dans des dizaines de sites civils dans le monde entier. [...]

« Nous nous réjouissons que quinze ans après la dissolution de l'Union soviétique, les États-Unis et la Fédération de Russie essaient conjointement de résoudre les problèmes posés par ce dangereux héritage de la guerre froide. Cet effort a démarré dans les années 1990, avec les efforts pour ramener les stocks d'uranium hautement enrichi d'installations situées dans les États de l'ex-Union soviétique vers des endroits sécurisés. Le premier projet, le Projet Sapphire, mené conjointement par les États-Unis, le Kazakhstan et la Russie, a réussi à ramener en lieu sûr 581 kilogrammes d'uranium hautement enrichi du Kazakhstan, qui doivent éventuellement être stockés aux États-Unis. [...]

« À partir de l'expérience du Projet Sapphire, je recommande la formation de groupes "tiger teams".

« Le concept du "tiger team" est né d'un manque [de mécanisme existant], pendant l'été de 1994, lorsque le gouvernement a découvert le matériau Sapphire mentionné ci-dessus, 581 kilogrammes d'uranium hautement enrichi, quantité suffisante pour produire 20 à 25 bombes. Ce matériau avait été abandonné dans une installation éloignée au Kazakhstan. [...] Il est à porter au crédit des responsables du Kazakhstan d'avoir demandé de toute urgence l'aide des États-Unis pour déménager ce matériau et le mettre en lieu sûr. L'hiver serait vite arrivé. Ils craignaient que si l'uranium hautement enrichi n'était pas retiré avant les chutes de neige, il disparaîtrait, volé, ou vendu sur le marché noir avant le printemps. Les États-Unis, travaillant en coopération avec le Kazakhstan et la Fédération de Russie, avaient trois mois pour faire le travail.

« À cause de l'urgence de la situation, les États-Unis ont formé un groupe d'officiels du gouvernement et de personnels des laboratoires, qui regroupaient une expertise importante pour résoudre les problèmes et dépasser les barrières bureaucratiques dans leurs administrations. On leur a demandé un travail précis et fixé une date limite claire : tout l'uranium hautement enrichi devait avoir été transporté en dehors du Kazakhstan avant la fin de novembre 1994. On leur a aussi donné l'autorité d'allouer des financements au nom de leur administration et fourni des lignes directes de communication avec un groupe interagences qui était basé au Conseil pour la Sécurité nationale et qui pouvait les aider à passer rapidement les barrages.

« Cette équipe a été capable de résoudre rapidement une myriade de problèmes, des détails techniques sur le terrain au Kazakhstan (le type de conteneurs qui devraient être utilisés pour le transport, comment faire atterrir l'avion de transport) ainsi que des questions légales aux États-Unis. Ils ont aussi été impliqués dans une diplomatie à plusieurs niveaux où sont intervenus des experts techniques kazakhs, ainsi que des hauts responsables à Almaty, à Moscou et à Washington. Leur capacité à prendre des bonnes décisions ou, s'ils ne pouvaient pas, à remonter rapidement jusqu'au plus haut niveau, a été un facteur crucial dans la réussite à temps de cette opération.

« Je voudrais insister sur le rôle de liens actifs avec les hauts responsables, car cela a été le facteur le plus important dans le succès du "tiger team". Il n'est pas réaliste que les plus hauts responsables soient engagés dans le quotidien de la mise en œuvre d'un programme. Ils ont trop de responsabilités pour prêter attention à tous les détails qu'une telle entreprise met en jeu. Cependant, ceux qui en ont la charge doivent savoir qu'ils peuvent en référer en haut lieu au moment où ils en ont besoin pour des ques-

tions qu'ils ne peuvent pas résoudre autrement. Avoir un programme auquel le gouvernement donne la plus grande priorité, avec des échéances bien prévues, aide à établir ces liens. Par ailleurs, un groupe interagencces cohérent, faisant partie du Conseil de la Sécurité nationale, se réunissant à intervalles réguliers, contribue à cimenter cette équipe.

« Nous ne savons pas le nombre de sites isolés où sont entreposées des quantités d'uranium hautement enrichi et qui sont repérés par des organisations terroristes ou des pays cherchant à acquérir la bombe… Cependant, nous ne pouvons ni attendre ni prendre le moindre risque. L'urgence est la même maintenant qu'en 1994 et nous devrions adopter le modèle des "tiger teams" pour nos équipes de négociations dans le cadre de l'Initiative mondiale de réduction de la menace[54]. »

Les arsenaux démesurés hérités de la guerre froide et la prolifération des armes nucléaires à des nouveaux États ou même à des groupes subétatiques représentent les défis qui doivent être relevés si le monde ne veut pas faire l'expérience d'une explosion nucléaire, éventualité dont la probabilité augmente au fur et à mesure que les dispositions qui s'imposent ne sont pas prises. Les découvertes récentes de programmes nucléaires clandestins, d'un marché noir nucléaire aux ramifications mondiales et des tentatives de groupes terroristes d'acquérir des matériaux fissiles pour faire des bombes sont autant de signaux d'alarme auxquels les citoyens devraient exiger des réponses appropriées de la part de leurs dirigeants.

Dans une première étape, des solutions techniques existent qui permettront de gagner du temps. Nous avons indiqué que les dispositifs internationaux de contrôle des matériaux nucléaires, uranium hautement enrichi et plutonium quelle qu'en soit la source, ainsi que des installations d'enrichissement et de retraitement, doivent être renforcés. Les protocoles additionnels qui complètent le système de garanties de l'Agence internationale de l'énergie atomique doivent être mis en œuvre sans attendre. L'amendement de juillet 2005 à la Convention sur la protection physique des matières nucléaire doit entrer en vigueur dans les plus brefs délais. Les États devraient criminaliser tout commerce illicite de matériaux et technologies nucléaires.

Les stocks d'uranium hautement enrichi, en particulier en Russie, devraient être dilués le plus rapidement possible à une concentration d'uranium-235 inférieure à 20 %. Ce serait une mesure efficace, peu coûteuse et permettant de réduire à néant un danger aux conséquences potentiellement catastrophiques. Le détournement d'une quantité équivalente à 1/20 000 des stocks pourrait conduire à une explosion provoquant des centaines de milliers de morts.

Mais la réponse à long terme ne peut être que politique. Même si la diplomatie et les vérifications effectuées par l'Agence internationale de l'énergie atomique ont été efficaces pour mettre au jour et interrompre des programmes non déclarés, un système discriminatoire n'est pas stable à long terme.

Alors que les États-Unis sont le pays le plus puissant, militairement et économiquement, ils ne peuvent pas refuser aux autres pays la possession d'armes nucléaires tout en maintenant que celles-ci sont le fondement de leur propre sécurité. C'est aussi vrai pour tous les États qui comptent sur leurs armes nucléaires pour assurer leur sécurité, à moins qu'il soit très clair que cette capacité nucléaire augmente la sécurité des autres nations non nucléaires grâce à des garanties crédibles. C'est aussi vrai pour les États qui n'ont jamais signé le Traité de non-prolifération et qui ont construit un arsenal nucléaire, l'Inde, Israël et le Pakistan. Enfin, c'est aussi vrai pour les États qui comptent sur les armes nucléaires de leurs alliés pour assurer leur propre sécurité. Si ces puissances ont vraiment besoin des armes nucléaires pour leur sécurité, alors elles doivent trouver un moyen d'assurer, avec ces mêmes armes nucléaires, la sécurité de tous les autres États qui ont renoncé à leur possession.

Nous sommes plutôt de l'avis que ce ne sera qu'en réduisant fortement la dépendance dans les armes nucléaires qu'il sera possible de contraindre l'évolution des autres pays dans ce domaine.

C'est aussi la conclusion à laquelle était arrivée la commission de Canberra en 1996. L'Australie s'est beaucoup impliquée dans les discussions sur le désarmement nucléaire et a joué un rôle très actif dans les négociations sur le désarmement, en particulier sur l'interdiction des essais. Après avoir lu un livre sur un monde dénucléarisé[55] publié en 1993 par les Conférences Pugwash (dont nous reparlerons au chapitre 11), le Premier ministre australien a décidé de mettre en place une commission indépendante, la commission de Canberra sur l'élimination des armes nucléaires, dont le mandat était de proposer des étapes réalistes vers un monde dénucléarisé, en tenant compte des problèmes de maintien de la stabilité et de la sécurité pendant les périodes de transition et dans un monde dénucléarisé.

Cette commission était présidée par Richard Butler, ambassadeur d'Australie auprès des Nations unies, et composée de 17 membres parmi lesquels on trouvait Joseph Rotblat, à l'époque le président de Pugwash, le général George L. Butler qui fut jusqu'en 1992 le commandant des forces stratégiques américaines, Michel Rocard, ancien Premier ministre, Jacques-Yves Cousteau et Robert McNamara, ancien secrétaire d'État à la Défense des États-Unis. La commission a remis son rapport en août 1996[56].

Le rapport exhorte les 5 puissances nucléaires à s'engager sans équivoque sur le chemin de l'élimination des forces nucléaires et à commencer immédiatement les négociations nécessaires. Il leur demande aussi de mettre en place tout de suite des mesures unilatérales limitant les risques d'utilisation accidentelle d'armes, comme le retrait de l'état d'alerte. La déclaration finale de la Commission, adoptée à l'unanimité, est encore tout à fait d'actualité. Citons-en un extrait :

« *Les armes nucléaires présentent une menace intolérable pour l'humanité tout entière et pour l'environnement, des dizaines de milliers de ces armes, fabriquées à l'époque de la plus vive confrontation, subsistent encore dans les arsenaux. Ce temps est révolu, néanmoins on continue d'affirmer qu'elles sont utiles.*

« *Ces réalités sont évidentes, mais leurs implications ont été obscurcies. Il ne fait aucun doute que, si les peuples du monde étaient mieux avertis du danger inhérent aux armes nucléaires et des conséquences de leur emploi, ils les refuseraient et ne permettraient pas à leurs gouvernements de continuer à en détenir ou en acquérir en leur nom, même en prétendant qu'elles sont nécessaires à leur autodéfense.*

« *Les armes nucléaires sont détenues par une poignée d'États qui affirment que seules ces armes procurent la garantie de sécurité et se réservent cependant pour eux seuls le droit d'en posséder. Cette situation est hautement discriminatoire et donc instable ; elle ne saurait se poursuivre. La possession d'armes nucléaires par un État est une incitation à en acquérir pour les autres États.*

« *Le monde est confronté aux menaces de la prolifération nucléaire et du terrorisme nucléaire. Ces menaces grandissent. Elles doivent disparaître.*

« *Pour ces raisons, une vérité essentielle est que les armes nucléaires diminuent la sécurité de tous les pays. En fait, les États qui en possèdent sont devenus eux-mêmes des cibles pour les armes nucléaires.* »

Chapitre 11

DU BON USAGE DES SCIENTIFIQUES ET DES CITOYENS

Nous sommes souvent éblouis par le rythme du progrès scientifique, en physique et en astrophysique, en mathématiques, génétique, chimie, et dans bien d'autres domaines. Il se traduit pour le consommateur en biens qu'il apprécie dans sa vie personnelle, tels que les ordinateurs, les skis, les caméras et les innombrables merveilles de l'électronique et de la technologie dont les mises au point ont également bénéficié de la puissance des outils utilisés par les chercheurs. Le bourgeonnement des nouvelles industries commercialisant les innovations a permis une importante réduction des coûts. Malheureusement, ces progrès n'ont pas eu en parallèle l'impact bienfaisant que l'on est en droit d'en attendre dans les domaines de la vie en société, de la qualité de la vie, de la justice dans l'accès aux ressources libérées grâce à l'intelligence des hommes. Peut-être attendions-nous trop des vertus d'un système démocratique et libéral par un effet d'équilibrage naturel entre l'offre industrielle et la demande sociale. Les réformes sociales indispensables ne sont pas venues pour atténuer les retombées négatives du progrès qui sont destructrices, comme un chômage massif dans des régions jadis prospères ou des changements climatiques dus à une utilisation irresponsable de ressources naturelles par les pays les plus riches.

Ceux qui nous gouvernent ont rarement la compétence et les motivations pour prendre des décisions informées dans des domaines très techniques. Il est rare qu'un chef de cabinet ait de grandes connaissances en science et en technologie. Et, même compétent, un responsable a souvent les plus grandes difficultés à formuler les différentes options pour pouvoir procéder à un choix informé. Il faut pour cela qu'il soit aidé par un groupe d'experts. Il y a deux problèmes à résoudre. Le premier est que les spécialistes sont en général occupés à faire leur travail et ne sont pas disponibles pour effectuer une analyse qui peut prendre des mois ou des années. Le second est que le gouvernement, comme toute organisation, est traversé par des intérêts divergents. Enfin, il y a les choix programmatiques des bureaucraties, la nature conservatrice du système qui préfère des changements marginaux à la perspective d'un changement radical, ainsi que les intérêts des spécialistes dans une certaine technologie. Il est souvent arrivé que le choix d'un type de navire, avion ou armement soit dicté par le fait que la technologie employée fascinait ceux qui voulaient y travailler, et cela a pu suffire à l'emporter sur leur jugement et même, dans certains cas, sur leurs scrupules. Les progrès dans la science et la technologie sont nécessaires à long terme. Cependant, s'il est possible de satisfaire aux besoins de la société de façon moins coûteuse et avec les technologies connues, c'est rendre un bien mauvais service de conseiller de nouvelles recherches plutôt que d'adopter les solutions existantes.

Nous avons mentionné au chapitre 6 un sondage récent indiquant clairement que le public français souhaite être davantage impliqué dans le processus de décision, ce qui pourrait être révélateur de certains grippages dans les rouages de la démocratie dans ce pays. En effet, tous les bureaucrates du monde tendent, instinctivement, à garder l'information à l'abri du public qui pourrait, après tout, arriver à des conclusions différentes de celles préconisées par le gouvernement. Et quand la loi oblige à fournir cette information, celle-ci arrive souvent trop tard pour que les projets soient modifiés. C'est le cas pour de nombreux organismes. Aux États-Unis, la loi sur la liberté d'information (*Freedom of Information Act*, qui existe depuis 1966) exige que les réponses soient données en temps utile aux demandes d'enquêtes du public. La Suède est un autre pays disposant d'une loi équivalente. Mais il semble que la politique de l'Administration du président G. W. Bush soit de retarder ces enquêtes, ou même de les refuser.

Nous avons été très intéressés de lire des commentaires sur ces questions par Robert Dautray, qui a assuré de hautes responsabilités dans l'establishment français, en particulier en tant que haut-commissaire au Commissariat à l'énergie atomique et qui a fait des contributions majeures au programme nucléaire français dans les domaines civil et des armes thermonucléaires. Dans un livre original et très informé, intitulé *Quelles énergies pour demain ?*, il écrit : « *Chaque organisation, chaque institut, chaque industrie, chaque administration, chaque promoteur, chaque association, chaque organisation non gouvernementale, chaque pays, chaque organisme international, etc., concerné par l'énergie, soumis aux conflits de pouvoir, aux incertitudes de toutes catégories, aux accords antérieurs, aux calendriers, à ses partenaires intérieurs et exté-*

rieurs, poursuit ses propres buts au premier rang desquels se trouve sa survie. Les idées centrales de cet ouvrage sont donc qu'il faudrait : mettre le citoyen au centre du système énergétique, non pas en disant qu'on fait au mieux pour lui, mais en lui confiant les véritables clés du pouvoir. [...] Ne jamais acculer le citoyen à une seule solution, mais toujours chercher plusieurs solutions et lui laisser le choix[1]. »

Enfin, toutes les discussions sur les nuisances de l'industrie électronucléaire ne doivent pas nous détourner de l'urgence absolue d'une gestion rationnelle des 30 000 bombes atomiques que nous ont laissées des dizaines d'années de guerre froide entre les deux blocs. Il est vain de discuter pour savoir si Tchernobyl fera 30 000 victimes en quarante ans ou le double, quand des milliers d'engins nucléaires destinés à tuer avec le maximum d'efficacité des dizaines ou des centaines de millions de personnes restent en position de déclenchement rapide et peuvent ainsi donner lieu à des accidents autrement plus redoutables. Sommes-nous capables de nous occuper de ce risque majeur d'annihilation, dont l'horizon n'est pas à des millions d'années mais se compte plutôt en mois ou années ?

Nous espérons que ce livre aidera les citoyens à acquérir la compréhension nécessaire pour identifier et rejeter les programmes injustifiés en matière d'armes nucléaires et d'énergie nucléaire.

Ni Cassandre ni Pangloss

Les grandes révolutions technologiques et les changements notables dans nos paysages familiers ont parfois fait l'objet de critiques dont le moins que l'on puisse dire *a posteriori* est qu'elles étaient exagérées ou hors de propos. Dans d'autres cas, on est étonné que certains projets aient pu être recommandés par des personnes sensées. Les deux exemples qui suivent sont symptomatiques de chacun des ces extrêmes.

Les débuts du chemin de fer

Rien n'illustre mieux le premier cas que la façon dont furent accueillis les chemins de fer au siècle dernier[2]. Citons cette affirmation du Collège des médecins bavarois effrayés par la vitesse des trains (50 km/h) : « *La rapidité du mouvement doit endommager le cerveau des passagers, engendrer un genre de "Delirium Furiosum". Si les passagers sont déterminés à affronter ce danger, l'État doit, à tout le moins, protéger ceux qui regarderaient passer ces trains,*

L'avenir est dangereux mais pas forcément sombre !

car ils seraient atteints du même mal. Il faut donc dresser une haute palissade de part et d'autre de la voie. »

Un certain professeur Kips, de l'Université d'Erlangen (Bavière), s'en prit aux chemins de fer en dénonçant leurs effets sur l'élevage des chevaux. Il soutenait que l'armée n'aurait plus de cavalerie ou d'artillerie. En cas d'invasion de la Bavière par la cavalerie ennemie, l'armée ne pourrait opposer une résistance sérieuse, sauf à importer à prix d'or des chevaux étrangers. Il ne manquait à ces arguments bouffons qu'une docte étude sur l'élevage des vaches dont tout le monde sait qu'elles ne peuvent résister à l'envie de regarder passer les trains, ce qui les empêche de brouter et risque donc de priver de lait les petits enfants. L'ouvrage savoureux qui nous donne ces informations nous indique aussi que le lobby naissant des chemins de fer se porta acquéreur des pamphlets qui fleurissaient pour les brûler, afin qu'ils n'influencent pas les populations.

Mais ne croyez surtout pas que ces fleurons d'écologie visionnaire ne pouvaient se trouver qu'en Bavière. Le peuple le plus intelligent de la terre (les Français) en commit évidemment sa part. Le grand savant Arago, physicien renommé, membre de l'Académie des sciences, était totalement hostile aux voies ferrées. Il voyait dans les tunnels ou passages souterrains une cause imminente de maladies pour les voyageurs, fluxions de poitrine, pleurésies, bronchites, rhumes, catarrhes et autres, provoqués par la fraîcheur des souterrains immédiatement après les ardeurs solaires du plein air. Et pour noircir davantage le tableau, il décrivait à la tribune les effroyables périls qui attendaient les voyageurs si la chaudière venait à exploser dans l'étroite galerie et les ténèbres d'un tunnel[3].

Et pourtant, Arago avait raison ! Nous lisons, avouons-le avec indifférence lorsque l'information provient de pays lointains, les récits d'effroyables accidents de chemin de fer faisant des centaines de victimes. Dans le monde, chaque année, des centaines de voyageurs sont tués à cause de défaillances du matériel ou de négligences humaines. Et pourtant, personne ne songe à demander la fermeture des chemins de fer. Et pour cause ! Les bienfaits qu'ils apportent sont innombrables et évidents, tandis que leurs dangers sont négligeables comparés aux hécatombes produites par l'automobile : 8 000 morts et 100 000 blessés par an pour la France seulement, et 35 000 morts par an aux États-Unis.

Nos descendants vivront peut-être des incidents ou des accidents nucléaires. Tant qu'ils continueront à profiter de l'électricité nucléaire, ils n'auront pas d'autre alternative que de faire une chasse impitoyable à tout ce qui peut altérer la sécurité de son usage, comme nous le faisons en permanence pour les chemins de fer.

Il est certes bon de s'opposer à un développement anarchique des technologies faisant fi des conséquences à long terme, mais une connaissance exacte des faits est nécessaire. Et pour cela, les scientifiques qui ont consacré leur vie à l'étude de ces questions sont très utiles pour donner les informations aux citoyens et aux responsables qui, de l'endroit où ils se placent, doivent disposer des éléments nécessaires pour se faire leur propre jugement. Les scientifiques peuvent ne pas être tous d'accord pour des raisons de fond, et ces controverses sont souvent une base très utile pour un choix informé de la société, comme le montre l'exemple des différentes options pour le cycle du combustible discuté au chapitre 5. Elles ont d'ailleurs tendance à diminuer grandement au fur et à mesure que les connaissances progressent, comme c'est le cas, par exemple, pour les méfaits causés par l'augmentation de la concentration atmosphérique en gaz à effet de serre qui conduira à des changements climatiques dont les conséquences seront très majoritairement néfastes sur l'ensemble de la planète.

LES EXPLOSIONS NUCLÉAIRES PACIFIQUES

À l'autre extrême, les explosions nucléaires dites « pacifiques » sont un exemple bien réel de projets qui auraient dû être rejetés beaucoup plus tôt si une information plus complète avait pu être disponible grâce à des analyses indépendantes. En outre, ces explosions ont été une pierre d'achoppement sur le chemin de la maîtrise des armements nucléaires. Elles avaient reçu le soutien de quelques-uns qui, faisant semblant d'être favorables aux usages pacifiques, voulaient en réalité faire obstacle à la mise en œuvre du Traité d'interdiction complète des essais nucléaires qui empêcherait les progrès dans la mise au point de nouvelles armes nucléaires, comme cela a été expliqué au chapitre 9.

Le rôle du scientifique ou du technicien n'est pas de décider, mais de fournir des informations qui permettront une décision ; de tels choix dépendent non seulement des risques, des coûts et des bénéfices d'un programme particulier, mais aussi de ce que l'on appelle le coût d'opportunité, qui représente la perte de bénéfices que l'on aurait tirés d'autres programmes qui n'ont pas pu être financés parce que les ressources nécessaires ont été consommées par le programme en question. Il arrive souvent que les responsables continuent à croire dans les promesses de certaines technologies alors que des analyses scientifiques compétentes ont conclu le contraire.

Les savants soviétiques ont procédé, dans le passé, à de nombreuses explosions nucléaires afin de pulvériser des roches énormes hors de portée des explosifs chimiques, d'ailleurs beaucoup plus coûteux. Un État qui maîtrise la technologie des armes thermonucléaires peut aisément réaliser des explosions d'une puissance équivalente à 10 millions de tonnes de dynamite. D'après les scientifiques russes, l'énergie du pétrole qu'on peut extraire grâce à ces méthodes est 5 à 7 fois supérieure à celle de l'explosion nucléaire. De nombreuses (environ

150) explosions nucléaires en Union soviétique ont servi à stimuler, à un niveau expérimental, les puits de pétrole ou de gaz, à creuser des cavités souterraines pour le stockage de composants de pétrole ou pour servir de décharge pour des déchets très toxiques.

De grands projets continuent d'être proposés. L'un des plus récents émane des laboratoires d'armes nucléaires russes. Un projet audacieux[4] est de construire une énorme enceinte en acier, qui nécessiterait l'équivalent de la production annuelle russe d'acier, pour confiner des explosions thermonucléaires de puissance modeste, 20 à 50 kilotonnes. L'essentiel de l'énergie serait produite par la fusion nucléaire du deutérium qui existe en quantité quasiment illimitée dans les océans. La contribution en déchets nucléaires, produits de fission ou plutonium, serait 400 fois plus faible que celle d'un réacteur nucléaire classique fournissant la même énergie. Cela présenterait l'avantage d'une extension sérieuse des réserves utilisables dans les minerais d'uranium. Malgré les efforts des auteurs de ce projet pour présenter des solutions ingénieuses avec des fontaines de sodium liquide qui protégeraient le malheureux conteneur, ce projet monstrueux n'a finalement pas été pris en considération.

Au milieu des années 1990, ce fut le tour des Chinois d'envisager de produire de l'électricité grâce à des explosions nucléaires[5]. Ils prétendaient qu'avec de faibles explosions, équivalentes à une puissance de l'ordre de 10 à 100 kilotonnes, comme les bombes thermonucléaires classiques, on peut brûler de l'uranium-238 et du thorium-232, et accéder à des ressources 100 fois supérieures à ce que permettent les réacteurs ordinaires qui ne brûlent que de l'uranium-235. Dans ces explosions souterraines, on peut faire en sorte que les réactions thermonucléaires produisent 90 %, et même 99 %, de l'énergie nucléaire disponible. D'après les auteurs de ces projets, il ne resterait que quelques modestes problèmes technologiques à résoudre. Bien sûr ce n'était pas une idée nouvelle, mais c'était la première fois qu'elle était prise au sérieux par les Chinois.

Les Chinois ont échafaudé des plans pour transférer d'énormes quantités d'eau de la rivière Yaluzangbu aux régions du nord-ouest de la Chine, qui abrite 47 % de la population chinoise et ne contient que 7 % de ses ressources hydrauliques. Les projets titanesques qui sont élaborés restent hors de portée des explosifs chimiques. Bien entendu, le problème de la radioactivité a été évoqué, d'autant plus qu'elle risque de toucher des ressources en eau. Ces experts pensent, à juste titre, que les explosifs nucléaires à vocation pacifique peuvent être rendus moins polluants que ceux des armements, car ils n'ont pas les mêmes contraintes de poids et, dans certains cas, de taille. C'est ainsi que l'on peut protéger le sol des neutrons avec des boucliers judicieux. Néanmoins, le plutonium résiduel et la radioactivité des produits de fission sont des problèmes très sérieux à prendre en compte dans toute analyse des explosions nucléaires pacifiques.

Les États-Unis ont aussi eu leur part dans ces projets dont on a du mal à imaginer qu'ils puissent cohabiter avec des mesures de prévention de la prolifération nucléaire. L'utilisation d'explosions nucléaires pour produire de l'électricité avait été proposée aux États-Unis au cours des décennies (principalement les années 1960) où ceux-ci conduisaient aussi un important programme d'explosions nucléaires pacifiques. Ce programme avait précédé le programme soviétique et était de moindre taille. En particulier, le projet Pacer de Los Alamos avait pour objet de produire de l'électricité en procédant à des explosions thermonucléaires dans des cavités souterraines remplies de vapeur à haute pression. Il était prévu de faire exploser chaque jour une bombe de 60 kilotonnes pour maintenir la vapeur à haute température et l'électricité serait produite par une turbine à vapeur classique. La chaleur de l'explosion servait tout simplement à produire l'équivalent d'une journée de chaleur générée par un réacteur commercial typique.

En 1975, l'un des auteurs (Garwin) a participé à un comité d'experts auprès du gouvernement américain pour étudier les explosions nucléaires pacifiques et le projet Pacer en particulier. Bien que certains aient affirmé que ce projet était une façon moins coûteuse de produire de l'énergie nucléaire que les réacteurs (dont la technologie était alors maîtrisée), une comparaison avec les centrales nucléaires classiques a prouvé le contraire. En outre, la taille du programme pour la fabrication des explosifs nucléaires et leur transport était inimaginable. La puissance explosive de chaque bombe de 60 kilotonnes est environ 4 fois supérieure à celles qui ont détruit Hiroshima et Nagasaki. Pour remplacer chacun des 100 réacteurs en activité aux États-Unis, il aurait fallu 365 explosions par an, c'est-à-dire un total de 36 500 explosions. Il est incroyable qu'on ait pu considérer une technologie de ce type, alors que trouver des méthodes satisfaisantes pour gérer les déchets nucléaires et réduire le nombre d'armes nucléaires est encore l'objet d'efforts importants.

Aux États-Unis, une évaluation économique des explosions nucléaires pacifiques avait montré que les coûts dépassaient les bénéfices. Par ailleurs, un programme d'explosions nucléaires pacifiques est incompatible avec une interdiction totale des essais d'armes nucléaires. Dans des cas comme celui-là, nous pensons que les premières analyses critiques devraient venir de ceux qui sont directement impliqués : les laboratoires d'armes nucléaires devraient eux-mêmes financer des études indépendantes sur ces questions, ainsi que sur les contributions potentielles d'autres techniques pour la production d'électricité. Les décisions du gouvernement pourraient ensuite profiter de ces études.

En juin 1996, à la Conférence du désarmement à Genève, les Chinois se sont engagés, comme les Français et les Américains une année plus tôt, à interrompre leurs essais nucléaires après le 29 juillet 1996 et à signer le Traité d'interdiction complète des essais nucléaires qui abolit toutes les explosions nucléaires, y compris celles dites « pacifiques ». De façon à ne pas définitivement interdire la possibilité de bénéfices économiques provenant d'explosions pacifiques, il est prévu que, dix ans après l'entrée en vigueur de ce traité, la question de savoir si ces explosions devraient être à nouveau permises ou bannies à jamais sera examinée. Les explosions ne seraient alors permises que s'il y a consensus entre tous les États parties au traité. Nous rappelons que ce traité entrera en vigueur seulement lorsque les 44 pays possédant des réacteurs nucléaires l'auront ratifié.

Les pièges sur le chemin des décideurs : les groupes de pression

Dans son discours d'adieu, le 17 janvier 1961, le président Eisenhower avait mis en garde contre les dangers du « complexe militaro-industriel » dans les termes suivants :

« Notre organisation militaire n'a que très peu de choses en commun avec ce qu'ont connu mes prédécesseurs en temps de paix, ni même les combattants de la Seconde Guerre mondiale ou de Corée.

« Avant le dernier des conflits mondiaux, les États-Unis n'avaient pas d'industrie d'armements. Les fabricants de charrues pouvaient, avec du temps et quand on le leur demandait, fabriquer aussi des épées. Maintenant nous ne pouvons plus nous permettre le risque de l'improvisation dans l'urgence en matière de défense nationale ; nous avons été contraints de mettre en place une industrie d'armement permanente et d'une grande ampleur. En outre, trois millions et demi d'hommes et de femmes sont directement engagés dans l'establishment de défense. Nous dépensons chaque année pour la sécurité militaire un budget supérieur au bénéfice net de l'ensemble des entreprises des États-Unis.

« Cette conjonction d'un immense establishment militaire et d'une importante industrie d'armement est une nouveauté dans l'histoire des États-Unis. Son influence, économique, politique, et même spirituelle, est ressentie dans chaque ville, chaque organisme étatique, chaque bureau du gouvernement fédéral. Nous reconnaissons le besoin impérieux d'une telle évolution. Mais nous ne devons manquer d'en comprendre les graves implications. Notre labeur, nos ressources et notre mode de vie sont tous concernés ; tout comme la structure même de notre société.

« Dans les comités consultatifs du gouvernement, nous devons prendre garde à l'acquisition d'une influence illégitime, qu'elle soit recherchée ou non, par le complexe militaro-industriel. La possibilité existe, et elle persis-

tera, que cette puissance connaisse un accroissement injustifié, dans des proportions désastreuses.

« Nous ne devrons jamais laisser le poids de cette conjonction menacer nos libertés ou les processus démocratiques. Nous ne devons rien considérer comme acquis. Seules une vigilance et une conscience citoyennes peuvent garantir l'équilibre entre l'influence de la gigantesque machinerie industrielle et militaire de défense et nos méthodes et nos buts pacifiques, de sorte que la sécurité et la liberté puissent croître de pair. »

Nous pensons que la situation actuelle est plus dangereuse qu'à l'époque d'Eisenhower, en partie à cause de la croissance énorme du nombre et du pouvoir des groupes de pression, et à cause de l'attitude de plus en plus répandue consistant à subordonner les faits aux objectifs. Le concept de « honte » semble avoir disparu de la vie publique et les gouvernements ont tendance à être adeptes de la rétention d'information. Beaucoup de responsables pensent que la politique électorale, que ce soit pour les élections parlementaires ou présidentielles, domine les processus de décision publique.

Cependant, certaines actions du gouvernement peuvent être empêchées par la pression du public, sans se préoccuper du fait que les programmes gouvernementaux pouvaient ralentir et leur coût augmenter avec des répercussions négatives sur les finances publiques. Le département d'État à la Défense américain a rencontré de grandes difficultés pour fermer des bases, des dépôts ou autres installations qui n'étaient plus nécessaires. Ceux qui y travaillaient, ainsi que les communes locales qui en bénéficiaient financièrement, se sont tournés instinctivement vers leurs représentants au Congrès, bloquant ainsi des milliards de dollars d'économie. Il y a quelques années, le Congrès et le Président avaient mis en place une commission chargée d'étudier la fermeture de certaines bases et d'en dresser la liste. Le Congrès devait voter à partir de cette liste, mais ne pouvait pas la modifier. Un certain nombre de bases ont été fermées, avec souvent des bénéfices financiers pour les communautés locales, jusqu'à ce que le président Clinton, durant sa campagne présidentielle, décide de faire des exceptions pour deux bases situées en Californie. Les règles ayant ainsi été transgressées, le Congrès ne s'est plus senti obligé de respecter ses engagements. En mai 2005, le département d'État à la Défense a établi une liste supplémentaire de bases qui devraient être fermées, et on s'attend aux protestations et pressions de la part de ceux qui risquent d'être touchés.

Le même genre de manipulations a permis que le site d'expérimentations nucléaires du Nevada et les deux laboratoires d'armes nucléaires, le Laboratoire national Lawrence Livermore en Californie et le Laboratoire national de Los Alamos, au Nouveau-Mexique, restent à un niveau d'activité qui n'est sans doute pas optimum ni pour la sécurité nationale des États-Unis, ni pour la sécurité internationale en général.

Il n'y a aucune raison de vouloir conserver des activités coûteuses financées par les deniers publics lorsqu'elles ne sont plus utiles depuis longtemps et ne répondent plus à leur finalité première. C'est aux hommes politiques de faire en sorte que les mutations essentielles ne se traduisent pas par un chômage qui ne puisse être épongé par des activités nouvelles. Cela demande beaucoup d'imagination et de volonté politique.

Nous avons un besoin urgent d'hommes d'État lucides disposant d'experts scientifiques indépendants

Si un scientifique a droit à l'erreur, un collège de scientifiques, désigné par une académie, a moins de chances de se tromper qu'un comité d'hommes dociles conseillés par des experts cooptés et représentant les intérêts de groupes étroits. Un gouvernement devrait même disposer des conseils de plusieurs comités d'experts totalement indépendants n'ayant aucun enjeu financier ou idéologique dans les problèmes qui leur sont soumis. Cependant, il est souvent difficile de rassembler un groupe de personnes à la fois indépendantes et expertes : les experts ont souvent tendance à ne pas être vraiment indépendants, et les indépendants à manquer d'expertise sur le sujet étudié. Il nous semble qu'un bon compromis serait d'allier indépendance et une compétence réelle même si c'est dans un domaine différent de la question traitée. Nous en donnerons par la suite quelques exemples dans les domaines de l'énergie nucléaire et des armes nucléaires.

Cependant, les scientifiques peuvent aussi être emportés par une ferveur patriotique. Bien qu'il se soit par la suite, au péril de sa vie, opposé au programme nucléaire militaire de son propre pays, Andreï Sakharov était convaincu, après les explosions des bombes américaines au Japon, que l'Union soviétique devrait fabriquer ses propres armes nucléaires. Il pensait sans doute que les États-Unis ne devraient pas avoir de monopole de cette arme. Il a travaillé avec enthousiasme sur le programme d'armes nucléaires et en particulier sur la bombe à hydrogène soviétique. L'Union soviétique a consacré quelque 50 milliards de dollars par an à ce qui a finalement constitué un gâchis financier insupportable après la terrible saignée de la Seconde Guerre mondiale. L'ironie est que l'Union soviétique était une patrie inhospitalière pour ses propres savants, y compris ceux qui travaillaient sur les armes nucléaires, ainsi que Sakharov en a lui-même fait l'expérience par la suite. Staline était tellement déterminé à avoir la bombe atomique qu'il a donné la charge de ce projet à Beria, le chef de la police secrète. En 1949, au moment du premier essai, Beria avait deux listes. La première était constituée des noms des scientifiques qui recevraient la plus haute distinction, héros du travail socialiste, si l'essai était réussi, et sur l'autre liste se trouvaient les noms de ceux qui devraient être exécutés si l'essai était raté. Les noms des deux listes étaient identiques[6].

Les États-Unis ont aussi eu leur part de programmes insensés ou conduisant à des dépenses inutiles, comme par exemple le programme d'avion à propulsion nucléaire. L'une des réalisations les plus dangereuses est certainement l'énorme excédent d'armes nucléaires. Aux États-Unis, il est aussi parfois arrivé que des scientifiques aient de sérieux ennuis s'ils osaient émettre des critiques sur des projets qui avaient la faveur des autorités. Ce fut le cas pour J. Robert Oppenheimer, un homme brillant qui a dirigé le laboratoire de Los Alamos depuis sa création jusqu'à la fin du Projet Manhattan, et qui avait donc eu accès à tous les secrets les mieux gardés de la nation. Pour s'être opposé au projet de la superbombe à la fin des années 1940, Oppenheimer fut accusé d'être un communiste, ce qui ne fut d'ailleurs jamais prouvé, et il tomba en disgrâce.

En France, le 28 avril 1950, Frédéric Joliot-Curie, prix Nobel de physique, haut-commissaire au Commissariat à l'énergie atomique, est révoqué pour son opposition à la mise au point des armes nucléaires.

Depuis la fin de la Seconde Guerre mondiale, les États-Unis disposent d'un outil exceptionnel, moins utilisé dans les autres pays : il s'agit de la compétence au service de la société des scientifiques et ingénieurs qui avaient contribué aux grands projets de l'effort de guerre, comme le développement des radars au Laboratoire de radiations de l'Institut de technologie du Massachusetts et le Projet Manhattan pour le développement des armes nucléaires. Cette mobilisation avait aussi eu lieu au Royaume-Uni, en Union soviétique et en Allemagne. Après la guerre, la plupart des scientifiques sont retournés dans leurs universités mais, dans un style typiquement américain, ils y ont mis en place des comités et organisations indépendants ou qui fonctionnaient à l'intérieur du gouvernement, afin de continuer à aider leur gouvernement et leur pays. Ceci se différencie notablement de la tradition confucéenne ou française qui veut que certaines classes de fonctionnaires aient une autorité qui n'attend de conseils de personne.

La plus ancienne de ces organisations non gouvernementales est la Fédération des scientifiques atomistes, formée par les scientifiques du Projet Manhattan en 1945 dont le but était de faire prendre conscience de la puissance destructrice des armes nucléaires et de mettre en place un contrôle approprié. Cette organisation, qui s'appelle maintenant la Fédération des scientifiques américains, est encore très active grâce à ses membres permanents. Un grand nombre d'informations et articles, qui permettent de mesurer la contribution de cette organisation, se trouvent sur son site Internet[7].

D'autres groupes se sont aussi créés pour tenter de persuader leur gouvernement de prendre certaines initiatives en termes de sécurité nationale : par exemple, la propulsion nucléaire des sous-marins et navires, ou la construction de missiles stratégiques avec des têtes nucléaires, basés au sol ou sur des sous-marins. Un autre exemple est celui où des scientifiques extérieurs au gouvernement ont vivement recommandé le développement des armements nucléaires tactiques, ce qui allait à l'encontre de la préférence des militaires qui avaient institutionnalisé l'armement nucléaire avec le Commandement stratégique aérien. Certains pensaient que ces armes moins puissantes seraient utiles pour repousser de puissantes armées ennemies, d'autres voulaient détourner les efforts de mise au point des armes anticités très puissantes qu'ils considéraient comme immorales. Les armes nucléaires tactiques ne sont peut-être intéressantes que pour un pays ayant le monopole des armes nucléaires, puisque leur usage aurait probablement été dissuadé par l'éventualité d'une riposte avec des armes nucléaires stratégiques. La plupart des armes nucléaires tactiques avaient, et ont encore, une puissance explosive du même ordre de grandeur que celle des armes nucléaires stratégiques : une arme nucléaire tactique utilisée contre une ville ou toute autre cible est une arme stratégique.

La Commission à l'énergie atomique des États-Unis, héritière du programme d'armes nucléaires, a été créée en 1946 et avait aussi la responsabilité de la production des réacteurs nucléaires pour la propulsion navale et la production d'électricité. Elle était conseillée par un comité consultatif composé de scientifiques qui n'appartenaient pas au gouvernement. À l'époque, beaucoup d'activités étaient conduites en secret. C'est moins le cas maintenant. La plupart des scientifiques éminents qui avaient participé à l'effort de guerre maintenaient des contacts avec le gouvernement, et certains programmes étaient menés dans les laboratoires nationaux et les arsenaux, alors que d'autres étaient poursuivis dans les entreprises de défense privées. Certains parmi eux ont fait partie de ce comité qui abordait les aspects politiques de ces questions techniques.

Même lorsqu'ils sont bien informés, les responsables gouvernementaux n'ont pas, dans bien des cas, le pouvoir de résister à des groupes de pression puissants. Lorsqu'il a pris ses fonctions en 1953, le président Eisenhower s'est rendu compte de la nécessité d'un nouveau mécanisme pour faire contrepoids.

Des comités consultatifs, mis en place par la Défense, comme le Groupe consultatif scientifique de l'armée, le Conseil consultatif sur la recherche de la marine et le Comité consultatif scientifique de l'armée de l'air, avaient tendance à être prisonniers de leurs commanditaires et, dans de nombreux cas, ils étaient fortement influencés par les industries auxquelles appartenaient la plupart de leurs membres. Il était évident que le Président devait avoir les conseils les plus avisés sur les programmes pour lesquels il devait prendre des décisions et allouer un budget. Ces décisions se résument souvent à des approbations de propositions émanant du Bureau du budget (maintenant devenu le Bureau de la gestion et du budget) qui a beaucoup de pouvoir et a toujours été peu disposé à solliciter des conseils extérieurs et même à réunir le Conseil consultatif, alors que ses bureaux sont dans le même bâtiment que ceux du Conseil consultatif.

Nous allons maintenant décrire avec quelques détails plusieurs comités aux États-Unis ainsi qu'une organisation internationale, dont les travaux ont conduit à des propositions novatrices et ont été reconnus pour la valeur de leurs études. Le Comité consultatif scientifique du président des États-Unis est un exemple d'institution gouvernementale regroupant des scientifiques indépendants ; le Comité sur la sécurité internationale et la maîtrise des armements de l'Académie des sciences des États-Unis est un groupe institutionnalisé dont les membres ont de fréquents contacts avec le gouvernement. Pugwash est un groupe international qui n'a aucun rang officiel ; il a été créé indépendamment de toute structure et fonctionne grâce à l'énergie, à l'intégrité et au dévouement des ses dirigeants ainsi qu'au soutien de ses membres. Enfin, certains comités, commissions ou groupes d'experts ont été créés pour traiter d'un problème particulier et ils ont été très influents et efficaces. Parmi ceux-ci, nous soulignerons le rôle de deux comités de la Société américaine de physique. Enfin, nous décrirons la vie trop brève du Collège de la prévention des risques technologiques, une exception trop rare dans le paysage français de l'expertise indépendante.

LE COMITÉ CONSULTATIF SCIENTIFIQUE DU PRÉSIDENT DES ÉTATS-UNIS – PSAC (1956-1973)

Dès sa prise de fonctions, Eisenhower a installé à la Maison Blanche le Comité consultatif scientifique du Président, chargé d'apporter une compétence scientifique et technologique au Président ; il a institué le poste de conseiller scientifique du Président qui présidait aussi ce comité. Ce comité était un organe officiel du gouvernement dont les membres, à part son président, n'étaient pas employés par le gouvernement. Très au courant de la bureaucratie et de l'establishment militaire, Eisenhower ne faisait pas confiance à l'objectivité des recommandations du Pentagone quant il s'agissait de ses propres programmes. Les dix-huit membres du comité, dont le mandat était de quatre ans, se réunissaient deux jours par mois, et les absences étaient remarquablement rares. Il y avait aussi une douzaine de groupes d'experts, de dix à quinze personnes chacun, comprenant deux ou trois membres permanents du comité et des experts recrutés parmi les meilleurs spécialistes d'un sujet particulier. Il y avait aussi des comités permanents sur l'aviation militaire, l'armement naval, l'armement anti-sous-marins, et le Comité militaire stratégique, qui étaient chargés des systèmes offensifs et défensifs, en particulier nucléaires. Ces comités se réunissaient également deux jours par mois. D'autres comités ont été créés pour des études spécifiques, comme celle sur les insecticides et les pesticides.

De nombreux conseillers scientifiques du Président ont contribué à un livre très instructif[8] publié en 1980 où ils relatent leurs expériences au sein de ces comités consultatifs, et ils recommandent que ceux-ci soient renforcés. Ils reconnaissent aussi que si les décisions doivent être prises en ayant une bonne connaissance des éléments scientifiques, dans de nombreux cas, d'autres aspects doivent aussi être pris en compte.

Toutes les réunions se tenaient en privé. La tâche des participants était d'éclairer le Président sur les questions traitées et de lui présenter les différents choix de façon aussi claire et détaillée que possible, non pas dans un but d'administration de la science, mais pour un meilleur usage de la science et de la technologie dans les projets gouvernementaux. L'influence principale de ce comité provenait de ses fréquentes discussions avec le Pentagone et les firmes, si bien que les programmes pouvaient être améliorés ou modifiés sans que cela ne nécessite de rapport formel.

Le Comité consultatif scientifique du Président a réussi à ce que plusieurs ministères, comme celui des Transports ou de l'Agriculture, créent la fonction de secrétaire adjoint pour la recherche et le développement, une réussite qui, paradoxalement, a été une des raisons utilisées par l'entourage du président Nixon en 1973 pour affirmer que le Comité consultatif scientifique du Président n'avait plus de raison d'être. C'était plutôt l'inverse qui était vrai pour que le Président puisse diriger le pays en bénéficiant de conseils d'experts compétents dont le but premier n'était pas de soutenir les intérêts de leur organisme de tutelle. En outre, une bonne compétence dans les ministères permettait au comité d'avoir une vision plus globale des questions traitées.

À cause du grand secret qui entourait cette question, le Groupe d'experts sur la reconnaissance stratégique[9] (1954-1973) présidé par Edwin H. Land, le fondateur de la Société Polaroïd, dépendait seulement du conseiller scientifique du Président et ses rapports n'étaient transmis qu'au Président, au secrétaire d'État à la Défense et au directeur de la CIA. Il a eu une grande importance pour la mise en place des capacités de reconnaissance stratégique des États-Unis, et certains des choix opérés à cette époque ont une influence encore maintenant. La reconnaissance stratégique a débuté en 1956 avec les avions U-2 puis avec les Mach-3 SR-71 et, à partir de 1960, avec les satellites photographiques de plus en plus précis et complexes.

Les concepteurs et constructeurs d'armes nucléaires des cinq puissances nucléaires ont rempli leur tâche avec compétence, tout comme la plupart de ceux qui ont construit et contrôlé les avions, missiles et sous-marins qui devaient mener à leur cible ces terribles engins de destruction. Dans presque tous les cas cependant, le secret inhérent à ces activités et les autres barrières dressées par la guerre froide les ont isolés et privés d'une vision plus large des options possibles dans le vaste champ de la sécurité internationale. Ils étaient, en particulier, coupés de ceux qui participaient aux mêmes activités dans les autres pays. Nous allons voir comment des scientifiques occidentaux qui ont participé à la création des armes ont interagi avec leurs homologues d'Union soviétique, puis de Russie, ainsi que de Chine, depuis 1957 lors des rencontres Pugwash, et plus récemment dans des activités conduites par le Comité sur la sécurité internationale et la maîtrise des armements de l'Académie des sciences des États-Unis.

LES CONFÉRENCES PUGWASH SUR LA SCIENCE ET LES AFFAIRES MONDIALES

La maîtrise des armes nucléaires et de leurs moyens de lancement ainsi que les réductions de ces systèmes ont été un objectif longtemps proclamé des gouvernements, même s'ils continuent à mettre au point et déployer des armes nouvelles et supplémentaires. Des groupes de scientifiques ont joué un rôle éminent pour réduire la menace des armements nucléaires. Parmi les organisations préoccupées par la résolution des conflits, une organisation originale (les Conférences Pugwash sur la science et les affaires mondiales) est initiée en réponse à l'appel lancé en 1955 par Albert Einstein et Lord Bertrand Russell[10].

Dans un discours prononcé en novembre 1945 à la maison des Lords à Londres[11], le philosophe Bertrand Russell avait proposé que les scientifiques occidentaux s'entretiennent avec leurs collègues russes pour entamer « *une véritable coopération* » pour « *réduire le désastre qui menace l'humanité* ». Russell a reçu le prix Nobel de littérature en 1950.

En 1955, la situation mondiale paraissait extrêmement tendue et l'avenir de l'humanité se présentait sous un jour très sombre. La mise au point de la bombe à hydrogène aux États-Unis et en Union soviétique marquait le début de la course aux armements nucléaires, les deux camps fabriquant et essayant des bombes d'une puissance de destruction toujours plus grande. Dès cette époque, alors que les missiles balistiques n'existaient pas encore, ces bombes, larguées par des avions pilotés, étaient en mesure de détruire les plus grands centres urbains. Dans le climat de très vive méfiance, de peur et de propagande hostile qui régnait à l'époque, il semblait plus que probable que la guerre froide allait se changer en une guerre active qui anéantirait toute civilisation.

C'est ce côté enfant et cette part d'innocence qui restent dans le cœur des physiciens qui m'émeut toujours.

« Aux yeux de Russell, la communauté scientifique devait se préoccuper activement des dangers que présentaient pour l'humanité certaines applications de ses travaux. À cette époque, le plus grand scientifique vivant était Albert Einstein, et c'est à lui que Russell écrivit pour envisager la tenue d'une conférence dans laquelle des scientifiques débattraient de ces questions. Le savant accepta immédiatement et demanda à Russell de préparer un projet de déclaration à cet effet. Ce que fit celui-ci, qui renvoya son texte au physicien, pour qu'il le signe, en avril 1955.

« Quelques jours plus tard, Russell était dans un avion entre Rome et Paris quand le pilote annonça la mort d'Einstein. Le philosophe anglais était effondré ; il craignait que, sans le patronage d'Einstein, le projet ne tombe à l'eau. Mais arrivé à son hôtel à Paris, il trouva le texte de la déclaration, signé de la main d'Einstein. Cette signature avait été l'un des derniers actes du grand savant[12]*.* »

Le Manifeste de Russell et Einstein, lancé à Londres le 9 juillet 1955, appelle « *les hommes de science [à se réunir en] conférence pour prendre la mesure des périls créés par le développement d'armes de destruction massive... L'appel que nous lançons est celui d'êtres humains à d'autres êtres humains : rappelez-vous que vous êtes de la race des hommes et oubliez le reste* », et l'appel se termine par une invitation aux « *hommes de science du monde entier et [au] grand public* » à souscrire à la résolution suivante : « *Compte tenu du fait qu'au cours de toute nouvelle guerre mondiale les armes nucléaires seront certainement employées et que ces armes mettent en péril la survie de l'humanité, nous invitons instamment les gouvernements du monde à comprendre et à admettre publiquement qu'ils ne sauraient atteindre leurs objectifs par une guerre mondiale et nous leur demandons instamment, en conséquence, de s'employer à régler par des moyens pacifiques tous leurs différends.* » Cet appel (reproduit intégralement en annexe) sera en outre signé par 9 scientifiques parmi les plus éminents de l'époque, dont Frédéric Joliot-Curie et Joseph Rotblat, le dernier des survivants qui s'est éteint le 31 août 2005.

En 1957, 22 scientifiques de l'Est et de l'Ouest se sont rencontrés à Pugwash, dans la province canadienne de Nouvelle-Écosse, dans la maison de campagne de Cyrus Eaton, un industriel et philanthrope de Cleveland (Ohio) originaire de ce village. Ils provenaient de dix pays, des deux côtés du Rideau de fer et de pays neutres : Australie, Autriche, Canada, Chine, États-Unis, France, Japon, Pologne, Royaume-Uni et Union soviétique. Les discussions ont porté sur les risques dus à l'utilisation de l'énergie atomique en temps de paix et en temps de guerre, sur la maîtrise des armes nucléaires et sur la responsabilité sociale des scientifiques. Alors qu'on n'avait que peu de données sur les processus physiques et biologiques associés aux essais, les conclusions des discussions expriment le premier accord unanime entre scientifiques de l'Est et de l'Ouest sur les effets des essais et en faveur de leur suspension dans le délai le plus court possible.

C'était peut-être la première fois que des scientifiques se réunissaient pour discuter spécifiquement des implications sociales des découvertes scientifiques. Dans le contexte de méfiance et de tension qui prévalait à cette époque tendue de guerre froide et de course aux armements, toute déclaration touchant à des questions parmi les plus sensibles du moment et définissant le rôle et la responsabilité des scientifiques et, de surcroît, acceptée presque unanimement par un groupe aussi diversifié de scientifiques, constitue un événement d'une grande signification.

« La première conférence Pugwash donnait ainsi la preuve que les scientifiques ont des objectifs communs qui dépassent les frontières nationales sans pour autant enfreindre les engagements fondamentaux de chacun. Elle montrait que, de par leur formation et leurs connaissances, les scientifiques sont capables de débattre avec objectivité des problèmes complexes que pose le progrès scientifique, en vue d'y apporter des solutions[13]. »

De cette réunion sont nées les Conférences Pugwash sur la science et les affaires mondiales qui sont des réunions internationales multilatérales (il y en a eu plus de 300 jusqu'à 2005) ayant pour objectif d'impliquer des scientifiques éminents et des personnalités de haut rang, politiques et militaires, toutes tendances politiques confondues, dans des discussions franches et confidentielles, pour explorer les moyens de réduire les dangers présentés par les armes de destruction massive.

Chaque participant est invité à titre individuel et ne représente que lui-même. Cela explique qu'il n'y ait, par principe, aucune position de Pugwash, les personnes invitées pouvant avoir des opinions très différentes, voire opposées. En outre, étant donné la sensibilité de certaines des questions étudiées et la notoriété de certains participants, le choix délibéré de la discrétion (qui est une particularité de Pugwash par rapport à d'autres organisations) a justement permis d'éviter que ces rencontres puissent être utilisées à des fins de propagande. Le seul organe qui ait l'autorité de parler au nom de Pugwash est le Conseil de Pugwash International, qui comporte 21 membres provenant de 18 pays. Ce Conseil n'émet des déclarations que très rarement, dans des cas très particuliers, qui font l'objet d'un consensus général entre les membres du Conseil. Tout ceci explique le peu de notoriété de Pugwash dans les médias et auprès du grand public.

Pour ne citer que quelques participants, ces rencontres incluaient des personnalités telles que les Américains George Kistiakowsky (conseiller scientifique auprès du président Eisenhower), Jerome Wiesner (conseiller scientifique en chef auprès des présidents Kennedy et Johnson), Herbert Scoville (le directeur adjoint de la CIA pendant l'Administration Eisenhower), Herbert York (le premier directeur du Laboratoire d'armes nucléaires Lawrence Livermore), Henry Kissinger,

Robert McNamara, des Soviétiques comme Georgi Arbatov (directeur de l'Institut de recherche sur les États-Unis et le Canada à Moscou), Evgueni Primakov (qui sera par la suite Premier ministre de la fédération de Russie), Evgueni Velikhov (un éminent physicien des plasmas et un des directeurs de l'Institut Kurchatov de Moscou) ou Andreï Sakharov. Parmi les personnalités de haut rang de plusieurs pays européens, on pouvait rencontrer les Français Antoine Lacassagne (cancérologue, professeur au Collège de France et à l'Institut Pasteur) qui a participé à la première rencontre, Francis Perrin, ancien haut-commissaire à l'énergie atomique, Jules Moch, ancien ministre de l'Intérieur, le professeur Jules Guéron (du Commissariat à l'énergie atomique), le général Fricaud-Chagnaud (directeur de la Fondation pour les études de défense nationale), ou les Britanniques, Lord Penney (directeur du projet de la bombe nucléaire britannique), Lord Florey (ancien président de la Royal Society), lord Zuckerman (conseiller scientifique en chef auprès des gouvernements Macmillan et Wilson), lord Blackett (conseiller scientifique en chef auprès du gouvernement Attlee), sir John Cockcroft (ancien président de l'Agence pour l'énergie atomique britannique).

« *L'objectif des Conférences Pugwash est de réunir des personnalités et scientifiques influents venant du monde entier, qui se préoccupent de la réduction des dangers dus aux conflits armés et cherchent des solutions coopératives aux problèmes mondiaux. Se réunissant en privé, en tant qu'individus sans représenter aucun gouvernement ou institution, les participants aux rencontres Pugwash échangent leurs points de vue et explorent différentes méthodes pour maîtriser les armements et réduire les tensions, avec une combinaison de franchise, de continuité et de flexibilité rarement atteintes dans les discussions ou négociations officielles Est-Ouest ou Nord-Sud. Grâce à la renommée de nombreux participants dans leur pays (comme, par exemple, les conseillers pour la science ou la maîtrise des armements auprès du gouvernement, des personnalités importantes des académies des sciences ou des universités, des anciens ou futurs hauts responsables gouvernementaux), les résultats des discussions Pugwash atteignent rapidement les niveaux appropriés des responsables politiques*[14]. »

« *La première moitié des quatre décennies de l'histoire de Pugwash a coïncidé avec les années les plus glaciales de la guerre froide, marquées par la crise de Berlin, la crise des missiles de Cuba, l'invasion de la Tchécoslovaquie et la guerre du Vietnam. Durant cette période où les relations officielles étaient tendues et les lignes de communication peu nombreuses, les discussions et les moyens de communication mis en œuvre par Pugwash ont joué un rôle utile en arrière-plan en contribuant aux travaux préparatoires pour le Traité d'interdiction partielle des essais nucléaires de 1963, le Traité de non-prolifération de 1968, le Traité sur la limitation des systèmes antimissile balistiques de 1972, la Convention sur les armes biologiques de 1972, et la Convention sur les armes chimiques de 1993. L'amélioration des relations Est-Ouest et l'apparition d'un large réseau de liens officieux ont quelque peu réduit la visibilité de Pugwash, tout en offrant des méthodes différentes de poursuivre les mêmes buts. Les rencontres Pugwash continuent jusqu'à présent à jouer un rôle important en réunissant des analystes clés et des conseillers politiques pour des discussions en profondeur sur les questions cruciales actuelles relatives à la maîtrise des armements : par exemple, les forces nucléaires européennes, les armes chimiques et biologiques, les armes dans l'espace, la réduction des forces conventionnelles, le contrôle des crises dans le tiers-monde, parmi d'autres. Depuis de nombreuses années, Pugwash a étendu son champ d'action aux questions d'environnement et de développement*[15]. »

L'important a toujours été de maintenir le dialogue et de pouvoir faire remonter les résultats et les recommandations de ces rencontres aux niveaux les plus élevés des sphères dirigeantes des pays concernés. Cela était particulièrement vrai aux moments les plus tendus de la guerre froide, par exemple pendant la guerre du Vietnam et la crise des missiles de Cuba, lorsque, à part des échanges diplomatiques de routine, tous les contacts étaient rompus entre les deux parties.

Les travaux de Pugwash ont aussi contribué à l'aboutissement d'accords internationaux très importants, mentionnés ci-dessus. Par la suite, les Conférences Pugwash ont aussi fourni un forum de discussion pour résoudre les divergences et aboutir à un consensus sur des questions difficiles relatives au Traité sur les forces nucléaires intermédiaires, à la Convention sur les armes chimiques, au Traité sur les forces conventionnelles en Europe, pour n'en citer que quelques-uns.

Tout ce processus impliquait nécessairement de discuter, et donc d'être à l'écoute, en particulier des Soviétiques, mais pas seulement d'eux, et il fallait aussi que participent à ces discussions des personnalités qui seraient entendues par leur gouvernement. Les réunions se passaient, bien sûr, alternativement dans des pays de l'Est ou de l'Ouest. Les scientifiques participant à ces rencontres n'étaient pas naïfs : ils étaient tout à fait conscients des contraintes politiques et de la surveillance à laquelle certains participants étaient soumis. Mais grâce à la confiance et au respect mutuel existant entre des personnes d'opinions politiques très différentes, celles-ci ont pu, et peuvent toujours, faire progresser les discussions sur des sujets épineux et maintenir une conscience informée des dangers, pour leur propre pays et pour l'humanité en général, de la course aux armements.

Voici deux exemples, maintenant bien documentés, de contributions de cette organisation. Dans le premier cas, de nombreuses rencontres se sont tenues pour réunir des scientifiques et des diplomates des pays concernés. L'autre est une mission menée dans la plus stricte confidentialité par 2 émissaires d'un pays non engagé dans le conflit.

Un des sujets préoccupant particulièrement Pugwash depuis le début était d'aboutir à un accord sur l'interdiction des essais nucléaires. Lors de la conférence annuelle de 1962, l'idée originale des « boîtes noires » avait été élaborée dans des discussions privées entre quelques participants américains et soviétiques : des séismomètres automatiques scellés seraient installés dans chaque pays dans des endroits déterminés, de sorte que chaque superpuissance pourrait surveiller tout essai effectué par l'autre. Cette idée figure dans un échange de lettres entre Kennedy et Khrouchtchev quelques mois plus tard. Les conférences ayant montré qu'il y avait de nombreux points d'accord sur l'interdiction des essais, il a été décidé de convoquer une réunion restreinte d'experts pour résoudre les dernières divergences, où les questions techniques associées aux explosions souterraines et dans l'atmosphère et aux inspections sur site ont été discutées en détail. Il a été décidé que les différentes propositions devraient directement être soumises par les participants à leurs gouvernements. Bien que ce traité, signé à Moscou en 1963, n'interdise les essais nucléaires que partiellement, à cause d'un manque de volonté politique des États, le travail pionnier de Pugwash lors de discussions techniques détaillées avait montré que l'expertise scientifique était essentielle aux négociations et avait aussi changé l'atmosphère des négociations.

En 1967, la guerre du Vietnam fait rage, et les communications entre Américains et Vietnamiens sont en panne. Une réunion est organisée à Paris à l'initiative d'Herbert Marcovich, biologiste et chef de laboratoire à l'Institut Pasteur. Henry Kissinger, qui y assiste, indique de façon officieuse que les États-Unis seraient prêts à interrompre les bombardements sur le Vietnam en échange d'une cessation des augmentations des infiltrations. Germe alors la proposition que deux scientifiques français (Raymond Aubrac et Herbert Marcovich) aillent remettre un message en ce sens, de la part des Américains, aux Vietnamiens. Ce sera le début d'une mission « bons offices » de contacts très secrets et suivis pendant plusieurs mois, qui conduiront plus tard à un arrêt pendant plusieurs mois des bombardements sur le Nord-Vietnam. Comme l'ont confirmé par la suite des responsables américains et vietnamiens, cette opération dénommée « Pennsylvania » a eu un rôle significatif dans le processus qui a finalement conduit à la paix[16].

Pugwash a reçu le prix Nobel de la paix en 1995, conjointement avec son président de l'époque, Joseph Rotblat. Ce dernier fut un des signataires du Manifeste Russell et Einstein et le participant le plus actif ayant dédié la plupart de son temps à Pugwash depuis 1957. Il fut aussi le seul scientifique à quitter le Projet Manhattan pour des raisons morales, ce qu'il fit fin 1944 lorsqu'il était devenu évident que les Allemands ne construisaient pas la bombe atomique. Avec son dévouement total à cette organisation, c'est certainement une des raisons pour lesquelles J. Rotblat a été le colauréat du prix Nobel avec l'organisation. Ce prix leur a été attribué « *pour leurs efforts dans la diminution du rôle joué par les armes nucléaires dans la politique internationale et, à long terme, pour éliminer ces armes* ».

Les contributions de Pugwash ont été reconnues par les dirigeants des gouvernements, comme le montre par exemple un extrait d'un message d'encouragement que le président George H. W. Bush avait adressé à Pugwash à l'occasion de la 39e Conférence annuelle en juillet 1989, à laquelle assistait Sakharov : « *En stimulant les échanges d'idées et d'opinions dans le monde sur les questions essentielles concernant la science et la politique publique du moment, Pugwash a fait une contribution de valeur à une meilleure compréhension entre les pays et à la paix mondiale.* »

La fin de la guerre froide n'avait pas signifié pour Pugwash la fin du danger des armes de destruction massive. Même si leur utilisation massive n'est plus autant redoutée qu'avant, les arsenaux nucléaires existent toujours. Mais le climat politique a changé, et l'idée d'un monde sans armes nucléaires qui avait aussi été envisagé par Reagan et Gorbatchev, peut être sérieusement discutée et Pugwash a écrit un livre sur ce sujet[17]. La lecture de ce livre donnera au Premier ministre australien l'idée de convoquer la Commission de Canberra pour l'élimination des armes nucléaires dont nous avons parlé au chapitre 10.

Des réunions sur l'avenir des complexes militaires nucléaires aux États-Unis et en Russie se tiennent régulièrement et ont donné l'occasion à des spécialistes des deux camps précédemment opposés de visiter des sites anciennement secrets. D'autres réunions, en comité plus ou moins restreint, concernent les conflits régionaux, comme celui d'Israël et de Palestine, de Corée ou du Cachemire, ainsi que les questions de prolifération, en Iran par exemple. En décembre 2004, Pugwash a organisé à Katmandou une rencontre à haut niveau sur le conflit du Cachemire, rassemblant une cinquantaine de participants indiens et pakistanais, qualifiée d'« *historique*[18] » : pour la première fois depuis de nombreuses années, des membres de partis politiques, d'organisations non gouvernementales et de la société civile des deux côtés de la Ligne de contrôle ont eu l'occasion de se réunir dans une atmosphère de confiance et de réconciliation et ont discuté des moyens de résoudre leurs conflits.

Le Groupe Doty

La menace que représentent les armes nucléaires est universelle, mais les États-Unis et l'Union soviétique en étant les acteurs principaux, il fallait donc influencer en priorité leurs gouvernements. Des universitaires de Harvard et de l'Institut de technologie du Massachusetts s'étaient demandé dès la fin des années 1940 si des contacts directs avec leurs équivalents soviétiques pourraient contribuer au désarmement.

Lors de la première rencontre Pugwash en Union soviétique, qui s'est tenue à Moscou du 27 novembre au 5 décembre 1960, des scientifiques américains et soviétiques ont exploré les possibilités de mettre en place ce qui est devenu, en 1962, le Groupe soviéto-américain d'études sur la maîtrise des armements et le désarmement. Ce nouveau contact entre scientifiques soviétiques et américains sur les questions d'armement nucléaire était d'une très grande importance, comme l'a montré la réunion à haut niveau qui s'est tenue à Washington le 6 décembre, le jour suivant la rencontre Pugwash à Moscou. John F. Kennedy avait été élu un mois auparavant. Deux participants de la réunion de Moscou, Jerome B. Wiesner, de l'Institut de technologie du Massachusetts et qui deviendra conseiller scientifique du Président, et Walt W. Rostow, futur conseiller adjoint à la Sécurité nationale, en ont fait un compte rendu devant un grand nombre d'officiels du Pentagone, du Département d'État et de la Maison Blanche[19].

Du côté américain, ce groupe a été dirigé par Paul Doty, professeur de biochimie à l'Université de Harvard, jusqu'à la fin en 1975. Pendant les années 1950 et le début des années 1960, Doty faisait partie du Comité consultatif scientifique du Président et était donc impliqué dans les analyses de la menace que représentaient les armes soviétiques. Le Groupe Doty pratiquait une diplomatie scientifique informelle bilatérale en rencontrant les scientifiques soviétiques. Il n'y avait aucune garantie que la guerre froide ne se transformerait pas en une confrontation thermonucléaire qui conduirait à la destruction totale des deux blocs et de la majeure partie du monde. Les scientifiques soviétiques, dont certains étaient liés à l'effort nucléaire de leur pays, prenaient des risques en participant à des discussions avec leurs collègues américains. Ces pionniers des études soviéto-américaines sur le désarmement ont fait preuve de beaucoup de courage et d'une grande ténacité.

Les scientifiques soviétiques pouvaient participer à des discussions bilatérales seulement si elles étaient formalisées en lien avec Pugwash. En effet, cela leur évitait de paraître discuter directement avec l'ennemi. Les Soviétiques insistaient donc pour que ces réunions fassent partie des rencontres Pugwash, et elles devaient donc se tenir dans les deux jours précédant ou suivant une rencontre Pugwash. À cette condition, il était alors légitime, dans le système soviétique, de sélectionner un groupe de scientifiques qui pourraient participer « en tant qu'individus ». Ce groupe n'était pas homogène, il y avait des scientifiques de premier plan, aussi bien pour leurs contributions scientifiques que pour leur intégrité, d'autres étaient des pions du gouvernement, d'autres encore étaient très certainement des agents du KGB.

Ces rencontres ont été cruciales pour aboutir au Traité sur la limitation des systèmes antimissile balistiques soviéto-américain (Traité ABM)[20]. Dans un article présenté à une réunion Pugwash qui s'est tenue à Udaipur, en Inde, en janvier 1964, Jack Ruina, ingénieur de l'Institut de technologie du Massachusetts, qui avait aussi travaillé au Pentagone, a expliqué les problèmes techniques et stratégiques de la défense contre les missiles balistiques stratégiques nucléaires. Au même moment, les États-Unis proposaient à la Conférence des Nations unies sur le désarmement à Genève, que les États-Unis et l'Union soviétique « *explorent un gel vérifiable du nombre et des caractéristiques de leurs missiles stratégiques offensifs et défensifs* ». Cette proposition a conduit à réfléchir aux mérites et aux risques de la défense antimissile et elle se démarquait de celles pour un « désarmement général et complet » qui n'auraient pu aboutir dans le climat politique international de l'époque.

Durant des années, les participants soviétiques aux rencontres Pugwash maintenaient que « *la défense est bonne* » et donc que les systèmes antimissile ne devraient pas être limités. Lorsque McNamara a proposé des limitations sur la défense contre les missiles balistiques au cours d'une rencontre avec les responsables soviétiques en 1967 à Glassboro, dans l'État du New Jersey, il n'a rencontré aucun écho favorable. Mais chacun des 2 côtés a finalement réalisé que des missiles nucléaires pourraient percer ces défenses, si bien que la mise au point de systèmes antimissile conduirait à une augmentation massive des forces nucléaires offensives, sans pour autant offrir de réelle sécurité. Il semblerait que cet argument ne soit toujours pas compris par tout le monde, au moins aujourd'hui aux États-Unis, où l'Administration actuelle semble adopter le même point de vue simpliste que celui des Soviétiques à l'époque qui pensaient que toute défense est bonne, sans se poser la question de savoir si elle fonctionne.

À la suite de la détente qui a permis la signature des accords SALT I de Moscou en 1972 (le Traité ABM et l'Accord intermédiaire sur les armes stratégiques offensives) et de l'intensification des contacts intergouvernementaux, le rôle unique de ce groupe a perdu de sa nécessité. Après la mort en 1973 de Mikhail D. Millionshchikov, un éminent physicien nucléaire, vice-président de l'Académie des sciences soviétique, qui dirigeait le groupe soviétique, le Groupe Doty a perdu ses contacts les plus importants du côté soviétique. Les fondations philanthropiques américaines ont jugé qu'il n'était plus aussi nécessaire de soutenir financièrement les missions de ce groupe et aucun des 2 gouvernements ne voyait de raison à la poursuite de ces contacts officieux. Ce groupe a donc cessé ses activités en 1975, mais les scientifiques américains ont cherché à rétablir des contacts bilatéraux efficaces pour la maîtrise de la course aux armements nucléaires qui n'avait pas cessé.

LE COMITÉ SUR LA SÉCURITÉ INTERNATIONALE ET LA MAÎTRISE DES ARMEMENTS DE L'ACADÉMIE DES SCIENCES DES ÉTATS-UNIS (CISAC)

Le Comité sur la sécurité internationale et la maîtrise des armements de l'Académie des sciences des États-Unis (Committee on International Security and Arms Control – Cisac) est un autre groupe influent et efficace. L'Académie des sciences est une organisation privée fondée par le gouvernement en 1863 dont le but principal est de réaliser des études pour le gouvernement. Cette structure regroupe l'Académie des sciences, l'Académie d'ingénierie et l'Institut de médecine. Le Cisac a débuté ses travaux en 1980 avec l'objectif premier de dialoguer avec l'Académie des sciences de l'Union soviétique sur les questions de sécurité intéressant les deux pays et le monde en général. Les sujets prioritaires étaient la maîtrise des armes nucléaires et la réduction du risque de guerre nucléaire.

Plusieurs membres fondateurs du Cisac avaient participé au Groupe Doty, comme Doty lui-même, Wiesner, Garwin. Ils avaient aussi fait partie du Comité consultatif scientifique du Président. Le Cisac a été présidé, entre autres, par le physicien Marvin L. Goldberger, à l'époque président de l'Institut de technologie de Californie, puis pendant dix ans par le physicien W. K. H. Panofsky, qui a construit le Centre de l'accélérateur linéaire de Stanford (SLAC), puis par John P. Holdren, physicien spécialiste des questions d'énergie et d'environnement, professeur à Harvard. La moitié des membres du Cisac sont membres de l'une des institutions de l'Académie et les autres sont des spécialistes en sécurité internationale, technologie ou armement. Aucun participant n'est employé du gouvernement lors de sa participation aux activités du Cisac, mais leur expérience précédente au sein du gouvernement se révèle souvent être d'une grande valeur. Et pour ceux qui rejoignent éventuellement le gouvernement, cette expérience au sein de groupes d'analystes indépendants sur la sécurité et les contacts avec leurs homologues se révèlent très utiles.

Parmi ses membres, le Cisac a compté le général David C. Jones qui avait été commandant de l'armée de l'air et chef d'état-major interarmées, William J. Perry qui en a démissionné pour devenir secrétaire d'État à la Défense pendant l'Administration Clinton, Michael M. May qui a dirigé le Laboratoire national Lawrence Livermore, le général Lee Butler qui avait été chef du commandement stratégique aérien des États-Unis, responsable des opérations en temps de guerre de tous les systèmes nucléaires stratégiques.

Les membres du Cisac maintenaient leurs propres contacts individuels avec le gouvernement américain, comme consultants ou membres de conseils consultatifs. Le Cisac informait le gouvernement de ses interactions avec les Soviétiques. Il pouvait aussi conseiller certains responsables gouvernementaux. Par exemple, Paul H. Nitze, le grand homme de la diplomatie nucléaire américaine, et à certains moments un fervent partisan de la course aux armements, en poste à partir de 1980 au ministère des Affaires étrangères, a consulté plusieurs fois un sous-groupe du Cisac sur des questions relatives à l'Initiative de défense stratégique et d'autres aspects de la sécurité et de la technologie.

Ce comité a grandement contribué à l'ouverture de deux générations de scientifiques soviétiques aux questions de sécurité internationale. Lorsque Mikhail Gorbatchev a pris ses fonctions en 1985, se méfiant aussi, comme Eisenhower, de l'establishment militaire, la chance a voulu qu'il compte parmi ses proches conseillers plusieurs scientifiques correspondants du Cisac, comme Evgueni P. Velikhov, Roald Z. Sagdeev, également physicien des plasmas et directeur de l'Institut de recherche spatiale soviétique (IKI), Georgi A. Arbatov et Evgueni Primakov. Lors d'une session américano-soviétique commémorant les vingt ans du Cisac, Velikhov a reconnu son influence pour la cessation des travaux sur le radar antimissile près de Krasnoyarsk (qui aurait violé le Traité ABM) et le moratoire soviétique sur les essais d'armes antisatellites.

Les études du Cisac ont eu une influence considérable. Le rapport de 1991 intitulé « *Le futur des relations nucléaires soviéto-américaines*[21] » a élaboré une séquence logique dans les réductions des armements nucléaires pour éclairer les discussions sur la réduction des armements stratégiques (START). Cette étude proposait une première diminution à 3 000 têtes stratégiques nucléaires déployées de chaque côté, sans aucune modification des doctrines nucléaires. Elle a aussi considéré une baisse des arsenaux à 1 000 têtes, reconnaissant ainsi l'importance des réductions d'armements. Par exemple, si on veut avoir une probabilité de 95 % qu'une tête nucléaire explose sur sa cible et que chaque missile n'a qu'une probabilité de 90 % d'atteindre la cible, il faudra donc deux missiles par cible. Mais s'il y a un moyen de savoir si l'explosion a bien eu lieu sur la cible, on n'a alors besoin que de 1/0,90 = 1,11 missile, y compris pour avoir une probabilité d'explosion sur la cible égale à 99 %. L'idée était de réduire les destructions en cas de guerre (au moins à l'extérieur des frontières des pays en guerre) et d'améliorer le contrôle des armes nucléaires.

Un autre rapport publié en 1997, « *L'avenir de la politique nucléaire américaine*[22] », a prolongé les conclusions du rapport de 1991, prenant en compte la dissolution de l'Union soviétique. Il proposait une réduction des 3 000 à 3 500 têtes déployées sous START II à un chiffre de 2 000 têtes déployées, puis à une étape où les deux pays ne posséderaient que 1 000 têtes, ce chiffre comprenant les têtes déployées et les armes en réserve. Il proposait aussi des changements de doctrine et de pratiques opérationnelles. Puis, lorsque les autres puissances nucléaires (la Chine, la France et le Royaume-Uni) seraient entrées dans le processus, on atteindrait des chiffres de l'ordre de quelques centaines. Cette étude a envisagé l'élimination totale des armes nucléaires seulement si l'on arrivait à mettre en place un régime international où l'élimination de ces armes augmenterait la sécurité internationale. Les essais nucléaires effectués par l'Inde et le Pakistan en mai 1998 ont mis en avant que les armes nucléaires vraisemblablement possédées par ces pays, ajoutées aux arsenaux beaucoup plus importants des puissances nucléaires officielles et d'Israël, sont une raison supplémentaire pour procéder à des réductions de façon urgente.

Outre les rapports sur la mise au rebut du plutonium en excès des armes de 1994 et 1995 auxquels nous avons fait référence au chapitre 10, le Cisac a conduit en 2002 une étude sur les aspects techniques liés au Traité d'interdiction complète des essais nucléaires[23], étude qui lui avait été commandée par le Département d'État à la suite du refus du Sénat des États-Unis de ratifier le traité. En avril 2005, le Cisac a publié une étude sur la surveillance des armes et des matériaux explosifs nucléaires[24]. Ce rapport décrit des techniques permettant de rendre compte avec fiabilité de chaque arme nucléaire et des stocks de matériaux (plutonium ou uranium hautement enrichi) et de composants qui posent des dangers comparables à ceux des armes nucléaires. En particulier, l'étude montre que les États qui surveillent leurs propres armes et matériaux nucléaires pourraient échanger des informations ou émettre des « messages abrégés » sur leurs arsenaux d'une façon qui leur permettrait ensuite de révéler des équipements individuels à un membre de l'accord (comme l'Agence internationale de l'énergie atomique). Celui-ci pourrait alors être absolument certain que les déclarations sont strictement en accord avec les contenus des messages abrégés. Un tel dispositif permettrait de conduire à des réductions massives d'armements, tout en encourageant les États qui ont un bon système de surveillance pour les armes ou les matériaux militaires, et ce avant même qu'ils soient prêts à entrer dans un régime de réduction ou même de vérification internationale.

Les groupes d'étude de la Société américaine de physique

La Société américaine de physique a été créée en 1899 pour promouvoir la recherche scientifique en physique. Elle mène un important programme de publication d'articles techniques et elle organise de nombreuses rencontres scientifiques. Elle a aussi pour but de mettre l'expertise de ses membres au service de la société. La Société américaine de physique a sélectionné un groupe d'experts (dont Garwin a fait partie) pour conduire une analyse indépendante sur la sécurité des réacteurs à eau légère en 1965, à l'époque où la Commission à l'énergie atomique des États-Unis finissait un rapport sur le même sujet. L'étude a été examinée par un autre groupe de scientifiques indépendants, choisi par la Société américaine de physique. Le comité d'étude a conduit une analyse des conséquences radiologiques dans le cas d'un accident grave, consistant en un modèle permettant de les calculer d'une façon simple et compréhensible. Une première version du rapport de la Commission à l'énergie atomique a été publiée[25] et elle contenait des erreurs importantes qui ont pu être corrigées, grâce à l'étude indépendante conduite sous les auspices de la Société américaine de physique.

En 1987, un autre groupe indépendant a mené une étude, toujours sous les auspices de la Société américaine de physique, sur les aspects techniques des armes à énergie dirigée dont dépendaient les performances de l'Initiative de défense stratégique lancée par le président Reagan. L'organisation responsable de cette initiative répondait aux critiques en arguant du manque de compétences des personnes qui les formulaient, de leur partialité ou de leur manque de connaissance d'informations classifiées. Cela ne pouvait s'appliquer au comité de la Société américaine de physique : en effet, plusieurs de ses membres faisaient partie des laboratoires d'armements et avaient accès aux documents classifiés. Le groupe a mis en évidence le fait que la plupart des armes à énergie dirigée pourraient être évitées par des fusées intercontinentales capables d'atteindre leur vitesse finale en 100 secondes (au lieu des 200 à 300 secondes pour la phase de propulsion qui était la valeur habituelle pour les missiles à cette époque), et c'était une amélioration dont tout le monde pensait qu'elle serait facile à obtenir, même si cela se faisait au prix d'une perte de 5 % en capacité de charge. Ces missiles pourraient ensuite déployer des leurres sous forme de gros ballons qui tromperaient les éléments du système supposés les intercepter en milieu de course. L'Union soviétique pourrait déployer de telles fusées, et cette perspective a sans doute contribué à la décision de ne pas déployer ce système de défense stratégique. En effet, le critère suivant lequel il devrait être efficace en matière de coût ne pouvait être satisfait, puisque les contre-mesures seraient moins coûteuses.

Une autre étude menée en 2001 a traité des aspects techniques de l'interception des missiles en phase de propulsion afin d'informer la discussion publique sur le projet de défense nationale antimissile[26]. Depuis 1999, Garwin est partisan d'un système d'interception en phase de propulsion, qui serait mis en œuvre en coopération entre les Américains et les Russes. Il pourrait être installé en mer autour de la Corée du Nord et en Russie au sud de Vladivostok[27]. L'étude de la Société américaine de physique citée ci-dessus a analysé en détail les performances requises pour l'intercepteur de missiles en fonction des différents sites de lancement de missiles et des performances des missiles balistiques intercontinentaux. Elle a montré que cela nécessiterait des intercepteurs pouvant atteindre la vitesse de missiles intercontinentaux en 40 à 80 secondes. Cela permettrait d'éliminer certaines des méthodes proposées, comme d'utiliser des intercepteurs d'environ 1 200 kilogrammes sur les navires américains ou bien des petits intercepteurs basés dans l'espace. Un intercepteur de 14 tonnes est convenable et pourrait être installé sur un navire commercial converti à cet effet plutôt que d'utiliser un navire de guerre dont le coût est très élevé. Bien qu'il ait souvent été dit que cette étude concluait à l'impossibilité de l'interception en phase de propulsion, elle a au contraire montré que de tels systèmes ne pourraient fonctionner à moins qu'ils aient les propriétés déjà proposées en 1999 : des intercepteurs de 14 tonnes avec des systèmes de guidage appropriés, et essentiellement aucune interférence humaine dans le processus d'interception.

Nous mentionnons enfin plusieurs centres universitaires (aux États-Unis) qui font un excellent travail, comme le Centre Belfer pour la science et les affaires internationales à Harvard, le Programme d'études sur la paix à l'Université Cornell, le Centre pour la sécurité et la coopération internationales à Stanford et le Programme pour les études sur la sécurité nationale à l'Institut de technologie du Massachusetts. Ce sont tous des sources d'idées très efficaces pour la mise en œuvre de projets contribuant à la sécurité des États-Unis et à la sécurité internationale. Nous ne manquons pas non plus de mentionner que certaines personnes ont fait des contributions individuelles qui ont eu une très grande répercussion. Parmi celles-ci, figuraient des membres éminents : les physiciens Hans Bethe et Isidor I. Rabi, lauréats du prix Nobel de physique, qui ont fait partie du Comité consultatif scientifique du président des États-Unis. Bethe a joué un rôle de premier plan pendant des décennies pour informer le public et la communauté scientifique sur les aspects techniques et politiques des armes nucléaires et des missiles stratégiques[28]. Rabi a joué un rôle important dans la création du programme « *Atomes au service de la paix* » et dans le comité scientifique de l'OTAN et il a aussi été à l'origine du CERN. Il était un grand partisan de la coopération internationale en matière d'éducation et de recherche[29].

Le rôle d'un comité d'experts indépendants est souvent d'évaluer et de valider des propositions faites par des individus qui n'auraient pas rencontré l'audience méritée, alors que les recommandations d'un groupe formel seront plus facilement prises en compte.

On pourrait multiplier les exemples (aux États-Unis particulièrement). Il est clair que des personnes extérieures choisies par un groupe indépendant du gouvernement, des ministères ou des industries impliqués, peuvent apporter des contributions impartiales très intéressantes que l'on ne peut pas attendre des parties intéressées ou même du gouvernement.

Le soutien, y compris en y allouant des financements à un niveau approprié, de comités compétents et indépendants (nous insistons sur ces deux qualificatifs), par les gouvernements qui y ont finalement tout intérêt ou par des fondations philanthropiques comme c'est souvent le cas dans le monde anglo-saxon, pourrait contribuer à des progrès importants dans des domaines vitaux comme la mise au point des sources d'énergie ou les problèmes posés par les arsenaux nucléaires ou une utilisation sûre de l'énergie nucléaire.

UNE ANOMALIE DANS LE SYSTÈME FRANÇAIS : LE TROP ÉPHÉMÈRE COLLÈGE DE LA PRÉVENTION DES RISQUES TECHNOLOGIQUES

Il semble que le gouvernement français n'ait pas encore su se doter de la capacité de mettre ses scientifiques au service de la société, comme nous l'avons vu dans le cas américain, et c'est bien dommage. Il y a cependant eu une tentative courageuse qui n'a pas duré longtemps.

Une institution tout à fait originale dans le paysage français, où les dirigeants sont peu enclins à laisser des voix indépendantes s'exprimer sur des sujets sensibles, a été le Collège de la prévention des risques technologiques. Créé en 1989 sur l'initiative de Michel Rocard, alors Premier ministre, par un décret du président de la République, ce collège a été supprimé en 1996, comme en cachette, en une ligne perdue au milieu d'un décret sur la langue française[30], sans consultation ni exposé des motifs. Son histoire vaut la peine d'être contée et sa fin prématurée est très représentative des (dys)fonctionnements de la technocratie française.

En 1988, à la suite de la décision d'enfouissement des déchets nucléaires, les démarrages des travaux avaient été accueillis par des réactions assez violentes des populations avoisinantes qui ont ensuite conduit le gouvernement à un moratoire sur les travaux de recherche de l'ANDRA, l'Agence nationale chargée de la gestion des déchets radioactifs.

Face à cette situation bloquée, Michel Rocard charge Gérard Renon, alors secrétaire d'État chargé de la prévention des risques technologiques et naturels majeurs, d'une mission pour étudier les conditions pour que, « *face à l'accélération et à la diffusion du progrès scientifique et technique, le gouvernement soit en mesure de mieux répondre à l'exigence accrue des citoyens d'être informés à temps sur les décisions à prendre dans ce domaine* ».

Jean-Jacques Salomon, qui a dirigé de 1963 à 1983 la division des politiques de la science de l'OCDE, a abondamment étudié les liens entre la science et la société. Il a présidé le Collège de 1991 à 1995. Il écrit :

« *La mission de Gérard Renon déboucha sur un rapport transmis au président de la République par le gouvernement, qui insistait sur la double nécessité d'une vigilance accrue à l'égard des risques industriels et d'une action d'information aussi complète que possible auprès du public. Il faut rappeler qu'alors, dans la tradition centralisatrice et bureaucratique française, tout ce qui touchait à notre politique nucléaire relevait du non-dit en dehors des hommages rendus à l'histoire de nos physiciens depuis les Curie, aux succès du CEA et aux 70 % de notre production d'électricité fondés grâce à EDF sur le choix des centrales nucléaires : société fermée, avec une discrétion digne de la " grande muette militaire ", même quand il s'agissait de l'exploitation civile de l'atome, le monde des nucléocrates minimisait ou récusait d'un seul chœur tout risque lié à ses activités et livrait au public une information orientée qu'il était interdit d'approfondir. De plus, les enquêtes d'utilité publique tenaient plus du simulacre que d'un processus démocratique soucieux de voir le public participer aux décisions. Dans la plupart des cas, l'information donnée (concédée) au public était tout aussi réduite que peu assimilable, et surtout délivrée alors que les plans étaient déjà devenus impossibles à modifier. [...]*

« Innovation exorbitante, assurément, aux yeux de la technostructure, des habitudes politiques et des lobbies de toutes sortes qui, dans le cadre de notre République monarchique, hautement centralisée et résolument hostile à prêter l'oreille à tout ce qui ne vient pas de ses bureaux, n'aime rien tant que de préparer ses décisions techniques dans le secret, entre gens du même monde, si possible exclusivement issus de l'ENA et de Polytechnique. Installant le Collège (20 février 1989), le Premier ministre ne mâchait pas ses mots pour marquer combien cette exigence nouvelle à la fois d'ouverture et de crédibilité devait contribuer "au bon fonctionnement de la démocratie" : "S'assurer que le nuage de Tchernobyl ne met pas en péril la santé des Français ne suffit pas : il faut qu'ils connaissent la vérité à laquelle ils ont droit. [...] L'efficacité et la crédibilité des actions demandent des processus de décision plus ouverts, une mise en commun du savoir, un dialogue continu. [...] Il ne s'agit pas seulement de répondre par des campagnes d'information à des peurs infondées, il ne s'agit pas seulement de vérifier qu'un mécanisme d'assurance viendra indemniser les victimes d'accident, pas plus que de s'en remettre au fonctionnement du marché pour éliminer les dangers. [...] Face au risque technologique, c'est la conjugaison des efforts des experts, des fonctionnaires, des magistrats, des travailleurs, des chefs d'entreprise, des élus, qui assure la prévention. Personne ne peut monopoliser la décision sans créer de risques. La démocratie, c'est aussi la qualité et l'honnêteté dont le citoyen dispose. *Il n'appartient pas au gouvernement de chercher à être la seule source de l'information (quelle illusion serait-ce !), mais de veiller à ce qu'elle soit mise à la disposition des citoyens et des professionnels de l'information avant même qu'un événement brutal ou une angoisse ne crée une*

demande particulière : la démocratie repose sur un apprentissage. *Ici, nous ne pouvons pas prendre le temps de laisser l'histoire dégager ses leçons"*[31]. »

Laissons maintenant la plume à Paul Gardant, ingénieur général des Mines et conseiller d'État, qui a été le premier président du Collège :

« J'avais hérité d'une nouvelle présidence. Michel Rocard, nommé Premier ministre après les élections présidentielles de 1988, créa par décret du 8 février 1989, sur proposition de Gérard Renon, un camarade du corps des Mines, alors secrétaire d'État chargé de la prévention des risques technologiques et naturels majeurs, le Collège de la prévention des risques technologiques. J'en fus nommé président le 20 février 1989. À la fin de 1991, Jean-Jacques Salomon, professeur au Conservatoire national des arts et métiers, me succéda à la présidence, mais je restai membre du Collège.

« La composition du Collège traduisait la préoccupation de ne plus se contenter, pour développer une politique de prévention, des avis de techniciens souvent trop spécialisés et trop dépendants de la politique de leur ministère ou organisme d'affiliation. On trouvait au Collège des membres des grands corps de l'État, mais aussi des personnalités scientifiques et des représentants de la société civile : un syndicaliste, un journaliste, un sociologue, un médecin. Il était ainsi possible d'éclairer les diverses facettes des préoccupations de la société. Le gouvernement pouvait saisir le Collège des questions sur lesquelles il souhaitait son avis. Mais le Collège disposait aussi d'un pouvoir d'autosaisine et pouvait, de sa propre initiative, examiner toute question de sa compétence. En outre, il pouvait décider de la publication de ses avis et recommandations.

« Entre autres domaines, le Collège suivit les problèmes de la politique nucléaire, et se prononça notamment en faveur de l'enfouissement profond des déchets de longue durée de vie, sur lequel le gouvernement ne cesse d'ailleurs de différer les décisions. Il s'intéressa aux biotechnologies. Laissant aux organismes à compétence médicale les applications à l'homme, il formula des recommandations pour limiter les risques de leurs applications dans le domaine agricole.

« Mais il était fatal que les avis du Collège comportent d'éventuelles critiques des politiques publiques. Aussi bien, la détermination de favoriser l'expression d'avis indépendants sur les risques encourus par notre société faiblit assez rapidement. Lorsque le Collège critiqua l'insuffisance de l'étude de danger du passage du TGV Méditerranée au voisinage des installations nucléaires de Pierrelatte ou lorsqu'il nota que la remise en service de Superphénix, d'ailleurs suspendue depuis, n'était pas accompagnée d'une définition suffisamment précise des missions confiées à ce réacteur, il suscita de la mauvaise humeur. La tendance du gouvernement à consulter le Collège

déclina vite, et il ne travailla plus guère que par autosaisine, sans que ses avis, toujours transmis aux ministres concernés, aient beaucoup de suites. En fin de compte, par un article de deux lignes, curieusement inséré dans un décret de moindre portée juridique que le décret fondateur, et dont l'objet n'avait rien à voir avec le Collège, le gouvernement d'Alain Juppé mit fin à son existence en mars 1996, sans aucune consultation préalable. Comme on ne peut supposer que les risques technologiques aient miraculeusement disparu, il faut bien admettre que le gouvernement ne peut plus supporter qu'un organisme indépendant puisse formuler publiquement critiques ou réserves sur ses décisions ou propositions. Un tel organisme est condamné à disparaître. C'est la version moderne des "Porteurs de mauvaises nouvelles" [32]. »

Jean-Jacques Salomon salue la qualité de la participation des membres dont il loue « *non seulement l'intelligence, la culture, la compétence, mais encore le sens de la responsabilité collective* ». Même si de vifs débats on eu lieu sur la probabilité de certains risques, « *il n'y a jamais eu la moindre menace de point de rupture entre nous ; tout au contraire, parfaitement conscients qu'il n'existe pas de risque zéro et qu'il y a des risques qu'il faut résolument affronter, nous avons été constamment solidaires pour identifier et dénoncer ceux à l'égard desquels s'imposent des mesures de prévention et même de précaution – tantôt déjà prises mais insuffisantes, tantôt inadéquates ou pire, inexistantes – et que, en 2 mots, le simple bon sens nous dictait de prendre en compte, bien plutôt qu'une conclusion de caractère scientifique, laquelle, dans la plupart de ces domaines, ferait de toute façon défaut*[33] ».

Une vingtaine d'avis ont été rendus et publiés[34] sur les sujets les plus divers. La question de l'enfouissement en couche profonde des déchets nucléaires à vie longue, à l'origine de la création du Collège, a fait l'objet de trois avis successifs, ce qui montre que ce sujet « *était considéré comme essentiel en fonction non pas seulement de ses éléments techniques, mais aussi et surtout de son impact sur les procédures mêmes de la démocratie de notre pays* ».

« *La question n'a jamais fait l'objet d'un débat parlementaire avant la loi du 30 décembre 1991, laquelle d'ailleurs, avons-nous écrit, n'a répondu qu'à une partie des recommandations de nos avis : "La mise en place de structures et de processus de décision qui assurent information et participation du public, transparence des procédures de décision, évaluation indépendante des études"*[35]*. De fait, pendant longtemps on n'a pensé le problème des déchets que dans ses aspects strictement techniques, et le CEA "concentrant en son sein l'essentiel des compétences techniques au point d'exercer un quasi-monopole de l'expertise dans ce domaine", les autorités chargées de la sûreté manquaient de crédibilité* [36]*. Ainsi, l'Institut de protection et de sûreté nucléaire (IPSN) incarnait une partie de cette expertise, mais fournissant un* *appui technique à l'organe de contrôle, le Service central de sûreté des installations nucléaires (SCSIN), il se trouvait dans "la situation d'avoir à expertiser un document à la rédaction duquel il avait collaboré"*[37]. »

« *Depuis, on s'est certes efforcé de remédier à cette confusion entre contrôleur et contrôlé, mais l'IPSN, pas plus d'ailleurs que l'ANDRA, l'Agence nationale chargée de la gestion des déchets radioactifs, n'a obtenu une réelle autonomie, à la différence de la plupart des pays dotés d'un niveau de développement comparable au nôtre où* l'organisation *des responsabilités accorde plus de poids aux autorités de sûreté. La vérité est que, quelles qu'aient été les réformes, notamment en le plaçant sous la tutelle non seulement du ministère de l'Industrie, mais encore des ministères de l'Environnement et de la Recherche, l'indépendance de l'IPSN n'a jamais été réellement garantie. Nous avons insisté, pour sortir ces travaux de recherche de la forteresse nucléocrate, sur la nécessité d'associer le CNRS et le BRGM aux travaux menés sur ces questions par le CEA et l'ANDRA, en recommandant qu'ils "concourent à l'élaboration de la programmation et accentuent dès ce stade leur participation à l'élaboration des connaissances" et que "l'enseignement correspondant ne reste pas le monopole des opérateurs". Tout cela est demeuré lettre morte, y compris notre insistance pour que, la décision étant prise de choisir des sites pour étudier les conditions du stockage des déchets en couche profonde, il y ait deux laboratoires, et non pas seulement un, chargés de mener les recherches et dont il ne serait pas décidé à l'avance qu'ils seraient transformés en sites de stockage souterrain définitifs*[38]. »

Une différence notable avec l'Office parlementaire des choix scientifiques et techniques est que le Collège était composé de membres extérieurs à l'administration et au monde politique. Les auditions leur permettaient d'entendre des hauts fonctionnaires et dirigeants d'entreprise, qui n'étaient cependant pas obligés de répondre aux questions posées, et certaines enquêtes ont dû être interrompues. Jean-Jacques Salomon nous rassure cependant : « *Le plus généralement, nos investigations trouvaient un écho auprès de ceux qui, à tous les échelons de responsabilité, entendaient jouer le jeu de l'ouverture, du dialogue et de la transparence – et ils existent, plus nombreux qu'on ne peut l'imaginer, dans l'administration comme dans l'industrie*[39]. »

Lorsqu'un gouvernement détourne la science

Mais les meilleures organisations de scientifiques compétents et dédiés à leur tâche dépendent toujours du bon vouloir des gouvernements et ne mettent pas la société à l'abri de mauvaises décisions de la part de ces derniers. Nous assistons actuellement à un spectaculaire retour en arrière de la part des autorités fédérales aux États-Unis, pays qui a certainement su le mieux utiliser les compétences scientifiques et mettre en place des procédures d'expertise indépendante.

Pendant l'Administration du président Clinton, à partir de 1995, la Chambre des représentants a été dominée, pour la première fois depuis 1954, par une majorité républicaine, ce qui, dans le système américain, lui a donné un très grand pouvoir pour toutes les décisions soumises à un vote et aussi pour décider de procéder à des auditions. Toutes les commissions du Congrès sont présidées par des membres de la majorité. Un des premiers actes de ce Congrès fut de supprimer le Bureau de l'évaluation technologique (Office of Technology Assessment) créé en 1974 pour fournir des évaluations non biaisées au Congrès. Les études étaient conduites par les employés de ce bureau, avec la contribution de consultants extérieurs quand c'était nécessaire. Pour chaque étude, il y avait un comité consultatif extérieur dans lequel se retrouvaient les partisans les plus fervents de tous les points de vue sur le sujet étudié ; chacun d'entre eux faisait preuve d'une grande vigilance pour s'assurer que son avis était considéré avec impartialité et que des arguments plausibles, mais incorrects, ne figuraient pas dans le rapport en soutien à des conclusions qu'il ne partageait pas. Tous les rapports de ce bureau ainsi que de nombreux documents sont archivés et disponibles par Internet[40]. Garwin a été membre des comités consultatifs pour plusieurs études et pense que ce modèle fonctionnait remarquablement bien. Manifestement trop au goût des partisans du Congrès qui avaient ainsi moins de succès dans l'usage d'arguments trompeurs pour défendre leurs programmes favoris ou pour s'opposer aux programmes qu'ils n'aimaient pas.

Le pouvoir exécutif aux États-Unis n'a plus disposé d'un organe de conseil scientifique après que le président Nixon eut aboli le Comité consultatif scientifique du Président en 1973. Ensuite le Président disposait d'un Conseil consultatif sur la science et la technologie qui ne se réunissait que quelques fois par an, avait très peu de moyens, et ne pouvait donc accomplir grand-chose, si ce n'est les quelques études qui ont été conduites sous la direction de John Holdren. Quant à l'Administration du président G. W. Bush, celle-ci est singulièrement réticente à tout conseil de la part de scientifiques ainsi qu'à prendre en compte les réalités techniques. Hormis les questions de défense que nous avons déjà mentionnées, comme le déploiement d'un système de défense antimissile pendant la phase de mi-course qui sera inefficace vis-à-vis de contre-mesures pouvant être mises en place y compris sur des missiles intercontinentaux de première génération, les exemples abondent dans les sujets non militaires, allant du contrôle de l'arsenic dans l'eau (que nous avons aussi mentionné) aux politiques à mettre en place dans le cadre de la lutte contre le changement climatique, en passant par des restrictions mesquines sur les voyages nationaux de scientifiques des instituts nationaux de la santé si ceux-ci doivent rencontrer des représentants de certaines organisations internationales comme l'Organisation mondiale de la santé. Des observateurs estiment que le gouvernement tente ainsi d'empêcher le travail des organisations internationales impliquées sur les questions de santé de la reproduction ou de planning familial.

En février 2004, une soixantaine d'éminents scientifiques ont envoyé une lettre au président Bush dans laquelle ils écrivaient : « *Bien que les informations scientifiques fournies soient rarement les seuls facteurs à prendre en compte dans les décisions des politiques publiques, ces informations devraient toujours être considérées d'une façon objective et impartiale pour éviter des conséquences dangereuses. C'est un principe auquel les présidents et les Administrations de deux partis ont adhéré depuis longtemps quand ils ont pris leurs décisions et les ont mises en œuvre. Cependant, l'Administration du président G. W. Bush néglige ce principe*[41]. »

L'Union of Concerned Scientists est une organisation américaine très active, composée maintenant de 100 000 membres, scientifiques et citoyens. Elle a été créée en 1969 à la suite d'une déclaration d'un groupe de scientifiques et d'étudiants de l'Institut de technologie du Massachusetts qui protestaient contre les mauvais usages de la science et appelaient à rediriger les recherches scientifiques des questions militaires aux problèmes sociaux et environnementaux. Cette organisation a lancé en 2004 une grande campagne nationale dont le titre est éloquent : « *Restaurer l'intégrité scientifique dans la décision publique* » : « *Sur de nombreuses questions, depuis l'empoisonnement des enfants avec le plomb et les émissions de mercure des centrales à charbon aux changements climatiques, en passant par la santé de la reproduction et les armes nucléaires, l'Administration déforme et censure les résultats scientifiques qui contrediraient ses politiques, elle manipule la science pour faire correspondre les résultats avec des décisions politiques prédéterminées, elle sape l'indépendance des comités consultatifs scientifiques en soumettant les nominations pour les membres de ces comités à des tests politiques n'ayant pas ou peu à voir avec leur expertise, elle nomme des personnes n'ayant pas d'expertise ou n'ayant pas la qualification requise et qui sont extérieures au monde scientifique ou liées à l'industrie, et elle démantèle entièrement les comités scientifiques*[42]. »

Dans le cadre de cette campagne, plus de 6 000 scientifiques ont signé une déclaration appelant à mettre en place des réformes pour empêcher une utilisation abusive de la science, parmi lesquels 48 lauréats du prix Nobel et 63 lauréats de la médaille nationale de la Science, et 152 membres des académies nationales.

Le jour même où nous écrivons ces lignes, un événement vient renforcer les craintes exprimées ci-dessus. Le *New York Times* publie un article relatant la façon dont le directeur du Conseil de la Maison Blanche sur la qualité environnementale, Philip A. Cooney, a modifié « à la main » des rapports décrivant les résultats de recherches sur le climat que des scientifiques du gouvernement et leurs supérieurs avaient déjà approuvés[43]. Philip A. Cooney avait dirigé la campagne contre les réductions d'émissions de gaz à effet de serre menée par l'industrie pétrolière aux États-Unis. Il a démissionné de ses fonctions à la Maison Blanche le 11 juin 2005.

Il est clair que les États-Unis sont actuellement en proie à une réelle crise de crédibilité et de confiance dans le monde, due aux politiques erronées et aux procédures inefficaces du gouvernement actuel.

Les citoyens organisés

La fin de la guerre froide a apporté beaucoup de changements sur l'échiquier international et lorsque nous parlons avec ceux qui ont construit ces arsenaux nucléaires, ils reconnaissent l'énorme excès inutile de puissance destructrice dans le monde et ils soutiendraient des dirigeants responsables qui décideraient de s'engager dans la réduction massive de l'arsenal nucléaire. Quant à l'exploitation de l'énergie nucléaire qui, après tout, est pour le bénéfice de tous, la maîtrise des risques ne peut se faire indépendamment de l'implication des citoyens, que ce soit pour savoir comment réagir en cas d'accident, pour choisir les sites de centrales ou trouver des solutions pour l'enfouissement des déchets radioactifs.

Nos sociétés devraient apprécier à leur juste valeur les analyses et propositions constructives de groupes tels que le Comité sur la sécurité internationale et la maîtrise des armements de l'Académie des sciences des États-Unis, le Conseil de défense des ressources naturelles aux États-Unis, les Conférences Pugwash, la Fédération des scientifiques américains, les trop éphémères Bureau de l'évaluation technologique aux États-Unis ou Collège de la prévention des risques technologiques en France, ou même Greenpeace et bien d'autres encore. Toute la science et la sagesse ne sont pas l'apanage exclusif des académies des sciences, tant s'en faut !

Depuis les années 1960 et 1970, nous avons assisté à un bourgeonnement d'organisations nationales et internationales préoccupées par les questions de sécurité internationale. Certaines peuvent avoir des analyses que nous ne partageons pas ou utiliser des moyens d'actions violentes que nous récusons. Cependant, nous reconnaissons que nombreuses sont celles qui comptent des dirigeants intelligents et sincères, ont une bonne compétence sur les questions de sécurité internationale et ont souvent fait des propositions judicieuses. Elles sont reconnues comme partenaires actifs par les instances des Nations unies, souvent beaucoup plus que par les gouvernements nationaux ! Nous pensons que, pour mettre en place les politiques appropriées, ces derniers pourraient bénéficier de la force vive que ces organisations représentent.

Nous mentionnons ci-dessous quelques exemples, non exhaustifs, d'organisations non gouvernementales indépendantes dont les travaux et les publications sont d'une grande utilité, aussi bien pour les gouvernements et les professionnels que pour toute personne désireuse de s'informer sur les sujets liés à la maîtrise des armements et à la sécurité internationale.

Un exemple en est l'Institut international de recherche sur la paix de Stockholm, le Sipri, créé en 1966 par le gouvernement suédois et ayant un statut de fondation indépendante, et dont le but est d'étudier les « *préconditions pour des solutions stables et pacifiques aux conflits internationaux* » en se concentrant sur les armements, leur limitation et leur réduction, et la maîtrise des armements, par une recherche appliquée sur des solutions pratiques et politiques en lien avec des études de nature plus théorique. Cet institut d'excellente réputation internationale, dont les annuaires sont maintenant des classiques, fournit une expertise et une information impartiales sur les mises au point de systèmes d'armements, la production et les transferts d'armements, ainsi que sur les limitations et les réductions d'armements et le désarmement.

Parmi d'autres, Vertic[44] est une organisation indépendante plus spécialisée, créée en 1986 au Royaume-Uni, dont l'objectif est de promouvoir une vérification efficace des accords internationaux. Son expertise concerne les questions de non-prolifération, d'interdiction des essais nucléaires, de désarmement nucléaire, chimique et biologique, ainsi que la Convention sur les changements climatiques. Financée par des fondations, des gouvernements ou des organisations internationales, ses moyens d'action sont les publications et des interactions régulières avec les acteurs politiques et diplomatiques.

Le Conseil de défense des ressources naturelles (Natural Resources Defense Council – NRDC), basé à Washington, a joué un rôle majeur dans l'information du public en matière de technologie des armes nucléaires ainsi que sur la compositions des arsenaux des puissances nucléaires. Une publication, qui est maintenant un classique, est la Série *Nuclear Weapon Data Book*[45], qui a démarré en 1984. Ces ouvrages sont un modèle de recherche technique et compétente et sont très bien écrits. Leurs travaux sont régulèrement publiés, en particulier dans le *Bulletin of Atomic Scientists*, et sont disponibles sur Internet[46]. En collaboration avec des scientifiques soviétiques, et chez ces derniers, cette organisation a réalisé dans les années 1980 des travaux de pionnier pour mettre au point des systèmes de séismomètres pour la vérification d'un traité interdisant les essais nucléaires. Des travaux récents de cette organisation incluent la mise au point d'une simulation informatique des effets détaillés de tous les types d'armes nucléaires qui seraient utilisés dans une attaque stratégique. En matière environnementale, cette organisation possède une expertise scientifique reconnue en matière de protection de l'environnement, de droit de l'environnement, et sur les questions relatives au changement climatique, à la politique énergétique, en particulier l'efficacité énergétique. Cette organisation non gouvernementale fournit un travail d'excellente qualité qui pourrait même servir d'exemple pour le type d'études que les gouvernements devraient entreprendre.

En France, le Centre de documentation et de recherche sur la paix et les conflits a été créé en 1984 à Lyon, à la suite de l'échec relatif en France des mouvements d'opposition à la guerre en général et à l'armement nucléaire en particulier. C'était l'époque des grandes mobilisations en Europe contre la décision soviétique de déploiement des missiles SS-20 et l'installation des missiles Pershing américains dans plusieurs des États européens membres de l'OTAN. Même si la France n'était pas directement concernée par cette décision, c'était néanmoins le moment de la construction des fusées Hadès et des Pluton. Ce centre a pour objectif de vouloir insuffler au sein de la société française plus de transparence pour un débat contradictoire sur les questions militaires à partir d'un travail de documentation et d'expertise. En 1994, il s'est doté d'un Observatoire sur les transferts d'armements et, en 2000, d'un Observatoire des armes nucléaires françaises. C'est un centre sans équivalent en France : même si les textes sont teintés de militantisme, il n'en reste pas moins qu'il met à la disposition du public, et aussi des professionnels, des informations sur les armements nucléaires et sur les transferts d'armements en particulier, d'une bonne fiabilité et pas toujours faciles à trouver autrement.

À partir du début des années 1980, des organisations professionnelles se sont créées comme l'Association internationale des médecins pour la prévention de la guerre nucléaire (prix Nobel de la paix 1985 partagé avec Physicians for Social Responsibility), créée en 1980 par deux médecins, un Américain et un Soviétique, qui ont œuvré pour faire comprendre au public qu'il n'existait pas de réponse médicale en cas de guerre nucléaire. C'est une fédération mondiale d'organisations médicales dans 58 pays dont les missions sont l'éducation, la recherche et des activités de plaidoyer sur les thèmes relatifs à la prévention de la guerre nucléaire. Cette organisation, créée durant la guerre froide, a permis à l'époque des contacts entre médecins (y compris des personnalités influentes) de l'Est et de l'Ouest.

Enfin, sans les pressions des opinions publiques, peu d'accords de désarmement auraient vu le jour. Cela a été le cas pour la première grande campagne des organisations non gouvernementales qui conduira à la signature du Traité d'interdiction partielle des essais nucléaires en 1963. L'organisation américaine Physicians for Social Responsibility est fondée en 1961 dans le but de sensibiliser le corps médical et le public sur les dangers des armes nucléaires. Dès ses débuts, cette organisation donne l'alerte en constatant la présence de taux élevés de strontium-90 dans les dents des enfants aux États-Unis, qui absorbent ce corps très radioactif dans le lait maternel. Physicians for Social Responsibility explique comment ceci est une conséquence des essais nucléaires atmosphériques. Par ailleurs, Pugwash organise des réunions d'experts de l'Est et de l'Ouest pour proposer des solutions techniques de vérification d'une interdiction des essais[47]. Les grandes manifestations demandant la fin des essais seront cruciales pour aboutir à l'interdiction des essais atmosphériques : elles furent organisées par des communautés de femmes et de mères, et par l'organisation SANE (Commettee For a Sane Nuclear Policy). SANE fut créée en 1957 avec la mission « *de développer un soutien populaire pour des politiques éloignant l'humanité de la guerre et la rapprochant de la paix et de la justice* », et dont des membres éminents incluaient Albert Schweitzer, Eleanor Roosevelt ou Pablo Casals.

Un autre épisode où les pressions des opinions publiques ont réussi à infléchir les politiques des gouvernements se situe dans les années 1980, où l'on assiste à une reprise de la course aux armements due à un regain de tension entre les deux superpuissances. Le mouvement antinucléaire se focalise sur la possibilité d'un holocauste nucléaire, et les opinions sont plutôt favorables au gel des armements qu'à cette nouvelle dynamique de la guerre froide. La campagne « Freeze » et le mouvement antinucléaire européen (European Nuclear Disarmament – END), se dressent contre les orientations bellicistes de l'Administration Reagan et contre les projets de l'OTAN de déployer les missiles de croisière et les missiles Pershing prévus pour 1983 et aussi le déploiement des SS-20 en Europe de l'Est. Plusieurs millions de personnes défileront dans les rues entre 1981 et 1983 en Europe et aux États-Unis. Cette mobilisation aura une influence décisive dans l'évolution des positions américaine et soviétique en matière de sécurité et la signature du Traité sur les forces nucléaires intermédiaires en 1987[48].

Une autre retombée remarquable de ces activités scientifiques et de ces contacts entre des organisations indépendantes est l'influence primordiale qu'ont eue leurs activités sur l'évolution démocratique en Union soviétique et dans les pays de l'Est, grâce aux liens tissés avec les scientifiques et les mouvements contestataires de l'autre côté du Rideau de fer[49]. Ces réseaux transnationaux créés par des scientifiques, y compris par des scientifiques de premier plan dont certains avaient aussi participé à la mise au point des armements nucléaires, ont joué un rôle essentiel pour convaincre les dirigeants des États-Unis et de l'Union soviétique de terminer la guerre froide en douceur[50].

Alors que les organisations spécialisées, comme le Comité sur la sécurité internationale et la maîtrise des armements de l'Académie des sciences des États-Unis ou Pugwash, et bien d'autres encore, sont encore très mobilisées sur les risques posés par la dissémination potentielle des matériaux nucléaires ou des armes, les opinions publiques semblent maintenant muettes sur les questions d'armes de destruction massive. Nombreux sont ceux qui ont oublié les horreurs des explosions d'Hiroshima et de Nagasaki, et il n'en reste que peu de témoins. L'urgence semble passée et les opinions publiques ne voient plus le lien entre le maintien des arsenaux et la menace de destruction à grande échelle.

Conclusion

UN TOURNANT DANS L'ÈRE NUCLÉAIRE

La maîtrise de la réaction en chaîne dans les réacteurs nucléaires a permis la propulsion des sous-marins et des navires, la durée des voyages étant alors seulement limitée par l'endurance des équipages. Ce fut la seconde application des réacteurs nucléaires, initialement construits pendant la Seconde Guerre mondiale pour produire le plutonium, élément fissile pour les bombes. Maintenant, plus de 400 réacteurs commerciaux produisent le sixième de l'électricité mondiale.

L'importance potentielle de l'énergie nucléaire pour le futur énergétique de la planète va bien au-delà de sa contribution actuelle. Bien avant l'extinction des ressources fossiles, que ce soit le pétrole et le gaz ou le charbon beaucoup plus abondant, l'augmentation de la concentration de gaz carbonique dans l'atmosphère conduira à des perturbations sur le climat qui seront dangereuses pour les écosystèmes et donc pour l'humanité : ouragans, canicules, sécheresses, inondations et autres calamités seront au rendez-vous jusque dans les endroits les plus reculés. L'énergie nucléaire est l'une des méthodes éprouvées qui peut contribuer à la satisfaction des besoins énergétiques mondiaux grandissants sans émettre de gaz à effet de serre.

Mais cette méthode n'est pas sans danger. Nous avons insisté sur la nécessité d'exercer la plus grande responsabilité dans la mise au point, l'exploitation et le démantèlement des réacteurs et pour la gestion de l'ensemble du cycle du combustible, depuis l'extraction du minerai jusqu'à la mise au rebut des déchets radioactifs, avec ou sans retraitement. L'Agence internationale de l'énergie atomique continuera à jouer un rôle essentiel dans la surveillance des activités nucléaires pacifiques pour s'assurer qu'il n'y a pas de détournement des matériaux. Afin de pouvoir mener à bien cette mission, ses moyens d'action et ses ressources doivent être substantiellement renforcés.

Nous espérons qu'il sera possible d'abolir les armes nucléaires pour ne jamais les voir resurgir. Cependant, il n'est ni suffisant ni nécessaire de bannir l'énergie nucléaire pour autant. Ce ne serait pas une condition suffisante parce que les applications militaires du nucléaire ont vu le jour avant les applications pacifiques et, avec le progrès technologique, des armes du type de celles produites par le Projet Manhattan peuvent être mises au point et fabriquées avec les matériaux obtenus par des installations d'enrichissement dédiées ou des réacteurs produisant du plutonium, ce qui deviendra de plus en plus facile. Ce n'est pas une condition nécessaire, parce que le strict respect du régime de garanties internationales et l'intégrité des personnels des installations dans la conduite des activités nucléaires pacifiques assurent une protection face à des détournements éventuels.

Cependant, tant que les pays disposant d'armes nucléaires maintiendront que ces armes sont utiles à leur sécurité et tant que ces armes seront considérées comme un instrument de prestige, la logique veut que de nouveaux pays s'efforcent de pouvoir disposer de ces instruments de sécurité et de prestige. C'est une conséquence à moyen ou long terme quasiment mécanique du caractère discriminatoire du Traité de non-prolifération allié au maintien des arsenaux nucléaires existants. Dans ce contexte plus dangereux, la sûreté des matériaux nucléaires deviendra encore plus difficile à assurer, ce qui limitera sans aucun doute une expansion possible de l'énergie nucléaire. Nous sommes donc tout à fait d'accord avec l'affirmation suivant laquelle « *un monde où le rôle des armes nucléaires augmente est aussi vraisemblablement un monde où le rôle de l'énergie nucléaire diminue*[1] ».

Pour la mise au rebut ultime du combustible usé provenant des réacteurs ou celle des déchets hautement radioactifs vitrifiés provenant des installations de retraitement, il faudra exiger que tous les dépôts en site géologique profond soient réglementés et surveillés par l'Agence internationale de l'énergie atomique et qu'ils acceptent uniquement des déchets conditionnés sous une forme approuvée par l'agence, condition indispensable pour assurer la sécurité, la protection de l'environnement et la non-prolifération. Les industries nucléaires des pays devraient pouvoir acheter une capacité de stockage des déchets à l'étranger, plutôt que d'être obligées de les enfouir dans leur propre pays, contrainte qui ne sert ni l'économie ni l'écologie.

L'avenir de l'énergie nucléaire dépend de la confiance des États, des exploitants de réacteurs et des investisseurs dans la disponibilité de combustible pour les réacteurs. Alors que les fournisseurs d'uranium et de services d'enrichissement n'ont aucun intérêt à ce que leurs clients sachent que les ressources actuelles pourraient être multipliées par mille à un coût abordable, il est certainement de l'intérêt du public et des responsables des politiques publiques, tout comme pour le futur énergétique mondial, d'établir les coûts d'extraction de l'uranium de l'eau de mer.

Nous avons examiné en détail les mérites du retraitement du combustible pour recycler le plutonium, de l'enfouissement, ainsi que les problèmes qu'ils posent. Pour les États-Unis, l'enfouissement en l'état en couche géologique profonde est moins coûteux et plus sûr. Il sera enterré sous des centaines de mètres, ce qui le protège du vol, tout en restant accessible sous forme de conteneurs pour des centaines ou des milliers d'années si jamais il fallait le récupérer parce que finalement le retraitement deviendrait avantageux. Nous ne proposons pas que la France arrête le retraitement du combustible usé des réacteurs à eau légère (il ne semble pas qu'il y ait des projets pour recycler une deuxième fois le plutonium) ou que le Royaune-Uni arrête définitivement le retraitement, bien qu'il ne dispose pas d'un seul réacteur pouvant brûler le plutonium recyclé. Les sociétés et les gouvernements de ces pays doivent s'assurer que les activités de retraitement qu'ils mettent en place sont acceptables au regard de la santé publique et de la non-prolifération. Le retraitement est certainement profitable pour ceux qui gèrent ces activités une fois que les installations sont payées et fonctionnent correctement, bien que cela revienne plus cher que le stockage en l'état aux exploitants de réacteurs et donc au public.

L'augmentation ou le remplacement de ces installations est une décision qui mérite un débat ouvert et une analyse objective et cohérente des risques et des bénéfices. Cette question prend un relief particulier après le très sérieux incident de Sellafield découvert en avril 2005 : une quantité équivalente à une année de combustible pour un réacteur s'est échappée par une fissure dans un tuyau et s'est répandue pendant plusieurs mois dans un espace inoccupé. Cela a conduit à la fermeture de toute l'usine. Comme la compagnie British Nuclear Fuels Limited venait de transférer l'installation à l'Autorité (publique) chargée du démantèlement des centrales nucléaires, toute nouvellement créée le 1er avril 2005, qui est chargée de gérer l'essentiel du passif nucléaire du secteur public, c'est donc sur le contribuable que seront répercutés les coûts énormes de l'arrêt des opérations et la décontamination de l'installation. Par ailleurs, la demande de retraitement a baissé depuis les nouvelles lois en Allemagne et l'installation de Rokkasho-Mura au Japon devrait commencer à fonctionner à plein régime en avril 2006.

Nous avons particulièrement insisté au chapitre 10 sur le fait que le plutonium séparé du combustible usé des réacteurs peut servir à faire des bombes fiables et avec une puissance élevée (au minimum 1 à 2 kilotonnes voire beaucoup plus). Il est donc essentiel que les pays dont le combustible est retraité ou qui reçoivent du plutonium séparé prennent toutes les mesures pour comptabiliser ces matériaux et les garder en lieu sûr. L'Agence internationale de l'énergie atomique doit avoir les moyens de s'assurer que ce plutonium dit « civil » est protégé de la même façon que si c'était du plutonium pour les bombes. D'autre part, la Convention sur la protection physique des matières nucléaires et l'amendement de juillet 2005 devraient être ratifiés par les États qui ne l'ont pas encore fait, dans un délai en mois et non en années comme c'est habituellement le cas.

Nous avons aussi mentionné le grand risque que représentent les stocks d'uranium hautement enrichi, le matériau de prédilection pour l'apprenti fabricant d'armes nucléaires. Les stocks en Russie s'élèvent encore à près d'un millier de tonnes alors que 20 kilogrammes seraient suffisants pour fabriquer une bombe. La seule dilution de cet uranium à un niveau de concentration inférieur à 20 % permettrait de grandement réduire ce risque à court terme, pour un coût relativement modeste surtout quand on le compare aux dommages que produirait l'utilisation d'une infime fraction de ces stocks. Dans un deuxième temps, cet uranium devrait être dilué à la concentration habituelle du combustible civil. Nous pensons que les gouvernements du G7, qui se préoccupent actuellement beaucoup de la lutte contre le terrorisme, ont la responsabilité d'allouer de toute urgence les financements additionnels nécessaires avant qu'un détournement d'uranium hautement enrichi se matérialise, avec les conséquences qui s'ensuivraient.

Étant donné le niveau des ressources d'uranium, en particulier dans les océans, les surgénérateurs ne sont pas nécessaires pour plusieurs siècles. En revanche, si les réacteurs à neutrons rapides étaient moins chers et plus sûrs que les réacteurs à eau légère, nous y serions très favorables. Le retraitement est nécessaire pour les surgénérateurs et pour la fabrication de Mox, mais cette opération peut être simplifiée si on ne sépare que la plupart des produits de fission et qu'on recycle l'ensemble des matériaux lourds qui peuvent fissionner, c'est-à-dire l'uranium ou le thorium, le plutonium, l'américium, le curium, etc. Cette méthode serait beaucoup plus sûre du point de vue de la non-prolifération des armes nucléaires que la méthode actuelle consistant à séparer du plutonium d'une pureté exquise pour la fabrication du Mox qui sera utilisé dans des réacteurs à eau légère. Une séparation moins poussée laisserait une fraction de métaux lourds très impurs dont l'intense radioactivité très pénétrante limitera beaucoup l'accès au plutonium pendant des décennies avant qu'il soit enterré ; ce plutonium serait très différent du plutonium tel qu'il est recyclé actuellement pour les réacteurs à eau légère qui peut être manipulé à mains nues quand il est conditionné dans les minces conteneurs en acier. Cette méthode de retraitement partiel des actinides ne poserait pas de risque environnemental sérieux pour la mise au rebut des déchets. En effet, le plutonium et les actinides à longue vie ne migrant pas dans l'eau souterraine, comme le montre le comportement du réacteur naturel d'Oklo, la séparation complète du plutonium des déchets vitrifiés n'est donc pas nécessaire.

Nous soulignons le fait que le retraitement est nécessaire et même profitable si le prix de l'uranium venait à augmenter considérablement et s'il s'avérait que la mise au point de nouveaux surgénérateurs donnait à ceux-ci une place importante dans la future offre d'électricité. Mais en attendant, la production de combustible Mox pur est une activité coûteuse et le Mox doit être surveillé et protégé pour éviter qu'il ne puisse contribuer à la prolifération ou même à des actes criminels. Comme nous l'avons vu au chapitre 5, les nouvelles installations de retraitement au Japon, aux États-Unis ou ailleurs ne sont pas économiquement rentables. En prenant l'exemple de l'usine de Rokkasho, alors que l'uranium naturel vaut actuellement 30 dollars, le prix du combustible retraité revient à un prix équivalant à 962 dollars le kilogramme d'uranium naturel économisé, en ne comptant que le coût de fonctionnement de l'usine ; si on inclut une valeur de 10 % pour les intérêts, les réparations et la modernisation, ce prix monterait à 2 200 dollars le kilogramme. Une telle politique ajoute des coûts substantiels à la production d'énergie nucléaire et réduit donc sensiblement son attractivité.

La perspective de l'acquisition par l'Iran d'une installation d'enrichissement de l'uranium par centrifugation a suscité une proposition intéressante de la part de plusieurs pays européens, l'Allemagne, la France et le Royaume-Uni, qui avaient le soutien des États-Unis et de l'Agence internationale de l'énergie atomique. L'installation iranienne permettra à l'Iran de fabriquer du combustible pour sa nouvelle centrale nucléaire mais lui donnerait aussi la capacité de produire éventuellement, à un horizon plus lointain, de l'uranium de qualité militaire. La proposition européenne consiste à mettre en place un mécanisme pour « assurer un cycle du combustible complet » aux pays ne disposant pas d'installations d'enrichissement ou de retraitement. Par ce mécanisme, ces derniers auraient la garantie d'une offre d'éléments de combustible à un prix économiquement compétitif et le combustible usé serait transporté pour être stocké ou retraité, toujours à un prix économique. Au lieu de retarder l'expansion de l'énergie nucléaire dans les pays qui possèdent déjà des centrales, ou dans des pays comme l'Italie qui n'en ont aucune, la mise en œuvre de ce mécanisme pourrait, au contraire, permettre aux États qui le désirent de mettre rapidement en service un système de production d'électricité nucléaire moderne à un coût abordable, tout en contribuant à briser le lien entre énergie nucléaire et armes nucléaires[2].

Tous les États qui exploitent des installations d'enrichissement ou de retraitement devraient le faire de façon transparente, les placer toutes sous contrôle international et donner les garanties nécessaires que les opérations qui y sont conduites sont en accord avec leurs engagements internationaux. Ces dispositions devraient faciliter les négociations du Traité sur l'interdiction de production de matières fissiles, dont la conclusion représenterait un réel progrès en matière de non-prolifération. La mise en service d'un ou plusieurs sites géologiques pour le stockage définitif des déchets nucléaires, sous le strict contrôle de l'Agence internationale de l'énergie atomique, pourrait aller de pair avec la proposition des pays européens. Comme nous l'avons expliqué, nous pensons que cette solution serait mieux adaptée pour la plupart des pays que le système actuel où chaque pays doit entreposer ses déchets sur son propre territoire.

Enfin, le monde ne pourra profiter des bénéfices de l'énergie nucléaire qu'à la condition expresse que les industries et les États ayant la responsabilité de réacteurs et du combustible, à toutes les étapes du cycle, se comportent de façon à rendre pratiquement impossible un accident où la radioactivité s'échappe dans l'environnement. Le jugement récent de l'Association mondiale des exploitants des centrales nucléaires montre que des améliorations importantes en matière de sécurité seront les bienvenues.

Vers un monde libéré des armes nucléaires

La priorité des priorités actuelles est d'échapper à la situation présente où la persistance de stocks d'armes nucléaires d'une taille injustifiable et même absurde, les conditions incertaines et instables de leur utilisation potentielle et l'éventualité de plus en plus probable de dissémination des matériaux nucléaires font courir, à des milliards d'habitants de la planète, des risques qui sont tout à fait inacceptables. Nous proposons les étapes possibles vers l'élimination d'armes dont la possession n'offre aujourd'hui qu'une illusion de sécurité, illusion qui pourrait bien menacer la vie de leurs possesseurs et celle de la terre entière.

Nous vivons dans un monde qui a connu au cours du siècle passé des convulsions guerrières dont l'ampleur destructrice est allée de pair avec le développement de la science. Pendant toute l'histoire de l'humanité, et jusqu'à aujourd'hui, la science a été, en grande partie, soutenue à cause de la conviction qu'ont les dirigeants de voir en elle une source de connaissance et une pourvoyeuse des instruments de la défense nationale – en résumé, des armes.

Au sortir de chacune des deux dernières guerres mondiales, les hommes ont créé des institutions, comme la Société des nations puis l'Organisation des Nations unies, dont ils attendaient qu'elles empêchent la répétition du cataclysme dont ils émergeaient. La peur d'une irruption des armes nucléaires sur les champs de bataille était partagée par beaucoup d'hommes politiques venus au pouvoir après la guerre.

Depuis les premières discussions sur le contrôle international de l'énergie nucléaire et pacifique, qui n'avaient pas abouti dans le contexte de la guerre froide, les temps ont changé. Faut-il obligatoirement attendre la prochaine catastrophe pour élaborer un système de sécurité efficace ? Il faut que le Traité de non-prolifération soit renforcé, que des moyens supplémentaires soient donnés à l'Agence internationale de l'énergie atomique, que le Traité d'interdiction complète des essais nucléaires entre en vigueur dans les meilleurs délais, que les accords internationaux bannissant la mise au point et la possession des armes chimiques et biologiques soient universellement acceptés et que toute violation soit punie ; il faut encourager des réductions substantielles des arsenaux nucléaires et empêcher que les armes ayant une fonction de dissuasion nucléaire puissent être lancées en quelques minutes ou quelques heures.

Le monde a miraculeusement survécu à quarante années d'antagonisme intense entre les États-Unis et ses alliés de l'OTAN, et l'Union soviétique avec les pays regroupés dans le pacte de Varsovie, arc-boutés sur des dizaines de milliers d'armes thermonucléaires, chacune étant capable de détruire une ville entière. Nous en sommes à une nouvelle ère où, à part quelques-uns, tout le monde s'accorde à penser que le nombre maximum tolérable d'armes nucléaires ne dépasse pas le millier et que la sécurité des États, y compris les États nucléaires, *exige* de ramener ce nombre à une centaine ou même peut-être à zéro.

Même s'ils appartenaient à des camps antagonistes, les chefs d'État n'avaient pas l'illusion que les armes nucléaires seraient confinées aux champs de bataille, et c'est pourquoi ils ont résisté à la tentation de les utiliser lors des crises les plus tendues. Cette sagesse a écarté le recours massif aux armes lors des épisodes mouvementés de la guerre froide qui ont secoué les relations entre l'Union soviétique et les États-Unis. Cette sagesse, et une bonne dose de chance, a sans aucun doute sauvé l'Europe qui était la plus exposée à une destruction totale en raison du nombre d'armes nucléaires amassées sur son territoire et destinées à être utilisées sur le terrain. Robert McNamara, secrétaire d'État à la Défense du président Kennedy, figure centrale de la crise de la baie des Cochons, dit : « *C'est très important, finalement nous avons eu de la veine. C'est la chance qui a évité la guerre nucléaire*[3]. »

Mais les habitants de notre planète n'ont pas changé. Nous les voyons fréquemment saisis d'accès de rage destructrice qui les conduisent à des massacres à la machette ou à la mitrailleuse. Nous les regardons avec horreur mais passivement sur les écrans de nos télévisions. Ils ajoutent la vision de l'insoutenable dans la vie réelle à toutes les scènes romancées de violence dont les hommes sont saturés dès leur enfance, à titre de distraction. Verrons-nous demain, par les hasards de l'histoire, des hommes manier des armes nucléaires grâce à la corruption des dirigeants d'une grande puissance ou à l'anarchie de régimes en ruine qui se conjuguent avec des sommes colossales d'argent, y compris l'argent du pétrole ou l'argent sale des mafias en tous genres, pour les rendre accessibles ? Oui, si la prévention de la prolifération ne reçoit pas une attention prioritaire.

Nous suggérons un programme réaliste en vue d'un objectif souhaitable : réduire rapidement et massivement le stock mondial d'armes nucléaires en respectant le souci légitime de sécurité de toutes les nations, celles qui ont des armes nucléaires et celles qui n'en ont pas.

Pour les sceptiques, il est utopique de vouloir descendre aujourd'hui à zéro, car cela donnerait un avantage considérable à ceux qui cacheraient quelques armes nucléaires ou à de nouveaux venus dans le club des heureux propriétaires, parce que les victimes potentielles n'auraient alors aucun moyen de représailles, donc pas de moyen de dissuasion. Ce n'est pas un obstacle insurmontable si les pays maîtrisant la technologie nucléaire s'accordent à mettre en place un système de contrôles efficace. Les sceptiques devraient être d'accord avec nous pour les premières étapes de désarmement permettant de descendre à une centaine d'armes nucléaires.

C'est un objectif souhaitable. Un calcul simple illustre le pouvoir de destruction d'un petit nombre seulement d'armes nucléaires[4]. Près de 25 millions de personnes, soit un sixième de la Russie, vivent dans des villes de plus d'un million d'habitants. Leur surface totale est inférieure à 2 500 km^2. L'explosion d'une tête nucléaire de 475 kilotonnes lancée d'un sous-marin détruirait 100 à 150 km^2. Cela correspond à la seule destruction par effet de souffle, à laquelle s'ajouteraient les morts supplémentaires résultant des incendies, des radiations, des maladies et de la faim. Il suffit ainsi de 20 têtes nucléaires pour assurer la mort de 25 millions d'habitants. Dans le cas de la Russie, une telle attaque conduirait à la perte de près du quart du potentiel industriel. Dans le cas de la Chine, dont la population est plus dense, il suffirait de sept bombes pour assurer la même hécatombe. Dans une stratégie de dissuasion, pour laquelle ces menaces sont amplement suffisantes, des stocks de bombes stratégiques plus de 100 ou 1000 fois supérieurs ont quelques difficultés à être justifiés. C'est une tâche urgente pour tous ceux qui aiment le monde, la civilisation et eux-mêmes d'empêcher qu'un tel désastre se produise, cette année, dans dix ans, et pour toujours. Cela ne pourra être obtenu qu'en enfermant les matériaux nucléaires et les armes nucléaires où ils se trouvent, en refusant leur accès aux acteurs non étatiques, en dissuadant les États qui en possèdent de s'en servir. Enfin, une réduction massive du nombre d'armes nucléaires en vue de leur élimination totale et définitive dans les États nucléaires permettra de justifier leur ferveur à en interdire l'accès aux autres.

Les arsenaux nucléaires avaient atteint des niveaux tellement insensés que même en réduisant presque quinze fois le nombre d'armes tactiques comme c'est actuellement le cas des États-Unis (mais apparemment pas de la Russie), et au

1

2

3

4

tiers celui des armes stratégiques pour descendre à 4 000, la vie sur la planète resterait menacée en cas d'échange de tirs global. Rappelons qu'il y a dans le monde 2 300 villes de plus de 100 000 habitants ; cela veut dire que les États-Unis ou bien la Russie pourraient les détruire toutes et garder encore chacun des milliers de bombes en réserve. Sur une très longue période de temps, on ne peut exclure la perspective d'un lancement non autorisé, d'un fou venant au pouvoir avec un groupe d'hommes à sa dévotion totale, même si on a pris la peine de munir le système de toutes les précautions imaginables. Comme il y a des milliers d'armes encore en état d'alerte, on ne peut pas non plus exclure qu'il s'ensuivrait une escalade. On ne peut pas non plus complètement exclure qu'une intrusion extérieure malveillante se produise dans le système d'alerte de l'un des pays dotés d'armes nucléaires, pouvant alors conduire à un échange à grande échelle.

C'est un programme réaliste. Les premiers responsables, les États-Unis et la Russie, doivent réduire sans plus tarder leur nombre de têtes stratégiques à 2 000 : ce qui ne représenterait pas un saut qualitatif mais cette étape peut être effectuée rapidement. En même temps, ces pays pourraient entamer des discussions avec les autres puissances nucléaires pour les convaincre de diminuer leurs arsenaux une fois qu'ils seront tous les deux descendus à 1 000 têtes nucléaires chacun.

Des techniques de démilitarisation rapide des têtes nucléaires peuvent être mises au point pour que, si une arme était déclenchée par malveillance ou par accident, elle ne produise aucune puissance. Dans le cas des armes américaines, ce serait possible en remplissant la coquille de plutonium avec des fils en acier par le tube qui permet d'introduire le tritium. Une autre mesure de désarmement consisterait à ce que la presque totalité des têtes nucléaires soient rapidement démantelées et que les pièces détachées soient rangées séparément de sorte à ne pouvoir être remontées qu'en quelques mois, mais pas en quelques minutes, tout en conservant un stock minimum d'armes prêtes à être lancées. Il existe d'autres possibilités, peut-être plus acceptables pour les militaires, pour que les armes ne soient pas en état d'alerte. Par exemple les silos basés au sol peuvent être recouverts d'une épaisseur de 20 mètres de terre ; même avec des pelleteuses, il faudrait plusieurs heures pour la retirer. Quant aux sous-marins lanceurs d'engins, pour les pays qui ont plusieurs sous-marins en permanence en mer, on pourrait les envoyer dans les océans de l'hémisphère Sud, de façon à ce que leurs cibles soient en dehors de la portée de leurs missiles. Il faudrait aussi procéder à l'insertion vérifiable de coquilles en acier dans les missiles balistiques remplaçant les têtes qui ont été retirées en accord avec l'accord START II de janvier 1993.

En effet l'accord START II stipule l'élimination des têtes multiples des missiles américains et russes basés au sol mais autorise des têtes multiples indépendantes sur les missiles basés sur les sous-marins. Allégés d'une ou plusieurs têtes, ces missiles auraient une portée supérieure et ils pourraient atteindre n'importe quel point de la planète ; l'insertion vérifiable de poids mort en acier permettrait donc de limiter leur portée. Une telle mesure éviterait le danger et préserverait la dissuasion à l'égard de tout agresseur concevable, qui ne peut pas cependant surgir du néant en quelques semaines, armé de centaines de têtes nucléaires capables d'anéantir l'ensemble des forces de représailles. Nous considérons que le Traité de Moscou de 2001 est un pas en arrière, puisqu'il élimine les avancées de START II comme l'élimination des missiles à têtes multiples : si les États-Unis avaient pris au sérieux le désir des Russes de diminuer leur arsenal de missiles à un niveau beaucoup plus bas, il aurait été possible pour les Russes de ne déployer que des missiles avec une seule tête. Nous pensons que les États-Unis ont manqué une opportunité d'améliorer leur propre sécurité ainsi que celle de tous.

Comme mesure intermédiaire on pourrait considérer un arsenal nucléaire réduit pour assurer la fonction de dissuasion sous la responsabilité d'une organisation multinationale. Au début, cet arrangement devrait vraisemblablement coexister avec le maintien d'arsenaux nationaux de taille extrêmement réduite. Aucun membre de cette organisation n'aurait de droit de veto. Pour qu'une telle transition soit possible, il faudrait que le Conseil de sécurité des Nations unies soit ouvert à un plus grand nombre d'États permanents que les cinq puissances qui le composent actuellement et qui toutes, sauf les États-Unis, ont construit leur armement nucléaire après 1945, date de création des Nations unies. Ce projet ambitieux mériterait d'être sérieusement étudié.

Nos propositions de réduction

Pour nos recommandations, ou celles de la Commission de Canberra que nous avons mentionnées au chapitre 10, le problème est de trouver un système de sécurité internationale qui diminue la probabilité des conflits et qui, dans aucun cas, ne les laisse dégénérer en guerre entre les États.

Résumons nos propositions pour aboutir à une réduction massive et rapide du stock d'armes nucléaires. Celles-ci sont quasiment identiques à celles déjà publiées dans le livre *Feux follets et champignons nucléaires* il y a huit ans, mais décalées d'autant !

1. En 2006, la Russie et les États-Unis pourraient réduire leur arsenal à 2 000 têtes pour chaque pays, et instaurer un système bilatéral de comptabilité de toutes les armes et de tout le stock de matériel fissile de qualité militaire en excès par rapport à ce qui est contenu dans les armes permises par les traités. Il n'y a aucune raison pour que cela n'ait pas pu être accompli dans les années 1990, si

on lui avait donné la priorité que cela méritait. Le suivi des arrangements bilatéraux devrait être transféré le plus rapidement possible à une organisation internationale qui serait chargée de la surveillance des têtes et des matériaux nucléaires, tandis que les têtes qui doivent être détruites seraient scellées, mises hors d'état de fonctionner, et les matériaux nucléaires qu'elles contiennent alloués irrévocablement à l'industrie civile.

L'uranium de qualité militaire, qui, comme nous l'avons déjà dit, présente un risque majeur de prolifération, pourrait être immédiatement mélangé, à bas coût, à de l'uranium naturel, de façon à atteindre un niveau maximum d'enrichissement en uranium-235 de 19,9 %, valeur maximale pour l'uranium dit « faiblement enrichi ». Cet uranium devrait ensuite être encore plus dilué pour arriver à une concentration inférieure de 4 à 5 % en uranium-235. Celui-ci pourrait ensuite être vendu comme combustible pour les réacteurs à eau légère à l'industrie nucléaire civile, sous le contrôle du système de garanties de l'Agence internationale de l'énergie atomique. Selon le souhait des États, le plutonium des armes devrait être stocké de façon sûre jusqu'à ce qu'il soit utilisé dans des réacteurs ou enfoui dans des couches géologiques profondes avec toutes les mesures de sécurité nécessaires.

2. Toutes les puissances nucléaires, déclarées et non déclarées, la Chine, les États-Unis, la France, le Royaume-Uni et la Russie, mais aussi l'Inde, Israël et le Pakistan, devraient adopter des positions, des engagements et finalement un traité de non-emploi en premier d'armes nucléaires.

3. En réponse à cela, la Chine, la France, Israël et le Royaume-Uni réduiraient leur stock d'armes nucléaires dès que les États-Unis et la Russie seraient arrivés à 1 000 armes chacun. Dans une étape ultérieure, les États-Unis et la Russie devraient considérer une réduction de leurs arsenaux respectifs à moins de 300 têtes nucléaires, alors que les autres puissances nucléaires réduiraient le leur pour ne pas dépasser 150 chacune.

4. En collaboration avec les Nations unies, les puissances nucléaires devraient fournir aux États non dotés d'armes nucléaires et parties au Traité de non-prolifération des garanties de sécurité négatives – c'est-à-dire ne pas utiliser des armes nucléaires contre eux – et positives, en leur assurant une protection au cas où ils seraient menacés par des armes nucléaires.

5. Les cinq puissances nucléaires déclarées, ainsi que les autres nations qui voudraient se joindre à ce processus, devraient entamer des négociations et conclure un traité contenant des mesures spécifiques pour aboutir à l'élimination totale des armes nucléaires. L'Inde, le Pakistan et Israël devraient faire partie de ce régime. Les armes nucléaires des arsenaux nationaux ne pourraient éventuellement être utilisées qu'exclusivement avec l'autorisation d'une autorité internationale ; cette étape pourrait être suivie par le transfert d'arsenaux nucléaires

nationaux à cette autorité internationale, dès que les tailles des arsenaux auraient atteint quelques unités.

Alors que l'élimination totale des armes nucléaires ou le transfert d'une petite quantité d'armes nucléaires à une autorité internationale n'ont de réelles possibilités de se produire que si les nations du monde réussissent à mettre en place un meilleur système de sécurité international, les premières étapes vers cet objectif ne dépendent que de la transparence et de la volonté des parties en présence.

Il est clair que les nations du monde, habituées depuis si longtemps aux armes et même à la guerre, doivent radicalement changer d'attitude et mettre en place un mécanisme qui leur permette d'accomplir les changements nécessaires au rythme requis. Rappelons ici les deux derniers paragraphes du Manifeste de Russell et Einstein :

« Nous ne sommes pas pour la plupart neutres dans nos convictions, mais en tant qu'êtres humains, nous devons nous rappeler que, pour être réglées à la satisfaction de qui que ce soit, communistes ou anticommunistes, Asiatiques, Européens ou Américains, Blancs ou Noirs, les difficultés entre l'Est et l'Ouest ne doivent pas l'être par la guerre. Nous devons souhaiter que cela soit compris, tant à l'Est qu'à l'Ouest.

« Il dépend de nous de progresser sans cesse sur la voie du bonheur, du savoir et de la sagesse. Allons-nous, au contraire, choisir la mort parce que nous sommes incapables d'oublier nos querelles ? L'appel que nous lançons est celui d'êtres humains à d'autres êtres humains : rappelez-vous que vous êtes de la race des hommes et oubliez le reste. Si vous y parvenez, un nouveau paradis est ouvert ; sinon, vous risquez l'anéantissement universel. »

Dans son discours d'adieu à la nation américaine, le 17 janvier 1961, le président Dwight D. Eisenhower met en garde contre le complexe militaro-industriel. Cependant, dans une partie moins connue de son allocution, il insiste également sur les risques de la capture des décisions en politiques publiques par une « élite technico-scientifique ». Plus de quarante années après, ces paragraphes méritent toute l'attention, dans tous les pays, des responsables politiques et surtout de l'« élite » dont il est question :

« La révolution technologique des dernières décennies fut en grande partie responsable des changements radicaux de notre posture militaro-industrielle. La recherche y est devenue centrale ; elle est également plus formalisée, plus complexe, et coûteuse. Une part toujours croissante y est conduite pour, par, ou sous la direction du gouvernement fédéral.

« Aujourd'hui, l'inventeur solitaire, bricolant dans son magasin, est dépassé par des groupes de scientifiques dans les laboratoires ou les terrains d'essai. De la même façon, l'université libre, historiquement fontaine des idées libres et de la découverte scientifique, a vécu une révolution dans la

conduite de la recherche. En partie en raison des coûts énormes mis en jeu, un contrat du gouvernement devient littéralement un substitut à la curiosité intellectuelle. À la place de chaque vieux tableau noir, ce sont maintenant des centaines d'ordinateurs. La perspective d'une domination de nos universitaires par les emplois fédéraux, les attributions de projet et la puissance de l'argent, est présente et doit être considérée avec attention.

« Cependant, si nous devons maîtriser la recherche et les découvertes scientifiques, nous devons aussi faire attention au danger équivalent et opposé, c'est-à-dire que les politiques publiques deviennent otages d'une élite scientifique et technologique. C'est la fonction d'un homme d'État que de donner forme, équilibrer et intégrer ces forces, ainsi que d'autres, anciennes et nouvelles, avec les principes de notre système démocratique – en se dirigeant toujours vers les buts suprêmes de notre société libre. »

Nous interprétons ces phrases comme une référence aux difficultés qu'a rencontrées le président Eisenhower pour choisir les politiques appropriées dans les domaines où la composante technologique était primordiale, et à la vulnérabilité qu'il devait ressentir face à des projets plausibles mais illusoires ou insuffisamment analysés. Nous avons mentionné la confiance d'Eisenhower dans le Comité consultatif scientifique du Président aux États-Unis. Nous pensons que la sécurité mondiale serait mieux assurée si les dirigeants des différents pays disposaient de comités indépendants pour les conseiller et si ces différents comités de par le monde se contactaient régulièrement. Nous avons vu les effets bénéfiques sur l'évolution finale de la guerre froide obtenus grâce aux contacts réguliers entre scientifiques et organisations non gouvernementales des deux bords.

Dans ce monde si complexe, riche de dangers et de promesses, nous avons indiqué un chemin qui pourrait permettre, pour les prochaines décennies ou même siècles, de profiter des bénéfices de l'énergie nucléaire tout en minimisant les risques de dissémination des matériaux nucléaires et les dangers posés par les armes nucléaires. Les gouvernements et l'industrie sont tout à fait capables de parvenir à ces buts. Mais, comme cela a été le cas dans les épisodes où des progrès ont été faits sur les questions de désarmement (Traité d'interdiction partielle des essais nucléaires dans l'atmosphère, Traité sur les forces nucléaires de portée intermédiaire), encore faut-il que la société soit et intéressée et informée par ces questions et qu'elle fasse pression sur les gouvernements afin qu'ils reconnaissent ces problèmes et prennent les décisions appropriées pour les résoudre. Parce que, après tout, c'est la société qui paie le prix des mauvaises décisions. Ce livre lui est destiné et dédié.

Annexes

LA COMPLAISANCE ET LA NÉGLIGENCE MENACENT L'INDUSTRIE NUCLÉAIRE, SELON LES AVERTISSEMENTS DE L'ASSOCIATION MONDIALE DES EXPLOITANTS DE CENTRALES NUCLÉAIRES[1]

par Ann MacLachlan, Berlin

Lors de la réunion générale biennale de l'Association mondiale des exploitants de centrales nucléaires (WANO), qui s'est tenue cette semaine, un avertissement a été lancé : l'industrie nucléaire mondiale est en danger, menacée par la négligence et la complaisance qui ont conduit à plusieurs « incidents graves » dans des centrales nucléaires en Europe, aux États-Unis et au Japon au cours des dernières années.

Cet avertissement émanait de hauts fonctionnaires de la WANO, mais le message a été encore renforcé par des membres dont les organisations n'avaient pas encore donné d'indications dans ce sens jusqu'à présent et qui, dans beaucoup de cas, subissent toujours les conséquences financières, sociales et politiques de cet état de fait.

David Gilchrist, directeur général de British Energy (BE), Robert Saunders, président de First Energy Nuclear Operating Co (Fenoc), l'opérateur de la centrale de Davis-Besse (dans l'État de l'Ohio, ndt), Hans-Joseph Zimmer, directeur de la centrale nucléaire de Philippsburg (en Allemagne, ndt), Istvan Hadnoti, directeur de la sûreté de la Compagnie de la centrale nucléaire de Paks (en Hongrie, ndt), Ales John, président du centre de Moscou de la WANO, qui a inspecté Paks, et Tsunehisa Katsumata, président de la Tokyo Electric Power Co (Tepco), se sont succédé à la tribune pour expliquer comment leurs organisations s'étaient imperceptiblement laissées aller à une situation où le personnel et la direction ne s'étaient pas rendu compte de l'imminence d'un désastre.

Gilchrist a indiqué que, dans le cas de BE, le désastre était financier, mais un examen par des pairs de la WANO a également mis en évidence de nombreuses erreurs en matière de sûreté. Dans les autres cas, les réacteurs ont été arrêtés pendant de nombreux mois – 12 des 17 réacteurs à eau bouillante de Tepco sont toujours hors service – après que la dégradation en matière de sûreté eut été dévoilée, soit un coût de plusieurs centaines de millions, voire quelques milliards, de dollars.

Selon Ed Hux, directeur du Centre d'Atlanta de la WANO, les coûts pour les centrales de Philippsburg, Paks et Davis-Besse, y compris la puissance électrique de remplacement, s'élèvent jusqu'à présent à plus de 570 millions d'euros (667 millions de dollars) et des unités sont encore à l'arrêt dans deux de ces 3 centrales.

Saunders a indiqué que la centrale de Davis-Besse a coûté 298 millions de dollars à Fenoc en 2002 pour la puissance de remplacement, les dépenses de fonctionnement, d'entretien et d'équipement, et que jusqu'à août 2003, les coûts de puissance de remplacement, de fonctionnement et d'entretien s'élèvent à 205 millions de dollars pour l'année.

Un « mal terrible ». Les représentants des compagnies nucléaires, au nombre de plus de trois cents, écoutent, muets de stupéfaction, leurs pairs leur décrire, rétrospectivement, comment cela pouvait se produire, même dans le cas d'organisations reconnues comme étant des industries de pointe.

Le président de la WANO, Hajimu Maeda, a déclaré qu'un « *mal terrible* » menaçait de l'intérieur les établissements des exploitants nucléaires. Il commence, a-t-il dit, par la « *perte de motivation à apprendre auprès des autres... un excès de confiance... [et] la négligence dans le maintien d'une culture de sûreté en raison de pressions considérables exercées pour réduire les coûts à la suite de la déréglementation du marché de l'énergie* ».

S'il n'y est pas remédié, ces problèmes « *sont comme un mal terrible qui naît au sein de l'organisation* » et peut, s'il n'est pas décelé, conduire « *à un accident majeur* » qui « *détruira l'organisation tout entière* ».

Le Suédois Rolf Gullberg, président du centre de Paris de la WANO, a énuméré huit « incidents graves » qui se sont produits au cours des dernières années, à commencer par une fuite dans le joint du couvercle de la cuve de pression des réacteurs à la centrale de Sizewell-B (Royaume-Uni, ndt), suivie de l'affaire de la concentration incorrecte de bore à Philippsburg, de dégradations sans précédent des assemblages de combustible du réacteur n° 3 de Cattenom (dans le département de Moselle, en France, ndt), de la rupture d'un tuyau dans le circuit de refroidissement du réacteur à Brunsbuettel (en Allemagne, ndt), de la corrosion du couvercle de la cuve de pression du réacteur de Davis-Besse, de dommages importants sur le combustible lors d'une opération de nettoyage chimique à la centrale de Paks, et de la falsification de données, tant chez Sellafield que chez Tepco.

« *Ceci représente un danger pour l'avenir de notre industrie* », a déclaré Gullberg.

« *L'amélioration de la sécurité et de la fiabilité est un but louable pour la phase suivante de l'évolution de la WANO*, a affirmé Gullberg. *Mais – et c'est un grand mais – nous avons également besoin de renforcer nos performances en adoptant des comportements appropriés quant au risque et en prenant toujours des décisions suffisamment conservatrices chaque fois que nous sommes confrontés à des situations délicates. Nous devons préserver la viabilité à long terme de l'industrie nucléaire.* »

Bruno Lescœur, directeur de la Branche énergie d'Électricité de France, lui a fait écho : « *Même un accident mineur pourrait être un désastre parce qu'il pourrait remettre en cause l'acceptabilité de l'énergie nucléaire en France, et peut-être même à l'échelle mondiale.* »

Armen Abagyan, de la Rosenergoatom, parlant au nom du ministre russe pour l'énergie atomique Alexandre Rumyantsev, a indiqué que la négligence à l'égard des incidents de fonctionnement – plusieurs cas en Russie, en France et aux États-Unis – « *peut mener à une recrudescence de l'opposition au nucléaire et avoir des incidences sur l'industrie nucléaire en Russie et dans le monde* ».

Il est à souligner que, alors que la WANO, née en 1989 des cendres de l'accident de Tchernobyl, s'est employée les premières années à établir des contacts avec les exploitants nucléaires de l'Est pour empêcher un autre accident majeur derrière le Rideau de fer, tous les événements cités par Gullberg s'étaient produits dans des centrales exploitées par les pays riches de l'Ouest, excepté Paks qui était généralement considérée comme l'étoile montante du club des VVER.

Selon les experts, les enseignements sont multiples, mais ils se résument à ceci : prêter attention au détail, ne jamais considérer la culture de sûreté comme acquise et rester attentif au reste de l'industrie. Dans les cas de Davis-Besse, Paks, et Philippsburg, a indiqué Hux, « *une expérience avait été acquise depuis leur mise en fonctionnement et, si elle avait été effectivement exploitée, on aurait probablement pu empêcher ces événements* ».

Zimmer a évoqué la « *complaisance* » du personnel et de la direction de la centrale de Philippsburg et John « *l'excès de confiance* » de l'entrepreneur ainsi que « *les pressions des délais à tenir* » résultant de « *biais de production* », causes profondes du problème de Paks. Gilchrist a indiqué que British Energy avait obtenu d'excellents résultats financiers et des indicateurs de fonctionnement satisfaisants après la privatisation, mais que ses performances avaient rapidement plongé. L'examen de 2001 effectué par la WANO a constaté, entre autres problèmes, que « *des pressions incroyablement fortes quant au coût* », alors que British Energy s'enfonçait avec une marge d'autofinancement brut négative, avaient commencé à « *éclipser la gestion de la sûreté* », a-t-il ajouté.

Saunders a affirmé que les bons antécédents en matière de qualité d'exploitation à Davis-Besse et la primauté des ingénieurs sur le personnel de la centrale avaient engendré « *arrogance et complaisance…* ». Se reposant sur le passé glorieux de Davis-Besse, le personnel a rejeté le déclassement de la performance de la centrale à l'indice 2 de l'échelle IPNO de l'Institut des exploitants nucléaires américains, il y a quelques années, et ont « *ignoré* » l'importante expérience de fonctionnement dont bénéficiait l'industrie. La direction avait mis en place des programmes, mais il n'y a pas eu de suivi et le personnel chargé de l'inspection de la qualité rendait compte directement à la direction du site, ce qui « *influençait son indépendance et son objectivité* », a-t-il déclaré.

Saunders et Graham Brown, directeur général de Ontario Power Generation, ont affirmé que la direction de la gestion des installations avait mis au point des stratégies appropriées pour la sûreté, mais il n'y avait pas de procédure de suivi. Maintenant, selon Brown, la direction se réunit chaque semaine pour examiner l'état d'avancement du plan de rétablissement d'Ontario Power Generation pour Darlington et procède à des ajustements sur la base « *d'un retour d'expérience externe critique pour les opérations de routine* ».

Katsumata a indiqué que le département de l'énergie nucléaire de Tepco était devenu « *un cercle homogène et fermé d'ingénieurs qui défiaient les vérifications effectuées par d'autres départements, y compris la direction* ». Les règles relatives au maintien en service des équipements n'étaient « *pas claires* », et ne prenaient pas en compte les défauts apparaissant lors du vieillissement des équipements, encourageant ainsi le personnel à ignorer les règles. Les attaques des médias sur les problèmes dans les installations nucléaires avaient mis les ingénieurs « *sur la défensive* » et les avaient incités à dissimuler les défauts aussi longtemps qu'ils ne menaçaient pas directement la sûreté – conduisant à 16 cas de falsification dans les rapports d'inspection et de réparation des réacteurs à eau bouillante de Tepco.

À cela venait s'ajouter le comportement des ingénieurs qui considéraient que « *l'approvisionnement stable en électricité [était] le but final* », ce qui les a conduits à prendre « *des décisions personnelles fondées sur leur propre idée de la sûreté* », a ajouté Katsumata.

Outre les initiatives prises pour réécrire les règles, réviser le code de conduite de Tepco et renforcer les messages relatifs à la culture de la sécurité, Tepco est en train de prendre diverses mesures pour regagner la confiance du public, y compris en organisant des réunions d'information ouvertes. Nonobstant, plusieurs cadres ont reconnu que cela ne serait pas facile, parce que les nombreux incidents, y compris le dernier épisode chez Tepco, ont sévèrement érodé la confiance du public japonais, et parce que la culture du pays décourage encore les *whistle blowers*[2].

« *Gaspillée.* » Le nucléaire représente une importante source d'énergie qui est en train d'être « *revitalisée* », même après la déréglementation du marché de l'énergie aux États-Unis, a indiqué Maeda. Mais, a-t-il averti, « *si la sûreté est compromise en raison de la réduction des coûts ou de pressions excessives au niveau de la production, nous avons alors gaspillé la supériorité de l'énergie nucléaire... Notre culture de la sûreté, qui a été compromise par des pressions visant à réduire les coûts de production, doit être replacée au premier plan de nos préoccupations... Améliorer la sûreté est la manière la plus directe de parvenir à une production d'énergie nucléaire véritablement rentable* ».

Maeda a également averti que, même si le public comprend que l'énergie nucléaire a des avantages, « *cela n'est pas la même chose que l'acceptation du public* ».

Maeda et d'autres ont instamment demandé aux membres de la WANO d'éliminer toute barrière qui ferait encore obstacle à la communication des données d'expériences en matière de fonctionnement et d'exploiter l'information qu'ils obtiennent des autres. La non-soumission, de la part de quelques membres, des rapports de fonctionnement – demandés par la WANO – a de nouveau été critiquée à Berlin. Mais lors d'une conférence de presse, Gullberg a indiqué qu'au centre de Paris, qui était le principal retardataire parmi les quatre centres de l'organisation, le nombre d'incidents rapportés jusqu'à maintenant pour cette année représentait le triple des incidents de toute l'année 2002.

Cela étant, Sig Berg, directeur général de la WANO, a déclaré que l'important est de savoir comment les membres de la WANO emploient l'information qu'ils obtiennent, et que l'organisation entreprend de nouveaux programmes pour aider les cadres à analyser des données d'expérience opérationnelle et à prendre des décisions pour l'exploitation.

« *Nous apprenons progressivement et de plus en plus (à partir de l'expérience des autres) et nous prenons cette situation de plus en plus au sérieux* », a déclaré Gullberg. « *Je n'ai jamais participé à une réunion générale marquée par une telle franchise – c'est tout à fait impressionnant.* »

MANIFESTE DE RUSSELL ET EINSTEIN

Dans la situation dramatique où se trouve l'humanité, nous estimons que les hommes de science devraient se réunir en conférence pour prendre la mesure des périls créés par la mise au point d'armes de destruction massive et examiner un projet de résolution dont l'esprit serait celui du projet ci-dessous.

Ce n'est pas au nom d'une nation, d'un continent ou d'une foi en particulier que nous prenons aujourd'hui la parole, mais en tant qu'êtres humains, en tant que représentants de l'espèce humaine dont la survie est menacée. Les conflits abondent partout dans le monde, et, parmi eux, la lutte titanesque entre le communisme et l'anticommunisme, éclipsant tous les conflits mineurs.

Chacun d'entre nous, ou presque, pour peu qu'il soit politiquement conscient, a des opinions bien arrêtées sur l'une ou plusieurs des questions qui agitent le monde ; nous vous demandons toutefois de faire abstraction si possible de vos sentiments et de vous considérer exclusivement comme les membres d'une espèce biologique qui a derrière elle une histoire exceptionnelle et dont aucun d'entre nous ne peut souhaiter la disparition.

Nous nous efforcerons de ne rien dire qui puisse constituer un appel à un groupe plutôt qu'à un autre. Tous les hommes sont également en danger et, s'ils en prennent conscience, il y a un espoir qu'ils parviennent à s'y soustraire collectivement.

Il nous faut apprendre à penser d'une façon nouvelle. Il nous faut apprendre à nous demander non pas de quelle façon assurer la victoire militaire du groupe auquel vont nos préférences, car cela n'est plus possible, mais comment empêcher un affrontement militaire dont l'issue ne peut qu'être désastreuse pour tous les protagonistes.

Le grand public, et même nombre de ceux qui exercent le pouvoir, n'ont pas pleinement saisi ce qu'impliquerait une guerre nucléaire. Le grand public raisonne encore en termes de villes anéanties. Il sait que les nouvelles bombes sont plus puissantes que les anciennes et que, si une bombe A a suffi à rayer Hiroshima de la carte, une seule bombe H pourrait en effacer les plus grandes métropoles, telles que Londres, New York ou Moscou.

Il est certain que dans une guerre au cours de laquelle la bombe H serait utilisée, de grandes villes disparaîtraient de la surface de la Terre. Mais ce n'est là que l'un des moindres désastres que subirait l'humanité. Même si la population entière de Londres, New York et Moscou était exterminée, le monde pourrait, en quelques siècles, reprendre le dessus. Mais nous savons désormais, en particulier depuis l'essai de Bikini, que l'effet destructeur des bombes nucléaires peut s'étendre à une zone beaucoup plus vaste qu'on ne l'avait cru au départ.

On sait de source autorisée qu'il est désormais possible de fabriquer une bombe 2 500 fois plus puissante que celle qui détruisit Hiroshima. Une telle bombe, explosant près du sol ou sous l'eau, projette des particules radioactives jusque dans les couches supérieures de l'atmosphère. Ces particules retombent lentement sur la surface de la Terre sous forme de poussière ou de pluie mortelles. C'est cette poussière qui a contaminé les pêcheurs japonais et leurs prises.

Nul ne sait jusqu'où s'étendrait ce nuage mortel de particules radioactives, mais les personnalités les plus autorisées sont unanimes à dire qu'une guerre au cours de laquelle seraient utilisées des bombes H pourrait fort bien marquer la fin de la race humaine. Ce que l'on redoute, c'est que, si plusieurs bombes H sont utilisées, que tous les hommes trouvent la mort, mort soudaine pour une minorité seulement, mais la lente torture de la maladie et de la désintégration pour la majorité.

Les avertissements n'ont pas manqué de la part des plus grands savants et spécialistes de la stratégie militaire. Aucun d'entre eux ne va jusqu'à affirmer que le pire est certain. Ce qu'ils affirment, c'est que le pire est possible et que nul ne peut dire qu'il ne se produira pas. Nous n'avons jamais constaté que l'opinion des experts sur ce point dépende en aucune façon de leurs opinions politiques ou de leurs préjugés. Elle ne dépend, pour autant que nos recherches nous permettent de l'affirmer, que de l'étendue des connaissances de chaque expert. Ce que nous avons constaté, c'est que ceux qui en savent le plus sont les plus pessimistes.

Tel est donc, dans sa terrifiante simplicité, l'implacable dilemme que nous vous soumettons : allons-nous mettre fin à la race humaine, ou l'humanité renoncera-t-elle à la guerre ? Si les hommes se refusent à envisager cette alternative, c'est qu'il est fort difficile d'abolir la guerre.

L'abolition de la guerre exigera des limitations déplaisantes de la souveraineté nationale. Mais ce qui, plus que tout, empêche peut-être une véritable prise de conscience de la situation, c'est que le terme « humanité » est ressenti comme quelque chose de vague et d'abstrait. Les gens ont du mal à s'imaginer que c'est eux-mêmes, leurs enfants et petits-enfants qui sont en danger, et non pas seulement une humanité confusément perçue. Ils ont du mal à appréhender qu'eux-mêmes et ceux qu'ils aiment sont en danger immédiat de mourir au terme d'une longue agonie. Ils espèrent donc que la guerre pourrait éventuellement continuer d'exister à condition que l'on interdise les armements modernes.

C'est là un espoir illusoire. Quels que soient les accords sur la non-utilisation de la bombe H qui auraient été conclus en temps de paix, ils ne seraient plus considérés comme contraignants en temps de guerre, et les 2 protagonistes s'empresseraient de fabriquer des bombes H dès le début des hostilités ; en effet, si l'un d'eux était seul à fabriquer des bombes et que l'autre s'en abstenait, la victoire irait nécessairement au premier.

Un accord par lequel les parties renonceraient aux armes nucléaires dans le cadre d'une réduction générale des armements ne résoudrait pas le problème, mais il n'en serait pas moins d'une grande utilité. En premier lieu, en effet, tout accord entre l'Est et l'Ouest est bénéfique dans la mesure où il concourt à la détente. En deuxième lieu, la suppression des armes thermonucléaires, dans la mesure où chacun des protagonistes serait convaincu de la bonne foi de l'autre, diminuerait la crainte d'une attaque soudaine dans le style de celle de Pearl Harbor, crainte qui maintient actuellement les 2 protagonistes dans un état de constante appréhension nerveuse. Un tel accord doit donc être considéré comme souhaitable, bien qu'il ne représente qu'un premier pas.

Nous ne sommes pas, pour la plupart, neutres dans nos convictions, mais en tant qu'êtres humains, nous devons nous rappeler que, pour être réglées à la satisfaction de qui que ce soit, communistes ou anticommunistes, Asiatiques, Européens ou Américains, Blancs ou Noirs, les difficultés entre l'Est et l'Ouest ne doivent pas l'être par la guerre. Il faudrait que cela soit bien compris, tant à l'Est qu'à l'Ouest.

Il dépend de nous de progresser sans cesse sur la voie du bonheur, du savoir et de la sagesse. Allons-nous, au contraire, choisir la mort parce que nous sommes incapables d'oublier nos querelles ? L'appel que nous lançons est celui d'êtres humains à d'autres êtres humains : rappelez-vous que vous êtes de la race des humains et oubliez le reste. Si vous y parvenez, un nouveau paradis s'offre à vous ; sinon, vous risquez l'anéantissement universel.

Résolution

Nous invitons le présent congrès et, par son intermédiaire, les hommes de science du monde entier et le grand public, à souscrire à la résolution suivante :

> Sachant qu'en cas de nouvelle guerre mondiale les armes nucléaires seront certainement employées et que ces armes mettent en péril la survie de l'humanité, nous invitons instamment les gouvernements du monde à comprendre et à admettre publiquement qu'ils ne sauraient atteindre leurs objectifs par une guerre mondiale et nous leur demandons instamment, en conséquence, de s'employer à régler par des moyens pacifiques tous leurs différends.

Le 23 décembre 1954

Cet appel a été lancé à Londres le 9 juillet 1955.

Ce texte a été signé par :

Professeur Max Born (professeur de physique théorique à Berlin, Francfort et Göttingen, et professeur de philosophie de la nature à Édimbourg ; prix Nobel de physique)

Professeur Percy W. Bridgman (professeur de physique, Harvard University ; prix Nobel de physique)

Professeur Albert Einstein

Professeur Leopold Infeld (professeur de physique théorique, Université de Varsovie)

Professeur Frédéric Joliot-Curie (professeur de physique au Collège de France ; prix Nobel de chimie)

Professeur Herman J. Muller (professeur de zoologie, University of Indiana ; prix Nobel de physiologie et de médecine)

Professeur Linus Pauling (professeur de chimie, California Institute of Technology ; prix Nobel de chimie)

Professeur Cecil F. Powell (professeur de physique, Bristol University ; prix Nobel de physique)

Professeur J. Rotblat (professeur de physique, University of London ; Medical College of St Bartholomew's Hospital)

Bertrand Russell

Professeur Hideki Yukawa (professeur de physique théorique, Université de Kyoto ; prix Nobel de physique)

TRAITÉ SUR LA NON-PROLIFÉRATION DES ARMES NUCLÉAIRES[1]

Les États qui concluent le présent Traité, ci-après dénommés les « Parties au Traité »,

Considérant les dévastations qu'une guerre nucléaire ferait subir à l'humanité entière et la nécessité qui en résulte de ne ménager aucun effort pour écarter le risque d'une telle guerre et de prendre des mesures en vue de sauvegarder la sécurité des peuples,

Persuadés que la prolifération des armes nucléaires augmenterait considérablement le risque de guerre nucléaire,

En conformité avec les résolutions de l'Assemblée générale de l'Organisation des Nations unies demandant la conclusion d'un accord sur la prévention d'une plus grande dissémination des armes nucléaires,

S'engageant à coopérer en vue de faciliter l'application des garanties de l'Agence internationale de l'énergie atomique aux activités nucléaires pacifiques,

Exprimant leur appui aux efforts de recherche, de mise au point et autres visant à favoriser l'application, dans le cadre du système de garanties de l'Agence internationale de l'énergie atomique, du principe d'une garantie efficace du flux de matières brutes et de produits fissiles spéciaux grâce à l'emploi d'instruments et autres moyens techniques en certains points stratégiques,

Affirmant le principe selon lequel les avantages des applications pacifiques de la technologie nucléaire, y compris tous sous-produits technologiques que les États dotés d'armes nucléaires pourraient obtenir par la mise au point de dispositifs nucléaires explosifs, devraient être accessibles, à des fins pacifiques, à toutes les Parties au Traité, qu'il s'agisse d'États dotés ou non dotés d'armes nucléaires,

Convaincus qu'en application de ce principe toutes les Parties au Traité ont le droit de participer à un échange aussi large que possible de renseignements scientifiques en vue du développement plus poussé des utilisations de l'énergie atomique à des fins pacifiques et de contribuer à ce développement à titre individuel ou en coopération avec d'autres États,

Déclarant leur intention de parvenir au plus tôt à la cessation de la course aux armements nucléaires et de prendre des mesures efficaces dans la voie du désarmement nucléaire,

Demandant instamment la coopération de tous les États en vue d'atteindre cet objectif,

Rappelant que les Parties au Traité de 1963 interdisant les essais d'armes nucléaires dans l'atmosphère, dans l'espace extra-atmosphérique et sous l'eau ont, dans le Préambule dudit Traité, exprimé leur détermination de chercher à assurer l'arrêt de toutes les explosions expérimentales d'armes nucléaires à tout jamais et de poursuivre les négociations à cette fin,

Désireux de promouvoir la détente internationale et le renforcement de la confiance entre États afin de faciliter la cessation de la fabrication d'armes nucléaires, la liquidation de tous les stocks existants desdites armes et l'élimination des armes nucléaires et de leurs vecteurs des arsenaux nationaux en vertu d'un traité sur le désarmement général et complet sous un contrôle international strict et efficace,

Rappelant que, conformément à la Charte des Nations unies, les États doivent s'abstenir, dans leurs relations internationales, de recourir à la menace ou à l'emploi de la force, soit contre l'intégrité territoriale ou l'indépendance politique de tout État, soit de toute autre manière incompatible avec les buts des Nations unies, et qu'il faut favoriser l'établissement et le maintien de la paix et de la sécurité internationales en ne détournant vers les armements que le minimum des ressources humaines et économiques du monde,

Sont convenus de ce qui suit :

Article premier

Tout État doté d'armes nucléaires qui est Partie au Traité s'engage à ne transférer à qui que ce soit, ni directement ni indirectement, des armes nucléaires ou autres dispositifs nucléaires explosifs, ou le contrôle de telles armes ou de tels dispositifs explosifs ; et à n'aider, n'encourager ni inciter d'aucune façon un État non doté d'armes nucléaires, quel qu'il soit, à fabriquer ou acquérir de quelque autre manière des armes nucléaires ou autres dispositifs nucléaires explosifs, ou le contrôle de telles armes ou de tels dispositifs explosifs.

Article II

Tout État non doté d'armes nucléaires qui est Partie au Traité s'engage à n'accepter de qui que ce soit, ni directement ni indirectement, le transfert d'armes nucléaires ou autres dispositifs nucléaires ou du contrôle de telles armes ou de tels dispositifs explosifs ; à ne fabriquer ni acquérir de quelque autre manière des armes nucléaires ou autres dispositifs nucléaires explosifs ; et à ne rechercher ni recevoir une aide quelconque pour la fabrication d'armes nucléaires ou d'autres dispositifs nucléaires explosifs.

Article III

1. Tout État non doté d'armes nucléaires qui est Partie au Traité s'engage à accepter les garanties stipulées dans un accord qui sera négocié et conclu avec l'Agence internationale de l'énergie atomique, conformément au statut de l'Agence internationale de l'énergie atomique et au système de garanties de ladite agence, à seule fin de vérifier l'exécution des obligations assumées par ledit État aux termes du présent Traité en vue d'empêcher que l'énergie nucléaire ne soit détournée de ses utilisations pacifiques vers des armes nucléaires ou d'autres dispositifs explosifs nucléaires. Les modalités d'application des garanties requises par le présent article porteront sur les matières brutes et les produits fissiles spéciaux, que ces matières ou produits soient produits, traités ou utilisés dans une installation nucléaire principale ou se trouvent en dehors d'une telle installation. Les garanties requises par le présent article s'appliqueront à toutes matières brutes ou tous produits fissiles spéciaux dans toutes les activités nucléaires pacifiques exercées sur le territoire d'un tel État, sous sa juridiction, ou entreprises sous son contrôle en quelque lieu que ce soit.

2. Tout État Partie au Traité s'engage à ne pas fournir : a) de matières brutes ou de produits fissiles spéciaux, ou b) d'équipements ou de matières spécialement conçus ou préparés pour le traitement, l'utilisation ou la production de produits fissiles spéciaux à un État non doté d'armes nucléaires, quel qu'il soit, à des fins pacifiques, à moins que lesdites matières brutes ou lesdits produits fissiles spéciaux ne soient soumis aux garanties requises par le présent article.

3. Les garanties requises par le présent article seront mises en œuvre de manière à satisfaire aux dispositions de l'article IV du présent Traité et à éviter d'entraver le développement économique ou technologique des Parties au Traité,

ou la coopération internationale dans le domaine des activités nucléaires pacifiques, notamment les échanges internationaux de matières et d'équipements nucléaires pour le traitement, l'utilisation ou la production de matières nucléaires à des fins pacifiques, conformément aux dispositions du présent article et au principe de garantie énoncé au Préambule du présent Traité.

4. Les États non dotés d'armes nucléaires qui sont Parties au Traité concluront des accords avec l'Agence internationale de l'énergie atomique pour satisfaire aux exigences du présent article, soit à titre individuel, soit conjointement avec d'autres États conformément au statut de l'Agence internationale de l'énergie atomique. La négociation de ces accords commencera dans les 180 jours qui suivront l'entrée en vigueur initiale du présent Traité. Pour les États qui déposeront leur instrument de ratification ou d'adhésion après ladite période de 180 jours, la négociation de ces accords commencera au plus tard à la date du dépôt dudit instrument de ratification ou d'adhésion. Lesdits accords devront entrer en vigueur au plus tard 18 mois après la date du commencement des négociations.

Article IV

1. Aucune disposition du présent Traité ne sera interprétée comme portant atteinte au droit inaliénable de toutes les Parties au Traité de développer la recherche, la production et l'utilisation de l'énergie nucléaire à des fins pacifiques, sans discrimination et conformément aux dispositions des articles premier et II du présent Traité

2. Toutes les Parties au Traité s'engagent à faciliter un échange aussi large que possible d'équipement, de matières et de renseignements scientifiques et technologiques, en vue des utilisations de l'énergie nucléaire à des fins pacifiques, et ont le droit d'y participer. Les Parties au Traité en mesure de le faire devront aussi coopérer en contribuant, à titre individuel ou conjointement avec d'autres États ou des organisations internationales, au développement plus poussé des applications de l'énergie nucléaire à des fins pacifiques, en particulier sur les territoires des États non dotés d'armes nucléaires qui sont Parties au Traité, compte dûment tenu des besoins des régions du monde qui sont en voie de développement.

Article V

Chaque Partie au Traité s'engage à prendre des mesures appropriées pour assurer que, conformément au présent Traité, sous une surveillance internationale appropriée et par la voie de procédures internationales appropriées, les avantages pouvant découler des applications pacifiques, quelles qu'elles soient, des explosions nucléaires soient accessibles sur une base non discriminatoire aux États non dotés d'armes nucléaires qui sont Parties au Traité et que le coût pour lesdites Parties des dispositifs explosifs utilisés soit aussi réduit que possible et ne comporte pas de frais pour la recherche et la mise au point. Les États non dotés d'armes nucléaires qui sont Parties au Traité seront en mesure d'obtenir des avantages de cette nature, conformément à un accord international spécial ou à des accords internationaux spéciaux, par l'entremise d'un organisme international approprié où les États non dotés d'armes nucléaires seront représentés de manière adéquate. Des négociations à ce sujet commenceront le plus tôt possible après l'entrée en vigueur du Traité. Les États non dotés d'armes nucléaires qui sont Parties au Traité pourront aussi, s'ils le souhaitent, obtenir ces avantages en vertu d'accords bilatéraux.

Article VI

Chacune des Parties au Traité s'engage à poursuivre de bonne foi des négociations sur des mesures efficaces relatives à la cessation de la course aux armements nucléaires à une date rapprochée et au désarmement nucléaire et sur un traité de désarmement général et complet sous un contrôle international strict et efficace.

Article VII

Aucune clause du présent Traité ne porte atteinte au droit d'un groupe quelconque d'États de conclure des traités régionaux de façon à assurer l'absence totale d'armes nucléaires sur leurs territoires respectifs.

Article VIII

1. Toute Partie au Traité peut proposer des amendements au présent Traité. Le texte de tout amendement proposé sera soumis aux gouvernements dépositaires qui le communiqueront à toutes les Parties au Traité. Si un tiers des Parties au Traité ou davantage en font alors la demande, les gouvernements dépositaires convoqueront une conférence à laquelle ils inviteront toutes les Parties au Traité pour étudier cet amendement.

2. Tout amendement au présent Traité devra être approuvé à la majorité des voix de toutes les Parties au Traité, y compris les voix de tous les États dotés

d'armes nucléaires qui sont Parties au Traité, et de toutes les autres Parties qui, à la date de la communication de l'amendement, sont membres du Conseil des gouverneurs de l'Agence internationale de l'énergie atomique. L'amendement entrera en vigueur à l'égard de toute Partie qui déposera son instrument de ratification dudit amendement, dès le dépôt de tels instruments de ratification par la majorité des Parties, y compris les instruments de ratification de tous les États dotés d'armes nucléaires qui sont Parties au Traité et de toutes les autres Parties qui, à la date de la communication de l'amendement, sont membres du Conseil des gouverneurs de l'Agence internationale de l'énergie atomique. Par la suite, l'amendement entrera en vigueur à l'égard de toute autre Partie dès le dépôt de son instrument de ratification de l'amendement.

3. Cinq ans après l'entrée en vigueur du présent Traité, une conférence des Parties au Traité aura lieu à Genève (Suisse), afin d'examiner le fonctionnement du présent Traité en vue de s'assurer que les objectifs du Préambule et les dispositions du Traité sont en voie de réalisation. Par la suite, à des intervalles de cinq ans, une majorité des Parties au Traité pourra obtenir, en soumettant une proposition à cet effet aux gouvernements dépositaires, la convocation d'autres conférences ayant le même objet, à savoir examiner le fonctionnement du Traité.

Article IX

1. Le présent Traité est ouvert à la signature de tous les États. Tout État qui n'aura pas signé le présent Traité avant son entrée en vigueur conformément au paragraphe 3 du présent article pourra y adhérer à tout moment.

2. Le présent Traité sera soumis à la ratification des États signataires. Les instruments de ratification et les instruments d'adhésion seront déposés auprès des gouvernements du Royaume-Uni de Grande-Bretagne et d'Irlande du Nord, des États-Unis d'Amérique et de l'Union des Républiques socialistes soviétiques, qui sont par les présentes désignés comme gouvernements dépositaires.

3. Le présent Traité entrera en vigueur après qu'il aura été ratifié par les États dont les gouvernements sont désignés comme dépositaires du Traité et par 40 autres États signataires du présent Traité, et après le dépôt de leurs instruments de ratification. Aux fins du présent Traité, un État doté d'armes nucléaires est un État qui a fabriqué et a fait exploser une arme nucléaire ou un autre dispositif nucléaire explosif avant le 1er janvier 1967.

4. Pour les États dont les instruments de ratification ou d'adhésion seront déposés après l'entrée en vigueur du présent Traité, celui-ci entrera en vigueur à la date du dépôt de leurs instruments de ratification ou d'adhésion.

5. Les gouvernements dépositaires informeront sans délai tous les États qui auront signé le présent Traité ou y auront adhéré de la date de chaque instrument de ratification ou d'adhésion, de la date d'entrée en vigueur du présent Traité et de la date de réception de toute demande de convocation d'une conférence ainsi que de toute autre communication.

6. Le présent Traité sera enregistré par les gouvernements dépositaires conformément à l'Article 102 de la Charte des Nations unies.

Article X

1. Chaque Partie, dans l'exercice de sa souveraineté nationale, aura le droit de se retirer du Traité si elle décide que des événements extraordinaires, en rapport avec l'objet du présent Traité, ont compromis les intérêts suprêmes de son pays. Elle devra notifier ce retrait à toutes les autres Parties au Traité ainsi qu'au Conseil de sécurité de l'Organisation des Nations unies avec un préavis de trois mois. Ladite notification devra contenir un exposé des événements extraordinaires que l'État en question considère comme ayant compromis ses intérêts suprêmes.

2. Vingt-cinq ans après l'entrée en vigueur du Traité, une conférence sera convoquée en vue de décider si le traité demeurera en vigueur pour une durée indéfinie, ou sera prorogé pour une ou plusieurs périodes supplémentaires d'une durée déterminée. Cette décision sera prise à la majorité des Parties au Traité.

Article XI

Le présent Traité, dont les textes anglais, russe, espagnol, français et chinois font également foi, sera déposé dans les archives des gouvernements dépositaires. Des copies dûment certifiées conformes du présent Traité seront adressées par les gouvernements dépositaires aux gouvernements des États qui auront signé le Traité, ou qui y auront adhéré.

EN FOI DE QUOI les soussignés, dûment habilités à cet effet, ont signé le présent Traité.

FAIT en trois exemplaires à Londres, Moscou et Washington, le premier juillet mille neuf cent soixante-huit.

ALLOCUTION PRONONCÉE PAR LE SECRÉTAIRE GÉNÉRAL DEVANT LA CONFÉRENCE DES PARTIES CHARGÉE D'EXAMINER LE TRAITÉ SUR LA NON-PROLIFÉRATION DES ARMES NUCLÉAIRES EN 2005[1]

NEW YORK, 2 MAI 2005

Monsieur le Président,
Excellences,

En 1945, année où a été fondée l'Organisation des Nations unies, notre monde est entré dans l'ère nucléaire avec les terrifiantes explosions d'Hiroshima et de Nagasaki. Peu après, nous étions en pleine guerre froide, et la menace de l'anéantissement pesait sur l'humanité. Cette époque dangereuse est peut-être terminée, mais les menaces nucléaires demeurent. Assurément, au cours des cinq années écoulées depuis notre dernière réunion, le monde s'est vu une fois de plus confronté aux dangers nucléaires, qu'il s'agisse de nouveaux ou d'anciens périls.

Je suis fermement convaincu que notre génération peut bâtir un monde marqué par des progrès ininterrompus sur la voie du développement, de la sécurité et des droits de l'Homme – un monde qui vivra « dans une liberté plus grande ». Mais je sais aussi que tout espoir d'accéder un jour à un tel monde serait réduit à néant par une catastrophe nucléaire dans l'une ou l'autre de nos grandes métropoles. Dans le chaos et la confusion qui s'ensuivraient immédiatement, il y aurait sans doute bien des questions appelant une réponse. S'agissait-il d'un acte de terrorisme ? D'un acte d'agression commis par un État ? D'un accident ? Toutes ces hypothèses ne sont peut-être pas également probables, mais toutes sont possibles.

Imaginons, rien qu'un instant, quelles pourraient être les conséquences. Des dizaines, voire des centaines, de milliers d'êtres humains périraient d'un seul coup, et bien d'autres mourraient de leur exposition au rayonnement.

L'impact planétaire serait également considérable. L'attention des dirigeants internationaux se polariserait sur cette menace existentielle. Des mécanismes de sécurité collective mis en place au prix d'efforts opiniâtres pourraient être discrédités. Des libertés et des droits fondamentaux durement acquis pourraient être compromis.

La diffusion des technologies nucléaires en vue d'utilisations pacifiques pourrait être bloquée. Les ressources affectées au développement seraient sans doute fortement réduites. Et les marchés financiers, les échanges commerciaux et les transports mondiaux pourraient être durement touchés, ce qui ne manquerait pas d'avoir des conséquences économiques majeures. Dans les pays pauvres, des millions d'êtres humains risqueraient de connaître des privations et des souffrances encore accrues.

La stupeur cédant la place à la colère et au désespoir, les dirigeants de toutes les nations représentées ici à cette conférence – ainsi que les dirigeants de celles qui ne le sont pas – devraient se poser la question : comment en est-on arrivé là ? Puis-je avoir la conscience tranquille ? Aurais-je pu faire davantage pour réduire le risque en renforçant le régime destiné à le prévenir ?

Dans notre univers interdépendant, une menace contre l'un de nous est une menace contre tous, et la responsabilité de notre sécurité mutuelle est une responsabilité partagée par tous. S'il en est ainsi pour toutes les menaces, cela est encore plus vrai quand il s'agit de la menace nucléaire.

Nous sommes tous à la merci du plus faible maillon de la sécurité et de la sûreté nucléaire, à la merci du plus faible maillon dans nos efforts en faveur du désarmement et pour la prévention de la prolifération. Et la mise en place d'un système performant, efficace et équitable capable de réduire les menaces nucléaires est une lourde responsabilité qui nous incombe à tous.

Il y a 35 ans, nos prédécesseurs ont eu la sagesse de conclure le Traité sur la non-prolifération des armes nucléaires afin de prévenir la prolifération et de promouvoir le désarmement tout en garantissant le droit à l'utilisation pacifique de l'énergie nucléaire. Depuis lors, le Traité a été et demeure l'une des pierres angulaires de la sécurité mondiale, et a eu raison des sombres prédictions de ses critiques.

Les armes nucléaires n'ont pas proliféré dans des dizaines d'États. En fait, les États qui ont renoncé à leurs ambitions de se doter d'armes nucléaires sont plus nombreux que ceux qui ont acquis de telles armes. Des États sont devenus parties à des zones exemptes d'armes nucléaires, et je salue les progrès récemment réalisés vers l'établissement d'une zone exempte d'armes nucléaires en Asie centrale. La norme universelle de non-prolifération a été fermement établie – et elle a été réaffirmée lors de vos deux dernières conférences d'examen.

La fourniture des matières nécessaires à la production de telles armes a fait l'objet d'une étroite surveillance. De nombreux États ont pu bénéficier des avantages des utilisations pacifiques de l'énergie nucléaire.

Nous avons été également témoins de l'adoption de mesures, telles que le récent Traité de Moscou, de démantèlement des armes et de réduction des stocks.

D'importantes initiatives multilatérales ont également été prises pour réduire le risque du terrorisme nucléaire. Dans sa résolution 1540, le Conseil de sécurité a affirmé que tous les États avaient l'obligation d'assurer la sécurité des matières sensibles et d'en contrôler l'exportation. Et je suis certain que vous serez encouragés, comme je le suis moi-même, par la décision prise le mois dernier par l'Assemblée générale d'adopter la Convention contre le terrorisme nucléaire.

Mais nous ne pouvons pas nous permettre d'être complaisants. Il est clair que le régime n'a pas suivi le rythme du progrès technologique et de la mondialisation, et ces dernières années des événements de toute nature l'ont mis à rude épreuve.

La faillite des régimes internationaux ne résulte pas d'une violation unique, aussi grave ou inacceptable soit-elle. Elle est la conséquence de nombreuses violations qui s'accumulent jusqu'au moment où le fossé entre les promesses et les résultats devient impossible à combler. Au moment où vous vous réunissez pour votre conférence d'examen du Traité de non-prolifération, votre tâche primordiale est de réduire cet écart.

Excellences,

Vous allez entendre, je n'en doute pas, de nombreuses vérités au cours de cette conférence.

Les uns insisteront sur la nécessité de prévenir la prolifération dans les régions les plus volatiles. Certains souligneront que nous devons faire en sorte que le respect du Traité de non-prolifération, et sa mise en œuvre, soient universels.

D'autres encore diront que la dissémination des technologies du cycle du combustible nucléaire constitue un risque inacceptable de prolifération. D'autres rétorqueront que l'accès aux utilisations pacifiques de la technologie nucléaire ne doit pas être compromis.

Certains dénonceront la prolifération comme un grave danger. D'autres feront valoir que les arsenaux nucléaires existants constituent un danger mortel.

Pourtant, j'appelle chacun de vous à reconnaître toutes ces vérités. Je vous demande de reconnaître que le désarmement, la non-prolifération et le droit aux utilisations pacifiques sont tous d'une importance vitale. Je vous appelle à reconnaître que tous ces aspects sont trop importants pour être traités comme des otages des politiques passées. Et je vous appelle à reconnaître que tous imposent des responsabilités à tous les États.

Si vous voulez être à la hauteur de ces défis, une action s'impose sur plusieurs fronts.

Premièrement, vous devez renforcer la confiance dans l'intégrité du Traité, compte tenu plus particulièrement du premier retrait annoncé par un État. Si les violations n'entraînent pas une réaction immédiate, la garantie collective la plus fondamentale sur laquelle repose le Traité sera sérieusement mise en doute.

Deuxièmement, vous devez faire en sorte que les mesures visant à garantir le respect du Traité soient plus efficaces, afin de maintenir la confiance dans l'exécution des obligations assumées par les États. Par exemple, l'adoption universelle du modèle du Protocole additionnel a trop longtemps tardé. Le modèle doit devenir la nouvelle norme pour la vérification du respect du Traité.

Troisièmement, vous devez prendre des mesures pour réduire la menace de la prolifération, non seulement parmi les États, mais aussi parmi les acteurs non étatiques. Maintenant que les dangers d'une telle prolifération apparaissent clairement, il est également clair que tous les États ont l'obligation universelle d'adopter au niveau national des mesures efficaces de contrôle et de police.

Quatrièmement, le caractère ambivalent de l'énergie nucléaire pose un problème que vous devez regarder en face. Le régime ne sera pas viable si des dizaines d'États développent les phases les plus sensibles du cycle du combustible nucléaire et se dotent de la technologie nécessaire pour produire rapidement des armes nucléaires – et, bien entendu, chaque État qui s'engage dans cette voie donne aux autres l'impression qu'ils doivent en faire de même. Tous les risques seraient ainsi multipliés – le risque d'accident nucléaire, de trafic, d'emploi par des terroristes, et d'emploi par les États eux-mêmes.

Pour éviter cela, vous devez trouver des moyens viables de concilier le droit aux utilisations pacifiques avec l'impératif de la non-prolifération. Les États qui souhaitent exercer leurs droits incontestés de développer et d'utiliser l'énergie nucléaire à des fins pacifiques ne doivent pas prétendre qu'ils ne peuvent le faire qu'en se dotant de capacités susceptibles d'être utilisées pour construire des armes nucléaires. Mais, dans le même ordre d'idées, ces mêmes États ne devraient pas avoir l'impression que le seul moyen de bénéficier des avantages de l'énergie nucléaire est de se doter d'une capacité nationale leur permettant d'accéder au cycle complet du combustible nucléaire.

Dans une première étape, il faudrait accélérer la conclusion d'un accord sur la mise en place de mesures incitatives encourageant les États à renoncer volontairement à se doter d'installations du cycle du combustible. Je félicite l'Agence internationale de l'énergie atomique et son directeur général pour les efforts qu'ils ont entrepris afin de parvenir à un consensus sur cette question vitale, et j'invite tous les États à suivre leur exemple.

Excellences,

Ces mesures réduiraient dans une large mesure le risque de l'emploi d'armes nucléaires. Mais, en fin de compte, le seul moyen de garantir que ces armes ne soient jamais employées, c'est de faire en sorte que notre monde soit exempt d'armes nucléaires.

Si nous voulons vraiment un monde sans armes nucléaires, il nous faut dépasser l'emphase rhétorique et la gesticulation politique, et commencer à réfléchir sérieusement aux moyens d'atteindre notre objectif.

Certaines mesures initiales s'imposent d'elles-mêmes. La négociation rapide d'un traité sur l'arrêt de la production des matières fissiles pour tous les États est une condition vitale et indispensable. Tous les États devraient affirmer leur volonté d'instituer un moratoire sur les essais, et de faire en sorte que le Traité sur l'interdiction complète des essais nucléaires entre rapidement en vigueur. Le Groupe de haut niveau a également approuvé, à juste titre, la recommandation adressée à tous les États dotés d'armes nucléaires de lever l'état d'alerte de leurs armes existantes, et de donner des garanties négatives de sécurité aux États non dotés d'armes nucléaires.

Mais vous devez aller plus loin. Beaucoup d'États continuent de vivre sous un parapluie nucléaire, le leur ou celui d'un allié. Il faut trouver des moyens de réduire, et finalement, d'éliminer, le recours à la dissuasion nucléaire.

Une étape importante serait franchie si les anciens adversaires de la guerre froide prenaient eux-mêmes l'engagement – irrévocable – d'opérer de nouvelles réductions de leurs arsenaux, afin que le nombre de têtes nucléaires ne se chiffre plus par milliers, mais par centaines. On ne peut espérer parvenir à des réductions aussi considérables que si chaque État a une idée claire et fiable des quantités de matières fissiles à la disposition de chaque autre État, et si chaque État a confiance dans le régime de sécurité applicable à ces matières dans les autres États.

L'obligation d'améliorer la transparence et la sécurité est donc une obligation qui incombe à tous les États – dotés ou non d'armes nucléaires. En fait, si tous les États ne reconnaissent pas que le désarmement, de même que la non-prolifération, exige des mesures de la part de tous et de chacun, l'objectif du désarmement général et complet ne restera qu'un rêve lointain.

Dans le même temps, nous devons tenir compte du fait que l'attitude des États face au Traité de non-prolifération est inévitablement liée aux questions plus vastes de la sécurité nationale, régionale et mondiale. Plus nous ferons d'efforts pour régler les conflits régionaux, moins les États seront tentés de se doter d'armes nucléaires. Plus les États auront confiance dans notre système de sécurité collective, plus ils accepteront volontiers de s'en remettre à un régime renforcé de non-prolifération, au lieu de recourir à la dissuasion. Et nous nous rapprocherons ainsi de l'objectif vital qu'est l'adhésion universelle au Traité.

Dans mon rapport « Dans une liberté plus grande », j'ai proposé aux États membres une vision d'un système rénové de sécurité collective pour le XXIe siècle. Lorsque les dirigeants de la planète se rencontreront en septembre, ils devront prendre des décisions audacieuses pour faire de cette vision une réalité.

Excellences,

C'est là un programme ambitieux. Mais les conséquences d'un échec seraient trop graves pour que nous révisions nos objectifs à la baisse. Dans le même temps, chacun peut voir clairement ce qu'annonce le succès : un monde où la menace nucléaire est réduite et, finalement, un monde sans armes nucléaires.

Notre monde ne se rapprochera pas de cette vision si vous n'acceptez que quelques-unes des vérités que vous allez entendre au cours de cette conférence. En tant que responsables du Traité, vous devrez tenir compte de tous les dangers nucléaires qui menacent l'humanité.

Assurément, les détonations dont Hiroshima et Nagasaki ont retenti il y a maintenant longtemps vous dictent on ne peut plus clairement vos responsabilités. J. Robert Oppenheimer, l'un des pères de la première bombe, nous a prévenus : « *Les peuples de ce monde doivent s'unir, ou ils périront [...]. C'est ce que la bombe atomique nous a dit explicitement pour que tous le comprennent.* »

Je vous remercie.

Kofi Annan

PETIT COURS FACULTATIF SUR LES UNITÉS ET LES DIMENSIONS

Unités

Comme le lecteur le découvrira, ceci n'est ni un cours de physique ni un traité d'ingénierie. Néanmoins, tout livre sérieux sur l'énergie nucléaire fait appel à la physique et à l'ingénierie, deux domaines où se pose invariablement la question de déterminer si les objets sont grands ou petits, lourds ou légers, lents ou rapides. Les unités de mesure sont donc nécessaires.

Les unités sont des étalons. Elles sont relativement arbitraires, mais choisies de façon à faciliter leur usage, aussi varié soit-il, et à ce qu'elles puissent aisément être communiquées à un grand nombre d'utilisateurs.

Lorsque les colons d'Angleterre sont venus aux États-Unis, ils ont emporté dans leurs bagages leur système d'unités. Les Américains en ont conservé l'essentiel jusqu'à maintenant. Ce système comprend le yard, le pied, et le pouce, et d'autres unités moins souvent utilisées, comme la « perche ». Il y a aussi le « gallon » de vin, dont le volume est de 231 pouces cubes, et qui est maintenant le gallon américain. Le dicton « *Une pinte pèse une livre dans le monde entier* » aide les enfants américains à se rappeler que la pinte d'eau pèse une livre ; mais les cuisiniers et buveurs de bière américains sont plutôt choqués d'apprendre qu'en Angleterre, la pinte est basée sur le gallon impérial, qui équivaut à 277,42 pouces cubes (c'est-à-dire 20 % de plus que la leur), donc que la pinte anglaise est égale non pas à 16, mais à 19,2 onces liquides américaines ou encore 20 onces liquides impériales ! Et ainsi de suite pour le « gallon » d'essence.

Qu'est-ce qu'un yard ? C'est ici qu'on voit l'arbitraire de ces unités : ce que l'on appelle le yard impérial anglais a été défini au XIXe siècle par un acte du Parlement comme la distance entre deux clous en or placés sur une barre en bronze qui avait été coulée par la firme Troughton and Simms. Puisque le bronze, comme tout autre métal, se dilate et se contracte avec les variations de température, il avait été spécifié que cette barre devrait être conservée à une température de 62 degrés Fahrenheit. Un autre exemple est celui de ce que l'on appelle la « livre impériale » définie comme le poids d'un certain cylindre de platine. Il est clair que nous ne traitons pas ici de lois d'universalité cosmique.

Au même moment, une activité parallèle s'était développée sur le continent européen. Les Français, qui se sont toujours considérés comme les plus logiques, ont introduit ce qui est connu sous le nom de système métrique. Ce système est logique au sens où, par exemple, si vous savez ce qu'est un « mètre », et si on vous a dit que le préfixe « kilo » veut dire mille, vous n'aurez aucun problème pour déterminer ce qu'est un « kilomètre ». De même, si on vous a dit que le préfixe « milli » veut dire un millième, vous saurez certainement ce qu'est un « millimètre ». Par contre, à moins que quelqu'un ne vous prête un guide, vous ne saurez pas qu'un yard est égal à 36 pouces, ou encore 3 pieds, et encore moins qu'une « perche » est égale à seize pieds et demi.

Pour cette raison, tous les travaux scientifiques et d'ingénierie sont effectués en utilisant le système métrique. De temps en temps, il arrive que l'on torture les jeunes étudiants en physique en leur faisant convertir des valeurs du système métrique vers les unités anglaises, mais c'est seulement pour voir la tête qu'ils font ! Puisque nous ne pouvons pas voir la tête du lecteur de ce livre, nous utiliserons directement le système métrique. Enfin, le système métrique est beaucoup plus commode pour se retrouver dans les nouveaux domaines de la physique, de la technologie et même du commerce.

Bien qu'ils roulent encore sur le côté gauche de la route, les Anglais ont maintenant adopté le système décimal et métrique. Quant aux États-Unis, le système métrique a été la norme légale depuis l'Acte métrique de 1866, mais le remplacement des « unités anglaises » a été bloqué par le Congrès américain.

Le système métrique est construit à partir des trois unités fondamentales de masse, de longueur et de temps, respectivement le gramme, le centimètre et la seconde. Au moins, cette dernière unité est commune au système métrique et au système d'unités anglaises. Comme vous pouvez l'imaginer, la façon dont ont été déterminées les deux autres unités est une bien longue histoire. Originellement, le mètre, qui est égal à cent centimètres, a été défini comme précisément le dix-millième du quart de la circonférence (polaire) de la Terre, ou encore de la distance de l'équateur à l'un des pôles, et c'est un moyen facile de se souvenir de la taille de notre planète. Comme on ne mesure pas tous les jours la circonférence de la Terre, le mètre est alors devenu la longueur d'une barre étalon de platine et d'iridium conservée en France à 0° Celsius, ou 32° Fahrenheit. (Gabriel Fahrenheit [1686-1736], physicien allemand, a mis au point le thermomètre à alcool en 1709 puis, cinq années plus tard, le thermomètre à mercure, le thermomètre moderne encore utilisé. Avec le mercure, la température pouvait alors être mesurée plus précisément et de façon identique dans le monde entier. Fahrenheit a conçu une échelle pour son thermomètre et a donné le nom de degré pour chaque unité. L'échelle thermométrique centésimale sera proposée à Uppsala en 1742 par l'astronome suédois Anders Celsius.)

Ce n'est qu'à la fin du XIXe siècle, qu'on a relié le mètre à un certain nombre de longueurs d'onde de lumière. En 1927, la valeur a été fixée à 1 553 164,13 longueurs d'onde de la lumière rouge émise par le cadmium, un étalon qui peut facilement être recréé en laboratoire. Vous savez sans doute que le mètre est un peu plus long qu'un yard, environ 1,09 yard. Par contre, un pouce est égal à 2,54 centimètres (maintenant précisément défini comme 2,54000000 centimètres). Et maintenant, vous savez que la longueur d'onde de la ligne rouge du cadmium est d'environ 1/1,55 = 0,7 micron.

En ce qui concerne les poids, le gramme étant trop petit pour être couramment utilisé dans le commerce, on utilise donc plutôt le kilogramme, c'est-à-dire mille grammes. Encore une fois, cette unité est définie de façon arbitraire, comme le poids d'un petit cylindre étalon en platine et iridium. Originellement, c'était le poids d'un cube d'eau d'une arête égale à un dixième de mètre, ou encore un volume d'un litre. Mais, si on veut le mesurer précisément, le poids d'un litre d'eau est une quantité quelque peu instable, donc le cylindre en métal est devenu l'unité fondamentale de poids. Vous savez sans doute qu'un kilogramme est sensiblement égal à 2,2 livres.

Lorsque, comme cela arrive souvent, les unités sont très petites ou très grandes par rapport à la quantité mesurée, on utilise les préfixes suivants (les abréviations étant indiquées dans la dernière colonne) :

1 000	10^3	mille	kilo	k
1 000 000	10^6	million	méga	M
1 000 000 000	10^9	milliard	giga	G
1 000 milliards	10^{12}	trillion	téra	T
1 000 trillions	10^{15}	quadrillion	peta	P
1 000 quadrillions	10^{18}	quintillion	exa	E

et pour les fractions décimales :

0,1	10^{-1}	dixième	déci	d
0,01	10^{-2}	centième	centi	c
0,001	10^{-3}	millième	milli	m
0,000001	10^{-6}	millionième	micro	µ
0,001 millionième	10^{-9}	milliardième	nano	n
0,001 milliardième	10^{-12}	millième de milliardième	pico	p

Le symbole $\equiv$ signifie « défini comme ».

1 cm $\equiv$ 0,01 m ; 1 bbl (baril) $\equiv$ 42 gal (gallons).

L'abréviation de la tonne métrique est « t ».

1 t (tonne) $\equiv$ 1 000 kg (kilogrammes) $\equiv 10^6$ g $\equiv$ 1 mégagram.

Nous utilisons les degrés centigrades, ceux de l'échelle de Celsius (« C » veut dire Celsius) sur laquelle, à la pression du niveau de la mer, le point de fonte de la glace occupe la valeur de 0 °C et le point d'ébullition de l'eau, celle de 100 °C. Puisque sur l'échelle de Fahrenheit (°F), l'eau gèle à 32 °F et qu'elle bout à 212 °F, on peut facilement vérifier la formule qui donne la température en °F (T_f) en fonction de la température en °C (T_c) :

$$T_f - 32 = ((212 - 32)/100 \times T_c) \quad \text{ou} \quad T_f = 32 + (9/5) \times T_c$$

Le tableau suivant indique quelques valeurs de T_c utilisées dans le chapitre sur la technologie des réacteurs, et les valeurs correspondantes pour T_f :

T_c	– 40	– 18	0	15	37	100	300	500	°C
T_f	– 40	– 0,4	32	59	98,6	212	572	932	°F

Nous définirons les unités spécifiques au fur et à mesure de leur introduction dans la suite du livre ; suivant les cas, nous utiliserons comme unité d'énergie l'unité BTU (British Thermal Unit), le mégajoule, l'erg, le quad, la tonne-équivalent-pétrole (tep), l'électronvolt (eV), la calorie ou la Calorie, en fonction de ce qui est le plus pratique. Toutes ces quantités se référant à l'énergie, elles ont toutes la même « dimension ».

Dimensions

Une distance a la dimension d'une longueur, qu'on choisisse de la mesurer en pieds, mètres ou kilomètres, ou encore en année-lumière qui est la distance parcourue par la lumière en une année. La « longueur de la journée » ne peut pas être mesurée en pieds ou même en kilomètres : à cet effet, nous disposons d'autres unités comme les secondes, les jours, les années ou les siècles. Cependant, les dimensions ne prolifèrent pas sans fin. Comme nous l'avons déjà indiqué, nous mesurons presque toutes les grandeurs physiques avec trois dimensions : la longueur (L), la masse (M), et le temps (T).

Les autres grandeurs physiques ont des dimensions qui sont une combinaison particulière de ces trois, et vous pouvez les trouver vous-même : volume : $[L]^3$; surface $[L]^2$.

Notez qu'il est tout à fait permis de « simplifier les unités », comme dans le cas suivant :

1 h (heure) = 60 mn × (60 s/mn) = 3 600 × (mn × s/mn) = 3 600 secondes.

La plupart des quantités utilisées en physique, chimie ou ingénierie impliquent des combinaisons d'unités. Leur « dimension » est celle de ces unités combinées. Nous aurons par la suite besoin de certaines de ces quantités et nous expliquons maintenant quelques-unes de leurs particularités. Nous identifierons les autres au fur et à mesure de leur apparition dans le texte.

Un exemple simple et fondamental est celui de la vitesse qui mesure le taux de variation de la distance en fonction du temps. Sa dimension est donc une distance divisée par un temps, c'est-à-dire $[v] = [L]/[T]$, ou encore $[v] = [L]\ [T]^{-1}$. Quand on voyage en bicyclette ou en voiture, on mesure généralement la vitesse en mètres par seconde ou kilomètres par heure. En utilisant le système « anglais », on la mesurerait plutôt en miles par heure. Un kilomètre équivaut à environ six dixièmes de mile, donc un panneau de signalisation de limitation de vitesse qui indique « 100 » correspond à approximativement 60 miles par heure.

Une autre vitesse que nous rencontrerons plus loin dans le livre est la vitesse de la lumière dans le vide, habituellement notée *c*. Cette quantité est très spéciale pour les physiciens parce que, dans sa théorie de la relativité, Einstein a démontré que c'était la vitesse maximale pouvant être atteinte par un objet. Rien ne peut aller plus vite que la lumière dans le vide. Par contre, lorsque les objets se déplacent dans un autre milieu physique, il n'y a pas de loi qui les empêche d'aller plus vite que la lumière dans ce milieu-là, comme par exemple dans l'eau où la lumière ne voyage qu'à une vitesse égale à 0,75 *c*. En effet, des électrons rapides, voyageant dans l'eau à une vitesse supérieure à celle de la lumière dans l'eau, produisent un rayonnement que l'on appelle « rayonnement Cerenkov » qui est très utile pour mesurer leur trajectoire. On a mesuré *c* avec une très grande précision, et sa valeur est exactement de 299 792 458 mètres par seconde, c'est-à-dire environ 3×10^8 mètres par seconde ou encore 3×10^5 kilomètres par seconde. C'est cette vitesse que l'on retrouve dans l'équation d'Einstein : $E = Mc^2$.

Si l'on multiplie une vitesse par une masse, on obtient une quantité dont la dimension est $[M]\ [L]\ [T]^{-1}$, c'est-à-dire des grammes-centimètres par seconde. Cette quantité est appelée « moment » ou « impulsion ». Isaac Newton a démontré qu'il fallait une force (et du temps) pour modifier un moment. En effet, la force est le taux de variation du moment en fonction du temps. Il est alors évident que la dimension d'une force est $[\text{moment}] \times [T]^{-1}$.

Puisque ce livre traite essentiellement d'énergie, les unités dans lesquelles on la mesure sont d'une importance capitale. L'énergie cinétique est proportionnelle à la masse et au carré de la vitesse (pour des vitesses petites comparées à la vitesse de la lumière), on en déduit que la dimension de l'énergie est :

$$[E] = [M] \times ([L]/[T])^2 \text{ ou } [E] = [M] \times [L]^2 \times [T]^{-2}$$

et toutes les différentes sortes d'énergie ont la même dimension.

On voit aussi dans l'équation d'Einstein, où E est une énergie, que ses dimensions sont : $[E] = [M] \times [L]^2 \times [T]^{-2}$. Cette quantité est si fréquente en physique qu'on appelle « erg » la quantité de $1\ g \times 1\ cm^2/1\ s^2$. Nous aurons souvent à traiter de quantités d'énergie beaucoup plus grandes ou beaucoup plus petites ; il est donc pratique de leur donner aussi un nom.

Un joule est une quantité qui vaut 10 millions d'ergs, 10^7 ergs. Le Britannique James Prescott Joule, qui a vécu au XIXe siècle, était propriétaire d'une brasserie et s'adonnait à la physique dans ses moments perdus. Il a fait des recherches sur la façon dont les différentes formes d'énergie pouvaient se convertir les unes en les autres. Par exemple, il faut fournir de l'énergie pour faire monter la température de l'eau, typiquement un certain nombre de joules. Le joule semble donc une unité pratique pour des activités courantes. Par contre, même un erg est une unité d'énergie prodigieusement trop élevée à l'échelle d'un processus nucléaire individuel. Cela peut sembler ironique lorsqu'on voit les dégâts causés par une explosion nucléaire. Mais ces explosions consistent en l'addition des effets d'un nombre inimaginable d'événements nucléaires comme la fission. Une unité commode pour mesurer l'énergie de ces réactions individuelles est l'électronvolt (eV). C'est l'énergie acquise par un électron (la plus légère des particules chargées électriquement) qui traverse une différence de potentiel de 1 volt. Un électronvolt équivaut à $1{,}6\ 10^{-19}$ joule, donc presque rien. Un processus nucléaire produit quelques millions d'électronvolts, toujours pas grand-chose.

Mais ces processus s'additionnent et peuvent alors conduire à des énergies encore beaucoup plus élevées.

Quand un scientifique vous donne une formule et vous dit qu'elle explique quelque chose, c'est une bonne idée de « vérifier les dimensions ». Pour que chaque côté de l'équation puisse être égal à l'autre, les dimensions doivent être identiques de part et d'autre : la formule ne peut être valide si un côté a les dimensions d'un volume et l'autre, d'une énergie. En outre, la formule ne sera pas valide si les distances sont mesurées en kilomètres d'un côté et mètres ou yards de l'autre. Par exemple, soit le périmètre d'un carré donné par la formule suivante $P[L] = 4\,S[L]$, où P est le périmètre, S la longueur du côté du carré, et L la dimension du périmètre et du côté du carré : la surface du carré donnée par $A[L]^2 = S[L] \times S[L]$. Il est clair que la formule $A[L]^2 = 4\,S[L]$ ne peut pas être vraie.

Définitions, unités et dimensions de l'énergie dans l'industrie

Nous avons une préférence marquée pour le système métrique, mais présentons ici quelques unités d'énergie courantes dans l'industrie. Le baril (bbl) de pétrole brut est défini comme une quantité de pétrole de 42 gallons, chaque gallon faisant 231 pouces cubes.

Le mot « baril » n'a qu'un b, mais l'abréviation pour un baril de pétrole s'écrit « bbl ». En effet, au début de la production de pétrole dans les années 1860, il n'y avait pas de conteneur normalisé pour le pétrole, donc les produits pétroliers étaient entreposés et transportés dans des barils de différentes formes et tailles (barils de bière, de poisson, de molasse, d'essence de térébenthine, etc.). Au début des années 1870, le baril de 42 gallons a été adopté comme norme pour le commerce de pétrole. Deux gallons avaient été rajoutés aux 40 gallons habituels utilisés dans la plupart des autres industries, à cause de l'évaporation et des fuites durant le transport, la plupart des barils étant fabriqués en bois. La compagnie Santard Oil a fabriqué des barils bleus qui étaient utilisés pour le transport de pétrole et la couleur bleue assurait que c'était bien un baril de 42 gallons que l'on a abrégé par « bbl » (pour « *blue barrel* » en anglais)[1].

On calcule le volume d'un baril en unités du système métrique de la façon suivante :

$$1 \text{ bbl} = 1 \text{ bbl} \times (42 \text{ gal/bbl}) \times (231 \text{ in}^3/\text{gal}) \times (2{,}54 \text{ cm/in})^3$$
$$= 1{,}590 \times 10^5 \text{ cm}^3 = 0{,}1590 \text{ m}^3.$$

L'énergie chimique produite par la combustion dans l'air d'un baril de pétrole brut est appelée le « baril-équivalent-pétrole », ou encore bep : 1 bep = 5,8 millions d'unités BTU (British Thermal Unit). Qu'est-ce qu'une BTU ? C'est une unité définie comme la quantité d'énergie qu'il faut fournir pour chauffer une livre d'eau d'un degré Fahrenheit. Puisqu'une livre équivaut à 0,4536 kg, et qu'il y a 180 (ou 212 – 32) degrés Fahrenheit entre le point d'ébullition de l'eau et son point de congélation (ou encore 100 °C), on calcule que 1 unité BTU chaufferait 453,6 grammes d'eau de 100/180 °C !

Puisque la « calorie » est définie comme l'énergie nécessaire pour chauffer 1 gramme d'eau de 1 °C, 1 BTU = 453,6 × (100/180) = 252 calories. Puisque la mesure de la chaleur dégagée par une certaine quantité de travail mécanique montre qu'une calorie est équivalente à 4,186 joules, on peut écrire que 1 BTU = 252 cal × 4,186 J/cal = 1 055 J = 1,055 kJ.

Donc 1 bep = 5,8 × 10^6 BTU × (1,055 kJ/BTU) = 6,12 × 10^9 J = 6 120 MJ (mégajoules), ou 6,12 GJ (gigajoules). Le baril-équivalent-pétrole est aussi l'énergie équivalente de 5 614 pieds cubes (159 m^3) de gaz naturel ou encore 0,22 tonne de charbon bitumineux.

Une lampe de 100 watts est un objet familier ; elle diffuse une lumière brillante. Le watt, unité dont le nom provient de celui du physicien écossais James Watt (1736-1819), est une unité de « puissance », qui est le taux (ou encore la quantité par seconde) à laquelle l'énergie est produite ou absorbée. Un watt est égal à un joule par seconde, ou encore 1 W = 1 J/s. Une dizaine de ces lampes consomment 1 000 W, ou encore 1 kilowatt (1 kW) ou 1 000 J/s, la même puissance qu'un grille-pain. En une heure ou 3 600 s, 1 kW accumule un total de 1 000 J/s × 3 600 s = 3,6 10^6 J ou 3,6 mégajoules = 1 kilowatt-heure = 1 kWh.

Les grandes centrales électriques fonctionnant avec du combustible fossile (charbon, pétrole, gaz) ou de l'énergie nucléaire produisent des quantités d'énergie de l'ordre du milliard de watts, ou de millions de kilowatts, que l'on exprime comme 1 000 MW (mégawatts) ou 1 GW (gigawatt) d'énergie électrique.

Pour éviter la confusion entre l'énergie produite sous forme de chaleur par la combustion du combustible (fossile ou nucléaire) et l'énergie électrique produite par la centrale, on distingue entre le mégawatt thermal, MWt ou MW(t), et le mégawatt électrique, MWe ou MW(e). Une centrale nucléaire qui produit 1 000 MWe, ou 1 GWe, avec une efficacité thermique de 30 %, doit produire 3,33 GW d'énergie thermique, donc c'est une centrale de 3,33 GWt.

Quand il s'agit de l'énergie requise pour un grand pays, dont la population est de l'ordre d'une centaine de millions d'habitants, on a besoin d'une unité de mesure qui soit suffisamment grande. Aux États-Unis par exemple, chaque habitant consomme environ 1,3 kW d'électricité (ou encore 13 lampes de 100 watts), il faut une centrale de 1 GWe pour fournir l'énergie pour 800 000 habitants environ.

Nous nous souvenons qu'un watt utilisé pendant 1 seconde est l'équivalent de 1 joule, donc 1 kilowatt pendant 1 seconde équivaut à un kilojoule. Le nombre de secondes dans l'année est de $60 \times 60 \times 24 \times 365{,}25 = 31{,}56$ millions de secondes ou encore $3{,}156 \times 10^7$ s. Donc une centrale de 1 million de kilowatts produit $3{,}156 \times 10^7$ J/an. Une ampoule de 100 watts a une durée de vie de 1 000 heures environ, donc durant cette période, elle consommera $1\,000 \times 60 \times 60 \times 100 = 360$ mégajoules ou encore 0,2 bep (avec une efficacité de 30 %).

Le « quad » est un reste de l'héritage anglo-saxon : 1 quad $\equiv$ 1 quadrillion BTU, puisque un trillion est égal à mille milliards, un quadrillion est égal à mille trillions, donc 10^{15}. Le quad, équivalent à 1 quadrillion (10^{15}) BTU ou $1\,055 \times 10^{15}$ J, est donc presque égal à l'exajoule (EJ), unité du système métrique, qui équivaut à 10^{18} joules. Donc, en termes de GW-an d'énergie électrique, 1 quad $= 1\,055 \times 10^{15}/3{,}156 \times 10^{16} = 33{,}4$ GW-an. En termes d'énergie primaire fournie (convertie en énergie électrique avec une efficacité d'environ 30 %, et 70 % de l'énergie primaire transformée en chaleur non utilisée), 1 quad d'énergie primaire correspond à environ 10 GW-an d'énergie électrique produite.

Une autre unité que l'on rencontre fréquemment est la « tonne-équivalent-pétrole » ou tep. Puisque la combustion de 1 gramme de pétrole dégage une énergie d'environ 10 000 calories, la tonne-équivalent-pétrole est définie comme 10 millions de kilocalories, ou environ 42 GJ. Un million de tonnes-équivalent-pétrole (1 Mtep) correspond donc à 42×10^{15} J, ou 0,042 EJ. Bien que cela ne soit pas aussi vague que le poids d'un quart de litre de lait (avec quel contenu en graisse ?), les différences de qualité entre différents types de pétrole ou de charbon conduisent à des définitions d'unités qui varient de quelques pour cent.

Plusieurs sites internet permettent de facilement convertir les unités les unes dans les autres. Quelques sites utiles sont disponibles aux adresses suivantes :

http://www.digitaldutch.com/unitconverter/

ou

http://www.thermexcel.com/french/tables/unitnext.htm

Un autre site, plus spécialisé dans les combustibles,

http://www.processassociates.com/process/convert/cf_all. htm,

permettra facilement de convertir une tonne-équivalent-pétrole qui correspond à 42,41 GJ.

Notes

AVANT-PROPOS

1. Georges Charpak, Richard L. Garwin, *Feux follets et champignons nucléaires*, Odile Jacob, 1997.

Richard L. Garwin et Georges Charpak, *Megawatts and Megatons : A Turning Point in the Nuclear Age*, Random House, 2001.

2. Ann MacLachlan, « La complaisance et la négligence menacent l'industrie nucléaire, selon les avertissements des exploitants de centrales nucléaires », *Nucleonics Week,* volume 44, numéro 42, 16 octobre 2003.

INTRODUCTION

1. Général Le Borgne, *La Guerre est morte*, Grasset, 1987.

CHAPITRE PREMIER
Toutes les énergies s'alimentent à la même source

1. On a aujourd'hui des preuves que 95 % de la masse de l'Univers n'a pas encore été directement observée et l'identification de cette « masse manquante » est actuellement l'une des questions scientifiques fondamentales les plus activement étudiées.

2. Avec son mari, Ida Noddack avait découvert l'élément « rhénium » en 1925. Malheureusement ils avaient aussi « découvert » l'élément « masurium » qui n'existe pas. Son article « De l'élément 93 » a été publié dans la *Revue allemande de chimie appliquée* en septembre 1934, p. 653.

3. William Lanouette avec Bela Silard, *Génies dans l'ombre* (Macmillan, 1992). Bela épelait son nom de famille différemment de son frère.

4. Abraham Pais, *L'Époque de Niels Bohr : en physique, philosophie et politique* (Clarendon Press, 1991). L'article de Hahn et Strassman du 6 janvier 1939 est cité en page 453.

5. Les électrons ayant tendance à s'accrocher à l'oxygène de l'air, d'autres gaz comme l'argon, qui est un gaz inerte, sont souvent utilisés dans les chambres d'ionisation.

6. L'énergie transférée au noyau d'uranium-235 par l'énergie de liaison d'un neutron supplémentaire, égale à 8 MeV, est supérieure au seuil de fission, donc il n'est même pas nécessaire que le neutron ait une énergie cinétique.

7. En effet, d'après la découverte de Frisch, la fission de l'uranium libère une énergie d'environ un millième de la masse du matériau : on pourrait obtenir 50 microgrammes d'énergie à partir de 50 milligrammes d'uranium, et la formule $E = Mc^2$ donne $5\ 10^{-8} \times 9\ 10^{16} = 4{,}5\ 10^9$ joules. L'énergie libérée par un gramme d'explosif puissant est d'environ 1 000 calories ou 4 186 joules, donc une tonne d'explosif puissant correspond à $4{,}2\ 10^9$ joules.

CHAPITRE 2
La réaction nucléaire en chaîne

1. C'est le rapport du nombre de fissions sur le total des fissions et des absorptions, c'est-à-dire le total du nombre de neutrons qui produisent une fission, du nombre de neutrons capturés par l'uranium-235 et du nombre de neutrons capturés par l'uranium-238, c'est-à-dire 583/(583 + 98 + 373) = 0,55. (583 barns est la section de fission pour des neutrons lents, à l'énergie thermique, pour l'uranium-235.)

2. Ce fait qui peut surprendre est d'une grande importance pratique. Dans une masse juste critique, un neutron a une certaine probabilité d'entrer en collision et de produire une fission en allant du centre de la sphère vers son bord. Cette probabilité reste constante si la densité est augmentée d'un facteur F, bien que le rayon soit diminué du même facteur. Puisque la masse d'une sphère est proportionnelle à la densité et au cube du rayon, la masse d'une sphère juste critique est inversement proportionnelle au carré de la densité (c'est-à-dire $F \times F^{-3} = F^{-2}$).

3. La pièce intitulée *Copenhague*, de Michael Frayn, jouée à Londres, New York et Paris, fait allusion à certaines de ces questions, dans le contexte d'une brève rencontre historique, en septembre 1941, à Copenhague alors occupée par les Allemands, entre le directeur du programme nucléaire allemand, Werner Heisenberg et Niels Bohr, l'inventeur de l'atome de Bohr et du modèle de la goutte liquide pour le noyau qui, en 1939, avait permis d'expliquer la fission produite par les neutrons.

4. 100 tonnes d'uranium enrichi à 4 % en uranium-235, donc 4 000 kilogrammes d'uranium-235 par rapport aux 60 kilogrammes dans la bombe d'Hiroshima.

5. L'énergie de fission libérée dans un accident de criticité, comme celui de Tchernobyl, double toutes les 40 microsecondes, ce qui conduit à l'expansion du réacteur qui ne sera plus critique dans les dernières 40 microsecondes de sa vie. Le rayon d'un réacteur de 100 tonnes est 10 fois supérieur à celui du cœur d'une bombe de 100 kilogrammes. Le neutron traversant la même fraction du rayon en temps quarante mille fois supérieur (40 microsecondes au lieu de 10 nanosecondes) correspond à une vitesse 4 000 fois inférieure. Donc, même avec une masse 1 000 fois supérieure, l'énergie cinétique de l'expansion du réacteur, qui varie comme $1/2\ Mv^2$, est 16 000 fois inférieure dans le cas du réacteur, ce qui correspond au maximum à une énergie de l'ordre de 1 tonne d'explosif puissant.

6. Comme l'uranium-238 a une demi-vie beaucoup plus longue, la teneur en uranium-235 est divisée par 2 chaque 700 millions d'années et était donc de $2^{2/0{,}7} = 7{,}26$ fois plus grande il y a 2 milliards d'années que maintenant.

CHAPITRE 3
Les armes nucléaires

1. Les premières bombes à implosion de Los Alamos utilisaient un « déclencheur interne » contenant une petite quantité de béryllium ainsi que du polonium-210, un élément radioactif qui émet des particules alpha pour produire des neutrons de la même façon que Chadwick avait produit des neutrons en 1932. Une source externe de neutrons ne conviendrait pas parce que, pour ce type

d'arme, si les neutrons sont injectés trop tôt, cela conduit à une réduction de la puissance explosive d'un facteur 10 ou 20 pour une puissance nominale de 20 kilotonnes. Le polonium et le béryllium sont séparés par une couche de matière mince (un peu plus épaisse que la distance parcourue par les particules alpha émises par le polonium) qui est brisée par l'onde de choc produite par les explosifs conventionnels qui traverse la coquille de plutonium pour atteindre le déclencheur en son centre. Le polonium et le béryllium se mélangent alors et les particules alpha se mettent à produire des neutrons. Il faut un grand nombre de curies de polonium pour s'assurer qu'un neutron sera produit en une fraction de microseconde. Le polonium, habituellement produit par l'irradiation de grandes quantités de bismuth par des neutrons dans un réacteur, a une demi-vie de 4 mois et doit être remplacé tous les 6 mois environ.

2. Le terme anglais est « *Enhanced Electrical Detonation Safety System* ».

3. Le terme anglais est « *Permissive Action Links* ».

4. Des déclarations précises faites à ce sujet par Edward Teller en 1979 sont relatées dans un article de William Broad dans le *New York Times* (24 avril 2001) (http://www.nytimes.com/2001/04/24/science/24TELL.html?pagewanted=1&ei=5070&en=c76ce9405a442378&ex=1068526800, « *La première conception est de Richard L. Garwin* », dit Teller.

5. Les réactions D + D produisent, à parts égales, du tritium plus un proton, ou de l'hélium-3 plus un neutron. Aux températures atteintes dans une bombe à hydrogène, le taux de réaction T + D est environ 100 fois supérieur à celui de la réaction D + D et l'énergie libérée est 4 fois plus grande, les réactions D + D –> T + p font plus que doubler l'énergie libérée par le combustible de deutérium en un milliardième de seconde. Le lithium-6 génère le tritium à partir de la réaction lithium-6 + n –> hélium-4 + T utilisant des neutrons des réactions D + D –> hélium-3 + n, et D + T –> hélium-4 + n.

6. Ces principaux effets avaient été prédits avant le premier essai nucléaire par le Britannique Geoffrey I. Taylor, dynamicien des fluides, auquel on avait demandé de calculer l'effet de la libération dans l'atmosphère d'une énergie équivalente à celle de 1 000 tonnes d'explosif puissant produite par un explosif sans masse.

7. Carl Sagan et Richard Turco, *L'Hiver nucléaire*, Le Seuil, 1991.

8. Donald Porter Geddes, Gerald Wendt *et al.* (Éd.), *The Atomic Age Opens*, Pocket Books [New York], août 1945, p. 21, cité par Sagan et Turco.

9. T. Akizuki, *Nagasaki 1945*, Quartet [Londres], 1981, cité par Sagan et Turco, p. 106-107.

10. Committee for the Compilation of Materials on Damage Caused by the Atomic Bombs in Hiroshima and Nagasaki : *The Physical, Medical, and Social Effects of the Atomic Bombing*, traduction Eisei Ishikawa et David L. Swain, Basic Books [New York], 1981, p. 92.

11. Paul J. Crutzen et John W. Birks, « L'atmosphère après une guerre nucléaire : le crépuscule à midi », *Ambio*, 1982.

12. R. P. Turco, O. B. Toon, J. B. Pollack et C. Sagan, « Global Consequence of Nuclear Warfare », *EOS*, vol. 63, p. 1018, 1982.

13. R. P. Turco, O. B. Toon, J. B. Pollack et C. Sagan, *Ibid.*

14. Carl Sagan et Richard Turco, *L'Hiver nucléaire*, *op. cit.*

15. Carl Sagan et Richard Turco, *Ibid.*

16. Carl Sagan et Richard Turco, adapté de *L'Hiver nucléaire*.

17. Résolution du Parlement européen sur Bhopal, 16 décembre 2004.

18. Lillian Hoddeson *et al.*, *Critical Assembly : A Technical History of Los Alamos during the Oppenheimer Years, 1943-1945*, Cambridge University Press, 1993.

19. Initialement, on procédait aux essais de sûreté en un point dans des puits peu profonds à Los Alamos. On ne pouvait pas utiliser des armes du stock : en effet, au lieu d'une puissance équivalente à 1 kilogramme d'explosif puissant, une arme non testée aurait pu fournir une puissance de 1 kilotonne pour laquelle des trous peu profonds n'auraient pas été adaptés et cela aurait pu poser

un risque pour le personnel. Un essai de sécurité en un point consiste en une série d'essais, en commençant par une quantité de matériau fissile tellement faible qu'il est pratiquement impossible que cela produise une puissance nucléaire. On utilise une source intense de neutrons pour s'assurer qu'il y aura une puissance mesurable si la masse devient critique. Dans des explosions successives, on augmente la quantité de matière fissile jusqu'à ce qu'on obtienne une puissance mesurable qui dépasserait la limite de 2 kilogrammes ou lorsque la quantité de matériau fissile est égale à celle des armes qui seront stockées.

20. Richard L. Garwin, *Les Essais nucléaires ne sont plus nécessaires*, La Recherche, 282, décembre 1995.

CHAPITRE 4
Les radiations et le vivant

1. Pour le potassium-40, le facteur de conversion du débit de dose au nombre de désintégrations par seconde est de 3 μSv/an par Bq/kg. Les 3 850 Bq du potassium-40 correspondent à une dose équivalente d'environ 165 μSv/an et les 4 140 Bq du carbone-14 à 12 μSv/an. Les électrons de la désintégration du carbone-14 ont une énergie maximale de 0,16 MeV et ceux du potassium-40 de 1,32 MeV ; l'irradiation par le carbone-14 du corps est donc environ 10 fois inférieure à celle du potassium-40.

2. Comité scientifique des Nations unies sur les effets de la radiation atomique (UNSCEAR), Rapport à l'Assemblée générale, avec annexes scientifiques (publication des Nations unies), 1993, p. 65, tableau 7.

3. http://www.sfen.org/fr/societe/sante/reperes.htm, et http://www.laradioactivite.com/planf.htm

4. Si le corps entier reçoit une dose de 10 mSv par exemple, cela pourrait produire avec une petite probabilité un cancer de la peau ou d'un autre organe, foie, pancréas, thyroïde ou tout autre organe qui fabrique le sang. Si l'irradiation de la même dose est limitée à une petite portion du corps, elle ne peut produire de cancer qu'à cet endroit, aussi avec une faible probabilité. Donc cette dose est beaucoup moins dangereuse si elle est délivrée sur 0,1 % de la masse du corps, que la même dose qui peut atteindre chaque gramme de tissus.

5. À cause du « pic de Bragg » dans l'ionisation vers la fin de leur trajectoire.

6. B. Vogelstein et K. W. Kinzler, « The Multi-step Nature of Cancer », *Trends in Genetics*, vol. 9, (1993), p. 138-141.

7. Maurice Tubiana et Robert Dautray, *La Radioactivité et ses applications*, Que sais-je ?, n° 33, Presses universitaires de France, 1996, p. 94.

8. http://www.icrp.org/

9. *Health Effects of Exposure to Low Levels of Ionizing Radiation : BEIR V*, Commission on Life Sciences, Académie des sciences des États-Unis, 1990.

10. « Problèmes liés aux effets des faibles doses de radiations ionisantes », Académie des sciences, rapport n° 34, octobre 1995.

11. Cette dose de 1 000 mSv requiert 3 000 particules, traversant la cellule, comme par exemple des électrons rapides. Puisque 1 électronvolt (1 eV) = 1,6 10^{-19} J, il est facile de calculer (à partir de la définition du gray = 1 J/kg) que ces 1 000 mSv conduisent, dans une cellule cubique de 10 microns de côté, à un dépôt d'énergie de 10^{-12} J ou 6 MeV. Puisque chaque électron rapide dépose environ 2 MeV par centimètre (0,002 MeV pour 10 microns).

12. Commissariat à l'énergie atomique, « Questions d'atome : environnement », disponible sur http://www.cea.fr/fr/sciences/sante_3.htm

13. $(3 \times 0{,}04) = 12$ %.

14. *Health Risks from Exposure to Low Levels of Ionizing Radiation : BEIR VII Phase 2"*, Committee to Assess Health Risks from Exposure to Low Levels of Ionizing Radiation, National Research Council (750 pages), 2005.

15. 0,20 × 0,20 = 0,04.

16. Les résultats d'une étude à grande échelle sur des animaux de P. Duport devraient bientôt être disponibles.

17. M. Tubiana, « Les effets cancérigènes des faibles doses : validité de la relation linéaire sans seuil », *International Journal of Low Radiation*, vol. 1, n° 1, 2003, p. 1-31. Tubiana émet la recommandation suivante : « *Le risque des très faibles doses est certainement extrêmement faible et peut être même nul ; il s'ensuit que le concept de dose collective ne convient pas pour évaluer le risque pour des populations importantes exposées à de très faibles doses. Son utilisation à cet effet devrait donc être interdit.* »

18. W. C. Hahn, C. M. Counter *et al.*, « Creation of Human Tumour Cells with Defined Genetic Elements », *Nature*, vol. 400, n° 6743, 29 juillet 1999, p. 464-468.

19. Soit p_i la probabilité d'un cancer spontané qui augmente de ε à la $i^{ème}$ mutation, quelle que soit l'origine du cancer. Si les 4 à 7 autres mutations (des 5 à 8 postulées par Vogelstein et Kinzler) ne sont pas affectées dans cette cellule particulière (et il est peu vraisemblable que la radiation qui provoque le cancer dans une cellule sur un milliard augmentera le dommage dans deux mutations dans une cellule particulière) alors la probabilité que cette cellule démarre une multiplication cancéreuse est égale à P × (1 + e/p), où P est la probabilité totale (très faible) de cancer spontané à partir d'une cellule individuelle. La probabilité totale pour une faible dose de radiation est alors une série de Taylor ; le terme d'ordre le plus bas dépendant de la dose est linéaire en ε.

20. K. S. Crump, D. G. Hoel, C. H. Langley et R. Peto, « Fundamental Carcinogenic Processes and Their Implications for Low Dose Risk Asessment », *Cancer Research*, vol. 36, 1976, p. 2973-2979.

21. Richard Wilson, « Low Dose Linearity : an Introduction » et Bernard L. Cohen, « Test of the Linear No-Threshold Theory of Radiation Carcinogenesis », *Physics and Society*, vol. 26, n° 1, janvier 1997.

22. J. L. Graham, « The Benefits of Low Level Radiation », *Uranium Institute Annual Symposium*, 1996.

23. Cet institut de 78 membres est décrit sur sa page Web comme « *un réseau mondial de l'ensemble de ceux qui sont impliqués à tous les niveaux de la production d'électricité nucléaire* », http://www.uilondon.org/about UI/index.htm

24. « Problèmes liés aux faibles doses... », *op. cit.*

25. Wei Luxin (High Background Radiation Research Group), « Health Survey in High Background Radiation Areas in China », *Science*, vol. 209, août 1980, p. 877-880.

26. Tao Zufan et Wei Luxin, « An Epidemiological Investigation of Mutational Diseases in the High Background Radiation Area of Yangjhian, China », *Journal of Radiation Research* (Japon), vol. 27, 1986, p. 141-150 ; Wei Luxin *et al.*, « Epidemiological Investigation of Radiological Effects in High Background Radiation Areas of Yangjian, China », *Journal of Radiation Research*, vol. 31, 1990, p. 119-136.

27. 1,33 mSv/an × 40 ans × 13 000 personnes = 692 personnes-Sv.

28. 0,04 × 692 = 28.

29. 377/2 600 = 14,5 %.

30. 0,145 × 28 = 4.

31. Si l'on répète un sondage un grand nombre de fois, le nombre N de réponses identiques à une question peut varier entre chaque sondage d'une valeur appelée « déviation standard » qui est équivalente à la racine carrée de N. Dans le cas présent, le nombre de morts dans un groupe où N = 338 (moyenne des morts dans les deux régions, 299 dans l'une et 377 dans l'autre), la racine

carrée est d'environ 18, donc le nombre le plus probable a un peu plus de chances de se trouver compris entre 338 – 18 = 320 et 338 + 18 = 356 qu'en dehors. Puisque les deux populations devraient avoir le même taux de cancers en dehors de la différence due à la radiation naturelle, le hasard (la fluctuation d'un nombre moyen de 338) conduira à une différence de cancers de l'ordre de 25 entre chaque étude sur des échantillons de population strictement identiques (la différence de deux nombres, dont la déviation standard est de 18, a elle-même une déviation standard de 25, ou encore la racine carrée de la somme des carrés).

32. Yuan (1997), rapporté dans *Radiation, Science and Health, Inc.*, édité par J. Muckerheide, http://cnts.wpi.edu/esh/Data_Does/1-2/6/2/126211We97.html

33. Cela représente la gamme dans laquelle se trouveraient 90 % des résultats si l'expérience pouvait être reproduite un grand nombre de fois, en prenant en compte les fluctuations dues au hasard.

34. 40 × (2,12 – 0,68) = 58 mSv.

35. 0,23 %/20 % = 1,2 %.

36. John W. Gofman, Radiation-Induced Cancer from Low-Dose Exposure : An Independent Analysis, Committee for Nuclear Responsibility Book Division, 1990, www.rati-cal.org/radiation/CNR/RIC/

37. A. Aurengo *et al.*, « La relation dose-effet et l'estimation des effets cancérigènes des faibles doses de rayonnements ionisants », 20 octobre 2004, disponible sur http://www.academie-sciences.fr/publications/rapports/pdf/dose_effet_07_04_05.pdf

38. Brenner D. J., Doll R., Goodhead D. T. *et al.*, « Cancer Risk Attributable to Low Doses of Ionizing Radiation : Assessing what We Really Know », *Proc Natl Acad Sci USA*, 2003, 100, p. 13761-13766.

39. Committee to Assess Health Risks from Exposure to Low Levels of Ionizing Radiation, *Health Risks from Exposure to Low Levels of Ionizing Radiation : BEIR VII Phase 2*, National Research Council (750 pages). Le rapport BEIR VII est entièrement disponible sur http://books.nap.edu/catalog/11340.htmlb. Des notes et un résumé du rapport sont disponibles sur http://www.nap.edu/reportbrief/11340/11340rb.pdf

40. Brenner D. J., Doll R., Goodhead D. T. *et al.*, « Cancer Risk Attributable to Low Doses of Ionizing Radiation : Assessing what We Really Know », *Proc Natl Acad Sci USA*, 2003, 100, p. 13761-13766. Tableau ES-1, page 28.

41. Rapport sur les incidences environnementales et sanitaires des essais nucléaires effectués par la France entre 1960 et 1996 et éléments de comparaison avec les essais des autres puissances nucléaires, par M. Christian Bataille, député et M. Henri Revol, sénateur, février 2001.http://www.assemblee-nat.fr/rap-oecst/essais_nucleaires/i3571.asp//P163_18060

42. *Ibid.*

43. Comité scientifique des Nations unies sur les effets de la radiation atomique (UNSCEAR), « Rapport à l'Assemblée générale avec annexes scientifiques » (publication des Nations unies), 1993, p. 94.

44. Rapport sur les incidences environnementales et sanitaires des essais nucléaires effectués par la France entre 1960 et 1996 et éléments de comparaison avec les essais des autres puissances nucléaires, par M. Christian Bataille, député et M. Henri Revol, sénateur, février 2001.http://www.assemblee-nat.fr/rap-oecst/essais_nucleaires/i3571.asp//P163_18060., p. 99-100.

45. *Ibid.*

46. J.-L. Genicot et F. Hardeman, « La Mesure de la demi-vie écologique du césium-137 en Belgique », *Health Physics*, vol. 67, n° 6, 1994, p. 669. Pour chaque intervalle de 2 mois, la courbe présente l'irradiation en césium-137 pour une population de 30 à 100 hommes résidents en Belgique qui ne sont soumis professionnellement à aucune irradiation. L'ordonnée est en Bq de césium-137 pour un homme-type contenant 147 grammes de potassium (qui conduit à 4 300 Bq). On notera que le césium-137 ne dépasse jamais 20 % de la radioactivité de potassium-40.

47. Arjun Makhijani « Energy enters guilty plea » *The Bulletin of Atomic Scientists*, vol. 50, n° 2, p. 18, 1994.

48. Rapport final, Advisory Committe on Human Radiation experiments. Le rapport complet du Comité consultatif du département d'État à l'Énergie sur les expériences d'irradiation humaine est disponible sur http://www.eh.doe.gov/ohre/roadmap/achre. Le chapitre 9 indique que : *« Durant son étude entre 1963 et 1973, le Dr Heller a irradié 67 prisonniers de la prison fédérale de l'Oregon »*. Nominalement, trois institutions avaient la responsabilité de surveiller les travaux du Dr Heller, le département des Corrections de l'Oregon, la Commission à l'énergie atomique et la fondation de recherche Pacific Northwest qui employait le Dr Heller. En pratique, cependant, il apparaît que le Dr Heller a mené seul ses recherches. La Commission à l'énergie atomique avait requis que le Dr Heller commence par irradier les sujets à partir de 600 rad et augmente les doses, mais celui-ci a refusé et n'a pas dépassé la dose de 600 rad. »

49. *Ibid.* Voir aussi Harold N. Rosenberg, *Atomic Soldiers*, Beacon Press, Boston, 1980.

50. Plainte avec constitution de partie civile. Disponible sur http://www.aven.org/documents/plainte.pdf

51. 177 microSv/yr × 1 000 000 personnes × 40 yr × 0,04 mort par cancer par Sv =283.

CHAPITRE 5
L'énergie nucléaire civile

1. « Électricité en France : les principaux résultats en 2004 », DGEMP/Observatoire de l'énergie. Avril 2005, http://www.industrie.gouv.fr/energie/statisti/se_elec. htm

2. À la suite de la conversion des premiers en sous-marins lanceurs d'engins équipés de missiles Polaris en coupant la coque et en insérant un compartiment pour le lancement des missiles.

3. « Navy submarines », *Naval Media Center*, http://www.mediacen.navy.mil/pubs/allhands/jan00/pg38.htm

4. ([100 + 273,18] – [20 + 273,18])/(100 + 273,18) = 21 %.

5. Note d'information, relative aux rejets thermiques des centrales nucléaires, Autorité de sûreté nucléaire, 25 juillet 2003, http://www.asn.gouv.fr/data/information/30_2003_rejets.asp

6. Hilaire Flandre, Valérie Létard et Serge Lepeltier, *La France et les Français face à la canicule : les leçons d'une crise*, Rapport d'information n° 195 (2003-2004), fait au nom de la Mission commune d'information, déposé le 3 février 2004, http://www.senat.fr/rap/r03-195/r03-19519.html

7. *Ibid.*

8. Autorité de sûreté nucléaire, Rapport annuel 2003, http://www.asn.gouv.fr/publications/ra/rapport_2003/04.% 20Synth% E8se% 202003.pdf

9. Il est prévu que certaines centrales soient prolongées jusqu'à 60 années.

10. La température d'ébullition est fonction de la pression : en effet, au niveau de la mer, l'eau bout à 100 °C, c'est-à-dire qu'à 100 °C, l'eau se transforme en vapeur si la pression environnante est la pression normale de l'atmosphère (1 atmosphère) ou moins. Chaque cuisinier à Denver, Darjeeling, Lima ou Bogota sait que, à haute altitude, l'eau bout à une température sensiblement plus basse parce que la pression atmosphérique est plus basse.

11. Jacques Leclercq, *L'Ère du nucléaire, le monde des centrales nucléaires*, Le Chêne, 1986.

12. La vapeur à 322 °C doit être refroidie pour pouvoir se condenser à la pression de 69 atmosphères.

13. Georges Vendryes, *Superphénix pourquoi ?*, Nucléon, 1997. Vendryes a reçu le prix Fermi décerné par le département de l'Énergie et le président des États-Unis en 1984.

14. R. Barjon, *Bulletin de la Société française de physique*, juillet 1996, p. 15-17.

15. R. L. Garwin, « The Role of the Breeder Reactor », in *Nuclear Energy and Nuclear Weapon Proliferation,* F. Barnaby *et al.,* éd., Londres, Taylor and Francis, Ltd., 1979.

16. http://www.globalsecurity.org/wmd/world/india/kalpakkam.htm

17. *Rev. Mod. Phys.*, vol. 50, n° 1, part II, janvier 1978.

18. Par exemple, les 9 kilogrammes de césium-135 à vie longue peuvent être comparés aux 20 kilogrammes de césium-137 dont la durée de vie est de 30 ans ; la radioactivité de 1 gramme de césium-135 est donc initialement cent mille fois inférieure que celle de 1 gramme de césium-137.

19. S. Sala, Thèse de doctorat, Université de Provence, 26 juin 1995.

20. Todd La Porte, Earning Trust and Confidence : Requisites for Managing Radioactive Waste, Final Report of the Secretary of Energy's Advisory Board, Task Force on Radioactive Waste Management, US GPO, Washington, 1993.

21. Cité par Jean-Jacques Salomon dans le rapport du Collège de la prévention des risques technologiques, *Le Risque technologique et la démocratie*, Paris, la Documentation française, 1994.

22. http://www.globalsecurity.org/wmd/world/japan/rokkasho.htm

23. Carla Anne Robbins et Gordon Fairclough, « Japan's New Plutonium Plant », *The Wall Street Journal*, 16 juin 2005.

24. http://www.assemblee-nat.fr/12/dossiers/dechets_radioactifs_rapport. pdf
http://www.industrie.gouv.fr/energie/nucleair/textes/principes_loi91.htm

25. L'amplificateur d'énergie a été décrit dans la version précédente de ce livre, *Feux follets et champignons nucléaires*, *op. cit.*, p. 213-220.

26. Examen critique du programme de recherche de l'ANDRA pour déterminer l'aptitude du site de Bure au confinement géologique des déchets à haute activité et à vie longue. Rapport final préparé par l'Institut pour la recherche sur l'énergie et l'environnement (IEER) pour le Comité local d'information et de suivi, 27 décembre 2004, avec corrections 11 janvier 2005, disponible sur http:/ /www.ieer.org/reports/bure/1204index.html

27. Une commission indépendante présidée par Michel Turpin a été mise en place le 2 février 1996 pour donner un avis sur l'impact du Centre de stockage de la Manche, sur l'environnement et les dispositions prévues par l'ANDRA afin d'assurer la surveillance du site. Cette commission a rendu son rapport le 16 juillet 1996.

28. Élément 95, nombre de masse 241, demi-vie de 432 années, créé par la désintégration bêta du plutonium-241 avant le retraitement.

29. J. S. Choi et T. H. Pigford, « Managing the Plutonium Surplus : Applications and Technical Options », R. L. Garwin, M. Grubb et E. Matanle, éd., p. 171-184, NATO ASI Series, 1. Disarmament Technologies, vol.1, novembre 1994.

30. Robert Dautray, *Quelles énergies pour demain ?*, *op. cit.*, p. 123.

31. Committee on Separation Technology and Transmutation Systems (STATS), *Nuclear Wastes : Technologies for Separation and Transmutation*, National Academy Press, 1996.

32. *Viability Assessment of a Repository at Yucca Mountain*, US Department of Energy, DOE/ RW-0508, décembre 1998, http://domino.ymp.gov/va/va.nsf/

33. *Strategic Assessment Issue : 6. High-level Waste and Spent Fuel*, 16 septembre 1996.

34. *Fact Sheet on Proposed Amendments to EPA's Public Health and Environmental Radiation Protection Standards for Yucca Mountain, Nevada*, Agence pour la protection de l'environnement des États-Unis, août 2005. http://www.epa.gov/radiation/yucca/amendfs.htm#proposedstandards

35. Committee on Separations Technology and Transmutation Systems (STATS), *Nuclear Wastes : Technologies for Separation and Transmutation*, *op. cit.*

36. Matthew Bunn, Steve Fetter, John P. Holdre, Bob Van der Zwaan, « The Economics of Reprocessing Versus Direct Disposal of Spent Nuclear Fuel », 2003. Disponible sur http:// bcsia.ksg.harvard.edu/BCSIA_content/documents/repro-report.pdf

37. Jean-Michel Charpin, Benjamin Dessus, René Pellat, *Étude économique prospective de la filière électrique nucléaire,* La Documentation française, http://lesrapports.ladocumentationfrancaise.fr/BRP/004001472/0000.pdf

38. « Le devenir des combustibles usés », CEA, disponible sur http://www.cea.fr/fr/magazine/dossier_dechets/devenir.htm

39. *Idem.*

40. Matthew Bunn, John P. Holdren, Steve Fetter, Bob Van der Zwaan, « The Economics of Reprocessing Versus Direct Disposal of Spent Nuclear Fuel », *Nuclear Technology*, vol. 150, juin 2005.

41. *The Case against a near-term Decision to Reprocess Spent Nuclear Fuel in the United States*, rapport de Matthew Bunn pour le Subcommittee on energy, committe on science, USA House of representatives, 16 juin 2005. Disponible sur http://www.house.gov/science/hearings/energy05/june15/bunn.pdf

42. 1,4 milliard/800 000 = 1 750 dollars.

43. Robert Dautray, *Quelles énergies pour demain ?*, *op. cit.*

44. Département d'État à l'Énergie, « Secretary Abraham Unveils DOE '05 Budget, Supports President Bush's Call for Enhanced National Security, Energy Security », disponible sur http://www.energy.gov/engine/content.do?PUBLIC_ID=14860&BT_CODE=PR_HIGHLIGHTS&TT_CODE=PRESSRELEASE.

45. « Energy Dept. fires Hanford cleanup firm, Richardson has « serious concerns » about BNFL », Tuesday, 9 mai 2000, par Angela Galloway, seattle post-intelligencer capitol correspondent, http://seattlepi.nwsource.com/local/hanf091.shtml (9 mai 2000).

46. Département d'État à l'Énergie, Department of Energy Approves A New Construction Plan For Hanford Waste Cleanup Plant, Green Light Gives DOE The Go Ahead To Build An Improved And Redesigned Treatment Plant With Modified Bechtel Contract, http://www.energy.gov/engine/content.do?BT_CODE=PR_PRESSRELEASES&TT_CODE=PRESSRE LEASE&PUBLIC_ID=12786 (8 mai 2003).

« Energy bill bumped from Senate agenda », http://www.external.ameslab.gov/news/headlines/ie030512.pdf (12 mai 2003).

47. « Nuclear waste, Absence of Key Management Reforms on Hanford's Cleanup Project Adds to Challenges of Achieving Cost and Schedule Goals », report to the Committee on Goverment Reform, House of Representatives. http://www.gao.gov/new.items/d04611.pdf, juin 2004, page 50.

48. « Waste cleanup, Status and Implications of DOE's Compliance Agreements », report to the Chairman, Subcommittee on Oversight and Investigations, Committee on Energy and Commerce, House of Representatives. http://www.gao.gov/new.items/d02567.pdf

49. Rober Dautray, *Quelles énergies pour demain ?*, *op. cit.*, p. 46.

50. L'amplificateur d'énergie a été décrit dans la version précédente de ce livre, *Feux follets et champignons nucléaires*, *op. cit.*, p. 213-220.

51. John P. Holdren et R. K. Pachauri, « Energy », in *ICSU, An Agenda of Science for Environment and Development into the 21st Century,* Cambridge University Press, 1992, p. 103-118.

52. Matthew Bunn, Steve Fetter, John P. Holdre, Bob van der Zwaan, « The economics of reprocessing versus direct disposal of spent nuclear fuel », 2003. Disponible sur http://bcsia.ksg.harvard.edu/BCSIA_content/documents/repro-report.pdf)

53. Generation IV Nuclear Energy Systems Initiative, Office of Nuclear Energy, Science and Technology, US Department of Energy, http://nuclear.gov/infosheets/genivfactmarch2003.pdf

54. The European Pressurised Water Reactor, Technologies France, décembre 1995-janvier 1996.

55. M. P. LaBar, A. S. Shenoy, W. A. Simon et E. M. Campbell, *Status of the GT-MHR for Electricity Production*, World Nuclear Association, 2003. Disponible sur http://www.world-nuclear.org/sym/2003/labar.htm

CHAPITRE 6
Sécurité, accidents nucléaires et risques industriels

1. WANO 2004 Performance Indicators http://www.wano.org.uk/PerformanceIndicators/PI_Trifold/PI_2004_TriFold.pdf

2. Nuclear Energy Institute, « The TMI 2 Accident : Its Impact, Its Lessons », avril 1998, http://www.nei.org/doc.asp?Print=true&DocID=&CatNum=3&CatID=294

3. « Report to the American Physical Society by the Study Group on Light-water Reactor Safety », in *Reviews of Modern Physics*, vol. 47, supplément n° 1, juin 1975 ; et *Nuclear Power Issues and Choices*, S. M. Keeny, éd. Ballinger, 1977.

4. US Atomic Energy Commission, « Reactor Safety Study : An Assessment of Accident Risks in US Commercial Nuclear Power Plants », Draft of WASH-1400, 1974. Cela a représenté la première tentative à grande échelle de conduire une évaluation probabiliste des risques, aussi appelée évaluation probabiliste de sécurité.

5. Rapport du président de la Commission sur l'accident de Three Mile Island, 1979, disponible sur http://stellar-one.com/nuclear/report_to_the_president.htm

6. Nuclear Energy Institute, « The TMI 2 Accident : Its Impact, Its Lessons », mars 2004, http://www.nei.org/doc.asp?catnum=3&catid=294

7. Grigori Medvedev, *La Vérité sur Tchernobyl*, VAAP, 1989, Moscou, Albin Michel pour la traduction française, 1990.

8. *Ibid.*, p. 33.

9. *Ibid.*, p. 34-35.

10. *Ibid.*, p. 70

11. *Ibid.*, p. 140.

12. *Ibid.*, p. 159.

13. *Ibid.*, *cit.*, p. 193.

14. *Ibid.*, *cit.*, p. 201-202.

15. *Ibid.*, p. 224-225.

16. *Ibid.*, p. 225.

17. *Ibid.*, p. 261.

18. *Ibid.*, p. 238-239.

19. *Ibid.*, p. 219.

20. Conséquences sanitaires de l'accident de Tchernobyl : résultats des projets pilotes du Programme international sur les effets sanitaires de l'accident de Tchernobyl et des programmes nationaux, Organisation mondiale de la santé, 1995.

21. Autorité de sûreté nucléaire, « Les taches de contamination radioactive sur le territoire français », http://www.irsn.fr/vf/05_inf/05_inf_1dossiers/05_inf_17_tcherno/pdf/Synthese_97_03.pdf

Société française d'énergie nucléaire, Accident de Tchernobyl, dossier 16 ans après. http://www.sfen.org/fr/societe/accidents/tchernobyl/4.htm

22. *Nuclear Energy Institute*, *The Chernobyl Accident and its consequences*, décembre 1995. Disponible sur http://www.insc.anl.gov/neisb/neisb4/NEISB3.3.Al.1.html

23. *Radiation and Risk*, 1999, numéro spécial n° 2.

24. Mikhail V. Malko, « Chernobyl Radiation Induced Thyroïd Cancer in Belarus ». Disponible sur http://www-j.rri.kyoto-u.ac.jp/NSRG/reports/kr79/kr79pdf/Malko2.pdf

25. « Thyroïd Cancer in Children and Adolescents », Chernobyl.info. http://www.chernobyl.info/index.php?userhash=9802333&navID=25&lID=2

26. « *The Human Consequences of the Chernobyl Nuclear Accident, a Strategy for Recovery* », rapport commandé par UNDP et UNICEF avec le soutien de UN-OCHA et WHO, 25 janvier 2002. http://www.reliefweb.int/library/documents/2002/undp_rus_25jan.pdf

27. *Health Risks from Exposure to Low Levels of Ionizing Radiation : BEIR VII Phase 2°*, Committee to Assess Health Risks from Exposure to Low Levels of Ionizing Radiation, National Research Council (750 pages).

28. The International Chernobyl Project : Technical Report, STI/PUB/885, (ISBN 92-0-129191-4) publication de IAEA, Vienne, 1991.

29. Uranium Information Center (Australie) « Chernobyl accident », Nuclear Issues briefing paper », 22 juin 2005 ; http://www.uic.com.au/nip22.htm

30. Agence pour l'énergie nucléaire, Chernobyl : assessment of radiological and health impacts 2002 Update of Chernobyl : Ten years after ; disponible sur http://www.nea.fr/html/rp/chernobyl/c05.html

31. http://www.chernobyl.info

32. Victor G. Baryakhtar, *Special Isssue, on Chernobyl, Environmental Science and Pollution Research, Special issue 1* (2003).

33. *The Human Consequences of the Chernobyl Nuclear Accident, a Strategy for Recovery*, Rapport commandé par l'UNDP et l'UNICEF avec le soutien de UN-OCHA et WHO, 25 janvier 2002. Disponible sur http://www.reliefweb.int/library/documents/2002/undp_rus_25jan.pdf

34. *Optimizing the International Effort to Study, Mitigate and Minimize the Consequences of the Chernobyl Disaster*. Rapport du secrétaire général des Nations unies, assemblée générale, 29 août 2003, annexe 3. Disponible sur http://www.chernobyl.info/files/doc/UNRepOptimizingIntEff.pdf

35. *The Human Consequences of the Chernobyl Nuclear Accident*, *op. cit.*, tableau 2.2.

36. *Ibid.*, tableau 5.2.

37. *Ibid.*, § 1.28.

38. *Ibid.*, § 1.36.

39. *Ibid.*, § 3.27.

40. *Optimizing the International Effort to Study, Mitigate and Minimize the Consequence of the Chernobyl Disaster, op. cit.*

41. « En 1986, les autorités françaises ont dissimulé les informations sur Tchernobyl », Hervé Kempf, *Le Monde*, 29 mars 2005.

42. Commission de réglementation nucléaire américaine, « Analyse de l'accident de criticalité de Tokai-mura », avril 2000 (SECY-00-0085) ; http://www.nrc.gov/NRC/COMMISSION/SECYS/secy2000-0085/2000-0085scy.html

43. D'après des données citées en avril 2000 par la Commission de réglementation nucléaire aux États-Unis, environ 1 mg d'uranium a fissionné, ce qui a produit une énergie totale de 22 kWh et conduit à la quantité de radiation mentionnée ci-dessus.

44. « Les accidents de criticité dans l'industrie nucléaire », novembre 2001, http://www.irsn.fr/vf/04_act/04_act_2/04_act_22dossiers_ipsn/pdf/dp_acc_criticite.pdf

45. http://www.bellona.no/en/energy/nuclear/sellafield/37998.htm

46. Comité scientifique des Nations unies sur les effets des radiations atomiques, « Sources et effets des radiations ionisantes », 1993, rapport à l'assemblée générale, avec annexes scientifiques, tableau 53, p. 200.

47. Comité scientifique des Nations unies sur les effets des radiations atomiques, 1993, tableau 53 ; tableau 42 pour la composante locale et régionale ; tableau 51 pour les produits dispersés dans le monde. Ces données sont en GWe-an pour une centrale nucléaire à cycle fermé.

48. Comité scientifique des Nations unies sur les effets des radiations atomiques, 1993, p. 56, paragraphe 143 ; p. 57, paragraphe 151.

49. Le béton avec lequel sont construites les maisons contient 5 % de cendres de charbon provenant des combustibles des centrales électriques.

50. Comité scientifique des Nations unies sur les effets des radiations atomiques, 1993, p. 106-107.

51. Direction sûreté, santé et environnement, « Annual Report on Discharges and Monitoring of the Environment », 1997, BNFL, Risley, Warrington, Chesshire, WA3GAS, Royaume-Uni, 1997 ; et lettre de R. Coates (BNFL) à R. L. Garwin du 6 avril 1999.

52. Comité scientifique des Nations unies sur les effets des radiations atomiques, 1993, p. 107, paragraphe 90, *op. cit.*

53. *Hearing of the House Energy and Commerce Committee Subcommittee on health and the Environment*, 14 avril 1994, http://www.pbs.org/wgbh/pages/frontline/shows/settlement/timelines/april94.html.

54. Il est possible qu'il existe aussi d'importantes réserves de gaz ou de pétrole primordial. C'est le point de vue du professeur Thomas Gold de l'Université de Cornell, mais cela n'est pas encore démontré de façon non ambiguë. En outre, il y a certainement de grandes quantités de combustibles carbonés dans les schistes bitumineux et sous forme de méthane sous le fond des océans.

55. Comité scientifique des Nations unies sur les effets des radiations atomiques, 1993, *op. cit.*.

56. Subcommittee to Update the 1999 Arsenic in Drinking Water Report, Committee on Toxicology, Board on Environmental Studies and Toxicology, « Arsenic in Drinking Water : 2001 Update », National Research Council, http://books.nap.edu/catalog/10194.html

57. Une étude de 1999 de l'Institut de médecine des États-Unis, « L'erreur est humaine : construire un système de santé plus sûr », indique qu'entre 49 000 et 98 000 personnes meurent chaque année aux États-Unis à la suite d'une erreur médicale à l'hôpital, chiffre supérieur aux 39 000 morts par accident de la route.

58. Stephen Breyer, *Breaking the Vicious Circle : Toward Effective Risk Regulation*, Harvard University Press, 1993.

59. « La perception des situations à risque par les Français », avril 2005, disponible sur http://www.irsn.fr/vf/05_inf/05_inf_1dossiers/05_inf_27_risques/pdf/Barometre_2004_synth.pdf

60. « Incidence des leucémies de 0 à 24 ans dans le Nord-Cotentin. » Bulletin épidémiologique hebdomadaire, ministère du Travail et des Affaires sociales, février 1998, http://www.invs.sante.fr/beh/1998/9806/

et « Polémiques sur les leucémies de La Hague », extrait de l'*ACROnique du nucléaire*, n° 36, mars 1997, disponible sur http://www.acro.eu.org/

61. American Medical Association Science News Updates, 12 novembre 1997. (*JAMA*. 1997 ; 278 : 1500-1504).

62. Comité scientifique des Nations unies sur les effets des radiations atomiques (1993), p. 23.

63. Comité scientifique des Nations unies sur les effets des radiations atomiques (2000), vol. 2, p. 486.

64. The Chernobyl Forum, « L'héritage de Tchernobyl : conséquences sur la santé, l'environnement et socio-économiques », et Recommandations aux gouvernements de Biélorussie, de la Fédération de Russie et d'Ukraine, septembre 2005, disponible sur http://www.iaea.org/NewsCenter/Focus/Chernobyl/pdfs/05-28601_Chernobyl.pdf

Centre de nouvelles ONU « AIEA : nouveau bilan des victimes de Tchernobyl » disponible sur http://www.un.org/apps/newsFr/storyF.asp?NewsID=10993&Cr=AIEA&Cr1=Tchernobyl#

Les liens pour les 2 parties du rapport : Part 1 of Chernobyl Forum Report, Environmental Consequences of the Chernobyl Accident and Their Remediation : Twenty Years of Experience, Report of the UN Chernobyl Forum Expert Group « Environment » (EGE), disponible sur http://

www.iaea.org/NewsCenter/Focus/Chernobyl/pdfs/EGE_Report.pdfet la 2e partie : Part 2 (78 pdf pages, which is really the « Chernobyl Report-Final-240102 » of 2002, The Human Consequences of the Chernobyl Nuclear Accident disponible sur http://www.undp.org/dpa/publications/chernobyl.pdf

65. Agence internationale de l'énergie atomique « Tchernobyl : l'ampleur réelle de l'accident », http://www.iaea.org/NewsCenter/Focus/Chernobyl/pdfs/French_press_release.pdf

CHAPITRE 7
L'énergie nucléaire en perspective : ressources et besoins énergétiques

1. Le terme « effet de serre » était déjà utilisé par Svante Arrhenius (chimiste suédois prix Nobel de chimie en 1903 [1859-1927]) qui a publié une analyse très moderne en 1896 sur l'influence de l'effet de serre sur le réchauffement climatique mondial (« Sur l'influence du gaz carbonique dans l'air sur la température du sol », *Philosophical Magazine,* 41, p. 237).

2. Nous soulignons que l'énergie totale consommée par l'humanité au cours des siècles est déjà équivalente à la radioactivité totale produite par les désintégrations radioactives dans l'ensemble du volume de la Terre et qui est responsable des températures élevées dans les mines et les puits. Les estimations du flux total de chaleur sont comprises entre 30 et 44 TW, dont 15 % est d'origine continentale. Le tableau 7.1 indique une production d'énergie mondiale de 404 quads environ, ou encore 404 × 30 GW-an, c'est-à-dire environ 12 TW-an. Voir http://mines.unr.edu/geology/Home/faculty_pages/Geol333/short % 20heat %20flowlec.pdf
http://www.mantleplumes.org/Energetics.html (Don Anderson)

3. J.R. Petit, J. Jouzel *et al.*, « Climate and atmospheric history of the past 420 000 years from the Vostok ice core in Antartica », *Nature*, 399, p. 429-136, 1999.

4. Programme des Nations unies pour l'environnement, Vital climate graphies, disponible sur http://www.grida.no/climate/vital/02.htm

5. Résumé technique du premier groupe de travail pour le troisième rapport d'évalutaion du Groupement intergouvernemental d'experts sur l'évolution du climat, 2001. http://www.ipcc.ch/pub/wg1TARtechsum.pdf

6. Arctic Climate impact assessment, 2004, disponible sur http://www.acia.uaf.edu/PDFs/ACIA_Policy_Document.pdf

7. Jean-Louis Fellous, *Avis de tempêtes*, Odile Jacob, 2003.
Jean Jouzel et Anne Debroise, *Le Climat : jeu dangereux*, Dunod, 2004.

8. Déclaration commune des Académies des sciences sur la réponse globale au changement climatique, http://www.academie-sciences.fr/actualites/textes/G8_fr.pdf

9. http://bcsia.ksg.harvard.edu/BCSIA_content/documents/Holdren_Presentation.pdf

10. Estimations pour les secteurs de l'énergie, de l'électricité et de l'énergie nucléaire jusqu'à 2030, Agence internationale pour l'énergie atomique, juillet 2003. Total energy consumption by fuel type in 2003, p. 30-31 ; http://www.iaea.org/OurWork/ST/NE/Pess/RDS1.html

11. Energy Information Administration (États-Unis), International Energy Annual 2003, http://www.eia.doe.gov/emeu/iea/wepbtu.html ; www.eia.doe.gov/emeu/iea/

12. Robert Dautray, « Cinquante ans de nucléaire dans le monde », *La Vie des sciences,* 1993, n° 4, p. 359 à 411.

13. Keith A. Kvenvolden et Thomas D. Lorenson, « A global inventory of natural gas hydrate occurrence », 2004. http://walrus.wr.usgs.gov/globalhydrate/

14. Les réserves d'uranium sont de 2,9 Mt à un prix inférieur à 130 dollars le kilogramme (réserves raisonablement assurées) plus 0,96 Mt de réserves additionnelles estimées. « Survey of ener-

gy resources ». World Energy Council http://www.worldenergy.org/wec-geis/publications/reports/ser/uranium/uranium.asp

15. Uranium reserves, The European nuclear society, http://www.euronuclear.org/info/encyclopedia/u/uranium-reserves.htm

16. Matthew Bunn, John P. Holdren, Steve Fetter, Bob Van der Zwaan, « The Economics of Reprocessing Versus Direct Disposal of Spent Nuclear Fuel », *Nuclear Technology*, vol. 150, juin 2005.

17. Deux milliards de tonnes peuvent être récupérées à un coût abordable, 4 milliards de tonnes sont la réserve totale de l'uranium d'eau de mer.

18. Tadao Seguchi, communication à « Tokyo University-Harvard University Workshop », Tokyo, 23 mai 1998.

19. Rapport de J. Foos, directeur du Laboratoire des sciences nucléaires au Conservatoire national des arts et métiers, sur des travaux effectués par son laboratoire et le Laboratoire de catalyse et de synthèse organique de l'Université Claude-Bernard de Lyon, sur l'extraction de l'uranium de l'eau de mer, juin 1996, COGEMA.

20. Cité dans The Economics of Reprocessing Versus Direct Disposal of Spent Nuclear Fuel, *op. cit.*, p. 115. http://bcsia.ksg.harvard.edu/BCSIA_content/documents/repro-report.pdf

21. *Generation IV Roadmap*, *Crosscutting Fuel Cycle R&D Scope Report*, publié par le Nuclear Energy Research Advisory Committee et le Generation IV International Forum, décembre 2002 (voir pages 56-64), disponible sur http://gif.inel.gov/roadmap/pdfs/009_crosscutting_fuel_cycle_r-d_scope_report.pdf

22. Matthew Bunn, John P. Holdren, Steve Fetter, Bob Van der Zwaan, « The Economics of Reprocessing Versus Direct Disposal of Spent Nuclear Fuel », *Nuclear Technology*, vol. 150, juin 2005.

23. Nukem Market Report, avril 2000.

24. http://www.world-nuclear.org/sym/2003/graul.htm

25. Energy Information Administration International. Energy Annual 2003, juin 2005 http://eia.doe.gov/pub/international/iealf/table64n.xls

26. http://www.iaea.org/cgi-bin/db.page.pl/pris.oprconst.htm

27. http://www.iaea.org/cgi-bin/db.page.pl/pris.opercap.htm

28. http://www.iaea.org/cgi-bin/db.page.pl/pris.agereac.htm

29. « Nuclear share in electricity generation in 2004 », http://www.iaea.org/cgi-bin/db.page.pl/pris.nucshare.htm

30. Power Reactor Information System, (PRIS) « Operational & Under construction Reactors by Type », http://www.iaea.org/cgi-bin/db.page.pl/pris.reaopucty.htm

31. Nuclear Electricity Production Edging up, Agence internationale de l'énergie atomique, 11 juillet 2002. http://www.iaea.org/NewsCenter/News/2002/11072002_news.shtml

32. D'après *Nuclear Energy, Principles, Practices and Prospects*, seconde édition, par David Bodansky, American Institute of Physics, 2004, p. 34 et 37.

33. Agence internationale pour l'énergie atomique, *Estimations pour les secteurs de l'énergie, de l'électricité et de l'énergie nucléaire jusqu'à 2030*, juillet 2003. Total and nuclear electrical generating capacity, p. 18-19. http://www.iaea.org/OurWork/ST/NE/Pess/rds-1/RDS1-23scr.pdf

34. *Ibid.,* Percentage of electricity suppliating nuclear power, p. 22-23.

35. *Ibid.,* Estimates of total energy consumption (E J) percentage used for electricity generation and percentage supplied by nuclear energy, p. 250.

36. *Ibid.,* Energy Conscription estimates p. 26-27.

37. Agence internationale de l'énergie, The IEA EMB-EP Modelling framework : preliminary results with emplasis on the Chinese industry, Dolf Gielen, octobre 2003, http://www.iea.org/dbtw-wpd/Textbase/work/2003/beijing/21dolf.pdf

38. Energy-related CO_2 emissions in China, John J. ; Conti, Energy information administration, 20 mai 2004, page 11, http://www.pnl.gov/aisu/pubs/sinusko04/conti.pdf

39. Energy-related CO_2 emissions in China, John J. ; Conti, Energy information administration, 20 mai 2004, page 12, http://www.pnl.gov/aisu/pubs/sinusko04/conti.pdf

40. http://www.reeep.org/index.cfm?articleid=1091.

41. Communication privée du professeur Zhu Xuhui à Richard L. Garwin, 2001 et 2005.

42. John Holdren, 1998.

43. Matthew Wald, *New York Times*, 20 juin 1999.

44. Centre info énergie du Canada, http://www.centreinfo-energie.com/silos/wind/windEnvironment/windEnvironmentHistory.asp

45. Efficacité énergétique, panorama mondial 2004, Ademe. http://www.ademe.fr/presse/Communiques/Documents/wec_synt_ % 20fr.pdf

46. ENDING THE ENERGY STALEMATE, A Bipartisan Strategy to Meet America's Energy Challenges, The National Commission On Energy Policy, coprésidée par J. P. Holdren, W. K. Reilly, et J. W. Rowe, décembre 2004, disponible sur http://www.energycommission.org/

47. Impacts of Modeled Recommendations of the National Commission on Energy Policy, Avril 2005, Energy Information Administration, Office of Integrated Analysis and Forecasting, US Department of Energy, Washington, DC 20585, http://www.eia.doe.gov/oiaf/servicerpt/bingaman/pdf/sroiaf(2005)02.pdf

48. Wolfgang Lutz, *IIASA Population Projection Results*, http://www.iiasa.ac.at/Research/POP/docs/Population_Projections_Results.html.

49. *La séquestration géologique du CO_2, une solution porteuse d'avenir pour réduire les risques climatiques*, disponible sur http://www.brgm.fr/Fichiers/dossier_commuPresse/SEQUESTjCO22004.pdf

50. *The Bridge*, publication de l'Académie nationale d'ingénierie des États-Unis, automne 1999.

CHAPITRE 8
De la course aux armements…

1. Bernard Brodie, éd., *The Absolute Weapon*, Harcourt Brace, 1946.

2. En anglais, on distingue les deux termes : « *preemptive* » pour une attaque décidée à la suite de l'information que l'autre côté se prépare à lancer une attaque, et « *preventive* » qui consiste à empêcher que l'autre côté puisse mettre en place la capacité de lancer une attaque.

3. Ex. : Lee Butler, « Zero Tolerance », *Bulletin of the Atomic Scientists*, janvier-février 2000.

4. Cité dans Audience publique sur la licéité de l'utilisation des armes nucléaires par un État dans un conflit armé, 30 octobre 1995, Cour internationale de justice. http://www.icj-cij.org/icjwww/icases/iunan/iunan_cr/iUNAN_iCR9522_19951030.PDF

5. *Mad* veut dire « fou » en anglais.

6. Brugioni, « The Art and Science of Photoreconnaissance », *Scientific American*, mars 1996, p. 78.

7. Richard Nixon : United States Foreign Policy for the 1970s : Building for peace. A report by President Richard Nixon to the Congress, 25 février 1971.

http://odur.let.rug.nl/~usa/P/rn37/writings/index.htm

8. Presidential Directives on National Security from Truman to Clinton, disponible sur http://nsarchive.chadwyck.com/pdessayx.htm

9. « Criteria for Strategic Sufficiency », National Security Decision Memorandum 16, 24 juin 1969, Top Secret.

10. R. S. Norris et W. M. Arkin, « Nuclear Notebook », *Bulletin of the Atomic Scientists,* juillet/août 2000.

11. McGeorge Bundy, *Danger and Survival,* New York, Random House, 1988, p. 519-520.

12. H. A. Bethe et R. L. Garwin, « Antiballistic Missile Systems », *Scientific American,* mars 1968.

13. Les missiles balistiques sol-sol sont appelés SS, et les missiles sol-air, SA.

14. http://www.cnn.com/SPEVIAL/cold.war/episode/22/document/starwars.speech/

15. « Analyses of Effects of Limited Nuclear Warfare », Testimony prepared for the Subcommittee on Arms Control, International Organizations and Security Agreements of the United States Senate Foreign Relations Committee. (Témoignage de R. L. Garwin, 18 septembre 1975.)

16. *Bulletin of the Atomic Scientists*, novembre/décembre 2002, p. 103-104 (vol. 58, n° 6).

17. *Ibid.*

18. Natural Resources Defense Council, cité sur la Fig. B-6 du rapport CISAC, 1997, disponible sur http://books.nap.edu/html/fun/appb.html

19. Y. Le Baut, *La Genèse de l'arme nucléaire française et son évolution*, Institut de stratégie comparée, disponible sur http://www.stratisc.org/partenaires/ihcc/ihcc_nuc1_Lebaut.html#Note1.

20. Bruno Barillot, *Audit atomique, le coût de l'arsenal français (1945-2010)*, février 1999, 376 p.

21. http://www.nrdc.org/nrdcpro/nuclear

22. Stephen I. Schwartz, *et al.*, *Atomic Audit : The Costs and Consequences of US Nuclear Weapons Since 1940*, Brookings Institution Press, 1998. http://www.brook.edu/fp/projects/nucwcost/weapons.htm

23. Henry Kissinger, *White House Years,* Little Brown, 1979, p. 217.

24. « Les 15 plus gros budgets militaires en 2004 » http://www.sipri.org/contents/milap/milex/mex_major_spenders.pdf

– Les 15 plus gros budgets en parité de pouvoir d'achat incluraient la Birmanie si les données étaient disponibles.

– Ces données pour l'Iran et l'Arabie Saoudite incluent des dépenses de maintien de l'ordre public et de sûreté, et sont donc légèrement surestimées.

Les populations de l'Arabie Saoudite, l'Australie et Israël sont inférieures à 0,5 % de la population mondiale.

Sources : SIPRI Yearbook 2005, appendix 8A. PPP rates : World Bank, *World Development Report 2005: A Better Investment Climate for Everyone* (Oxford University Press, New York, p. 256-257, and table 5, Key indicators for other economies, p. 264. 2004 population : United Nations Population Fund (UNFPA), *State of the World Population 2004* (UNFPA, New York, 2004), URL http://www.unfpa.org/swp/

25. SIPRI, http://first.sipri.org/non_first/result_milex.php?send

26. Y. Le Baut, « La Genèse de l'arme nucléaire française et son évolution », Institut de stratégie comparée, disponible sur http://www.stratisc.org/partenaires/ihcc/ihcc_nuc1_Lebaut.html#Note1.

27. « Chronologie nucléaire, l'Observatoire des armes nucléaires ». Disponible sur http://obsarm.org/obsnuc/donnes-diverses/chronologie.htm

28. Interview du président Mitterrand à la télévision allemande (ARD) le 18 octobre 1987.

29. *Livre blanc sur la défense*, 1972.

30. Bruno Tertrais, « France stands alone », *Bulletin of Atomic Scientists*, juillet/août 2004. http://www.thebulletin.org/article.php?art_ofn=ja04tertrais

31. *Chronologie nucléaire, l'Observatoire des armes nucléaires*, *op. cit.* et http://www.ladocfrancaise.gouv.fr/dossier_international/nucleaire/accords/desarfrance.shtml

32. Projet de loi de finances pour 2004 : Défense – Nucléaire, espace et services communs, Avis présenté *au nom de la commission des Affaires étrangères, de la défense et des forces*

armées (1) sur le projet de loi de finances pour 2004, adopté par l'Assemblée nationale, Par M. Jean Faure, Une doctrine actualisée, disponible sur http://www.senat.fr/rap/a03-076-4/a03-076-4_mono.html#toc72

33. *Ibid.*

34. État des forces nucléaires françaises au 15 août 2004, Observatoire des armes nucléaires françaises, disponible sur http://obsarm.org/obsnuc/puissances-mondiales/france-forces2.htm

35. http://obsarm.org/obsnuc/donnes-diverses/bombes-tetes-hs-france.htm

36. État des forces nucléaires françaises au 15 août 2004, Observatoire des armes nucléaires françaises, disponible sur http://obsarm.org/obsnuc/puissances-mondiales/france-forces2.htm

37. Alain Delpuech, directeur des Applications militaires au Commissariat à l'énergie atomique, « Les armes nucléaires », *L'Armement*, n° 75, octobre 2001, http://www-dam.cea.fr/images/artic-armementN75-delpuech.pdf

38. Bruno Tertrais, « France stands alone », *Bulletin of Atomic Scientists*, juillet/août 2004. http:// www.thebulletin.org/article.php?art_ofn=ja04tertrais

39. Bruno Barillot, *Audit Atomique, le coût de l'arsenal français (1945-2010), op. cit.*

40. Bruno Tertrais, « France stands alone », *Bulletin of atomic scientists*, art. cité.

41. Projet de loi de finances pour 2004 : Défense – Nucléaire, espace et services communs l'état d'avancement des programmes nucléaires et leur financement en 2004. http://www.senat.fr/rap/a03-076-4/a03-076-410.html

42. Projet de loi de finances pour 2005 : Défense – Nucléaire, espace et services communs, les programmes nucléaires et leur financement en 2005, disponible sur http://www.senat.fr/rap/a04-077-4/a04-077-48.html

43. http://slate.msn.com/id/2122382/entry/2122493/

44. En 1993, le coût estimé pour le NIF était de 677 millions de dollars. En 1997, une étude de coût plus complète a abouti à une estimation de 2,1 milliards de dollars pour la seule construction, devant être terminée en 2002. Les estimations avaient continué à grimper, arrivant en 2005 à un coût de 3,5 milliards pour une installation terminée en 2008. En 1997, des estimations incluaient pour la première fois les coûts associés en sus des coûts de construction. Le General Accounting Office avait estimé dans un rapport de 2001 que les coûts excéderaient 4 milliards de dollars. D'autres estimations avaient projeté des coûts totaux de l'ordre de 5 milliards de dollars ou plus. Sources : département d'État à l'Énergie, General Accounting Office (maintenant le Government Accountability Office), Laboratoire Livermore.

45. http://www.globalsecurity.org/wmd/systems/b61.htm

46. Une « charge creuse » est un morceau d'explosif ayant une forme choisie (avec une enveloppe conique en cuivre) pour concentrer l'énergie de l'explosion dans une direction. À la détonation, un jet de métal hyper-rapide est formé et projeté qui pénètre le granite ou des épaisseurs de béton renforcé.

47. *Effects of Nuclear Earth-Penetrator and Other Weapons*, Académie des sciences des États-Unis, avril 2005, http://books.nap.edu/catalog/11282.html

48. Disponible sur http://www.fas.org/rlg/. Ce site contient aussi une annexe technique de Garwin expliquant les détails de l'analyse.

49. Disponible sur le site http://www.fas.org/rlg/

50. http://www.mtcr.info/french/index.html

51. R. L. Garwin, « Missile Defense Policy and Arms Control Issues », 26 août 1999, Second Annual US Army Space and Missile Defense Conference in Huntsville, Alabama, disponible http://www.fas.org/rlg/

52. A. M. Sessler (président du groupe d'études) *et al.*, « Countermeasures : A Technical Evaluation of the Operational Effectiveness of the Planned US National Missile Defense System. » Disponible sur http://www.ucsusa.org/global_security/missile_defense/page.cfm?pageID=581

53. Rapport d'un groupe d'étude de la Société américaine de physique sur les systèmes d'interception en phase de propulsion pour le Système national de défense antimissile, 15 juillet 2003. Disponible sur http://www.aps.org/public_affairs/popa/reports/nmd03.cfm

54. Robert Dautray, *Quelles énergies pour demain ?*, Odile Jacob, 2004, p. 270.

CHAPITRE 9
… à la maîtrise des armements

1. À une session commune de la Société américaine de philosophie et de l'Académie des sciences des États-Unis.

2. Cité dans Gar Alperovitz, *The Decision to Use the Atomic Bomb*, voir http://www.ncesa.org/html/atombomb.html

3. *Ibid.*

4. James Chace, « After Hiroshima : Sharing the Atom Bomb », *Foreign Affairs*, janvier/février 1996.

5. Report Acheson-Lilienthal : Report on the International Control of Atomic Energy, 16 mars 1946, disponible sur http://www.learnworld.com/ZNW/LWText.Acheson-Lilienthal.html

6. James Chace, « After Hiroshima : Sharing the Atom Bomb », art. cité.

7. Cité dans Sidney D. Drell, *Facing the Threat of Nuclear Wepaons*, University of Washington Press, 1989, p.10.

8. Robert McNamara, « Apocalyspse Soon », *Foreign Policy*, mai/juin 2005.

9. Disponible sur http://www.obsarm.org/obsnuc/tnp/bull-2004-prepcom2.htm

10. Avner Cohen, « Israël's atomic kingdom of secrets », 10 janvier 2005, *Haaretz*, disponible sur http://www.haaretz.com/hasen/objects/pages/PrintArticleEn.jhtml?itemNo=525036

11. http://disarmament2.un.org/wmd/npt/1995RESME.htm

12. Miriam Rajkumar, *A Nuclear Triumph for India*, Carnegie Endowment for International Peace, disponible sur http://www.carnegieendowment.org/npp/publications/index.cfm?fa=view&id=17215

13. www.pugwash.org

14. Le 24 mai 2005, Sidney D. Drell a reçu la médaille annuelle Heinz Award for Public Policy ainsi qu'un prix de 250 000 dollars pour récompenser « *les contributions tout au long des dernières décennies pour réduire la menace de catastrophe nucléaire tout en assurant la sécurité de la nation ainsi que sa supériorité militaire* ». Cette citation mentionne le leadership de Drell dans la conduite des études du Groupe Jason.

15. « Nuclear Testing-Summary and Conclusions », Jason Report JSR-95-320, par S.D. Drell, Chairman, *et al.* (3 août 1995), disponible sur http://www.fas.org/rlg

16. John P. Holdren *et al.*, *Technical Issues Related to the Comprehensive Nuclear Test Ban Treaty*, National Academy Press, 31 juillet 2002. Pour le texte intégral du document voir http://www.nap.edu/html/ctbt/

17. Rapports très détaillés sur les armements nucléaires et missiles des cinq puissances nucléaires déclarées, édités par une organisation non gouvernementale américaine, le Conseil de défense des ressources naturelles.

18. R. L. Garwin, C. E. Paine et R. E. Kidder, FAS-NRDC, *Discussions in Paris Regarding the Necessity of Nuclear Tests for Maintaining a Reliable French Nuclear Force Under a Comprehensive Test Ban*, FAS-NRDC, Washington, décembre 1994

19. Disponible sur http://fas.org/rlg/16140840.htm

20. Praful Bidwai, « Courting Nuclear Disaster », 16 mai 2002, disponible sur http://www.russfound.org/praful.htm

21. Le Système international de surveillance est presque entièrement installé, grâce aux travaux de la Commission préparatoire de l'Organisation du Traité d'interdiction complète des essais nucléaires ; mais les inspections ne peuvent avoir lieu tant que le traité n'est pas en vigueur. Voir www.ctbto.org

22. The KNET Project : http://yin.ucsd.edu/ANZA/home.html

23. En 1997, le Congrès américain avait adopté une loi suivant laquelle le gouvernement américain ne pourrait négocier le Traité START III avant que la Russie ait ratifié START II. Néanmoins le 10 juillet 1998, le maréchal russe Igor Sergeïev, chef du ministère de la Défense, a informé les deux principaux responsables de la Douma en matière de sécurité nationale que, avec ou sans ratification de START II par la Douma, les forces stratégiques russes seraient réduites aux niveaux envisagés pour le Traité START III. Le décret présidentiel et une résolution dans laquelle la Russie s'engage à réduire ses têtes nucléaires stratégiques déployées aux niveaux prévus pour START III (2 000 à 2 500 armes en 2010), ont été approuvés le 3 juillet 1998, à une réunion du Conseil de sécurité de Russie.

24. NRDC : Nuclear Nolobook « Russian nuclear forces, 2005 » Robert S Narris et Hans M. Kristensen Mars-Avril 2005, The Bulletin of Atomic Scientist, vol. 61, n° 2, p. 70-72, http://www.thebulletin.org/article_nn.php?art_ofn=ma05norris#1

25. Hans A. Bethe Letter to the Science Community, 23 juillet 1995, http://www.purgwash.org/about/bethe.htm

26. « Fissile Material Cut off Treaty », voir http://www.fas.org/nuke/control/fmct/

27. *Reagan, In His Own Hand* : « The Writings of Ronald Reagan that Reveal His Revolutionary Vision for America », Free Press, 2001, p. 498.

CHAPITRE 10
Menaces sur la sécurité mondiale

1. Il y a cependant eu un épisode avec l'envoi de lettres contenant des spores d'anthrax aux États-Unis en octobre 2001.

2. Igor V. Domaradskij et Wendy Orent, *Biowarrior : Inside the Soviet/Russian Biological War Machine.*

Ken Alibek et Stephen Handelman, *Biohazard : The Chilling True Story of the Largest Covert Biological Weapons Program in the World – Told from Inside by the Man Who Ran It.*

3. Les 52 tonnes de plutonium américain en excès déjà déclarées incluent 14 tonnes de matériau non approprié pour les bombes.

4. L'Allemagne possède des stocks d'uranium hautement enrichi pour les réacteurs de recherche.

5. Morten Bremer et Lars Van Dassen, « Eliminating Excessive Stocks of Highly Enriched Uranium », Pugwash Issue Brief, avril 2005. Disponible sur wwwpugwash.org

6. http://www.cia.gov/cia/reports/iraq_wmd_2004/

7. Le premier laboratoire d'armes nucléaires soviétique se trouvait dans ce qui était à l'époque une ville secrète, Arzamas-16, dont le nom est maintenant Sarov. Le deuxième laboratoire était le cœur d'une autre ville secrète, Chelyabinsk-70, dont le nom actuel est Snezhinsk, près de Sverdlovsk, maintenant appelée Ekaterinburg, dans les monts Oural.

8. Voir http://www.nti.org/db/nisprofs/russia/fissmat/pumayak/fismatst.htm

9. Le rapport de la Commission d'évaluation de la menace des missiles balistiques pour les États-Unis qui a eu accès à tous les renseignements disponibles aux États-Unis en 1998 note : « Garwin a fait partie de cette commission pendant toute sa durée, de janvier à juillet 1998. » Le rapport est disponible sur http://www.fas.org/rlg/

10. Research Reactors, World Nuclear Association, décembre 2004. Disponible sur http://www.world-nuclear.org/info/inf61.htm

11. « *Pathways to the Bomb : Security of Fissile Materials Abroad* », Témoignage de Rose Gottemoeller pour une audition devant le Committee on Homeland Security, Subcommittee on Prevention of Nuclear and Biological Attack, Chambre des représentants, 28 juin 2005, disponible sur http://www.carnegieendowment.org/publications/index.cfm?fa=view&id=17127

12. Rapport au président du sous-comité sur les menaces et capacités émergentes, Comité des forces armées, Sénat des États-Unis. « Non-prolifération nucléaire. Le département d'État à l'Énergie doit prendre des mesures pour réduire l'usage d'uranium de qualité militaire dans les réacteurs de recherche civils ». United States Government Accountability Office. Disponible sur http://www.gao.gov/new.items/d04807.pdf

13. US-Russia Megatons to Megawatts Program. Disponible sur http://www.usec.com/v2001_02/HTML/megatons_stepbystep.asp

14. http://www.usec.com/v2001_02/HTML/Megatons_status.asp

15. Jeffrey Boutwell, Francesco Calogero, Jack Harris, « Nuclear Terrorism : the Danger of Highly Enriched Uranium », septembre 2002, Pugwash Issue Brief. Disponible sur www. pugwash.org

16. « Gestion et mise au rebut du plutonium en excès des armes », sous la direction de W. K. H. Panofsky, rapport du Comité sur la sécurité internationale et la maîtrise des armements de l'Académie des sciences des États-Unis, National Academy Press, janvier 1994.

17. « Gestion et mise au rebut du plutonium des armes en excès : méthodes liées à l'utilisation du combustible dans les réacteurs », sous la direction de J. P. Holdren, rapport du Comité sur la sécurité internationale et la maîtrise des armements de Académie des sciences des États-Unis, National Academy Press, juillet 1995.

18. « Gestion et mise au rebut du plutonium en excès des armes », *op. cit.*

19. *Nuclear Fuel*, 1er mai 2000.

20. En marge des discussions intergouvernementales sur cette question, une commission scientifique indépendante russo-américaine (dont Garwin a fait partie) a été créée pour discuter de la mise au rebut du plutonium en excès des armes. « *Final Report of the US-Russian Independent Scientific Commission on Disposition of Excess Weapons Plutonium* », par J. P. Holdren (coprésident), J. Ahearne, R. L. Garwin, W. K. H. Panofsky, J. J. Taylor et E. P. Velikhov (coprésident), A. A. Makarov, F. M. Mitenkov, N. N. Ponomarev-Stepnoi, F. G. Reshetnikov, 1erjuin 1997. Disponible sur http://www.fas.org/rlg/)

21. « Gestion et mise au rebut du plutonium en excès des armes », *op. cit.*

22. *Ibid.*, p. 32-33.

23. *Ibid.*, p. 174.

24. *Protection et gestion du plutonium*, American Nuclear Society Special Panel Report, août 1995.

25. John Deutch, *The Threat of Nuclear Highjacking,* 1996, Testimony to the Senate Permanent Investigation Committee on Government Operations.

26. « Nuclear Successor States of the Soviet Union : Status Report on Nuclear Weapons, Fissile Material and Export Controls », Monterey Institute of International Studies, Together With Carnegie Endowment for International Peace (mai 1998). Disponible sur http://cns.miis.edu/pubs/reports/statrep.htm (voir p. 108).

27. Cité par Morten Bremer et Lars Van Dassen, *Eliminating Excessive Stocks of Highly Enriched Uranium*, Pugwash Issue Brief, avril 2005. Disponible sur www.pugwash.org, voir note 15 de cette référence.

28. Morten Bremer et Lars van Dassen, *Eliminating Excessive Stocks of Highly Enriched Uranium*, Pugwash Issue Brief, avril 2005. Disponible sur www.pugwash.org

29. *Ibid.*, voir note 17.

30. *Washington Post,* 23 octobre 1996.

31. Monterey Institute of international studies, *Suitcase Nukes, a Reassessment*, 23 septembre 2002. Disponible sur http://www.cns.miis.edu/pubs/week/020923.htm

32. Charles D. Ferguson, William C. Potter, avec Amy Sands, Leonard S. Spector, et Fred L. Wehling, *The Four Faces of Nuclear Terrorism,* nouvelle édition (2005), Routledge.

33. http://www.nti.org/db/nisprofs/russia/forasst/doe/closcity.htm

34. http://www.nti.org/db/nisprofs/russia/forasst/doe/closcity.htm

35. Rolf Linkohr, membre du Parlement européen, « Le désarmement doit faire partie intégrante de la politique européenne de sécurité », janvier 2000. Disponible sur http://www.linkohr.de/2francais/2000_01.htm

36. Kenneth Boutin, *93 + 10 : Strengthened Nuclear Safeguards a Decade On*, Vertic Drief, 2 avril 2004. Disponible sur http://www.vertic.org/assets/BP2_Boutin.pdf

37. Conférence de 2005 chargée d'examiner le TNP, Agence internationale de l'énergie atomique, disponible sur http://www.un.org/french/events/npt2005/02.pdf

38. Colonel Charles Lutes, « De nouveaux acteurs sur la scène : A. Q. Khan et le marché noir nucléaire ». Disponible sur http://usinfo.state.gov/journals/itps/0305/ijpf/lutes.htm

39. William J. Broad et David E. Sanger, « As Nuclear Secrets Emerge in the Khan Inquiry, More are Suspected », 26 décembre 2004, *New York Times*. Disponible sur http://www.middleeastinfo.org/article4875.html

40. G. S. Solov'ev, A. V. Saprygin, I. S. Izrailecich et A. A. Makarov, « Determination of U-234 Content in Uranium from Different Deposits », *Atomic Energy*, vol. 92, n° 4, 2002.

41. http://www.iaea.org/Publications/Documents/Infcircs/1998/infcirc540corrected.pdf

42. http://www.irsn.org/saci/fr/NUCLEAIR/INSTANCE/INSTANCE_IMG/ct_instance_02.htm

43. Mohamed El-Baradei, Allocution à la conférence d'examen du Traité de non-prolifération, 2 mai 2005. Disponible sur http://www.un.org/events/npt2005/statements/npt02iaea.pdf

44. http://www.ndu.edu/info/whatsnew/PresBush-NDU.cfm

45. Charles D. Ferguson, William C. Potter, avec Amy Sands, Leonard S. Spector, et Fred L. Wehling, *The Four Faces of Nuclear Terrorism,* nouvelle édition (2005), Routledge, voir http://www.cns.miis.edu/pubs/books/4faces.htm

46. http://www.sandia.gov/LabNews/LN01-19-96/palo.html

47. « Sources and Effects of Ionizing Radiation », UNSCEAR 1993, rapport de l'Assemblée générale, avec annexes scientifiques, p. 117.

48. W. G. Sutcliffe *et al.*, « A Perspective on the Dangers of Plutonium », UCRL-JC-118825, Lawrence Livermore National Laboratory (14 avril 1995). Disponible sur http://www.llnl.gov/csts/publications/sutcliffe/

49. Steve Fetter et Frank von Hippel, « The Hazard From Plutonium Dispersal by Nuclear Warhead Accidents », *Science and global security* (1), 21-41 (1990).

50. L. H. Hoddeson, *Critical Assembly*, University of California Press (1993).

51. « Drawing Back the Curtain of Secrecy, Restricted Data Declassification Decisions, 1946 to the Present, (RDD-7) », 1er janvier, 2001, Bureau de déclassification du département d'État à l'Énergie américaine, « Approved for Public Release ». http://www.osti.gov/opennet/rdd-7.pdf

52. http://www.unodc.org/unodc/terrorism_convention_nuclear_material.html

53. http://pubx.dfait-maeci.gc.ca/A_BRANCH/AES/env_engagements.nsf/0/6e6cc5d9a55a686485256b6c005334bd?OpenDocument

54. « Pathways to the Bomb : Security of Fissile Materials Abroad », Témoignage de Rose Gottemoeller pour une audition devant le Committee on Homeland Security, Subcommittee on Prevention of Nuclear and Biological Attack, Chambre des représentants, 28 juin 2005. Disponible sur http://www.carnegieendowment.org/publications/index.cfm?fa=view&id=17127

55. *Éliminer les armes nucléaires. Est-ce souhaitable ? est-ce réalisable ?* (sous la direction de Joseph Rotblat), Transitions Westview Press, 1993.

56. Le rapport de la commission est disponible en anglais sur le site http://www.dfat.gov.au/cc/cchome.html

Rapport de la Commission Canberra : *Éliminer les armes nucléaires*, préface de Michel Rocard, Odile Jacob, 1997.

CHAPITRE 11
Du bon usage des scientifiques et des citoyens

1. Robert Dautray, *Quelles énergies pour demain ?* Odile Jacob, 2004, p. 20.

2. Jean-Henri Fabre, *Les Inventeurs et leurs inventions*, Champion Slatkine, 1986.

3. Henri Vincenot, *L'Âge du chemin de fer*, Denoël, 1980.

4. G. A. Litvinov *et al.*, « *KVS* » *Power* (en russe), Snezhinsk (Chelyabinsk-70), 1997.

5. *Chinese Science News*, 27 décembre 1995.

6. Thomas B. Cochran, Robert S. Norris et Oleg A. Bukharin, *Making of the Russian Bomb*, Westview Press, 1995, p. 13.

7. www.fas.org

8. *Science Advice to the President*, W. T. Golden éd., New York, Pergamon Press, 1980.

9. Garwin a participé à ce groupe depuis 1961 jusqu'à sa disparition en 1973.

10. *Un historique sur les origines du Manifeste* Sandra Ionno Butcher : *The Origins of the Russell-Einstein Manifesto Pugwash History series*, n° 1, mai 2005. Disponible sur http://www.pugwash.org/publication/phs/history9.pdf.

11. Bertrand Russell, Discours à la Maison des Lords, novembre 1945. Cité dans *News Chronicle*, 1er avril 1954, in Bertrand Russell, *The Autobiography of Bertrand Russell, 1944-1969* (New York, Simon and Schuster, 1969), cité par Sandra Ionno Butcher, *op. cit.*

12. Joseph Rotblat, « *Le Mouvement Pugwash, les scientifiques contre la guerre* », août 1986. Disponible sur http://www.unesco.org/courier/2001_12/fr/science2.htm.

13. *Ibid.*

14. http://www.pugwash.org/about.htm.

15. http://www.pugwash.org/about/origins.htm.

16. Raymond Aubrac, *Où la mémoire s'attarde*, Odile Jacob, 1993.

US Department of State, Foreign Relations, 1964-1968, Volume V, Vietnam 1967. Disponible sur http://www.state.gov/r/pa/ho/frus/johnsonlb/v/13157.htm.

17. *A Nuclear Weapon Free World, Desirable, Feasible*, sous la direction de Joseph Rotblat, Westview Press, 1993.

18. Kashmir leaders in historic talks, BBC, 13 Décembre 2004 http://news.bbc.co.uk/1/chl/South-asia/408957/.stm.

19. Bernd W. Kubbig, *Communicators in the Cold War : The Pugwash Conferences, the US*-Soviet *Study Group and the ABM Treaty,* PRIF Reports n° 44, Peace Research Institute, Frankfurt, Germany (http://www.rz.uni-frankfurt.de/hsfk).

20. *Ibid.*

21. « The Future of the US-Soviet Nuclear Relationship, » Committee on International Security and Arms Control, National Academy Press, Washington, DC, 1991 (http://books.nap.edu/catalog/1846.html).

22. « The Future of US Nuclear Weapons Policy », report of the Committee on International Security and Arms Control, National Academy of Sciences, Washington, DC, National Academy Press, 1997. http://books.nap.edu/catalog/5796.html.

23. « Technical Issues Related to the Comprehensive Nuclear Test Ban Treaty », Committee on Technical Issues Related to the Ratification of the Comprehensive Nuclear Test Ban Treaty, National

Academy of Sciences (National Academy Press, 2002. Disponible sur http://www.nap.edu/catalog.php?record_id=10471.

24. « Monitoring Nuclear Weapons and Nuclear-Explosive Materials : An Assessment of Methods and Capabilities », Committee on International Security and Arms Control, National Research Council, Washington, DC, avril 2005 (http://books.nap.edu/catalog/11265.html).

25. « Reactor Safety Study : An Assessment of Accident Risks in US Commercial Nuclear Power Plants », US Atomic Energy Commission, Draft of WASH-1400 (1974).

26. *Report of the APS Study Group on Boost-Phase Intercept Systems for National Missile Defense* – American Physical Society, 15 juillet 2003 (http://www.aps.org/public_affairs/popa/reports/nmd03.cfm).

27. Richard L. Garwin, *Cooperative Ballistic Missile Defense*, 17 novembre 1999 (http://www.fas.org/RLG/991117.htm).

28. Hans Bethe, « *Father of Nuclear Astrophysics, Dies at 98* », par William J. Broad, 2 mars 2005. Disponible sur http://www.nytimes.com/2005/03/07/science/08cnd-ethe.html?ex=1118116800&en=6c2bfcaf9ff87e65&ei=5070.

29. John Rigden, « Isidor Isaac Rabi : walking the path of God », novembre 1999. Disponible sur http://physicsweb.org/articles/world/12/11/9.

30. http://droit.org/jo/19960323/PRMX9600008D.html.

31. Jean Jacques Salomon, « Précaution et démocratie. Bref historique du Collège de la prévention des risques technologiques », *Futuribles*, septembre 2005.

32. Paul Gardant, *Souvenirs d'un parcours professionnel.* Disponible sur http://www.annales.org/archives/x/gardent.html.

33. Jean-Jacques Salomon, « Précaution et démocratie. Bref historique du Collège de la prévention des risques technologiques », art. cit.

34. Dix-sept avis sont reproduits dans le Rapport du Collège de la prévention des risques technologiques, *Le Risque technologique et la démocratie*, La Documentation française, 1994.

35. Avis n° 13 du 9 décembre 1992 sur l'étude du stockage géologique des déchets nucléaires à vie longue.

36. Avis n° 6 sur la gestion des déchets nucléaires en date du 6 février 1991.

37. Jean-Jacques Salomon, « Précaution et démocratie. Bref historique du Collège de la prévention des risques technologiques », art. cit.

38. *Ibid.*

39. *Ibid.*

40. http://www.wws.princeton.edu/~ota/ns20/pubs_f.html.

41. http://www.ucsusa.org/global_environment/rsi/index.cfm?pageID=1320.

42. http://www.ucsusa.org/global_environment/rsi/index.cfm.

43. Andrew C. Revkin, « Bush Aide Softened Greenhouse Gas Links to Global Warming », *The New York Times*, 8 juin 2005 (www.nytimes.com/2005/06/08/politics/08climate.html).

44. www.vertic.org

45. T. B. Cochran, W. M. Arkin, M. M. Hoenig, *Nuclear Weapons Data Book*, Volume 1, « US Nuclear Forces and Capabilities », Ballinger, Cambridge, MA, 1984.

46. http://www.nrdc.com. L'équipe comprend : Tom Cochran, Christopher Paine et Rober S. (Stan) Norris.

47. Metta Spencer, « Political Scientists », *Bulletin of Atomic Scientists*, 1995. Disponible sur http://www.pugwash.org/reports/pim/pim1.htm.

48. Lawrence S. Wittner, « Reagan and Nuclear Disarmament », *Boston Book Review*, avril-mai 2000. Disponible sur http://www.bostonreview.net/BR25.2/wittner.html.

Vladislav M. Zubok, « Gorbatchev's Nuclear Learning », *Boston Book Review*, avril-mai 2000. Disponible sur http://bostonreview.net/BR25.2/zubok.html.

49. Mary Kaldor, « Who Killed the Cold War ? », *The Bulletin of Atomic Scientists*, juillet-août 1995. Disponible sur http://www.thebulletin.org/article.php?art_ofn=ja95kaldor.

50. Metta Spencer, « Political Scientists », *Bulletin of Atomic Scientists*, 1995. Disponible sur http://www.pugwash.org/reports/pim/pim1.htm.

CONCLUSION
Un tournant dans l'ère nucléaire

1. John P. Holdren, *Le Défi de la prolifération et le futur de l'energie nucléaire*, 1er mai 2005. Ddisponible sur http://www7.nationalacademies.org/cisac/Holdren_Presentation.pdf

2. Le 19 juillet 2005, le sénateur Richard Lugar a écrit au président George W. Bush pour lui proposer que les États-Unis soutiennent une telle Initiative de garanties contre la prolifération, dans la suite de l'Initiative de sécurite contre la prolifération de février 2004.

3. Cité par Ellen Goodman, dans « Echoes of McNamara and 'nam », 31 janvier 2004, *Washington Post*.

4. Académie des sciences des États-Unis, *L'Avenir de la politique nucléaire américaine*, National Academy Press, 1997, p. 43.

ANNEXE
La complaisance et la négligence menacent l'industrie nucléaire, selon les avertissements de l'Association mondiale des exploitants de centrales nucléaires

1. Ann MacLachlan, *Nucleonics Week,* volume 44, numéro 42, 16 octobre 2003.

2. Littéralement, celui qui donne l'alerte : se dit des personnes à l'intérieur d'une entreprise ou d'une organisation qui, connaissant des faits contraires à la loi ou à l'éthique, font connaître ces faits à l'extérieur, en prenant souvent des risques pour leur emploi, voire plus.

Traité sur la non-prolifération des armes nucléaires

1. Disponible sur http://www.un.org/french/events/npt2005/npttreaty.html

Allocution prononcée par le Secrétaire général devant la Conférence des Parties chargée d'examiner le Traité sur la non-prolifération des armes nucléaires en 2005

1. Disponible sur http://www.un.arg/events/npt2005/ntatements/npt020g-french.pdf.

Petit cours facultatif sur les unités et les dimensions

1. http://www.eia.doe.gov/kids/energyfacts/sources/non-renewable/bluebarel.htm

Index

TABLE DES MATIÈRES

Chapitre 3
LES ARMES NUCLÉAIRES

Chapitre 4
LES RADIATIONS ET LE VIVANT

Chapitre 5
L'ÉNERGIE NUCLÉAIRE CIVILE

Chapitre 6
SÉCURITÉ, ACCIDENTS NUCLÉAIRES ET RISQUES INDUSTRIELS

Chapitre 7

L'ÉNERGIE NUCLÉAIRE EN PERSPECTIVE : RESSOURCES ET BESOINS ÉNERGÉTIQUES

Chapitre 8

DE LA COURSE AUX ARMEMENTS…

Chapitre 9

… À LA MAÎTRISE DES ARMEMENTS

Chapitre 10
MENACES SUR LA SÉCURITÉ MONDIALE

Chapitre 11
DU BON USAGE DES SCIENTIFIQUES ET DES CITOYENS

Conclusion

UN TOURNANT DANS L'ÈRE NUCLÉAIRE

Annexes

Les dessins des pages 22 et 480, 481, ont été publiés
dans *La Grande Panique* et *Quelques enfants*,
deux albums de Sempé parus aux éditions Denoël.

Sauf mention particulière, les graphiques et schémas
qui illustrent cet ouvrage ont été réalisés par AGRAPH.

Les photos proviennent des agences
AFP (p. 90), REUTERS/MAXPPP (p. 376).

CET OUVRAGE A ÉTÉ TRANSCODÉ
ET MIS EN PAGES CHEZ NORD COMPO (VILLENEUVE-D'ASCQ)
ET ACHEVÉ D'IMPRIMER SUR ROTO-PAGE
PAR L'IMPRIMERIE FLOCH À MAYENNE
EN SEPTEMBRE 2005

N° d'impression : 63967.
N° d'édition : 7381-1374-X.
Dépôt légal : octobre 2005.
Imprimé en France